*VLSI Manufacturing Technology*

# VLSI 공정기술

저자 **윤영섭, 강성준**

홍릉과학출판사

# 서 문

현대 사회는 20세기에 근대 산업혁명에 비견될 만한 전자분야의 큰 기술혁명을 겪었는데, 그 혁명의 중심에는 반도체 산업이 큰 부분을 차지하고 있다. 지난 40년간 획기적인 기술혁신으로 반도체와 관련된 전기전자 분야의 기술이 비약적으로 발전하여 모든 산업 분야에 지대한 영향을 미치고 있다. 특히, 반도체 집적회로(IC)라고 하는 미세전자소자 기술은 이러한 전기전자 분야의 토대가 되어온 핵심 기술이다. 1945년에서 1970년에 이르는 동안 미세전자소자에 대한 기본적인 발견 및 개발을 시작으로 이후 소자의 미세화 및 성능개선을 위한 다양한 단위공정 및 집적화 공정이 개발, 발전되었다.

반도체 집적회로 공정기술의 반전과 응용은 미세전자 공정이라는 독립적인 학문 분야를 탄생시켰다. 반도체 집적회로 공정기술은 고집적도의 메모리, 아날로그 및 디지털 집적회로 등의 제작에 필요한 기초기술일 뿐 아니라 미세전자기계시스템(MEMS), 정보디스플레이소자, 광소자 등과 같은 다양한 소자의 제조에 적용될 수 있어 그 응용범위가 점차 확대 일로에 있다. 이와 같이 반도체 집적회로를 폭넓은 분야에 응용하기 위해서는 반도체의 특성과 한계에 대한 기본적인 이해뿐만 아니라 단위 공정기술들을 중심으로 하여 집적회로 제작 공정 전반에 대한 이해가 필수적이다.

이 책에서는 반도체 집적회로 공정기술에 대한 전반적인 내용을 폭넓게 다루었을 뿐만 아니라 최근 기술 동향에 대한 이해를 돕고자 다음과 같은 내용을 상세히 설명하였다. 1장에서는 반도체 칩의 고집적화, 고성능화와 더불어 그 중요성이 날로 더해가는 패키징(packaging) 분야 중 BGA(Ball Grid Array)와 CSP(Chip Size Package) 등의 새로운 기술을 소개하였다. 5장에서는 ALD(Atomic Layer Deposition), PLD(Pulsed Laser Deposition), MOCVD(Metal Organic CVD) 등의 박막 증착 기술뿐만 아니라 이들을 메모리 소자나 광학 소자의 제작에 응용하는 과정을 상세히 설명하였다. 6장에서는 포토 리소그래피(photo lithography) 기술 중 해상도를 높이는 변형조명 방법(Off-Axis Illumination: OAI), 광근접 보정기술(Optical Proximity Correction: OPC), 위상이동 마스크(Phase-Shift Mask: PSM)법 등을 상세히 설명하여 리소그래피 공정의 새로운 동향을 소개하였다. 또한 모든 장의 끝에는 해당 부문의 내용을 완벽하게 이해할 수 있는 연습문제들을 다루어 학생들이 집적회로 공정을 보다 쉽게 이해하는 데 도움을 주도록 하였다.

마지막으로, 이 책이 전기, 전자, 반도체 및 재료공학을 공부하는 학생들과 엔지니어들에게 유용한 길잡이가 되길 바라며, 책으로 출판되기까지 노고를 아끼지 않은 홍릉과학출판사 관계자 여러분께 감사의 마음을 전합니다.

2012년 6월

저자들 씀

# 차 례

## 1장 반도체 칩 제작의 소개

## 2장 산 화



## 3장 확 산

## 4장 이온 주입

## 5장 박막증착



## 6장 리소그래피

## 7장 식각기술

## 8장 상호접속과 평탄화

## 9장 집적회로 공정

1장

# 반도체 칩 제작의 소개

현대 사회는 20세기 동안 기계에서 전자에 이르기까지 기술혁명을 겪었으며, 반도체 산업은 이러한 기술 혁명의 중심에 있다. 지난 40년간 획기적인 기술 혁신으로 반도체와 관련된 전자산업은 급격히 성장하였으며, 반도체를 전자산업의 핵심 또는 20세기 최대의 발명품 등으로 간주하기도 한다. 반도체는 이미 사회 곳곳에 퍼진 전자 제품에서 주요 구성 요소를 이루고 있다. 전자 소자에 있어 기본 반도체 재료는 웨이퍼로 알려진 얇은 결정체로서, 반도체 소자는 웨이퍼 위에 제작되며 흔히 마이크로 칩 또는 칩이라 부른다. 이러한 반도체 산업에서 기초가 되는 재료 중에는 게르마늄과 실리콘이 있다. 게르마늄은 반도체 소자 제작에 필요한 재료 중 하나로 주목받았지만 1960년대 초기에 이르러 실리콘으로 급속히 대체되었다. 이는 실리콘이 쉽게 실리콘 산화물을 형성할 수 있어 집적회로 제작에 필요한 선택적 확산 경계의 훌륭한 장벽뿐만 아니라 우수한 품질의 부도체로 사용되기 때문이다. 그 외에도 실리콘은 열에 강하고 지구상에서 산소 다음으로 풍부하기 때문에 낮은 비용으로 초기 재료를 만들 수 있고, 게르마늄보다 넓은 대역폭을 가지고 있으며 보다 높은 온도에서 동작할 수 있는 장점을 가지고 있다.

전형적인 반도체 칩 제조 공정은 제조 과정 전체를 끝내기 위해서 68주 정도의 기간을 필요로 하며, 350 또는 그 이상의 공정 단계를 필요로 한다. 제조된 마이크로 칩은 자동차, 전자기기, 개인 컴퓨터, 이동통신 등의 다양한 분야에 사용되도록 전자적이고 기계적인 조립과정을 거쳐 패키징된다. 반도체 칩의 세계 시장은 2001년에 이미 2,000억 달러 규모를 넘어 섰고 그 규모는 계속 증가될 것이다.

본 장에서는 오늘날 우리의 생활과 매우 밀접한 전자 소자인 반도체에 대하여 소개하고자 한다. 우선 반도체의 개략적인 발전 과정에 대하여 언급하고, 반도체 칩 제조 시설 및 제작 단계에 대하여 설명하고자 한다. 칩 제조 시설에서는 반도체 제작에 필수적인 주요 공정 부문을 설명하여 반도체 공정에 대하여 개략적으로 소개하고자 한다. 마지막으로 칩 제작단계에서는 웨이퍼 제조, 반도체 칩의 제작, 테스트/분류, 조립과 패키징, 최종 테스트에 대한 내용을 설명하여 전체적인 칩 제작단계에 대한 이해를 돕고자 한다.

## 1. 반도체 소자의 발전 과정

### 1.1 트랜지스터의 발명

트랜지스터가 발명될 당시 모든 전자 제품은 진공관과 릴레이를 위주로 구성되어 있었다. 진공관은 크고 비싼데다 지나치게 많은 열을 내는 문제점을 가지고 있었다. 많은 연구자들이 고체 상태(solid state)의 부품이 진공관을 대체할 수 있을 것으로 믿고 연구를 진행하였다. 특히, 벨 연구소(AT&T Bell Lab.)에서는 많은 물리학자와 기술자들이 반도체 재료를 사용한 소자의 개발에 몰두하고 있었다. 이 연구소는 상당한 진전을 보이고 있었으나, 제2차 세계대전의 발발과 더불어 많은 연구자들이 전쟁에 필요한 연구에 동원되었다. 제2차 세계대전이 끝나자 전쟁 연구에 동원되었던 많은 사람들이 다시 자신의 연구로 돌아왔다.

1946년 벨 연구소의 연구진은 복잡한 화합물 반도체를 버리고 가장 간단한 반도체 물질인 실리콘과 게르마늄에 집중하기로 결정하였다. 1947년 크리스마스 바로 전에 벨 연구소의 두 과학자, 바딘(John Bardeen)과 브래튼(Walter Brattain)은 n형 게르마늄 조각 위에 두 개의 전극을 매우 가깝게 연결하여 전압 증폭과 전력 증폭이 일어남을 확인할 수 있었다. 이것이 그림 1.1에 나타낸 점접촉형(point contact) 트랜지스터이다.

**그림 1.1** 벨 연구소의 첫 번째 트랜지스터

트랜지스터(transistor)라는 말은 이 소자가 낮은 등가저항을 가진 전류를 높은 등가저항을 가진 전류로 변환시키는 저항 전달(transfer resistor)의 기능을 가지고 있다는 뜻으로 명명된 것이다. 그들의 지도 교수인 쇼클리(William Shockley)는 이 트랜지스터가 어떻게 동작되는지를 밝히기 위해 pn 접합을 토대로 접합에서의 소수 캐리어의 동작을 분석하여 pn 접합에는 전위 장벽이 존재하며 순방향 전압 상태에서는 전위 장벽을 넘어선 소수 캐리어와 전압 사이에 지수함수의 관계가 존재한다는 사실을 발견하였다. 이를 토대로 n형 반도체 내에 p형 반도체를 샌드위치 시키거나 그 반대로 p형에

n형을 샌드위치 시키는 경우에 증폭 현상이 일어남을 계산해냈다. 그가 발명한 구조는 현재에도 사용되고 있는 트랜지스터의 구조와 같으며, 그는 순수하게 물리적인 이론을 바탕으로 트랜지스터를 발명한 것이다. 그러나 그의 발명은 아직 이론일 뿐 실험적인 검증이 필요하였다. 벨 연구소의 연구진은 얇은 게르마늄 조각의 양편에 금속 접점을 만들어도 증폭 현상이 일어나는 것을 관찰함으로써 점접촉형 트랜지스터가 쇼클리가 분석한대로 전계효과가 아닌 접합에서의 소수 캐리어의 동작과 관계가 있다는 것을 보였다. 쇼클리, 바딘, 브래튼은 1956년에 트랜지스터의 발명으로 노벨 물리학상을 받았다.

1956년에 쇼클리는 뉴저지에 있는 벨 연구소를 떠나서 베크만 회사(Beckman Instruments)의 지원을 받아 자신의 고향인 팔로 알토(Palo Alto)에 쇼클리 반도체 연구소(Shockley Semiconductor Laboratory)를 설립하였다. 그가 만든 이 회사가 현재의 실리콘 밸리(Silicon Valley)의 시작이다. 쇼클리는 노이스(Robert Noyce)와 무어(Gordon Moore)와 같은 재능 있는 과학자와 기술자들을 발굴했다. 쇼클리 반도체 연구소가 몇 가지 매우 좋은 연구 개발을 발표하였지만, 사업으로는 크게 성공하지 못했다. 노이스와 무어를 포함한 일부 연구자들은 1957년에 쇼클리 반도체 연구소를 떠나서, 동부의 페어차일드 카메라(Fairchild Camera & Instruments)로부터 자금을 얻어 페어차일드 반도체(Fairchild Semiconductor Corp.)를 설립하고 본격적으로 실리콘 트랜지스터의 연구에 착수하였다. 이것은 새로운 모험적인 기술에 자본을 투자한다는 개념으로서의 벤처 산업의 시작이었다. 이들 초기 페어차일드의 직원들은 향후 실리콘 밸리 내의 많은 반도체 회사를 창업하여 반도체 산업을 일으키고 발전시키는 데 핵심적인 역할을 하였다.

## 1.2 집적회로의 발명

트랜지스터의 발명은 전자산업에 혁명을 일으켰다. 트랜지스터는 컴퓨터, 군수 산업 등의 분야에 혁신을 일으켰을 뿐만 아니라 그 자체를 트랜지스터라고 부르는 휴대용 라디오에 사용되는 등 일상생활에도 큰 변화를 일으켰다. 트랜지스터가 진공관을 대신하여 전자 제품에 사용되기 시작하면서 괄목할만한 성능과 신뢰성의 향상이 이루어졌다. 그러나 이는 진공관을 트랜지스터로 대체한 것일 뿐 아직도 동작하는 제품을 만들기 위해서는 트랜지스터 주위에 저항, 커패시터 등의 부품을 연결해야만 했다. 트랜지스터의 성공은 더 많은 트랜지스터를 사용하는 제품을 요구하게 되었고 사용되는 트랜지스터의 개수가 증가함에 따라 갈수록 제품의 설계가 어려워졌다. 이를 극복하기 위하여 많은 회사가 트랜지스터, 저항, 커패시터 등의 부품을 모아 기본 기능을 하는 새로운 부품을 만드는 연구에 집중하고 있었다. 1958년에 텍사스 인스트루먼트(Texas

Instruments) 사의 기술자인 킬비(Jack Kilby)는 저항, 커패시터, 다이오드, 그리고 트랜지스터 같은 대부분의 분리된 소자를 실리콘 같은 반도체 재료 하나로 만들 수 있다는 것에 주목했다. 킬비는 트랜지스터가 이미 형성된 게르마늄 조각에 커패시터와 저항 세 개를 형성하고 가느다란 백금선으로 이들을 연결하여 그림 1.2에 나타낸 것과 같은 최초의 집적회로(integrated circuit)를 만들었다.

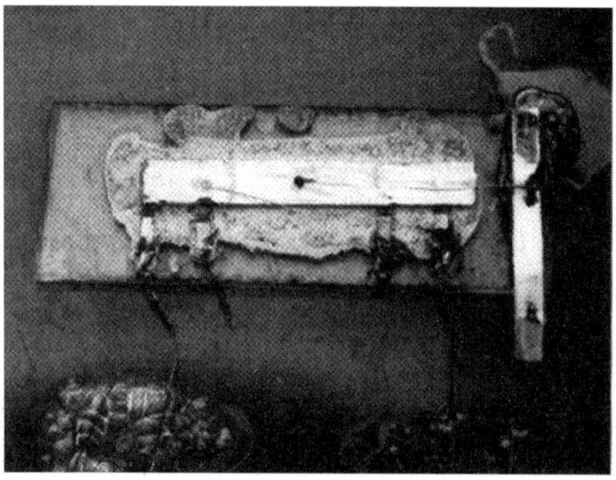

**그림 1.2** 잭 킬비의 집적회로

거의 동일한 시기에 페어차일드 사의 노이스는 같은 아이디어에 대해 연구하고 있었다. 킬비의 집적회로 소자와 다르게 노이스의 칩은 기판 표면에 증착된 알루미늄 박막을 식각한 알루미늄 선으로 다른 소자들을 연결하는 플래너 기법으로 소자 사이를 상호 접속하였다. 페어차일드 반도체는 1961년에 최초로 상업적인 집적 회로를 만들었다. 이것은 트랜지스터 네 개로만 구성되어 있었다.

그림 1.3은 페어차일드의 노이스가 1960년에 만든 최초의 실리콘 집적회로 칩 중 하나이다. 이것은 2/5인치(약 10 mm) 실리콘 웨이퍼로 만들어졌다. 노이스의 칩은 현대 집적회로 칩의 기본 공정기술로 사용되며, 이어서 개발된 모든 집적회로를 위한 모델이 되었다.

특허권에 대한 수년간의 법정 싸움 끝에 텍사스 인스트루먼트와 페어차일드는 집적회로 기술에 대한 특허권 공유를 합의함으로써 문제를 해결했다. 킬비와 노이스는 집적회로 발명에 대한 특허권을 나눠가졌다.

노이스는 1968년에 그로브(Andrew Grove), 무어(Gordon Moore)와 함께 인텔(Intel Corporation)을 공동 설립했다. 그는 세마테크(Sematech)의 대표이사를 지냈으며, 1988년부터 1990년까지 국제 반도체 제조 협회에서 근무했다.

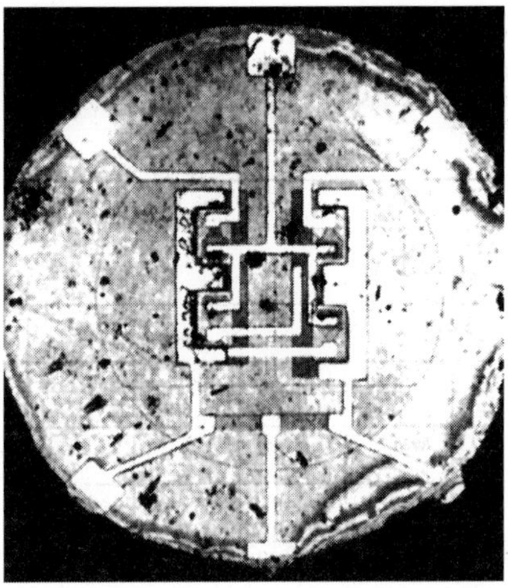

**그림 1.3** 실리콘 웨이퍼로 만든 최초의 집적회로

## 1.3 무어의 법칙

1960년대에 집적회로 산업은 급격히 발전했다. 1964년에 인텔 사의 공동 건립자 중 한 명인 무어는 컴퓨터 칩에 있는 소자의 수가 매 12달마다 두 배로 늘어나고, 가격은 동일하게 유지되는 것에 주목했다. 이러한 경향에 대한 그의 예견은 사실로 나타났고 이를 반도체 산업에서 무어의 법칙(Moore's law)이라고 부른다. 무어의 법칙은 30년 이상 정확성을 보여왔고, 단지 1975년도에 12개월에서 18개월로 약간의 수정이 있었다. 그림 1.4는 무어의 법칙을 나타낸 것이다.

반도체 산업에서 집적도(integration level)를 표 1.1에 나타내었다.

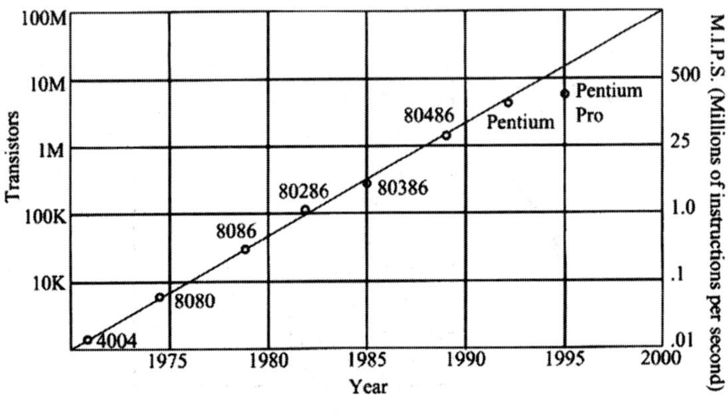


**그림 1.4** 마이크로프로세서에 대한 무어의 법칙

**표 1.1 IC 칩의 집적도**

| Integration level | Abbreviation | Number of devices on a chip |
|---|---|---|
| Small-scale integration | SSI | 2 to 50 |
| Medium-scale integration | MSI | 50 to 5,000 |
| Large-scale integration | LSI | 5,000 to 100,000 |
| Very large-scale integration | VLSI | 100,000 to 10,000,000 |
| Ultra large-scale integration | ULSI | 10,000,000 to 1,000,000,000 |
| Super large-scale integration | SLSI | 〉1,000,000,000 |

## 1.4 웨이퍼의 크기와 최소 선폭

반도체 산업에서 선폭은 일반적으로 마이크론($10^{-6}$ m, $\mu$m)을 사용한다. 사람 머리카락의 지름은 약 50 $\mu$m에서 100 $\mu$m이다. 40년 전부터 IC 칩의 최소 선폭이 급격히 줄어들어 1960년대에 약 50 $\mu$m에서 2000년에 0.18 $\mu$m가 되었다. 최소 선폭이 감소함에 따라, 소자를 더욱 작게 만들 수 있게 되었다. 이는 웨이퍼 당 더 많은 칩들을 생산하거나, 동일한 다이(die) 크기에서 더욱 성능 좋은 칩을 만들 수 있게 되었다는 것을 의미한다. 이는 집적회로 칩의 제조에서 더 많은 이윤을 남기도록 하며, 집적회로 기술 개발의 가장 중요한 추진력이다. 예를 들면, 최소 선폭이 0.35 $\mu$m에서 0.25 $\mu$m로 줄어들면, 동일한 종류의 칩 크기는 (0.25/0.35)2 = 0.51에 의해 줄어든다. 이것은 칩과 웨이퍼가 사각형이라면 생산될 수 있는 칩들의 양이 거의 두 배가 된다는 것을 의미한다. 실리콘 웨이퍼는 원형이기 때문에 가장자리효과로 실제 생산은 약 50% 증가되며 그만큼 비용이 절감된다. 유사하게 최소 선폭이 0.18 $\mu$m로 더욱 줄어들면, 그림 1.5에서 보듯이 칩의 수는 0.35 $\mu$m 기술에서 보다 약 4배가 많아질 것이다.

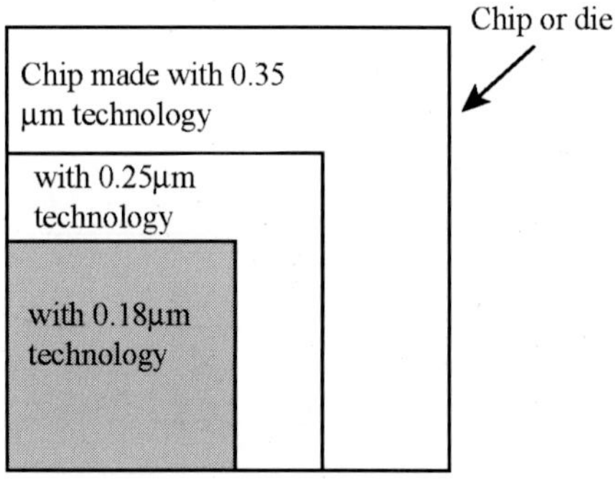


**그림 1.5** 최소 선폭에 따른 칩 크기의 비교

표 1.2는 최소 선폭 및 트랜지스터 밀도와 단가의 예측을 나타낸 것이다. 최소 선폭은 계속해서 줄어드는 반면에, 웨이퍼 크기는 점점 더 증가한다. 더 많은 소자가 하나의 칩에 집적되며, 하나의 웨이퍼에서 더 많은 칩이 만들어진다. 따라서 트랜지스터의 단가는 계속해서 감소하게 된다.

**표 1.2 반도체 산업의 전체 로드맵**

| | 1995 | 1998 | 2000 | 2002 | 2005 | 2008 |
|---|---|---|---|---|---|---|
| Minimum feature size($\mu$m) | 0.35 | 0.25 | 0.18 | 0.13 | 0.10 | 0.07 |
| DRAM Bits/Chip | 64 M | 256 M | 1 G | 4 G | 16 G | 64 G |
| Cost/bits@volume (milicents) | 0.017 | 0.007 | 0.003 | 0.001 | 0.0005 | 0.0002 |
| Microprocessor Transistors/cm$^2$ | 4 M | 7 M | 13 M | 25 M | 50 M | 90 M |
| Cost/transistor@volume (milicents) | 1 | 0.5 | 0.2 | 0.1 | 0.05 | 0.02 |
| ASIC Transistors/cm$^2$ | 2 M | 4 M | 7 M | 13 M | 25 M | 40 M |
| Cost/transistor@volume (milicents) | 0.3 | 0.1 | 0.05 | 0.03 | 0.02 | 0.01 |
| Wafer size(mm) | 200 | 200 | 200~300 | 300 | 300 | 300~400 |

*Source : Semiconductor Industry Association(SIA)*

최소 선폭이 물리적 한계에 도달하기 전에 이러한 점을 극복하기 위한 많은 기술이 개발되고 있다. 가장 주목할 만한 것은 집적회로 소자 형성을 위해 웨이퍼 표면에 디자인된 패턴을 옮길 때 사용되는 가장 기본적인 집적회로 제조 단계인 패터닝 공정이다. 일반적으로 사용되는 포토 리소그래피(photo lithography)는 최소 선폭이 물리적 한계에 도달하기 전에 X-선 리소그래피(X-ray lithography)와 전자빔 리소그래피(e-beam lithography)와 같은 대체 리소그래피 기술들이 실용화 될 것이다.

최소 선폭이 줄어드는 동안 웨이퍼 크기는 증가해왔다. 1960년대에 10 mm(2/5 inch)로 시작된 웨이퍼 크기는 300 mm(12 inch)까지 증가하였다. 웨이퍼 크기가 증가함으로써 하나의 웨이퍼에 더 많은 칩을 구현할 수 있게 되었다. 200 mm에서 300 mm로, 웨이퍼의 크기가 인자 $(3/2)^2 = 2.25$에 의해 증가하는 것은 웨이퍼 당 칩의 수가 300 mm 웨이퍼에서 두 배가 될 수 있음을 의미한다. 그림 1.6은 웨이퍼의 크기를 비교한 것이다.

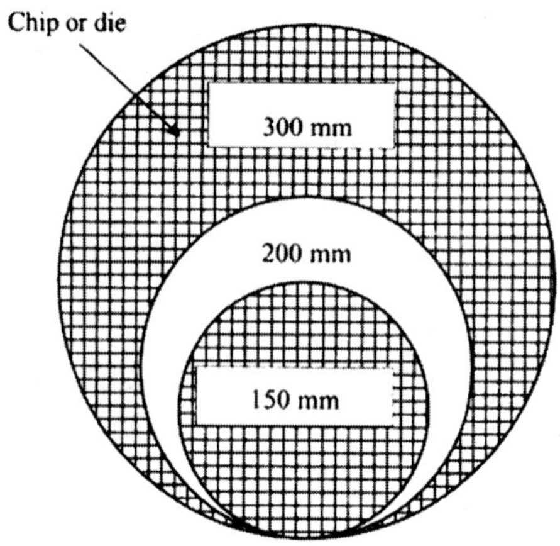


**그림 1.6** 상대적인 웨이퍼 크기의 비교

## 2. 반도체 재료의 개요

### 2.1 도체, 절연체, 반도체의 에너지 밴드

모든 고체는 그림 1.7에 나타내었듯이 각자의 에너지 밴드 구조를 가지고 있다. 이러한 에너지 밴드 구조는 각 물질의 전기적 특성의 원인이 된다.

먼저 금속과 같은 도체의 경우에는 가전자대와 전도대가 중첩되어 있거나, 전도대가 부분적으로 전자로 채워져 있게 된다. 따라서 전도대에는 전자로 채워진 에너지 준위와 전자가 없는 빈 에너지 준위가 공존하게 되므로, 외부 전계의 영향을 받으면 전자가 자유롭게 이동을 할 수 있게 된다. 그런 이유로 금속은 높은 전기 전도도를 가지게 된다.

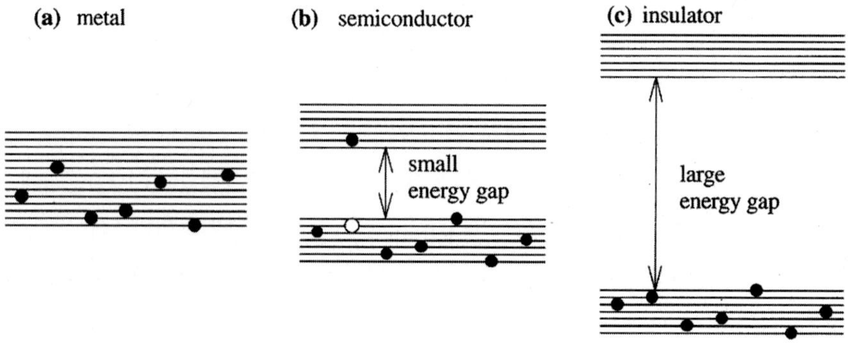


**그림 1.7** 절대온도 0도에서의 대표적인 에너지 밴드 구조

반면에 절연체와 반도체는 절대온도 0도에서 전자가 하나도 없는 빈 전도대와 전자로 완전히 차있는 가전자대로 구분되어 있는 에너지 밴드 구조를 가지고 있다. 즉, 전자가 하나도 없이 비어있는 전도대와 전자가 가득차 있는 가전자대는 전자가 존재할 수 있는 에너지 준위가 하나도 없는 에너지 밴드갭(energy band gap, $E_g$) 만큼 떨어져 있다.

절연체와 반도체의 차이는 이 에너지 밴드갭 크기의 차이에 있다. 다이아몬드 구조의 경우에는 대역간극이 약 5 eV 정도인데, 반도체 실리콘은 약 1.1 eV이다. 따라서 반도체는 에너지 밴드갭이 작기 때문에 어느 정도의 에너지를 공급받으면 가전자대에서 전도대로 전자가 올라갈 수 있게 된다. 그러나 절연체는 큰 에너지를 공급받아야만 전자가 전도대로 올라갈 수 있게 된다. 그 결과 반도체에서는 손쉽게 전기 전도도를 제어할 수 있으며, 이를 통하여 원하는 전기적 특성을 얻을 수 있게 된다.

## 2.2 전자와 정공

반도체의 전기적 특성은 전도대의 전자뿐만 아니라 가전자대에 있는 전자도 함께 전류의 흐름에 기여한다는 것이다. 절대온도 0도에서 공유결합에 의하여 모든 전자는 구속되어 있기 때문에 전기적으로 중성을 띠게 된다. 그러나 온도가 증가하면 그림 1.8(a)에서 보듯이 결정의 격자구조는 열진동 때문에 가전자를 방출한다. 이와 같이 공유결합을 깨뜨리기 위해 필요한 에너지는 에너지 밴드갭에 해당하며, 이온화 에너지라고 한다.

에너지 밴드 구조에서 생각해보면 절대온도 0도에서 전도대는 에너지 준위는 많지만 전자가 없기 때문에 전자의 운동이 불가능하며, 가전자대는 전자는 많지만 빈 에너

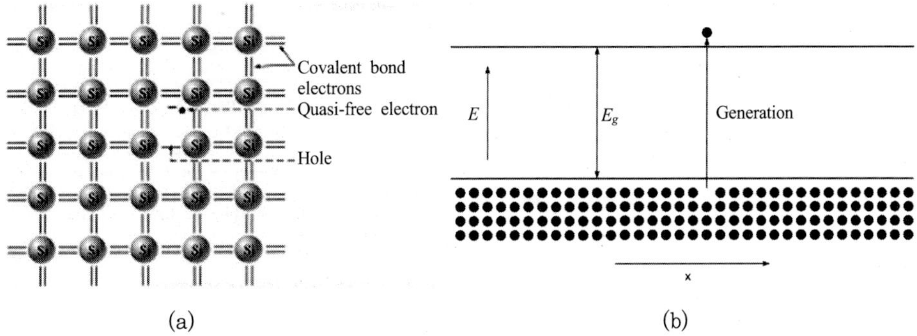


**그림 1.8** 공유결합이 깨지면서 발생한 전자와 정공의 생성을 (a) 2차원 그림과 (b) 에너지 밴드상에서 나타낸 모습

지 준위가 없기 때문에 역시 전자의 운동이 불가능하여 전기적으로 중성을 유지하는 완전한 절연체가 된다. 그러나 온도가 증가하면 그림 1.8(b)에서 보듯이 열에너지를 받은 가전자대의 전자가 전도대의 빈 에너지 준위로 올라가게 되어 전도대에는 전자가 존재하게 된다.

실온에서 순수한 실리콘의 경우를 고려해보면, 전도대에 존재하는 전자는 열적 평형 상태에서 $10^{10}$개/$cm^3$이지만 실리콘 원자의 밀도는 $5\times10^{22}/cm^3$에 이른다. 따라서 전도대에는 전자의 수에 비해서 빈 에너지 준위가 매우 많기 때문에 이들을 통하여 전자의 자유로운 이동이 가능하다.

반면에 가전자대에는 전자가 빠져나간 빈 에너지 준위가 존재하게 되며, 이곳으로 다른 전자들의 이동이 가능해진다. 이처럼 전류 전도에 기여하는 것은 전도대에 있는 전자뿐만 아니라 가전자대에 있는 전자도 포함한다. 이때 가전자대에서는 빈 에너지 준위를 채우는 식으로 전자의 이동이 일어나므로 그림 1.9에 나타낸 것과 같이 거시적으로 보면 빈 에너지 준위가 이동하는 것과 같은 모습을 보이게 된다. 따라서 이러한 가전자대의 빈 에너지 준위를 정공(hole)이라고 하며, 가전자대에서는 정공의 이동이 전류에 기여하는 것으로 생각할 수 있다. 이러한 이유는 가전자대에서는 어떤 특정 전자의 이동에 의하여 전류가 생기는 것이 아니라 빈 에너지 준위를 순차적으로 채우는 수많은 전자들의 움직임에 의하여 전류에 기여를 하기 때문이다. 따라서 전자의 이동으로 가전자대에서의 전류의 기여를 고려하기에는 매우 어렵기 때문에 정공의 움직임을 따라서 전류의 효과를 따지는 것이 손쉽다.

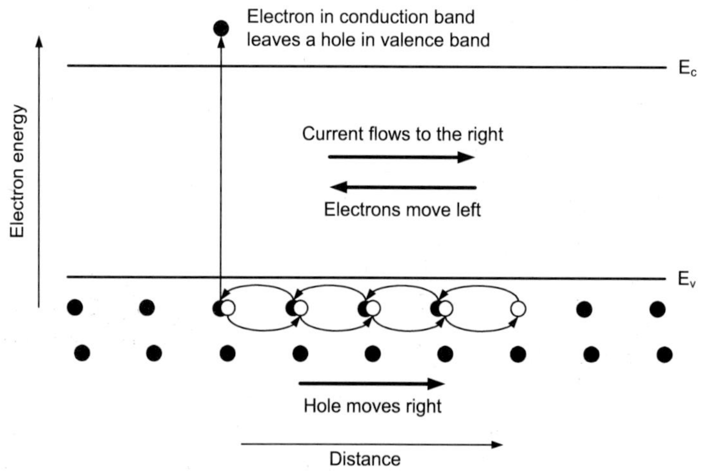


**그림 1.9** 반도체에서 정공의 운동

가전자대의 전자가 전도대로 올라가면서 전도대의 전자와 가전자대의 정공이 동시에 생성되므로, 이들을 전자-정공쌍(Electron-Hole Pair : EHP)이라고 한다. 따라서 반도체에서 전류에 대한 고려를 할 때에는 전자와 정공 모두에 대해서 함께 따져야만 한다. 이때 전자는 음의 전하($-q$)를 가지며, 정공은 양의 전하($+q$)를 가지게 된다. 정공의 전하는 정공의 운동이 전자의 운동과 반대로 움직인다는 것을 고려하면 쉽게 이해될 수 있다.

## 2.3 진성 반도체

불순물이나 결정 결함이 하나도 없는 반도체를, 실질적으로는 무시할 만의 양의 불순물만을 가지는 극히 순수한 반도체를 진성(intrinsic) 반도체라고 한다. 반도체 내에 존재하는 전자(전도대)와 정공(가전자대)의 농도를 각각 $n$(개/cm$^3$)과 $p$(개/cm$^3$)라고 정의하면, 평형 상태에서의 진성 반도체는 $n_0 = p_0 = n_i$로 주어진다(이때 아래첨자 0은 평형 상태를 의미한다). 그 이유는 진성 반도체에서의 전하 캐리어는 EHP 생성에 의한 것이 유일하므로 전자와 정공은 쌍을 이루어 생성되고, 따라서 전도대의 전자농도와 가전자대의 정공의 농도는 동일하게 된다.

주어진 온도에서는 전자-정공쌍의 어떠한 일정한 농도 $n_i$가 있다. 정상 상태의 캐리어 농도가 일정하게 유지되려면 EHP 발생과 같은 비율로 EHP의 재결합(recombination)이 있어야 한다. 재결합은 전도대의 전자가 다시 가전자대의 빈 에너지 준위(정공)로 내려가면서 생기며, 이로써 EHP는 소멸된다. EHP의 생성률을 $g_i$(/cm$^3$·s), 재결합률을 $r_i$로 정의하면, 평형 상태에서 $g_i = r_i$가 되어야 한다.

## 2.4 외인성 반도체

진성 반도체에는 열적으로 생성된 EHP에 의한 전하 캐리어만이 존재하지만, 결정에 고의적으로 불순물을 넣어서 캐리어를 생기게 할 수도 있다. 이러한 불순물의 주입을 도핑(doping)이라고 하며, 결정에 도핑이 된 반도체를 외인성(extrinsic) 반도체라고 한다. 도핑이라는 것은 반도체에 전자나 정공의 농도를 높이기 위해서 특별한 불순물 원자의 양을 조절하여 넣는 것을 말한다. 반도체 물질에 조절된 양의 도펀트(dopant)를 첨가하는 것은 대부분의 모든 반도체 소자의 제작에서 일반적으로 행해지는 과정이다. 실리콘에 첨가하는 도펀트들을 표 1.3에 정리하였다.

**표 1.3 실리콘에 사용되는 도펀트들**

| Donor | | Acceptor | |
|---|---|---|---|
| P *<br>As *<br>Sb | 5족 원소 | B *<br>Ga<br>In<br>Al | 3족 원소 |

(* 표시는 주로 사용되는 도펀트)

### 2.4.1 n형 반도체

순수한 반도체에 5가의 도펀트(도너)를 넣으면 n형 반도체가 된다. 이때 도너(donor) 원자들이 제공하는 자유 전자들이 전기 전도의 주요한 역할을 한다. 도너 원자는 최외각 궤도에 5개의 가전자를 가지고 있다. 그림 1.10에서 보듯이 순수한 실리콘 결정에서 1개의 실리콘 원자를 도너 원자로 바꾸어 놓으면 5개의 가전자 가운데 4개는 주위의 실리콘 원자들과 공유결합을 이루게 되며, 나머지 1개의 원자는 자유 전자로 존재하게 된다.

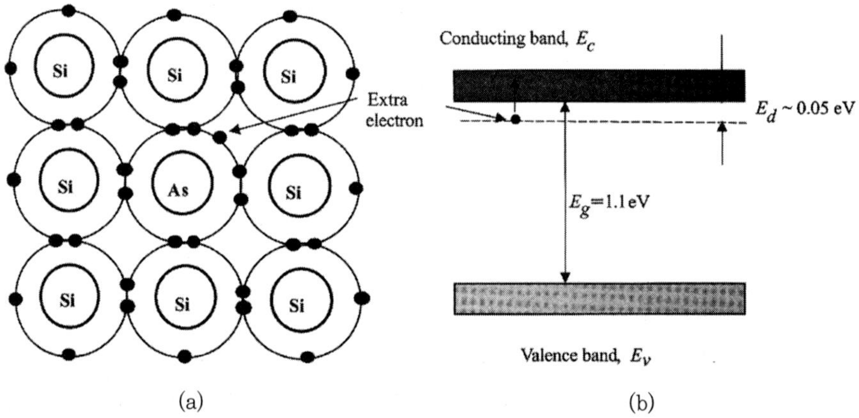


**그림 1.10** (a) n형으로 도핑된 실리콘, (b) 도너 에너지 밴드

그림 1.11에 에너지 밴드를 사용한 도너의 움직임을 나타내었다. 도너를 넣으면 에너지 밴드 그림에서 전도대 근처에 도너 준위가 추가된다. $T = 0$ K일 경우 모든 도너 준위는 전자들로 채워져 있다. 그러나 전도대와 도너 준위는 매우 가깝기 때문에 약간의 에너지만 주어져도 도너 준위의 전자들은 전도대로 올라가게 된다. 이와 같이 도너를 주입한 n형 반도체는 상온에서는 도너 준위의 전자들이 모두 전도대로 올라가서 자유 전자로 존재하게 된다.

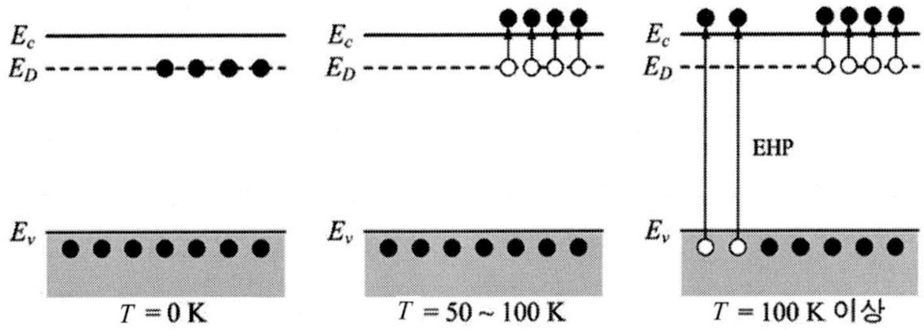


**그림 1.11** 도너의 움직임을 에너지 밴드에 나타낸 모양

보통 n형 반도체에서는 정공의 수가 대단히 적으며 전기 전도는 주로 자유 전자의 운동에 의해서 이루어진다. 그러므로 전자를 다수 캐리어(majority carrier), 정공을 소수 캐리어(minority carrier)라고 한다.

### 2.4.2 p형 반도체

순수한 반도체에 3가의 도펀트(억셉터)를 넣은 반도체를 p형 반도체라고 한다. 억셉터(acceptor) 원자의 가전자는 3개이므로, 그림 1.12에 나타내었듯이 실리콘 원자와 바꾸어 놓으면 공유결합을 만족시키지 못하고 결합의 공백이 생긴다. 이러한 결합의 공백은 정공으로 존재하며 모두 자유 캐리어로 전기 전도에 기여하게 된다.

그림 1.13에 에너지 밴드를 사용한 억셉터의 움직임을 나타내었다. 억셉터를 넣으면 에너지 밴드 그림에서 가전자대 근처에 억셉터 준위가 추가된다. $T = 0$ K일 경우 모든 억셉터 준위는 비어있다. 그러나 가전자대와 억셉터 준위는 매우 가깝기 때문에 약간의 에너지만 주어져도 가전자대의 전자들은 억셉터 준위로 올라가게 된다. 이와

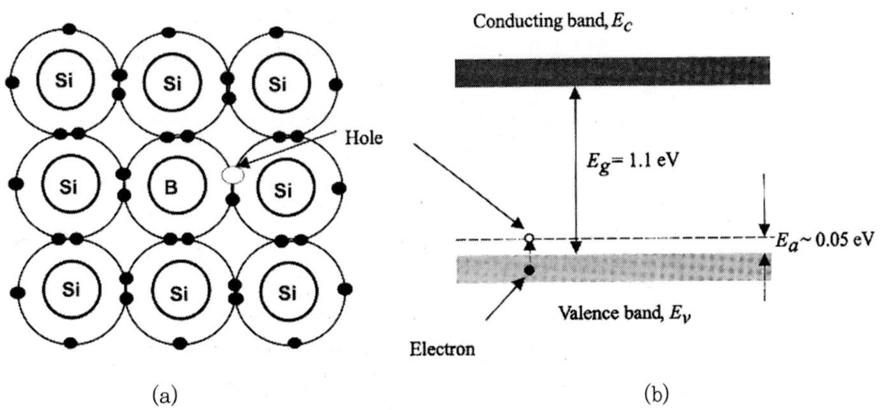


**그림 1.12** (a) p형으로 도핑된 실리콘, (b) 억셉터 에너지 밴드

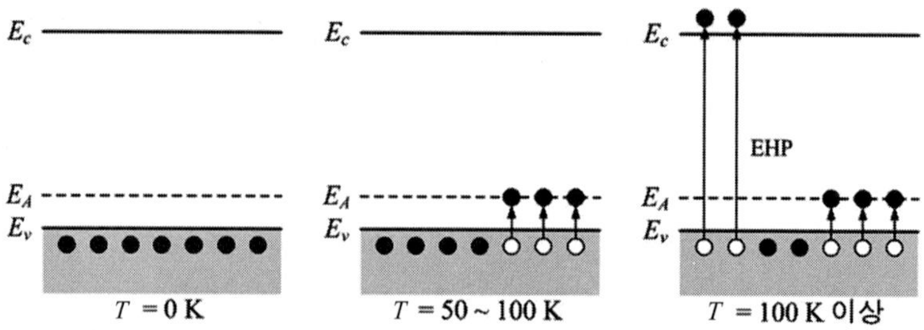


**그림 1.13** 억셉터의 움직임을 에너지 밴드에 나타낸 모양

같이 억셉터를 주입한 p형 반도체는 상온에서는 가전자대의 전자들이 억셉터 준위로 올라가서 가전자대에 정공을 존재하게 한다. 따라서 p형 반도체에서는 정공이 다수 캐리어, 자유 전자가 소수 캐리어가 된다.

## 3. 반도체 칩 제조 시설

일반적으로 반도체 칩을 만들기 위한 제조 시설은 그림 1.14에 나타낸 것처럼, 확산, 포토 리소그래피, 식각, 박막 증착, 이온 주입, CMP와 같은 여섯 개의 생산 영역으

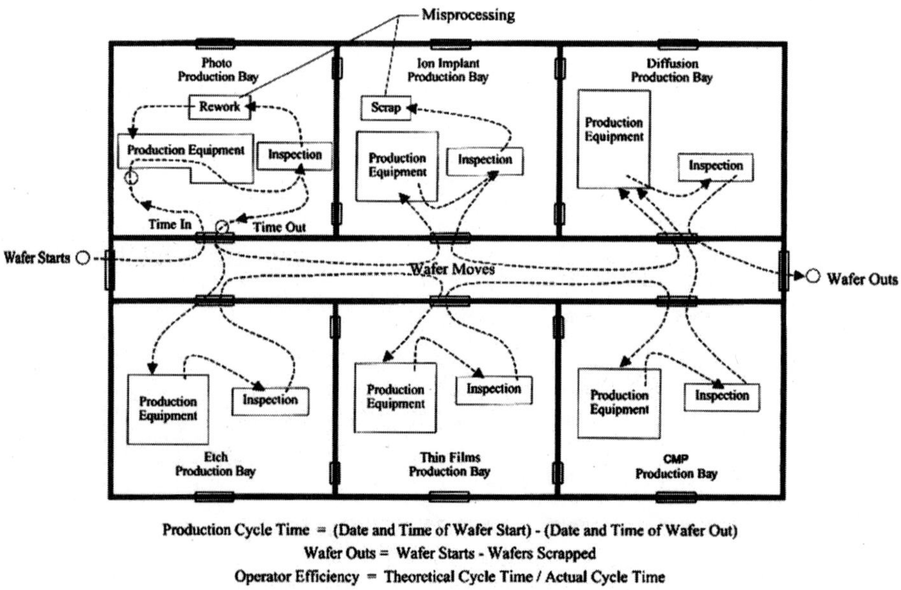


**그림 1.14** 반도체 칩 제작을 위한 제조 시설

로 나뉜다.

이러한 주된 생산 영역과 관련 공정은 제조 시설 중에서 가장 청결한 청정실(clean room)에 위치한다.

## 3.1 확산 영역

확산 영역은 고온 공정이 이루어지는 곳이다. 확산 영역에서 사용되는 주된 설비는 고온의 확산로(high-temperature diffusion furnace)와 습식 세정(wet cleaning) 장치이다. 고온의 확산로는 1,200℃에 가까운 온도에서 동작이 가능하고 산화, 확산, 열처리를 포함하는 다양한 공정을 처리한다. 습식 세정 장치는 웨이퍼가 확산로에 들어가기 전에 표면에 성장한 원하지 않는 산화물과 오염 물질을 제거하기 위해 사용된다.

## 3.2 포토 리소그래피 영역

포토 리소그래피는 IC 제작에서 가장 중요한 공정 중의 하나이다. 포토 리소그래피 공정의 목적은 웨이퍼 표면 위에 디자인된 패턴을 마스크 또는 레티클(reticle)로부터 웨이퍼 표면에 도포된 감광막에 전사시키는 것이다. 포토 리소그래피 공정에서 가장 중요한 장비는 스텝퍼(stepper)이다. 스텝퍼는 크롬 도포된 수정 레티클(quartz reticle)에 식각된 부분 패턴의 배열을 웨이퍼에 정렬시키는 것이다. 적절히 배열되고 초점이 맞추어지면 스텝퍼는 웨이퍼의 작은 영역을 노광시키고, 다음 부분을 노광시키는 것을 반복해서 웨이퍼 표면 전체에 있는 모든 다이에 패턴을 전사한다.

## 3.3 식각 영역

식각 공정은 감광막 패턴으로부터 보호받지 못하는 부분의 웨이퍼를 식각함으로써 영구적인 패턴을 만든다. 식각 영역에서 사용되는 가장 일반적인 장비는 플라스마 식각 장비(plasma etcher)와 플라스마 스트리퍼(plasma stripper)이다. 플라스마 식각 장비는 진공 챔버 내에 가스 분자를 이온화시키기 위해 RF에너지를 사용한다. 플라스마는 전기적으로 여기된 가스에 의해 나타나는 현상이며, 가스는 웨이퍼 재료의 상부층과 반응한다. 식각 공정 후, 플라스마 스트리퍼는 산소를 사용해서 웨이퍼로부터 감광막을 제거한다.

## 3.4 이온 주입 영역

이온 주입기는 마이크론 이하 공정에서 웨이퍼에 불순물을 주입하는 가장 일반적인 장비이다. 원하는 불순물에 해당하는 비소(As), 인(P), 붕소(B)와 같은 가스들이 주입기 내부에서 이온화된다. 이온 가속과 제어를 위해 높은 전압과 자기장이 사용된다. 이온 주입이 완료된 후 감광막은 제거되고 웨이퍼는 깨끗이 세정된다.

### 3.5 박막 증착 영역

박막 증착 영역은 유전체와 금속층을 증착하는 역할을 한다. 박막 공정은 확산 영역보다 낮은 온도에서 시행된다. 이 영역에는 많은 종류의 장비들이 있다. CVD나 PVD 등의 모든 박막 증착 장비는 낮은 진공 조건 하에서 동작한다. 이 영역에서 사용되는 다른 장비들로는 SOG(spin-on-glass) 시스템과 급속 열처리 장치(rapid thermal processor) 등이 있다. SOG는 웨이퍼 표면을 평탄화시키기 위해 사용되며, 급속 열처리 시스템은 금속 합금 공정단계와 웨이퍼의 이온 주입 손상을 보상하는데 이용된다.

### 3.6 CMP 영역

CMP 공정의 목적은 웨이퍼의 표면을 고르게 하기 위해 상대적으로 두꺼운 부분을 연마함으로써 웨이퍼의 상부 표면을 평탄화시키는 것이다. CMP는 공정을 어렵게 만드는 고르지 않은 웨이퍼 표면을 평탄화시킨다. 연마기는 CMP 구역에 있는 대표적인 장비이다. CMP는 화학적인 식각과 물리적인 식각의 조합을 이용해서 웨이퍼의 두꺼운 부분을 알맞게 제거한다.

## 4. 반도체 칩 제작의 단계

반도체 칩 제작은 그림 1.15에 나타내었듯이 다섯 가지 단계를 가진다.

- 웨이퍼 제조
- 반도체 칩의 제작
- 테스트/분류
- 조립과 패키징
- 마지막 테스트

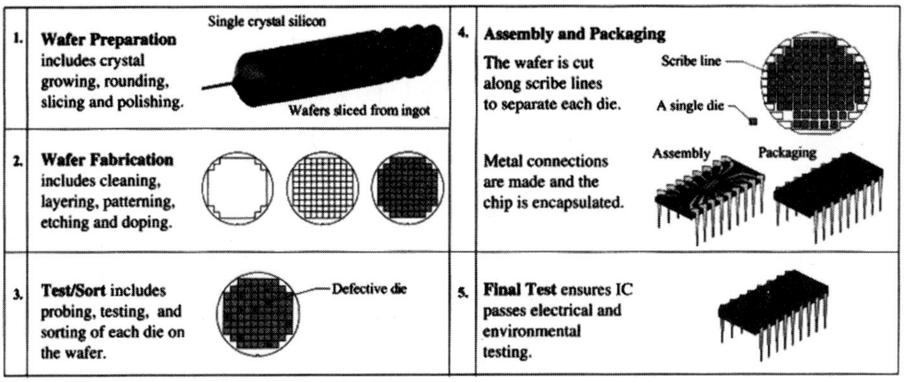


**그림 1.15** 반도체 칩 제작 단계

## 4.1 웨이퍼 제조

### 4.1.1 천연 실리콘

보통의 석영 모래는 주로 규암으로 이루어져 있으며, 고온에서 탄소(carbon)와 반응할 수 있다. 실리콘-산소 결합이 강하기 때문에 규암은 매우 안정하다. 따라서 이러한 탄소 저하 반응은 매우 높은 온도를 필요로 하므로 고온의 도가니(furnace)에 순수한 규암과 탄소를 넣는다. 높은 온도에서 탄소는 일산화탄소를 형성하기 위해 규암과 반응하기 시작한다. 이 공정에서 천연 실리콘 또는 MGS(metallurgical-grade silicon)라 불리는 순도 약 98%에서 99%의 다결정 실리콘이 만들어진다. MGS를 형성하는 화학 반응식은 다음과 같이 표현된다.

$$\underset{\text{Quartzite}}{SiO_2} + \underset{\text{Coal}}{2C} \xrightarrow{\text{Heat}} \underset{\text{MGS}}{Si} + \underset{\text{Carbon monoxide}}{2CO} \tag{1}$$

천연 실리콘은 높은 불순물 농도를 가지기 때문에 반도체 소자 제작에 사용하기 위해 정제되어야 한다.

### 4.1.2 실리콘 정제

실리콘을 정제하기 위해 몇 단계를 거치게 된다. 우선, 천연 실리콘은 미세한 분말로 으깨어진다. 이때 실리콘 분말은 HCl 증기와 반응하기 위해 반응기 안으로 삽입되며, 약 300℃의 온도에서 $SiHCl_3$ 증기를 형성한다. 화학반응은 다음 식과 같이 표현된다.

$$\underset{\text{MGS}}{Si} + \underset{\text{Hydrochloride}}{3HCl} \xrightarrow{\text{Heat(300℃)}} \underset{\text{TCS}}{SiHCl_3} + \underset{\text{Hydrogen}}{H_2} \tag{2}$$

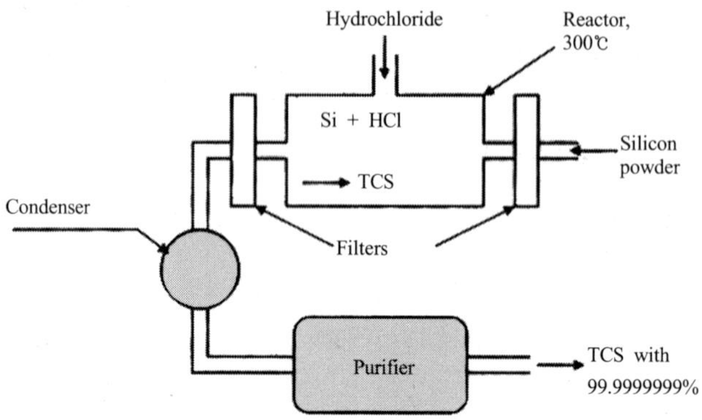


**그림 1.16** 실리콘 원료로부터 고순도의 $SiHCl_3$를 얻기 위한 공정

$SiHCl_3$ 증기는 이때 99.9999999%(10억 개의 원자 당 1개 이하의 불순물) 보다 높은 순도를 가지는 초고순도 액체 $SiHCl_3$를 얻기 위해 일련의 필터, 응축기(condenser), 정제기를 거치게 된다. 그림 1.16은 고순도 $SiHCl_3$ 형성 공정에 대한 개략도를 나타낸 것이다.

고순도 $SiHCl_3$는 실리콘을 얻기 위해 사용되는 가장 일반적인 실리콘 원료 전구체(precursor) 중의 하나이다. 이것은 비정질 실리콘, 다결정 실리콘, 그리고 에피택시 실리콘 증착에 광범위하게 응용된다. 고온에서 $SiHCl_3$는 $H_2$와 반응하여 고순도 다결정 실리콘이 만들어지며, 반응식은 다음과 같이 표현된다.

$$\underset{\text{TCS}}{SiHCl_3} + \underset{\text{Hydrogen}}{H_2} \xrightarrow{\text{Heat}(1,100℃)} \underset{\text{EGS}}{Si} + \underset{\text{Hydrochloride}}{3HCl} \tag{3}$$

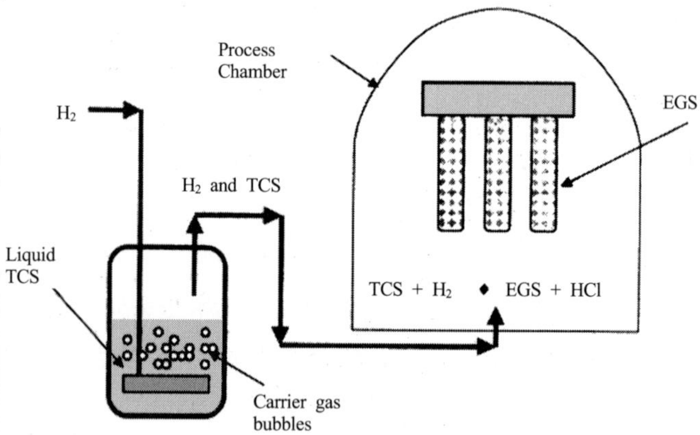


**그림 1.17** EGS를 얻기 위한 공정

고순도 다결정 실리콘은 EGS(electronic-grade silicon)라고 불린다. 그림 1.17은 반응공정을 나타낸 것이다. 현재 EGS는 집적회로 공정에서 단결정 실리콘 잉곳(ingot)으로 바로 만들어질 수 있으며, 이를 이용하여 웨이퍼가 제작된다.

### 4.1.3 결정 성장

단결정 실리콘 잉곳을 만들기 위해 EGS와 단결정 실리콘 종자(seed)를 녹일 높은 온도가 필요하다. 용융된 실리콘은 이때 종자 결정과 동일한 결정 구조로 재응결된다. 일반적으로 반도체 산업에서 단결정 실리콘을 만드는 두 가지 방법이 있는데, 쵸크랄스키 방법과 플로팅 존 방법이다. 쵸크랄스키 방법은 플로팅 존 방법에 비해 단일 조각의 결정과 다결정 실리콘이 사용될 수 있으므로 상대적으로 저가로 제작될 수 있고, 200 mm 이상의 큰 직경을 가지는 웨이퍼를 제작할 수 있는 장점이 있기 때문에 웨이퍼 제작에 더 보편적으로 이용된다.

#### 4.1.3.1 쵸크랄스키 방법

IC 공정에서 사용되는 실리콘 웨이퍼는 그림 1.18에 나타낸 쵸크랄스키 방법(Czochralski method)으로 만들어진다. 쵸크랄스키 방법에서 고순도 EGS는 1,414℃의 실리콘 용융점 바로 위인 1,415℃에서 느리게 회전하는 석영 도가니(crucible)에서 RF 또는 저항 가열 코일에 의해 녹는다. 저항 가열기는 낮은 비용과 유지비, 그리고 높은 효율로 인하여 현재 광범위하게 사용되고 있다. 느리게 회전하는 척(chuck)에 설치된 막대

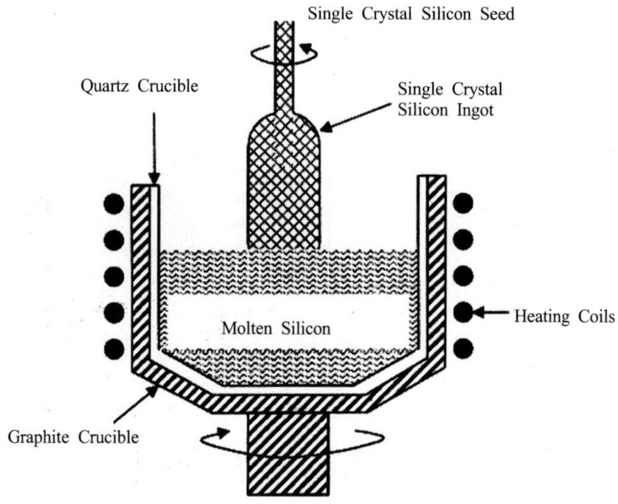


**그림 1.18** 쵸크랄스키(CZ) 방법

형태의 단결정 실리콘 종자는 용융된 실리콘 안으로 점차적으로 내려가서 종자 결정의 표면이 용융된 실리콘에 잠기면서 녹기 시작한다. 종자 결정 온도는 실리콘 용융점 바로 아래로 정밀하게 제어된다. 시스템이 열적 안정성에 도달했을 때 종자 결정을 천천히 상부로 끌어올리면서 회전시켜 종자 결정과 동일한 결정 방향과 일치하는 단결정을 만든다. 종자 결정의 회전과 용융은 결정 잉곳을 가로질러 불순물 균일성을 개선시킨다. 쵸크랄스키 방법에서 결정의 직경은 온도와 끌어올리는 속도에 의해 결정된다. 쵸크랄스키 방법에 의해 만들어진 단결정 실리콘 잉곳은 높은 온도 때문에 석영 도가니가 침식당하면서 나오는 산소와 탄소 불순물을 포함하는 단점이 있다. 따라서 높은 비저항을 가지는 단결정 실리콘을 성장시킬 수 없다.

#### 4.1.3.2 플로팅 존 방법

플로팅 존 방법(floating zone method)은 단결정 실리콘 잉곳을 만드는 또 다른 방법이다. 그림 1.19는 플로팅 존 방법을 나타낸 것이다. 쵸크랄스키 방법에서처럼 공정은 Ar 분위기의 봉합된 도가니 안에서 수행된다. 공정은 도가니 안에 수직으로 위치한 약 50~100 cm 길이의 다결정 실리콘으로 시작한다.

가열 코일은 폴리 실리콘 막대 하부의 끝을 녹이며, 종자 결정은 용융 존에서 녹는다. 용융 영역은 용융된 실리콘의 표면 장력에 의해 종자 결정과 다결정 막대 사이에서 정지한다. 이때 가열 코일은 위쪽으로 느리게 움직이며 용융된 실리콘 바로 위의 다결정 막대를 녹인다. 종자 끝의 용융된 실리콘이 굳기 시작하고 종자 결정과 같은 결정

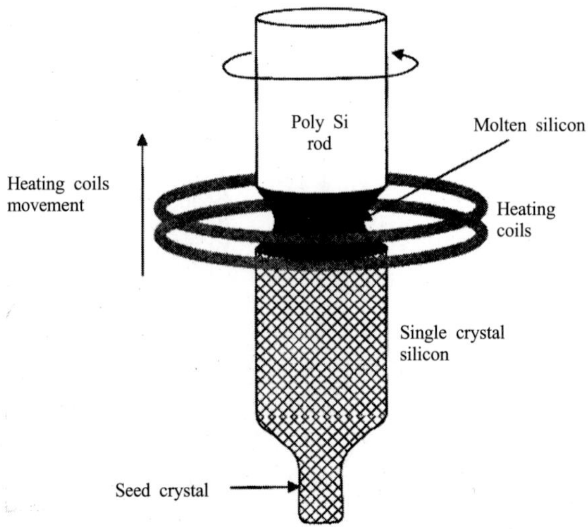


**그림 1.19** 플로팅 존(floating zone) 방법

방향을 형성하게 된다. 가열 코일이 전체 폴리 실리콘 막대를 지나 움직인 후에 폴리 실리콘 막대는 단결정 실리콘 잉곳으로 변한다. 잉곳의 직경은 주로 맨 윗부분과 아래 부분의 상대적인 회전 속도에 의해 제어된다. 플로팅 존 방법에 의해 제작된 가장 큰 웨이퍼 직경은 150 mm(6 in.)이다. 쵸크랄스키 방법은 300 mm(12 in.) 웨이퍼의 대량 생산에 표준이 되고 있다.

도가니가 이 공정에서 사용되지 않으므로, 플로팅 존 방법의 주요 장점은 산소와 탄소 등에 대한 낮은 용융 오염도로 인해 더 높은 실리콘 순도를 얻을 수 있다는 것이다. 이것은 별개의 파워 소자(power device)에 필요한 웨이퍼를 제작하기 위해 주로 사용되는데 웨이퍼는 고저항 출발 물질을 필요로 한다. 플로팅 존 방법의 경우 두 개의 큰 단점이 있다. 하나는 용융 결정의 계면이 매우 복잡하여 전위(dislocation)가 없는 결정을 얻기가 힘들다는 것이다. 또 다른 하나는 출발 물질로서 고순도 폴리 실리콘 막대를 필요로 하기 때문에 비용이 더 많이 들게 된다는 것이다. 반면에 쵸크랄스키 방법에서는 웨이퍼 절단 시 생긴 분말, 절단된 잉곳 끝부분 등과 같은 어떠한 고순도 실리콘들도 시작 물질로서 사용될 수 있다. 잉곳은 회전하는 용융된 실리콘을 응결시켜 형성되므로, 단결정 실리콘 잉곳(그리고 그로부터 얇게 잘린 웨이퍼)은 항상 원형이다.

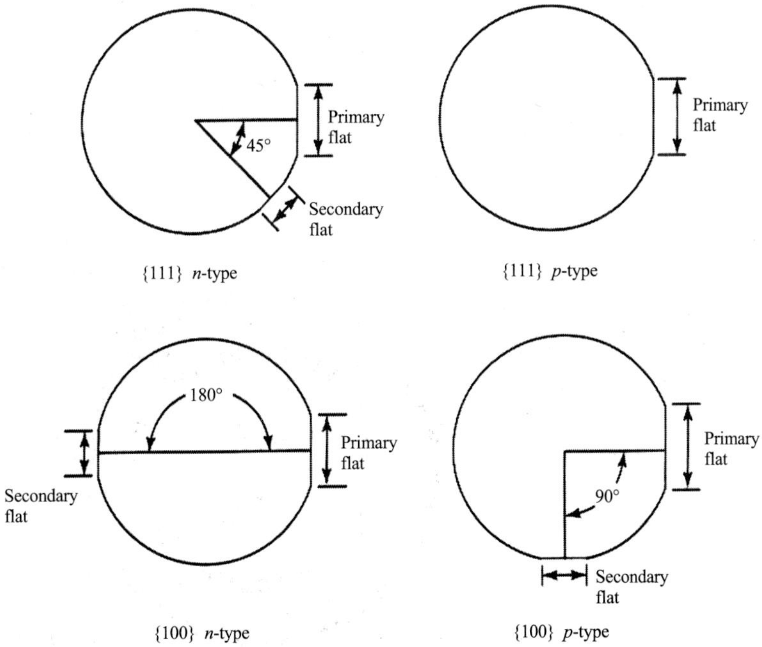


**그림 1.20** 실리콘 웨이퍼의 결정방향과 전도 형태의 표시

### 4.1.4 웨이퍼링

결정 잉곳이 식은 후에 잉곳의 양쪽 끝을 잘라내고 자동 직경 제어 공정(automatic diameter control process)에 의해 발생한 홈을 제거하기 위해 측면을 연마(polish)한다. 그 후, 웨이퍼의 결정방향과 전도 형태를 표시하기 위해 잉곳의 일정한 면에 플랫(flat)이 나타나도록 연마한다. 이를 그림 1.20에 나타내었다.

다음에 잉곳으로부터 웨이퍼를 잘라내기 위해 다이아몬드가 코팅된 톱이 사용된다. 냉각제(coolant)는 절단 공정에 의해 발생하는 열을 제어하기 위하여 잉곳과 톱의 전면에 계속 뿌려진다. 웨이퍼는 가능한 얇게 잘리지만, 웨이퍼 공정에서 기계적 취급을 견딜 수 있을 만큼 충분히 두꺼워야 한다. 직경이 큰 웨이퍼는 더 큰 두께를 필요로 한다. 다양한 크기의 웨이퍼들의 두께가 표 1.4에 나와 있다.

**표 1.4 웨이퍼 크기에 따른 웨이퍼 두께**

| Wafer Size(mm) | Thickness($\mu$m) | Area(cm$^2$) | Weight(g) |
|---|---|---|---|
| 50.8 (2") | 279 | 20.26 | 1.32 |
| 76.2 (3") | 381 | 45.61 | 4.05 |
| 100 | 525 | 78.65 | 9.67 |
| 125 | 625 | 112.72 | 17.87 |
| 150 | 675 | 176.72 | 27.82 |
| 200 | 725 | 314.16 | 52.98 |
| 300 | 775 | 706.21 | 127.62 |

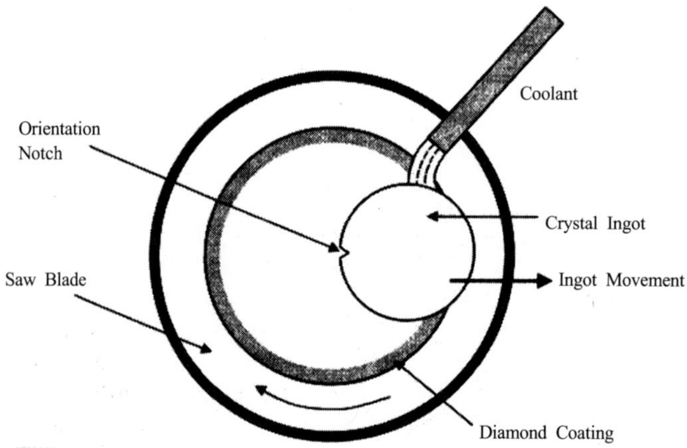


**그림 1.21** 웨이퍼 절단 공정

절단 공정 중에 단결정 잉곳의 1/3이 절단 시 생기는 가루로 소모된다. 다행히, 이것은 출발 실리콘 물질로 쵸크랄스키 방법에서 재사용 될 수 있다. 절단 공정을 그림 1.21에 나타내었다.

### 4.1.5 웨이퍼 마무리

절단 과정 후에, 웨이퍼 가장자리는 절단 공정에서 생긴 날카로운 끝을 원형으로 만들어주기 위해 기계 공정을 통해 연마된다. 그림 1.22는 모서리 다듬기(edge-rounding) 공정을 나타낸 것이다.

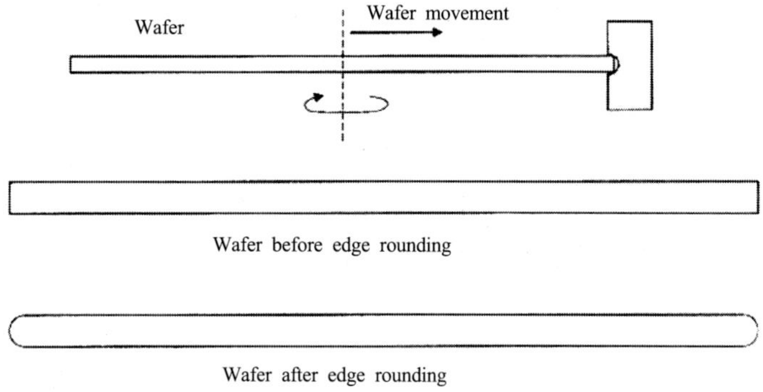


**그림 1.22** 모서리 다듬기(edge-rounding) 공정

이때 웨이퍼는 통상적인 연마재로 거칠게 연마되며, 웨이퍼 절단 공정에 의해 발생한 주요 표면 손상을 제거하고 포토 리소그래피 과정을 위해 필요한 평탄한 표면을 만들기 위해 슬러리를 이용한 연마(slurry-lapping) 공정을 거친다. 연마(lapping) 공정은 2 $\mu$m 이내의 표면 평탄도를 가지는 웨이퍼를 생산할 수 있다.

습식 식각 공정은 절단, 모서리 다듬기, 연마 공정 중에 발생한 입자나 손상을 제거하기 위하여 수행된다. 어느 정도의 절단 손상이 실리콘 안으로 10 $\mu$m만큼 일어날 수 있으므로 습식 식각에서는 웨이퍼의 양쪽 면으로부터 약 10 $\mu$m의 실리콘을 제거할 필요가 있다. 보통 사용되는 식각액(etchant)은 $HNO_3$, HF, $CH_3COOH$의 혼합물이다. $HNO_3$는 웨이퍼 표면에 실리콘 산화막을 형성시키는데 HF가 이를 제거한다. $CH_3COOH$는 반응속도를 조절하는데 도움을 준다. 식각 공정은 $HNO_3$가 많은 용액에 의한 등방성 식각 특성으로 인하여 웨이퍼 표면을 더욱 부드럽게 한다. 보통의 화학식은 $HNO_3$($H_2O$에 79wt%), HF($H_2O$에 49wt%), $CH_3COOH$에 대하여 4 : 1 : 3이다. 화학 반응은 다음 식과 같이 표현될 수 있다.

$$3Si + 4HNO_3 + 6HF \longrightarrow 3H_2SiF_6 + 4NO + 8H_2O \quad (4)$$

화학적-기계적 연마(chemical mechanical polishing, CMP) 공정에서 웨이퍼는 회전하는 용기에 고정되고 슬러리와 물을 주입하면서 회전하는 연마판(polishing pad)으로 누른다. 슬러리는 NaOH의 수용액에 약 100 Å의 직경을 가지는 미세한 실리카($SiO_2$) 입자들이 있는 콜로이드성 현탁액이다. NaOH은 웨이퍼와 연마판 사이의 마찰에 의해 발생하는 열의 도움으로 실리콘 표면을 산화(화학적 공정)시킨다. 이때 실리카 입자들은 표면으로부터 산화막을 마모시켜 제거(기계적 공정)한다. 그림 1.23은 화학적-기계적 연마 공정의 개략도를 나타낸 것이다.

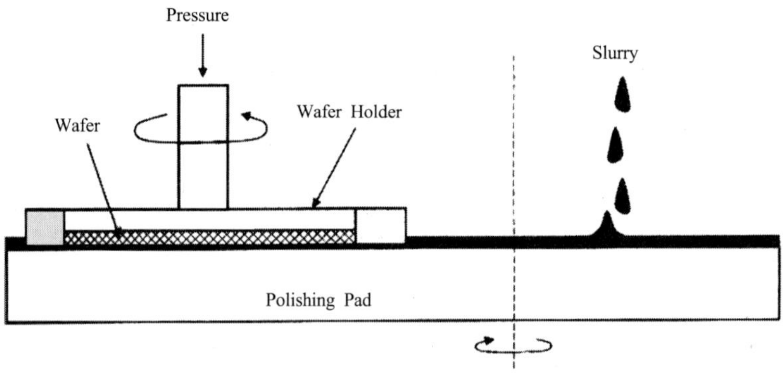


**그림 1.23** CMP 공정

산성-산화제(acid-oxidizer) 용액의 혼합물에 의한 화학적-기계적 연마 공정 후(post-CMP) 세정 공정은 유기물 및 무기물 불순물과 입자들을 제거한다. 이것으로 웨이퍼 표면 공정이 끝나며, 집적회로 제조 공정의 준비가 갖춰진 결함이 없는 표면을 갖는 웨이퍼가 만들어진다. 일반적으로 사용되는 세정 용액은 HCl과 $H_2O_2$의 혼합물과 $H_2SO_4$와 $H_2O_2$의 혼합물이다. 그림 1.24는 웨이퍼 제작 공정 동안 200 mm 웨이퍼의 표면 거칠기(surface roughness)와 웨이퍼 두께 변화를 나타낸 것이다.

화학적-기계적 연마 공정 후에 세정과 검사가 실시되고, 이를 마지막으로 웨이퍼의 제조 공정은 끝나게 된다.

## 4.2 반도체 칩의 제작

웨이퍼로부터 반도체 칩을 제작하는 것이 두 번째 단계이다. 실리콘 웨이퍼는 집적회로 제조 시설에 도달해서 세정, 산화, 패터닝, 식각, 불순물 주입, 박막 증착 등의 다양한 단위 공정을 거쳐 반도체 칩으로 제작된다. 이해를 돕기 위해 가장 간단한 nMOS

트랜지스터 공정의 개략도를 그림 1.25에 나타내었다.

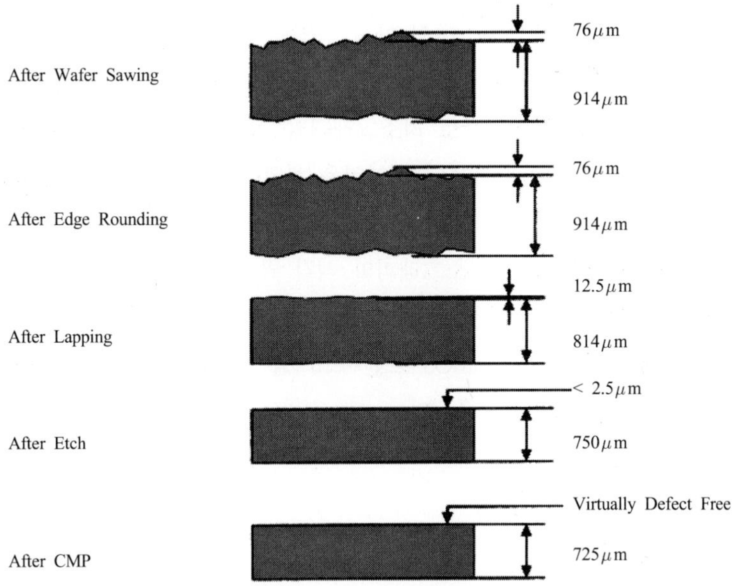


**그림 1.24** 웨이퍼 두께와 표면 거칠기의 변화

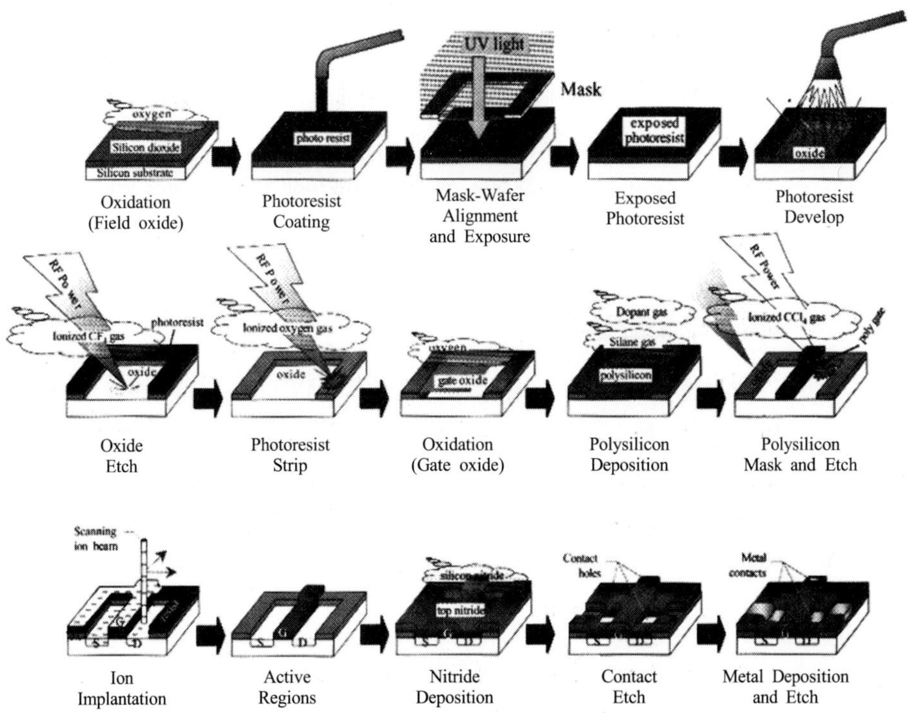


**그림 1.25** nMOS 공정 흐름에서 주요 제작 단계

웨이퍼에 실리콘 표면을 보호하기 위해 실리콘 산화막으로 얇은 막을 형성한다. 그 위에 질화실리콘을 낮은 압력의 화학기상증착법(LPCVD)으로 증착하고, 감광막을 마스크로 사용하여 트랜지스터의 활성 영역을 형성한다. 새로운 얇은 산화막을 MOS 트랜지스터의 게이트 산화막으로 성장시킨다. 다음에 다결정 실리콘을 CVD법으로 전체 웨이퍼에 증착시킨 후, 포토 리소그래피와 식각 공정을 이용하여 다결정 실리콘 게이트 영역과 내부 연결에 사용되는 영역을 제외한 모든 영역을 식각한다. 다음으로 얇은 산화막 영역에 소스/드레인 영역 형성을 위한 이온 주입 공정을 실시한다. 접촉 부분을 형성하기 위해 포토 리소그래피와 식각 공정을 사용한다. 접촉 부분에 금속을 증착하여 디바이스 제작을 완료한다.

위에 언급했듯이, nMOS 트랜지스터를 제작하는 데는 다음과 같은 기본적인 단위 공정이 반복적으로 사용된다.

- 산화
- 포토 리소그래피
- 식각
- 박막 증착 (CVD / PVD)
- 이온 주입 / 확산
- 열처리

반도체 칩 제조업체는 하나의 웨이퍼에서 수억 개의 칩을 생산할 수 있는 자동화된 장비를 사용하는 복잡한 공정 단계들을 가지고 있다. 그러나 복잡한 집적회로도 기본적인 단위 공정들의 조합으로 제작되기 때문에 단위 공정을 이해하는 것이 대단히 중요하다.

### 4.3 테스트/분류

반도체 칩의 제작이 끝나면, 웨이퍼는 개별적인 다이(die)를 검증하고 전기적으로 테스트하는 테스트/분류 지역으로 보내진다. 결함 있는 다이는 후에 사용될 수 있는지 없는지를 분류하기 위해 그림 1.26에 나타낸 것처럼 표시를 한다.

웨이퍼 테스트를 통과한 다이는 계속해서 후속 공정 단계를 거치게 된다.

### 4.4 조립과 패키징

웨이퍼 테스트/분류 후, 웨이퍼는 각 칩들을 보호하기 위한 조립과 패키징 공정으로 이어진다. 최종 조립 및 패키징은 집적회로 제조의 마지막 공정이다. 일반적으로, 집적

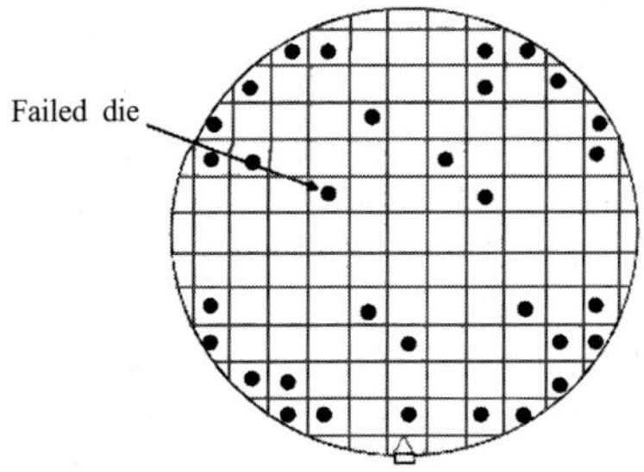


**그림 1.26** 검사 후 웨이퍼

회로 최종 조립에서는 웨이퍼로부터 각각의 우수한 다이를 분리시키고, 금속 리드 프레임(lead frame) 또는 기판에 다이를 부착시킨다. 최종 조립 단계 후에 다이를 보호 패키지에 넣는 패키징 공정이 이루어진다. 집적회로 조립과 패키징 공정의 개략도를 그림 1.27에 나타내었다.

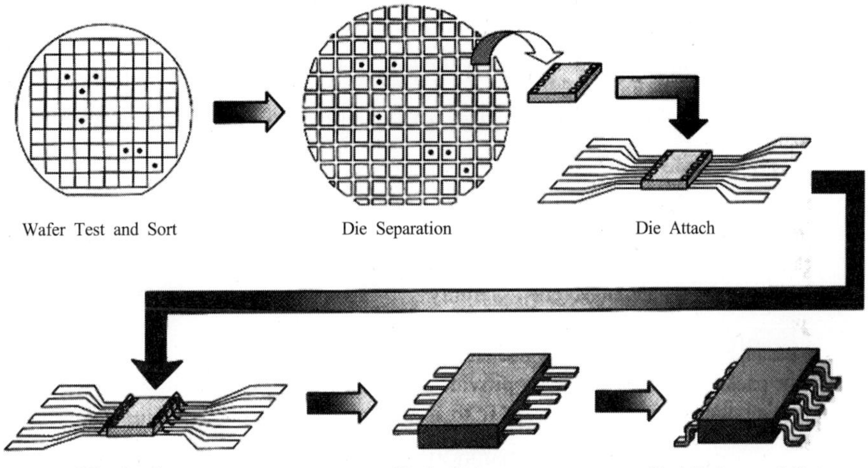


**그림 1.27** 일반적인 조립과 패키징 공정

과거 패키지는 외부로부터 칩 보호 및 보드와의 전기적 연결이 주요 역할이었기 때문에 하이테크가 별로 필요하지 않았다. 하지만 칩의 고집적화와 고속화가 이루어지면서 패키지의 탁월한 열적, 전기적 수행 능력이 점차 요구되기 시작했고, 디바이스와 기기장착과 분리해서 생각할 수 없는 하나의 시스템화로 발전하고 있다. 전자기기의 고성능화와 경박 단소화는 어디가 최종한계인지 모르는 듯 공격적으로 계속 발전을 거듭하고 있다. 따라서 앞으로는 패키징의 중요성이 점차로 증대될 것이다.

집적회로 패키징은 모든 칩에 대하여 아래와 같이 중요한 기능을 가진다.

- 주위 환경과 취급 시 발생하는 손상으로부터의 보호, 칩에 대한 물리적인 지지
  예를 들어 16 M DRAM의 경우, 머리카락 굵기의 약 100분의 1 정도의 가느다란 미세회로로 패턴 되어 있기 때문에 그 자체로는 어떠한 외부환경에서도 유지될 수 없다. 패키징을 함으로써 칩은 외부환경(기계적, 화학적)으로부터 보호를 받을 수 있다.
- 칩의 내부나 외부로의 신호를 보내기 위한 접속(interconnection)
  칩은 육안으로 판독이 어려울 만큼 미세하기 때문에 직접 기기에 전기적 연결이 불가능하다. 패키징을 함으로써 전기적 연결이 쉬워진다.
- 열 분산(thermal dissipation)
  칩 동작 시 내부 회로에서 발생되는 열은 전자기기의 성능과 신뢰성에 직결되므로 효과적으로 열을 방출하는 역할을 해야 한다. 온도가 10℃ 상승할 때마다 칩의 수명은 50%씩 줄어들고 스위칭 딜레이(switching delay)는 2%씩 상승한다고 보고되고 있다. 따라서 고집적화된 대용량의 칩에서 열을 효과적으로 방출할 수 없다면 디바이스가 제 성능을 발휘할 수 없을 뿐만 아니라 얼마 가지 않아 디바이스가 사용할 수 없는 상태가 되기 때문에 칩 제조 못지않게 패키징을 통한 열 방출도 중요하다.

### 4.4.1 조립

조립 단계는 칩을 집적회로 패키징에 붙이기 위해 필요한 4가지 단계로 구성되어 있다.

- 후면연마(back grinding)
- 다이 분리(die separation)
- 다이 부착(die attach)
- 접속(interconnection)

#### 4.4.1.1 후면연마

조립에서 첫 번째 공정은 후면연마이다. 웨이퍼들은 물리적인 충격에 파손되는 것을 방지하기 위해 일정한 두께를 가지고 있다. 예를 들어, 300 mm 웨이퍼의 두께는 775 $\mu$m이다. 그러나 웨이퍼는 조립이 되기 전에 두께가 얇아져야 한다. 웨이퍼는 일반적으로 200~500 $\mu$m의 두께로 얇게 된다. 더 얇은 웨이퍼일수록 칩으로 분리되기 쉬우며, 열 분산을 개선하여 열응력을 줄이는데 유리하다. 후면연마 공정은 그림 1.28에 나

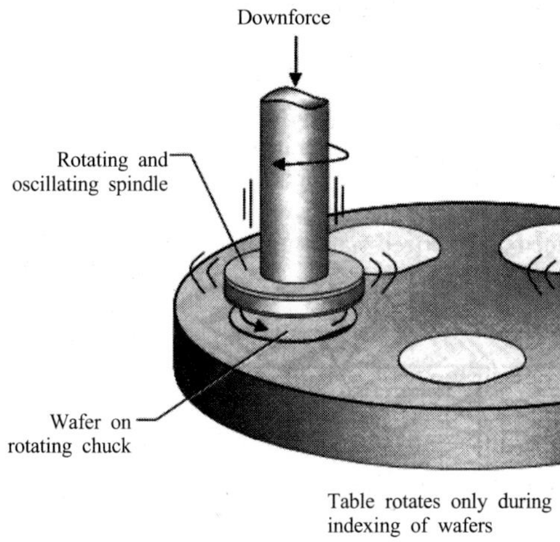


**그림 1.28** 후면연마 공정의 개략도

타내었듯이 완전히 자동화된 기계로 이루어진다.

후면연마는 웨이퍼에서의 응력 형성을 최소화하기 위하여 주의 깊게 제어되어야 한다. 응력은 웨이퍼를 뒤틀리게 할 수 있으며, 다이싱(dicing) 동안 웨이퍼를 파손시킬 수 있다. 후면연마 후에 후면 금속공정이 실시되는 경우도 있다. 금속공정에서 사용되는 금속은 기판의 전기적 전도도를 개선시키기 위해 Au를 사용한다.

### 4.4.1.2 다이 분리

다이 분리에서는 다이아몬드-블레이드 절단 톱을 사용하여 웨이퍼로부터 각각의 다

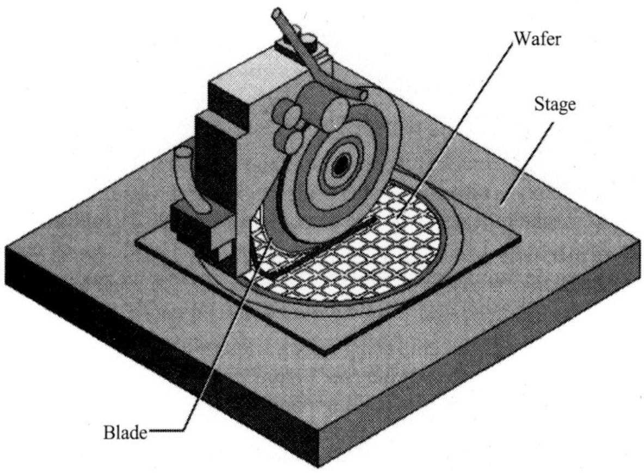


**그림 1.29** 웨이퍼의 다이 분리과정

이를 잘라낸다. 절단하기 전에 웨이퍼는 카세트로부터 제거되어 고정 프레임의 접착성 필름 위에 놓여진다. 접착성 필름은 모든 칩들이 절단될 때 웨이퍼를 원래대로 고정시키는 역할을 한다. 웨이퍼의 다이 분리과정을 그림 1.29에 나타내었다. 웨이퍼는 각 개별 다이가 접착성 지지대에 의해 고정되어 있을 동안 절단 작업에서 발생하는 실리콘 슬러리(slurry) 잔류물을 제거하기 위해 탈이온화수(deionized water)를 이용하여 린스된다.

#### 4.4.1.3 다이 부착

다이 분리 과정 후에 웨이퍼는 다이 부착 공정으로 이동한다. 다이 부착 과정에서, 각각의 다이들은 접착성 지지대로부터 개별적으로 선택되어 기판 또는 리드 프레임에 물리적으로 부착된다. 리드 프레임을 그림 1.30에 나타내었다. 이 구조에서 리드선들은 내부 칩 접속 영역에서부터 고수준 조립을 위해 필요한 큰 리드 피치(lead pitch)까지 부채꼴로 전개된다. 피치는 리드선들의 중심선 사이의 간격이다.

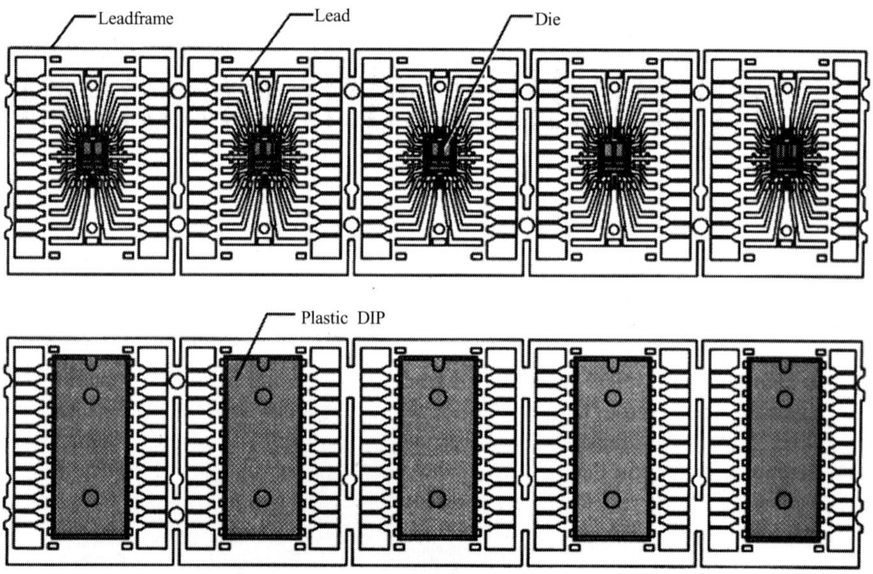


**그림 1.30** 다이 접착을 위한 리드 프레임

#### 4.4.1.4 칩 접속

다이는 다음에 열거된 기술을 사용하여 리드 프레임 또는 기판에 물리적으로 부착된다.

– 에폭시 부착
– 공정(eutectic) 부착

1) 에폭시 부착

에폭시 부착은 리드 프레임 또는 기판에 칩을 접속시키기 위한 가장 일반적인 방법이다. 에폭시는 리드 프레임 또는 기판의 중앙 영역에 놓인다. 다이 접속 장치는 그림 1.31에 나타내었듯이 에폭시 위에 칩의 후면을 올려놓고 에폭시를 경화시키기 위하여 가열 과정(1시간 동안 125℃)을 거친다. 대부분의 MOS 응용에서는 순 에폭시(straight epoxy)를 사용한다. 그러나 칩과 나머지 패키지 사이의 열 분산이 필요하다면, 은 성분을 포함한 열 전도성 에폭시가 사용된다.

2) 공정 부착

공정 부착을 이용하여 칩을 부착시키기 위해 그림 1.32에서 보듯이 Au 박막이 후면 연마 후에 웨이퍼의 뒷면에 증착된다. 공정(eutectic)은 녹는점(melting point)을 최소화하기 위해 고용농도의 범위를 한정시킨다. 이때 Au는 기판과 합금되어 붙게 되는데, 기판은 일반적으로 금속 리드 프레임(합금 42, Ni-Fe 합금)이나 세라믹 기판(90~99.5% $Al_2O_3$)이다. 전형적으로, 기판은 금 또는 은으로 코팅되어 있다. 대략 6초 동안 Au-Si 공정 온도(eutectic temperature) 이상인 420℃로 가열하여 칩과 리드 프레임 사이에 공정 합금 상호접속을 형성한다. 공정 부착은 우수한 열 경로와 기계적 강도를 가지며 바이폴라 소자에서 많이 사용되는 방법이다.

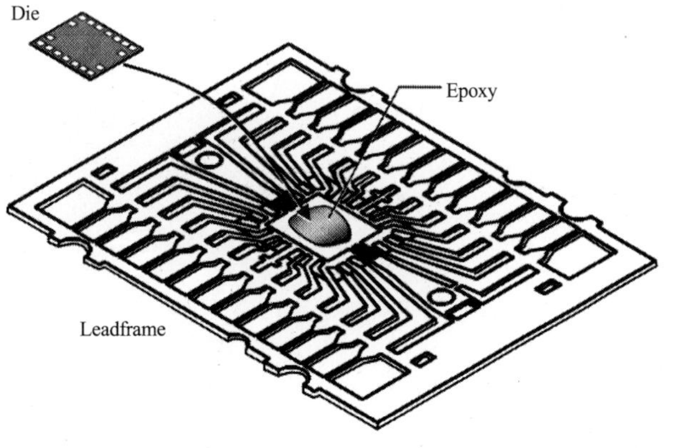


**그림 1.31** 에폭시 다이 접착

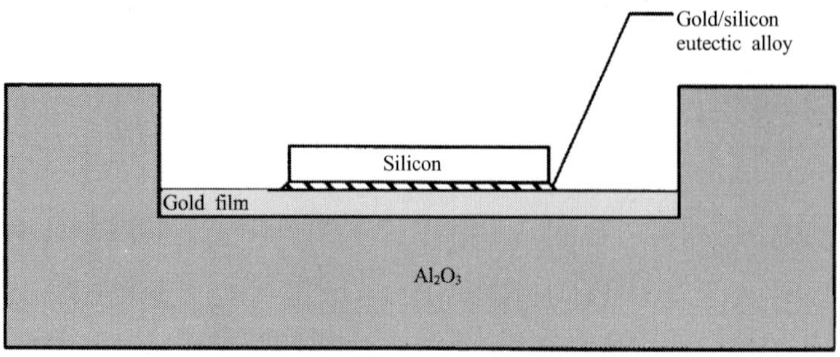


**그림 1.32** Au-Si의 공정 접착

#### 4.4.1.5 접속(interconnection)

집적회로 패키징에서 칩 레벨 접속(chip level interconnection) 기술로는 아래의 3가지 기술이 있다.

- 선 접속(wire bonding)
- 탭 본딩(TAB, tape automated bonding)
- 플립칩 본딩(flip chip bonding)

1) 선 접속

선 접속은 그림 1.33에 나타내었듯이 칩 표면상의 Al 접속 패드를 리드 프레임 또는 기판의 패키지 내부 리드 단자에 전기적으로 연결시키기 위한 가장 일반적인 방법이다. 미세한 직경의 선을 칩 접속 패드로부터 리드 프레임의 내부 리드 패드로 연결시킨

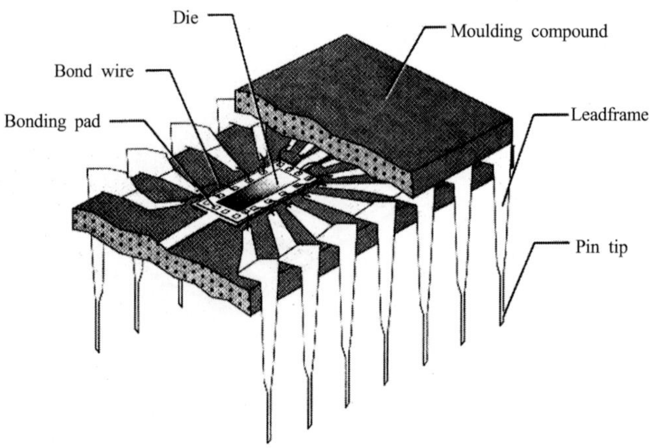


**그림 1.33** 칩 접속 패드로부터 리드 프레임으로의 선 접속

다. 접속선은 칩 패드와 리드 프레임 내부 리드 패드에 잘 접속되도록 보통 25~75 $\mu$m의 직경을 가지는 Au 또는 Al을 사용한다.

선 접속 공정은 사용되는 에너지의 형태에 따라 다음의 세 가지 방법으로 분류된다.

- 열압착 접속(thermocompression bonding)
- 초음파 접속(ultrasonic bonding)
- 열음파 볼 접속(thermosonic ball bonding)

a) 열압착 접속

열압착 접속에서 열에너지와 압력이 칩 패드와 리드 프레임 내부 리드의 선 접속을 형성하기 위해 사용된다. 모세관 팁(capillary tip)이라고 알려진 접속 기구는 선을 가열된 칩 접속 패드 상에 위치시키고 압력을 가한다. 압력과 열의 조합은 Au 선과 Al 패드가 쐐기 접속(wedge bond)이라고 하는 접속을 형성할 수 있게 한다. 이때 모세관 팁은 리드 프레임 내부 리드로 이동하는 동안 선을 다시 공급하며, 동일한 방법으로 다른 쐐기 접속을 형성한다. 이러한 선 접속 공정은 모든 칩 접속 패드가 그에 상응하는 리드 프레임 내부 리드와 접속될 때까지 반복된다.

b) 초음파 접속

초음파 접속은 초음파 에너지와 압력을 이용한다. Al 선/Al 패드 또는 Au 선/Al 패드와 같이 유사하거나 다른 금속 사이의 접속을 형성할 수 있다. 초음파 접속 과정을 그림 1.34에 나타내었다. 선은 모세관 팁의 바닥에서 홈(groove)을 통해 공급되고, 다이 접속 패드 상에 위치된다. 모세관 팁은 금속 접속을 형성하기 위해 압력과 60 kHz (또는 100 kHz까지)의 초음파 주파수로 빠른 기계적인 진동을 가한다. 이 방법에서는 기판이 가열되지 않는다. 접속이 형성되었다면, 장치는 리드 프레임의 내부 리드 패드로 이동하고, 접속한 후 선을 끊는다.

c) 열음파 볼 접속

열음파 볼 접속은 볼 접속이라고 하는 접속을 형성하기 위하여 초음파 진동, 가열, 압력을 조합한 기술이다. 그림 1.35에 열음파 볼 접속 과정을 나타내었다.

기판은 약 150℃의 온도로 유지된다. 열음파 볼 접속은 텅스텐 카바이드 또는 세라믹 물질로 만들어진 모세관 팁을 사용하며, 미세한 직경의 Au 선을 중심의 구멍을 통하여 수직으로 공급한다. 돌출된 선은 선을 녹이는 작은 화염 또는 커패시터 방전 불꽃에 의해 가열되고 팁에서 볼을 형성한다. 접속 과정 동안, 초음파 에너지와 압력은 Au 선의 볼과 Al 패드 사이에 금속 접속을 형성한다. 볼 접속 종료 후에 접속 기구는 기판 내부 리드 패드로 이동하고 열압착 쐐기 접속을 형성한다. 이러한 볼 접속/쐐기 접속 공정은 접속 패드와 내부 리드 패드 사이의 선 루프(loop) 크기를 잘 제어할 수 있으며, 이것은 더 얇은 집적회로 패키지에서 매우 중요하다.

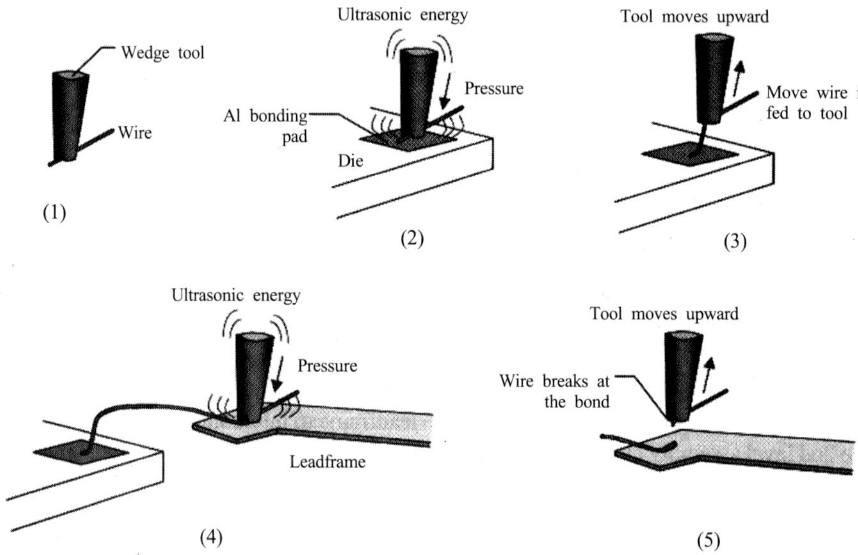


**그림 1.34** 초음파 선 접속 과정

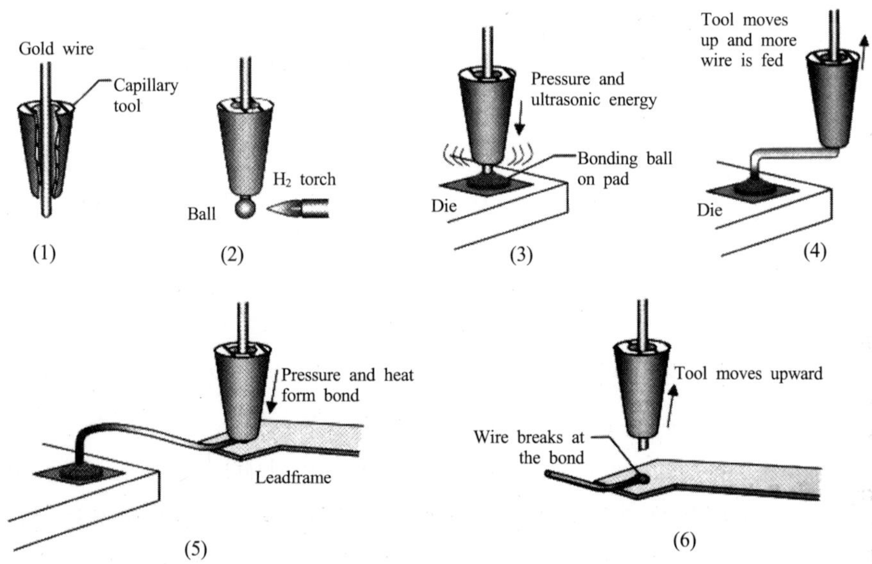


**그림 1.35** 열음파 볼 접속 과정

2) 탭 본딩

구리 및 폴리 이미드 접합체로 구성된 테이프(tape)를 이용하여 칩과 기판을 연결하는 방법으로 리드(lead)의 형태에 따라 ILB(inner lead bonding)과 OLB(outer lead bonding)가 있으며, 두 가지 모두 열압착 본딩(thermo-compressive bonding) 방법을 이용한다. 대량생산이 용이하고, 와이어 본딩(wire bonding)에 비해 전기적인 성능이 우수하며, 칩 패드 피치(chip pad pitch)와 기판 패드 피치(substrate pad pitch)를 독립적으로 할 수 있다는 장점이 있다. 하지만 범프(bump) 및 테이프 형성을 위한 추가적인 공정이 필요하며, 각각의 칩에 대하여 각각의 테이프 및 각각의 본딩 장치를 준비하여야 하며, 장치 가격이 비싸다는 단점이 있다.

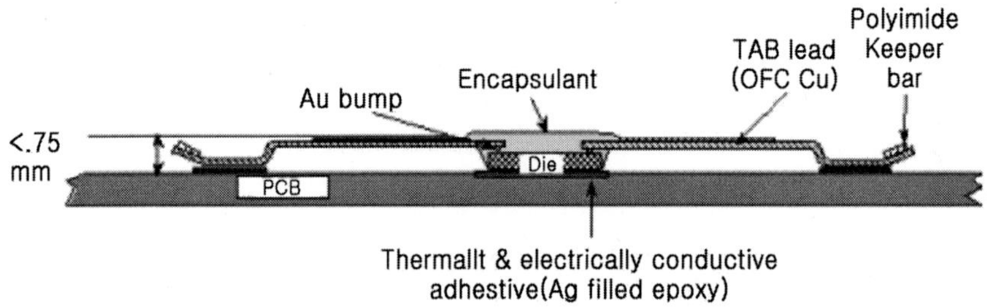


그림 1.36 탭 본딩

3) 플립칩 본딩

집적회로 칩을 기판에 맞대어 실장시키는 기술로 공간 활용도가 우수하며, 접속거리(interconnection length)가 굵고 짧아 고주파에도 문제가 없으며, 일괄 공정이 가능하기 때문에 와이어 본딩에 비해 가격이 저렴하다는 장점이 있다.

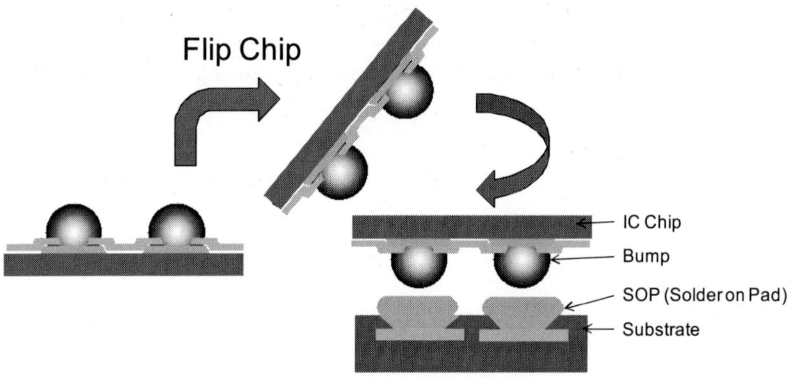


그림 1.37 플립칩 본딩

아래는 접속 기술에 따른 전기적인 특성을 나타낸 표이다. 플립칩 기술은 접속거리가 굵고 짧아 전기적인 특성이 우수하여 반도체 설계 엔지니어에게 파워와 그라운드(ground)의 설계를 용이하게 하며, 고속(high speed)/고주파(high frequency) 디자인이 가능하여 신호처리 능력을 향상시킬 수 있다.

**표 1.5 접속 기술에 따른 전기적 특성**

| ITEM | Wire bond | TAB | Flip chip |
|---|---|---|---|
| Resistance per length | 1 Ohm/inch | 0.25 Ohm/inch | 0.08 Ohm/inch |
| Inductance per length | 25 nH/inch | 21 nH/inch | 18 nH/inch |
| Typical length | 50~100 mils | 100~300 mils | 3~6 mils |
| Typical resistance | 50~100 mOhms | 25~75 mOhms | 〈 1 mOhms |
| Typical inductance | 1.2~2.5 nH | 2.1~6.3 nH | 〈 0.1 nH |

(Source : ICE, "Roadmap of Packaging Technology")

### 4.4.2 패키징

#### 4.4.2.1 패키징 형태

집적회로는 다양한 패키징 형태를 가진다. 패키징은 외부환경으로부터 습도와 오염에 의한 손상을 막기 위해 필요하다. 최근 전자패키지는 경박 단소화, 신호 처리 속도 증가, 다 기능 구현을 위해 다양한 형태로 발전하고 있다. 그림 1.38은 패키지 형태에 따른 실장 면적을 비교한 것이다.

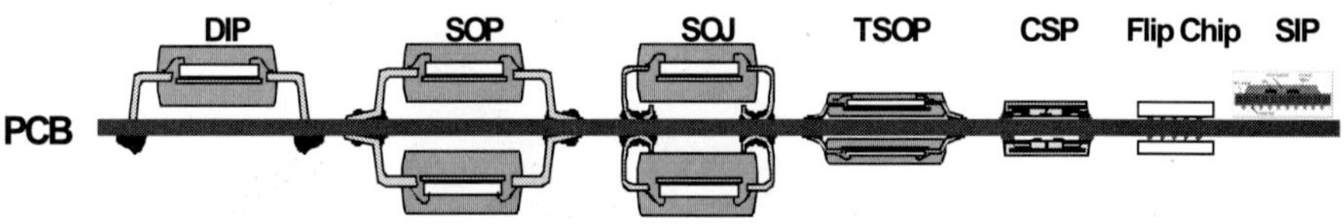


**그림 1.38** 실장 형태에 따른 분류

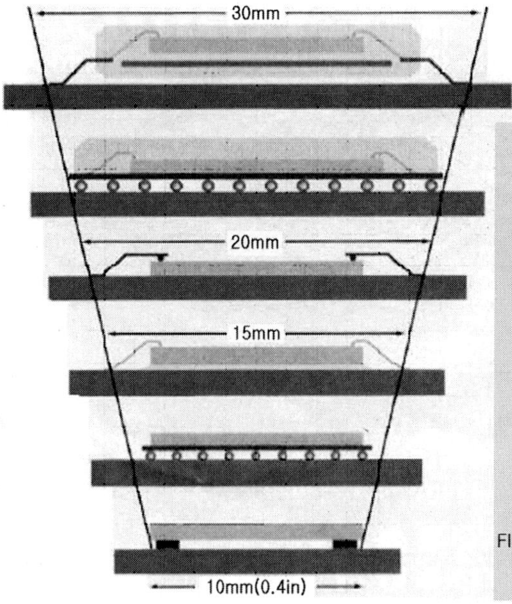


| Type | Area | Weight |
|---|---|---|
| QFP | 100% | 100% |
| BGA | -50% | -50% |
| TAB | -40% | -40% |
| COB | -25% | -10% |
| CSP | -13% | -20% |
| Flip chip | -10% | -5% |

*ERSO/ITRI Proprietary and Confidential*

**그림 1.39** 패키지 발전에 따른 크기 감소

1) 플라스틱 패키지

플라스틱 패키지는 주형(molding) 공정에서 리드 프레임과 선 접속된(wire bonded) 다이를 완벽하게 캡슐에 넣기 위해 에폭시 폴리머를 사용한다. 플라스틱 패키지는 1960년대에 도입된 이래로 가볍고 대량생산에 적합하다는 장점과 리드 형태의 유연성 때문에 광범위하게 사용되어 왔다. 리드의 형태는 회로 기판에 구멍을 뚫어 핀을 삽입하는 PIH(Pin-In-Hole)형과 기판의 표면 위에 핀을 형성하는 표면 실장형(SMT : Surface Mount Technology)으로 구분된다. 표면 실장형 리드의 구성은 다수의 입/출력 리드를 갖는 고밀도 패키징이기 때문에 집적회로에 많이 사용된다.

주조된 패키지는 디플래시(deflash) 단계를 거쳐서 패키지 주변의 초과 주형 재료를 제거한다. 디플래시는 샌드 블래스터(sand blaster)와 유사한 물리적 연마 과정이다. 이후 플라스틱 패키지에 제조업체와 생산 정보를 잉크나 레이저로 표시한다. 구성된 리드 형태는 나중에 주조되며, 리드의 형태는 갈매기 날개형(gull wing)과 J-형 등이 있다. 각 집적회로는 그림 1.40에 나타낸 것처럼, 모든 리드가 직선으로 고정되도록 하는 티-바(tie-bar)를 잘라냄으로써 리드 프레임에서 분리된다. 리드를 형성한 후, 얇은 리드 끝부분을 전기도금 증착해서 부식을 방지한다.

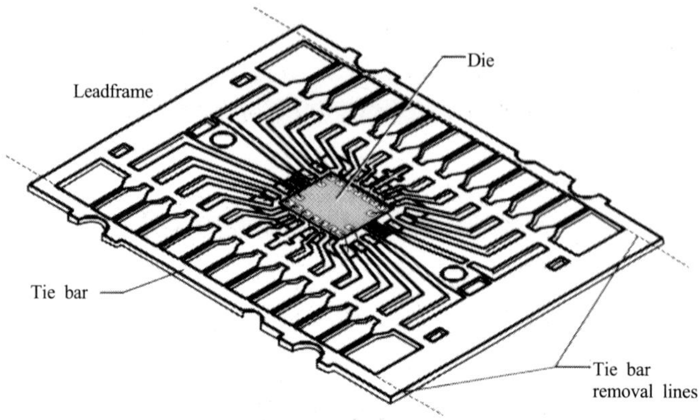


**그림 1.40** 리드 프레임으로부터 티-바의 제거

플라스틱 패키지에는 다양한 종류가 있다. 대부분은 고전압의 납땜에 의해 인쇄된 회로 기판에 있는 패드에 부착된다. 다음은 중요한 플라스틱 패키지의 대표적인 예이다.

a) DIP(Dual In-line Package)

그림 1.41에 나타낸 것처럼 2열의 PIH 리드를 갖는 DIP는 회로 기판의 구멍을 통해서 뒷면으로 구부러져 있다. 이 패키지는 1970년대와 80년대에 많이 사용되었지만, 이후에는 사용이 많이 감소되었다.

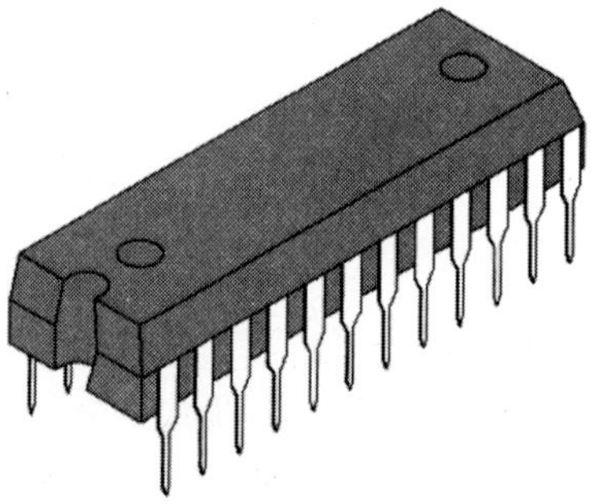

**그림 1.41** PIH를 위한 이중 인라인 패키지(DIP)

b) SIP(Single In-line Package)

그림 1.42에 나타낸 것처럼 SIP는 DIP의 대안으로서 메모리 응용과 같은 집적회로 구성요소의 몸체로 사용되는 회로 기판의 공간을 줄이기 위해 사용된다.

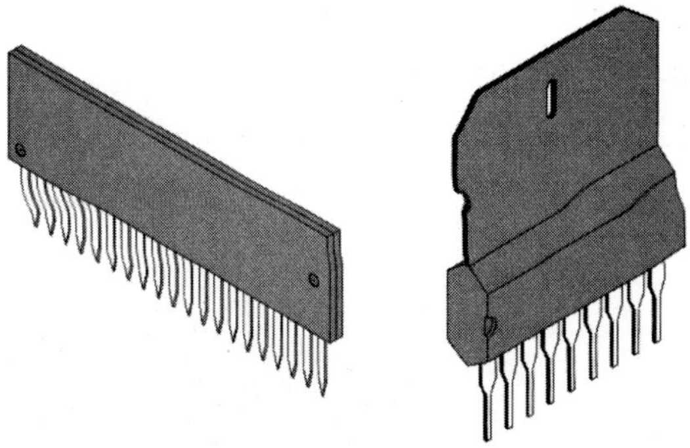

**그림 1.42** 싱글 인라인 패키지(SIP)

c) TSOP(Thin Small Outline Package)

메모리와 고성능의 카드로 널리 사용되는 TSOP는 그림 1.43에서 보듯이 갈매기 날개형 표면 실장 회로 기판 위의 패드를 부착시키기 위해 리드가 두 옆면을 따라서 나와 있다.

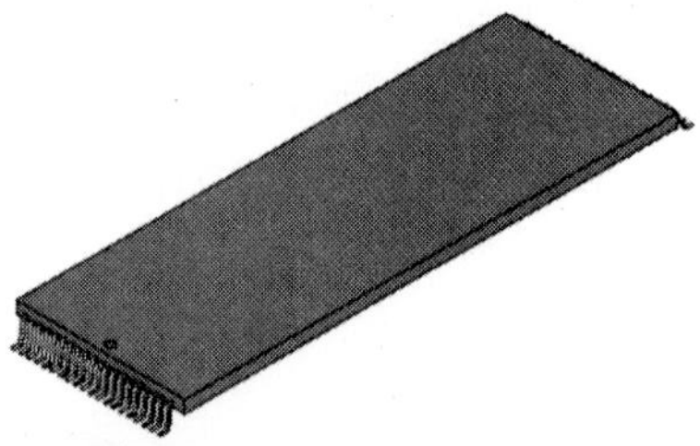

**그림 1.43** 갈매기 날개 모양으로 리드 표면을 마운트한 TSOP

d) QFP(Quad Flat Pack)

QFP는 높은 리드 밀도를 이루기 위해 그림 1.44에서 보듯이 패키지의 4개의 면 모두에 리드를 갖고 있다. QFP는 1998년에 생산된 모든 집적회로의 80%를 차지하였다.

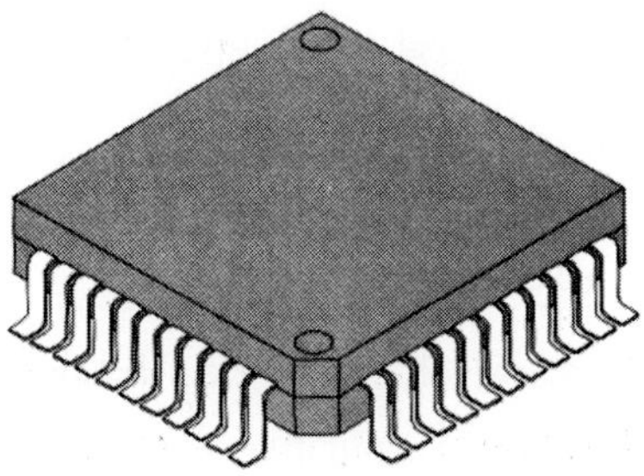

**그림 1.44** 갈매기 날개 모양으로 도선 표면을 마운트한 QFP

e) PLCC(Plastic Leaded Chip Carrier)

그림 1.45에 J-리드를 갖는 PLCC를 나타내었다. 이 패키지는 높은 입출력 계산이 필요하지 않을 때 QFP 대신에 사용된다.

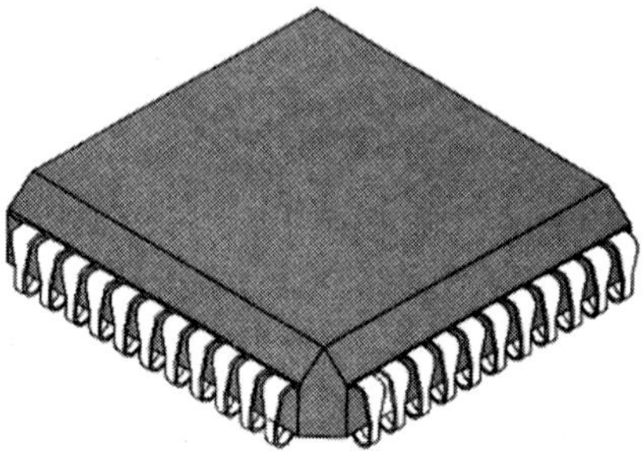

**그림 1.45** J-리드선을 가진 PLCC

f) LCC(Leadless Chip Carrier)

LCC는 그림 1.46에 나타낸 것처럼, 낮은 프로파일을 유지하기 위해 패키지 모서리 주변을 감싸는 리드를 갖는 플라스틱 패키지이다. LCC는 소켓이나 솔더(solder)로 회로 기판에 직접 접속된다. 소켓은 업그레이드나 고장 수리 시에 집적회로를 쉽게 탈착시키기 위해 사용된다.

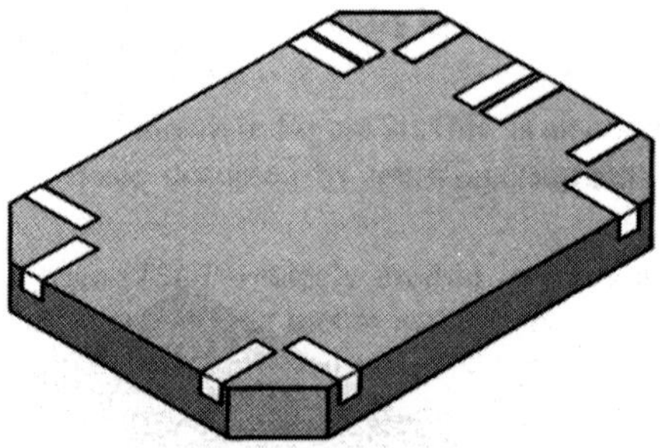

**그림 1.46** 리드선이 없는 칩 캐리어(LCC)

2) 세라믹 패키지

세라믹 패키지는 최대의 신뢰성 또는 높은 전력을 요구하는 분야에 사용된다. 세라믹 패키징은 칩 조립과 패키징을 따로 처리하는 내화성(refractory) 세라믹과 밀폐를 유지하는 저가의 패키징인 CERDIP(ceramic DIP)의 두 가지 방법이 있다.

a) 내화성 세라믹

내화성 세라믹 기판은 집적회로 패키징에 널리 사용된다. 이것은 슬러리(slurry)를 만드는 유기 용액과 적절한 유리 가루가 혼합된 알루미나($Al_2O_3$) 가루로 만든다. 그림 1.47에 내화성 세라믹 패키지 공정을 간략하게 나타내었다. 슬러리는 약 25 $\mu$m 두께의 얇은 시트에 주조된다. 이후에 건조되어 다층 세라믹 기판을 만들기 위해 패턴된다. 배선 회로는 다른 층들을 상호연결 하기 위해 금속화된 비아들을 갖는 각각의 층에 형성된다. 세라믹 기술은 많은 신호 및 접지와 결속 등을 갖는 복잡한 패키지 구성에 매우 유리하다. 세라믹 패키지에 가장 많이 사용되는 리드 형식은 그림 1.48에 나타낸 PGA(Pin Grid Array)형이다.

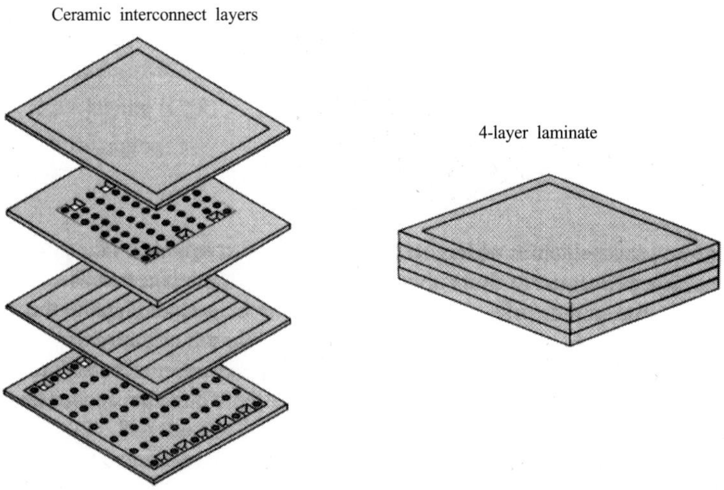


**그림 1.47** 박편으로 이루어진 내화물 세라믹 공정 순서

**그림 1.48** 세라믹 핀 격자 배열(PGA)

PGA는 고주파이며 600개 이상의 핀을 갖는 빠른 마이크로프로세서 같은 고성능 IC를 위해 사용된다. 일부의 PGA 패키지는 패키지 내에서 발생한 열을 제거하기 위한 작은 선풍기 같은 냉각 도구가 달려 있다.

b) CERDIP 패키지

세라믹 패키징 기술을 위한 저가의 접근법은 그림 1.49에 나타낸 것처럼 두 세라믹 사이에 리드 프레임을 넣고 두 세라믹을 압축하는 것이다. 이 패키지를 CERDIP라고 한다.

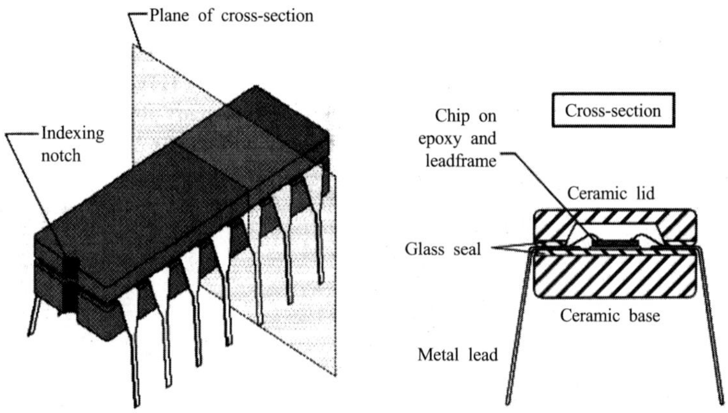


**그림 1.49** CERDIP 패키지

c) BGA(Ball Grid Array)

BT 양면 판을 회로로 가공하여 한쪽 면에 칩, 다른 면에는 솔더 볼(solder ball)을 탑재하여 몰드 수지로 봉지한 구조를 BGA라 한다. 밑면의 솔더 볼이 부품의 리드 역할을 하게 되므로 소형의 부품으로 많은 리드의 구성이 가능하다. 따라서 각종 전자기기 및 통신 기기 등 제품의 소형화, 경량화, 고기능화로 PC 보드 및 부품도 소형화됨에 따라 생겨난 패키지이다. BGA 패키지의 종류는 여러 가지가 있으며 대표적인 형태로는 그림 1.50에 나타낸 PBGA(Plastic BGA)와 그림 1.51에 나타낸 FCBGA(Flip Chip BGA)가 있다. FCBGA의 경우 열 방출이 용이하도록 TIM(Thermal Interface Material)을 사용하여 다이에서 발생되는 열을 쉽게 방출시킬 수 있도록 일반적으로 방열판(heat spreader)이 부착된 구조가 사용되며, 라미네이트(laminate) 기판의 휨(warpage)을 방지해주는 스티프너(stiffener)가 적용된 구조가 이용되기도 한다. 그림 1.51은 스티프너와 방열판이 모두 사용된 2피스(piece) 타입의 구조이다.

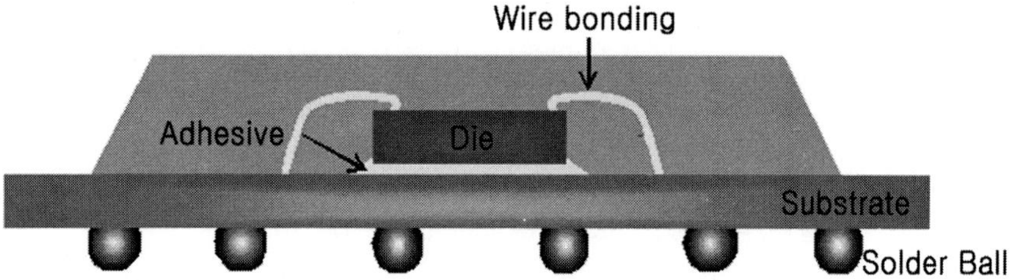


**그림 1.50** PBGA 패키지 구조

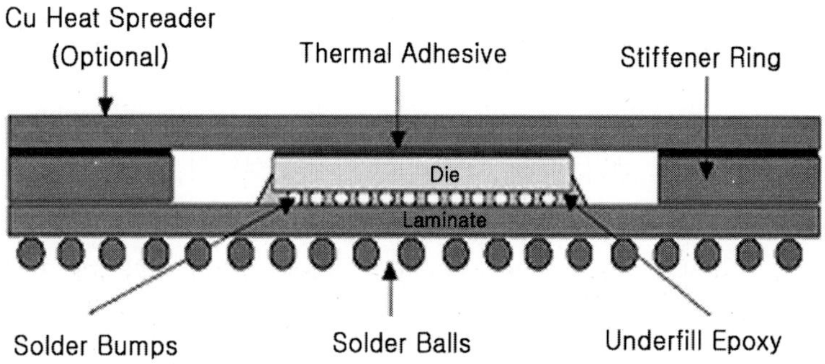


**그림 1.51** Flip chip BGA 패키지 구조

BGA 패키지의 장점으로는 리드를 면적으로 취하기 위해 QFP(quad flat package) 등 리드 프레임을 사용한 실장기술보다 훨씬 다핀화(high I/O)가 가능하다. 리드 피치는 QFP 보다 크고 이 때문에 마운터(mounter) 등의 정밀도가 크지 않아도 되기 때문에 실장 가공도가 향상된다. 가격이 비교적 저렴하며, 열 발산, 저 임피던스 등 고성능 타입이 가능하다. 리드의 휘는 현상이 없고, 취급이 용이하며, 큰 사이즈의 스텐실 홀(stencil hole) 때문에 솔더 페이스트(solder paste)의 프린팅(printing)이 쉽다. 단점으로는 스루홀(through-hole)을 적어도 핀 수만큼 설치할 필요가 있기 때문에 핀 수가 많아지면 가격이 비싸지며, 또한 스루홀을 피해 배선을 연결하기가 어려워진다. 마운트된 집적회로 칩 아래 또는 몰드 수지 아래에 위치하는 스루홀로부터 수분이 침입하여 내습성을 저하시킬 수 있다. 이밖에도 기판과 몰드 수지의 밀착이 나쁘고, 계면 박리를 일으키기 쉬우며 기판과 몰드 수지의 부적함으로 인해 패키지의 휘는 현상이 일어나는 경우가 있다. 아래에 BGA 작업공정에 대하여 간략히 설명하였다.

① 솔더 페이스트 스텐실(solder paste stencils)

PBGA는 기판 하부에 붙어있는 솔더 볼에 플럭스(flux)를 도포해서 작업을 하는 것이지만 작업공정에서의 어려움이 있어 다른 부품과 함께 솔더 페이스트(solder paste)를 도포하기 위해서 일반적으로 보드의 패드 사이즈와 같은 0.5 mm로 홀(hole)을 만든다. 스텐실(stencil)의 두께는 0.15~0.20 mm인 것이 가장 많이 사용된다.

② 솔더 페이스트 프린팅(solder paste printing)

일반적인 미세 피치(fine pitch)의 QFP 타입보다 큰 라운드 홀(round hole) 때문에 프린팅을 하기가 더욱 쉽다. PBGA의 경우 기판 밑면에 위치한 솔더 볼의 자체적인 양으로도 솔더링(soldering)을 하기 때문에 많은 양의 솔더 페이스트를 도포할 필요는 없다.

③ 부품 실장(placement)

BGA의 경우 QFP(quad flat package), SOP(small outline package) 타입과 달리 셀프 센터링(self centering) 기능이 상당히 강하다. 일반적으로 표면 장력에 의해 200~500개의 볼을 동시에 잡아당기기 때문에 12 mil 이상만 벗어나지 않으면 셀프 센터링(self centering) 기능에 의해서 정확하게 정렬이 된다. 그리고 정확한 공정을 위해서는 보드에 BGA와 같은 크기로 실크 라인(silk line)을 그려 주어야 한다. 이것을 기준으로 해서 칩 실장(chip mounting) 작업이 이루어지기 때문이다. 비전 시스템(vision system)을 이용해서 솔더 볼과 패턴을 일치시킨 후 작업을 하는 방법은 고비용과 저 효율성에 의해서 지금은 거의 사용하지 않고 있다.

④ 리플로(reflow)

프로파일(profile)은 일반적인 표면실장부품(SMD, surface mounted device)과 같은 프로파일을 사용한다. 모든 업체에서 권장하는 온도가 215℃이고 많은 업체에서 210~240℃까지 허용하고 있다. 정확한 온도조건이 있는 것이 아니고 보드의 크기, 두께, 주위 온도, 실장 되는 부품 수에 따라서 약간의 차이가 있기 때문에 정확한 조건을 잡기 위해 서모커플(thermo-couple) 등을 이용해 반복적으로 측정을 해야 한다. PBGA에서 정확한 프로파일을 이용하기 위해서 솔더 볼과 패턴 사이에 얇은 서멀 와이어(thermal wire)를 부착하고, 200℃ 이상의 고온에서 견디는 서멀 테이프로 움직이지 않게 고정한 후 작업을 하기도 한다.

⑤ 클리닝(cleaning)

리플로 작업 진행 후 보드 표면에 남은 플럭스 찌꺼기(flux residue)나 오염물을 탈이온화 수나 화학약품을 이용하여 깨끗하게 세척을 한다. 보드 표면에 플럭스 찌꺼기가 남을 경우 몰드 수지와의 계면 박리(delamination)가 발생된다.

⑥ 검사(inspection)

BGA에서 발생되는 불량(defect)의 종류로는 집적회로 칩 자체적인 불량과 공정상에서 일어날 수 있는 불량으로 나눌 수 있다. 그러나 자체적인 불량의 경우는 1/10,000 비율로 거의 없는 것으로 간주한다. 공정상의 불량으로는 쇼트(short), 냉납(cold solder), 오픈(open), 미납(insufficient solder) 등이 있으며 이중 쇼트 불량의 경우는 1% 정도에 지나지 않고 99% 이상이 냉납, 미납, 오픈 등이 원인이 된다. 그러나 비전 시스템(vision system)으로 확인을 해보면 쇼트 불량은 확인이 되지만 나머지 불량은 잘 확인되지 않는다. 따라서 정확한 테스트를 위해서는 최종적으로 기능 테스트(function test)를 해야 한다.

⑦ 테스트(test)

제작된 BGA가 불량인지 아닌지 확인하기 위해서는 테스트 지그(test jig)를 따로 제작해서 테스트를 진행해야 한다. 반도체 제조회사에서는 포고 핀(pogo pin)을 이용해서 밑면의 솔더 볼을 한 번에 접촉을 시켜 테스트를 하지만 일반 제조회사에서 이러한 테스트 툴(tool)을 갖추기 위해서는 많은 비용이 들기에 BGA의 형태와 똑같은 BGA 소켓(socket)을 이용하여 테스트 지그를 자체적으로 제작해서 사용한다. BGA가 올라가는 보드 위치에 번-인 타입(burn-in type)의 BGA 소켓을 실장한 후 나머지 부품들을 모두 실장한 다음 소켓에 BGA를 장착한 후 기능 테스트를 한다.

d) CSP(Chip Scale Package 또는 Chip Size Package)

CSP란 chip scale package 또는 chip size package라고 하며, 패키지의 크기가 다이 크기의 1.2배 보다 작은 크기를 가지며 직접 표면 실장(direct surface mounting) 이 가능한 패키지를 말한다. CSP는 크게 플렉시블 인터포저(flexible interposer), 리드 프레임(lead frame), 리지드 기판(rigid substrate interposer), 웨이퍼 레벨 CSP(WL-CSP, wafer level CSP)와 같이 4가지 타입으로 나누며, 아래에 간략히 설명하였다.

① 플렉시블 인터포저

플렉시블 인포터저는 그림 1.52에 나타내었듯이 유연성 테이프(flexible tape)이나 TAB(tape automated bonding)과 같은 인터포저(interposer)를 사용하여 칩의 본드 패드 구조를 표면 실장형(SMT) 피치와 풋프린트(footprint)에 맞도록 변경시키는 CSP 패키지 방법이다. 여기 사용되는 플렉시블 테이프 인터포저(flexible tape interposer)는 칩과 표면 실장형 구조에 우수한 접속(interconnection) 밀도를 제공해 준다. 집적회로 칩과 인터포저 사이의 접속 방법으로는 와이어 본딩,

탭본딩, 플립칩 방법 모두 사용 가능하며, 플렉시블 인터포저 CSP 패키지는 보편적으로 가장 널리 사용되는 방법으로 고입출력 카운트(high I/O count), 낮은 패키지 프로파일(low package profile, thin package profile), 우수한 신뢰성(high reliability performance), 칩 표면으로부터 직접 열 방출이 가능한 장점이 있다.

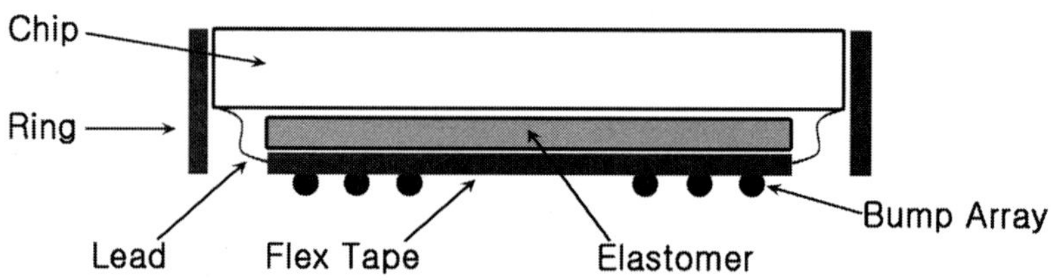


**그림 1.52** 플렉시블 인터포저 구조

② 리드 프레임

그림 1.53에 나타내었듯이, 기존의 리드 프레임 패키지의 설계를 변경하여 단순히 패키지의 크기를 CSP 규격에 맞도록 줄인 패키지이며, 대표적인 예로는 메모리 소자에 사용되는 LOC(lead on chip) 패키지가 있다. 메모리 소자를 접착테이프(adhesive tape) 등을 이용하여 리드 프레임의 리드가 칩의 가운데 면으로 향하도록 제작된 리드 프레임에 접착시킨다. 그리고 와이어 본딩을 이용하여 반도체 칩의 패드와 리드 프레임을 연결하고 봉지제로 몰딩(molding)한다. 형태는 기존의 플라스틱 패키지와 유사하지만 패키지 크기를 매우 작게 할 수 있는 장점을 가지고 있다.

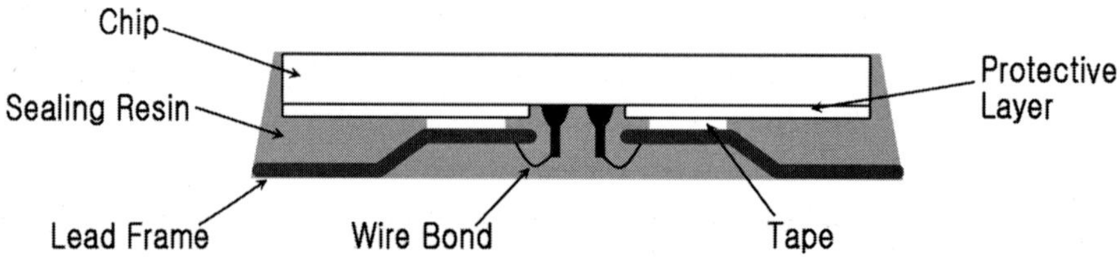


**그림 1.53** 리드 프레임 구조

③ 리지드 기판

집적회로 칩을 단단한 기판 위에 접착하여 제조하는 패키지로서 기판은 PCB 기판과 같은 유기 또는 세라믹 또는 실리콘과 같은 무기 기판 모두를 사용할 수 있다. 기존에는 집적회로 칩을 와이어 본딩 방법을 사용하여 접속하였으나 최근에는 작은 패키지를 구현하기 위해서 플립칩 범프된 칩을 주로 사용한다. 그림 1.54에 나타낸 리지드 기판 CSP 패키지는 견고하며, 고입출력 카운트를 구현할 수 있으며, 수율이 매우 높은 장점이 있다. 그러나 열 관리 측면에서 직접적인 열 방출이 어렵고, 열 방출을 위한 서멀 페이스트(thermal paste) 등의 매개체를 사용하기 때문에 가격이 높아지는 단점이 있다. 또한, FCBGA(Flip Chip Ball Grid Array) 구조에서 열 피로에 따른 신뢰성 문제 등이 있어 언더필(underfill)을 사용하기도 하며, 1.0~1.4 mm 정도의 높은 패키지 프로파일을 갖는 단점이 있다.

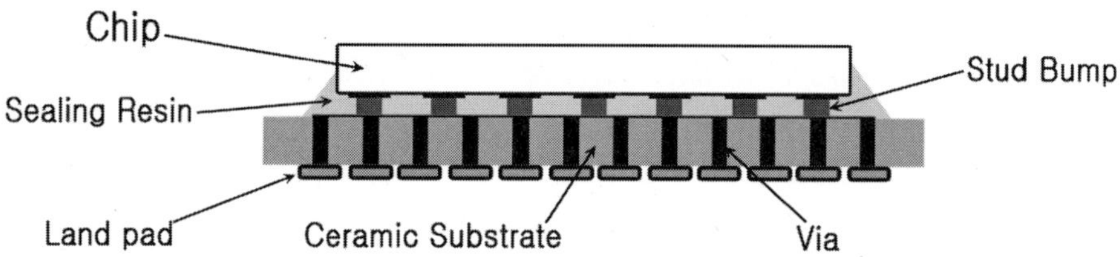


**그림 1.54** 리지드 기판 구조

④ 웨이퍼 레벨 CSP

일반적으로 적용되는 CSP 패키지의 제조 방법은 집적회로의 제조 공정을 거쳐 완성된 웨이퍼를 싱귤레이션(singulation)한 후 각각의 칩을 패키지로 제작한다. 그러나 그림 1.55에 나타낸 웨이퍼 레벨 CSP 패키지는 웨이퍼 상태에서 재배치 또는 플립칩 범핑 공정을 진행한 후 싱귤레이션을 진행하여 패키지를 완성한다. 따라서 웨이퍼 레벨 CSP 패키지는 IC 칩의 크기와 같으며 모든 공정이 웨이퍼 레벨로 이루어지기 때문에 배치(batch) 공정이 가능하고, 공정 단계를 줄일 수 있으며, 재료 사용이 적으며, 수율(yield)이 높은 장점을 가진다. 그러나 언더필(underfill)을 사용하지 않기 때문에 외부로부터의 기계적인 충격과 진동에 약하며, 노출되어 있는 칩의 측면에서 균열이 생기는 문제가 발생할 수 있다.

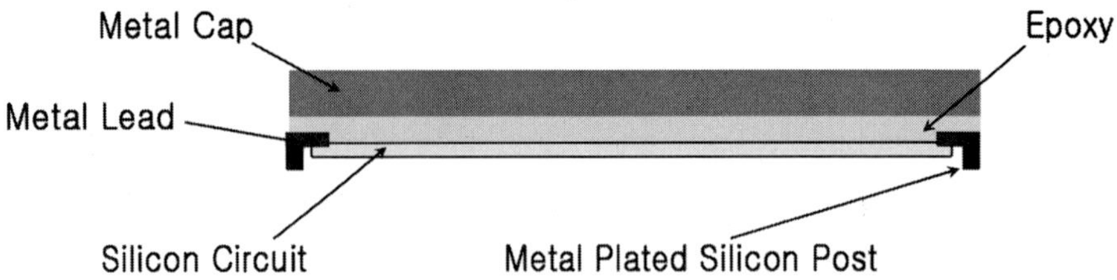


**그림 1.55** 웨이퍼 레벨 CSP 구조

그림 1.56에 웨이퍼 레벨 CSP 패키지의 실제 사진을 나타내었다.

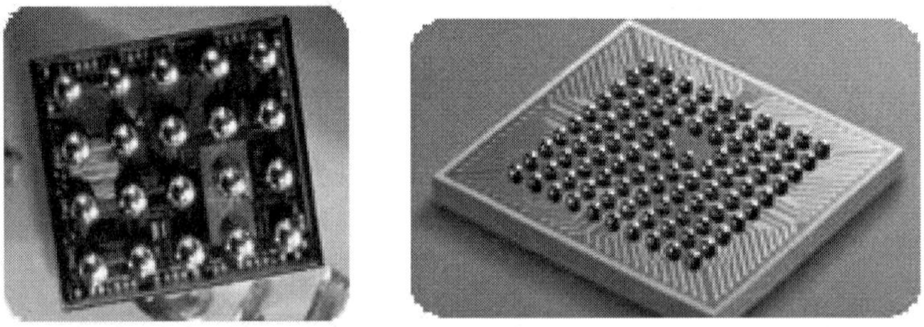

**그림 1.56** 웨이퍼 레벨 CSP 패키지 사진

e) SiP(System-In Package)

SiP란 하나의 패키지에 시스템이 모두 구성된 패키지 형태를 말하며, 구성 형태에 따라 그림 1.57에 나타낸 멀티칩 패키지(MCP: Multi Chip Package)와 그림 1.58에 나타낸 적층 패키지(stacked package)로 나눌 수 있다.

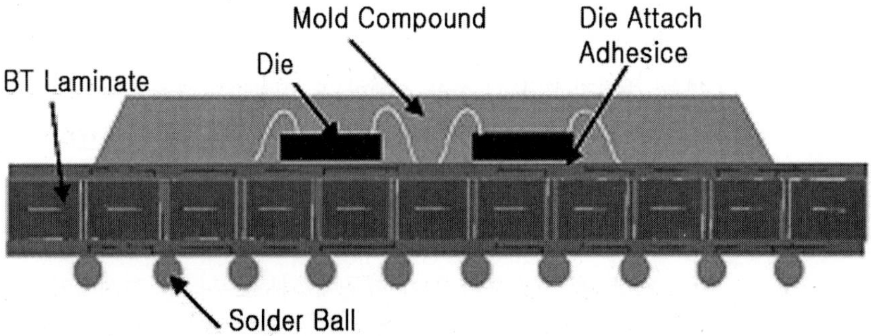


**그림 1.57** MCP 패키지 구조

특징 및 장점으로는 접속재의 사용 감소, 칩과 칩 사이의 연결 길이가 매우 짧아 신호 선에서 발생하는 잡음 신호를 줄일 수 있다. 또한 칩과 칩 사이의 접속 길이가 짧아 도선 내의 저항 손실을 줄여 낮은 전력 소모와 작동 중 발생 열량을 감소시킬 수 있다. 단일 칩 모듈에 비해 5배 이상의 집적도를 가져 단위 면적 당 더 많은 양의 칩을 접속할 수 있고, 불량 발생 칩을 용이하게 수리, 교환할 수 있도록 설계되어 있어 수리가 간단하다는 장점이 있다. 기술 개발에 따라 다양한 패키지 형태로 SiP가 구현되고 있으며, 현재도 좁은 실장 면적에 다양한 기능을 구현할 수 있는 SiP 패키지 형태가 개발되고 있다.

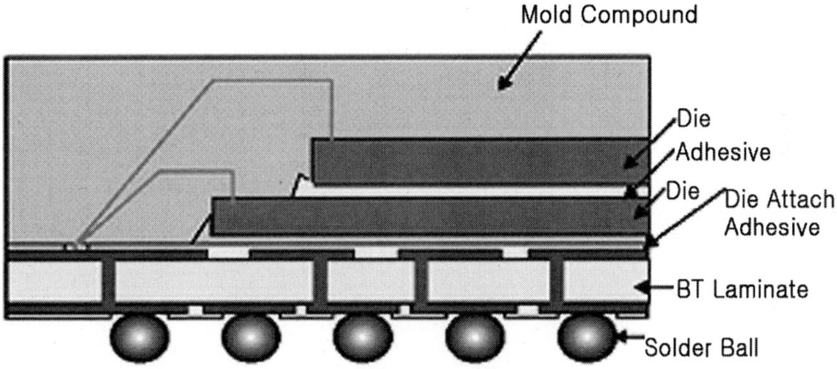


**그림 1.58 적층 패키지 구조**

#### 4.4.2.2 범핑 공정(bumping process)

범프(bump)란 반도체 칩과 기판 간에 전기적인 연결 통로이며 직접 또는 간접적인 매개체를 이용하여 물리적으로 접착시킬 수 있도록 제작된 돌기를 말하며, 이러한 범프를 형성하는 일련의 공정을 범핑 공정이라고 한다. 일반적인 범프의 구조는 그림 1.59에 나타내었듯이 Al 패드 또는 Cu 패드 상에 UBM(Under Bumped Metallugy)을 형성한 후 그 위에 솔더(solder) 또는 Au 범프가 위치하며, 필요에 따라 보호막(passivation layer) 기능을 하는 PI 층(polyimide layer)을 구성하기도 한다. 범핑 공정은 범프를 형성하는 공정 외에도 Al 패드의 오픈 사이즈(open size)를 조절하거나 집적회로 칩의 표면을 보호해 주는 역할을 하는 재구성 또는 보호막 공정, 재배치 공정도 포함이 된다.

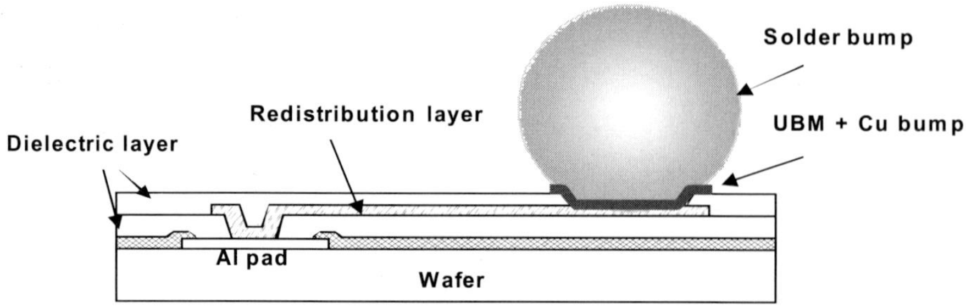


**그림 1.59** 솔더 범프의 구조

그림 1.60에 리플로(reflow) 전 솔더 범프 구조의 SEM 사진을 나타내었다.

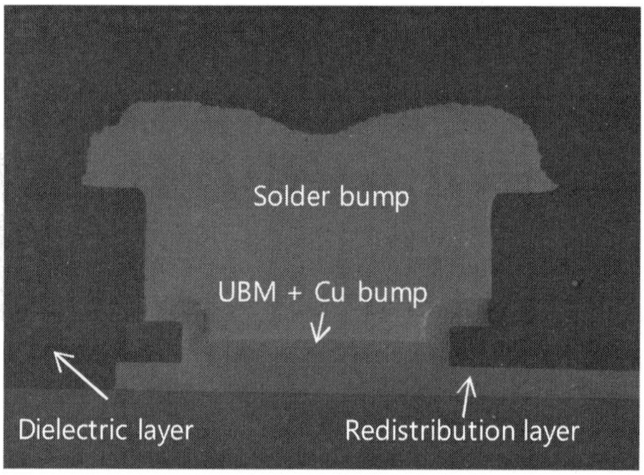


**그림 1.60** 솔더 범프 구조의 SEM 사진(reflow 전)

범프의 형성에는 프린팅(printing), 전해도금(electro-plating), 무전해도금(electroless -plating), 스터드(stud) 방법 등 여러 가지 방법이 있으나 현재 가장 많이 사용되는 전해 도금 방법을 기준으로 할 때 기본적인 범핑 공정은 아래와 같다.

- UBM(Under Bumped Metallugy)
- 감광막 패터닝(photoresist patterning)
- 전기 도금(electro-plating)
- 감광막 제거 및 UBM 식각(photoresist strip / UBM etch)
- 범프 리플로(bump reflow)

1) UBM : 그림 1.61과 1.62 참조

Al 패드와 범프 사이에 접착성(adhesion) 및 젖음성(wet-ability)을 좋게 하기 위해 구성하는 금속층으로 Cr, Ti, TiW, Cu, Al 등의 금속이 스퍼터 장비로 증착되며, 웨이퍼 전면에 2가지 이상의 금속 층이 일정한 두께 비를 가지고 형성된다. 또한 UBM은 리플로 중 솔더가 Al 패드로 확산 되는 것을 막아 주는 확산 방지막(diffusion barrier)의 역할도 한다.

**그림 1.61** Wafer In

**그림 1.62** UBM(under bumped metallugy) 형성

2) 감광막 패터닝(photoresist patterning) : 그림 1.63 참조

형성하고자 하는 범프의 형태에 맞추어 감광막(photoresist)을 이용하여 웨이퍼 상에 패터닝을 하는 공정이다. 스핀 코팅(spin coating) 방법이나 DFR(Dry Film Resist)을 이용하여 알맞은 두께의 감광막을 형성한 후, 범프 마스크(bump mask)를 대고 정렬 한 후 노광기 또는 스텝퍼(aligner or stepper)를 이용하여 범프 마스크 상의 패턴을 감광막 상에 전사한 후, 현상(development)하여 패턴을 완성한다.

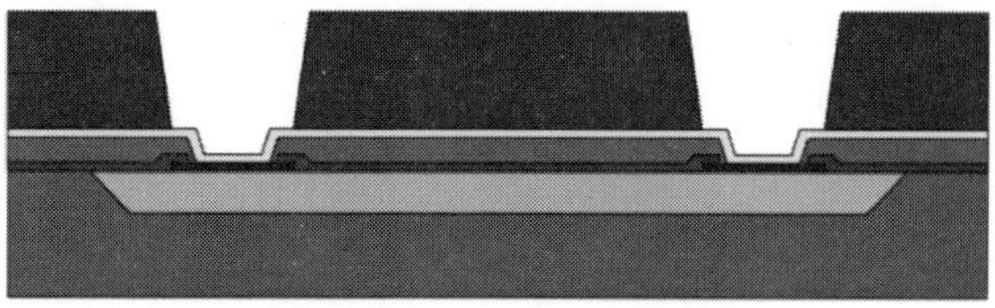

**그림 1.63** 감광막 패터닝

3) 전기 도금 : 그림 1.64 참조

패턴이 형성된 웨이퍼 상에 전기 도금 방법을 이용하여 범프를 도금하는 공정이다. 일반적으로 솔더(solder) 또는 Au 도금액을 이용하여 범프를 도금하며, 솔더의 경우 도금되는 솔더의 양은 범프 리플로를 통해서 만들고자 하는 범프의 높이를 고려하여 형성되며 일반적으로 80~120 μm의 높이를 가지지만 마이크로 솔더 범프의 경우 20~50 μm의 높이를 갖는 경우도 있다. 솔더 범프의 경우 범프 형성 전에 확산 방지 및 솔더와의 젖음성이 좋은 Ni 또는 Cu 등의 UBM을 3~10 μm 정도 먼저 형성한 후 솔더를 도금하는 것이 일반적이다. 그리고 금 범프의 경우 별도의 리플로 공정을 거치지 않기 때문에 도금으로 형성된 높이가 최종 높이가 되며, 확산 방지를 위한 별도의 도금 UBM 층은 형성하지 않는다.

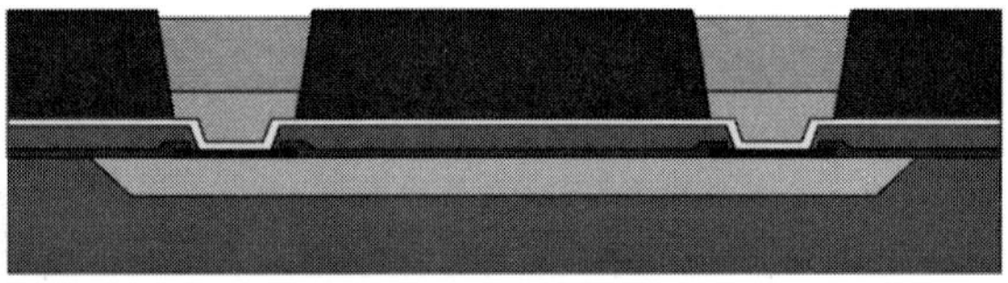

**그림 1.64** 전기 도금

4) 감광막 제거 및 UBM 식각 : 그림 1.65 참조

도금 공정 진행 후 감광막을 제거한 후 웨이퍼 전체에 증착되어 있는 금속 층을 제거하는 공정이다. 범프 공정에서는 일반적으로 습식 식각(wet etch) 방법을 이용하며, 스퍼터를 통해 형성된 UBM 중 범프 하부를 제외한 나머지 영역의 메탈 층을 식각액(etchant)을 이용하여 제거한다. 웨이퍼 상에 범프 형성을 위해 여러 가지 금속이 존재하기 때문에 선택도(selectivity)가 높은 식각 액을 사용해야 한다. 식각이 많이 이루어지면(over etch) 범프 하부에 언더컷(under-cut)이 발생하여 신뢰성에 영향을 주기도 한다.

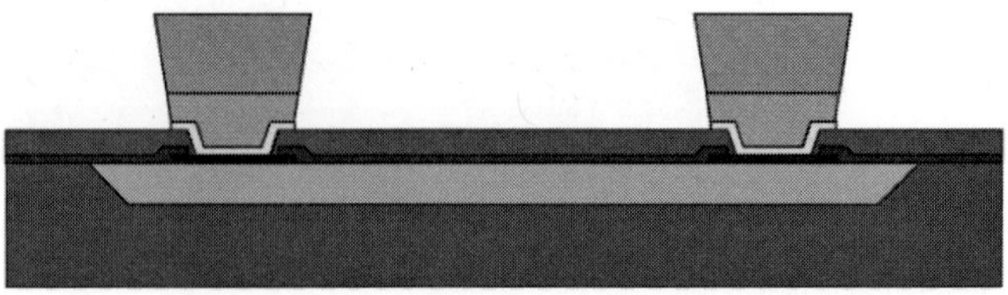

**그림 1.65** 감광막 제거 및 UBM 식각

5) 범프 리플로 : 그림 1.67, 1.68, 1.69 참조

솔더 범프의 경우 도금된 솔더를 구형의 범프로 만들기 위해 범프 리플로 공정을 거치게 된다. 범프 리플로 공정은 일반적으로 웨이퍼 상에 플럭스(flux)를 도포하여 여러 개의 온도 영역으로 나누어진 벨트 오븐(belt oven)에서 진행된다. 각각의 리플로 영역은 적정한 온도를 설정하여 솔더의 조성에 맞는 온도 프로파일(profile)을 갖도록 해 주어야 하며, 이를 리플로 프로파일이라고 부르며, 그림 1.66에 나타내었듯이 3개의 구간으로 나뉜다.

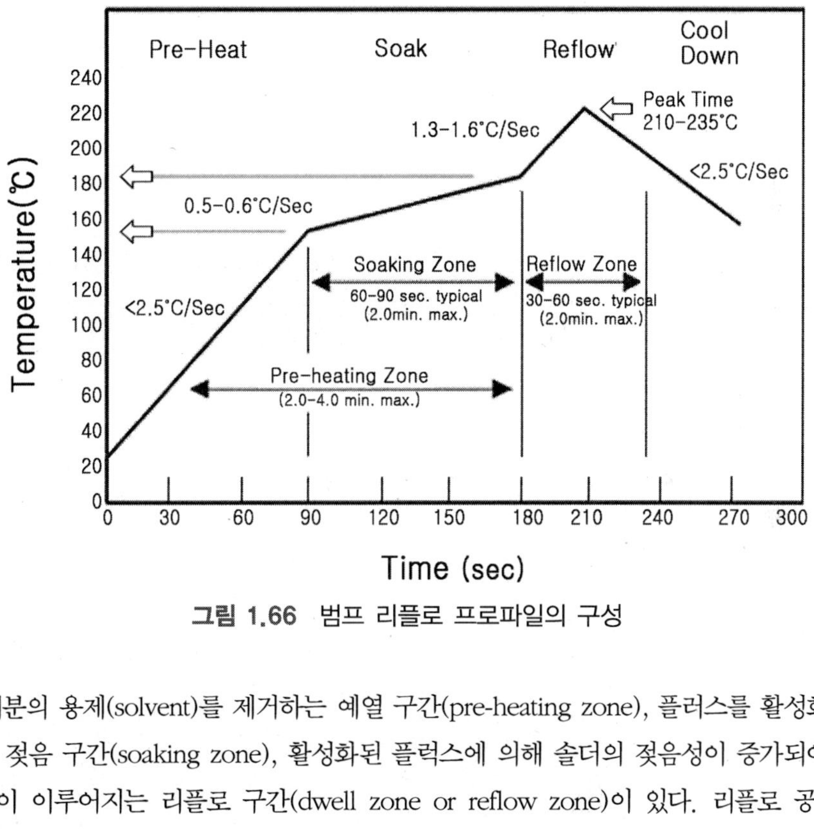


**그림 1.66** 범프 리플로 프로파일의 구성

여분의 용제(solvent)를 제거하는 예열 구간(pre-heating zone), 플럭스를 활성화 시키는 젖음 구간(soaking zone), 활성화된 플럭스에 의해 솔더의 젖음성이 증가되어 솔더링이 이루어지는 리플로 구간(dwell zone or reflow zone)이 있다. 리플로 공정의 주요 영향인자는 피크 온도(peak temperature)와 유지 시간(dwell time)으로 너무 짧거나 너무 길게 되면 솔더 범프의 특성에 영향을 줄 수 있다. 여기서 플럭스란 산화물이나 그밖의 불필요한 물질을 직접 분해 또는 제거를 촉진시키거나 생성 자체를 방지하기 위하여 사용되는 재료이다. 플럭스는 용융된 솔더와 모재 금속이 원자간 거리에서 접촉할 수 있는 환경을 만들어주며, 리플로 중 다음 세 가지 작용을 한다.

솔더 또는 모재 금속 표면의 산화막을 화학적으로 제거하여 납땜성(solderability)이

좋은 청정면으로 만드는 표면 청정작용, 솔더링 중에 용융한 솔더나 모재 금속 표면이 대기에 노출되면 산화가 현저하게 진행되는데, 이때 청정 상태의 솔더 또는 모재 금속 표면을 보호하여 대기와의 접촉을 막고 솔더링이 완료될 때까지 재산화를 방지하는 재산화 방지 작용, 용융된 솔더의 표면 장력을 작게 하여 솔더의 퍼짐을 돕는 표면 장력 저감 작용을 한다. 20℃ 물의 표면 장력은 약 73 dyn/cm인 것에 비해 솔더의 표면 장력은 Sn-Pb의 조성비율, 용융온도, 환경에 따라 변화하지만 공정점(eutectic point) 부근의 조성으로 230℃일 때의 값이 약 450 dyn/cm이다. 수은(Hg)이 공기 중에서 15℃일 때의 값이 487 dyn/cm이므로, 용융 상태 솔더의 표면 장력은 수은의 표면 장력에 해당하는 큰 값을 지니게 된다.

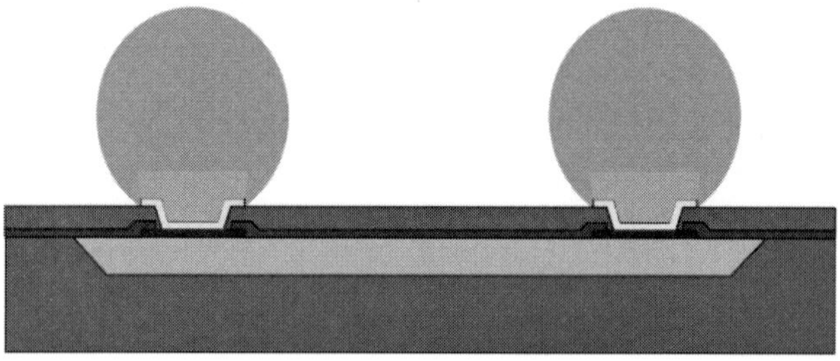

**그림 1.67** 범프 리플로

그림 1.68과 1.69에 솔더 범프의 리플로 전과 후의 SEM 사진을 나타내었다.

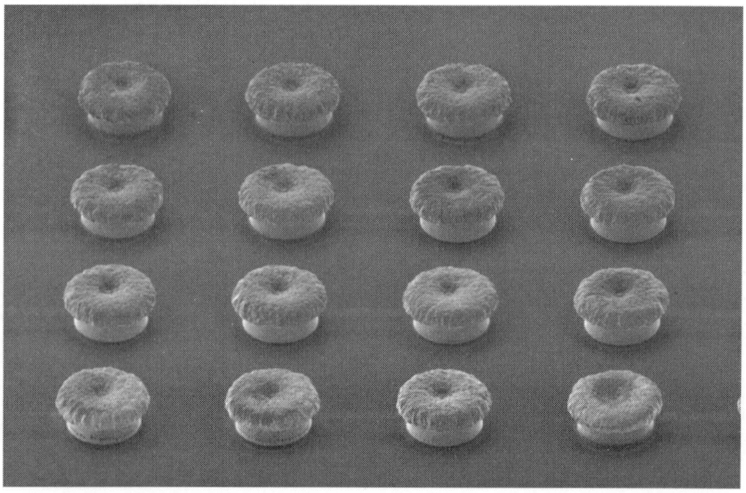

**그림 1.68** 솔더 범프 배열 SEM 사진(reflow 전 – 버섯 형태)

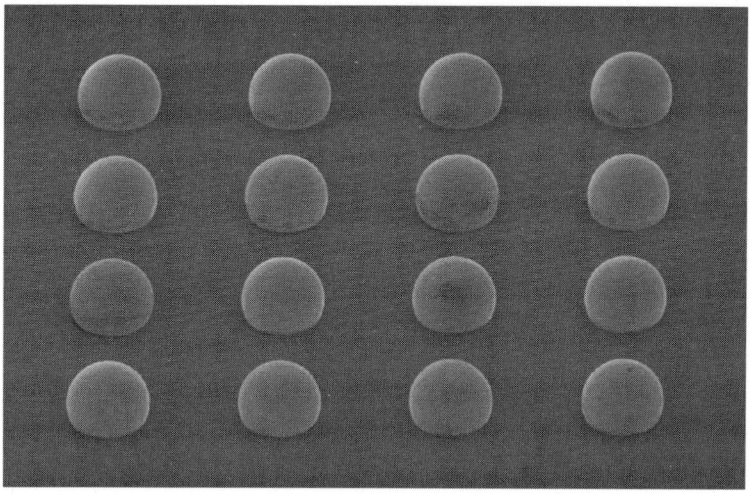

**그림 1.69** 솔더 범프 배열 SEM 사진(reflow 후 - 구형)

## 4.5 마지막 테스트

칩의 성능을 확인하는 것은 패키지된 각각의 칩이 제조업체의 요구사항에 부합되는지를 테스트하는 것이다. 마지막 테스트는 기계적 충격, 고온의 열적 스트레스, 주파수 특성 등을 시험하는 것이다. 마지막 테스트 후에 칩은 개인 컴퓨터의 회로 판에 있는 메모리 부품처럼 특별히 응용되는 분야의 조립을 위해 운반된다.

## 연습문제

1. 반도체 산업이 발전함에 따라 칩의 성능은 점차 좋아지며 그 가격은 점차 저렴해진다. 이것이 가능한 이유는 무엇인가?

2. 개별 소자와 집적회로의 차이는 무엇인가?

3. 반도체 칩 제조 시설을 분류하고 간략하게 설명하시오.

4. 반도체 칩 제작의 다섯 단계에 대해 간략하게 설명하시오.

5. 반도체 재료로서 실리콘이 가장 많이 사용되는 이유는 무엇인가? 다른 반도체 재료와 비교해서 설명하시오.

6. 진성 반도체와 외인성 반도체(n형 및 p형)에 대하여 상세히 설명하시오.

7. 결정 성장의 방법 중 쵸크랄스키 방법과 플로팅 존 방법을 비교 설명하시오.

8. 웨이퍼 상의 시험용 다이의 목적은 무엇인가? 그리고 오류가 발생한 다이를 표시하는 이유는 무엇인가?

9. 선 접속 공정을 사용되는 에너지의 형태에 따라 분류하시오.

10. 집적회로 패키징의 주요 목적과 기능에 대해 설명하시오.

11. BGA 패키징의 장점과 공정 순서를 간단하게 설명하시오.

12. CSP 패키징의 종류와 장점을 개략적으로 설명하시오.

13. 기본적인 범핑 공정 순서를 간단하게 설명하시오.

## 참고문헌

[1] J. Bardeen and W. H. Brattain, "The Transistor, A Semiconductor Triode", *Physics Review*, vol. 74, pp. 435, 1948

[2] C. Y. Chang and S. M. Sze, *ULSI Technologies*, McGraw-Hill Co., New York, 1996

[3] M. Rioradan and L. Hoddeson, *Crystal Fire*, W. W. Norton & Company, New York, 1997

[4] W. Shockley, "The Theory of p-n Junctions in Semiconductor and p-n Junction Transistor", *Bell System Technical Journal*, vol. 28, pp. 435, 1949

[5] Neil H. E. Weste and K. Eshraghian, *Principles of CMOS VLSI Design*, 2d ed., Addison-Wesley Co., Reading, MA, 1993

[6] *Chip Scale Review*, vol. 3, no. 4, pp. 25, 1999

[7] F. Seitz and N. Einspruch, *Electronic Genie: The Tangled History of Silicon*, University of Illionois Press, Urbna, pp. 25, 1998

[8] P. Bondyopadhyay, "In the Beginning", *Proceedings of the IEEE* 86, no. 1, pp. 63, 1998

[9] J. Pierce, "The Naming of the Transistor", *Proceedings of the IEEE* 86, no. 1, pp. 37, 1998

[10] Texas Instruments, *The Chip That Jack Built Changed the World*, Texas Instruments, 1997

[11] G. Moore, "The Role of Fairchild in Silicon Technology in the Early Days of 'Silicon Valley'", *Proceedings of the IEEE* 86, no. 1, pp. 59, 1988

[12] G. Moore, "Cramming More Components onto Integrated Circuits", *Proceedings of the IEEE* 86, no. 1, pp. 84, 1998

[13] I. Ross, "The Invention of the Transistor", *Proceedings of the IEEE* 86, no. 1, pp. 17, 1998

[14] C. Melliar-Smith, M. Borrus, D. Haggan, T. Lowrey, A. Vincentelli and W. Troutman, "The Transistor: An Invention Becomes a Big Business", *Proceedings of the IEEE* 86, no. 1, pp. 93, 1998

[15] M. S. Bawa, E. F. Petro and H. M. Grimes, "Fracture Strength of Large Diameter Silicon Wafers", *Semiconductor International*, pp. 115, 1995

[16] F. C. Eversteyn, "Chemical-Reaction Engineering in the Semiconductor Industry", *Philips Research Reports*, vol. 29, pp. 45, 1974

[17] L. Shon-Roy, A. Wiesnoski and R. Zorich, *Advanced Semiconductor Fabrication Handbook*, Integrated Circuit Engineering Co., Scottsdale, AZ

[18] S. M. Sze, *VLSI Technologies*, 2nd ed., McGraw-Hill Co., New York, 1988

[19] S. Ghandhi, *VLSI Fabrication Principles: Silicon and Gallium Arsenide*, 2nd ed., Wiley, New York, pp. 704~800, 1994

[20] S. Wolf, *Silicon processing for the VLSI Era: Process Integration*, vol. 2, Lattice Press, Sunset Beach, CA, pp. 17~19, 1990

[21] S. Wolf and R. N. Tauber, *Silicon Processing for the VLSI Era: Process Technology*, vol. 1, 2nd ed., Lattice Press, Sunset Beach, CA, 2000

[22] P. Burggaraaf, "Chip Scale and Flip Chip: Attractive Solutions", *Solid State Technology*,

pp. 239, 1998

[23] R. DeJule, "High Pincount Packageing", *Semiconductor International*, pp. 139, 1997

[24] J. Baliga, "Package Styles Drive Advancements in Die Bonding", *Semiconductor International*, pp. 101, 1997

[25] H. Hinzen and B. Ripper, "Precision Grinding of Semiconductor Wafers", *Solid State Technology*, pp. 53, 1994

[26] H. Blech and D. Dang, "Silicon Wafer Deformation After Backside Grinding", *Solid State Technology*, pp. 74, 1994

[27] L. Oboler, "Wire Bonding Still at the Head of the Class", *Chip Scale Review*, pp. 40, 1999

[28] R. DeJule, "High Pincount Packageing", *Semiconductor International*, pp. 142, 1997

[29] Industry News, *Chip Scale Review*, pp. 23, 1999

[30] R. Estes, "Flip-Chip Packaging with Polymer Bumps", *Semiconductor International*, pp. 103, 1997

[31] A. Babiarz, "Key Process Controls for Underfilling Flip Chips", *Solid State Technology*, pp. 77, 1997

[32] J. Sergent, "Materials for Multichip Modules", pp. 209

[33] T. DiStefano and J. Fjelstad, "Chip-Scale Packaging Meets Future Design Needs", *Solid State Technology*, pp. 82, 1996

[34] F. Elenius, "Wafer-Level Packaging Gains Momentum", *Solid State Technology*, pp. 46, 1996

[35] T. S. Liu, W. R. Rodgrigues de Miranda and P. R. Zipperlin, "A Review of Wafer Bumping for Tape Automated Bonding", *Solid State Technology*, vol. 23, pp. 71-76, 1993

[36] R. K. Ulrich and W. D. Brown, *Advanced Electronic Packaging*, 2nd ed., Jon Wiley & Sons, USA, 2006

2장

# 산 화

실리콘의 산화는 집적회로 제작에 필수적인 공정 중의 하나이다. 고품질 집적회로의 생산은 기본 산화 기구(mechanism)의 이해뿐만 아니라, 공정 조건에 따라 조절 가능하고 반복 가능한 방법으로 양질의 산화막을 형성하는 능력을 필요로 한다. 더불어, 신뢰성 있는 집적회로를 제작하기 위해서는 산화물의 전기적 특성을 이해하고 있어야만 한다.

실리콘 산화막($SiO_2$)은 여러 가지 용도로 사용된다. 실리콘 내로 불순물이 확산하거나 침투하는 것을 막기 위한 마스크, 표면의 보호를 위한 보호층, 각 소자 간의 격리, MOS에서 하나의 구성요소로서의 역할, 그리고 다층 금속화 시스템(multi-level metallization systems)에서 전기적 격리를 위한 용도로 사용된다. 산화막을 형성시키는 기술로는 열산화(thermal oxidation)법, 화학기상증착(chemical vapor deposition)법, 플라스마 산화(plasma oxidation)법 등이 있다. MOS 소자와 같이 산화막과 실리콘 사이의 접촉면에 낮은 전하밀도가 요구될 때 열산화 기술이 사용된다. 그러나 실리콘 내부로 불순물 확산을 저지하는 마스크의 역할을 하는 산화막은 나중에 제거되기 때문에 낮은 전하밀도 등이 중요하게 고려될 문제는 아니다. 또한, 다층 금속화 구조의 경우와 같이 금속 층 상부에 산화물 층이 요구되는 경우 화학기상증착법이 널리 사용되고 있다.

이 장에서는 집적회로 공정에서 주요 기술로 사용되는 실리콘 열산화에 대해서 다루도록 한다. 우선, 성장과 접촉면 특성의 동역학적인 이해를 위한 토대를 제공하기 위해서 산화 공정을 설명하고, 건식 및 습식 산화와 산화 모델, 산화막 성장률에 영향을 미치는 요소들, 산화막에서의 전하분포 및 특성을 알아보고, 마지막으로 산화막의 응용분야에 대해서도 설명하기로 한다.

## 1. 건식 산화와 습식 산화

### 1.1 건식 산화

건식 산화는 습식 산화보다 더 낮은 성장률을 나타내지만, 산화막의 품질은 습식 산화막보다 더 우수하다. 따라서 스크린 산화막(screen oxide), 패드 산화막(pad oxide), 특히 게이트 산화막(gate oxide) 같이 얇은 산화막들은 보통 건식 산화 공정을 사용한다. 그림 2.1은 건식 산화 시스템을 나타낸 것이다.

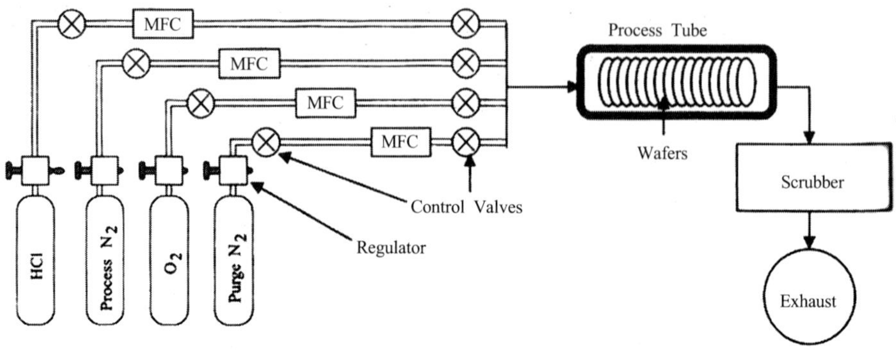


**그림 2.1** 건식 산화 시스템

일반적으로 산화 시스템에는 2개의 $N_2$ 소스가 포함된다. 하나는 매우 높은 순도를 가지는 것으로서 공정에 사용되며, 다른 하나는 저가의 낮은 순도를 가지며 산화 반응실(chamber)의 정화(purge)를 위해 사용된다. $N_2$는 안정한 가스이므로, 1,000℃에서도 실리콘과 반응하지 않는다. 따라서 $N_2$는 시스템 정지 시간, 웨이퍼 장착, 온도 변화(ramp), 온도 안정화, 웨이퍼 탈착 단계 중에 항상 불활성 가스처럼 사용된다. 건식 산화의 경우, 고순도 $O_2$ 가스가 실리콘을 산화시키기 위해 사용된다. 또한, HCl(hydrogen chloride)이 산화막에서 이동성 이온(mobile ion)들을 감소시키고, 계면 상태 전하(interface state charge)를 최소화시키기 위해 산화 단계에서 사용된다.

석영관(quartz tube)은 온도가 1,150℃ 이상으로 상승하였을 때 변형되기 시작하므로, 산화 공정을 그 온도에서 너무 오랫동안 실행시킬 수 없다. 건식 산화 공정은 보통 약 1,000℃에서 이루어진다. 건식 산화에서 보통 HCl은 부동성 염화 화합물(chloride compound)을 형성하여 Na(sodium)과 같은 이동성 금속 이온들을 제거하기 위한 게터(getter)로 사용된다. 이것은 매우 중요한데 미량의 Na가 MOS 트랜지스터의 기능장애를 일으킬 수 있으며 집적회로 칩 성능과 신뢰성에 영향을 미치기 때문이다.

실리콘 산화물이 단결정 실리콘 표면 위에 형성될 때 실리콘-실리콘 산화막($Si-SiO_2$) 계면에 갑작스러운 변화가 생긴다. 그림 2.2에 나타낸 것과 같이 결정 구조의 부정합(mismatch) 때문에 계면에 다소의 댕글링 결합(dangling bond)이 항상 존재한다. 댕글링 결합들은 소위 계면 상태 전하(interface state charge)를 유발시키는데, 이것은 집적회로 칩 성능과 신뢰성에 크게 영향을 미치는 양전하들이다. 집적회로 칩 제작 중에 H(hydrogen) 또는 몇몇 다른 원자들이 실리콘-실리콘 산화막 계면으로 확산되어 댕글링 결합에 부착될 수 있기 때문에 이것은 계면 상태 전하를 변화시키고 MOS 트랜지스터의 문턱전압(threshold voltage, $V_T$)과 집적회로 소자의 성능에 영향을 미친다. 매우

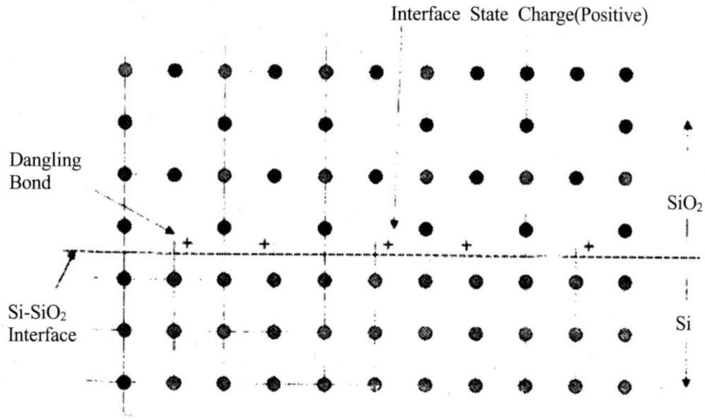


**그림 2.2** 계면 상태 전하를 유발하는 댕글링 결합

안정하고 신뢰성 있는 소자의 성능을 얻기 위하여 댕글링 결합의 수를 최소화시키는 것이 매우 중요하다.

산화 반응에서 HCl의 유입은 일부 염화물 원자들이 실리콘 산화막으로 축적될 수 있고 실리콘-실리콘 산화막 계면에서 실리콘과 결합될 수 있음을 의미한다. 이것은 댕글링 결합의 수를 최소화시키고 집적회로 소자의 특성을 개선하는데 도움을 준다. 그러나 산화막에서 Cl 농도가 매우 높다면 바이어스 전압에 대한 과잉 Cl 이온들의 영향 때문에 소자 안정화에 영향을 미칠 수 있다.

게이트 산화물 성장을 위한 전형적인 건식 산화 공정 순서는 다음과 같다.

- 정화용 $N_2$ 유입
- 공정용 $N_2$ 유입
- 공정용 $N_2$ 분위기에서 웨이퍼 보트 장착
- 공정용 $N_2$ 분위기에서 온도 상승
- 공정용 $N_2$ 분위기에서 온도 안정화
- $O_2$와 HCl로 산화 : $N_2$ 흐름 정지
- 산화 열처리 : $O_2$ 유입 정지, 공정용 $N_2$ 유입 시작
- 공정용 $N_2$ 분위기에서 온도 하강
- 공정용 $N_2$ 분위기에서 웨이퍼 보트를 빼냄
- 공정용 $N_2$ 분위기
- 다음 보트로 공정 반복
- 정화용 $N_2$ 유입

시스템 정지(유휴) 시간동안, 반응로는 항상 850℃ 정도의 높은 온도로 유지된다.

그래서 공정에 필요한 온도로 승온시키기 위해 많은 시간을 필요로 하지 않는다. $N_2$ 정화 가스는 시스템이 오랜 시간동안 정지하게 될 때 항상 사용된다. 웨이퍼 장착 전에 $N_2$ 가스가 공정 튜브 안으로 흐르기 시작하고 고순도의 $N_2$로 그 안을 채운다. 갑작스러운 온도 변화로 인하여 높은 열응력에 의해 유발되는 웨이퍼 뒤틀림 현상을 방지하기 위해 석영 또는 SiC(silicon carbide) 보트를 공정 튜브 안으로 밀어 넣는데, 이 과정은 수 분이 걸린다. 웨이퍼 보트가 공정 튜브의 균일한 온도 영역에 위치할 때 온도는 약 10℃/min의 상승률로 증가하기 시작한다. 높은 열용량 때문에 로(furnace) 시스템의 온도 상승률을 매우 빠르게 할 수 없다. 만약 그렇게 하면, 설정 온도보다 높았다가 낮아지는 과정을 반복하는 온도 진동(temperature oscillation)이 발생하게 된다. 공정에 필요한 설정 온도(보통 1,000℃)에 로가 도달한 후, $N_2$ 공급에 의한 수분의 온도 안정화가 온도 진동을 제거하기 위해 필요하며, 로는 설정 온도에서 정상 상태에 도달하게 된다.

시스템이 산화 공정을 시작할 준비가 되면 $O_2$와 건조 HCl을 공급하고 $N_2$의 공급을 중지시켜 실리콘 웨이퍼 표면에서 얇은 실리콘 산화물 층을 형성하도록 $O_2$와 실리콘을 반응시킨다. 필요한 산화막 두께에 도달한 후 $O_2$와 HCl 공급은 중지되고 $N_2$ 공급이 재개된다. 웨이퍼는 산화막을 어닐링(annealing)하기 위해 고온에서 잠시 동안 유지된다. 이 단계는 실리콘 산화물의 품질을 개선시켜 계면 상태를 줄이고 절연파괴 전압을 증가시킨다. 얇은 게이트 산화막(약 50Å)은 700℃의 낮은 온도의 로에서 성장할 수 있어 산화 시간은 공정을 제어하기에 충분하다. 산화막을 성장시킨 후에 산화막의 품질을 개선시키기 위해 1,000℃ 이상인 $N_2$ 분위기에서 어닐링된다. 산화막 어닐링 후에 로는 유휴 온도(idle temperature)까지 서서히 냉각되고, 웨이퍼 보트를 일정한 $N_2$ 공급 하에서 반응로로부터 서서히 밖으로 빼낸다.

### 1.2 습식 산화

산소 소스로서 $O_2$ 대신에 $H_2O$를 사용하는 것이 습식 산화이며, 그 산화물을 스팀 산화막(steam oxide)이라고 한다.

고온에서 $H_2O$는 분리되어 수산화물(HO)을 형성하는데, 이것은 $O_2$ 보다 더 빠르게 실리콘 산화물로 확산될 수 있다. 따라서 습식 산화 공정은 건식 산화 공정보다 상당히 높은 산화율(oxidation rate)을 가진다. 이것은 마스크(mask) 산화막, 블랭킷 필드 산화막(blanket field oxide), 국부 산화(LOCOS) 같은 두꺼운 산화막을 성장시키는 데 사용된다. 표 2.1은 1,000℃에서 1,000Å 산화막을 성장시키기 위한 산화 시간 차이를 나타낸 것이다.

**표 2.1 산화 공정의 비교**

| Process | Temperature | Film Thickness | Oxidation Time |
|---|---|---|---|
| Dry Oxidation | 1,000℃ | 1,000Å | ~2 hours |
| Wet Oxidation | 1,000℃ | 1,000Å | ~12 min |

일부 시스템은 반응로의 공정 튜브 안으로 수증기를 운반하여 이를 이용한다. 보일러 시스템(boiler system)은 100℃에서 보다 더 많은 물을 증발시키고 가열된 가스라인을 통해 공정 튜브로 증기를 흘려보낸다. 버블러 시스템(bubbler system)은 순수한 탈이온수(DI water)를 통해 $N_2$ 버블을 흘려보내고 공정 튜브 안으로 수증기를 운반한다. 그림 2.3은 보일러와 버블러 시스템의 구성도를 나타낸다.

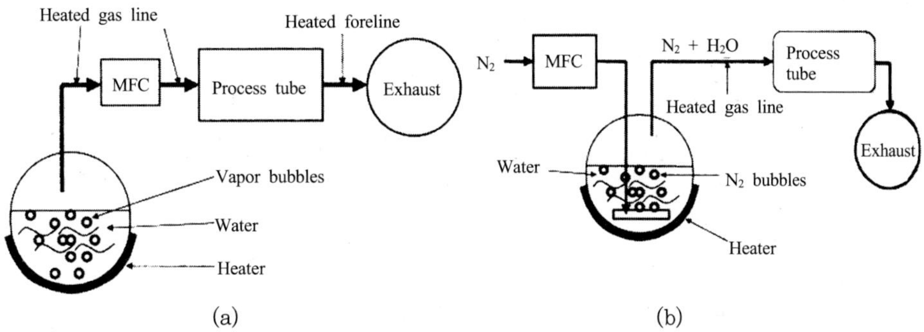


**그림 2.3** (a) 보일러와 (b) 버블러 시스템

플러시 시스템(flush system)은 석영 열판 위로 떨어지는 순수한 탈이온수의 작은 물방울을 사용한다. 이때 $O_2$ 가스 흐름은 공정 튜브 안으로 증기를 운반한다. 그림 2.4는 플러시 시스템을 나타낸 것이다.

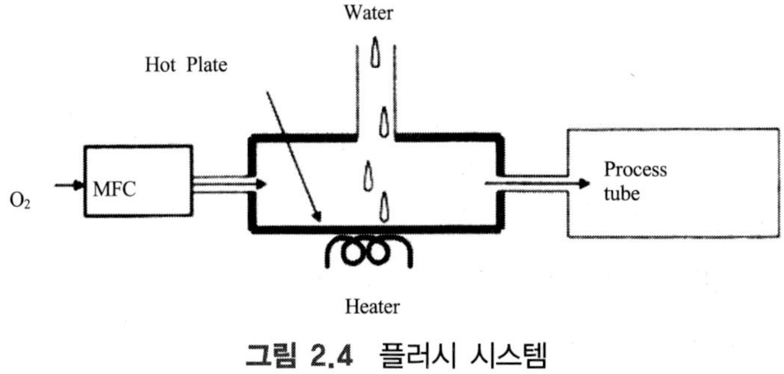


**그림 2.4** 플러시 시스템

보일러, 버블러, 플러시 시스템에서의 중요한 문제는 $H_2O$ 유량을 정확하게 조절할 수 없다는 것이다. 가장 일반적으로 사용되는 습식 산화 시스템은 드라이옥스(dryox), 또는 발열 스팀(pyrogenic steam) 시스템으로 불린다. 이것은 공정 튜브의 입구에서 $H_2$를 연소하여 수증기가 $H_2$와 $O_2$ 사이의 화학적 반응에 의해 형성되게 한다.

$$2H_2 + O_2 \longrightarrow 2H_2O \quad (1)$$

이 시스템은 액체나 증기 처리 장치가 필요하지 않으며, 유량을 정확히 조절할 수 있다. 문제는 가연성이며 폭발성인 수소 가스가 발생한다는 것이다. 그림 2.5는 발열 스팀 시스템의 구성도를 나타낸 것이다.

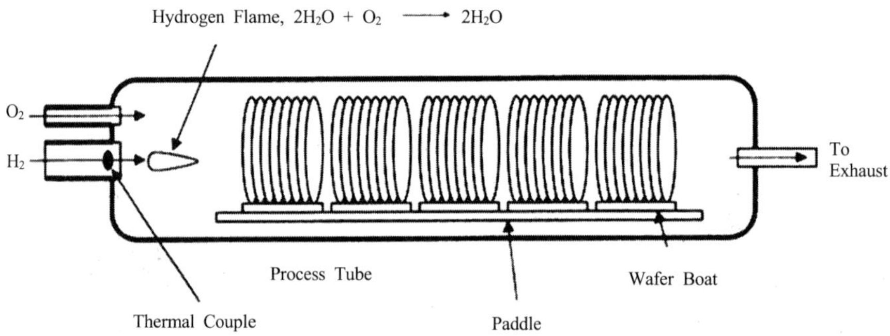


**그림 2.5 발열 스팀 시스템**

발열성 증기를 포함하는 습식 산화 시스템을 그림 2.6에 나타내었다. 연소 상자는 대기 중으로 배출 가스들을 내보내기 전에 잔류 $H_2$를 연소하여 제거하기 위한 배출 시스템(exhaust system)을 필요로 한다.

$H_2$의 자연 연소(autoignition) 온도는 약 400℃이다. $O_2$ 분위기의 공정 온도에서 공정 튜브 안으로 유입된 $H_2$ 가스는 자동적으로 $O_2$와 반응하고 공정 튜브 안에서 증기를 형성한다. 발열 스팀 산화 공정에서 $H_2$와 $O_2$ 유량의 비는 매우 중요하다. $H_2:O_2$의 일반적인 유량비는 과잉 $O_2$를 확보하기 위해 2 : 1 보다 약간 낮으며, 발열 반응(pyrogenic reaction)에서 $H_2$를 완전히 산화시킬 수 있다. 그렇지 않으면, $H_2$는 튜브 안에 축적될 수 있으며, 폭발을 일으킬 수 있다. 전형적으로 $H_2:O_2$ 비는 1.8 : 1에서 1.9 : 1이다.

보통의 발열 습식 산화 공정을 다음에 나타내었다.

- 정화용 $N_2$ 유입

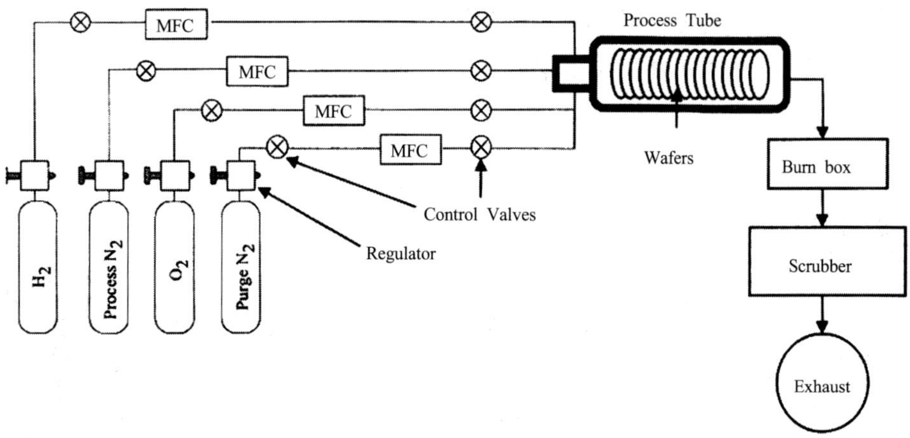


**그림 2.6** 발열 스팀 산화 시스템

- 공정용 $N_2$ 유입
- 공정용 $N_2$ 분위기에서 $O_2$ 유입
- 공정용 $N_2$와 $O_2$ 분위기에서 웨이퍼 보트 장착
- 공정용 $N_2$와 $O_2$ 분위기에서 온도 상승
- 공정용 $N_2$와 $O_2$ 분위기에서 온도 안정화
- 공정용 $N_2$ 유입 정지, $O_2$ 유입 증가
- $O_2$ 유입 안정화
- $H_2$ 유입 시작, 연소 그리고 $H_2$ 유입 안정화
- $O_2$와 $H_2$로 스팀 산화
- $H_2$ 유입 정지 ; $O_2$ 유입 유지하면서 $H_2$ 유입 종료
- $O_2$ 유입 정지 ; $O_2$ 유입 종료, 공정용 $N_2$ 유입 시작
- 공정용 $N_2$ 분위기에서 온도 하강
- 공정용 $N_2$ 분위기에서 웨이퍼 보트를 빼냄
- 공정용 $N_2$ 분위기
- 다음 보트로 공정 반복
- 정화용 $N_2$ 유입

웨이퍼 유입, 온도 상승, 온도 안정화 단계에서 $O_2$는 웨이퍼 표면 상에 우수한 품질을 가지는 얇은 건조 산화막(약 수백 Å)을 성장시키는데 도움을 준다. 낮은 품질의 스팀 산화물의 경우 보호층(barrier layer)으로서의 역할을 하며 실리콘-실리콘 산화막 계면에서 결함을 줄이는 데 도움을 준다. 스팀 산화 후에 $H_2$ 흐름은 $O_2$가 잔류 $H_2$를 없

애기 위해 공정 튜브 안으로 계속 흐르는 동안 멈춘다. 또한, 이는 스팀 산화막에서 $H_2$가 축적되지 않게 한다.

## 2. 산화 모델

실리콘을 산화족인 $O_2$나 $H_2O$ 분위기 속에서 가열하면 실리콘 산화물이 만들어진다. 유입된 산화족은 확산 과정에 의해 산화막을 통과하여 들어가 실리콘-실리콘 산화막(Si/$SiO_2$) 경계면에서 화학 반응을 일으켜 실리콘 산화막을 생성한다. 이러한 열산화의 화학 반응식은 건식과 습식 산화의 경우 각각 식 (2) 및 식 (3)으로 표현된다.

$$\mathrm{Si(solid)} + \mathrm{O_2(gas)} \longrightarrow \mathrm{SiO_2}\ (\text{건식 산화}) \tag{2}$$

$$\mathrm{Si(solid)} + 2\mathrm{H_2O(vapor)} \longrightarrow \mathrm{SiO_2} + 2\mathrm{H_2}\ (\text{습식 산화}) \tag{3}$$

딜-그루브(Deal-Grove) 모델은 약 300Å 이상의 열 산화막에 대한 산화막 두께를 예측하는 데 효과적이다. 높은 온도는 산화막을 성장시키는 데 필요하지 않다. 실리콘은 실온의 공기 중에서 산화될 수 있다. 그러나 산화막이 형성될 때 실리콘 원자는 웨이퍼의 표면에 존재하는 $O_2$와 반응하기 위해 산화막을 통해 이동하거나, 그렇지 않으면 $O_2$ 분자들이 반응이 일어나는 실리콘 표면에 도달하기 위해 산화막을 통과하여 이동한다. 실리콘 산화막에서 실리콘의 확산도(diffusivity)는 $O_2$의 경우보다 수십 배 작다. 그 결과 화학반응은 실리콘-실리콘 산화막 계면에서 발생한다. 따라서 열산화에 의해 생성된 계면은 대기 중에 노출되지 않아 상대적으로 불순물들이 없으며, 산화막이 성장함에 따라 실리콘이 소모되어 실리콘과 산화막의 계면이 실리콘 쪽으로 이동하게 된다. 그림 2.7은 성장한 산화막의 두께와 소모된 실리콘과의 관계를 보여주는 그림이다. 이때 열산화 시 화학 반응에 의해 소모된 기판의 실리콘 양은 최종 산화막 두께의 약 44%이다.

실온에서 실리콘이나 $O_2$ 분자는 모두 자연 산화막(native oxide)을 통해 확산할 수 있을 만큼 활동적이지 않아서 산화 반응은 멈추고 산화막의 두께는 25Å를 넘지 못한다. 지속적인 반응이 일어나기 위해서 실리콘 웨이퍼는 산화 분위기에서 가열되어야 한다.

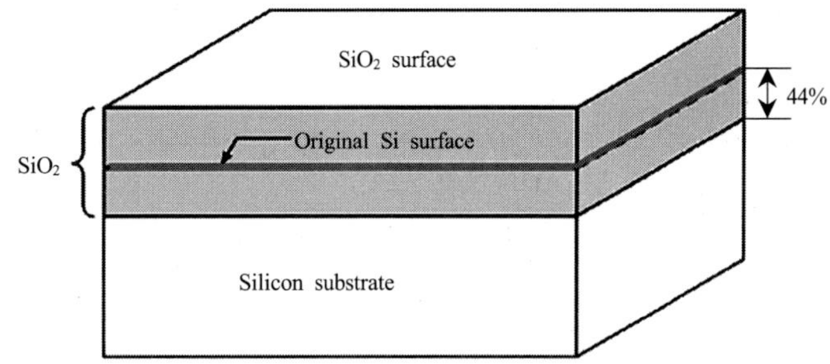


**그림 2.7** 열산화에 의한 실리콘 산화막의 성장

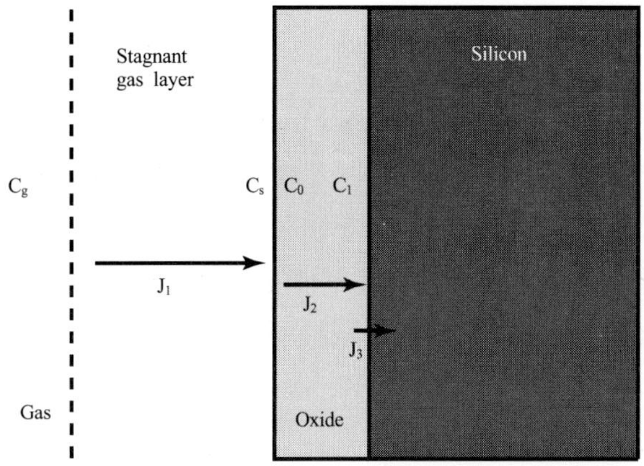


**그림 2.8** 산화 중 산화제 흐름의 도식적 표현

그림 2.8은 $O_2$ 분위기에서 산화막이 성장하는 경우를 나타낸 것이다. 그림에서 4개의 $O_2$ 농도는 다음과 같다. 웨이퍼로부터 멀리 떨어진 곳에서의 기체의 흐름 내에 있는 $O_2$ 농도를 $C_g$, 웨이퍼 표면에서의 $O_2$ 농도를 $C_s$, 웨이퍼 표면의 산화막에서의 $O_2$ 농도를 $C_o$, 실리콘-실리콘 산화막 계면에서의 $O_2$ 농도를 $C_i$, 그리고 $O_2$의 플럭스를 $J$라고 정의한다. 이것은 임의 시간 동안 임의 면적을 통과하는 $O_2$ 분자의 수이다. 이제 중요한 세 가지 $O_2$ 플럭스를 정의할 수 있다. 첫 번째는 가스로부터 산화막이 성장하는 표면으로 이동하는 $O_2$의 양이다. $O_2$ 가스가 웨이퍼 표면을 거쳐 흐른다면 경계층은 표면 근처에 존재할 것이다. 경계 영역에서의 가스 속도는 웨이퍼 표면의 0으로부터 경계층 반대편에서의 벌크 기체 속도까지 분포될 것이다. 첫 근사로, $O_2$ 분자들은 가스 흐름에 의해 이 영역을 가로질러 이동할 수 없다고 가정한다. 대신에 $O_2$ 분자들은 Fick의 제1법칙에 따라 확산해야 한다.

$$J_1 \approx D_{O_2} \frac{C_g - C_s}{X_{sl}} \tag{4}$$

여기서, $X_{sl}$은 정체(stagnant)층의 두께이며, $C_g$는 이상기체 법칙을 사용하여 다음과 같이 정의할 수 있다.

$$C_g = \frac{n}{V} = \frac{P_g}{kT} \tag{5}$$

여기서, $k$는 볼츠만 상수이고 $P_g$는 반응로에서의 $O_2$의 분압이다. 이 공식은 사용가능하지만 플럭스를 직접적으로 언급하지 않는 단점이 있다. 따라서 식 (6)과 같이 일부 흐름이 정체층이라 불리는 곳에 걸쳐 잔류하고 있음을 고려하는 것이 일반적이다.

$$J_1 = J_{gas} = h_g(C_g - C_s) \tag{6}$$

여기서, $h_g$는 질량이동계수(mass transport coefficient)이다.

두 번째 $O_2$ 흐름은 성장하는 산화막을 가로지르는 $O_2$ 분자의 확산이다. 반응 표면이 확산 싱크(sink)로 작용할 동안 가스 분위기가 $O_2$ 소스로 작용하기 때문에 확산을 일으키기 위해 필요한 농도의 구배(gradient)가 발생한다. 이때 성장하는 산화막에는 $O_2$ 소스 또는 싱크가 존재하지 않는다고 가정하며, 농도는 다음과 같이 선형적으로 변한다.

$$J_2 \approx D_{O_2} \frac{C_o - C_i}{X_{ox}} \tag{7}$$

여기서, 확산도(diffusivity)는 실리콘 산화막에서 $O_2$의 확산도이다.

세 번째 플럭스는 실리콘 산화막을 형성하기 위해 실리콘과 반응하는 $O_2$의 흐름이다. 이 속도는 화학 반응 운동으로 결정된다. 반응 표면에는 실리콘의 풍부한 공급이 이루어지므로 반응률과 플럭스는 $O_2$ 농도에 비례한다.

$$J_3 = k_s C_i \tag{8}$$

여기서, 비례상수 $k_s$는 산화 반응 전체에 대한 화학 반응률이다. 평형상태에서 이 세 가지 흐름은 균형을 이룬다.

$$J_1 = J_2 = J_3 \tag{9}$$

식 (6)~(8)을 이용하여 두 개의 식과 세 가지의 미지의 농도($C_s$, $C_o$, $C_i$)를 구한다. 성장률을 찾기 위한 해를 얻기 위해 하나의 수식이 더 필요하다. 그 수식은 고체의 표면에 흡착된 물질의 농도는 고체 바로 위에 존재하는 기체에서의 그 물질의 분압에 비례한다는 헨리(Henry)의 법칙이다.

$$C_o = HP_s = HkTC_s \tag{10}$$

$$C^* = HP_g \tag{11}$$

여기서, $H$는 헨리 가스 상수이며, 이상기체 법칙이 $P_g$를 대체하기 위해 사용되었다. 이제 세 개의 방정식과 미지수들이 존재한다. 이 계산으로부터 미지수 $C_i$를 구할 수 있다.

$$C_i = \frac{HP_g}{1 + \frac{k_s}{h} + \frac{k_s X_{ox}}{D}} \tag{12}$$

여기서, $h = h_g / HkT$이다. 마지막으로, 성장률을 얻기 위해 계면에서의 유량을 실리콘 산화막의 단위 체적당 $O_2$ 분자의 수로 나누며, 일반적으로 $N_1$이라 지칭한다. $N_1$은 단위 체적 당 산화막을 얻기 위해 필요한 산화족 분자수로서, 건식 산화에서는 $O_2$ 한 분자에 산화물 한 분자가 만들어지기 때문에 산화막의 단위 체적 당 분자수는 $2.2 \times 10^{22}$ $cm^{-3}$과 같다. 습식 산화에서는 한 분자의 산화물 생성을 위해서 두 분자의 $H_2O$가 필요하므로, 단위 체적 당 $2.2 \times 10^{22}$ $cm^{-3}$개의 실리콘 산화물 분자를 위해서는 $4.4 \times 10^{22}$ $cm^{-3}$개의 $H_2O$ 분자가 필요하며 $N_1$은 $4.4 \times 10^{22}$ $cm^{-3}$이 된다.

$$R = \frac{J}{N_1} = \frac{dX_{ox}}{dt} = \frac{Hk_s P_g}{N_1 \left[1 + \frac{k_s}{h} + \frac{k_s X_{ox}}{D}\right]} \tag{13}$$

$t = 0$일 때, 산화막 두께가 $X_0$라고 가정하면, 이 방정식은 다음과 같은 형태로 표현 가능하다.

$$X_{ox}^2 + AX_{ox} = B(t + \tau) \tag{14}$$

여기서, $A$ 및 $B$와 $\tau$는 다음 식과 같다.

$$A = 2D\left(\frac{1}{k_s} + \frac{1}{h_g}\right) \tag{15}$$

$$B = \frac{2DHP_g}{N_1} \tag{16}$$

$$\tau = \frac{X_o^2 + AX_o}{B} \tag{17}$$

2차 방정식의 형태인 식 (14)의 해를 구하면 아래와 같다.

$$\frac{X_{ox}}{A/2} = \sqrt{1 + \frac{t+\tau}{A^2/4B}} - 1 \tag{18}$$

위의 식 (18)은 산화 시간에 따라 두 영역으로 나누어 사용할 수 있다.

$$X_{ox}^2 \approx B(t+\tau) \ \text{(긴 산화 시간 : } t+\tau \gg A^2/4B) \tag{19}$$

$$X_{ox} \approx \frac{B}{A}(t+\tau) \ \text{(짧은 산화 시간 : } t+\tau \ll A^2/4B) \tag{20}$$

짧은 시간 동안 산화시키면 시간에 따라 선형적으로 산화막 두께가 증가하며, 오랜 시간 동안 산화시키면 시간에 따라 포물선 함수로 산화막 두께가 증가하는 결과를 얻을 수 있다. 따라서 $B$는 포물선 성장률 상수, $B/A$는 선형 성장률 상수라고 한다. 그림 2.9는 이와 같은 산화막 성장의 선형 및 포물선 특성을 실험값과 같이 비교하여 나타낸 것이다.

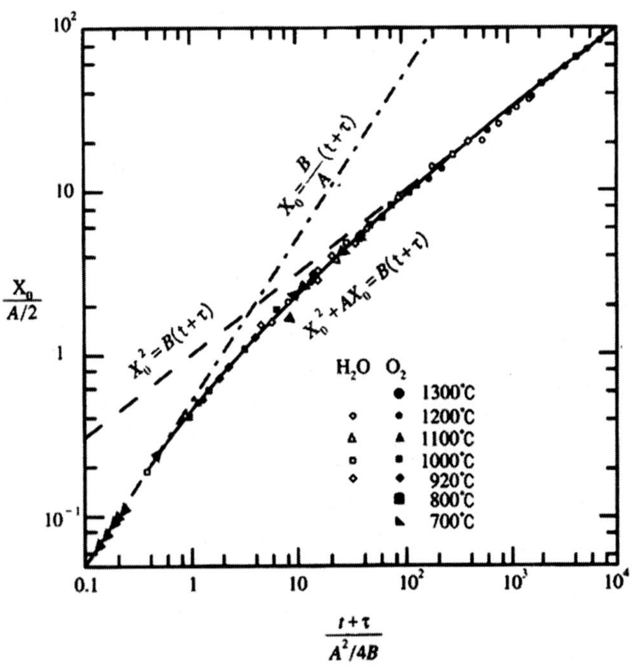


**그림 2.9** 실리콘 산화의 일반적인 관계 및 두 가지 극한적 형태

포물선 성장률 상수 $B$에서 $D$와 $C^*$ 자체는 온도에 큰 영향을 받기 때문에 $B$를 온도에 관한 함수로 표현할 수 있다.

$$B = B_0 \exp\left(-\frac{E_a}{kT}\right) \tag{21}$$

여기서, $E_a$는 활성화 에너지(activation energy)로서 $O_2$나 $H_2O$가 산화막을 뚫고 확산하는데 필요한 에너지를 의미한다. 그림 2.10에 온도에 따라 변화되는 $B$값을 나타내었다. $E_a$는 건식 산화와 습식 산화에서 각각 1.24 eV와 0.71 eV임을 알 수 있으며, 이 값의 차이로부터 습식 산화 시 빠른 산화막 성장 속도가 얻어짐을 알 수 있다. 확산 시간이 길어질 때 산화막의 두께는 식 (19)와 같이 포물선 성장률 상수 $B$에만 의존하게 되며, $B$는 또한 식 (16)으로부터 확산 계수 $D$에 비례함을 알 수 있다. 이것은 성장된 산화막을 뚫고 표면에서 산화막/실리콘 계면쪽으로 확산되는 산화족의 확산 과정에 의하여 산화막 성장이 조절되는 것을 의미하며, 이 영역을 확산 제어 산화 영역(diffusion controlled oxidation region)이라고 한다.

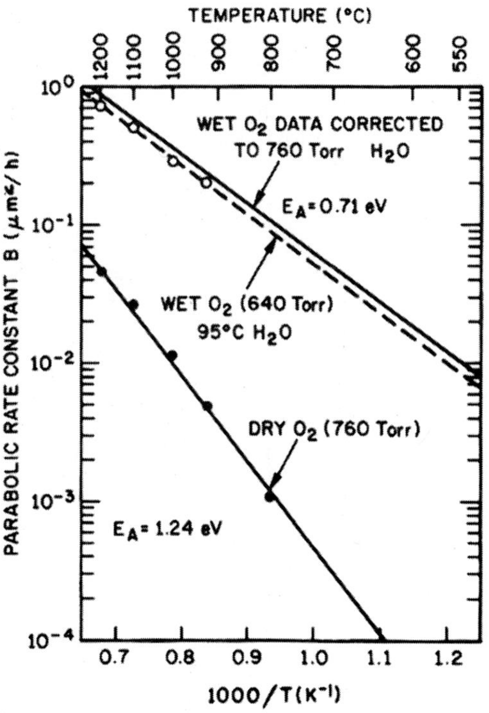


**그림 2.10** 건식 및 습식 산화 시 포물선 성장률 상수 $B$의 온도 의존성

그림 2.11은 온도에 따라 변화되는 선형 성장률 상수 $B/A$를 나타낸 것이다. 건식과 습식 산화에서 계산된 활성화 에너지는 각각 2.0 eV와 1.96 eV가 됨을 알 수 있다. 습식과 건식의 활성화 에너지가 거의 같다는 것은 선형 성장률 상수 $B/A$가 산화막 성장에 주도적으로 작용하는 짧은 산화 시간 영역에서의 산화 공정이 습식, 건식 모두 동일한 산화 기구(oxidation mechanism)에 의하여 일어나고 제어됨을 의미한다. 이 에너지는 실리콘과 실리콘의 결합(Si-Si)을 끊는데 소요되는 에너지 1.83 eV와 매우 근접하므로, 산화의 선형 영역은 $O_2$ 나 $H_2O$와 결합하여 실리콘 산화물이 생성되기 위해 필요한 실리콘-실리콘 결합을 끊는 과정에 의해 산화 성장이 조절된다고 할 수 있다. 그러므로 이와 같은 산화 기구는 표면 반응률 상수 $k_s$에 의해 지배된다고 볼 수 있으므로 선형 성장률 상수 $B/A$가 산화를 주도할 경우를 반응률 제어 산화 영역(reaction rate controlled oxidation region)이라고 한다.

습식 산화인 경우 건식 산화 때보다 $B$ 및 $B/A$가 더 큰 값을 갖는 것은 산화막에서의 산화족 고용도인 $C^*$의 값이 $H_2O$일 때 $O_2$에서보다 1,000배 정도 크기 때문이다.

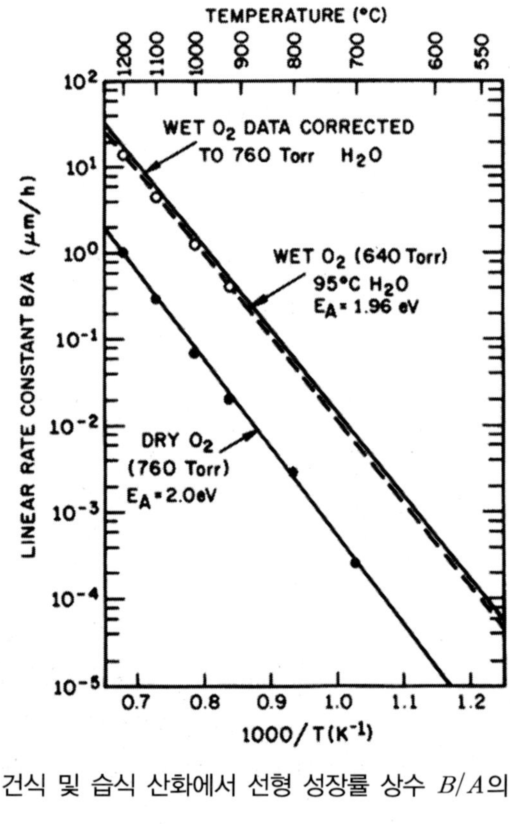


**그림 2.11** 건식 및 습식 산화에서 선형 성장률 상수 $B/A$의 온도 의존성

## 3. 산화율에 영향을 주는 요소들

실리콘 열산화는 실리콘의 결정 방향, 도핑정도, 기체 상태에서의 Cl과 HCl 같은 할로겐 불순물의 함유 여부, 압력, 온도, 플라스마 유무 및 광자(photon) 등에 의해 영향을 받는다.

### 3.1 결정 방향

포물선 성장률 상수 $B$에 비하여 선형 성장률 상수 $B/A$가 결정 방향에 따라 더 큰 영향을 받는다. $B$는 결정면의 표면 반응률 상수 $k_s$에 무관하고 산화족 확산 계수 $D$에 영향을 받지만, $B/A$는 표면 반응에 관여되는 실리콘-실리콘 결합을 끊는데 사용되는 활성화 에너지와 연관되므로, $A$가 표면 반응률 상수 $k_s$에 관한 함수가 되어 $B/A$가 $k_s$에 관한 식으로 표현되기 때문이다. 결정 방향에 따른 실리콘 원자의 밀집도와 활성화 에너지 차이에 의해 상이한 값을 갖는 반응 상수들에 관한 습식 산화에서의 측정값이 표 2.2에 나타나 있다.

평균적으로 〈111〉 방향의 $B/A$는 〈100〉 방향에 비하여 약 1.68배 정도 큰 값을 가지므로, 〈111〉 방향의 웨이퍼는 〈100〉 웨이퍼에 비하여 산화막이 두껍게 형성됨을 알 수 있다. 그림 2.12는 방향이 서로 다른 실리콘 웨이퍼를 640 torr에서 습식 열산화를 시켰을 때 성장되는 산화막의 두께를 보여주고 있다.

**표 2.2 습식 열산화에서 결정 방향과 온도에 따른 반응 상수**

| Process Temperature(℃) | Substrate Direction | $A$ (μm) | Parabolic Rate Constant(μm²/hr) | Linear Rate Constant(μm/hr) | $B/A$ Ratio 〈111〉/〈100〉 |
|---|---|---|---|---|---|
| 900 | 〈100〉 | 0.95 | 0.143 | 0.150 | 1.68 |
| | 〈111〉 | 0.60 | 0.151 | 0.252 | |
| 950 | 〈100〉 | 0.74 | 0.231 | 0.311 | 1.68 |
| | 〈111〉 | 0.44 | 0.231 | 0.524 | |
| 1,000 | 〈100〉 | 0.48 | 0.314 | 0.664 | 1.75 |
| | 〈111〉 | 0.27 | 0.314 | 1.163 | |
| 1,050 | 〈100〉 | 0.295 | 0.413 | 1.400 | 1.65 |
| | 〈111〉 | 0.18 | 0.415 | 2.307 | |
| 1,100 | 〈100〉 | 0.175 | 0.521 | 2.977 | 1.65 |
| | 〈111〉 | 0.105 | 0.517 | 4.926 | |

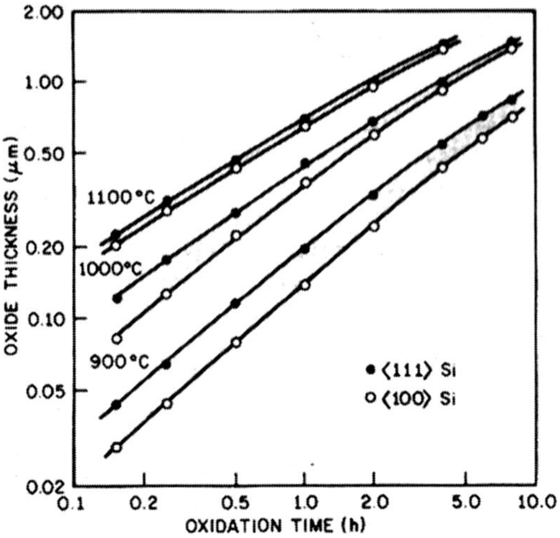


**그림 2.12** 산화 시간에 따른 습식 열 산화막 두께 곡선

높은 온도에서는 낮은 온도에서보다 결정 방향에 따른 산화막 두께 차이가 줄어든다. 이와 같은 결과는 높은 온도에서 선형 성장률 상수가 주도하는 시간 영역이 낮은 온도에서 보다 작아 대부분의 산화 시간 동안 방향성에 거의 무관한 포물선 성장률 상수가 산화막 성장에 관여하기 때문이다. 낮은 온도에서도 산화 시간이 오래 경과됨에 따라 방향성의 감소 현상이 나타남을 알 수 있다. 이것은 시간이 지남에 따라 산화의 포물선 성장률 상수가 산화 기구에서 점차 지배적인 역할을 하기 때문이다.

## 3.2 도핑 농도 영향

산화 공정에서 기판은 일정한 도핑 농도를 가진다. 이 농도는 산화 과정 중에 변화할 것이다. 이 프로파일은 산화층의 불순물 확산률 및 분리 계수(segregation coefficient)에 의존하며, 분리 계수는 다음과 같이 표현된다.

$$\text{분리 계수(m)} = \frac{\text{Concentration of impurity in Si}}{\text{Concentration of impurity in SiO}_2} \tag{22}$$

산화 과정 동안 불순물의 재분포는 결정 성장 과정과 유사하다.

그림 2.13에 다양한 불순물들의 분포 가능성들이 나타나 있다. B(Boron, 붕소)의 분리 계수 값은 온도에 의존적이고 보통의 확산 온도에서 0.3을 넘지 않는다. B는 물론 실리콘 산화막을 통해서도 천천히 확산된다. 따라서 그림 2.13(a)와 같이 B는 실리콘의 표면으로부터 고갈되고 산화물 내부에 남게 된다. 또한, 그림 2.13(b)에서 보는 것

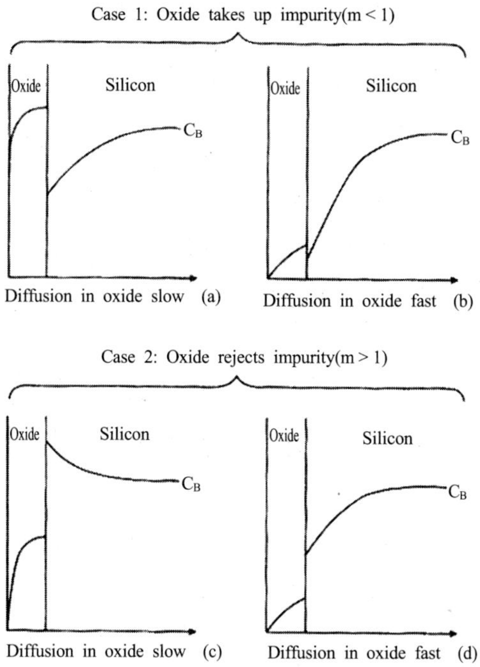


**그림 2.13** 실리콘–실리콘 산화막에서의 불순물 분포에 대한 효과

과 같이 산화물 성장, 혹은 불순물 확산 시 $H_2$의 존재는 산화물에서 B의 확산을 크게 증가시키고 실리콘 표면에서의 B를 크게 고갈시키는 결과를 낳는다. P(Phosphorous, 인), Sb(Antimony, 안티몬), 그리고 As(Arsenic, 비소)의 분리 계수 값은 대략 10 정도이다. 그림 2.13(c)에서처럼 이런 원소들은 산화물에 받아들여지지 않고, 산화물에서 서서히 확산되어 실리콘 표면에 쌓이게 된다. 반면, Ga(Gallium, 갈륨)은 분리 계수가 20이지만, 실리콘 산화막으로 매우 빠르게 확산된다. 이러한 조건은 그림 2.13(d)에 보인 바와 같이 표면에서 Ga을 고갈시키는 원인이 된다. B의 고갈과 P의 축적의 효과는 바이폴라와 MOS 공정에서 특히 중요하다. 공정을 설계할 때는 이 두 가지 문제를 모두 계산에 넣어야 하며, 이러한 현상을 극복하기 위해 공정 스텝을 추가하거나 변화시켜야 하는 경우도 있다.

일반적인 실리콘 불순물들은 기판에서의 농도가 높을수록 실리콘의 산화율을 증가시킨다. B는 산화층에서 분리, 침입하여 유리(glassy) 구조를 약화시키며 점도를 감소시킨다. 표면에서의 B의 농도가 $10^{20}$ $cm^{-3}$ 이상일 때, $O_2$ 분자의 확산도가 증가하는 효과가 나타난다. 그림 2.14에 나타낸 것과 같이 결과적으로 표면이 B로 높게 도핑되었을 때 포물선 성장률 상수가 증가한다.

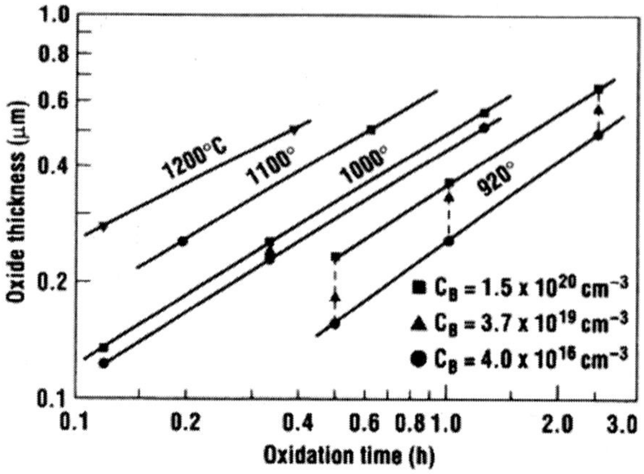


**그림 2.14** B가 도핑된 실리콘 산화막 두께의 시간에 따른 효과

P가 높게 도핑되었을 때, 그림 2.15에서 보듯이 포물선 성장률 상수는 적당히 증가하는 반면, 선형 성장률 상수는 표면의 도핑 정도가 $10^{20}$ $cm^{-3}$ 이상일 때 급격히 증가한다. 이는 분리 계수에 따라 P가 표면에 축적되기 때문이다.

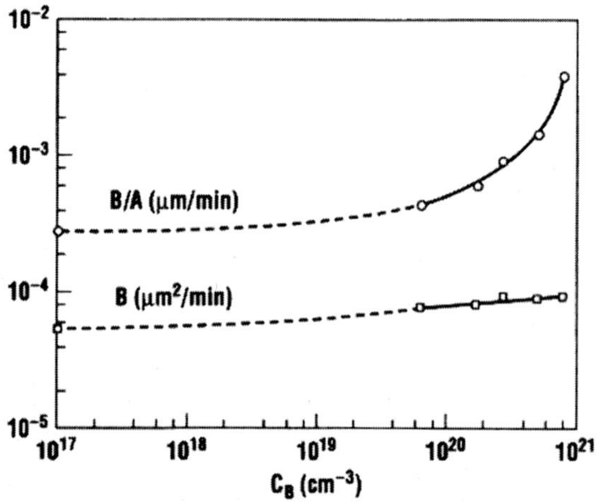


**그림 2.15** P 농도에 따른 900℃에서의 건식 산화에 대한 산화율 계수

표면의 반응도(reactivity) 증가를 설명하는 모델은 이와 같이 높은 P의 농도가 페르미 에너지(Fermi energy)를 변화시키고, 따라서 표면에서 공공의 농도가 증가한다는 것이다. 이러한 공공들은 추가적인 산화점(site)을 제공하여 반응도를 증가시킨다.

다결정 실리콘의 산화는 EEPROMs에서의 폴리층(poly layer) 사이의 산화막 형성,

DRAMs에서의 다결정 실리콘 플러그의 산화, 그리고 재산화(reoxidation) 과정에서 발생하는 폴리 게이트(poly gate)의 산화 사이에 얇은 산화층의 형성과 같은 응용분야에서 상당한 관심을 끄는 것이다. 증가된 산화율은 결정입계(grain boundary)에서의 응력에 기인한다. 그림 2.16은 도핑되지 않은 다결정 실리콘의 온도변화에 따른 습식 및 건식 산화에 대한 산화막의 두께를 나타낸 것이다. 1,000℃ 이하의 산화온도에서 도핑되지 않은 다결정 실리콘의 산화율은 단시간 동안 (100) 또는 (111) 실리콘 보다 높다. 장시간 산화에 대해서는 산화층의 두께가 (100) 실리콘과 (111) 실리콘 산화층 두께의 중간 수준으로 낮아진다. 다결정 실리콘이 P로 높게 도핑되었을 경우 다결정 실리콘의 산화율이 (100) 또는 (111) 단결정 실리콘의 산화율보다 낮다.

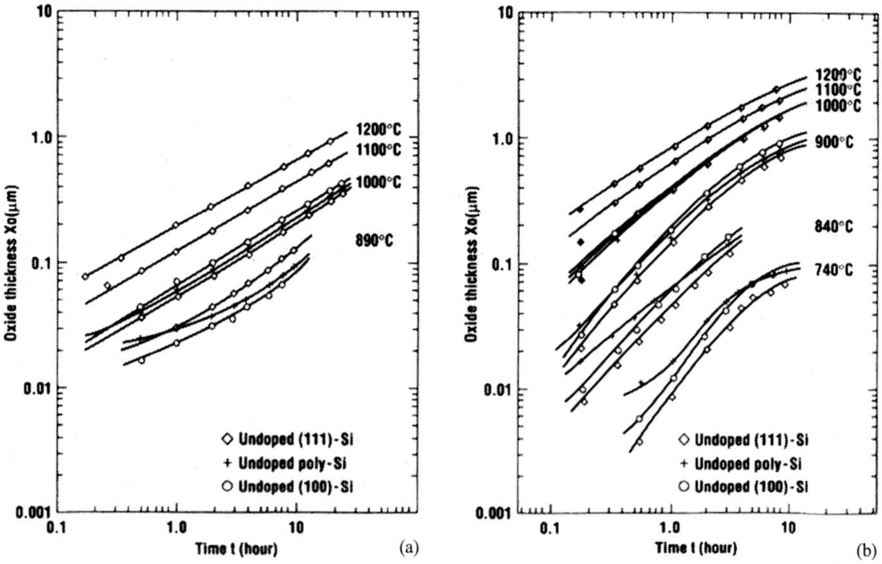


**그림 2.16** (a) 습식 및 (b) 건식 산화에서 도핑되지 않은 다결정 실리콘에서의 산화막 두께

## 3.3 $Cl_2$ 또는 HCl 영향

실리콘 산화막의 특성을 개선하기 위하여 $Cl_2$ 또는 HCl 분위기에서의 산화에 관한 많은 연구들이 수행되었다. 이 연구들에서 HCl이나 $Cl_2$의 첨가로 산화 시 이동성 이온의 중화 현상이 발생한다는 사실과 산화막이 $HCl/O_2$ 혼합 기체에서 성장될 때 실리콘 벌크에서의 소수 캐리어 수명이 증대된다는 사실이 밝혀졌다. 이외에도 산화막 내에서의 결정 결함 감소, 계면에서의 고정전하 감소, 산화막 아래의 실리콘에서의 스택킹(stacking) 결함 감소 등이 나타남을 발견하였다.

이와 같이 $Cl_2$나 HCl의 첨가는 성장된 산화막의 질을 향상시킬 수 있을 뿐 아니라 산화막 성장 자체에도 영향을 주게 된다. 그림 2.17은 HCl과 $Cl_2$를 첨가했을 때의 산화율 증가를 알아보기 위한 실험 결과이다. $Cl_2$나 HCl을 산화 시에 첨가하면 일반 건식 산화와 비교해서 현저한 산화율 증가가 나타남을 알 수 있다. 그림 2.17에서 실선들은 일반 건식 산화와 평행하며 HCl이나 $Cl_2$의 첨가는 포물선 성장률 상수를 증가시킴을 보여주고 있다. 산화 시 추가적으로 생성되는 $H_2O$ 자체 기능만으로는 관측된 포물선 성장률 상수의 증배 현상을 설명하기엔 불충분할 것이다. 이와 같은 산화율 증배 현상은 비가교(nonbonding) 결합들의 증가에 기인한 $O_2$와 $H_2O$ 분자들의 산화막 내 확산 증배, HCl의 촉매 작용으로 산화막/실리콘 계면에서의 증가된 화학 반응, 그리고 산화 작용 동안 추가 형성된 $H_2O$ 분자들의 기여 등에 의해서 나타난다.

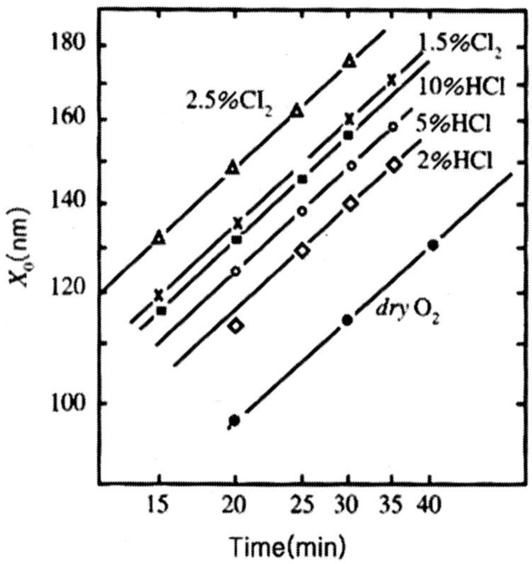


**그림 2.17** 1,150℃에서의 (100) 실리콘 산화율과 HCl 및 $Cl_2$ 첨가효과

이와 같은 결론들은 HCl/$O_2$ 혼합 기체에서 HCl 농도에 따른 산화 실험에서 관측된 결과와 일치하고 있다. 이들은 또한 HCl/$O_2$ 분위기에서 산화를 시키는 동안 $O_2$와 $H_2O$가 반응 생성물로 형성되며, 각 생성물질의 산화에 대한 영향을 $H_2O/O_2$, $Cl_2/O_2$, HCl/$O_2$ 등의 서로 다른 혼합 기체 내에서의 산화 운동에 관한 분석을 통하여 더욱 자세히 알 수 있게 되었다.

즉, 이 실험에서 2% $H_2O$ + 2% $Cl_2$를 $O_2$에 섞어 산화시켰을 때의 산화막의 두께가 4% HCl + 96% $O_2$에서의 산화막 두께와 일치함을 알아냄으로써 다음 식에 표현한 것처럼 산화 중 $O_2$가 HCl과 결합하여 $Cl_2$와 $H_2O$의 반응물질을 생성시킴을 확인할 수 있었다.

$$4HCl + O_2 \longleftrightarrow 2H_2O + 2Cl_2 \tag{23}$$

그림 2.18에 $HCl/O_2$ 산화 시스템에서의 $B$와 $B/A$ 값들이 나타나 있다. 포물선 성장률 상수 $B$는 HCl 농도가 증가할수록 계속 증가하는 반면, 선형 성장률 상수 $B/A$는 HCl 농도가 일정 값 이상을 넘어서면 포화 상태에 도달함을 알 수 있다. 그러나 $Cl_2$에 의한 산화막의 큰 증배 현상은 아직까지 그 정확한 원인이 규명되지 않고 있다. $Cl_2$는 대부분 산화막/실리콘 계면 부근에 존재하며, $Cl_2/O_2$ 때는 $HCl/O_2$ 때보다 산화막 쪽으로 훨씬 더 넓게 분포된다고 알려져 있다.

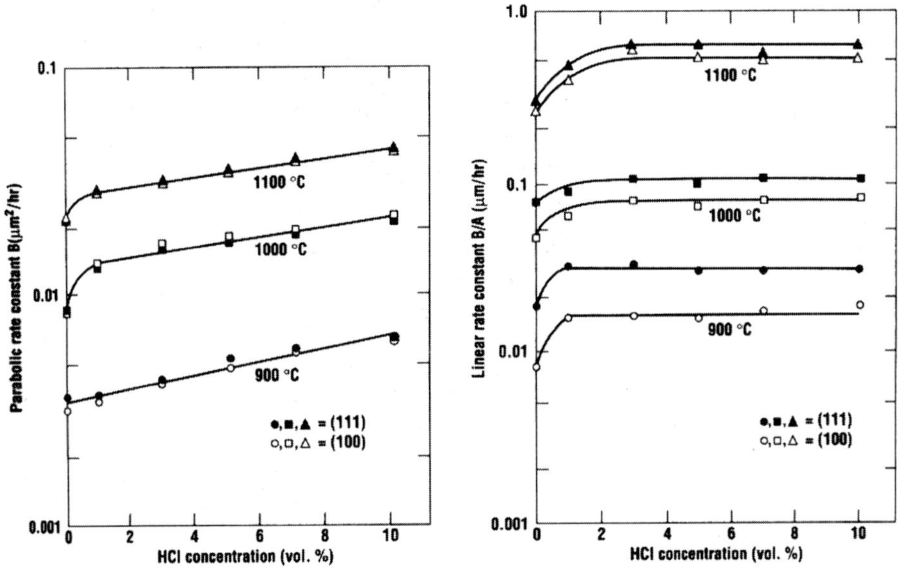


(a) (b)

**그림 2.18** HCl 농도에 따른 (a) 포물선과 (b) 선형 성장률 상수

## 3.4 압력 영향

압력이 증가되면 산화막 내에 산화족이 녹을 수 있는 고용도 $C^*$가 증가하게 된다. 포물선 성장률 상수 $B$는 $C^*$에 비례하므로, 선형 성장률 상수 $B/A$와 포물선 성장률 상수 $B$는 압력이 증가함에 따라 증가함을 알 수 있다. 이와 같은 성질을 이용하면 대

기압에서 고온 공정으로 얻을 수 있는 성장률을 고압에서는 낮은 온도에서도 얻을 수 있으며, 동일한 온도일 경우 짧은 시간 내에 원하는 두께의 산화막 성장이 가능하다. 그림 2.19는 〈100〉 및 〈111〉 실리콘에 대한 900℃에서의 습식 산화막 성장 두께를 나타낸 것이다.

대기압보다 높은 압력에서는 산화막 두께가 급격하게 증가함을 알 수 있으며, 성장률의 방향성은 압력이 증가할수록 둔화됨을 보여주고 있다. 낮은 온도와 짧은 시간에서도 높은 온도와 긴 시간의 산화 때와 같은 산화막 두께를 얻을 수 있어 전 공정에 의해 주입된 이온이나 확산된 불순물들의 벌크 방향 추가 확산과 측면 확산이 크게 감소될 수 있는 장점이 있어서 초고집적회로 제조 공정에 널리 이용될 가능성이 많다.

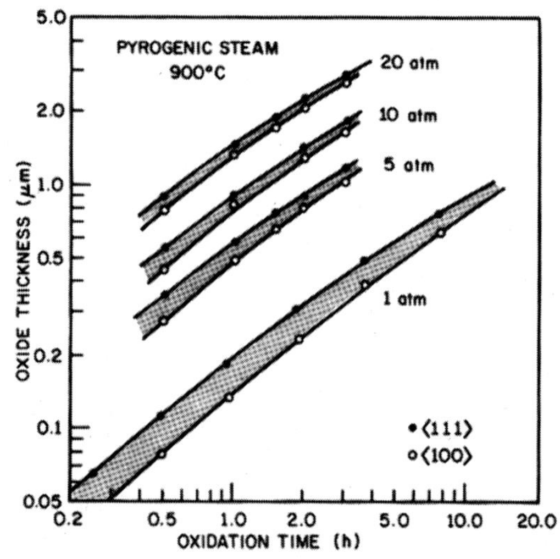


**그림 2.19** 압력에 따른 실리콘 산화막 성장 두께

## 4. 산화막 내의 전하분포

산화막과 산화막/실리콘 계면에는 많은 전하들이 존재하게 된다. 산화막 성장 공정이 중단되면 이미 산화가 이루어진 실리콘 산화막이 있고, 아직 완전 산화막이 형성되지 못했으나 산소($O_2$)와 실리콘의 불완전한 결합을 이루고 있는 변이영역 $SiO_x$ 층이 있으며, 실리콘/실리콘 산화막 계면이 존재하게 된다. 그림 2.20은 이와 같은 산화막에 분포되어 있는 전하들을 표시하고 있다.

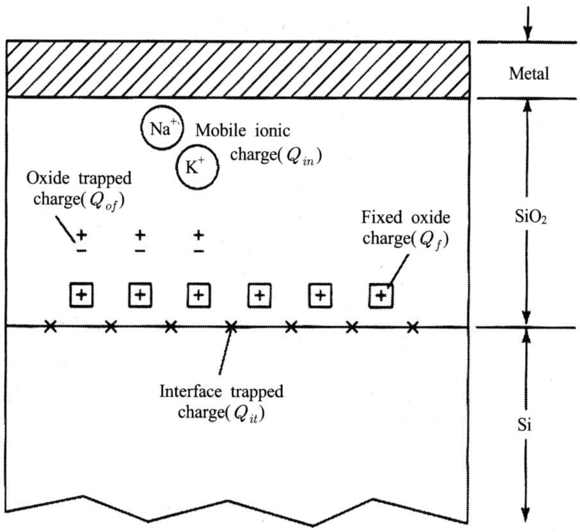


**그림 2.20** 열산화된 실리콘 산화막 내의 전하

## 4.1 계면 포획전하

그림 2.20의 계면 포획전하(interface trapped charge) $Q_{it}$는 계면상태 혹은 표면상태 전하라고도 한다. 이 전하는 실리콘 결정 표면에서의 주기적인 격자 구조 파괴, 산화나 열처리로 유발된 결함, 금속 불순물 등에 기인되며, 금지 대역(forbidden band) 내의 에너지 준위를 갖고 있다. 계면 포획전하 상태가 전자를 그 위치에서 밖으로 발생시키고 중성이나 양전하를 띠게 되면 도너(donor)라 하고, 그와 반대로 전자를 받아서 중성이나 음전하를 띠게 되면 억셉터(acceptor)라고 한다.

그림 2.21은 실리콘-실리콘 산화막 시스템에서 측정된 계면 포획 전하밀도를 보여주고 있다. 밴드갭 중간 부근은 비교적 일정하며 양쪽 전도대(conduction band)나 가전자대(valence band) 쪽으로 가까워질수록 전하밀도가 증가함을 알 수 있다. 또한, 계면 포획전하는 실리콘의 결정 방향에 따라 다른 값을 보이고 있다. 즉, (111) 면과 같이 단위 면적당 $11.8\times10^{14}/cm^2$의 결합들이 있는 경우는 $6.8\times10^{14}/cm^2$개의 결합들이 있는 (100) 면보다 산화에 참여하는 실리콘 원자수가 많으며, 산화가 끝났을 때도 끊어진 결합수가 더 많게 되어 계면 트랩(interface trap)으로 작용하는 밀도가 커지게 된다. 이 때문에 실리콘 MOSFET에서 (100) 웨이퍼가 주로 사용된다. 계면 포획전하는 실리콘 웨이퍼의 방향 외에 산화온도, 산화방식, 산소 부분압 등에 따라 그 값이 변하게 된다.

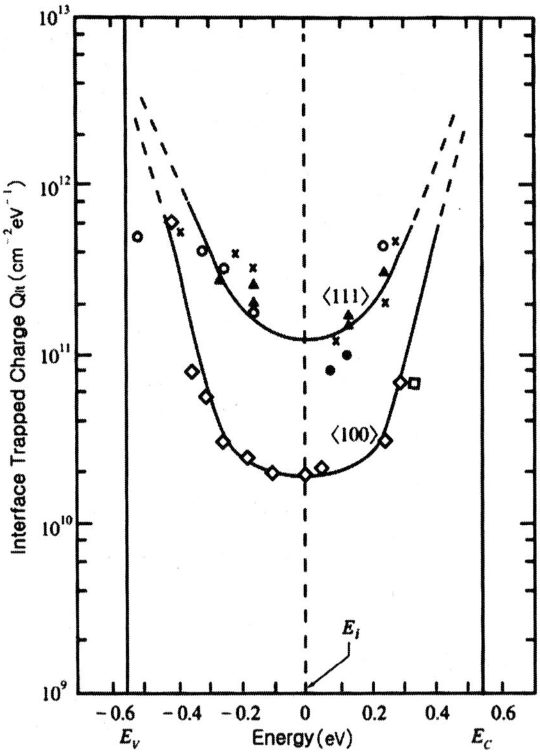


**그림 2.21** 열산화된 실리콘 산화막의 계면 포획 전하밀도

산화 온도가 증가할수록 계면 포획전하는 감소하며, 산화 후 열처리 과정을 통하여 더욱 낮은 값으로 감소시킬 수 있다. 효과적인 열처리에는 두 가지 방법이 있다.

첫 번째 방법은 금속 증착 후의 저온 열처리이다. 산화 후 금속 증착을 끝낸 다음 샘플을 $H_2$나 Ar 혹은 $H_2$-$N_2$ 분위기에서 열처리하는 것이다. 열처리 전 $10^{11}$ $cm^{-2}$ $eV^{-1}$ 정도의 계면 포획전하는 열처리 후 $10^{10}$ $cm^{-2}$ $eV^{-1}$ 정도로 감소하게 된다. 습식이나 건식 산화 두 경우 모두 산화막 속에 $H_2O$가 잔존하게 되는데, 열처리 중 표면의 Al과 작용하여 $Al_2O_3$와 H 원자가 생성되고, H 원자는 표면에서 산화막/실리콘 계면으로 확산되어 들어가 계면 트랩과 반응하여, 그들이 전기적으로 불활성이 되도록 만드는 작용을 하여 계면 포획전하 값이 감소하게 된다.

두 번째 방법은 선 산화-후 고온 열처리 방법이다. 여기서는 산화막을 먼저 성장시키고, $H_2$나 Ar 혹은 $N_2$ 분위기에서 바로 고온 열처리하게 된다. 이 경우에도 계면 포획전하 값의 감소는 $H_2$나 잔존하는 $H_2O$가 H 원자를 생성하여 앞의 방법과 같이 트랩을 제거하는 것으로 추측하고 있다.

## 4.2 산화막 포획전하

산화막 포획전하($Q_{ot}$)는 양이나 음전하가 될 수 있으며, 산화막 내에 포획된 정공이나 전자에 의해 생성된다. 이온화를 일으키는 방사광으로부터 이와 같은 전하들이 발생되며, 포획되는 전하는 대부분 양전하이다. 생성되는 전하는 방사광 도즈(dose)에 비례하지만, 시간이 경과함에 따라 포화상태에 도달하게 된다. 산화막 포획전하는 방사광 외에 산화막 양단에 인가된 전계의 세기에 의해서도 영향을 받는다. 실리콘 산화막에서 $3\times10^5$ V/cm 이상의 전계가 가해지면 전자와 전공이 발생되어 산화막 내의 트랩에 포획되기도 한다. 트랩은 불순물이나 실리콘 산화막의 끊어진 결합들에 의하여 발생하므로 계면 포획전하의 감소 때와 유사한 방법으로 열처리를 하면 크게 감소될 수 있다. 전자소자로서 사용 도중, 우주 공간으로부터 방사되는 X-선과 같은 강력한 에너지 입자에 의해 전자-정공쌍이 생성되기도 하고, 이온 주입, 플라스마 식각, 이온 밀링, 전자빔 증착이나 스퍼터링 등과 같은 제조공정 중의 방사광으로부터도 발생될 수 있다.

## 4.3 고정 산화전하

고정 산화전하($Q_f$)는 일반적으로 양전하이며, 산화막/실리콘 계면에서 대략 30Å 이내인 $SiO_x$ 영역에 존재하게 된다. 전하밀도는 산화온도, 열처리 조건, 웨이퍼 방향 등에 따라 다르다. (111) 방향에서의 고정 산화전하 밀도가 (100) 방향보다 크며, 이들 전하에 의하여 MOS 트랜지스터의 문턱전압이 가장 큰 변화를 받으므로, 고정 산화전하로 인한 문턱전압 변화 방지를 위하여 이온 주입이 이용되고 있다. 그러나 근본적으로 고정 산화전하 값을 최소화하고 재현성 있는 공정이 이루어지게 하는 것이 바람직하다.

산화 온도 및 불활성 기체 분위기의 열처리와 고정 산화전하 $Q_f$와의 상관관계를 설명하는 딜-산화 삼각형(Deal oxidation triangle)을 그림 2.22에 나타내었다.

그림 2.22에서 보듯이 산화 조건에 따른 결과는 다음의 세 가지로 요약할 수 있다.

- 온도가 증가하면 고정 산화전하는 감소한다.
- 불활성 기체 분위기에서는 온도가 증가해도 고정 산화전하는 증가하지 않는다.
- $O_2$ 분위기에서의 열처리는 가역적이다.

고정 산화전하는 매우 안정되어 있기 때문에 500℃ 이하의 열처리에서는 아무런 영향을 받지 않게 된다. 또한, 고정 산화전하의 발생에 관해 일반적으로 납득할 수 있는 모델은 아직 없지만, 산화막 내의 과잉 실리콘이나 $O_2$ 결핍, 혹은 하나의 양전하로 이온화된 실리콘으로 생각되고 있다. 결과적으로 고정 산화전하는 실리콘과 $O_2$의 화학량

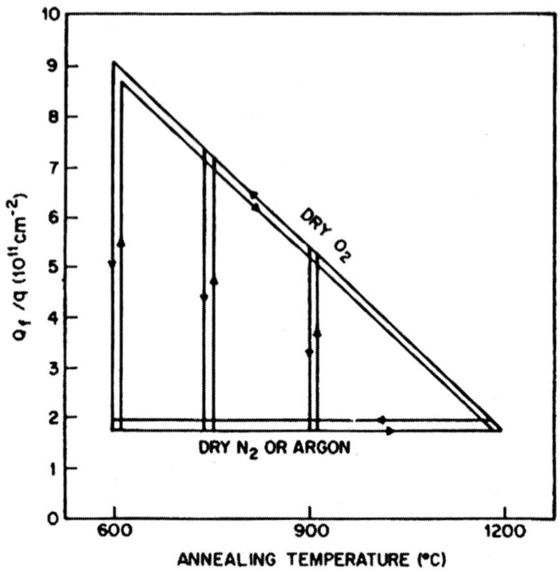


**그림 2.22** 딜-산화 삼각형

론적 불일치에 의해 발생된다고 할 수 있다.

## 4.4 이동성 이온전하

산화막 내의 이동성 이온전하($Q_m$)는 게이트 전극에 가한 전압과 정전용량 측정을 통하여 광범위하게 연구되어 왔으며, 일반적으로 산화막의 불안정한 전기적 특성이 알칼리 이온들의 오염에 의한 것으로 판명되었다. 이온 전하들은 $Na^+$, $K^+$, $Li^+$, $Cs^+$ 등의 이동할 수 있는 양전하들이나, 움직일 수 있는 양자, 혹은 음이온들로도 구성된다. $Na^+$는 실리콘 웨이퍼, 사용되는 화학물질, 산화 분위기, 게이트 전극물질 등의 여러 가지 경로를 통하여 산화막으로 유입될 수 있다.

세심한 주의에도 불구하고 이와 같은 불순물들의 유입을 완전하게 방지하는 것은 어렵지만, 산화 중에 불순물 유입 공정을 동시에 수행하면 좋은 효과를 볼 수 있다. 예를 들면, 금속 증착 전에 PSG(Phosphor Silicate Glass)를 중간층 유전체로 형성시키면, 게터링 효과가 커서 산화막 내로의 Na 유입을 방지하고 산화막 내부에 존재하는 $Na^+$를 제거할 수 있다. 실리콘 MOS 소자에서는 최종 보호막으로 PSG가 사용되기도 한다. 뿐만 아니라 $Cl_2$ 분위기에서 산화시키면 $Na^+$가 중화되어 이동성 이온전하를 생성시키지 못하게 된다. 그림 2.23은 HCl 분위기에서 산화시켰을 때 HCl의 몰 분율%에 따른 이동성 이온전하를 나타낸 것이다. 3% 정도의 HCl이 포함될 때 이동성 이온전하

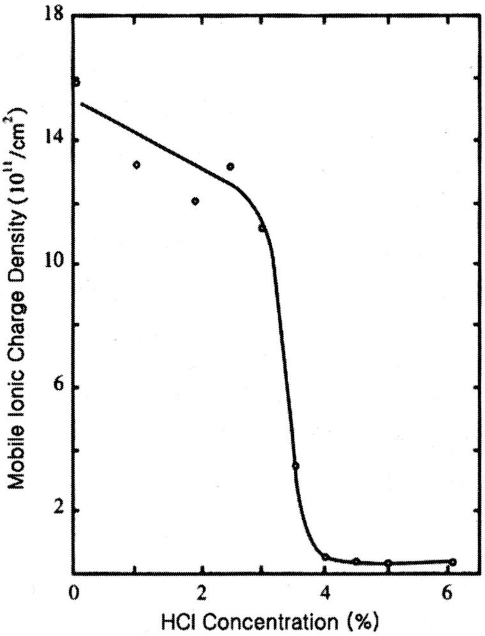


**그림 2.23** 실리콘 산화의 HCl mol 농도에 따른 이동성 이온전하 밀도

의 감소가 다소 나타나기 시작하다가, 4% 이상이 되면 완전한 이동성 이온전하의 제거 현상이 일어남을 알 수 있다. 이와 같은 효과는 10~50℃나 그 이하의 온도가 되면 실질적으로 없어지게 된다.

산화막 성장 로의 튜브 역시 Na 발생원으로 작용하기 때문에 $O_2$에 6mol%의 HCl을 섞어 1,150℃에서 2시간 정도 세척 공정을 하면 튜브로부터의 Na 유입을 방지할 수 있다. 공정 중에 사용되는 각종 기체와 화학물질들은 순도가 높은 것을 사용해야 하고, 금속 증착 시 용기로 쓰이는 W과 같은 고융점 금속 등도 불순물을 유발시키는 큰 원인 중 하나가 되므로, BN으로 된 용기나 전자빔 증착기를 사용하는 것이 바람직하다.

완성된 소자 내부로 Na 유입을 방지하기 위해 PSG 외에 질화 실리콘($Si_3N_4$)막을 사용하기도 한다.

## 4.5 정전용량-전압 특성

산화막을 평가하는 방법 중의 하나가 정전용량-전압 측정을 이용하는 것이다. 실리콘 산화막의 경우, MOS 다이오드에 많이 응용되고 있으며 금속-실리콘 산화막-실리콘 다이오드가 가장 광범위하게 연구되었다. 실리콘 산화막-실리콘 시스템의 전기적 특성은 이상적 MOS 다이오드의 특성에 가깝다. 그러나 보통 사용되는 금속 전극의 경우 일함수 차이 $q\phi_{ms}$는 일반적으로 0이 아니며, 산화막 내 또는 실리콘-실리콘 산화막 계면에는 이상적 MOS 특성에 어떠한 형태로든 영향을 미치는 각종 전하가 존재한다. 즉, 일함수 차 이외에 평형 다이오드 산화층 내의 전하 및 실리콘-실리콘 산화막 계면의 트랩에도 영향을 받는다.

계면 포획전하는 실리콘-실리콘 산화막의 계면 성질에 의하여 계면의 화학적 구성에 의존한다. 이 전하는 실리콘-실리콘 산화막 계면에 위치하며 에너지 상태는 실리콘 금지대 내에 있다. 계면 트랩 밀도는 방향에 의존한다. (100) 면에서는 계면 트랩 밀도가 (111) 면보다 한 자리 숫자만큼 작다. 실리콘 위에 열 성장한 실리콘 산화막 층을 갖는 MOS 소자의 경우는 저온(450℃)의 $H_2$ 열처리로 대부분의 계면 트랩 전하를 중화시킨다. (100) 면의 실리콘에 대한 계면 포획전하 값은 $10^{10}$ $cm^{-2}$까지 낮출 수 있는데, 이는 $10^5$개의 표면 원자당 약 한 개의 계면 포획전하에 해당된다. (111) 면의 실리콘의 경우, 계면 포획전하는 약 $10^{11}$ $cm^{-2}$이다.

고정 산화전하는 실리콘-실리콘 산화막의 계면에서 약 30Å 내에 위치한다. 이 전하는 고정되어 있으며 표면전위가 크게 변해도 대전 또는 방전시킬 수 없다. 일반적으로 고정 산화전하는 양(positive)이며 산화 및 열처리 조건과 실리콘 결정 방향에 의존한다. 산화가 정지될 때 몇 개의 이온화된 실리콘은 계면 근처에 남는 경우가 있다. 이들 이온은 표면의 미완성 실리콘 결합(Si-Si 또는 Si-O 결합)과 함께 양의 고정 산화전하의 원인이 될 수 있다. 실리콘 산화막-실리콘 시스템의 전형적인 고정 산화전하 밀도는 (100) 면의 경우 약 $10^{10}$ $cm^{-2}$이며, (111) 면의 경우 약 $5\times10^{10}$ $cm^{-2}$이다. 계면 포획전하 및 산화 고정전하의 낮은 값 때문에 실리콘 MOSFET에서는 (100) 면이 더 많이 사용된다.

산화막 포획전하는 실리콘 산화막의 결합과 관련이 있다. 이들 전하는 X-선 조사나 고에너지 전자충격에 의해 만들어질 수 있다. 트랩은 산화층 내에 분포한다. 공정에 관계되는 산화막 포획전하의 대부분은 저온 열처리에 의해 제거될 수 있다.

Na나 다른 알칼리 이온과 같은 이동성 이온전하는 고온 및 고전압 동작의 경우 산화층 내에서 이동한다. 높은 바이어스 온도 조건에서 동작하는 반도체 소자의 신뢰성 문제는 알칼리 금속이온에 의한 극미량의 오염과 관계가 있다. 높은 바이어스 온도 조건하에서 이동성 이온전하는 바이어스 조건에 따라 산화층을 통과하여 이동하며, 정전용량-전압 곡선은 전압축을 따라 이동하게 된다. 그러므로 소자 제조에 있어서는 이동성 이온의 제거를 위한 특별한 주의가 필요하다.

앞의 전하들은 단위 면적당 실효 순전하($C/cm^2$)이다. 이들 전하가 평탄밴드 전압에

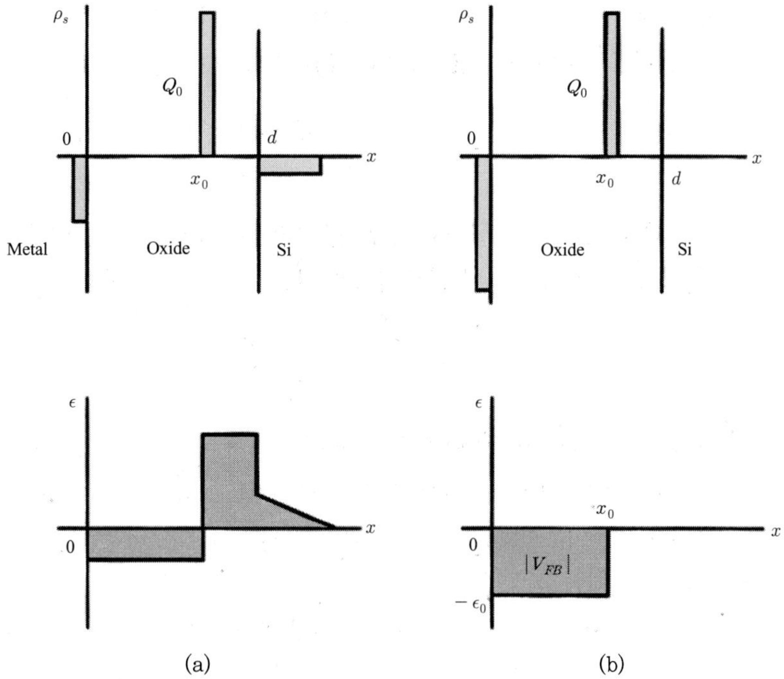


**그림 2.24** 산화막 내의 판상전하의 영향: (a) $V_G = 0$에 대한 조건, (b) 평탄밴드 조건

미치는 영향을 고찰해 보자. 그림 2.24에 나타낸 것과 같이 산화막 내에 단위 면적당 $Q_0$의 (+)의 판상전하를 생각하자. 그림 2.24(a)에서처럼 (+)의 판상전하는 일부는 금속에 일부는 반도체에 음전하를 유도할 것이다. 그 결과 전기장 분포는 그림 2.24(a)의 아래쪽에 그려진 것처럼 나타나게 된다. 여기서 일함수 차는 없다고 가정하였다.

평탄밴드 조건, 즉 반도체에 유도되는 전하가 없는 경우에 도달하려면 그림 2.24(b)에 나타낸 바와 같이 금속에 음전압을 인가해야 한다. 음전압이 증가함에 따라, 금속에는 더 많은 음전하가 쌓이게 되고, 이로써 전기장 분포는 반도체 표면에서의 전기장이 0으로 될 때까지 아래쪽으로 이동한다. 이 조건 하에서 전기장 분포곡선 하의 면적은 평탄밴드 전압 $V_{FB}$에 대응된다. 즉, 다음 식으로 표현이 가능하다.

$$V_{FB} = -E_0 x_0 = -\frac{Q_0}{\epsilon_{ox}} x_0 = -\frac{Q_0}{C_0}\frac{x_0}{d} \tag{24}$$

따라서 평탄밴드 전압은 판상전하밀도 $Q_0$ 및 산화막 내에서의 그 위치 $x_0$ 모두에 의존한다. 판상전하가 금속에 매우 가까이 있으면, 즉 $x_0 = 0$이면, 이것은 실리콘에 전하를 유도하지 않으므로 평탄밴드 전압에는 영향을 주지 않는다. 이에 반해 $Q_0$가 반도체에 매우 가까이 있으면, 즉 $x_0 = d$이면(고정 산화막 전하 $Q_f$와 같이) 이것은 평탄밴드 전압에 최대의 영향을 미치며 다음 식과 같이 표현된다.

$$V_{FB} = -\frac{Q_0}{C_0}\left[\frac{d}{d}\right] = -\frac{Q_0}{C_0} \tag{25}$$

조금 더 일반적인 경우로서, 산화막 내에서 임의의 공간전하 분포를 가지면, 평탄밴드 전압은 식 (24)와 비슷한 식으로 다음과 같이 주어진다.

$$V_{FB} = -\frac{1}{C_0}\left[\frac{1}{d}\int_0^d x\rho(x)dx\right] \tag{26}$$

여기서, $\rho(x)$는 산화막 내의 부피전하밀도이다. 일단 산화막 포획전하의 부피전하밀도 $\rho_{ot}(x)$ 및 이동성 이온전하의 부피전하밀도 $\rho_m(x)$를 알면, 산화막 포획전하 및 이동성 이온전하와 이들의 각각이 평탄밴드 전압에 기여하는 영향을 구할 수 있다.

$$Q_{ot} \equiv \frac{1}{d}\int_0^d x\rho_{ot}(x)dx \tag{27}$$

$$Q_m \equiv \frac{1}{d}\int_0^d x\rho_m(x)dx \tag{28}$$

만약 일함수 차 $q\phi_{ms}$의 값이 0이 아니고 고정 산화전하와 이동성 이온전하 및 산화막 포획전하의 값들이 존재하면(계면 트랩은 무시된다고 가정), 실험적 정전용량-전압 곡선은 이상적인 이론 곡선으로부터 다음 양만큼 이동할 것이다

$$V_{FB} = \phi_{ms} - \frac{Q_f + Q_m + Q_{ot}}{C_0} \tag{29}$$

그림 2.25에서 (a)로 표시된 곡선은 MOS 다이오드의 이상적 정전용량-전압 특성을 나타낸 것이다. 일함수의 차이와 고정 산화전하, 이동성 이온전하 및 산화막 포획전하가 0이 아니면, 정전용량-전압 곡선은 식 (29)에 주어지는 양만큼 이동할 것이다. 정전용량-전압 곡선의 이러한 평행 이동은 곡선 (b)로 나타나 있다. 만약 여기에 더하여 많은 양의 계면 포획전하가 있으면, 계면 포획전하는 표면 전위에 따라 변할 것이다. 정전용량-전압 곡선은 표면 전위에 따라 변하는 양만큼 위치가 달라질 것이다. 따라서 곡선 (c)는 계면 포획전하 때문에 왜곡될 뿐만 아니라 이동도 한다.

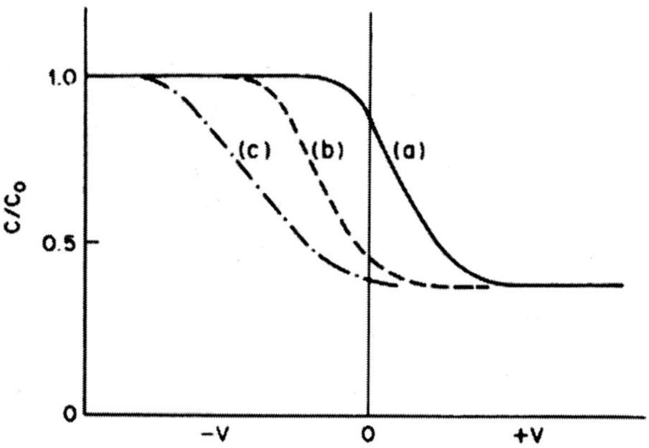


**그림 2.25** 산화막 내의 전하들이 MOS 다이오드의 정전용량-전압 특성에 미치는 영향

## 5. 산화막의 응용

### 5.1 국부 산화(LOCOS)

앞에서 설명한 산화 공정은 일반적으로 실리콘 웨이퍼의 전체 표면에 산화막을 형성한다. 실리콘의 표면을 선택적으로 산화하는 기술은 고밀도의 바이폴라와 MOS 공정에 매우 중요하다. 선택적 산화 공정은 소자의 패킹 밀도를 증가시키고, 구조를 보다 평탄하게 만들었다. 웨이퍼 상의 국부 영역에서의 산화는 실리콘 표면에서 인접한 소자들을 전기적으로 고립시키기 위하여 사용된다. 0.25 $\mu$m보다 더 큰 선폭으로 소자를 고립시키는 전형적인 방법은 실리콘의 국부 산화(LOCOS; LOCal Oxidation of Silicon)이다. 증착된 질화 실리콘 층은 산화 장벽역할을 한다. 산화막이 질화막이 덮힌 실리콘에서 성장하지 않으므로, 질화막은 그림 2.26과 같이 국부적인 열산화 성장을 할 수 있도록 식각된다. 열산화 후에 질화막과 하부 산화막 장벽은 소자 형성을 위한 베어(bare) 실리콘 표면 영역을 노출시키기 위하여 제거된다.

산소가 성장한 산화막을 통과하여 확산할 때 산소는 모든 방향으로 움직인다. 산소의 일부분은 실리콘으로 내려가게 되고 나머지 산소 원자들은 옆을 향하여 이동한다. 이것은 질화막 마스크 아래에서 산화막이 약간 측면으로 성장한다는 것을 의미한다. 산화막은 소비되는 실리콘보다 더 두꺼우므로, 질화막 마스크 아래에서의 성장은 질화막 가장자리를 위로 밀어 올리게 된다. 이러한 효과를 새부리 효과(bird's beak effect)라고 부른다. 이러한 현상은 그림 2.27에서처럼 LOCOS 형태의 산화 공정의 바람직하

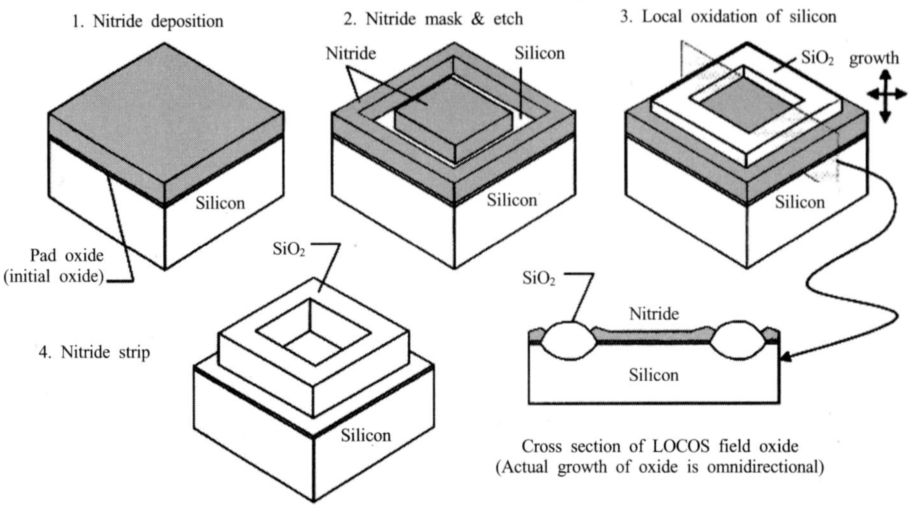


**그림 2.26** LOCOS 공정

지 않은 부산물이다. 새의 부리 모양이 형성되면 VLSI 구조를 기하학적으로 조절하기 어렵게 되므로, VLSI 공정을 설계할 때는 새의 부리 현상을 최소화하는 것이 중요한 목표가 된다. 새부리 효과는 산화막이 두꺼울수록 확실하게 나타난다. 질화막 마스크와 실리콘 사이의 응력을 낮추기 위해서 열 산화막의 얇은 장벽층이 이들 사이에 놓이며, 이것을 패드 산화막(pad oxide)이라고 한다.

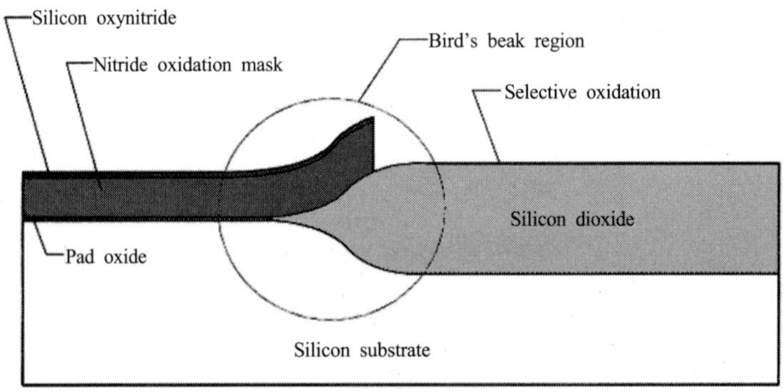


**그림 2.27** 선택적 산화와 새부리 효과

## 5.2 트렌치 고립

얕거나 깊게 다시 채워진 트렌치 고립 구조의 형태가 오늘날 대부분의 진보된 MOS와 바이폴라 공정에 사용된다. 그림 2.28은 LOCOS 격리 산화와 조합된 다결정 실리콘으로 채워진 깊은 트렌치의 형성을 나타낸 것이다. 실리콘 질화막의 증착에 이어 얇은 산화 패드가 실리콘 위에 성장된다. 트렌치가 형성될 부분의 질화막 개방을 결정하기 위해 리소그래피가 사용된다. 트렌치는 반응성 이온 식각방법으로 식각되며, 매우 높은 방향 비율을 갖고 상당히 깊게 형성된다. 트렌치의 표면은 열적으로 성장한 얇은 산화물 층으로 보호된 후 다결정 실리콘의 증착에 의해 다시 채워진다. 최종 구조는 과다한 다결정 실리콘을 다시 식각하는 과정, 산화를 원하는 부분의 질화막을 제거하는 리소그래피 과정과 덜 들어간 산화층을 성장하는 과정을 이용하여 제작된다. 다결정 실리콘은 도핑될 수 있으며, 비슷한 구조가 DRAM 기술의 저장 소자로서 사용되는 트렌치 커패시터를 형성하기 위해 사용된다. 이 커패시터는 다결정 실리콘과 기판 사이에 형성되며 트렌치의 깊이는 5~10 $\mu$m 정도이다.

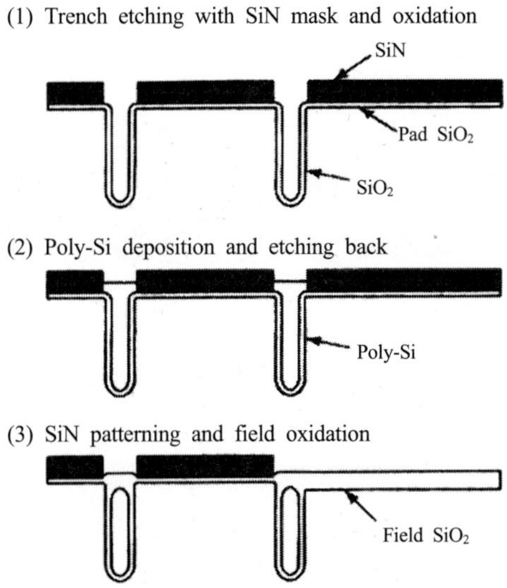


Fabrication procedure of trench isolation and field oxide

**그림 2.28** 깊은 트렌치 고립 구조

0.25 $\mu$m 이하 기술을 위해 사용된 국부 산화막의 기초 형태는 얕은 트렌치 고립(shallow trench isolation, STI) 구조이다. 얕은 트렌치 고립 구조에서 주 유전체 물질은 산화막이다. 국부 산화는 일반적으로 질화 실리콘($Si_3N_4$) 마스크를 만들어서 이루어진다. 마스크는 증착된 후 패턴되고, 트렌치를 형성하기 위해 실리콘을 식각하는 과정을 거친다. 실리콘 트렌치 식각은 그림 2.29와 같이 마스크를 통하여 노출된 영역에 150~200Å 두께의 산화층을 열산화하는 과정을 거친 후에 수행된다. 이렇게 열적으로 성장한 산화막은 실리콘 표면을 보호하고 실리콘과 증착된 트렌치-채움 산화막(trench-fill oxide) 사이의 장벽역할을 한다.

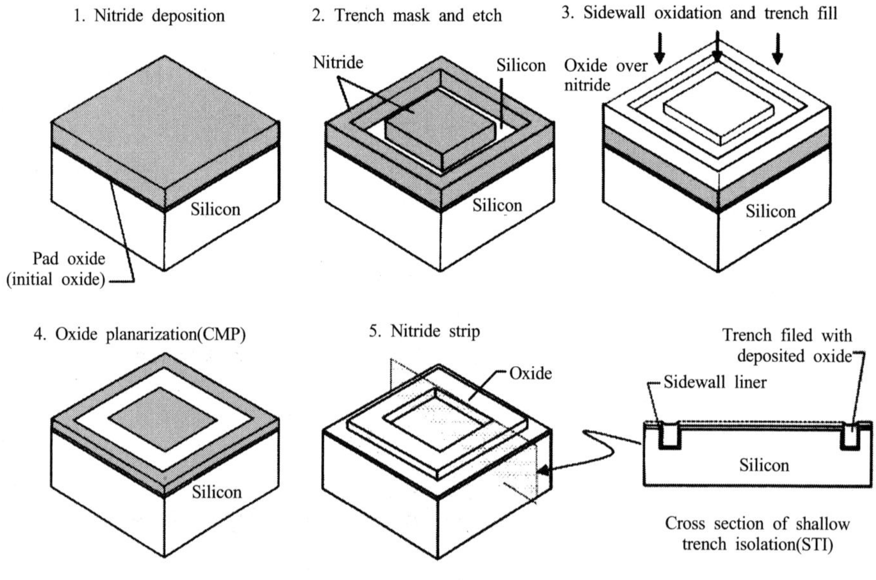


**그림 2.29** 얕은 트렌치 고립 구조의 제작 단계

질화 실리콘은 일반적으로 화학기상증착법에 의해 증착되며, 열산화를 위한 국부 영역을 만들기 위해 식각된다. 질화 실리콘 층으로 덮힌 웨이퍼 상의 실리콘 표면은 질화막 마스크가 충분히 두꺼워서 오랫동안 산화되지 않는다. 그러나 실리콘을 덮고 있는 질화막은 약간 산화될 것이다. 질화 실리콘은 일반적으로 900℃ 이상의 온도에서 표면 실리콘 원자들과 $N_2$가 반응하여 실리콘 위에 성장할 수 있다. 이 방법을 사용하여 성장시킨 질화막은 매우 얇은 층(약 5 nm)으로 성장하며 질화막의 높은 유전 상수를 이용하는 특별한 응용에 사용된다.

## 연습문제

1. 반도체 소자 제조에 있어서 산화막이 사용되는 용도에 대해 기술하시오.

2. 두께 $x$인 실리콘 산화막이 열산화로 성장되었다면, 실리콘이 소모된 두께가 얼마인지 두께 $x$의 함수로 나타내시오.

3. 딜-그루브(Deal-Grove) 모델에서 산화막의 두께를 나타내는 식 (18)을 유도하시오.

4. 짧은 산화시간 영역에서 습식 및 건식 산화 공정 모두가 동일한 산화 기구에 의해 일어남을 설명하시오.

5. 실리콘의 결정 방향과 산화막 성장률과의 관계에 대해 간단하게 기술하시오.

6. 압력이 증가될 때 산화막 성장률이 증가되는 이유에 대해 기술하시오.

7. 실리콘 열산화 시 존재하게 되는 전하들에 대해 간단하게 기술하시오.

8. n형 MOS를 제작하려고 할 경우 웨이퍼 결정 방향과 전도 형태를 표시한 그림을 참조하여 어떤 웨이퍼를 선택해야 하는지 그 이유를 자세히 설명하고, 선택한 웨이퍼를 그림으로 도시하시오.

9. 계면 포획전하를 감소시키기 위한 방법들을 기술하시오.

10. 이동성 이온전하를 감소시키기 위한 방법들을 기술하시오.

11. LOCOS에 대하여 설명하시오.

12. 얕은 트랜치 고립(shallow trench isolation)을 설명하시오.

# 참고문헌


[1] Alexander E. Braun, "Thermal Processing Options, Focus and Specialize", *Semiconductor International*, vol. 22, no. 5, pp. 56, 1999

[2] C. Y. Chang and S. M. Sze, *ULSI Technologies*, McGraw-Hill, New York, 1996

[3] B. E. Deal, A. S. Grove, "General Relationship for the Thermal Oxidation of Silicon," *J. Appl. Phys.*, 36, p.3770, 1965

[4] H. S. Park, P. Smeys, P. Friffin, Z. K. Sahul, K. C. Saraswat, R. W. Dutton, H. J. Hwang, "Quasi-3D Modeling of Sub-Micron LOCOS Structures", *IEEE Trans. on Semiconductor Manufacturing*, Vol.8, No.4, p.390, 1995

[5] S. K. Ghandhi, *VLSI Fabrication Principles*, John Wiley & Sons, New York 1983

[6] R. A. Colclaser, *Microelectronics-Processing and Device Design*, John Wiley & Sons, New York 1980

[7] W. R. Runyan and K. E. Bean, *Semiconductor Integrated Circuit Processing Technology*, Addison Wesley, Reading, MA, 1990

[8] B. E. Eeal and A. S. Grove, "General Relationship for the Thermal Oxidation of Silicon", *J. Appl. Phys.* **36**, 3770(1965)

[9] M. M. Aptyalia, in *Properties of Elemental and Compound Semiconductors*, H. Gates, ed., Interscience, New York, 1960, p.163

[10] J. R. Ligenza, "Effect of Crystal Orientation on Oxidation Rates in High Pressure Steam", *J. Phys. Chem.*, 65, p.2011, 1961

[11] B. E. Deal, "Thermal Oxidation Kinetics of Silicon in Pyrogenic $H_2O$ and 5% $HCl/H_2O$ Mixtures", *J. Electrochem. Soc.*, 125, p.576, 1978

[12] R. R. Razouk, L. N. Lie, B. E. Deal, "Kinetics of High Pressure Oxidation of Silicon in Pyrogenic Steam", *J. Eelctrochem. Soc.*, 128, p.2214, 1981

[13] B. E. Deal, "The Oxidation of Silicon in Dray Oxygen, Wet Oxygen and Steam", *J. Electrochem. Soc.*, vol. 110, pp. 527~533, 1963

[14] W. A. Pliskin and E. E. Conrad, "Nondestructive Determination of Thickness and Refractive Index of Transparent Films", *IBM J. Res. Develop.*, vol. 8, pp. 43~51, 1964

[15] S. C. Su, "Low Temperature Silicon Processing Techniques for VLSIC Fabrication", *Solid-State Technology*, vol. 24, pp. 72~82, 1981

[16] B. E. Deal, M. Sklar, "Thermal Oxidation of Heavily Doped Silicon", *J. Electrochem. Soc.*, 112, p.430, 1965

[17] C. P. Ho, J. D. Plummer, J. D. Mein이, B. E. Deal, "thermal Oxidation fo Heavily Phosphorous Doped Silicon", *J. Electrochem. Soc.*, 125, p.665, 1978

[18] D. W. Hess, B. E. Deal, "Kinetics of the Thermal Oxidation of Silicon in $O_2/HCl$ Mixtures", *J. Electrochem. Soc.*, 124, p.735, 1977

[19] S. Wolf, R. N. Tauber, *Silicon Processing for the VLSI Era Vol. 1-Process Technology*, Lattice Press, 1986

[20] H. L. Tsai et al., "Cl Incorporation at the $Si/SiO_2$ Interface during Oxidation of Si in $HCl/O_2$ Ambient", *J. Electrochem. Soc.*, 131, p.411, 1984

[21] J. W Rause, et al., "Auger Sputter Profiling and Scondary Ion Mass Spectroscopy Studies of $SiO_2$ Grown in $O_2$/HCl Mixture", *J. Electrochem. Soc.*, 131, p.887, 1984

[22] I. Tamm, "Über eine mögliche Art der Elektronenbindung an Kristalloberflächen", *Phys. Z. Sowijetunion 1*, p.733, 1933

[23] W. Shockley, "On the Surface States Associated with a Periodic Potential," *Phys- Rev.*, 56, p.317, 1939

[24] E. H. Nicollian, J. R. Brews, *MOS Physics and Technology*, Wiley, New York, 1982

[25] M. H. White, J. R. Cricchi, "Characterization of Thin-Oxide NMOS Memory Transistor", *IEEE Trans. on Electron Devices*, ED-19, p.1280, 1972

[26] B. E. Deal, M. Sklar, A. S. Grove, E. H. Snow, "Characteristics of the Surface State Charge of Thermally Oxidized Silicon", *J. Electrochem. Soc.*, 114, p.266, 1967

[27] B. E. Deal, M. Sklar, A. S. Grove, E. H. Snow, "Characteristics of the Surface State Charge of Thermally Oxidized Silicon", *J. Electrochem. Soc.*, 114, p.266, 1967

[28] C. M. Svensson, *The Physics of $SiO_2$ and its Interfaces*(S. T. Pantelides ed.), New York, p.328, 1978

[29] C. L. Claeys, R. F. DE Keersmaecker, G. J. Declerck, *The Si-$SiO_2$ System* (P. Balk ed.), Elsevier, p.165, 1988

[30] B. E. Deal, M. Sklar, A. S. Grove, E. H. Snow, "Characteristics of the Surface State Charge of Thermally Oxidized Silicon", *J. Electrochem. Soc.*, 114, p.266, 1967

[31] E. H. Snow, A. S. Grove, B. E. Deal, and C. T. Sah, "Ion Transport Phenomena in Insulating Films", *J. Appl. Phys.* **36**, 1664(1965)

[32] B. E. Deal, "Standardized Terminology for Oxide Charges Associated with Thermally Oxidized Silicon", *IEEE Trans. Electron. Dev.* **ED-27**, 606(1980)

[33] L. M. Terman, "An Investigation of Surface States at a Silicon/Silicon Dioxide Interface Employing Metal-Oxide-Silicon Diodes", *Solid State Electron.* **5**, 285(1962)

[34] R. Castagne and A. Vapaille, "Description of the $SiO_2$-Si Interface Properties by Means of Very Low Frequency MOS Capacitance Measurements", *Surface Sci.* 28, 157(1971)

[35] C. N. Berglund, "Surface States at Steam-Grown Silicon-Silicon Dioxide Interfaces", *IEEE Trans. Electron. Dev.* **ED-31**, 701(1966)

[36] E. H. Nicollian and J. R. Brews, *Metal Oxide Semiconductor Physics and Technology*, John Wiley & Sons, New York, 1982

[37] H. Kotaki et al., "Novel Bulk Dynamic Threshold Voltage MOSFET(B-DTMOS) with Advanced Isolation(SITOS) and Gate to Shallow-Well Contact(SSS-C) Processes for Ultra Low Power Dual Gate CMOS", *IEEE IEDM Technical Digest*, pp. 459~462, 1996

[38] K. P. Muller, B. Flietner, C. L. Hwang, R. L. Kleinhenz, T. Nakao, R. Ranade, Y. Tsunashima and T. Mii, "Trench Storage Node Technology for Gigabit DRAM Generations", *IEEE IEDM Technical Digest*, pp. 507~510, 1996

[39] M. Nandakumar, A. Chatterjee, S. Sridhar, K. Joyner, M. Rodder and I-C. Chen, "Shallow Trench Isolation for Advanced ULSI CMOS Technologies", *IEEE IEDM Technical Digest*, pp. 133~136, 1998

3장

# 확 산

실리콘 내에 불순물을 열 확산시키는 방법은 간편하고 비교적 정확하게 불순물의 분포를 알 수 있기 때문에 지금도 많이 사용되고 있는 반도체 공정이다. 열 확산에서는 우선 화학적 불순물이 웨이퍼의 일부분에 주입되어 원하는 운반자로 작용할 수 있도록 활성화되어야 하고 원하는 농도를 가져야 한다. 웨이퍼에 주입된 불순물들은 재배치 과정을 거치는데, 이는 의도적이거나 다른 열처리 과정의 부수적인 것일 수도 있다. 웨이퍼에서 불순물 원자들의 운동은 임의의 열 운동 결과로 생긴 농도차이에 의한 물질의 이동, 즉 확산에 의해 이루어진다.

실리콘이나 게르마늄에서 전도 형태를 바꾸기 위해 확산 기술을 사용하는 개념은 1952년에 Pfann이 최초로 발표하였다. 그 후로 확산에 의해 실리콘 내부로 불순물을 주입시키는 다양한 방법이 불순물 분포 조절, 총 불순물 농도 조절, 자체 균일성의 조절 그리고 재현성을 목적으로 연구되고 있으며 제조가격을 낮추기 위해서 한 번에 많은 웨이퍼를 처리하는 방법도 연구되고 있다. 확산은 바이폴라 기술에서 베이스, 에미터, 저항의 형성과 MOS 기술에서 소스, 드레인 영역의 형성 등에 사용된다. 불순물 원자들은 다양한 방법으로 실리콘 내부로 들어갈 수 있다. 가장 널리 사용되는 방법은 (1) 고온의 증기에서 화학 작용에 의한 확산, (2) 불순물이 첨가된 산화에 의한 확산, (3) 이온 주입 층(ion-implanted layer)으로부터의 열처리와 확산 등이다. 손상이 없는 매우 얇은 접합 형성을 위해, 실리콘 화합물의 불순물 확산이 주된 연구 과제가 되어왔다. 이와 같이 실리콘 내부에 불순물을 확산시키는 것에 대한 연구와 확산과 관련된 공정에 대한 연구가 여전히 많은 대학과 연구소 등에서 활발히 진행되고 있다.

본 장에서는 확산의 기본 원리와 공정, Fick의 법칙과 해석, 확산 프로파일의 분석, 그리고 마지막으로 확산 불순물 재료와 확산 시스템 등에 대하여 다루고자 한다.

## 1. 확산 공정

입자가 위치에 따라 다른 농도로 분포되어 있을 때, 농도 분포의 동일화 과정이 일어나게 되는데, 이것을 확산이라고 한다. 확산 공정은 실리콘 표면을 보호하는 층위에 만들어진 식각된 창을 통해 원하는 불순물을 높은 농도로 퇴적시키는 것으로부터 시작된다. 확산 공정을 통하여 인위적으로 만들어지는 불순물 농도 분포는 연속 방정식과 Fick의 법칙인 확산 방정식이 불순물 확산 이동을 만족시킨다는 전제 하에 확산에 관한 경계 조건을 주어 해를 구하는 연속체 확산 모델(continuum diffusion model)을 이용하여 해석되어 왔다.

그러나 고체 내에서의 불순물 원자 이동은 단순한 가스 흐름이 아니므로 보다 정확한 확산 해를 얻기 위해서는 격자(lattice) 원자들 및 결정 결함들과의 상호 작용에 의한 불순물 원자 확산 모델이 필요하게 되었다. 이것을 원자 확산 모델(atomic diffusion model)이라고 하는데, 이는 확산 계수의 농도 의존성 및 불순물 종류에 따른 변화를 고려하므로 연속체 확산 모델을 보완할 뿐 아니라 확산 과정에 나타날 수 있는 불순물 이동 현상을 상세하게 표현할 수 있다. 고온(900~1,200℃)에서 불순물 원자들은 그림 3.1에 나타낸 것처럼 치환형과 틈새형 등의 확산 메커니즘에 의해 실리콘의 표면에서 결정 속으로 이동한다.

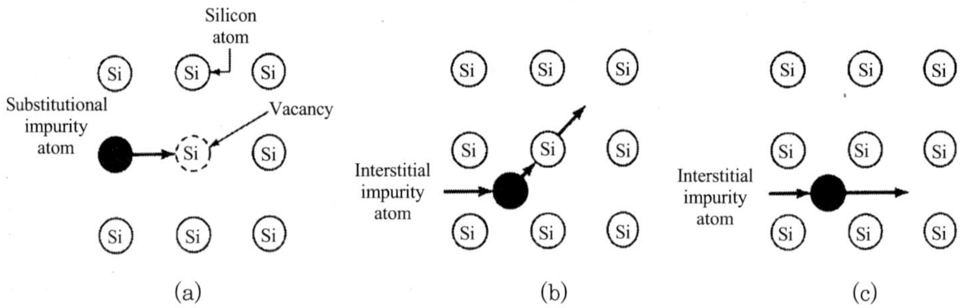


**그림 3.1** 2차원 격자의 확산 기구 모델: (a) 치환형 확산, (b) 틈새/치환형 확산, (c) 틈새형 확산

치환형 확산의 경우, 불순물 원자들은 하나의 결정 격자 위치로부터 다른 곳으로 이동한다. 그러므로 불순물 원자는 격자 내에서 실리콘 원자를 '치환한다'. 치환형의 공정을 만들려면 실리콘 원자 내에 공공이 있어야만 한다. 통계적으로, 특정한 수의 공공이 격자 내에 항상 존재한다. 틈새/치환형 확산은 불순물 원자가 틈새를 통해 실리콘 결정 격자를 치환하고 정상적인 격자 위치에 있던 실리콘이 격자 위치 사이의 틈새의 공간으로 이동하면서 발생한다. 불순물 원자가 실리콘 결정 격자의 틈새로 이동하면서 확산이 일어나는 것을 틈새형 확산이라 부른다. 이러한 메커니즘은 공공의 존재가 필요하지 않으므로, 틈새형 확산은 치환형 확산보다 훨씬 더 빠르다. 틈새형 확산에서는 확산이 빠르게 이루어지므로 조절하기 어렵다. 한편, 불순물 원자에 전자나 정공을 제공하려면 치환형이 되어야 한다. 치환형 확산은 공공의 공급이 한정되어 있기 때문에 진행 속도가 상대적으로 느리다. 확산 속도가 느려서 확산 공정을 원하는 대로 정교하게 조절할 수 있는 것이 실제적으로 장점이 된다.

표 3.1에 다양한 실리콘 불순물들을 틈새형과 치환형으로 구분하여 나타내었다.

**표 3.1 실리콘에서의 확산 불순물**

| | |
|---|---|
| Substitutional | P, B, As, Al, Ga, Sb, Ge |
| Interstitial | O, Au, Fe, Cu, Ni, Zn, Mg |

실리콘에서 불순물들은 격자 위치에 기본적으로 위치하거나(치환형 불순물), 격자 위치 사이의 공간에 위치하는 경향이 있다(틈새형 불순물).

## 2. 확산 방정식

### 2.1 Fick의 1차원 확산 방정식

재료 내에서 농도 구배에 따른 반응에 의해 농도의 재분배가 발생하며, 농도 구배를 감소시키는 방향으로 일어난다. 이 움직임의 원인은 재료의 운동이 불규칙하다는 것이다. 고농도 영역에서는 더 많은 불순물 원자를 가지기 때문에 최대 농도로부터 불순물의 이동이 발생한다. 이것이 반도체에서 불순물의 효과를 제한한다는 의미는 아니다. 여기서 소개된 확산의 기초 법칙은 열 이동과 전자의 거동 등을 설명하기 위해서도 사용된다.

확산 기초 방정식 Fick의 제1법칙은 다음과 같다.

$$J = -D\frac{\partial C(x,\ t)}{\partial x} \tag{1}$$

여기서, $C$는 불순물의 농도, $D$는 확산 계수, 그리고 $J$는 재료의 순 플럭스(net flux)를 나타낸 것이다. 플럭스($J$)의 단위는 단위 면적과 단위 시간당 불순물의 개수이다. 음의 부호는 농도가 감소하는 방향으로 이동이 일어난다는 의미이다.

Fick의 제1법칙이 확산 과정을 정확히 묘사하지만, 불순물 밀도의 흐름을 측정할 수 있는 손쉬운 방법은 아니다. 전류와는 달리 확산되는 물질은 쉽게 탐지될 수 없다. 따라서 Fick의 제2법칙은 더욱 쉽게 측정할 수 있는 양으로 동일한 개념을 묘사하기 위해 사용된다. 이 표현식은 그림 3.2에 나타낸 것처럼, 균일한 단면 $A$를 갖는 긴 막대 재료를 가지고 가장 쉽게 설명할 수 있다. 길이 $dx$의 작은 체적을 고려해 보면, 플럭스의 변동을 다음 식과 같이 나타낼 수 있다.

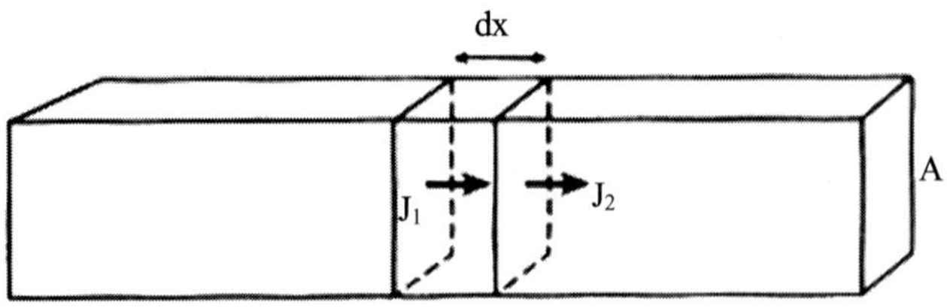


**그림 3.2** 단면적 *A*를 가지는 긴 막대 모양의 미분 체적 요소

$$\frac{J_2 - J_1}{\Delta x} = \frac{\partial J}{\partial x} \qquad (2)$$

여기서, $J_2$는 체적으로부터 방출되는 플럭스이고, $J_1$은 체적으로 들어오는 플럭스이다. 만약 이러한 두 개의 흐름이 같지 않다면, 체적 내의 확산 농도는 반드시 변화해야만 한다.

이것을 연속식으로 표현하면, 식 (3) 또는 (4)로 나타낼 수 있다.

$$Adx\frac{\partial C}{\partial t} = -A(J_2 - J_1) = -Adx\frac{\partial J}{\partial x} \qquad (3)$$

$$\frac{\partial C(x,t)}{\partial t} = -\frac{\partial J}{\partial x} \qquad (4)$$

위의 식들은 Fick의 제1법칙을 적용하면, 다음과 같이 쓸 수 있다.

$$\frac{\partial C(x,t)}{\partial t} = \frac{\partial}{\partial x}\left(D\frac{\partial C}{\partial x}\right) \qquad (5)$$

식 (5)는 가장 일반적인 Fick의 제2법칙을 나타낸 것이다.

만약 확산 계수가 위치에 상관없이 일정하다고 가정하면, 식 (5)는 다음과 같이 간단하게 나타낼 수 있다.

$$\frac{\partial C(z,t)}{\partial t} = D\frac{\partial^2 C(z,t)}{\partial z^2} \qquad (6)$$

여기서, 위치 변수는 웨이퍼의 깊이 방향을 나타내는 $z$에 따라 변화한다. 따라서 3차원의 등방성 매체에서 Fick의 제2법칙은 다음 식과 같이 표현될 수 있다.

$$\frac{\partial C}{\partial t} = D\nabla^2 C \qquad (7)$$

위치에 대해 2차이고 시간에 대해 1차인 미분방정식의 해를 구하기 위해서는 최소한 두 개의 독립적인 경계조건이 필요하다.

## 2.2 Fick의 법칙에 대한 분석적 해석

앞에서 언급했듯이 확산 계수가 일정하다는 가정을 이용하면 Fick의 제2법칙은 다양한 경계조건으로 풀 수 있는 미분방정식이 된다. 정확한 풀이를 이끌어내기 위해서는 두 가지 경계조건이 필요하다. 이러한 풀이는 확산 과정의 기본적인 이해와 실제 프로파일의 대략적인 근사를 전개하는데 이용될 수 있다.

### 2.2.1 사전증착 확산

Fick의 법칙에 대한 해의 첫 번째 형태는 소스(source)가 표면에서 항상 0보다 더 큰 값으로 고정될 때 얻을 수 있다. 이 경우를 사전증착 확산(predeposition diffusion)이라고 하며, 경계조건은 다음과 같다.

$$\begin{aligned} C(z,0) &= 0 \\ C(0,t) &= C_s \\ C(\infty,t) &= 0 \end{aligned} \tag{8}$$

식 (8)의 경계조건을 이용한 해는 다음과 같이 주어진다.

$$C(z,t) = C_s\, erfc\left(\frac{z}{2\sqrt{Dt}}\right),\ \ t > 0 \tag{9}$$

이 식에서 $C_s$는 고정표면농도이고, $erfc$(complimentary error function)는 상보오차 함수로 많은 수학 책에 도표로 만들어져 있다. $\sqrt{Dt}$ 는 확산문제의 해에 통상적으로 포함되어 있는 특정 확산거리(characteristic diffusion length)로 알려져 있다. 사전증착 확산에서 불순물은 확산 시간에 따라 변화한다. 불순물량을 구하기 위해서는 아래와 같은 적분공식을 이용한다.

$$Q_T(t) = \int_0^\infty C(z,t)dz = \frac{2}{\sqrt{\pi}} C(0,t)\sqrt{Dt} \tag{10}$$

프로파일의 깊이는 일반적으로 1 $\mu$m($10^{-4}$ cm) 보다 작기 때문에 $10^{15}$ cm$^{-2}$의 불순물은 넓은 체적농도( $>10^{19}$ cm$^{-3}$)를 형성할 것이다. 표면농도는 사전증착 확산에 대해 고정되어 있기 때문에 전체 불순물량은 시간의 제곱근으로 증가한다.

### 2.2.2 드라이브-인 확산

Fick의 법칙의 해에 대한 두 번째 형태는 불순물의 초기량 $Q_T$가 웨이퍼에 유입되고, $Q_T$는 고정되어 있다는 사실로부터 얻을 수 있다. 이 경우를 드라이브-인 확산

(drive-in diffusion)이라고 한다. 만약 확산 길이가 초기 프로파일의 폭보다 훨씬 더 크다면, 초기 프로파일은 델타(delta) 함수로 근사될 수 있다. 이때의 경계조건은 아래의 식과 같다.

$$\begin{aligned} &C(z,0)=0, \qquad z\neq 0 \\ &\frac{dC(0,t)}{dz}=0 \\ &C(\infty,t)=0 \\ &\int_0^\infty C(z,t)dz = Q_T = \text{constant} \end{aligned} \tag{11}$$

이 경계조건들에 대한 Fick의 두 번째 법칙의 해는 $z=0$를 중심으로 하는 가우시안(Gaussian)이다.

$$C(z,t)=\frac{Q_T}{\sqrt{\pi Dt}}e^{-z^2/4Dt}, \; t>0 \tag{12}$$

표면농도 $C_s$는 아래의 식과 같이 시간에 따라 감소한다.

$$C_s = C(0,t)=\frac{Q_T}{\sqrt{\pi Dt}} \tag{13}$$

$t\neq 0$ 인 모든 경우에 대하여, $x=0$일 때 $dC/dx$가 항상 "0"임을 쉽게 증명할 수 있다. 그림 3.3은 확산에서 $\sqrt{Dt}$ 매개변수로 하여 사전증착과 드라이브-인 확산을 나타낸 것이다.

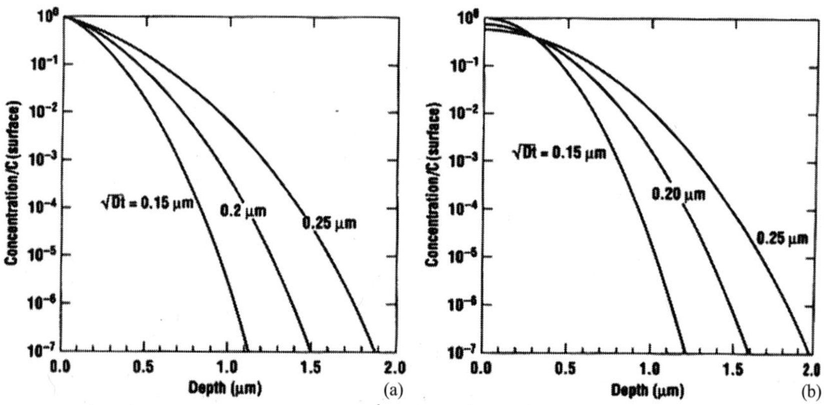


**그림 3.3** 여러 특정한 확산 길이에 대한 (a) 사전증착 및 (b) 드라이브-인 확산에서 깊이의 함수로 나타낸 농도

이런 두 가지 경우의 확산에 대한 표준적인 형태의 문제 가운데 하나는 사전증착이 드라이브-인 확산 전에 일어난다는 것이다. 드라이브-인 확산에 의한 경계조건 중 하나는 초기의 불순물 농도가 표면을 제외하고 어느 곳에서나 "0"이라는 것이다. 실제로 드라이브-인 확산은 아래의 식을 만족하는 한도에서 다음과 같은 근사를 표현할 수 있다.

$$\sqrt{Dt_{\mathrm{predepo.}}} \ll \sqrt{Dt_{\mathrm{drive-in}}} \tag{14}$$

B(boron)가 균일한 농도의 P(phosphorous)를 가지는 실리콘 웨이퍼 내로 확산된다고 가정하자. 또, 벌크의 불순물 농도 $C_B$가 표면농도 $C_s$보다 매우 작다고 하면, B의 농도가 정확하게 배경 농도(background concentration)와 같은 위치에 존재할 것이다. 실리콘에서 B가 p형 불순물이고 P가 n형 불순물이므로, 접합깊이(junction depth) $x_j$로 불리는 깊이에 p-n 접합이 존재한다. 만약 확산이 드라이브-인 확산이라면, 식 (12)로부터 다음 식을 얻을 수 있다.

$$x_j = \sqrt{4Dt \ln\left[\frac{Q_T}{C_B\sqrt{\pi Dt}}\right]} \tag{15}$$

확산이 사전증착 확산이라면, 식 (9)로부터 다음 식을 얻을 수 있다.

$$x_j = 2\sqrt{Dt}\; erfc^{-1}\left[\frac{C_B}{C_s}\right] \tag{16}$$

## 3. 확산 계수

그림 3.4는 실리콘에서의 (a) 치환형과 (b) 틈새형 확산 물질의 확산 계수 $D$의 온도 의존성을 나타낸 것이다. 이 계수들 사이의 차이는 크고 분명하게 나타난다. 치환형 확산 물질의 적절한 확산 시간을 얻기 위해 900~1,200℃ 범위의 온도가 주로 사용된다. 틈새형 확산 물질은 확산 계수가 커서 제어하기가 매우 어렵다.

확산 계수는 온도에 지수적으로 의존하고, 아레니우스(Arrhenius) 관계를 따른다.

$$D = D_o \exp(-E_A/kT) \tag{17}$$

여기서, $D_o$과 $E_A$의 값은 그림 3.4로부터 알 수 있다. 불순물의 원자 번호에 대한 전형적인 확산 계수 값을 표 3.2에 나타내었다. 표 3.2에서 보듯이 확산 계수들 사이에는 다양한 차이가 존재한다.

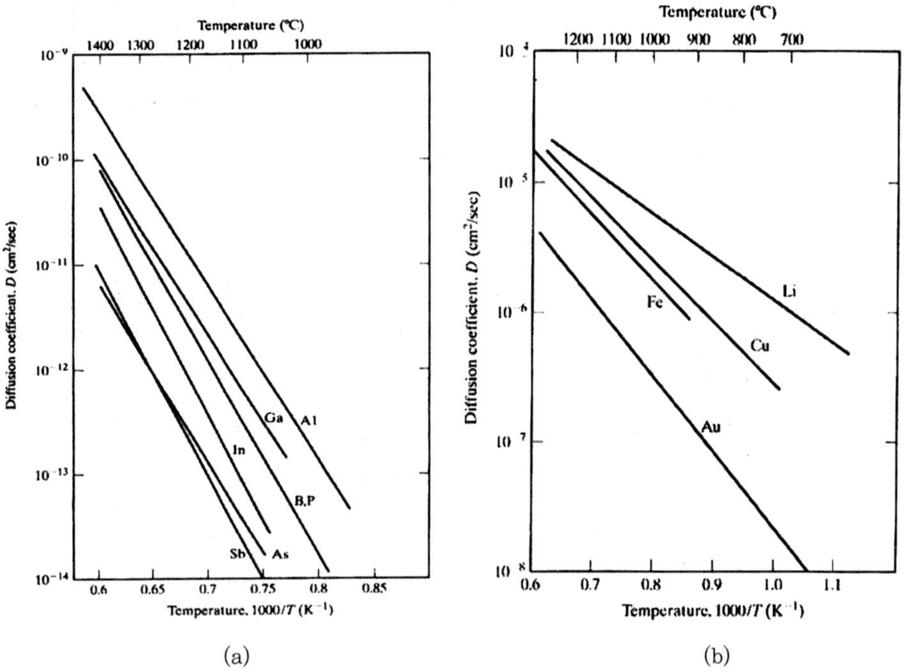


**그림 3.4** 실리콘에 대한 (a) 치환형 확산 물질의 확산 계수, (b) 틈새형 확산 물질의 확산 계수

**표 3.2 불순물의 원자 번호에 대한 전형적인 확산 계수의 값**

| Element | $D_o$ (cm²/sec) | $E_A$ (eV) |
|---|---|---|
| B | 10.5 | 3.69 |
| Al | 8.0 | 3.47 |
| Ga | 3.60 | 3.51 |
| In | 16.5 | 3.90 |
| P | 10.5 | 3.69 |
| As | 0.32 | 3.56 |
| Sb | 5.60 | 3.95 |

# 4. 확산 프로파일의 분석

## 4.1 면 저항

확산된 층에서 저항률은 깊이에 크게 의존하는 함수이다. 회로와 소자의 설계에 있어서 면 저항(sheet resistance)이라 불리는 새로운 변수 $R_s$를 가지고 작업하면 매우 편리하다. $R_s$를 사용하면 확산층의 분포에 관해 자세히 알아야 할 필요가 없다.

### 4.1.1 면 저항의 정의

우선, 그림 3.5에 나타낸 균일하게 도핑된 물질에서 육면체 블록의 저항 $R$을 고려해 보자. $R$은 다음의 식으로 주어진다.

$$R = \rho L / A \tag{18}$$

여기서, $\rho$는 물질의 비저항이고, $L$과 $A$는 각각 블록의 길이와 단면적을 나타낸다. 저항은 물질의 비저항에 비례한다. 블록의 길이가 더 길어진다면 저항은 증가하지만 단면적에는 반비례한다.

블록의 너비 $W$와 두께 $t$를 사용하여 저항에 관한 식을 아래와 같이 다시 쓸 수 있다.

$$R = (\rho / t)(L / W) = R_s (L / W) \tag{19}$$

이때, $R_s = (\rho / t)$를 물질층의 면 저항이라 부른다. 면 저항 $R_s$가 주어지면 회로 설계자는 값을 결정하려는 저항의 길이와 두께만 알면 된다. 엄밀하게 말해서, 비율 $L/W$는 단위가 없으므로, 면 저항의 단위는 옴이 된다. $R$과 $R_s$ 사이의 혼동을 막기 위해서 면 저항은 ohms/square라는 특별한 기술적인 단위로 나타낸다. $L/W$비는 저항 물질의 단위당 정사각형의 개수로서 해석된다.

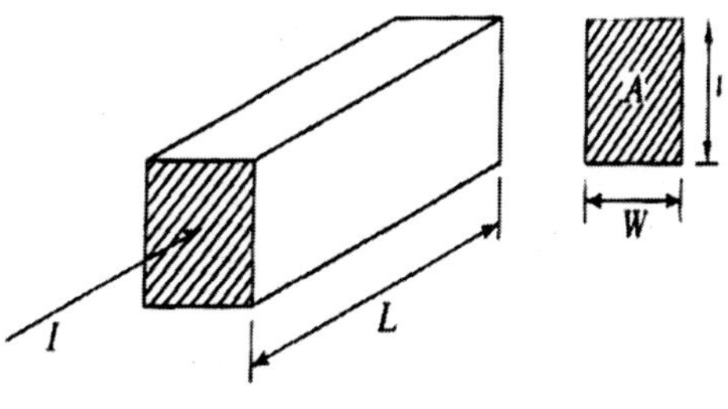


**그림 3.5** 균일한 비저항을 갖는 물질로 이루어진 블록

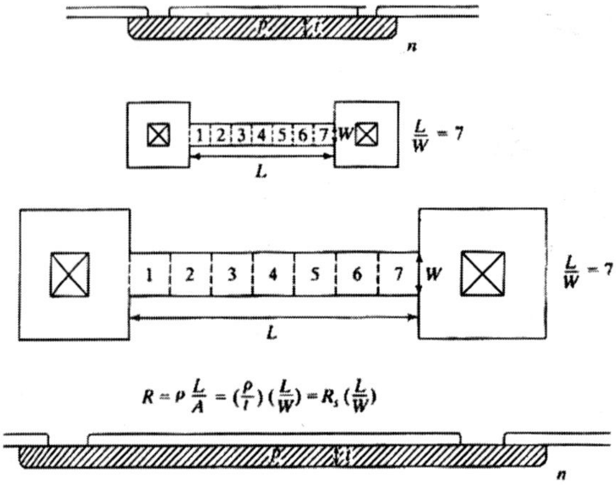


$$R = \rho \frac{L}{A} = \left(\frac{\rho}{t}\right)\left(\frac{L}{W}\right) = R_s\left(\frac{L}{W}\right)$$

**그림 3.6** 물리적인 크기는 다르지만 저항 값이 같은 2개의 확산된 저항의 윗면과 측면

그림 3.6은 끝부분의 꼭대기에 접점을 갖는 두 개의 전형적인 아령 모양의 저항의 윗면과 측면을 나타낸 것이다. 각 저항들의 몸은 일곱 개의 '사각형들'로 이루어져 있다. 만약 확산에 의한 면 저항이 사각형마다 50Ω이라면, 각 레지스터는 350Ω의 저항을 가질 것이다. 접촉부분을 둘러싼 저항의 일부 역시 구조의 총 저항에 기여한다.

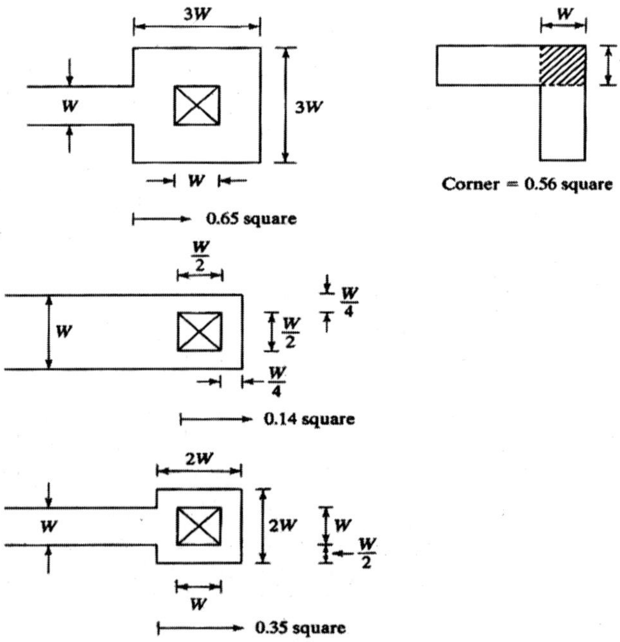


**그림 3.7** 다양한 끝부분과 모서리 모양을 갖는 저항에서 유효한 사각형의 수

그림 3.7은 다양한 끝부분과 모서리 모양을 갖는 저항에서의 사각형의 개수를 알아보기 위한 개략도이다. 그림 3.6의 저항에 대하여 저항의 양쪽 끝부분마다 대략 0.65개의 사각형이 더해지므로, 전체의 저항은 대략 415$\Omega$이 된다. 저항 몸체의 사각형의 수뿐만 아니라 마스크 경계 아래에서의 수평확산 역시 기하학적 형태와 접합을 변화시킬 수 있다.

### 4.1.2 Irvin의 곡선

확산의 수학적 모델로부터 접합과 표면 사이에서 확산으로 인한 불순물의 농도가 빠르게 변하는 것을 알 수 있다. 따라서 비저항은 확산된 저항에서 깊이에 따른 함수이다. 확산층에서 층의 평균 저항률을 사용하여 면 저항을 정의할 수 있다.

$$\bar{\rho} = \frac{1}{\bar{\sigma}} = \frac{1}{\dfrac{1}{x_j}\displaystyle\int_0^{x_j} \sigma(x)\,dx} \tag{20}$$

$$R_s = \frac{\bar{\rho}}{x_j} = \left[\int_0^{x_j} \sigma(x)\,dx\right]^{-1} \tag{21}$$

불순물 반도체에서 이 표현은 다음과 같이 근사화 될 수 있다.

$$R_s = \left[\int_0^{x_j} q\mu N(x)\,dx\right]^{-1} \tag{22}$$

여기서, $x_j$는 접합 깊이, $\mu$는 다수 캐리어의 이동도, 그리고 $N(x)$는 전체 불순물의 농도이다. 접합면 $x_j$ 근처에서 전하를 띤 캐리어의 확산은 무시하였다.

주어진 확산 형태에서 면 저항은 확산층의 표면 농도와 웨이퍼의 바탕 농도에 의해서만 결정된다. 4점 프로브에 나오는 식 (21)은 수치적으로 Irvin에 의해 결정되었고, Irvin의 결과에 따른 수치는 그림 3.8(a)~(d)와 관련되어 있다. 이 그림들은 $R_s x_j$의 곱에 대한 표면 농도를 나타내며, 확산된 층에서의 면 저항과 표면 농도를 알아내는 데 사용될 수 있다.

면 저항은 다수 캐리어 농도에 의존하는 전기적인 양이다. 전기적으로 활성화된 P나 As의 불순물 농도는 과잉 도핑된 물질에서의 전체 불순물 농도에 비해 매우 작다. 과잉 도핑된 물질에 대해 Irvin의 곡선을 사용하려면 '표면 불순물밀도'라고 표시된 세로축을 표면에서 전기적으로 활성화된 불순물 농도로 해석해야 한다.

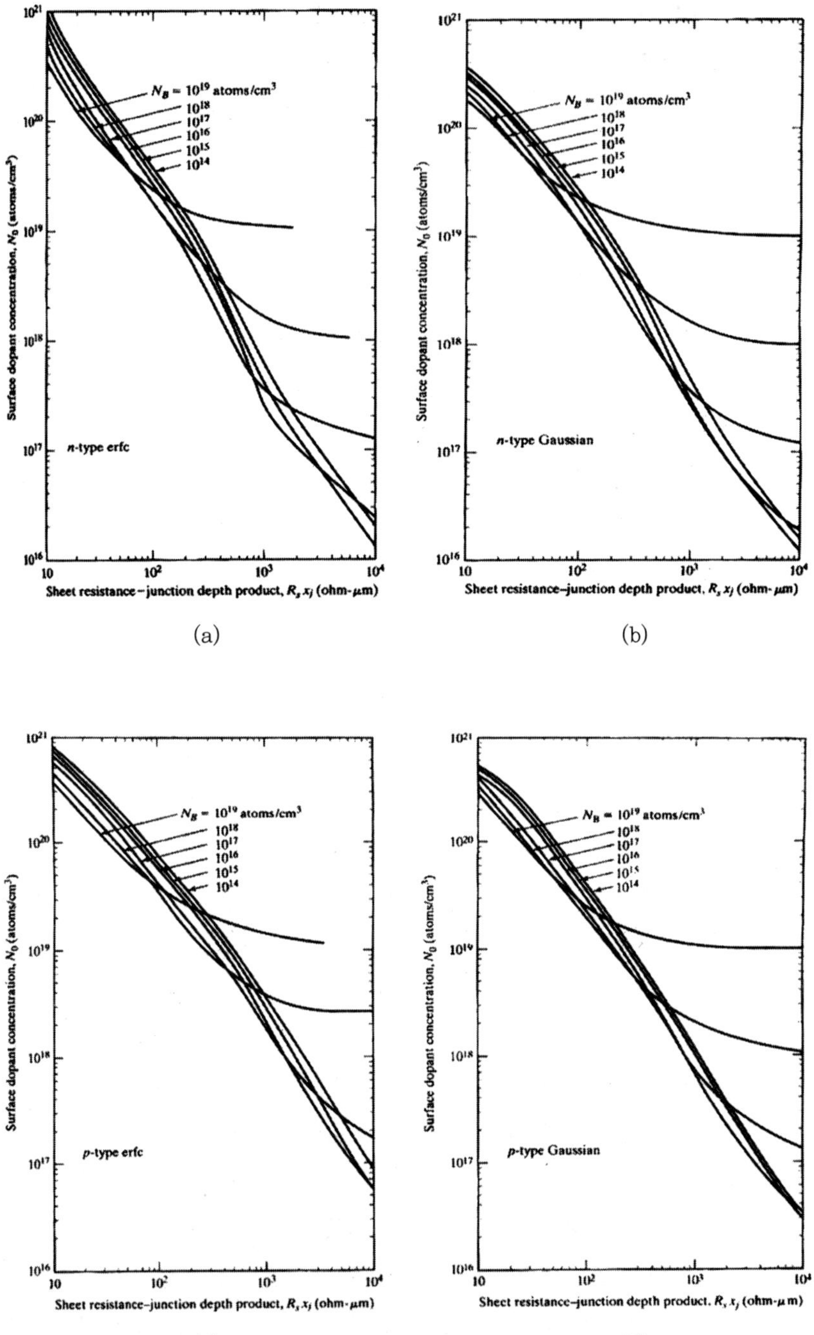


**그림 3.8** 300K에서 바탕 농도를 갖는 실리콘에서의 면 저항–접합 깊이의 곱에 대한 표면 불순물 농도 : (a) n형의 상보오차함수 분포, (b) n형의 가우시안 분포, (c) p형 상보오차함수 분포, (d) p형의 가우시안 분포

## 4.2 그루브-스테인과 앵글랩 방법

확산층에서의 접합 깊이를 알아내는 데에는 두 가지 방법이 있다. 첫 번째는 그루브-스테인(groove-and-stain) 법으로, 그림 3.9처럼 원통형의 홈을 기계적으로 웨이퍼 표면에 만든다. 만약 갈아내는 도구의 반지름을 알고 있다면, 접합 깊이는 식 (23)에 의해 쉽게 구할 수 있다.

$$x_j = \sqrt{(R^2 - b^2)} - \sqrt{(R^2 - a^2)} \tag{23}$$

만약 반지름 $R$이 거리 $a$와 $b$에 비해서 매우 크다면, 접합 깊이는 대략적으로 다음의 식으로 주어진다.

$$x_j = (a^2 - b^2)/2R = (a + b)(a - b)/2R \tag{24}$$

홈을 파는 작업 이후에 p-n 접합을 착색하는 화학적인 부식액을 사용하면 접합이 나타난다. 질산에 0.1%와 0.5%의 불화수소를 첨가한 용액을 높은 강도의 빛에 노출시키면 착색을 일으키는 물질로 사용할 수 있다. 거리 $a$와 $b$는 현미경으로 측정되며, 접합 깊이는 식 (24)를 사용하여 구할 수 있다.

두 번째 방법은 앵글랩(angle-lap) 법이다. 웨이퍼의 조각은 그림 3.10에 나와 있는 것처럼 웨이퍼의 가장자리가 1~5°의 각으로 연마된 특별한 구조 위에 놓인다. 접합 깊이는 연마된 표면 위에서 다음에 주어진 식으로 나타낼 수 있다.

$$x_j = d\tan\theta = N\lambda/2 \tag{25}$$

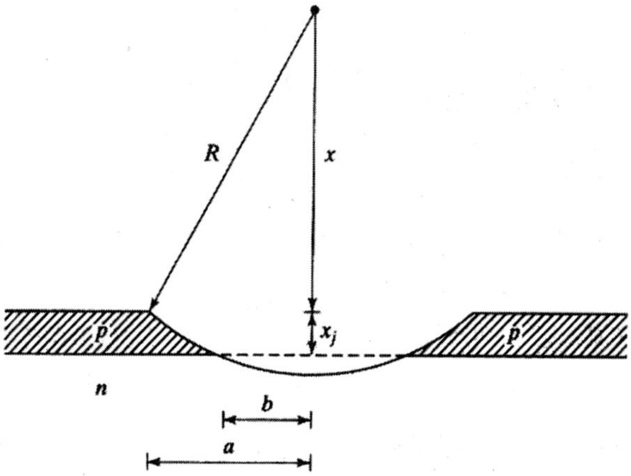


**그림 3.9** 그루브-스테인 법에 의한 접합 깊이 측정

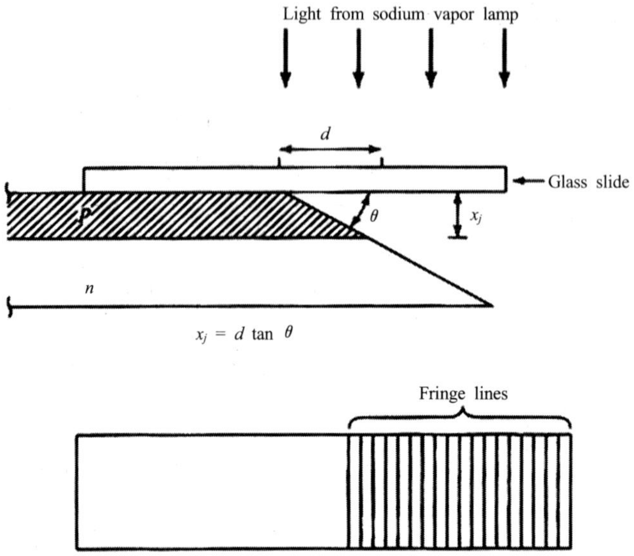


**그림 3.10** 앵글랩 법을 이용한 접합 깊이 측정

이때 $\theta$는 설치물의 각도이다. 광학적으로 평면인 유리가 연마된 영역 위에 놓인 후, 테스트 구조는 전형적으로 Na 증기 램프를 이용한 단일파장 $\lambda$의 조준된 광선을 받는다. 결과적으로, 간섭 패턴이 대략 0.29 $\mu$m 만큼 떨어진 주름 형태로 나타난다. 주름의 개수는 현미경을 통해 측정하고, 접합 깊이는 식 (25)를 통해 계산할 수 있다. 이 방법은 매우 얕은 접합이 많아져서 사용 빈도가 점차 떨어지고 있다.

## 4.3 4점 프로브

4점 프로브(4-point probe)라고 불리는 특별한 장치가 웨이퍼의 벌크 저항률과 얇은 확산층의 면 저항을 측정하는데 사용된다. 그림 3.11의 개략도에서 보듯이 일정한 전류가 두 개의 바깥쪽 프로브를 통해서 웨이퍼로 주입되고, 결과적으로 두 개의 안쪽 프로브 사이의 전압이 측정된다. 저항률은 안쪽 프로브 사이의 거리 $s$와 확산층의 두께 $t$의 관계에 따라 식 (26) 또는 (27)로 주어진다.

$$\rho = 2\pi s\, V/I \text{ ohm}-\text{meters for } t \gg s \tag{26}$$

$$\rho = (\pi t/\ln 2)\, V/I \text{ ohm}-\text{meters for } s \gg t \tag{27}$$

얇은 층에서, 면 저항은 식 (28)과 같이 표현될 수 있다.

$$R_s = \rho/t = (\pi/\ln 2)\, V/I = 4.53\, V/I \text{ ohm}-\text{meters for } s \gg t \tag{28}$$

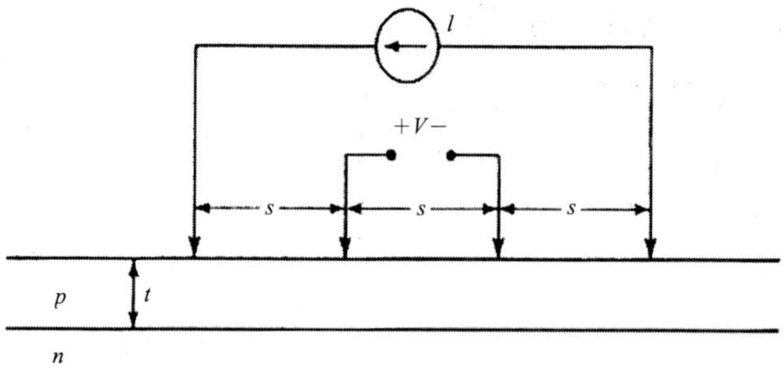


**그림 3.11** 웨이퍼의 벌크 저항률과 얕은 확산층의 면 저항을 위한 4점 프로브

식 (27)과 (28)에 사용된 근사식은 실리콘의 얕은 확산층에서 잘 적용된다.

그러나 실리콘 웨이퍼는 종종 프로브 거리 $s$보다 작으며, 식 (26)의 근삿값을 적용할 수 없게 된다. 지름이 작거나 얇은 웨이퍼에 관한 수정 요소가 그림 3.12에 나타나 있다.

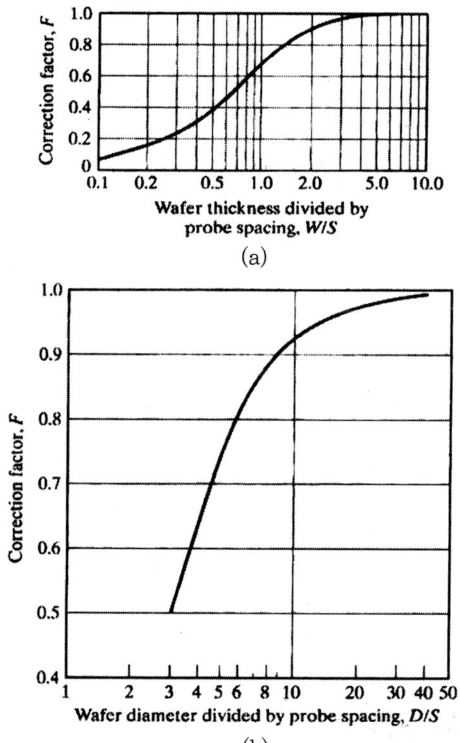


**그림 3.12** 4점 프로브에서의 수정 요소 F : (a) 프로브 거리 $s$에 대해 상대적으로 두께가 얇은 웨이퍼, (b) 지름이 유한한 웨이퍼

## 4.4 반데르 포우 법

임의의 형태를 가지는 샘플에서의 면 저항은 샘플의 둘레에 4개의 접점을 만들어 측정할 수 있다. 한 쌍의 접점으로 전류를 주입하고, 다른 한 쌍의 접점에서 발생한 전압을 측정한다. 반데르 포우(van der Pauw)는 이러한 두 측정값이 식 (29)의 관계에 있다는 것을 증명하였다.

$$\exp(-\pi t R_{AB,CD}/\rho) + \exp(-\pi t R_{BC,DA}/\rho) = 1 \tag{29}$$

이때 $R_{AB,CD} = V_{CD}/I_{AB}$ 이고, $R_{BC,DA} = V_{DA}/I_{BC}$이다. 정사각형이나 원과 같은 대칭적인 구조에 대해서 다음의 식이 성립한다.

$$R_{AB,CD} = R_{BC,DA} \tag{30}$$

그리고 이때 면 저항은 식 (31)과 같이 나타낼 수 있다.

$$R_s = \rho/t = (\pi/\ln 2)\, V_{CD}/I_{AB} \tag{31}$$

식 (31)은 식 (28)과 상당히 유사하다. n형과 p형의 면 저항이 웨이퍼의 마지막 공정 이후에 측정될 수 있게 하기 위해서 특별히 설계된 면 저항 테스트 구조가 웨이퍼 위에 구성된다. 그림 3.13은 이러한 구조의 예를 나타낸 것이다.

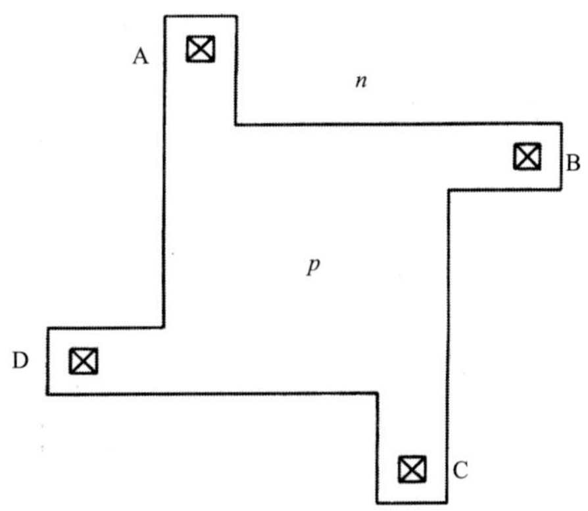


**그림 3.13** 간단한 반데르 포우 테스트 구조

## 4.5 기타 분석 방법

### 4.5.1 홀 효과

면 저항법의 한계는 집적된 캐리어 농도를 알기 위해 이동도를 알아야 한다는 것이다. 그림 3.14에 나타낸 홀 효과(Hall effect)는 집적된 캐리어 농도를 직접 측정하기 위해 사용될 수 있다.

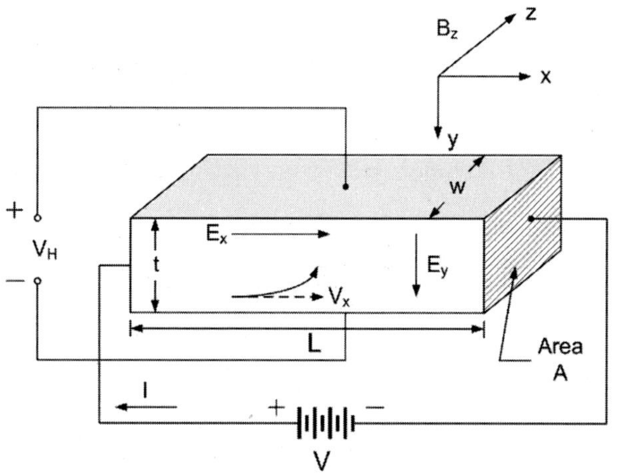


**그림 3.14 홀 효과**

반도체가 p형이고 $x$방향으로 전기장이, $z$방향으로 자기장이 인가되면 로렌츠 힘(Lorentz force) $qv_xB_z$에 의해 $x$방향으로 움직이는 정공은 윗 방향, 즉 $-y$방향으로 힘을 받는다. 따라서 반도체 시료의 윗부분에 정공이 축적되고 이는 아랫 방향, 즉 $y$방향으로의 전기장 $E_y$를 야기시킨다. 정상 상태에서는 $y$ 방향으로의 전류 흐름이 없으므로 $y$방향의 전기장과 로렌츠 힘이 정확하게 일치하게 된다.

$$qE_y = q\,v_x B_z \tag{32}$$

식 (32)에서의 전기장 $E_y$의 형성은 홀 효과로 알려져 있으며, 이로 인한 전압 $V_H$를 홀 전압(Hall voltage)이라고 하며 다음의 식으로 표현할 수 있다.

$$V_H = v_x B_z t \tag{33}$$

여기서, $t$는 시료의 두께이다. 정공의 드리프트 속도(drift velocity)에 대한 정의를 이용하면, 전기장 $E_y$는 다음 식으로 표현된다.

$$E_y = \frac{J_p}{qp} B_z = R_H J_p B_z \tag{34}$$

여기서, $R_H$를 홀 계수(Hall coefficient)라고 하며 다음 식과 같이 정의된다.

$$R_H = \frac{1}{qp} \tag{35}$$

전류 및 자기장의 크기를 알 수 있으면, 홀 전압의 측정으로 정공농도 $p$의 값을 얻을 수 있다.

$$p = \frac{1}{qR_H} = \frac{J_p B_z}{qE_y} = \frac{(I/A)B_z}{q(V_H/W)} = \frac{IB_z W}{qV_H A} \tag{36}$$

식 (36)의 우측항은 모두 측정할 수 있는 양이므로, 홀 효과를 이용하면 매우 정확한 캐리어 농도 값을 얻을 수 있다.

시료의 저항 $R$을 측정하면 시료의 저항률이 다음 식으로 계산될 수 있다.

$$\rho = \frac{RA}{L} = \frac{V/I}{L/A} \tag{37}$$

전기 전도도 $\sigma = 1/\rho = q\mu_p p$로 주어지므로 이동도는 다음 식에서 보듯이 홀 계수와 저항률의 비로 표시될 수 있다.

$$\mu_p = \frac{\sigma}{qp} = \frac{1/\rho}{q(1/qR_H)} = \frac{R_H}{\rho} \tag{38}$$

확산된 프로파일에 대해, 평균 이동도는 거의 중요하지 않다. 그러나 홀 이동도는 보통 균일한 농도를 가지는 에피층의 품질에 대한 재료평가지수(figure of merit)로 사용된다.

### 4.5.2 정전용량-전압법

몇몇 방법들이 깊이의 함수로서 캐리어 농도를 측정하는데 사용될 수 있는데, 그중 하나가 다이오드(pn 접합 또는 schottky) 또는 MOS 커패시터의 정전용량-전압 특성을 이용하는 것이다. MOS 기술이 널리 사용되지만, 유도하기 더 어려우며 신뢰성 있는 실리콘/실리콘 산화막 계면에서 낮은 계면 상태 밀도를 필요로 한다.

구조가 공핍 근사에서 설명될 수 있다고 가정하면, 일방향 계단 접합(one-sided step junction) 또는 쇼트키 접촉(schottky contact)의 경우, 공핍폭은 다음과 같이 주어진다.

$$W = \sqrt{\frac{2\epsilon(V_{bi} + V)}{qN_{sub}}} \tag{39}$$

여기서, $\epsilon$은 반도체의 유전상수이고, $V_{bi}$는 다이오드의 내부형성 전압(built-in voltage)이며, $N_{sub}$는 기판 도핑 농도, $V$는 외부에서 인가된 전압이다. 다이오드의 커패시턴스는 다음과 같이 주어진다.

$$C = \frac{A\epsilon}{W} = \sqrt{\frac{A^2 q\epsilon N_{sub}}{2(V + V_{bi})}} \tag{40}$$

전압에 관하여 미분하고 불순물 농도에 대하여 풀면 다음 식을 얻을 수 있다.

$$N_{sub}(z) = \frac{8(V + V_{bi})^3}{A^2 q\epsilon}\left[\frac{dC(z)}{dV}\right]^2 \tag{41}$$

도핑된 기판을 측정하기 위해 인가 전압의 함수로서 공핍층에서의 커패시턴스를 측정하고 첫 번째 도함수를 구해야 할 필요가 있다. 각 데이터 지점에 대한 전압의 함수인 도핑 농도는 식 (40)과 (41)을 이용해서 구할 수 있는 점에 해당되는 깊이로부터 알 수 있다.

정전용량-전압법은 몇 가지 중요한 제한성을 가진다. 첫 번째는 $1\times10^{18}$ cm$^{-3}$ 이상의 실리콘에서의 불순물 농도가 측정될 수 없다는 것이다. 이 농도에서 반도체는 축퇴되고 반도체라기보다는 금속처럼 행동한다. 두 번째는 공핍 영역의 가장자리가 가파르지 않다는 것이다. 오히려, 그 가장자리는 수 디바이 길이(Debye length)에 해당되는 만큼 경사져 있다. 디바이 길이는 다음 식으로 표현된다.

$$L_D = \sqrt{\frac{\epsilon kT}{q^2 C_{sub}}} \tag{42}$$

결과적으로, 급격한 도핑 프로파일은 캐리어 프로파일에 의해서는 잘 기술되지 않는다. 결과적으로, 정전용량-전압기술은 쇼트키 다이오드의 절연파괴 전압에 해당되는 깊이 또는 MOS 커패시터의 반전에 상응하는 깊이만을 나타낼 수 있다.

### 4.5.3 스프레딩 저항 측정법

몇 가지의 양적인 2차원 불순물 프로파일을 나타내는 기술들이 개발되었으며, 이 중 주사 정전용량 현미경(scanning capacitance microscope)법과 나노스프레딩 저항(nano-spreading resistance)법이 가장 가능성이 있는 방법이다. 주사 정전용량 현미경 방법은 시료 위의 전도성 팁이 스캔을 하는 원자력 현미경(AFM)을 사용하는 것이다. 전형적으로 시료는 절단된 그 가장자리에서 측정된다. 전도성 팁은 반전 상태에서 정전용량을 측정하기 위해 사용된다. 이것은 팁 아래의 도핑 농도로 바로 전환될 수 있다. 전형적인 정전용량은 1 pF보다 작다. 비록 교정(calibration) 과정이 간단하지는 않지만, 그

결과는 정량적으로 매우 잘 일치한다.

다음은 스프레딩 저항 프로파일로메트리(spreading resistance profilometry)라 불리는 전기적으로 캐리어 농도의 프로파일을 나타내는 방법으로 국부 캐리어 농도에 대한 점접촉 근처에 몰려있는 전류의 의존성을 이용한다. 그림 3.15는 전형적인 스프레딩 저항 측정 프로파일을 나타낸 것이다. 시료는 우선 그라인딩(grinding)과 랩핑(lapping)에 의해서 작은 각으로 경사지게 가공된다. 시료를 물림쇠(chuck) 위에 놓고, 한 쌍의 프로브를 미리 설정된 힘으로 시료의 표면과 점접촉시킨다. 얇은 프로브는 수십 Å 크기의 깊이로 반도체 표면을 투과하여 들어간다. 전류가 프로브 안으로 주입되고, 프로브 사이에 유한한 저항을 유도한다. 이 저항이 교정 기준이 되는 이미 알려져 있는 농도와 비교된다면, 이 방법으로 캐리어 단차를 제공하는 비저항을 쉽게 알 수 있다. 이 기술은 $10^{13}$~$10^{21}$ $cm^{-3}$ 범위의 단차를 측정하는데 사용될 수 있다.

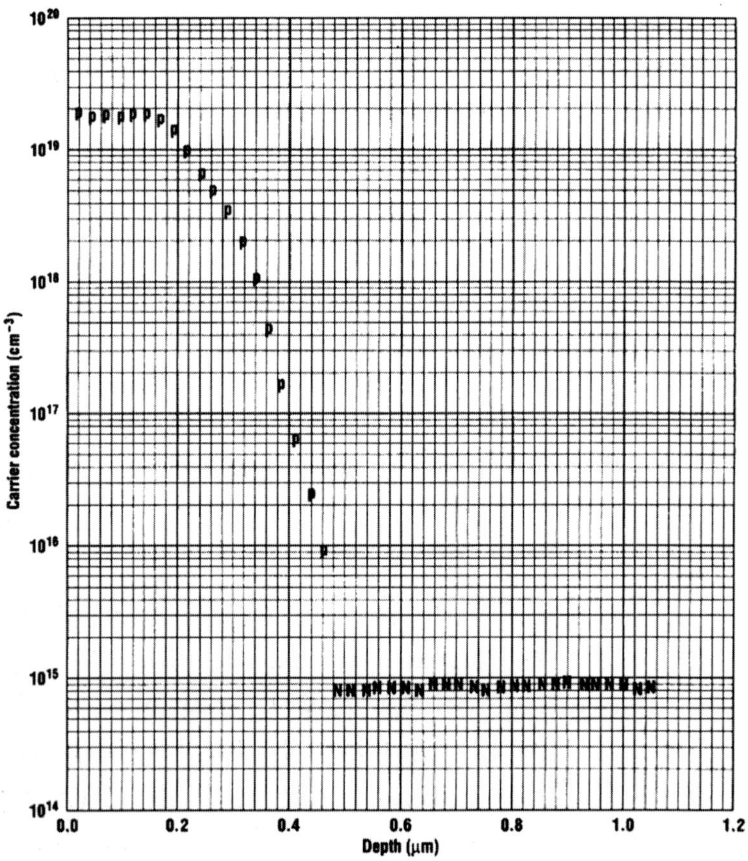


**그림 3.15** 깊이의 함수로 측정된 캐리어 농도를 나타내는 전형적인 스프레딩 저항 프로파일

스프레딩 저항 측정에는 세 가지 주요 한계가 있다. 측정은 재현성 있는 점접촉에 정밀하게 의존한다. 프로브 팁들은 조심해서 보관되어야 하고 자주 교정 기준을 실행해야 한다. 따라서 측정 정확도는 측정하는 사람의 경험 수준에 의존한다. 스프레딩 저항 측정의 두 번째 한계는 표면 근처의 측정이다. 매우 평탄한 얕은 각($<0.5°$)을 정확하게 만들어내는 것은 매우 어렵다. 게다가, 표면에 절연체가 있지 않다면 종종 어디서부터 표면이 시작하는지 판단하기 어렵다. 500Å 이하의 측정은 일반적으로 신뢰할 수 없다. 스프레딩 저항 측정에서의 마지막 한계는 적용되는 재료이다. 시료는 교정 기준과 유사하다고 가정한다. 특히, 화합물 반도체에 대해서는 다른 경향을 나타낸다. 특히, GaAs는 표면 근처에서 큰 밴드휨(band bending)을 가진다. 그 결과, 스프레딩 저항 측정 방법은 GaAs에서 사용되지 않는다.

## 5. 확산 불순물 재료와 확산 반응

도핑 물질은 확산 계수의 크기, 고용도, 산화층의 마스크 효과 등을 고려하여 선택하게 된다. 주입된 도핑 물질은 다른 원자들과 결합된 형태로 존재하는데, 결합된 원자들은 확산 과정에서 도핑되는 물질과 분리되어도 웨이퍼에 또 다른 도핑 불순물 원자로 작용하지 않아야 하고, 웨이퍼 표면에 식각할 수 없는 물질을 만들지 않아야 한다. 뿐만 아니라, 충분한 순도를 가져야 하고, 반복 수행될 때에도 도핑되는 농도의 재현성이 있어야 한다.

일반적으로 도핑 불순물은 $O_2$ 나 $H_2$ 혹은 할로겐 원소인 $Cl_2$, $Br_2$ 등과 결합된 상태로 존재하며 고체, 액체, 기체의 3가지 유형으로 구분되어진다.

### 5.1 고체 불순물 재료

대부분의 산화물($B_2O_3$, $P_2O_5$, $Sb_2O_3$, $Sb_2O_4$, $As_2O_3$, $In_2O_3$)들은 확산 물질로 사용되기에 충분한 증기압을 갖고 있다. 이들은 실리콘과 화학 반응을 일으켜 확산시키고자 하는 해당 불순물을 충분히 포함하고 있는 실리케이트 유리(silicate glass)가 된다. 이 물질은 확산 온도와 같은 고온에서는 큰 점성을 가지지만 유체와 같은 형태가 되며 여기에 포함된 불순물이 웨이퍼 속으로 확산된다.

고체 재료는 대체로 작은 조각이나 가루로 된 것과 판(disk)이나 웨이퍼 형태로 된 것의 두 가지 모양으로 공급된다. 조각이나 가루 모양인 경우, 확산로의 가열 영역을

2군데로 구분하여 한 곳에서는 고체 재료가 가열되고(600~1,200℃), 다른 한 곳에서는 캐리어 가스가 소스에서 발생한 증기를 웨이퍼 표면으로 수송하여 실제 열 확산이 일어난다. 소스의 온도는 원하는 증기압을 유지하도록 조절된다.

고체인 B와 P 불순물은 웨이퍼 형태로도 얻어질 수 있으며, 인접한 실리콘 웨이퍼 사이에 위치시킬 수도 있다.

### 5.2 액체 불순물 재료

액체 불순물 재료는 크게 두 가지 형태로 나눌 수 있다. 첫 번째 형태는 불순물이 포함된 액체를 버블러(bubbler)에 넣고 외부에서 캐리어 가스를 흘려 생성된 불순물 증기를 캐리어 가스가 확산로 안으로 유입되게 한다. 두 번째 형태는 유기 솔벤트(organic solvent)인 에틸알코올에 도핑 물질을 섞어 큰 점성도를 갖는 액체로 만들어 스핀-온(spin-on)을 통해 웨이퍼 표면에 막을 형성시키고 고온 가열하여 확산시킨다.

버블러를 사용할 경우 표면 확산 농도는 버블러의 온도와 확산로 자체 온도에 의하여 조절된다. 이와 같은 액체 불순물을 사용할 때 양호한 웨이퍼 표면 농도 균일성이 가능하고 캐리어 가스의 유입과 중단을 통하여 도핑 과정의 시작과 종결이 쉽게 조절될 수 있다. 여기에 해당되는 많은 불순물 재료들은 중금속 물질들의 게터링(gettering)에 사용되는 할로겐 화합물들로 되어있어 확산 시스템 내의 중금속 제거 효과도 동시에 나타난다. 액체 불순물 재료들로는 $POCl_3$, $PCl_3$, $BBr_3$, $(CH_3O)_3B$, $Sb_3Cl_5$ 등이 있다. 이들 물질들은 $O_2$와 반응하여 산화물(예: $P_2O_5$, $B_2O_3$ 등)로 변화되고, 웨이퍼 표면에서 실리콘과 반응 후, 고체 불순물 재료 때와 마찬가지로 BSG나 PSG 같은 상태가 되어 해당 불순물이 실리콘 내부로 확산된다.

스핀-온 방법을 이용할 경우, 불순물 물질들을 포토 리소그래피 공정 때와 마찬가지로 정지된 회전 기구 위에 놓여 있는 웨이퍼 중앙에 떨어뜨려 약 1,000 rpm 정도로 회전시켜서 웨이퍼 표면에 얇은 막이 형성되게 한다. 이 웨이퍼를 로(furnace)에 넣어 200℃ 정도에서 10~20분 동안 건조시켜 수분이 흡착되는 것을 방지하고 막이 웨이퍼에 잘 부착되어 굳어지게 한 후, 확산로 속에서 열확산 공정이 일어나게 하는 방법이다. 막의 두께는 용액의 점성도와 웨이퍼 회전속도에 따라 달라지며, 막의 불순물 농도는 유기 솔벤트에 의한 용액의 희석 정도에 따라 달라지게 된다.

### 5.3 기체 불순물 재료

기체는 반도체 소자 제조 산업체에서 가장 많이 사용하는 불순물 재료이다. 기체 소스 시스템은 불순물 종을 직접적으로 기체 상태에서 로 튜브에 공급한다. 일반적인 가스 소스는 독성이 있으며, 웨이퍼가 들어가고 나오기 전에 시스템으로부터 모든 소스 기체가 제거되는 것을 확보하기 위해 별도의 입력 세척과 트래핑 시스템을 요구한다. 또한 대부분의 확산 공정에서는 모든 기체 소스가 반응에 전부 사용되는 것은 아니며, 바람직하지 않은 반응 부산물이 생성될 수도 있다. 그러므로 확산 물질의 배기물은 대기로 배출되기 전에 화학적으로 태우거나 물로 씻어내는 공정을 거쳐야 한다.

운송이 용이하고, 확산로에 유입되는 양을 정확히 측정할 수 있으며, 부식성이 강한 액체 재료에 비하여 상대적으로 장기간 고순도를 유지하면서 보관할 수 있는 장점들이 있다. 여기에 속한 물질로는 $PH_3$, $PF_3$, $B_2H_6$, $BF_3$, $BCl_3$, $AsH_3$, $AsF_3$, $SbH_3$ 등이 있다. 이들 기체들과 함께 $O_2$를 공급하면 도핑시키고자 하는 물질의 산화물이 웨이퍼 표면에 형성된다.

## 5.4 확산 반응의 예

### 5.4.1 B(boron) 확산

p형 불순물로는 B만이 사용된다. Al이나 Ga의 확산 계수는 실리콘 산화물에서 매우 높아 실리콘 산화막을 하드 마스크로 사용하기가 어려운 단점이 있다. In은 상대적으로 딥 레벨 억셉터($E_A - E_V = 0.14$ eV)이므로 잘 사용되지 않는다.

B는 실리콘에서 높은 고용도를 갖고 있으며, $4\times10^{20}/cm^3$까지의 표면 농도를 얻을 수 있다. B 원소는 실리콘의 용융점 이상의 온도에 이르기까지 불활성이다. B를 실리콘 표면으로 주입시키기 위해 $B_2O_3$의 표면 반응을 이용한다.

$$2B_2O_3 + 3Si \longleftrightarrow 4B + 3SiO_2 \tag{43}$$

$B_2O_3$가 초과되면 대부분의 산으로 제거하기 매우 어려운 갈색의 B 표면을 이룬다. B 표면 형성은 3~10%의 $O_2$를 포함한 산화성 분위기에서 확산을 수행함으로써 극소화시킬 수 있다.

B의 일반적인 고체 소스는 TMB[$(CH_3O)_3B$]다. TMB(trimethyl borate)는 상온에서 높은 증기압을 갖는 고체이다. TMB 소스는 보통 확산 노의 밖에 존재하고, 사용하는 동안 상온 이하로 냉각된다. TMB 증기는 노 튜브에서 $O_2$와 반응하여 $B_2O_3$ 및 $H_2O$와 $CO_2$를 형성한다.

$$2(CH_3O)_3B + 9O_2 \xrightarrow{900℃} B_2O_3 + 6CO_2 + 9H_2O \tag{44}$$

반응하지 않은 TMB는 배기류에서 반드시 제거하여야 한다.

가장 일반적인 B의 액체 소스는 $BBr_3$이다. 그 반응은 다음과 같다.

$$4BBr_3 + 3O_2 \longrightarrow 2B_2O_3 + 6Br_2 \tag{45}$$

자유로운 Br은 금속 불순물과 쉽게 결합하고, 확산 시에 금속 불순물을 제거하는 데(게터링) 사용된다. 사용되지 않은 $BBr_3$ 뿐만 아니라, Br 역시 배기류에 포함되므로 배기가스는 신중하게 처리되어야만 한다.

기본적인 B의 가스 소스는 $B_2H_6$이다. $B_2H_6$는 독성이 매우 강하고 폭발적인 가스이다. 사용 과정에서 위험을 줄이기 위해서 $B_2H_6$은 보통 99.9%의 부피비로 Ar이나 $N_2$에 희석된다. $B_2H_6$은 $O_2$나 $CO_2$ 모두에서 산화되어 $B_2O_3$를 형성한다. 이때의 반응식을 다음에 나타내었다.

$$B_2H_6 + 3O_2 \xrightarrow{300℃} B_2O_3 + 3H_2O \tag{46}$$

그리고

$$B_2H_6 + 6CO_2 \longrightarrow B_2O_3 + 6CO + 3H_2O \tag{47}$$

양쪽의 시스템 모두 확산 튜브의 입구로부터 $B_2H_6$을 정화하는 장치가 연결되어야 하고, 출구는 잔존하는 $B_2H_6$과 CO를 제거하기 위해 세척되어야 한다.

### 5.4.2 P(phosphorous) 확산

P는 실리콘에서 B보다도 더 높은 고용도를 갖고 있으며, 고온 확산 공정에서 $10^{21}/cm^3$ 정도의 낮은 표면 농도를 얻을 수 있다. P는 웨이퍼의 표면에서 $P_2O_5$의 반응에 의해 실리콘에 주입된다.

$$2P_2O_5 + 5Si \longrightarrow 4P + 4SiO_2 \tag{48}$$

P의 고체 소스로는 고체 $P_2O_5$나 $NH_4H_2PO_4$ 그리고 $(NH_4)_2H_2PO_4$가 사용될 수 있다. 그러나 액체나 기체 소스가 고체 소스보다 더 광범위하게 사용된다. $POCl_3$는 상온에서 액체 상태이다. 버블러를 통과한 캐리어 가스는 증기를 확산 노에 이송시킨다. 그 기류는 $O_2$를 포함하고 있으며, $P_2O_5$가 웨이퍼의 표면에 증착된다.

$$4POCl_3 + 3O_2 \longrightarrow 2P_2O_5 + 6Cl_2 \tag{49}$$

자유로운 $Cl_2$ 가스는 게터링 물질의 역할을 하며, $Cl_2$와 $POCl_3$는 배기류에서 반드시 제거되어야 한다.

P의 기체 소스로서 사용되는 $PH_3$는 독성이 매우 강하고 폭발적인 가스이다. 이것 역시 99.9%의 Ar이나 $N_2$에 희석된 형태로 사용된다. $PH_3$는 노에서 $O_2$에 의해 산화된다.

$$2PH_3 + 4O_2 \longrightarrow P_2O_5 + 3H_2O \tag{50}$$

반응하지 않은 $PH_3$는 배기가스에서 반드시 제거되어야 한다.

### 5.4.3 As 확산

As는 $2\times10^{21}/cm^3$에 달하는 표면 농도로, 실리콘에서 일반적으로 사용되는 불순물 중에서 고용도가 가장 높다. 표면 반응은 $As_2O_3$를 포함한다.

$$2As_2O_3 + 2Si \longleftrightarrow 2SiO_2 + 4As \tag{51}$$

산화물 가스는 캐리어 가스에 의해 고체 확산 소스로부터 노 튜브 안으로 이송될 수 있다. 그러나 표면으로부터의 As 증발은 표면 농도를 $3\times10^{19}/cm^3$ 이하로 제한한다. As이 있으므로 배기가스는 반드시 주의 깊게 세정되어야 한다.

As 가스는 소스로서 사용될 수 있으나, 독성이 강하고 상대적으로 표면 농도가 낮다. As 증착과 안전에 관한 문제들로 인해 이온 주입법이 도입되기 전까지는 As의 이용이 제한적이었다.

### 5.4.4 Sb(antimony) 확산

Sb은 As과 마찬가지로 낮은 확산 계수를 가지고 있어, 오랜 기간 동안 바이폴라 공정에서 매립층에 사용되고 있다. Sb은 다음 식과 같은 반응에 의해 실리콘 표면에 주입된다.

$$2Sb_2O_3 + 2SiO_2 \longleftrightarrow 2SiO_2 + 4Sb \tag{52}$$

액체 소스로는 $Sb_3Cl_5$이 사용되며, 이때 캐리어 가스로서 $O_2$를 사용한다. $SbH_3$는 불안정하므로 Sb 확산에는 사용되지 않는다.

## 6. 확산 시스템

전형적인 확산 시스템은 확산관(diffusion tube), 가열기(heater), 보트(boat), 불순물 공급 시스템(dopant delivery system) 등으로 구성되어 있으며 웨이퍼 종류, 제작하려는 소자 등에 따라 밀봉관(sealed-tube) 시스템, 개방관(open-tube) 시스템, 상자형(box-type) 시스템 등으로 구분할 수 있다.

밀봉관 시스템을 사용할 때는 관 내부의 불순물 증기압이 장시간 전 영역에서 일정하게 유지되도록 주의해야 한다. 또, 관을 밀봉시키는 과정이 번거롭고 한 번에 상대적으로 적은 양의 웨이퍼가 장착되므로 비경제적일 뿐 아니라 확산 공정 후에 연이어 이루어지는 후속 공정들을 바로 행할 수 없는 단점이 있기 때문에 사용빈도가 높지 않다.

개방관 시스템은 그림 3.16에서 보듯이 확산로의 확산관 한쪽 끝이 개방된 모양의 구조를 가지고 있다.

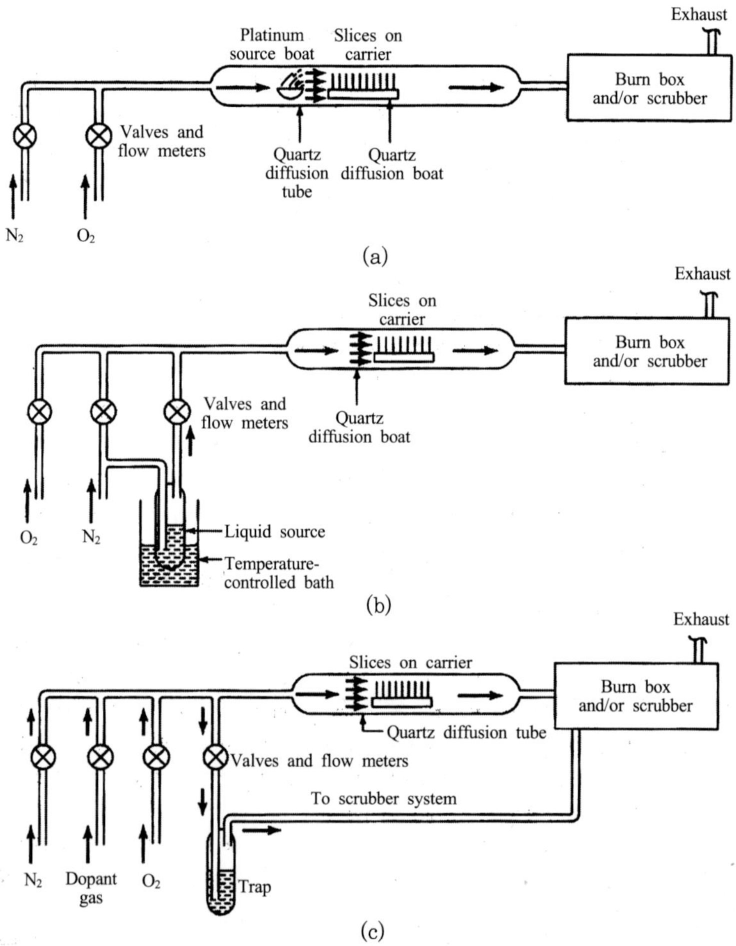


**그림 3.16** 개방관 확산 시스템 : (a) 고체 형태의 불순물 소스를 사용하는 시스템, (b) 버블러를 통과하는 캐리어 가스를 사용한 액체 소스 시스템, (c) 기체 형태의 불순물 소스를 사용하는 확산 시스템

웨이퍼는 석영 보트 위에 위치되어 있고, 고온으로 가열되는 노의 중앙영역으로 이동된다. 그후 도핑시키고자 하는 불순물들과 캐리어 가스를 관 안으로 주입시켜 내부에 장착되어 있는 웨이퍼를 지나 관의 반대쪽으로 배기되도록 한다. 이 시스템에서는 관이 고르고 온도가 전 영역에 걸쳐 일정하며 가스의 흐름에 난류가 발생하지 않는 한 균일한 농도의 확산 결과를 얻을 수 있다. 밀봉관 구조와는 달리 사용하는 불순물 재료의 증기압에 무관하게 재료를 선택할 수 있고, 화학 반응이 일어나는데 필요한 $O_2$ 나 $H_2$ 등을 다른 기체들과 동시에 반응로 안으로 유입시킬 수 있다. 확산 후의 후속 공정이 아무런 제한을 받지 않고 수행될 수 있는 등 공정상 많은 장점들이 있다. 고체 불순물 재료에서 부분압은 온도, 불순물 표면, 캐리어 가스와의 혼합정도 등에 의하여 변화하며, 액체 불순물인 경우 버블러 온도와 버블러로 유입되는 캐리어 가스와 유량 등에 의해 조절된다. 기체 불순물의 부분압은 확산로 내로 유입되는 유량에 직접적으로 비례한다.

개방관 시스템은 다른 방식에 비하여 한 공정에 가장 많은 웨이퍼를 장착할 수 있으며 웨이퍼 탑제 방법이 매우 간단하고 재현성이 우수하기 때문에 열 확산 시스템에서 가장 많이 사용된다.

상자형 시스템은 밀봉형과 개방형을 합친 모양으로서, 밀봉관형의 안정된 도핑 불순물 증기압의 장점과 개방형의 용이한 웨이퍼 장착 특성이 결합된 구조라고 볼 수 있다. 그러나 이 시스템은 실제로 사용할 수 있는 도핑 재료가 많지 않고 표면 농도 조절 가능성이 매우 적기 때문에 산업적 측면에서 별로 관심을 끌지 못하고 있다.

## 연습문제

1. 확산 메커니즘을 2차원 격자 그림으로 설명하시오.

2. 선 확산(preadeposition diffusion)과 후 확산(drive-in diffusion)에 대해 각각 설명하시오.

3. 접합 깊이가 무엇인지 설명하시오.

4. p형 불순물 고용도 $C_s = 10^3 C_B$이다. 선 확산 공정으로 n형 기판에 p형 불순물을 확산시키고자 한다. 벌크 불순물의 확산을 고려하지 않을 때 접합 깊이 $x_j$를 $\sqrt{Dt}$ 단위로 나타내시오.

5. 1,100℃에서 붕소(B)의 확산계수를 표 3.2를 이용해서 계산하시오.

6. 확산 마스크로서 실리콘 산화막을 사용하는 이유를 설명하시오.

7. 확산층의 면 저항을 측정하는데 사용되는 4점 프로브(4-point probe)에 대해 설명하시오.

8. 덤벨 모양의 확산된 저항을 제작하려고 한다. 전체 저항값은 435Ω이고 확산에 의한 면 저항이 각 사각형마다 50Ω이라고 할 때, 그림 3.7을 이용해서 확산된 저항의 평면을 도시하여라.

9. 그림 3.9에 나타낸 그루브-스테인 법으로 확산층의 접합 깊이를 측정하면 접합 깊이는 $x_j = \sqrt{(R^2-b^2)} - \sqrt{(R^2-a^2)}$로 나타낼 수 있다. 이를 유도하시오.

10. 그림 3.14에 Hall 효과를 측정하기 위한 개략도를 나타내었다. 반도체는 p형이고 $x$방향의 전기장과 $z$방향의 자기장이 인가되었다. 다음 물음에 답하시오.
    (a) Hall 전압을 유도하시오.
    (b) Hall 측정으로부터 알아낼 수 있는 것이 무엇인지 설명하시오.

(c) 반도체가 n형일 경우, Hall 전압을 유도하시오.

11. 실리콘 내에서 p형 불순물로 B(boron)만이 사용되는 이유를 설명하시오.

12. 실리콘 내부의 확산 프로파일을 가장 정밀하게 제어할 수 있는 확산 시스템은 무엇이며 그 이유는?

## 참고문헌


[1] R. F. Pierret, *Semiconductor Fundamentals*, volume I in the Modular Series on Solid State Devices, Addison-Wesley, Reading, MA, 1983

[2] R. A. Colclaser, *Microelectrics: Processing and Device Design*, John Wiley & Sons, New York, 1980

[3] R. F. Pierret, *Advanced Semiconductor Fundamentals*, volume VI in the Modular Series on Solid State Devices, Addison-Wesley, Reading, MA, 1987

[4] B. I. Boltman, *Diffusion in Semiconductors*, Academic Press, New York, 1963

[5] W. Jost, *Diffusion in Solids, Liquids and Gases*, Academic Press, New York, 1962

[6] S. M. Hu, S. Schmidt, "Interaction in Sequential Diffusion Processes in Semiconductors", *J. Appl. Phys.*, vol. 39, p. 4272, 1968

[7] J. Crank, *The Mathematics of Diffusion*, Oxford University Press, London, 1957

[8] S. M. Sze, *VLSI Technology*, 2nd ed., McGraw-Hill, New York, 1988

[9] P. M. Fahey, P. B. Griffin, J. D. Plummer, "Point Defects and Dopant Diffusion in Silicon", *Rev. Mod. Phys.*, vol. 61, p. 289, 1989

[10] R. B. Fair, "Concentration Profiles of Diffused Dopants in Silicon", *in Impurity Doping Processes in Silicon*, F. F. Y. Wang, ed., North-Holland, New York, 1981

[11] H. Ryssel, K. Muller, K. Harberger, R. Henkelmann and F. Jahael, "High Concentration Effects of Ion Implanted Boron in Silicon", *J. Appl. Phys.*, vol. 22, pp. 35, 1980

[12] R. B. Fair and J. C. C. Tsai, "A Quantitative Model for the Diffusion fo Phosphorus in Silicon and the Emitter Dip Effect", *J. Electrochem. Soc.*, vol. 124, pp. 1107, 1978

[13] R. J. Field and S. K. Ghandhi, "An Open Tube Method for the Diffusion fo Zinc in GaAs", *J. Electrochem. Soc.*, vol. 129, pp. 1567, 1982

[14] L. R. Weisberg and J. Blanc, "Diffusion with Interstitial-Substitutional Equilibrium Zinc in Gallium Arsenide", *Phys. Rev.*, vol. 131, pp. 1548, 1963

[15] S. Reynolds, D. W. Vook and J. F. Gibbons, "Open-Tube Zn Diffusion in GaAs Using Diethylzinc and Trimethylarsenic: Experiment and Model", *J. Appl. Phys.*, vol. 63, pp. 1052, 1988

[16] K. B. Kahen, "Mechanism for the Diffusion of Zinc in Galium Arsenide", *in Materials Res. Soc. Symp. Proc.*, vol. 163, D. J. Wolford, J. Bernholc and E. F. Haller, eds., MRS, Pittsburg, 1990, pp. 681

[17] M. E. Greiner and J. F. Gibbons, "Diffusion of Silicon in Gallium Arsenide Using Rapid Thermal Processing: Experiment and Model", *Appl. Phys. Lett.*, vol. 44, pp. 740, 1984

[18] K. L. Kavanaugh, C. W. Magee, J. Sheets and J. W. Mayer, "The Interdiffusion of Si, P, and In at Polysilicon Interfaces", *J. Appl. Phys.*, vol. 64, pp. 1845, 1988

[19] S. Yu, U. M. Gosele and T. Y. Tan, "An Examination of the Mechanism of Silicon Diffusion in Gallium Arsenide", *in Materials Res. Soc. Symp. Proc.*, vol. 163, D. J. Wolford, J. Bernholc and E. F. Haller, eds., MRS, Pitssburg, 1990, pp. 671

[20] K. B. Kahen, D. J. Lawrence, D. L. Peterson and G. Rajeswaren, "Diffusion of Ga Vacancies and Si in GaAs", *in Materials Res. Soc. Symp. Proc.*, vol. 163, D. J. Wolford,

J. Bernholc and E. F. Haller, eds., MRS, Pitssburg, 1990, pp. 677

[21] D. Sudan아 and S. Matsumoto, "Effect of Melt Stoichiometry on Carrier Concentration Profiles of Silicon Diffusion in Undoped LEC SI-GaAs", *J. Electrochem. Soc.*, vol. 136, pp. 1165, 1989

[22] L. B. Valdes, "Resistivity Measurements on Germanium for Transistors", *Proc. IRE*, vol. 42, pp. 420, 1954

[23] M. Yamashita and M. Agu, "Geometrical Correction Factor of Semiconductor Resistivity Measurement by Four Point Probe Method", *Jpn. J. Appl. Phys.*, vol. 23, pp. 1499, 1984

[24] D. K. Schroder, *Semiconductor Material and Device Characterization*, Wiley-Interscience, New York, 1990

[25] L. J. Van der Pauw, "A Method for Measuring the Specific Resistivity and Hall Effect of Discs of Arbitrary Shape", *Phillips Res. Rep.*, vol. 13, pp. 1, 1958

[26] D. S. Perloff, "Four-point Probe Correction Factors for Use in Measuring Large Diameter Doped Semiconductor Wafers", *J. Electrochem. Soc.*, vol. 123, pp. 1745, 1976

[27] A. Diebold, M. R. Kump, J. J. Kopanski and D. G. Seiler, *J. Vacuum. Sci. Technol. B.*, vol. 14, pp. 196, 1996

[28] J. S. Mc Murray, J. Kim and C. C. Williams, "Direct Comparison of Two- Dimensional Dopant Profiles by Scanning Capaitance Microscopy with TSUPRE4 Process Simulation", *J. Vacuum. Sci. Technol. B.*, vol. 16, pp. 344, 1998

[29] M. Pawlik, "Spreading Resistance: A Comparison of Sampling Volume Correction Factors in High Resolution Quantitative Spreading Resistance", *in Emerging Semiconductor Technology*, D. C. Gupta and R. P. Langer, eds., STP 960, Am. Soc. Test. Materials, Philadelphia, 1987

[30] R. G. Mazur and G. A. Gruber, "Dopant Profiles in Thin Layer Silicon Structures with the Spreading Resistance Profiling Technique", *Solid State Technol.*, vol. 24, pp. 64, 1981

[31] P. Blood, "Capacitance-voltage Profiling and the Characterziation of III-V Semiconductors Using Electrolyte Barriers", *Semiconductor Sci. Technol.*, vol. 1, pp. 7, 1986

[32] M. Schulz and H. Weiss (eds.), *Landold-Börsnstein Numerical Data and Functional Relationship*, vol. 17 Semiconductor III/17d, Springer Verlag, Berlin, Heidelberg, New York, 1984

[33] U. Gösele, T. Y. Tan, *in Defects in Semiconductors II* (S. Mahajan, J. W. Corbett eds.), North-Holland, New York, pp. 45, 1983

[34] S. Wolf, R. N. Tauber, *Silicon Processing for the VLSI Era Vol. 1-Process Technology*, Lattice Press, 1986

[35] V. Swaminathan, A. T. *Macrander, Materials Aspects fo GaAs and InP Based Structures*, Prentice Hall, 1991

[36] K. Nishiyama, "Radiation Annealing of Boron-Implanted Silicon with Halogen Lamp", *J. Appl. Phys.*, vol. 19, no. 10, pp. 560, 1980

[37] J. Nulman, "Rapid Thermal Processing of Thin Gate Dielectrics Oxidation of Silicon", *IEEE Elec. Dev. Lett.*, vol. EDL-6, no. 5, pp. 205, 1985

[38] R. A. Powell, etal., "Formation of Titanium Silicide Films by Rapid Thermal Processing", *IEEE Elec. Dev. Lett.*, vol. EDL-4, no. 10, pp. 380, 1983

[39] J. S. Mercier, et al., "Rapid Isothermal Fusion of PSG Films", *J. Electrochem., Soc.*, vol. 132, no. 10, pp. 2423, 1985

[40] M. Tamura, et al., "Epitaxial Transformation of Ion-implanted Polycrystalline Si Films on(100) Si Substrate by Rapid Thermal Annealing", *Jpn. J. Appl. Phys.*, vol. 24, no. 2, pp. L151, 1985

[41] G. S. Oelarlein, et al., "Diffusion of Phosphorus during Rapid Thermal Annealing of Ion-Implanted Silicon", *Appl. Phys. Lett.*, vol. 45, no. 4, pp. 417, 1984

[42] S. R. Wilson, "Fast Diffusion of As in Polycrystalline Silicon during Rapid Thermal Annealing", *Appl. Phys. Lett.*, vol. 45, no. 4, pp. 464, 1984

[43] A. Nylsndsted Larsen, "Rapid Thermal Annealing of High Concentration Arsenic Implanted Silicon Single Crystals", *Appl. Phys. Lett.*, vol. 48, no. 26, pp. 1805, 1987

[44] T. O. Sedgwick, "Short Time Annealing", *J. Electrochem. Soc.*, vol. 130, no. 2, pp. 484, 1983

4장

# 이온 주입

이온 주입은 반도체 내부로 불순물 원자들을 주입하는데 사용하는 공정기술로서 반도체 기판의 전기적 성질을 변화시키는데 사용되어 왔다. 1970년대 초까지의 불순물 주입은 고온에서의 확산과정에 의해 이루어져 왔다. 그러나 확산에 의한 불순물 주입은 수직방향뿐만 아니라 수평방향으로도 불순물이 분포하여 디바이스의 집적도 향상에 커다란 장애가 되어 1970년대 중반부터는 불순물 주입에 이온 주입법이 사용되고 있다.

이온 주입하는 동안 결정격자에 들어간 불순물 원자는 실리콘 원자와 충돌하면서 점차로 에너지를 잃고 결국은 격자 내부의 어느 정도의 깊이에서 머무르게 된다. 이 평균 깊이는 가속 에너지 조절에 의해서 제어가 가능하다. 주입된 불순물 양은 주입되는 동안 이온 전류를 감시함에 의해서 조절될 수 있다. 이온 주입법은 전체 불순물 양의 정밀한 조정, 불순물 프로파일의 개선된 재현성, 확산 공정에 비해 낮은 공정온도 등의 장점을 가진다. 이온 주입법에서 전형적인 주입 에너지 범위는 0.5 keV부터 1 MeV이고, 이온 주입량은 $10^{12}$ ions/cm$^2$부터 절연체를 위한 $10^{18}$ ions/cm$^2$까지의 범위를 가진다.

이 장에서는 결정질 내부에서의 이온분포, 이온정지 메커니즘, 이온 주입에서의 채널링(channeling)의 영향, 격자결함과 어닐링의 영향에 대하여 설명한다. 또한, VLSI 공정을 위한 적용을 위해 다중주입과 마스킹, 이온 주입 시스템에 관해서도 논의할 것이다.

## 1. 이온분포

### 1.1 이온 주입의 가우시안 분포

이온이 웨이퍼 표면에 주입되면, 이온은 격자 내의 원자와 충돌하고 결정 내 전자와 상호작용을 한다. 각각의 핵 또는 전자 간의 상호작용은 표적 내에서 이온이 멈출 때까지 이온의 에너지를 감소시킨다. 이때 이온이 이동한 경로는 그림 4.1(a)에 나타낸 것처럼 무작위이므로 이동한 전체거리 $R$은 외부에서 측정할 수 없고, 단지 표면에서부터 투사된 범위만을 알 수 있다. 결정과의 상호 작용은 통계적 과정이고, 주입된 불순물의 분포는 그림 4.1(b)에 나타낸 가우시안 분포 함수로 근사할 수 있다. 이 분포는 수학적으로 다음과 같이 나타낼 수 있다.

$$N(x) = N_p \exp\left[-\frac{(x-R_p)^2}{2\Delta R_p^2}\right] \tag{1}$$

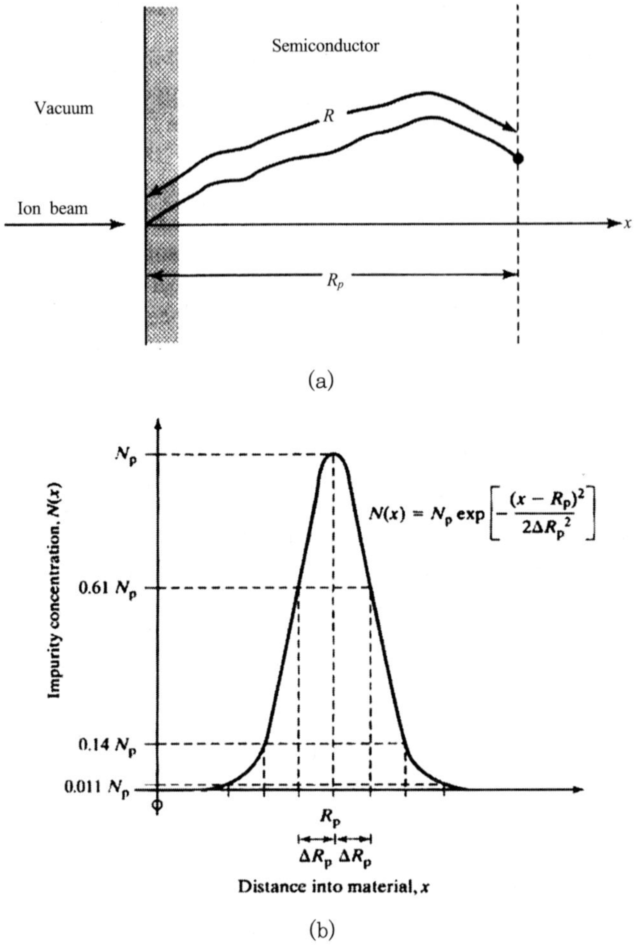


**그림 4.1** (a) 이온 이동거리 $R$과 사영비정 $R_p$, (b) 이온 주입으로 나타나는 가우시안 분포

$R_p$는 사영비정(projected range)이라 하며, 이온이 정지할 때까지 지나간 평균거리와 같다. $x=R_p$일 때 극점농도 $N_p$가 된다. 이온 주입의 통계학적 특성 때문에 일부 이온들은 사영비정 $R_p$를 넘어 침투할 것이고, 일부는 $R_p$ 거리만큼 이르지 못할 것이다. 따라서 분포의 폭이 존재하며 사영비정에서의 편차를 사영분산(projected straggle) $\Delta R_p$라고 한다. 또한 입사축에 수직인 축을 따르는 편차를 가로방향 분산(lateral straggle) $\Delta R_\perp$이라고 한다.

불순물 분포 곡선 아래 면적은 주입 선량 $Q$이며 다음 식과 같이 나타낼 수 있다.

$$Q=\int_0^\infty N(x)dx \tag{2}$$

주입물이 실리콘 내에 완전히 포함되어 있기 때문에 주입 선량은

$$Q = \sqrt{2\pi}\, N_p \Delta R_p \tag{3}$$

와 일치한다.

주입된 선량은 $10^{10}$~$10^{18}$ ions/cm$^2$까지 범위를 가질 수 있으며, 이온 주입은 종종 두 단계의 확산 공정에서 전 증착 단계를 대체하는 데 사용된다. $10^{10}$~$10^{13}$ ions/cm$^2$의 범위의 선량은 MOS 기술에서 임계값 조절을 위해 필수적이며 확산을 사용해서 얻는 것은 불가능하다.

CMOS 우물의 형성은 이온 주입기의 주입 선량 조절이 특별한 이점을 가지고 있는 또 다른 예이다. $10^{15}$ ions/cm$^2$를 넘는 주입 선량은 매우 커서 이온 주입을 사용하여 얻는데 상당한 시간이 걸린다. 이에 비해 실리콘 격자에서 원자의 2차원 밀도는 ⟨100⟩ 표면에서 대략 $7 \times 10^{14}$ 실리콘 원자/cm$^2$이다. 주입 선량은 수 % 내에서 조절될 수 있는데, 이렇게 정밀하게 조절할 수 있다는 점이 이온 주입의 또 다른 장점이다. 예를 들어, 저항들은 이온 주입을 사용하여 정밀하게 조절된 공정에서 수 %의 절대 허용치를 갖도록 제작될 수 있는 반면, 만일 동일한 저항기들이 확산 공정만을 이용하여 형성된다면 20% 이상의 절대 허용치를 가지게 된다.

주어진 이온의 사영비정은 이온 에너지의 함수이고, 이온과 표적 물질의 질량과 원자 번호의 함수이다. 거리에 따른 분산에 대한 이론은 Lindhard, Scharff, Schiot에 의해 제시되었으며 이를 LSS 이론이라 한다. 이 이론은 표적 물질의 원자가 불규칙하게 위치해 있는 비정질 재료 내부로 주입된다고 가정한다.

## 1.2 가우시안 분포로부터의 편차

에너지의 크기, 주입되는 이온의 종류, 목표물의 종류, 이온 도즈(dose) 및 주입 각도에 따라 이온의 분포가 가우스 분포와는 큰 차이가 나게 관측되기 때문에 LSS 이론에 관한 해석적인 $N(x)$ 및 $R_p$를 그대로 사용할 수 없다. 주입된 이온 분포에 가장 근접한 해석적 표현은 피어슨 분포 함수(Pearson distribution function)로써 가능하다. 그림 4.2는 비정질 실리콘에 이온 주입된 B에 관한 실험치와 계산치를 보여주고 있다.

점선으로 된 가우스 분포는 저 에너지일 때 실험치와 상당히 잘 일치함을 보여 주지만, 고 에너지로 갈수록 큰 오차가 나타남을 알 수 있다. 실선으로 표시된 피어슨-IV (Pearson-IV) 분포 함수는 30~800 keV 영역에서 실험치와 잘 일치한다. 그러나 가벼운 이온 주입 시에 발생하는 채널링을 보다 정확하게 나타내기 위해서는 10개의 피어슨(Pearson) 함수 중에서 산란과 채널링을 동시에 만족시킬 수 있는 두 개의 함수를 선택

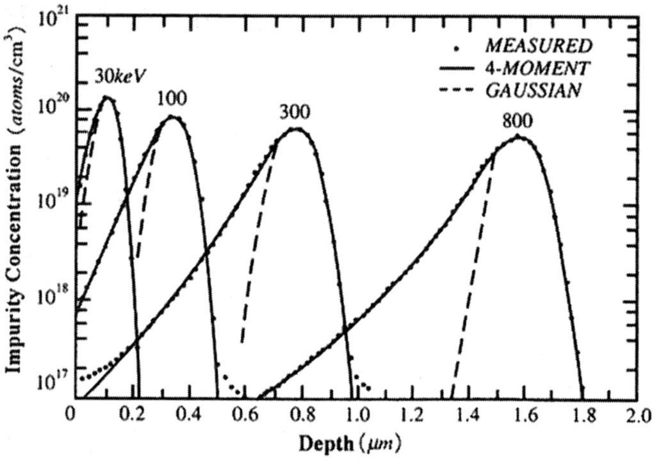


**그림 4.2** 비정질 실리콘에서의 이온 주입된 B(boron)의 분포

하여 적용하는 접목 피어슨 분포 함수(joined Pearson distribution function)가 소개되고 있다. 또한, 단결정에서는 주입된 이온분포가 비정질과는 다를 뿐 아니라 방향성과 채널링 효과가 추가적으로 고려되어야 하므로 단순한 앞의 해석적 식으로는 주입된 이온분포를 나타낼 수 없다. 단결정에서 이온 주입된 불순물의 분포는 두 개의 반가우스 분포를 합친 접목 반가우스 분포(joined half-Gaussian distribution)나 피어슨 함수를 접목시킨 접목 피어슨 분포(joined Pearson distribution)로 나타낼 수 있다.

## 2. 이온정지 메커니즘

반도체 기판에 주입되는 에너지를 가진 이온을 정지시키는 데는 그림 4.3에 나타내었듯이 두 가지 정지(stopping) 메커니즘이 있다.

하나는 이온의 에너지가 타깃의 핵에 전달되는 경우이다. 이것은 입사이온을 편향시키고, 또한 많은 타깃의 핵을 그들의 원래 격자 위치로부터 벗어나게 한다. $E$를 이온 통로를 따르는 임의의 점 $x$에서의 이온 에너지라 하면 이 과정을 설명하기 위해 핵저지능력 $S_n(E) \equiv (dE/dx)_n$을 정의할 수 있다. 두 번째 정지 메커니즘은 입사이온이 타깃 원자 주위의 전자의 구름과 상호 작용을 하는 것에 의한 것이다. 이온은 전자와 충돌하여 쿨롱(Coulomb) 작용을 통하여 에너지를 상실한다. 전자는 높은 에너지 준위로 여기되거나 또는 원자로부터 이탈되어 이온화된다. 이 과정을 설명하기 위하여 전

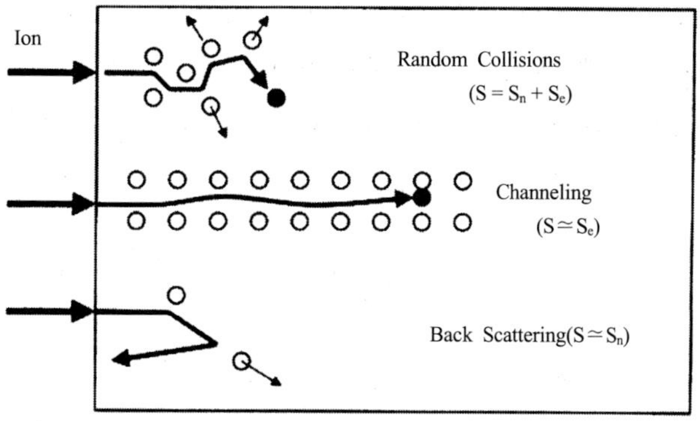


**그림 4.3** 정지 메커니즘의 예

자저지능력 $S_e(E) \equiv (dE/dx)_e$를 정의할 수 있다. 거리에 따르는 에너지의 평균 손실률은 위의 두 저지 메커니즘의 중첩에 의하여 주어진다.

$$\frac{dE}{dx} = S_n(E) + S_e(E) \tag{4}$$

이온이 정지되기 전에 주행한 전체 거리를 $R$이라 하면 다음 식과 같이 표현될 수 있다.

$$R = \int_0^R dx = \int_0^{E_0} \frac{dE}{S_n(E) + S_e(E))} \tag{5}$$

여기서, $E_0$는 초기 이온 에너지이다.

핵 저지 과정은 그림 4.4에서 설명된 바와 같이 에너지 $E_0$이고 질량 $M_1$인 주입되는 강체구와 초기 에너지 0이고 질량 $M_2$인 타깃 강체구 사이의 탄성 충돌을 고려함으로써 나타낼 수 있다.

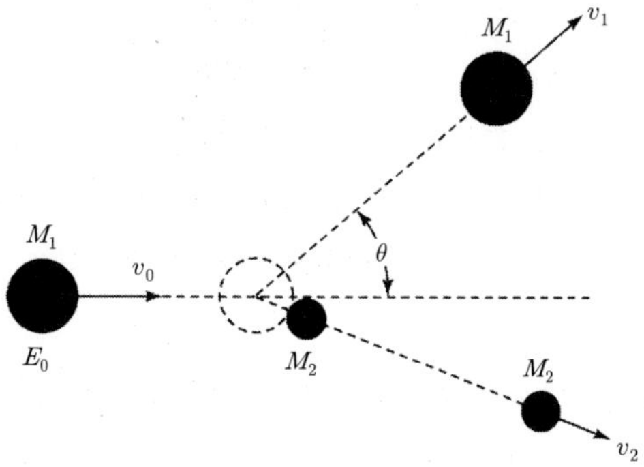


**그림 4.4** 강체구의 충돌

구가 충돌할 때의 운동량은 구의 중심을 따라 전달된다. 편향각 $\theta$와 속도 $v_1$과 $v_2$가 운동량과 에너지의 보존 법칙에 의해 구해질 수 있다. 최대 에너지 손실은 정면충돌일 때 일어난다. 이 경우에 입사 입자 $M_1$에 의한 또는 $M_2$에 전달된 에너지에 의한 에너지 손실은 다음 식과 같다.

$$\frac{1}{2}M_2 v_2^2 = \left[\frac{4M_1M_2}{(M_1+M_2)^2}\right]E_0 \tag{6}$$

$M_2$는 $M_1$과 같은 정도의 크기이므로 핵 저지 과정에서 많은 양의 에너지가 전달된다.

자세한 계산에 의하면 핵저지 능력은 낮은 에너지에서 에너지와 함께 선형적으로 증가하고 $S_n(E)$는 어느 중간 에너지에서 최대가 된다. 높은 에너지에서 $S_n(E)$는 작아지는데, 왜냐하면 빠른 입자는 타깃 원자와의 효과적인 에너지 전달을 하기에 충분한 상호작용 시간을 가질 수 없기 때문이다. 실리콘에 As, P 그리고 B를 적용하는 경우 여러 에너지에서 계산된 $S_n(E)$ 값을 그림 4.5(실선, 여기서 첨자는 원자량을 표시)에 나타내었다. 그림 4.5에서 보듯이 As과 같이 무거운 원자일수록 보다 큰 핵저지능력, 즉 단위 거리당 큰 에너지 손실을 가진다.

전자저지능력은 입사이온의 속도에 비례함을 알 수 있고, 다음 식과 같이 표현될 수 있다.

$$S_e(E) = k_e\sqrt{E} \tag{7}$$

여기서, $k_e$는 원자 질량과 원자 번호에 비교적 의존성이 약한 함수이다. $k_e$의 값은 실리콘의 경우 대략 $10^7(\text{eV})^{1/2}/\text{cm}$이고, GaAs의 경우 $3\times10^7(\text{eV})^{1/2}/\text{cm}$이다. 실리콘에서의 전자저지능력을 그림 4.5에 점선으로 나타내었다.

또한, 그림 4.5에 $S_e(E)$와 $S_n(E)$가 같아지는 교차점 에너지가 표시되었다. 타깃 실리콘 원자와 비교하여 상대적으로 낮은 이온 질량을 갖는 B의 경우 교차점 에너지는 단지 10 keV이다. 이것은 30~300 keV의 실제 주입 에너지 범위에 걸쳐서 주된 에너지 손실 메커니즘은 전자저지에 기인한다는 것을 의미한다. 한편, 비교적 높은 이온 질량인 As의 경우 교차점 에너지는 700 keV이다. 그러므로 30~300 keV의 에너지 범위에서 핵저지가 지배적이다. P의 경우는 교차점 에너지가 130 keV이므로 130 keV 보다 주입 에너지가 낮을 때는 핵저지가 지배적이고, 높은 에너지에서는 전자저지가 지배적이다.

$S_n(E)$와 $S_e(E)$를 알기만 하면 식 (5)로부터 이온이 정지되기 전에 주행한 거리 $R$을 계산할 수 있다. 또한, 이것과 다음의 근사식들을 이용하면 사영비정과 사영분산을

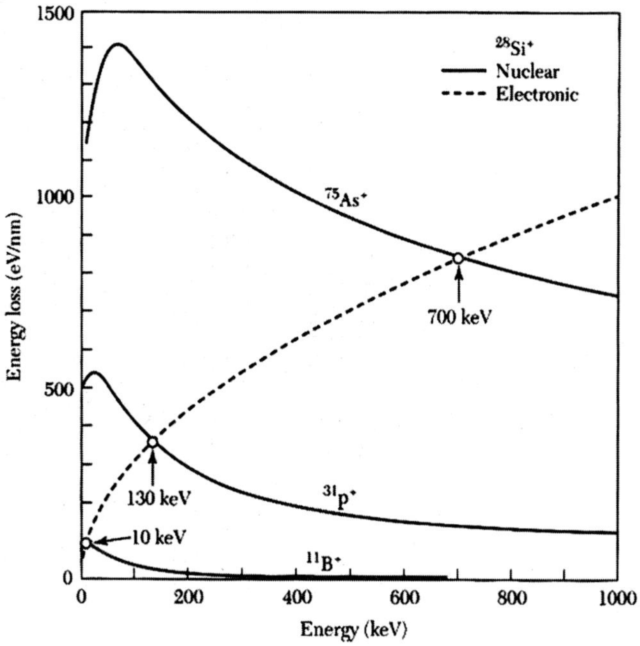


**그림 4.5** 실리콘에서 As, P, B의 각 경우에 대한 핵저지능력 $S_n(E)$과 전자저지능력 $S_e(E)$

알 수 있다.

$$R_p \simeq \frac{R}{1+(M_2/3M_1)} \tag{8}$$

$$\Delta R_p \simeq \frac{2}{3}\left[\frac{\sqrt{M_1 M_2}}{M_1+M_2}\right]R_p \tag{9}$$

실리콘과 실리콘 산화막에서의 As, B 그리고 P에 대한 사영비정을 그림 4.6에 나타내었다. 예상한 바와 같이 에너지 손실이 클수록 사영비정은 작아진다. 1차 근사로서 사영비정은 이온 에너지와 함께 선형적으로 증가한다. 그림 4.7은 그림 4.6에 나타낸 같은 원소들에 대하여 사영분산 $\Delta R_p$와 가로방향 분산 $\Delta R_\perp$을 나타낸 것이다. 어느 주어진 원소의 경우 주어진 입사 에너지에서 두 분산은 약간의 차이가 있으나 보통 ±20% 이내이다.

GaAs에서의 H, Zn, Se 그리고 Te에 대한 사영비정이 그림 4.8에 나타나 있고 해당하는 사영 및 가로방향 분산이 그림 4.9에 표시되었다. 그림 4.6을 그림 4.8과 비교하면 대부분의 많이 사용되는 불순물은 GaAs에서 보다 실리콘에서 더 큰 사영비정을 가짐을 알 수 있다.

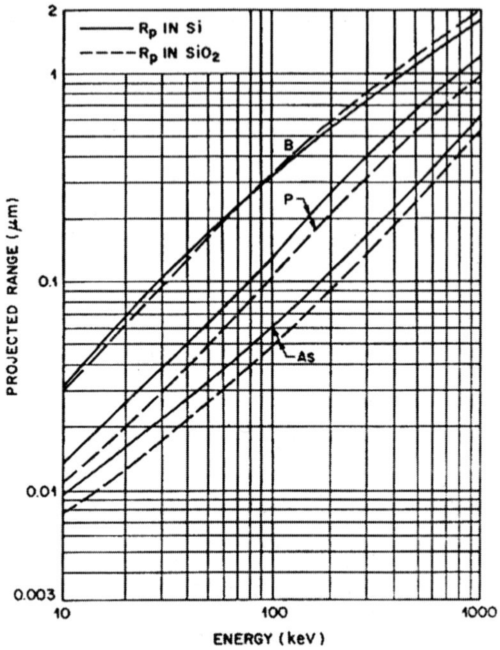


**그림 4.6** 실리콘과 실리콘 산화막에서의 B, P, As에 대한 사영비정

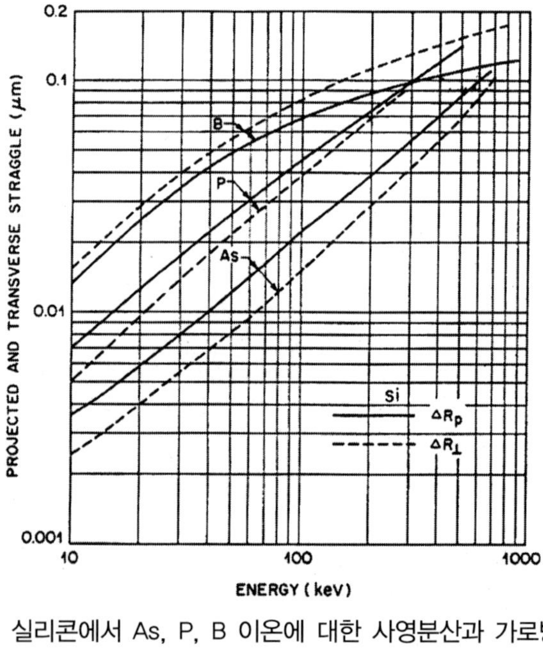


**그림 4.7** 실리콘에서 As, P, B 이온에 대한 사영분산과 가로방향 분산

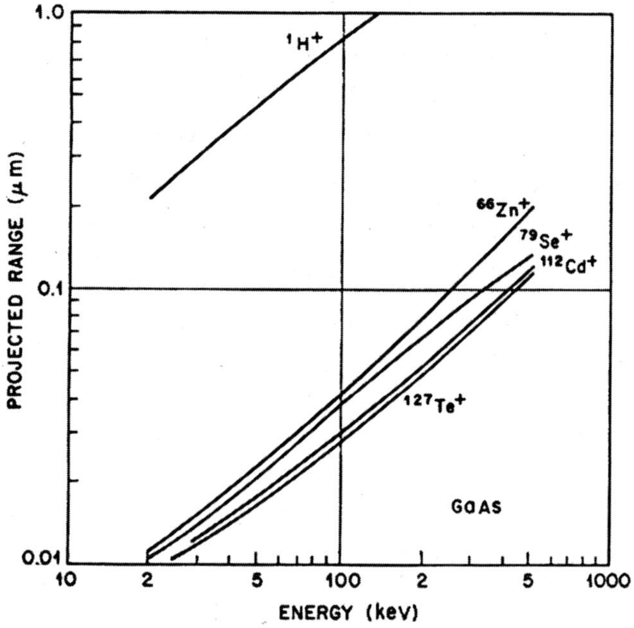


그림 4.8 GaAs에서 H, Zn, Se, Cd, Te의 사영비정

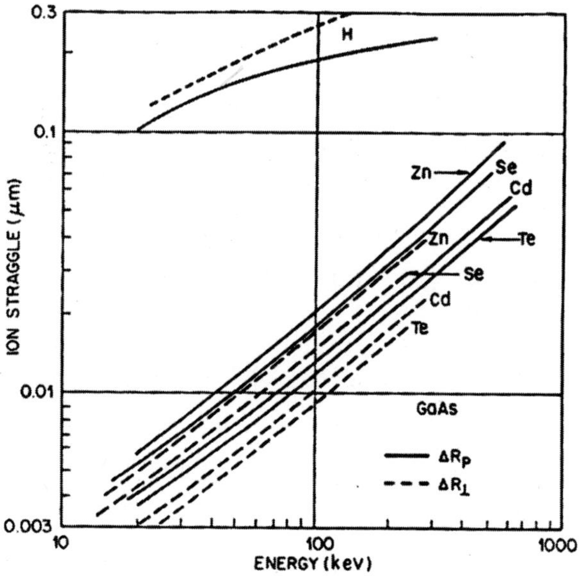


그림 4.9 GaAs에서 사영분산과 가로방향 분산

## 3. 채널링 (Channeling)

비정질 물질에서 이온의 사영비정은 항상 가우시안 분포(Gaussian distribution)를 따르며, 정규 분포(normal distribution)라고 부른다. 단결정 실리콘에서 격자 원자들은 규칙적으로 배열되어 있으며, 많은 채널(channel)들이 특정 각에서 관찰된다. 그림 4.10에 나타낸 것과 같이 수직의 주입각(implantation angle)을 가지는 이온이 채널로 들어가게 되면, 이온들은 매우 적은 에너지 손실을 가지며 긴 거리를 이동할 수 있다. 이것을 채널링 효과(channeling effect)라고 부른다.

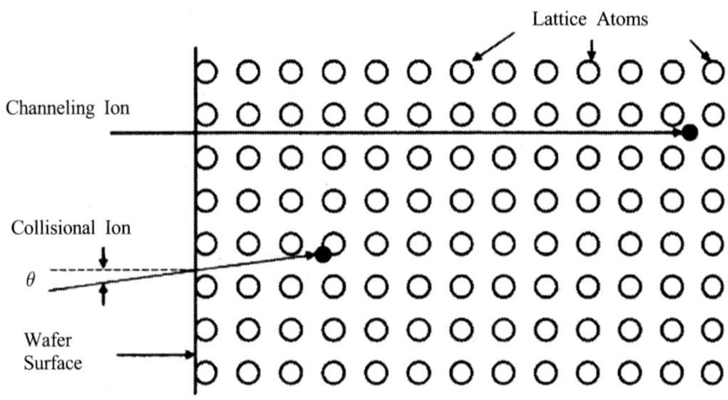


**그림 4.10** 채널링 효과

체널링 효과는 단결정 기판 안으로 깊게 침투해 들어가는 이온들을 발생시킨다. 이러한 현상은 그림 4.11에 나타낸 것과 같이 정규 불순물 분포 곡선 상에 꼬리(tail)를 형성할 수 있다. 이것은 바람직하지 않은 불순물 프로파일로서 미세전자 소자 성능에 영향을 미칠 수 있다. 따라서 몇 가지 방법들이 이 효과를 최소화하기 위해 사용되고 있다.

채널링 효과를 최소화시키는 하나의 방법은 일반적으로 $\theta=7°$의 기운 각(tilt angle)을 가지는 기울어진 기판에 이온 주입을 하는 것이다. 그림 4.10에서처럼 웨이퍼를 기울임으로써 이온들은 각도를 가지고 웨이퍼와 충돌하며 채널에 도달하지 않는다. 주입된 이온들은 바로 핵충돌(nuclear collision)을 일으키게 되고, 이로 인해 채널링 효과를 효과적으로 감소시킨다. 대부분의 이온 주입 공정은 채널링 효과를 최소화하기 위해 이 기술을 사용한다. 대부분의 이온 주입 장치의 기판 지지대는 웨이퍼의 기운 각을 조절하는 기능을 가지고 있다.

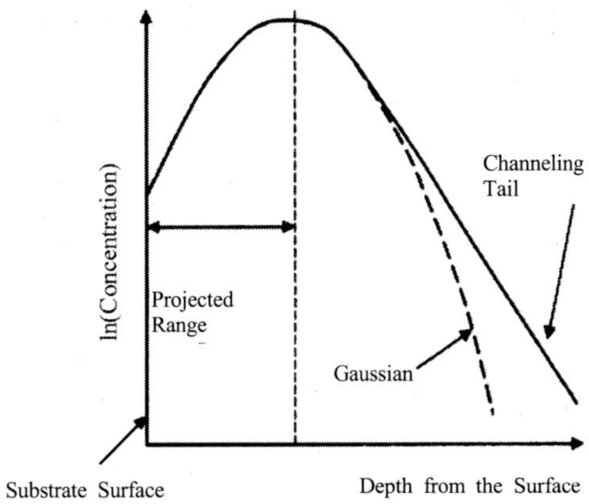


**그림 4.11** 채널링 효과에 의한 불순물 분포

그림 4.12에 나타낸 것처럼 웨이퍼를 기울이는 것은 감광제에 의한 그림자 효과(shadowing effect)를 일으킬 수 있다. 이것은 웨이퍼를 회전시키거나, 혹은 이온 주입 후의 열처리(post-implantation annealing) 동안 적은 양의 불순물 확산에 의해 해결될 수 있다.

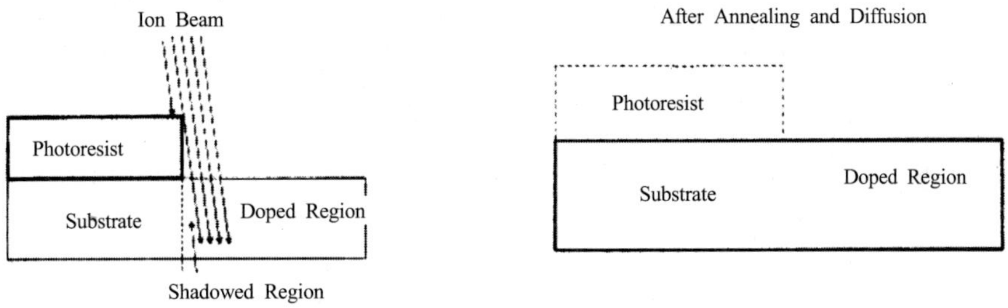


**그림 4.12** 그림자 효과와 확산 처리

기운 각이 매우 작다면, 때때로 실리콘에서의 불순물 농도가 채널링 효과에 의해 혹과 같은 분포를 형성할 수 있다.

채널링 문제를 다루기 위해 널리 사용되는 다른 방법은 얇은 층의 스크린 산화막을 통한 주입이다. 열적으로 성장한 실리콘 산화막은 비정질 물질이다. 통과하는 주입 이온들은 단결정 실리콘 기판에 도달하기 전에 실리콘 산화막 내의 실리콘과 산소원자들과 충돌하고 산란된다. 충돌성 산란에 기인하여 실리콘 결정으로의 이온들의 피치 앵글(pitch angle)은 넓은 범위를 가지며, 채널링의 기회를 감소시킬 것이다. 또한, 스크린 산화막은 실리콘 기판이 광 감광제를 마스킹하는 것에 의한 접촉과 오염을 막을 수 있다. 일부의 경우에서 스크린 산화막과 웨이퍼 기울임(tilting) 모두 이온 주입 공정에서의 채널링 효과를 최소화시키기 위해 사용된다.

스크린 층에 의한 문제는 그 층에서 일부 원자들이 실리콘으로 주입되는 강력한 이온들로부터 충분히 높은 에너지를 얻는다는 것이다. 이것을 반동 효과(recoil effect)라고 부른다. 스크린 산화막의 경우에 반동하는 산소 원자들은 실리콘 기판 안으로 주입될 수 있으며, 실리콘-산화물 계면 근처의 실리콘 기판에 고농도 산소 영역을 형성한다. 이것은 캐리어 이동도를 감소시키고 깊은 레벨 트랩(deep-level trap)을 삽입시킬 수 있다. 따라서 일부 주입 공정에서, 스크린 산화막은 사용될 수 없다. 몇몇 경우에서 산소-과잉 실리콘 층을 제거하기 위해 이온-주입 후 산화(post-implantation oxidation)와 희생 산화막(sacrificial oxide) 스트립이 요구된다. 산화 과정 동안 주입으로 인해 생긴 결정 손상은 열처리로 제거될 수 있으며, 산화층은 산소-과잉 영역을 소모하기 위하여 실리콘 기판 안으로 성장한다. 산화막 스트리핑(stripping)은 표면 결함과 고농도 산소층을 제거할 수 있다. 그러나 매우 얕은 접합(ultra shallow junction, USJ)의 경우에는 산화가 매우 많은 불순물 확산을 일으킬 수 있으며 기판으로부터 얇은 실리콘 접합을 소모할 수 있기 때문에 이 기술이 적용될 수 없다.

고전류 실리콘 또는 게르마늄 이온 주입은 단결정 격자구조를 심하게 손상을 입힐 수 있으며 웨이퍼 표면 근처에 비정질 층을 생성시킬 수 있다. 비정질 기판에서 이온 주입에 의해 형성된 불순물 접합 단면이 항상 가우시안 분포를 따르므로 실리콘 또는 게르마늄 비정질 주입공정은 채널링 효과를 완전히 제거할 수 있다. 선비정질 주입 방법의 단점은 이것이 별도의 이온 주입 단계를 더 추가하므로 생산 단가를 증가시킨다는 것이다.

## 4. 격자결함과 어닐링

### 4.1 격자결함

이온 주입 공정에서 이온들은 격자 원자들과의 충돌에 의해 에너지를 점차적으로 잃어버리게 되고, 그 과정에서 에너지를 격자 원자들로 전달하게 된다. 이 전달된 에너지는 그 격자 원자들이 전형적으로 약 25 eV인 격자 결합 에너지로부터 자유롭게 될 수 있을 정도로 충분히 높다. 또한, 자유롭게 된 원자들은 기판 내부를 움직일 때 다른 격자 원자들과 충돌하며, 다른 원자들에 충분한 에너지를 전달하여 격자로부터 자유롭게 한다. 이러한 과정은 자유롭게 된 원자들이 다른 격자 원자들을 자유롭게 하는 충분한 에너지를 가지고 있는 한 계속된다. 하나의 강력한 이온은 수천의 격자 원자들의 변위를 일으킬 수 있다. 높은 에너지로 주입된 이온에 의해 발생한 손상을 그림 4.13에 나타내었다.

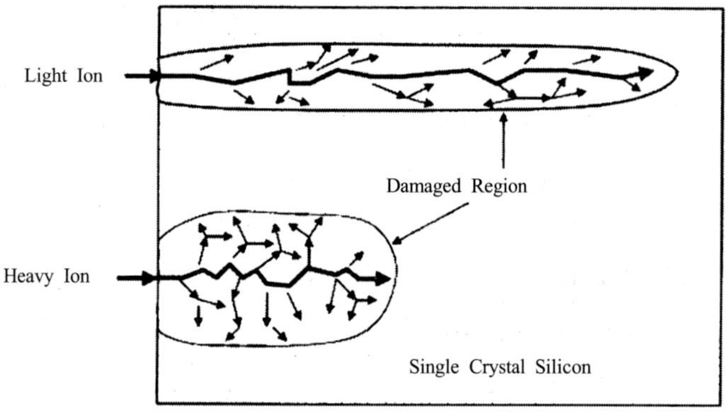


**그림 4.13** 이온에 의한 손상

하나의 이온에 의해 생성된 손상은 실온에서 기판 내부 원자들의 열적 이동에 의해 빠르게 자기 열처리(self-anneal)가 될 수 있다. 그러나 이온 주입 공정에서는 이온들의 양이 많아 단결정 기판 표면에 가까운 층이 비정질이 되는 치환형 격자 결함이 항상 발생하고, 자기 열처리(self-annealing) 공정은 짧은 시간 안에 결정 결함을 회복시킬 수 없다. 손상 효과는 이온종류의 도즈(dose), 에너지, 질량과 관련이 있다. 즉, 도즈와 이온의 에너지가 증가하게 되면 손상은 증가하게 된다. 주입 도즈(implantation dose)가 충분히 높다면, 기판 결정 구조는 완전히 파괴될 수 있고, 이온 범위(ion range) 안에서 기판 표면 근처는 비정질이 된다.

가벼운 이온의 경우 격자결함의 형태는 무거운 이온일 때의 경우와 매우 다르다. 가벼운 이온(예, 실리콘에서의 $B^+$)의 경우 에너지 손실의 대부분은 전자 충돌에 기인하고 이것은 격자 손상을 가져오지 않는다. 이온들이 기판 내로 깊숙이 침투할 때 이온들의 에너지를 상실한다. 궁극적으로 이온 에너지는 교차점 에너지(B의 경우 ≒ 10 keV) 이하로 감소하고 여기서 핵저지가 지배적으로 된다. 그러므로 대부분의 격자결함은 최종 이온 위치 근처에서 발생하며 이것을 그림 4.13에 나타내었다.

100 keV인 B 이온을 고려하여 손상을 추정하면 이의 사영비정은 0.31$\mu$m 또는 3,100 Å이고 이것의 초기 핵에너지 손실은 단지 3 eV/Å이다(그림 4.5와 4.6 참조). 실리콘에서 격자면 사이의 간격이 약 2.5 Å이므로 이것은 B 이온이 핵저지 때문에 각 격자면에 대하여 7.5 eV를 상실한다는 것을 의미한다. 실리콘 원자를 격자위치로부터 변

위시키는데 필요로 하는 에너지는 약 15 eV이다. 그러므로 입사하는 B 이온은 이것이 처음 실리콘 기판에 들어갈 때 핵저지로부터 실리콘 원자를 변위시키기에 충분한 에너지를 갖지는 않는다. 이온 에너지가 약 50 keV(1,500 Å의 깊이에서)로 감소할 때 핵저지에 의한 에너지 손실은 각 격자면에 대하여(즉, 6 eV/Å) 격자결함을 충분히 일으킬 수 있는 15 eV로 증가한다. 나머지 이온 비정에서 매 격자면당 한 원자가 변위된다고 가정하면 600 격자 원자가 변위된다(즉, 1,500 Å/2.5 Å). 변위된 각 원자가 원래 위치에서 대략 25 Å을 이동한다면 손상된 체적은 $V_D=\pi(25\,\text{Å})^2(1{,}500\,\text{Å})=3\times10^{-18}\ \text{cm}^3$로 주어진다. 손상밀도는 $600/V_D\simeq2\times10^{20}\ \text{cm}^{-3}$이고, 이것은 단지 원자의 0.4%이다. 그러므로 비정질층을 발생시키려면 가벼운 이온의 경우 매우 높은 주입량이 필요하다.

무거운 이온의 경우 에너지 손실은 일차적으로 핵충돌에 기인하므로 실질적인 손상이 예상된다. 600 Å의 사영비정을 갖는 100 keV인 As 이온을 생각하면, 전체 에너지 범위에 걸쳐 평균 핵에너지 손실은 약 132 eV/Å이다. 이것은 각 격자면에 대하여 As 이온 손실이 평균적으로 약 330 eV임을 의미한다. 대부분의 에너지는 하나의 일차 실리콘 원자에 주어진다. 각 일차 원자는 계속해서 타깃 원자들을 22만큼 변위시킨다(즉, 330 eV/15 eV). 변위된 원자의 총수는 5,280이다. 변위된 원자들의 한 범위를 25 Å이라 가정하면 손상된 체적은 $V_D=\pi(25\,\text{Å})^2(600\,\text{Å})=10^{-18}\ \text{cm}^3$로 된다. 그러면 손상 밀도는 $5{,}280/V_D\simeq5\times10^{21}\ \text{cm}^{-3}$ 또는 $V_D$ 내의 총 원자수의 약 10%가 된다. 무거운 이온 주입의 결과로서 물질은 근본적으로 비정질이 된다. 그림 4.13은 손상이 전체 사영비정에 결쳐서 격자결함된 덩어리(cluster)를 형성하는 상황을 나타낸 것이다.

결정물질을 비정질로 변환시키는 데 필요한 주입량을 추정하기 위하여 물질을 용융시키는데 필요한 에너지 밀도(즉, $10^{21}$ keV/cm$^3$)와 같은 크기인 에너지 밀도의 범주를 사용한다. 100 keV인 As 이온의 경우 비정질 실리콘을 만드는데 필요한 주입량은 다음과 같다.

$$S=\frac{(10^{21}\text{keV/cm}^3)R_p}{E_0}=6\times10^{13}\ \text{ions/cm}^2 \qquad (10)$$

100 keV인 B 이온의 경우 필요한 주입량은 B의 $R_p$가 5배 크므로 $3\times10^{14}$ ions/cm$^2$이다. 그러나 실제로, 실온에서 타깃에 B를 주입하는 경우, 이온 통로를 따르는 손상의 불균일 분포 때문에 보다 높은 주입량 ($>10^{16}$ ions/cm$^2$)이 요구된다.

이와 같은 이온 주입 과정에서 고려되는 격자 손상의 종류는 크게 다음과 같다.

(1) 프렌켈(Frenkel) 결함

(2) 전위(dislocation)

(3) 덩어리(cluster)

프렌켈 결함은 격자 원자가 충돌된 이온에 의하여 격자 위치를 벗어나서 틈새 원자(interstitial atom)가 되면서 격자 위치에 공공(vacancy)을 만들어 틈새 원자와 공공쌍이 생성되는 결함을 의미한다. 이때의 공공은 서로 다른 전하들을 띠게 되며, 외부 불순물 원자와 결합하여 불순물 원자의 확산에 영향을 미치게 된다. 전위는 프렌켈 결함들의 중첩들로 인하여 발생되기도 하고, 어닐링하는 동안에 제거되지 않은 격자결함들이 격자가 손상되지 않는 영역으로 성장 이동하면서 발생되어진다. 마지막으로 덩어리는 이온 충돌로 인하여 많은 격자 원자의 이탈이 발생하여 어느 일정한 작은 영역에 국부적인 비정질 영역이 나타난 것을 말한다.

## 4.2 어닐링(Annealing)

이온 주입 후, 웨이퍼에 격자결함과 격자 손상 덩어리들이 그대로 있으면 전자나 정공의 이동도가 감소하고 수명 시간이 짧아지며, 이들로 인해 발생된 기계적 응력들이 전위 결함(dislocation) 등을 만들어 접합부의 누설 전류를 증가시키게 된다. 또한, 이온 주입된 대부분의 불순물은 격자 위치가 아닌 틈새에 위치하게 되어 활성화되어 있지 않으므로 이들을 활성화시켜 줄 필요가 있게 된다. 이와 같은 목적을 위한 과정을 어닐링이라고 한다. 어닐링을 통하여 손상된 격자의 재결정이 이루어지며, 비활성화되어 있던 이온 주입된 불순물 원자들이 격자 위치로 옮겨져 활성화되는 현상이 나타난다. 반도체 기판에 주입된 B와 P의 어닐링 결과를 그림 4.14에 나타내었다.

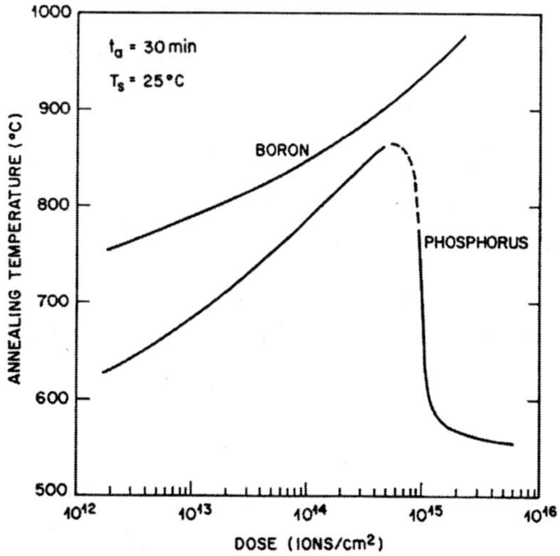


**그림 4.14** P와 B 이온을 90% 활성화하기 위한 주입량 대 어닐링 온도

기판은 주입하는 동안 실온으로 유지된다. 어느 주어진 이온 주입량에서 어닐링 온도는 주입된 이온의 90%가 30분간의 어닐링으로 활성화되는 온도에 해당한다. B 주입의 경우 높은 주입량일수록 높은 어닐링 온도가 필요하다. $2\times10^{15}$ ions/cm$^2$의 B 주입량이라 해도 실리콘 기판이 결정으로 유지되는 것에 유의하여야 한다. 낮은 주입량의 P인 경우에 어닐링 결과는 B 때와 비슷하다. 그러나 주입량이 $10^{15}$ ions/cm$^2$보다 클 때는 어닐링 온도가 약 600℃로 떨어진다. 이 현상은 고상 에피택시(solid-phase epitaxy) 과정과 관련된다. $10^{15}$ ions/cm$^2$ 이상의 P 주입량에서 실리콘 표면층은 비정질로 된다. 비정질층 밑의 단결정 반도체는 비정질층의 재결정화를 위한 종자(seeding) 부위로서의 역할을 한다. [100] 방향을 따르는 에피택셜 성장률은 2.4 eV의 활성화 에너지로 550℃일 때 100 Å/min, 600℃일 때 500 Å/min이다. 그러므로 1,000에서 5,000 Å까지의 비정질층은 몇 분 안에 재결정화 된다. 고상 에피택셜 과정 중에 불순물 원자들은 주원자와 함께 격자위치로 들어가게 되고, 따라서 완전한 활성화가 비교적 낮은 온도에서 얻어진다.

어닐링 동안에 주입된 불순물 프로파일은 확산에 의하여 확장된다. 초기 주입된 이온은 가우스(Gauss) 분포로 주어지고, 확산에 대한 해도 또한 가우스 분포이다. 그러므로 확산 방정식에 대한 해는 $\Delta R_p^2$을 $(\Delta R_p^2+2Dt)$로 대치한 것으로 주어진다. 보통의 전자파로 어닐링하는 경우 주로 긴 어닐링 시간(일반적으로 30분 또는 그 이상) 때문

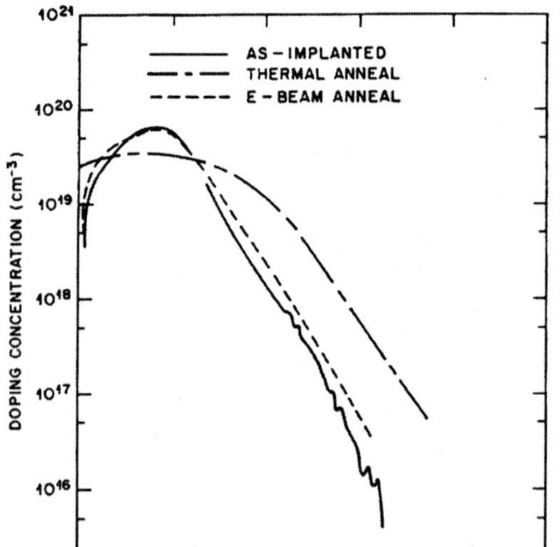


**그림 4.15** 전자빔 어닐링과 열적 어닐링 후의 주입된 B의 프로파일

에 불순물 프로파일은 실질적으로 넓어진다. 디바이스 크기가 작아질수록, 불순물 확산을 최소화하기 위한 저온도와 단시간 공정이 요구된다. 즉, $\sqrt{2Dt}$는 $\Delta R_p$보다 훨씬 작다. 낮은 온도로 어닐링하려면 비정질층을 형성하기 위해 실리콘에 비활성(inert) 이온을 주입시킨다. 그러면 실리콘은 앞에서 논의한 고상 에피택시 과정에 의해 낮은 온도(~600℃)에서 어닐링 되고 불순물 이온에 의해 주입 손상된 것을 제거시킬 수 있다.

최근에 넓은 범위의 시간, 즉 $10^{-9}$에서 $10^2$ s까지의 여러 가지 에너지원을 이용한 단시간 어닐링 공정이 연구되고 있다. 그림 4.15는 B($10^{15}$ ions/cm$^2$, 40 keV)로 주입된 원래의 프로파일과 전자빔으로 어닐링 된 때와 950℃에서 30분간 전기로에서 어닐링 된 경우의 프로파일을 나타낸 것이다. 전자빔 어닐링은 18 W/cm$^2$의 전력 밀도로 8초간 실시하였다. 이 결과에서 전자빔 어닐링은 최소의 재분포로 불순물 원자를 모두 활성화 할 수 있는 반면에, 전기로 어닐링은 프로파일을 실질적으로 확장시키는 것을 볼 수 있다.

그림 4.16은 전력밀도(W/cm$^2$의 단위) 대 어닐링 시간에 대한 여러 가지 단시간 어닐링 기술을 나타낸 것이다. 평균 에너지 밀도들이 괄호 안에 표시되어 있다. 펄스 레이저와 같은 고전력 기술인 경우 실리콘 표면이 녹아서 완전한 불순물 활성화가 액상 에피택시 성장을 통하여 이루어진다. CW 레이저와 같은 저전력 기술인 경우 손상은 고상 에피택시 과정으로 제거된다. 이러한 기술들 가운데 가장 매력이 있는 것은 인코히어런트(incoherent) 광원과 같은 광대역 스펙트럼원과 전자빔 또는 이온빔으로 가열하는 것을 이용한 급속 어닐링(fast anneal) 기술이다. 왜냐하면 요구되는 전력 밀도가

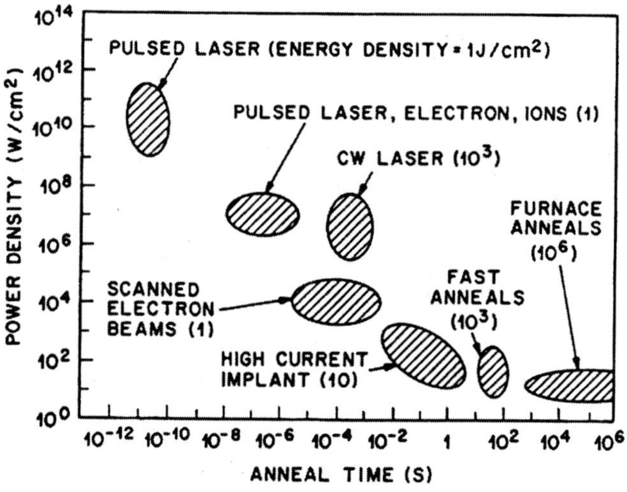


**그림 4.16** 다양한 단시간 어닐링 기술의 경우, 전력밀도 대 어닐링 시간(펄스기간)

낮고 이들은 광간섭 효과를 발생하지 않기 때문이다. 특히, 불순물 분포의 제어가 정밀해야 하는 초대규모 집적회로의 경우, 단시간 어닐링이 전기로 어닐링을 궁극적으로 대체할 것으로 기대된다.

## 5. 다중주입과 마스킹

많은 응용에서 단순한 가우시안 분포와는 다른 도핑 프로파일이 요구된다. 그러한 경우의 하나는 실리콘 표면을 비정질로 만들기 위해 비활성 이온으로 이루어지는 실리콘의 예비-주입이다. 이 기술은 도핑 프로파일의 정밀한 조정과 앞에서 논의한 바와 같이 낮은 온도에서 거의 100%의 불순물 활성화를 가능하게 한다. 이러한 경우에 깊은 비정질 영역이 요구된다. 이러한 형태의 영역을 얻기 위하여 이온 에너지의 주입량을 변화시키면서 일련의 계속된 주입을 하여야만 한다. 또한, 다중주입은 그림 4.17에 나타낸 바와 같이 평탄한 도핑 프로파일을 형성시키기 위해서도 사용된다.

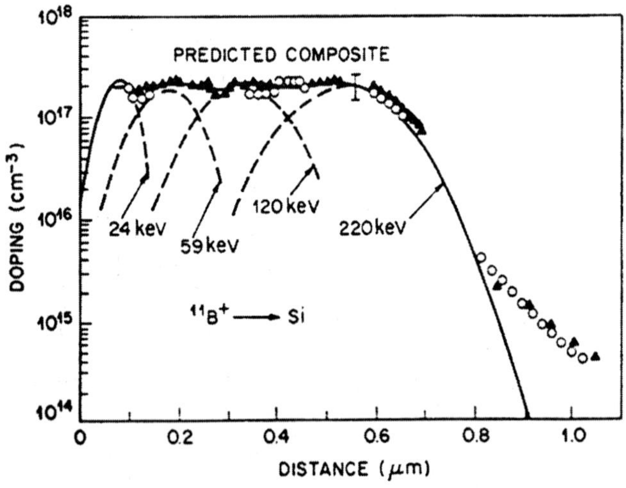


**그림 4.17** 다중주입을 이용한 복합 도핑 프로파일

여기서 복합 도핑 프로파일을 얻기 위해 실리콘 내부로 네 개의 B 주입을 행하고 있다. 그림에서 측정된 캐리어 농도와 비정이론을 이용하여 예측된 농도가 표시되어 있다. 확산 기술로는 얻을 수 없는 다른 도핑 프로파일을 주입량과 주입 에너지를 다양하게 조합시켜 얻을 수 있다.

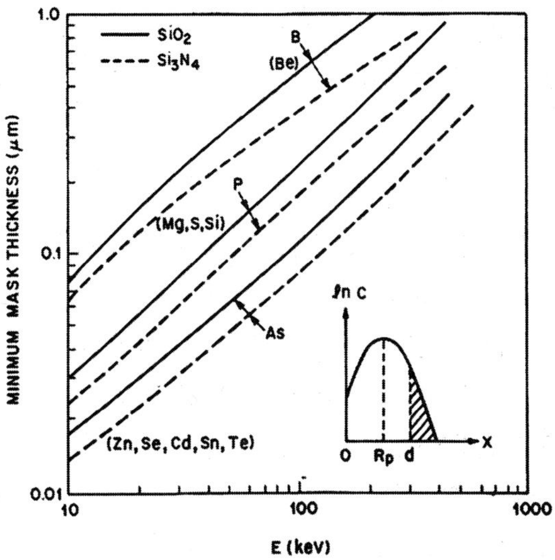


**그림 4.18** 99.99%의 마스킹 유효도일 때 실리콘 산화막과 질화 실리콘의 최소 두께

반도체 기판의 선택된 부위에 p-n 접합을 형성시키려면 주입을 위한 알맞은 마스크를 사용해야 한다. 주입은 낮은 온도의 공정이므로 다양한 마스킹 재료가 사용된다. 입사 이온을 주어진 위치에 정지시키는데 요구되는 마스킹 재료의 최소 두께는 이온의 비정 파라미터로부터 추정할 수 있다. 그림 4.18에 삽입된 그림은 마스킹 재료에서의 주입 프로파일을 나타낸 것이다.

빗금으로 나타낸 깊이 $d$를 지난 영역에서 주입된 양은 다음과 같이 주어진다.

$$S_d = \frac{S}{\sqrt{2\pi}\,\Delta R_p}\int_d^{\infty}\exp\left[-\left[\frac{x-R_p}{\sqrt{2}\,\Delta R_p}\right]^2\right]dx \tag{11}$$

식 (11)은 다음과 같은 형태의 적분식이다.

$$\int_x^{\infty} e^{-y^2}dy = \frac{\sqrt{\pi}}{2}erfc(x) \tag{12}$$

따라서 깊이 $d$ 이후에 전달된 주입량의 분률은 전달계수 $T$로 주어진다.

$$T \equiv \frac{S_d}{S} = \frac{1}{2}erfc\left[\frac{d-R_p}{\sqrt{2}\,\Delta R_p}\right] \tag{13}$$

각도가 크다면 상보오차($erfc$) 함수는 다음과 같이 근사적으로 된다.

$$T \simeq \frac{\exp(-u^2)}{2\sqrt{\pi}\,u} \tag{14}$$

여기서, 파라미터 $u$는 $(d-R_P)/\sqrt{2}\,\Delta R_P$로 주어진다.

입사 이온의 99.99%를 정지시키려면 $T$는 $10^{-4}$과 같아야 하며, 이때 식 (14)는 $u=2.8$이다.

$$d_{\min}= R_P+ 3.96\Delta R_P \tag{15}$$

실리콘 산화막과 질화 실리콘의 경우 $d_{\min}$의 값들이 그림 4.18에 나타나 있다. KTFR (Kodak Thin Film Resist)과 같은 감광막이 또한 마스킹 재료로서 사용된다. KTFR의 경우, 결과는 실리콘 산화막의 경우와 근본적으로 같다. 이 그림에서 주어진 마스크 두께는 B, P 그리고 As를 실리콘에 주입시키는 경우이다. $R_p$와 $\Delta R_p$는 모두 에너지에 따라 대략 선형적으로 변화하므로 마스킹 재료의 최소 두께 또한 에너지에 따라 선형적으로 변화한다. 어떤 응용에서 마스크는 빔 전체를 저지시키는 대신에 채널링 효과를 최소화하기 위한 감쇠기로서 사용되는데, 이 감쇠기는 입사 이온빔에 대한 비정질 표면층으로 주어진다.

## 6. 이온 주입 시스템

이온 주입기는 일반적으로 매우 고가이며, 반도체 공정을 위한 장비들 중에서 가장 크다. 이온 주입기는 그림 4.19에 나타내었듯이 가스 시스템, 진공 시스템, 전기 시스템, 조절 시스템 그리고 가장 중요한 빔 라인(beam line) 시스템으로 구성되어 있다.

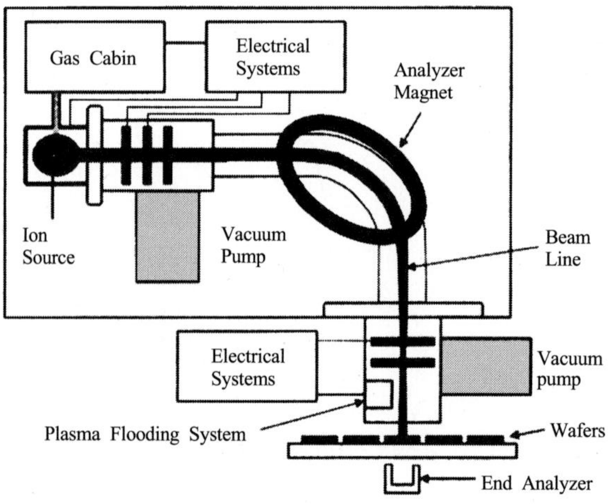


**그림 4.19** 이온 주입기

## 6.1 가스 시스템

이온 주입기는 불순물 이온들을 발생시키기 위해 많은 양의 유해가스와 증기를 사용한다. $AsH_3$이나 $PH_3$ 같은 가연성의 유해가스들과 $BF_3$ 같은 부식성 가스 등이 사용된다. 공정과정에서 유해가스 유출에 대한 위험을 줄이기 위해서 이온 주입기의 부에 밀폐된 특별한 가스 캐비닛이 설치되어 있다.

## 6.2 전기 시스템

이온 가속을 위해 고전압의 DC 전력이 필요하므로, 200 kV 이상의 DC 전력을 공급하는 시스템이 주입기에 장착되어 있다. 이온 소스로부터 이온을 발생시키기 위해서 핫 필라멘트(hot filament) 또는 RF 플라스마 시스템이 사용된다. 핫 필라멘트는 큰 전류와 수백 V의 부하 전력 공급이 필요하다. 반면 RF 이온 소스는 약 1,000 W의 RF 전력 공급이 필요하다. 분석용 자석(analyzer magnet)은 이온 궤도를 휘게 할 만큼 충분히 큰 자기장을 발생시키기 위해 높은 전류를 필요로 하며, 알맞은 이온 선택과 매우 순수한 이온빔의 발생을 돕는다. 전력 공급 시스템은 정밀성과 안정성이 요구된다.

## 6.3 진공 시스템

전체 빔 라인은 이온 궤도에서 활성 이온과 중성 가스 분자 사이에서 충돌(collision)을 최소화하기 위해 높은 진공 조건을 유지해야 한다. 충돌은 이온 산란(scattering)과 손실의 원인이 되며, 이온과 중성 원자 사이의 전하 교환 충돌로부터 빔 오염을 발생시켜 원치 않는 종류의 주입을 일으킬 수 있다. 이온빔 라인의 압력은 이온의 평균 자유 경로(mean free path)가 이온 소스에서 웨이퍼 표면까지의 이온 궤도 길이보다 훨씬 길도록 충분히 낮아야 한다. 크라이오 펌프(cryopump pump)와 터보 펌프(turbo pump) 등의 조합은 빔 라인 시스템에서 $10^{-7}$ torr의 높은 진공도를 발생시키는 데 사용된다. 이온 주입 공정에서 사용되는 유해한 가스들 때문에 주입기 진공 시스템의 배출 가스는 다른 공정 배기 시스템과 분리되어야 한다. 배기가스들을 대기 중으로 배출시키기 전에 연소상자(burn box)와 가스 세정기(scrubber)를 통과시키는 과정이 필요하다.

## 6.4 제어 시스템

설계 조건에 맞추기 위해서 이온 주입 공정은 이온빔 에너지, 전류, 그리고 이온 종류를 정밀하게 조절하는 것이 필요하다. 또한, 주입기는 웨이퍼를 싣고 내리는 로봇과 같은 기계적 부분을 제어하는 것과 웨이퍼에 이온이 균일하게 주입되도록 하기 위해 웨이퍼 움직임을 제어하는 것도 필요하다. 일반적으로 제어 시스템에서 가장 중요한 부분은 중앙처리장치이다. 중앙처리장치는 주입기 시스템으로부터 신호를 받아서 자료를 처리하고 제어 보드를 통해서 주입기 시스템에 지시를 보내는 역할을 한다.

## 6.5 빔 라인 시스템

이온빔 라인 시스템은 이온 주입기에서 가장 중요한 부분이다. 이온빔 라인 시스템은 그림 4.20에 나타낸 것처럼, 이온 소스, 이온 추출 전극(ion extraction electrode), 질량 분석기, 가속기(acceleration), 전하 중성화 시스템, 그리고 웨이퍼 핸들러 시스템 등으로 구성된다.

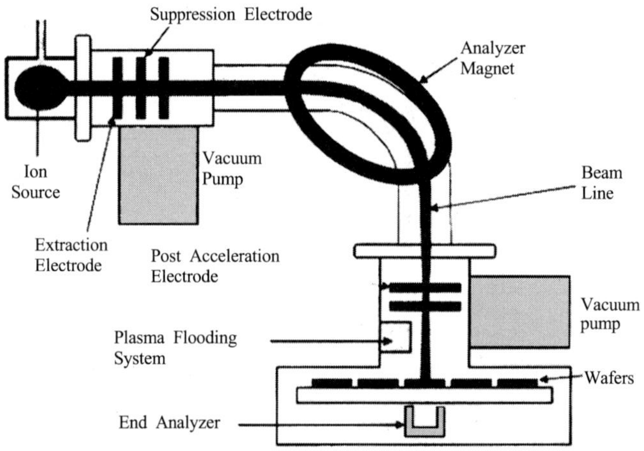


**그림 4.20** 이온 주입기의 빔 라인 시스템

### 6.5.1 이온 소스

불순물 이온들은 원자 또는 불순물 증기의 분자 또는 가스형태의 화학적 합성물의 이온화 방전을 통해서 이온 소스에서 발생된다. 핫 필라멘트 이온 소스는 가장 널리 쓰이는 이온 소스로서, 필라멘트 전력 공급기로부터의 큰 전류가 텅스텐 필라멘트를 가열하여 핫 필라멘트 표면으로부터 열전자(thermal electron)가 방출된다. 열전자들은 불순물 가스 분자와 불순물 원자를 이온화시키고 분리시키기에 충분히 높은 전압을 갖는 아크(arc) 전력 공급기에 의해 가속된다. 그림 4.21은 핫 필라멘트 이온 소스를 나타낸 것이다. 이온 소스에 있는 자기장은 전자들을 나선 운동하게 하여 이동 거리를

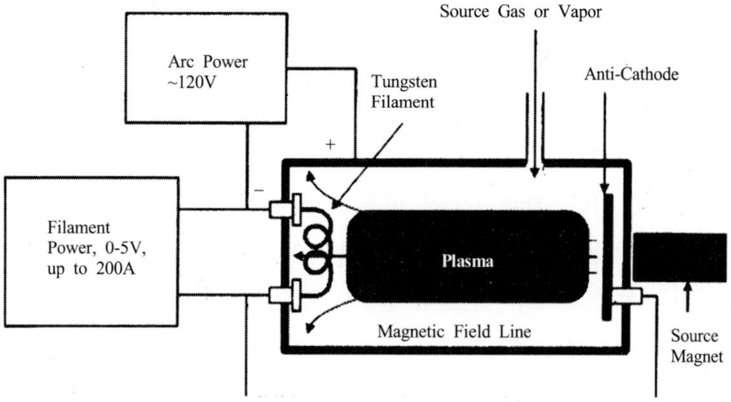


**그림 4.21** 핫 필라멘트 이온 소스

더욱 길게 하여, 전자들이 불순물 분자들과 충돌하는 가능성을 증가시켜 더 많은 불순물 이온을 발생시킨다. 역 바이어스된 대음극(anticathode) 판은 그 근접부분으로 전자를 방출하여 자기력선을 따라 벽에서 충돌하는 전자 손실을 줄인다.

RF 이온 소스와 마이크로웨이브 이온 소스 같은 다른 종류의 이온 소스들도 이온 주입 공정에 사용된다. RF 이온 소스는 불순물 이온을 이온화시키기 위해 RF 전력의 유도적인 결합을 사용한다. 마이크로웨이브 이온 소스는 플라스마와 불순물 이온의 이온화를 발생시키기 위해 전자 사이클로트론(electron cyclotron) 공진을 사용한다. 그림 4.22는 RF 이온 소스와 마이크로웨이브 이온 소스를 나타낸 것이다.

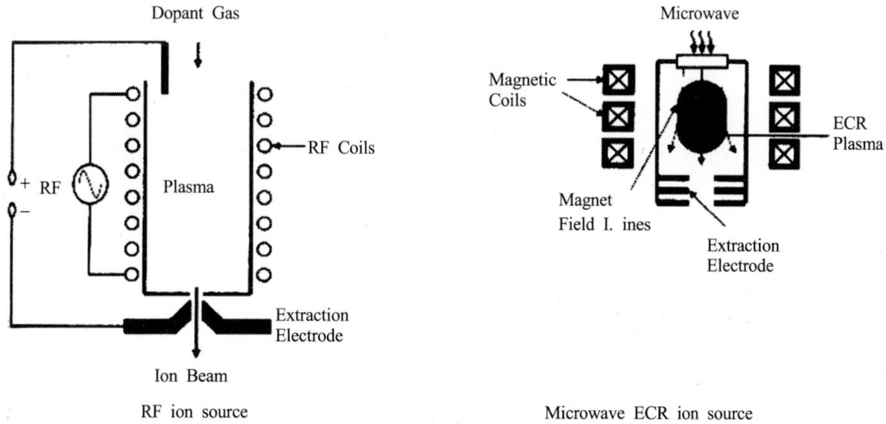


**그림 4.22** RF 이온 소스와 마이크로웨이브 이온 소스

### 6.5.2 이온 추출 전극

역 바이어스가 걸린 추출 전극(extraction electrode)은 이온 소스에서 플라스마로부터 이온들을 끌어당기고, 약 50 keV의 충분히 높은 에너지로 가속시킨다. 이온들은 자기장 분석기가 정확하게 이온을 선택하도록 하기 위해 충분히 높은 에너지를 가지고 있어야 한다. 그림 4.23은 이온 추출 전극 시스템을 나타낸 것이다. 불순물 이온들이 추출 전극을 향하여 가속될 때 일부 이온들은 슬릿을 통과해서 빔 라인을 따라 계속해서 이동한다. 또, 이온들의 일부는 추출 전극의 표면을 때려서 X-선을 발생시키고 2차 전자를 여기시킨다. 추출 전극보다 충분히 낮은 전기적 전압차(10 kV 이상)를 갖는 금지 전극(suppression electrode)은 전자들이 이온 소스의 역방향으로 가속되어 손상이 발생하는 것을 막기 위해 사용된다. 모든 전극들은 추출된 이온들을 통과시키는 좁은 슬릿을 가지고 있으며, 이를 통하여 평행하게 된 이온빔을 만든다.

추출 후의 이온빔 에너지는 이온 소스와 추출 전극의 전위차에 의해서 결정된다. 추출 전극의 전위차는 전극단자 프레임과 동일하고, 때때로 시스템 접지 전위(system ground potential)라고 부른다. 시스템 접지(system ground)와 실제 접지(real ground) 사이의 전위차는 직접 접촉 없이 아크(arcing) 방전을 통한 치명적인 전기적 충격을 유도할 수 있는 -50 kV 정도로 높아질 수 있다.

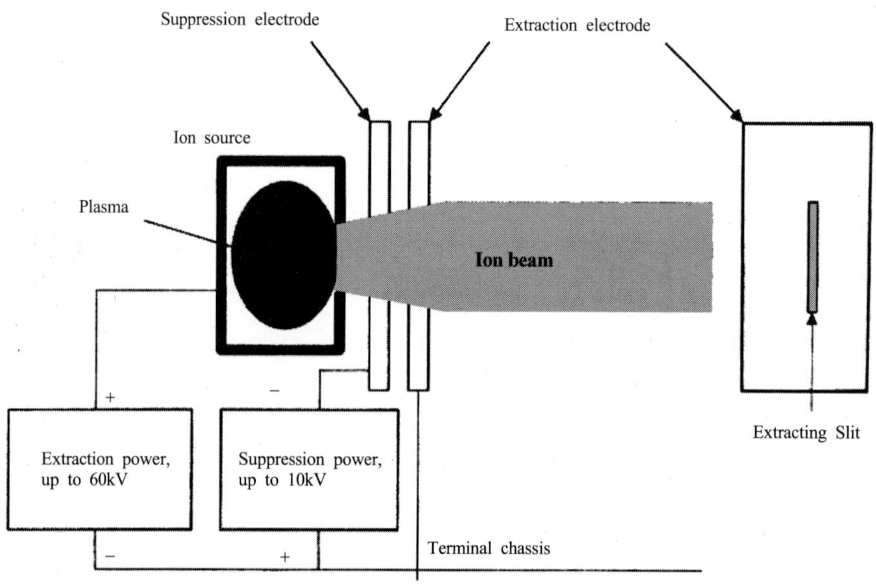


그림 4.23 이온빔 추출 시스템

### 6.5.3 분석기

자기장에서 대전된 입자들은 자신의 방향에 항상 수직인 자기력에 의해 회전하기 시작한다. 고정된 자기장 세기와 이온 에너지에서 회전반경(gyroradius)은 대전된 입자의 질량/전하 비율($m/q$)에 의존한다. 이러한 특성은 동위원소 분해로 핵폭탄 제조를 위한 고품질의 $^{235}U$을 만들기 위해 사용되어 왔다. 거의 모든 이온 주입기에서 질량 분석기는 정확한 이온 종류를 정밀하게 선택하기 위해, 그리고 원치 않은 이온 종류들을 제거하기 위해 사용된다. 그림 4.24는 이온 주입기 내의 질량 분석기를 나타낸 것이다.

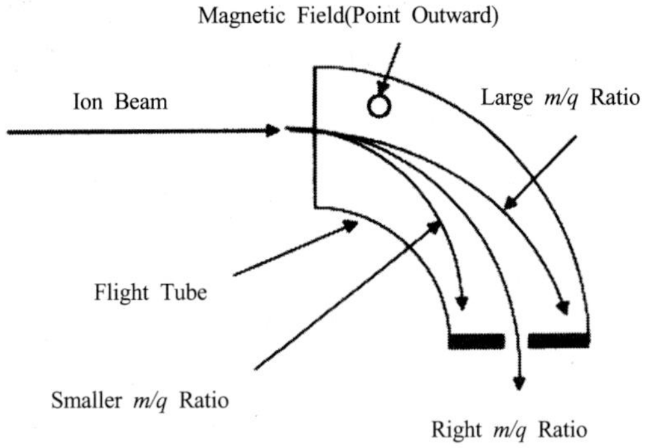


**그림 4.24** 이온 주입기의 질량 분석기

예로, $BF_3$는 일반적으로 B 불순물 소스로서 사용된다. 플라스마에서 해리와 이온화 충돌의 조합은 다양한 이온들을 생성할 수 있다. B는 $^{10}B$(19.9%)와 $^{11}B$(80.1%) 두 가지 동위원소를 가지고 있기 때문에 이온종류의 수를 증가시키는 몇몇 이온화 단계를 가진다. 표 4.1은 B 함유 이온(boron-containing ions)과 원자 및 분자 질량(atomic and molecule weight)을 나타낸 것이다.

**표 4.1** B(Boron)을 포함하는 원자 및 분자 질량

| 이온 | 원자 및 분자 질량 |
|---|---|
| $^{10}B$ | 10 |
| $^{11}B$ | 11 |
| $^{10}BF$ | 29 |
| $^{11}BF$ | 30 |
| $F_2$ | 38 |
| $^{10}BF_2$ | 48 |
| $^{11}BF_2$ | 49 |

p 우물(well) 주입을 위해 동일한 에너지 레벨에서 $^{11}B^+$는 가벼운 무게에 의해서 실리콘 기판을 더 깊게 파고들기 때문에 선호된다. 얕은 접합 주입을 위해서는 상대적으로 크고 무거운 $^{11}BF_2^+$ 이온이 가장 적절한 종류로 선택된다. 가장 낮은 에너지 레벨에서 주입기는 B 함유(boron-containing) 이온들 중에서 가장 짧은 이온 범위를 갖는 $^{11}BF_2^+$ 이온을 공급한다. 그러므로 가장 얕은 p형 접합을 만들 수 있다. 실리콘 기판에 집적된 소량의 F는 표면 상태 전하의 최소화와 소자 특성 개선을 돕는 실리콘-실리콘 산화막 표면에서 결합되지 않은 실리콘에 구속될 수 있다.

이온들이 분석기로 들어가기 전에 이온의 에너지는 일반적으로 약 50 keV로 설정된 이온 소스와 추출 전극 사이의 전위차에 의해서 결정된다. 추출 후 대전된 단일 이온의 에너지는 50 keV이다. 이온의 $m/q$ 비율과 이온 에너지를 알고 있다면, 내장형 컴퓨터는 좁은 슬릿을 지나 이온 궤도를 통과하기 위해 필요한 자기장 세기를 계산할 수 있다. 자기 코일에서 전류의 조절을 통해 질량 분석기가 정확한 불순물 이온을 선택하게 한다.

### 6.5.4 가속기

분석기가 알맞은 이온 종류를 선택한 후에 이온들은 빔 전류와 마지막 이온 에너지가 조절되는 가속기 부분으로 간다. 이온빔 전류는 조절 날개판(adjustable vane)의 쌍과 가속 전극(acceleration electrode) 전위에 의한 이온 에너지에 의해서 조절되어 진다. 이온빔의 초점과 빔 형태는 정해진 틈과 전극에 의해 조절된다. 그림 4.25는 빔 전류의 조절과 가속기의 구조를 나타낸 것이다.

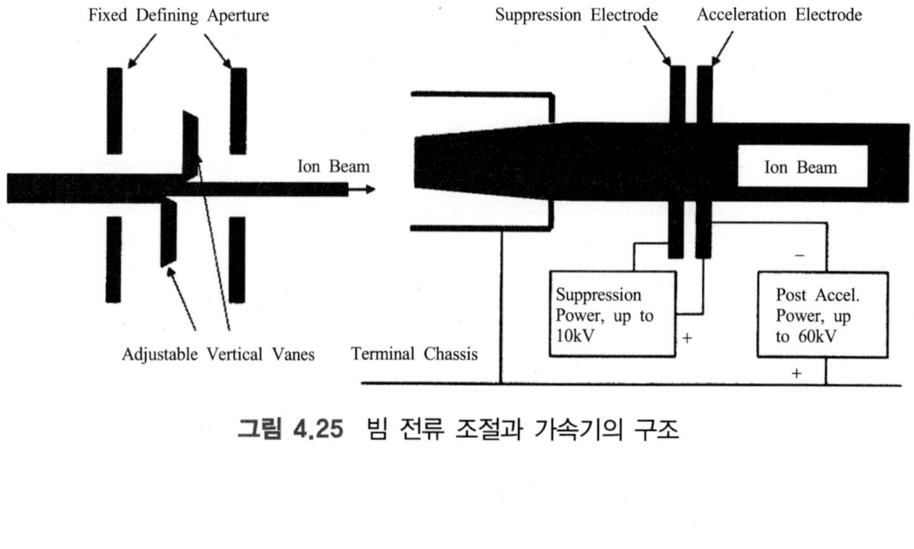


**그림 4.25** 빔 전류 조절과 가속기의 구조

고에너지의 이온 주입기는 주로 우물과 매립(buried) 층 주입 과정에 사용된다. 이것은 수 MeV 에너지 레벨로 이온을 가속시키기 위해 빔 라인 사이에 직렬로 연결된 몇 개의 고전압 가속 전극을 필요로 한다. 매우 얕은 접합(USJ) 주입(특히, p형 B 주입)을 위해 사용되는 이온 주입기의 가속기에 있는 전극은 이온빔을 감속시키기 위해 전극을 역의 방법으로 연결한다. 이를 이용하면 0.5 keV 정도의 낮은 에너지를 갖는 순수한 이온빔을 발생시킬 수 있다. 그림 4.26에 나타낸 것과 같이 일부 주입기에서 전극은 가속 후에, 이온빔을 10° 정도의 작은 각도로 구부러뜨리기 위해 사용된다. 중성 입자들은 전극에 의해 발생된 전기장에 반응하지 않기 때문에 중성입자들은 웨이퍼를 향해서 구부러지지 않고 똑바로 움직인다.

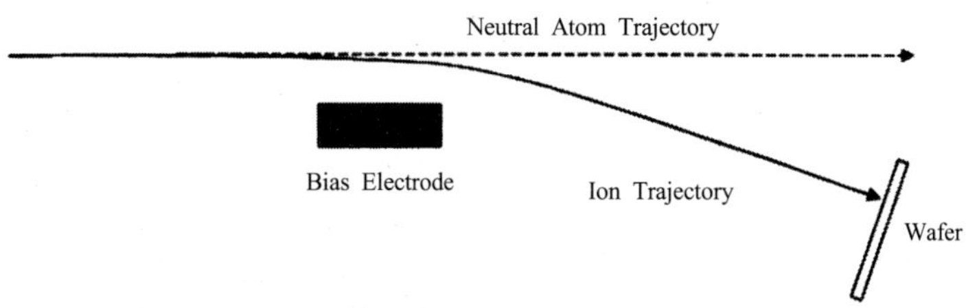


**그림 4.26** 휘어진 이온빔 궤도

### 6.5.5 전하 중성화 시스템

이온들이 실리콘 기판으로 주입될 때 이온들은 웨이퍼 표면에 양전하를 전달한다. 양전하가 축적되면 웨이퍼-대전(wafer-charging) 효과를 야기할 수 있다. 그림 4.27에 나타낸 것과 같이 웨이퍼-대전 효과는 소위 빔 폭발(blowup)과 불균등한 이온 주입을 야기해서 웨이퍼가 불균등한 불순물 농도를 갖게 한다.

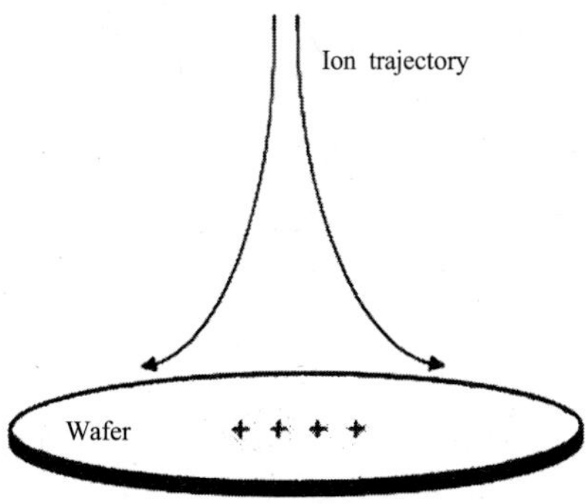


**그림 4.27** 웨이퍼-대전 효과에 의한 불균일한 주입

표면 전하 농도가 너무 높으면 유도 전하 전기장은 얇은 게이트 산화막 층을 파괴하기에 충분하고, 집적회로 칩 생산에 심각한 영향을 미칠 수 있다. 축적된 양전하들이 어느 정도의 레벨로 증가하면 아크(arcing)의 형태로 방전될 수 있고, 이는 웨이퍼 표면에 결함을 야기할 수 있다. 웨이퍼-대전 문제를 해결하기 위해서 음으로 충전된 많은 양의 전자들이 웨이퍼 표면에 있는 양이온을 중화시키기 위해 필요하다. 웨이퍼 중화를 위한 몇 가지 방법이 있다. 플라스마-유출(plasma-flooding) 시스템, 전자 총(electron gun), 그리고 전자 샤워(electron shower) 등의 방법이 이온을 중화시키기 위해 전자를 공급하고 웨이퍼-대전 효과를 최소화하는 데 사용된다. 그림 4.28은 플라스마-유출 시스템을 나타낸 것이다.

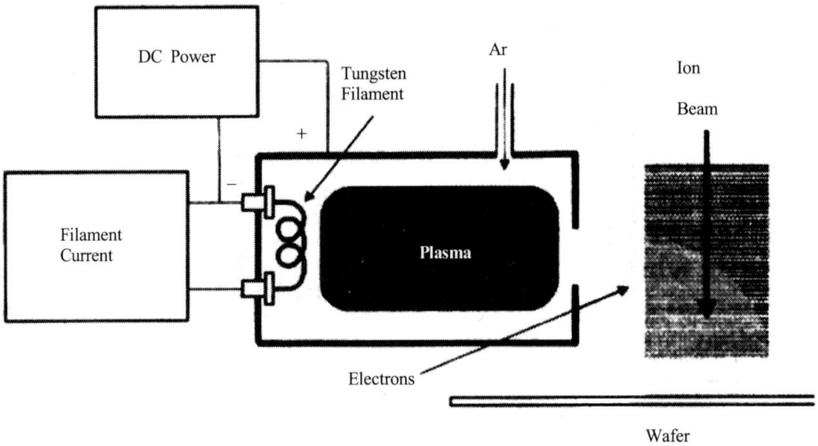


**그림 4.28** 플라스마-유출(plasma-flooding) 시스템

플라스마-유출 시스템에서 열전자는 고온의 텅스텐 필라멘트 표면에서 방출되고, DC 전력 공급기에 의해서 가속된다. 열전자는 챔버에서 중성 원자와 충돌하고 이온화 충돌을 통해서 다량의 이온과 전자 플라스마를 발생시킨다. 플라스마의 전자들은 이온 빔으로 유인되며 이온을 포함한 웨이퍼 표면으로 흐름으로써 웨이퍼를 중화시키고 웨이퍼-대전 효과를 최소화시킨다.

그림 4.29는 전자 총 시스템의 구조를 나타낸 것이다. 열전자는 핫 필라멘트로부터 발생하여 고에너지를 갖는 2차 전자 타깃으로 가속된다. 타깃과의 충돌은 타깃 표면에서 떨어져서 충돌된 전자들인 2차 전자를 대량으로 발생시킨다. 이 전자들을 웨이퍼 표면에 흐르게 하여 이온들을 중화시킨다.

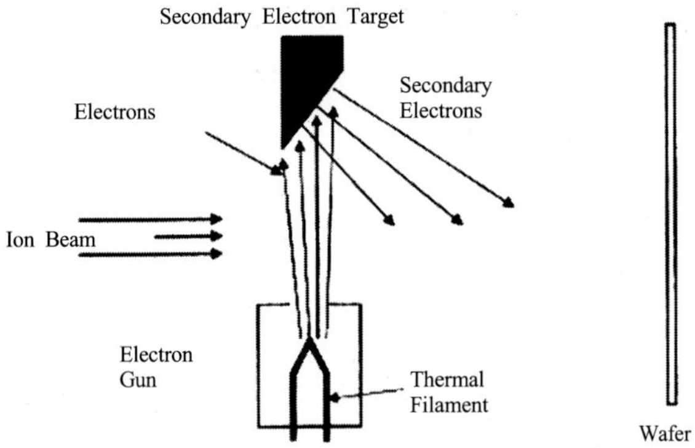


**그림 4.29** 전자 총(electron gun) 시스템

### 6.5.6 웨이퍼 핸들러

웨이퍼 핸들러의 가장 중요한 역할은 웨이퍼에 균일한 이온 주입을 형성시키는 것이다. 이온빔의 직경은 약 25 mm(~1")이다. 직경 300 mm 이상의 웨이퍼에 균일하게 이온빔을 주사하기 위해 이온빔 또는 웨이퍼를 움직이는 것이 필요하며, 일부 주입기는 두 가지 모두의 움직임을 필요로 한다.

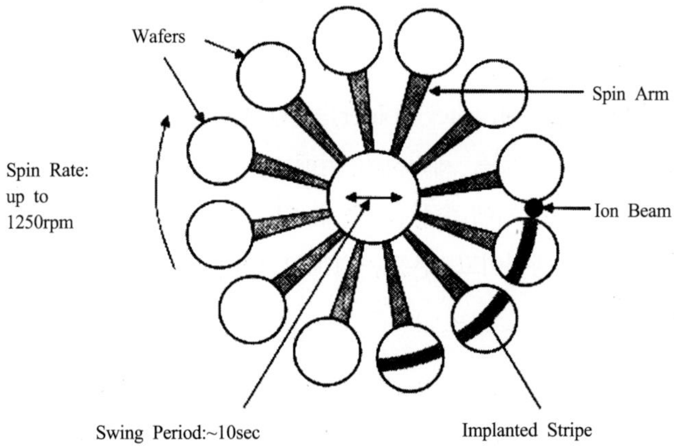


**그림 4.30** 스핀 휠 웨이퍼 핸들링 시스템

스핀-휠(spin-wheel) 시스템에서 회전 비율은 상당히 크다. 이온은 이온빔 직경 너비만큼의 아크 형태로 웨이퍼의 일부분에 주입된다. 휠의 중심은 스핀 휠에서 각각의 웨이퍼 전체에 균일하게 이온빔을 주사하기 위해 앞뒤로 흔들린다. 그림 4.30은 스핀-휠 웨이퍼 시스템(spin-wheel wafer system)을 나타낸 것이다.

스핀 디스크(spin disk)는 스핀-휠과 유사하다. 차이점은 모든 디스크를 움직이는 대신에 이온빔이 웨이퍼 전체에 균일하게 주입될 수 있도록 스캔한다. 그림 4.31은 스핀 디스크 시스템을 나타낸 것이다.

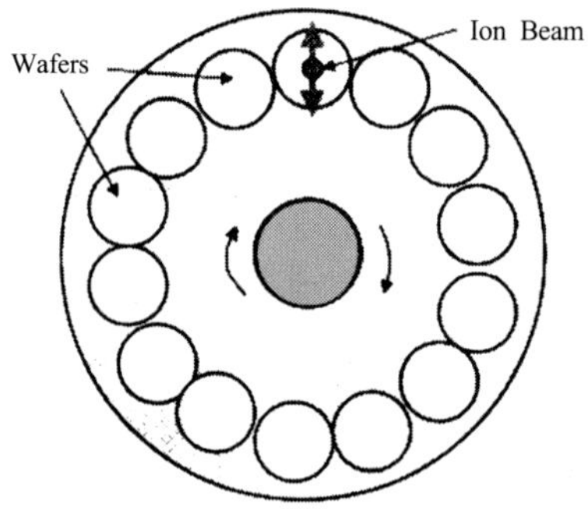


**그림 4.31** 스핀 디스크 웨이퍼 핸들링 시스템

그림 4.32는 이온 주입기의 단일 웨이퍼-핸들링 시스템을 나타낸 것이다. 연속적으로 바이어스된 스캐닝 전극 사이의 전위는 스텝 모터(step motor)에 의해서 움직이는 웨이퍼가 $y$방향으로 상하운동을 하는 동안 이온빔이 $x$축으로 움직이는 것을 가능하게 한다. 이온은 웨이퍼 전체에 이러한 방법으로 균등하게 주입될 수 있다. 이 시스템은 단일-웨이퍼(single-wafer) 주입 시스템에서 사용될 수 있다.

웨이퍼 지지대(wafer holder)는 웨이퍼 온도 조절과 큰 에너지를 갖는 이온 충격에 의해 발생되는 열을 제거하기 위해 냉각시스템을 갖추어야 한다. 그렇지 않으면 웨이퍼 온도는 감광제에 손상을 줄 수 있을 정도로 너무 높을 수 있다. 일반적으로 웨이퍼 지지대는 수냉식이고, 온도는 100℃ 미만으로 조절되어야 한다.

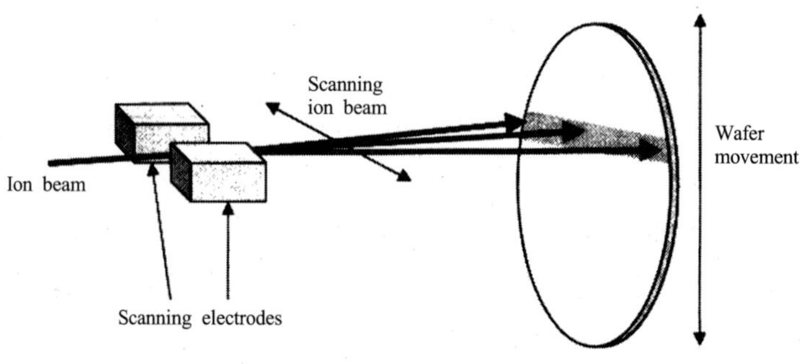


**그림 4.32** 단일 웨이퍼 핸들링 시스템

### 6.5.7 이온빔 정지부

빔 라인의 끝에서 빔 정지(beam stop)부는 이온빔 에너지를 흡수해야 한다. 이것은 또한 빔 전류, 빔 에너지 그리고 빔 형태 측정을 위한 이온빔 감지기로서의 역할을 한다. 수냉식 금속판은 큰 에너지를 갖는 이온 충돌에 의한 열을 제거하기 위해 사용되며, 타깃 표면에서 큰 에너지를 갖는 이온의 갑작스런 정지에 의한 X선 방사를 막기 위해 사용된다.

그림 4.33은 이온빔 정지부를 나타낸 것이다. 이온빔 정지부의 하부에 이온 감지기가 설치되어 있어서 이온 에너지와 에너지 스펙트럼, 빔 전류, 빔 형태를 측정하는데 사용될 수 있다. 웨이퍼 표면을 중화시키고 웨이퍼-대전 효과를 최소화시키기 위해 다량의 전자를 발생시키는 전자-유출 시스템(electron-flooding system), 전자 총, 또는 다른 전자 소스 등과 같은 전하 중화 시스템의 주된 소스는 이온빔에 포함되어 있는 많은 전자들이다. 이 전자들이 이온빔 정지부로 들어가고 패러데이(Faraday) 감지기를 때리면, 빔 전류 측정 결과의 정밀성에 영향을 미칠 수 있다. 영구 자석은 전자들이 빔 정지부에 들어가는 것을 막기 위한 자기장을 발생시킨다.

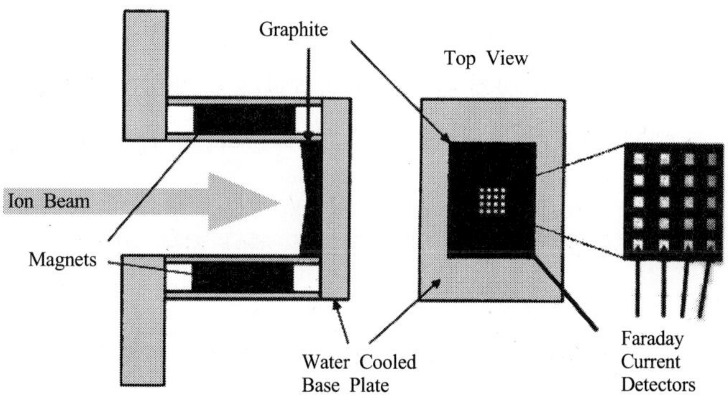


**그림 4.33** 이온빔 정지(ion beam stop)부

## 연습문제

1. 도핑 공정에서 확산에 대한 이온 주입의 장점을 설명하시오.

2. 100 keV의 에너지를 가진 P가 실리콘 웨이퍼에 주입될 때, 투영 거리와 표준편차가 각각 0.12$\mu$m와 0.045 $\mu$m라고 하면, 이때 $1\times10^{17}/cm^3$의 극점 농도를 원한다면 주입선량은 얼마가 되어야 하는가?

3. 이온 정지 메커니즘을 설명하시오.

4. 가벼운 이온과 무거운 이온의 이온 주입 시 일어나는 격자 이탈 및 이온 주입 경로를 각각 정성적으로 그려보시오.

5. 이온의 사영 비정(projection range), 이온 에너지, 이온 종류 사이의 관계를 나타내시오.

6. 이온 주입 공정에서 채널링 효과를 설명하고 채널링 효과를 방지하기 위한 방법과 그에 따른 문제점 및 그 해결책을 기술하시오.

7. 이온 주입 후, 어닐링 처리를 해야 하는 이유를 설명하시오.

8. 로(furnace) 어닐링에 대한 급속 어닐링(rapid thermal annealing)의 장점을 설명하시오.

9. 이온 주입기에서 질량 분석기의 용도를 설명하시오.

10. 이온 주입기에서 전하 중성화 시스템이 필요한 이유에 대해 설명하시오.

# 참고문헌


[1] J. Lindhard, M. Scharff, H. E. Schiott, "Range Concepts and heavy Ion Ranges", *Mat-Fys. Med. Dan. Vid. Selsk* 33, No.14, p.1, 1963

[2] S. M. Sze, *Semiconductor Devices*, Wiley, New York, p.406, 1985

[3] J. Lindhard, M. Scharff, *Phys. Rev.* 124, p.128, 1961

[4] K. A. Pickar, "Ion Implantation in Silicon", in *Applied Solid State Science*(R. Wolf ed.), Vol. 5, Academic, New York, 1975

[5] S. Furukawa, H. Matsumura, H. Ishiwara, "Theoretical Consideration on Lateral Spread of Implanted Ions", *Jpn. J. Appl. Phys.*, 11, p.134, 1972

[6] W. K. Hofker, H. W. Werner, D. P. Oosthoek, N. J. Koeman, "Boron Implantations in Silicon: a Comparison of Charge Carrier and Boron Concentration Profiles", *Appl. Phys.*, 4, p.125, 1974

[7] M. I. Current, *Basics of Ion Implantation*, Ion Beam Press, Austin, TX, 1997

[8] H. S. Park, J. H. Lee, H. J. Hwang, "Analytical model of implanted impurity profiles in silicon for shallow junction devices", ICVC, seoul, Korea, 1991

[9] G. Dearnaley, J. M. Freeman, G. A. Gard, M. A. Wilkins, "Implantation Profiles of P Channeled into Silicon Crystals", *Can. J. Phys.* 46, p.587, 1968

[10] J. H. Freeman, D. V. Booker, *Nucl. Instr. and Meth.*, 144, p.175, 1977

[11] S. Furukawa, H. Matsumura, and H. Ishiwara, "Theoretical Consideration on lateral Spread of Implanted Ions", *Jpn. J. Appl. Phys.*, 11, 134 (1972)

[12] J. F. Gibbons, "Ion Implantation", in S. P. Deller, Ed., *Handbook on Semiconductors*, Vol. 3, North-Holland, Amsterdam, 1980

[13] I. Brodie and J. J. Muray, *The Physics of Microfabrication*, Plenum, New York, 1982

[14] S. Furukawa, H. Matsumura, and H. Ishiwara, "Theoretical Consideration on lateral Spread of Implanted Ions", *Jpn. J. Appl. Phys.*, 11, 134 (1972)

[15] B. Smith, *Ion Implantation Range Data for silicon and Germanium Device Technologies*, Research Studies, Forest Grove, Oregon, 1977

[16] K. A. Pickar, "Ion Implantation in Silicon", in R. Wolfe, Ed., *Applied Solid State Science*, Vol. 5, Academic, New York 1975

[17] J. F. Gibbons, "Ion Implantation", in S. P. Deller, Ed., *Handbook on Semiconductors*, Vol. 3, North-Holland, Amsterdam, 1980

[18] L. Pauling and R. Hayward, *The Architecture of Molecules*, W. H. Freeman, San Francisco, 1964

[19] G. Dearnaley, J. M. Freeman, G. A. Gard, and M. A. Wildins, "Implantation Profiles of P Channeled into Silicon Crystals", *Can. J. Phys.*, 46, 587(1968)

[20] J. Lindhard, "Influence of Crystal Lattice on Motion of Energetic Charged Particles", *Mat. Fys. Medd. Dan. Vid. Selsk.*, Vind. 34, No.14, p.1, 1965

[21] J. F. Ziegler, "Handbook of Ion Implantation Technology", *IBM-Research*, Yorktown Heights, New York U.S.A., North-Holland, 1992

[22] J. H. Freeman, *Nuclear Instrumentation and Methods*, 22, p.306, 1963

[23] T. E. Seidel, "Ion Implantation", in S. M. Sze, Ed., *VLSI Technology*, McGraw-Hill, New York, 1983
[24] S. K. Ghandhi, *VLSI Fabrication Principles*, Wiley, New York, 1983
[25] I. Brodie and J. J. Muray, *The Physics of Microfabrication*, Plenum, New York, 1982
[26] K. A. Pickar, "Ion Implantation in Silicon", in R. Wolfe, Ed., *Applied Solid State Science*, Vol. 5, Academic, New York 1975
[27] D. K. Brice, "Recoil Contribution to Ion implantation Energy Deposition Distribution", *J. Appl. Phys.*, **46**, 3385(1975)
[28] B. L. Crowder and F. F. Morehead, Jr., "Annealing Characteristics of n-type Dopants in Ion Implanted Silicon", *Appl. Phys. Lett.*, **14**, 313(1969)
[29] D. B. Rensch and J. Y. Chen, "Rapid Isothermal Healing of VLSI MOS Devices using a Scanning E-Beam System", in C. J. Dell'Oca and W. M. Bullis, Eds., *VLSI Science and Technology*, Electrochemical Soc., Pennington, 1982
[30] T. E. Seidel and A. U. Mactae, "Some Properties of Ion Implanted Boron in Silicon", *Trans. Metall. Soc. AIME*, **245**, 491(1969)
[31] M. I. Current and K. A. Pickar, "Ion Implantation Processing", *Electrochemical Society Fall Meeting*, Vol. 81-1, May 1982
[32] K. A. Pickar, "Ion Implantation in Silicon", in R. Wolfe, Ed., *Applied Solid State Science*, Vol. 5, Academic, New York 1975
[33] D. H. Lee and J. W. Mayer, "Ion-Implanted Semiconductor Devices", *Proc. IEEE*, **62**, 1241(1974)
[34] G. Dearnaley, J. H. Freeman, R. S. Nelson, and J. Stephen, *Ion Implantation*, North-Holland, Amsterdam, 1973
[35] J. F. Ziegler, *Ion Implantation : Science and Technology*, Ion Implantation Technology Co., Yorktown, NY, 1996
[36] Ben G. Streetman and Sanjay Banerjee, *Solid State Electronic Deivces*, Prentice Hall, Upper Saddle River, NJ, 1999
[37] W. Shockley, *Forming Semiconductor Devices by Ion Bombardment*, U. S. Patent 2787564

5장

# 박막증착

반도체 소자 제작에 사용되는 박막은 열적 성장이나 물리적 증착, 혹은 화학적 반응에 의해 증착되는 금속, 반도체, 부도체의 얇은 층을 말한다. 이때 박막은 기판 하나만으로 쉽게 얻을 수 없는 특성을 가지게 하기 위하여 기판 또는 이미 구성되어 있는 재료 위에 증착된다. VLSI 공정용 박막은 구성 성분과 두께 등이 서브마이크론(submicron) 공정에 적합하도록 조절 될 수 있어야 하고, 핀홀(pinhole)과 같은 결함이 없어야 한다. 이러한 박막을 제조하는 방법은 크게 두 가지로 구분할 수 있다. 하나는 화학기상증착(CVD, chemical vapor deposition)이며, 다른 하나는 물리기상증착(PVD, physical vapor deposition)이다.

반도체 공정에 이용되는 CVD란 것은 화합물을 기체 상태로 분해한 후, 화학적 반응에 의해 반도체 기판 위에 박막이나 에피층을 형성하는 것이다. 유입된 소스 가스를 반응시키는 데는 열, RF(radio frequency) 전력에 의한 플라스마 에너지, 레이저 또는 자외선의 광 에너지가 이용되며, 기판의 가열에 의하여 분해된 원자나 분자의 반응을 촉진하거나 형성된 박막의 물리적 성질을 조절하기도 한다. CVD 법은 비교적 낮은 온도에서 고품질이며 결함이 없는 결정층뿐만 아니라 비정질 물질도 얻을 수 있으며, 다양한 종류의 박막 형성 및 광범위한 화학량론적 구성(stoichiometric composition)을 쉽게 조절할 수 있는 장점을 가지고 있다.

CVD 법이 화학 반응을 통하여 원하는 물질의 박막을 얻을 수 있는데 반하여 PVD 법은 박막 물질의 벌크(bulk)나 덩어리에 에너지를 가하여 운동 에너지를 가지는 해당 물질이 물리적으로 분리되어 기판에 증착되게 하여 박막층이 형성되게 하는 방법이다. PVD 법은 우수한 품질과 낮은 불순물 농도, 그리고 낮은 저항을 갖는 박막을 제작할 수 있는 장점을 가지고 있다. 특히, 집적회로 산업에서 금속화 공정을 위한 Ti 박막과 Al-Cu 합금층 등을 증착하는데 많이 사용된다.

오늘날의 반도체 칩 제조 공정에서는 하나의 칩을 완성하기 위해 다양한 물질의 박막을 웨이퍼 상에 증착시키며 그 단계 또한 여러 과정을 거친다. 한 가지의 증착방법이 사용되는 것이 아니라 박막의 기능, 사용 목적에 따라 CVD 법과 PVD 법이 모두 사용된다. 따라서 이 장에서는 박막증착에 대한 CVD와 PVD 법의 원리와 종류에 대해 다루고자 한다.

## 1. 화학기상증착

화학기상증착(CVD)은 "chemical vapor deposition"의 약칭이며 기체화 된 원료로부터 화학 반응을 거쳐 박막이나 입자 등의 고체재료를 합성하는 공정이다. CVD 법은 전자 소자 및 반도체 소자 제작과정에서 각종 코팅이나 재료 형성에 사용되고 있는 중요한 공정 중의 하나이다. CVD 법은 비교적 낮은 온도에서 고품질의 결함이 없는 결정층뿐 아니라 비정질 물질도 얻을 수 있으며 다양한 종류의 박막 형성 및 광범위한 화학량론적 구성을 쉽게 조절할 수 있는 장점을 가지고 있다. 또, CVD 법은 공정의 정밀한 제어가 가능하여 단원자층 수준으로 계면의 제어가 가능할 뿐만 아니라 원료의 정밀한 제어를 통해 같은 원료로부터 조성이나 결정 구조가 다른 재료를 만들 수도 있다.

## 1.1 CVD 공정

CVD 법은 다음과 같은 여러 단계를 포함하는 연속적인 공정이다.

- 가스 또는 증기 상태의 전구체(precursors)가 반응기로 유입
- 전구체는 경계층을 통해 확산되고, 기판 표면에 도달
- 전구체가 기판 표면에 흡착
- 흡착된 전구체는 기판 표면으로 이동
- 기판 표면에서 화학 반응 시작
- 고체 부산물들이 기판 표면에서 원자핵들을 형성
- 원자핵들이 섬(island)의 형태로 성장
- 섬들이 연속된 박막으로 합쳐짐
- 다른 가스 형태의 부산물들이 기판 표면으로부터 탈착

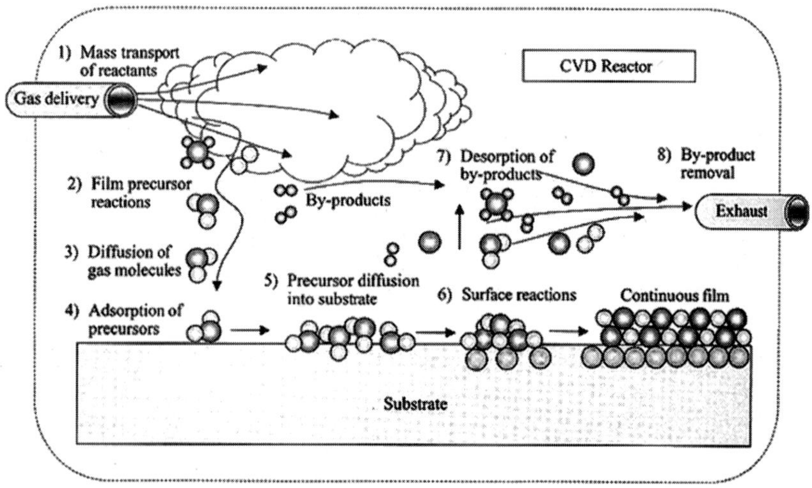


그림 5.1 CVD 공정과정

- 가스 형태의 부산물들은 경계층을 통해 확산
- 가스 형태의 부산물들은 반응기 밖으로 배기

그림 5.1은 위에 설명한 CVD 법의 연속적인 공정을 나타낸 것이다.

그림 5.2에 CVD 법의 연속 공정 중에서 가장 중요한 증착 과정을 나타내었다. 그림

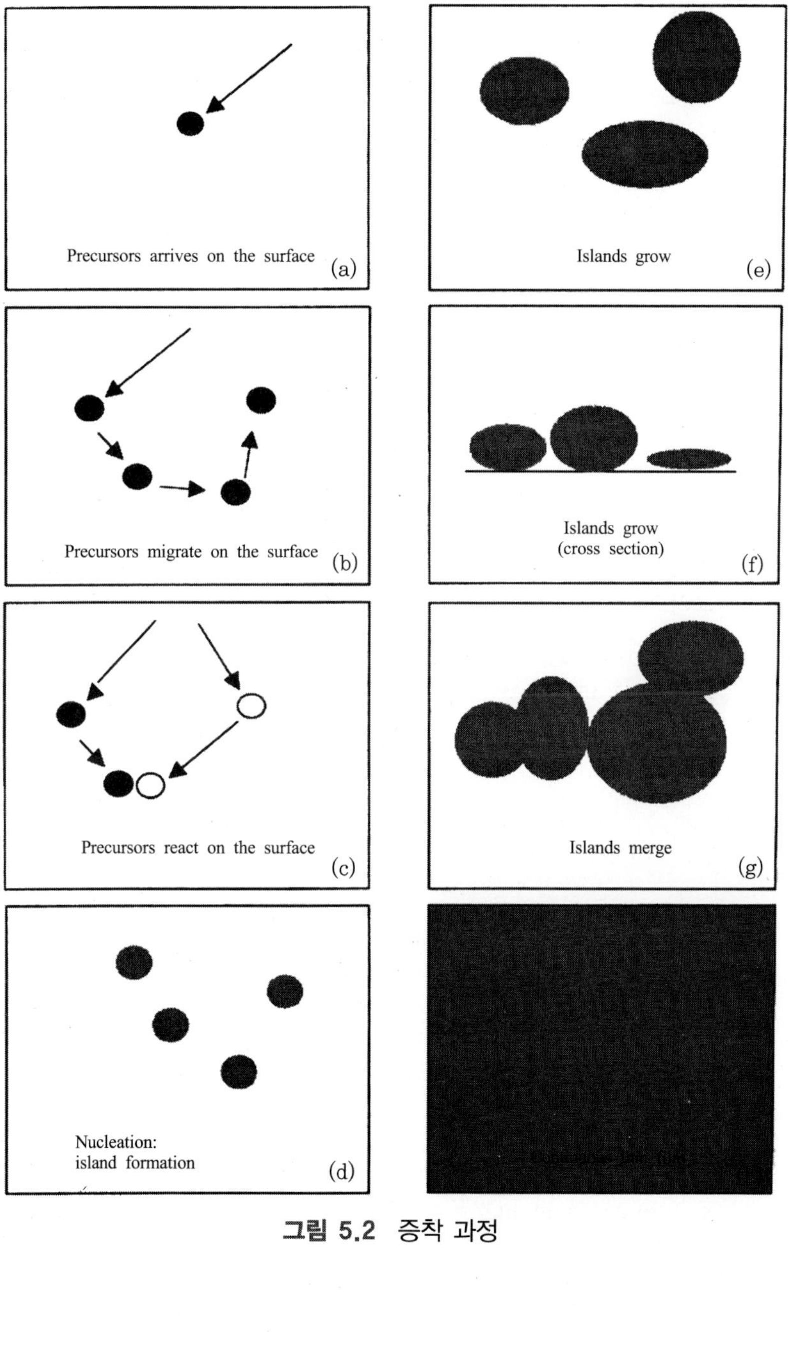


**그림 5.2** 증착 과정

5.2에서 보듯이 전구체가 경계층을 통한 확산에 의해 기판 표면에 도달하여 기판 표면에 흡착되고 이동하는 것을 볼 수 있다. 표면에서 이동하는 전구체의 능력을 표면 이동도(surface mobility)라 부르며, 박막의 단차 피복성(step coverage)과 틈-채우기(gap-fill) 특성을 위해 매우 중요하다. 전구체가 표면에서 화학 반응을 일으킬 때 이들은 표면에서 고체 재료를 형성하고 가스 형태의 부산물을 방출한다. 고체 재료의 적은 분자들이 표면에 원자핵들을 형성시키고, 화학 반응이 원자핵들이 섬 형태로 성장하는 것을 유도한다. 섬들이 성장하고 합쳐지면, 결국 웨이퍼 표면에 연속적인 박막이 형성된다. 그림 5.2의 증착 과정은 PVD의 경우에도 동일하게 나타날 수 있다. CVD와 PVD의 주된 차이점은 핵 형성 단계에 있다. 즉, CVD는 기판 표면에 화학적 반응을 갖는 반면에 PVD는 그렇지 않다.

## 1.2 CVD 거동

### 1.2.1 화학 반응률

화학 반응률(chemical reaction rate)은 다음 식과 같이 표현된다.

$$C.R. = A\exp\left(\frac{-E_a}{kT}\right) \tag{1}$$

여기서, $A$는 상수, $E_a$는 활성화 에너지로 그림 5.3에 나타내었고, $k$는 볼츠만 상수, 그리고 $T$는 기판의 온도이다. 활성화 에너지 $E_a$가 낮을수록 화학적 반응이 더 쉽게 일어난다. 활성화 에너지 장벽을 극복하고 화학 반응이 일어나기 위해 열, RF 전력 또는 자외선 방사와 같은 외부에너지 소스가 화학적 전구체에 필요하다.

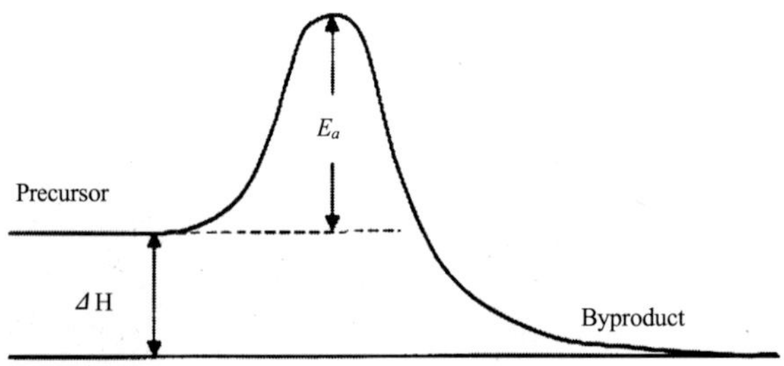


**그림 5.3** 화학적 활성화 에너지

화학 반응률은 온도 변화에 매우 민감하기 때문에 온도와 지수 함수적 관계에 있다. 온도 변화는 화학 반응률을 극단적으로 변화시킬 수 있다. CVD 공정에서 증착률(deposition rate)은 화학 반응률, 경계층(boundary layer)에서 전구체의 확산률 그리고 기판 표면에서의 전구체의 흡착률(absorption rate, A.R.)과 관계가 있다.

그림 5.4는 온도 변화에 따른 세 가지 영역에 대한 증착률을 나타낸 것이다. 낮은 온도에서는 화학 반응률이 낮으며, 증착률은 온도에 매우 민감하다. 이것을 표면 반응률속 영역(surface reaction limited regime)이라고 부른다. 고온에서는 증착률이 온도에 덜 민감하게 된다. 이것을 물질전달률속 영역(mass transport limited regime)이라고 한다. 온도가 더 증가하게 되면 증착률은 가스 상의 핵생성에 의해 급격히 감소한다. 이것은 매우 바람직하지 못한 증착 구간으로 화학적 전구체가 공중에서 반응하기 때문에 많은 양의 입자(particles)들이 발생하여 웨이퍼를 오염시킬 수 있다. 화학기상증착 공정에서 가스 상(phase)의 핵생성과 동종의 핵생성 구간은 반드시 피해야 한다. $SiH_4$ (silane)을 이용한 플라스마 보강 화학기상증착(PECVD) 공정에서 압력이 매우 높다면 ( > 10 torr), 가스 상의 핵생성과 입자 생성의 문제가 발생할 수 있다.

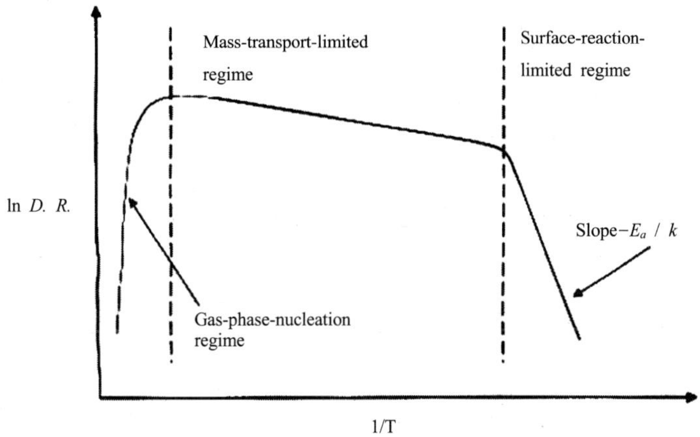


**그림 5.4 증착률 조절**

### 1.2.2 표면 반응률속 영역

표면 반응률속 영역에서 화학 반응률과 전구체 확산 및 흡착률은 일치하지 않는다. 기판 표면에 전구체가 쌓이고, 반응이 일어나게 된다. 이 경우 증착률은 기판표면 위의 화학 반응률에 의해 결정된다.

$$D.R. = C.R.[B][C][\ ]... \tag{2}$$

여기서, $C.R.$은 식 (1)에서 정의된 화학 반응률이고, $[B]$, $[C]$.. 등은 흡착된 전구체의 농도이다. 표면 반응률속 영역에서 증착률은 화학 반응률에 의해 결정되기 때문에 온도에 매우 민감하다.

몇몇 저압 CVD(LPCVD) 공정에서, 특히 다결정 실리콘과 비정질 실리콘 증착 공정은 일반적으로 낮은 증착 온도에 기인한 표면 반응률속 영역에서 공정이 이루어진다. 1%의 온도 변화가 5~10%의 증착 두께 변화와 웨이퍼와 웨이퍼 사이의 균일성 문제를 일으키기 때문에 온도 제어는 매우 중요하다.

### 1.2.3 물질전달률속 영역

표면 화학 반응률이 충분히 높으면 화학적 전구체는 기판 표면에 흡착되는 즉시 반응이 일어난다. 이 경우 증착률은 더 이상 표면 반응률에 의해 결정되지 않고, 화학전구체가 얼마나 빠르게 경계층을 지나 확산되어 기판에 흡착되는가에 의해 결정된다.

$$D.R. = D\frac{dn}{dx}[B][C][\,]\ldots \qquad (3)$$

여기서, $D$는 경계층에서 전구체의 확산률이고, $dn/dx$는 경계층에서 전구체 농도의 기울기이며, $[B]$ $[C]$.. 등은 전구체 흡착률에 의해 결정된 기판 표면에서의 전구체 농도이다.

물질전달률속 영역에서 증착률은 온도에 민감하지 않으며, 주로 가스 유량비에 의해 조절된다. 증착률과 온도 사이의 관계를 그림 5.5에 나타내었고, 두 구역의 온도에 대한 감도를 보여주고 있다.

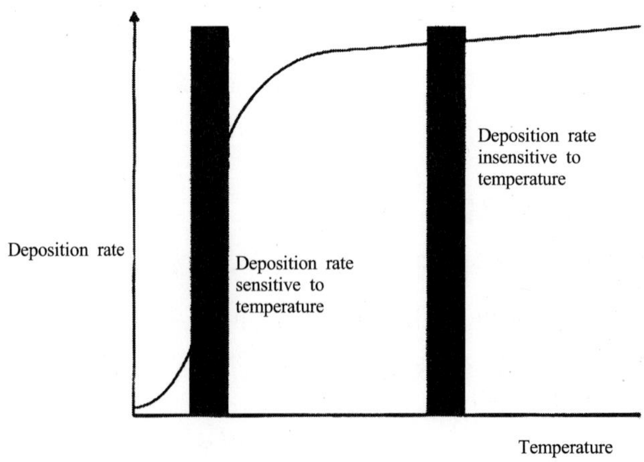


**그림 5.5** 증착률과 온도와의 관계

### 1.2.4 CVD 반응기 증착 영역

두 개의 증착 구역은 실제 생활 현상에 비유해 설명할 수 있다. 상점에서 계산원이 매우 느리게 계산처리를 한다면 손님은 계산을 하기 위해 줄을 서서 기다려야 할 것이다. 이 경우 상점의 계산율(check out rate)은 계산원이 '얼마나 빨리 계산처리를 하는가?'이다. 줄서는 손님이 없는 경우 계산율은 더 이상 계산원이 얼마나 빨리 계산을 하는가에 의존하지 않고, 손님이 얼마나 빨리 쇼핑을 하여 계산대로 가져오느냐에 의존하게 된다. 첫 번째 경우가 표면 반응률속 영역과 유사하며, 반응하기 위해 기판 표면에 대기하고 있는 전구체, 그리고 증착률은 화학 반응률에 의해 결정되며 온도에 민감하다. 두 번째 경우는 물질전달률속 영역과 유사하며, 표면 화학 반응률이 충분히 높으면 화학 전구체는 경계층을 가로질러 확산하여 표면에 흡착되어 대기하게 된다. 증착은 화학 반응률에 의존하지 않고, 전구체 확산율과 화학 흡착률에 의해 결정된다.

대부분의 단결정 웨이퍼 공정 반응은 물질전달률속 영역에서 동작하도록 설계되는데 웨이퍼 온도 조절보다 가스유량비의 조절이 더 쉽기 때문이다. 플라스마 공정은 화학적 반응성이 있는 자유 기(radical)를 발생시켜 화학 반응률을 증가시키고, 비교적 낮은 온도에서 공정이 물질전달률속 영역에서 형성되도록 돕는다. 오존($O_3$)과 같은 불안정한 화학 물질 또한 낮은 온도에서 높은 화학 반응률을 이루기 위해 사용되며, 공정이 온도에 영향을 덜 받도록 해준다.

## 1.3 CVD 장치

### 1.3.1 상압 CVD(APCVD)

APCVD는 대기압 CVD를 나타낸다. 0℃ 수면에서 대기압은 760 torr이다. 그림 5.6에 나타낸 APCVD는 일반적으로 세 개의 구역(두 개의 $N_2$ 버퍼 구역과 하나의 공정 구역)을 갖는 시스템이다.

버퍼 구역에 있는 $N_2$ 커튼은 공정 가스들을 분리하고, 이들이 대기 중으로 누설되는 것을 방지한다. 가열기는 웨이퍼들을 가열하며, 컨베이어 벨트는 웨이퍼들을 공정 구역으로 연속적으로 이동시킨다. 전구체 화학 가스들은 가열된 웨이퍼 표면에서 반응하여 박막을 증착시킨다. 증착이 끝난 웨이퍼들은 벨트로부터 빠져 나온다. 컨베이어 벨트에 공정 구역을 통과하면서 증착된 박막 층이 쌓이게 되므로 안정적인 공정 조건을 유지하기 위해서 정기적인 세척이 필요하다. APCVD 공정은 온도, 공정 가스 유속, 그리고 벨트 속도에 의해 조절되며, 대기압에서의 공정이므로 반응 장비 제작이 용이하고 박막 형성이 빠른 장점이 있다. 그러나 일반적으로 가스 상태에서의 반응이 일어날

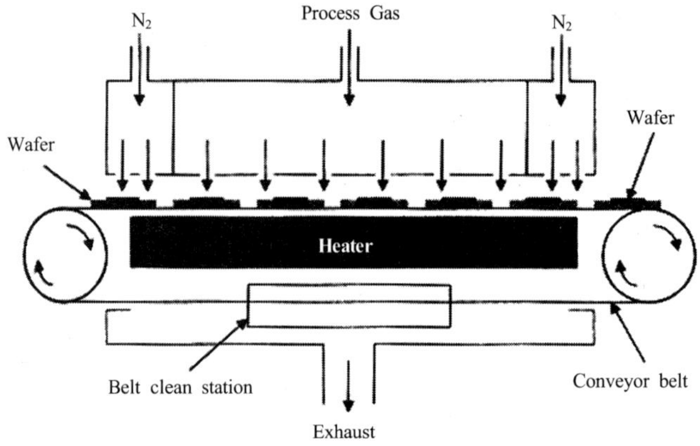


**그림 5.6** APCVD 시스템

수 있으며, 단차 피복성이나 불순물 오염(contamination) 등의 단점이 지적되고 있다. APCVD 공정은 실리콘 산화막이나 질화 실리콘막을 증착하기 위해 사용되어 왔으며, 최근에는 주로 저온 산화막(LTO)이나 에피층 제조에 사용되고 있다. APCVD를 이용한 $O_3$-TEOS 산화막 공정은 특히 얕은 트렌치 고립 구조의 형성에 널리 사용되고 있다.

1) 상압-저온 CVD(APCVD-LTCVD)

그림 5.7은 APCVD 중 저온 영역에서 사용되는 플레넘(plenum) 형태를 나타낸 것이다. 이 형태는 저온 CVD 실리콘 산화막 형성에 사용된다. 일정한 속도로 움직이는 컨베이어 벨트나 판 위에 놓여 있는 웨이퍼가 가열된 반응로 속을 지나갈 때 상부에서 흘러들어 오는 가스가 웨이퍼에서 반응을 일으켜 박막이 형성되도록 하는 장치이다. 플레넘 형에서는 가스들이 플레넘에서 섞여 웨이퍼로 유입된다. 최근의 연속 벨트 CVD 장비는 VLSI 제조에서 요구되는 두께 균일성, 저 불순물, 높은 생산력의 조건을 갖춘 실리콘 산화막 제조에 적합한 모양으로 만들어져 있다.

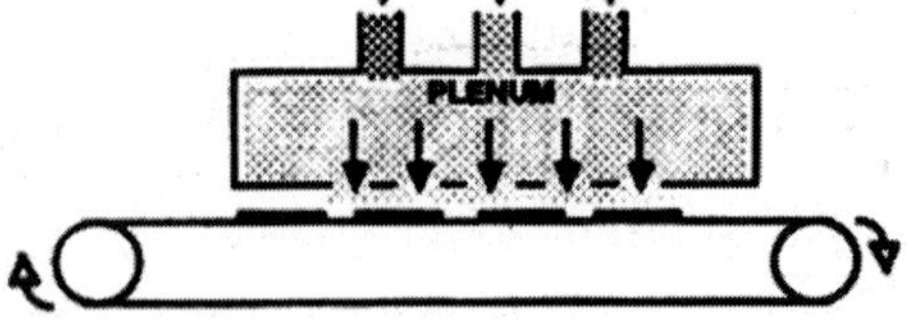


**그림 5.7** 플레넘 형태의 상압-저온 CVD 반응 장치

2) 상압-고온 CVD(APCVD-HTCVD)

APCVD 중 고온 영역에서 사용되는 반응로들은 크게 열벽(hot-wall) 반응로와 냉벽(cold-wall) 반응로로 나눌 수 있으며, 전자는 주로 증착 반응이 발열 반응(exothermic reaction)인 경우에 사용된다. 이것은 벽의 높은 온도가 반응로 벽면에 불필요한 반응 생성물의 증착을 방해하거나 최소화할 수 있기 때문이다. 후자인 냉벽 반응로는 그림 5.8에 나타나 있다. 이들은 흡열 반응(endothermic reaction)인 경우에 사용되며, 이때 웨이퍼의 표면은 반응로에서 가장 고온인 부분이 되어야 한다.

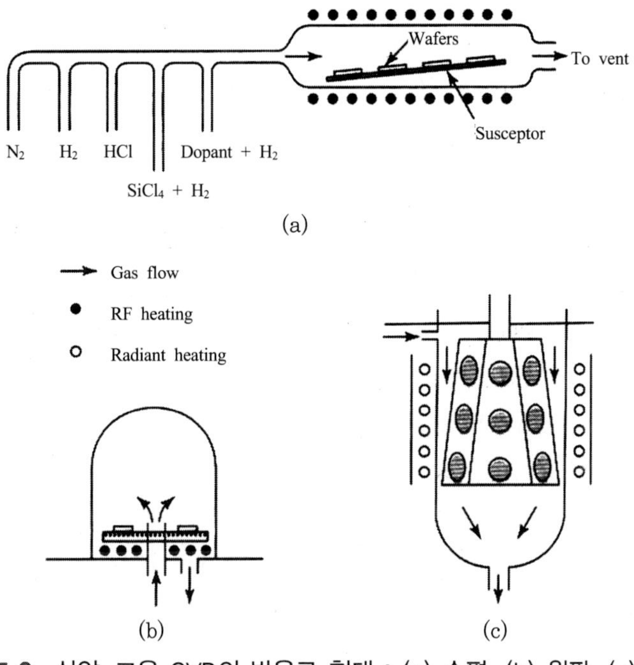


**그림 5.8** 상압-고온 CVD의 반응로 형태 : (a) 수평, (b) 원판, (c) 배럴

그림 5.8의 (a), (b), (c)는 모두 실리콘 박막 형성에 사용되는 CVD 장비 구조로서 각각 수평(horizontal), 원판(pancake), 배럴(barrel) 형이라고 한다. 흑연 열판이 주로 RF에 의해 가열되며 그 위에 놓여 있는 웨이퍼는 이로부터의 열전달에 의해 가열된다. 1,000~1,300℃ 가열에 사용되는 주파수는 10~450 kHz이며, 흑연 열판은 SiC가 코팅된 흑연으로 만든다. 반응관은 주로 실리카로 되어 있다.

### 1.3.2 저압 CVD(LPCVD)

LPCVD는 저압 CVD로서 0.1에서 1 torr의 압력에서 공정이 수행된다. LPCVD 반응기는 세 개의 가열 구역을 갖는 산화로(oxidation furnace)와 유사하며 웨이퍼들은 중앙 구역 또는 수평 구역에서 처리된다. LPCVD 시스템은 반응기 내부의 압력을 조절하기 위한 진공 시스템이 필요하다. 압력이 저하되면 반응 기체 분자들의 확산도가 크게 증가하여 웨이퍼에 도달하는 반응 기체의 물질전달(mass transfer)이 박막 성장률에 제한을 가하지 않기 때문에 LPCVD를 이용한 박막 형성 시에는 웨이퍼 간격을 좁게(보통 3~6 mm 간격)하여 동시에 많은 양의 웨이퍼 위에 박막 형성이 가능하다는 것이 장점 중의 하나이다. 표면 반응률은 온도에 매우 민감하지만 정교한 온도 조절이 비교적 용이하게 실현될 수 있으므로 문제가 되지 않는다. 이 공정에서는 가스 상태에서 반응이 일어나는 것을 현저하게 줄여 주므로 가스 입자 상태로 존재하는 불순물들과의 반응이 격감하여 불순물 감소가 나타난다.

LPCVD 공정은 산화막, 질화막 그리고 다결정 실리콘 등 많은 종류의 박막 증착에 사용되어 왔다. 특히, LOCOS 공정에서 산화막 마스크와 얕은 트렌치 고립 구조 형성 공정에서 CMP 하드-스톱으로 사용되는 질화 실리콘 막 및 불순물 원자를 막기 위한 확산 방지층을 증착하는데 주로 사용되어 왔다. LPCVD 반응기는 주로 650℃ 이상의 고온에서 동작하며, 증착률이 낮은 단점이 있다.

그림 5.9에 나타낸 반응관 벽면이 가열되는 열벽 수평관 LPCVD는 VLSI 제조 공정에서 가장 많이 사용되는 LPCVD 방법이다. 압력은 일반적으로 0.25~2.0 torr이다. 비교적 낮은 증착률(100~500 Å/min)에도 불구하고 한 공정에 최대 200장 정도의 웨이퍼를 장착할 수 있어 수평관 APCVD 보다 큰 생산량을 나타낸다. 그림 5.9(a)는 종단 주입(end feed) 형태로서 가스 입구 가까이의 가스 밀도가 출구쪽보다 높으므로 입구 부근의 웨이퍼에 성장되는 박막의 성장률이 출구쪽보다 높아 출구쪽으로 갈수록 온도를 증가시켜야 균일한 성장률을 얻을 수 있다. 온도 차이는 박막의 특성에 영향을 미칠 수 있는 단점이 있기 때문에 반응로의 위치에 따른 온도 영향이 문제시 되지 않는 질

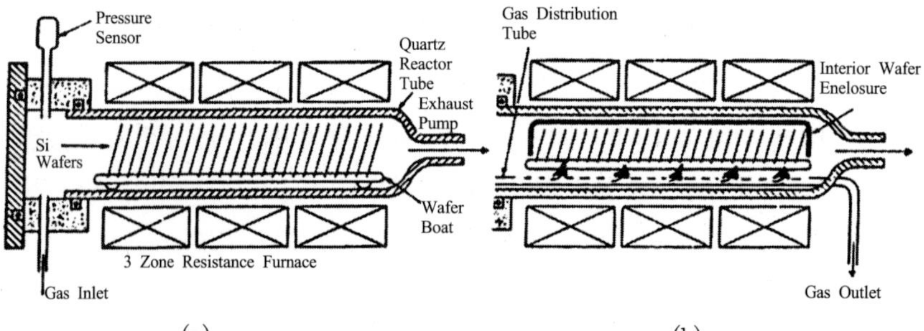


**그림 5.9** 수평관 저압 CVD 반응장치 : (a) 종단 주입, (b) 분산 주입

화 실리콘이나 도핑되지 않은 다결정 실리콘 등의 박막 제조에 사용된다. 그림 5.9(b)는 분산 주입(distributed feed) 반응 장치이며, 가스를 반응로 전 영역에 분배하여 공급하므로 전체 온도는 일정하게 유지된다. 따라서 이런 형태에서는 실리콘 산화막이나 PSG 및 BPSG 등의 저온 공정(600℃ 이하)이 가능하다.

### 1.3.3 플라스마 보강 CVD(PECVD : plasma enhanced CVD)

PECVD는 RF 전력으로 발생된 글로우 방전이 에너지를 반응가스에 주어 웨이퍼에 박막이 증착되도록 하기 때문에 APCVD나 LPCVD보다 낮은 온도에서 공정이 가능하다. 따라서 금속 위에 질화 실리콘이나 실리콘 산화막 등의 박막을 얻고자 할 때 사용된다. 증착률이 열에 의한 방법보다 높고 좋은 접착도, 적은 핀홀 밀도, 좋은 단차 피복성 등의 특성이 있어 VLSI 박막 제조에 많이 사용된다. 글로우 방전에 의해 생성된 자유전자가 충분한 에너지를 얻어 가스 분자들과 충돌할 때 가스 이온이 생성되며, 이와 같은 이온과 전자들의 집합을 플라스마라 한다. 이온화된 반응 가스들이 큰 에너지를 얻어 웨이퍼 표면에 접착되어 박막이 형성된다. 그림 5.10은 PECVD의 반응로를 나타낸 것이다. 유입된 기체가 플라스마로 되어 웨이퍼에 박막을 형성시키고 부산물과 플라스마의 나머지 부분들이 밖으로 유출되어 나오는 형태이다. 반응 장치는 두 개의 서로 평행한 전극 판으로 되어 있으며, 고전압의 윗부분 전극은 정합 회로망을 통해 RF 전력 소스에 연결되어 있다. 기판을 얹어 놓게 되어 있는 아래 전극 판은 접지되어 있고, 박막 균일도를 향상시키기 위해 아래 전극판이 회전된다. 반응 기체들은 상부에서 하부로 회전축의 중심부를 통해 공급되며, 상부 반응로 내에서 방사형으로 퍼져 하부 전극 판과 기판에 평행하게 이동되면서 플라스마로 변환되고 기판에서 박막을 형성시키게 된다.

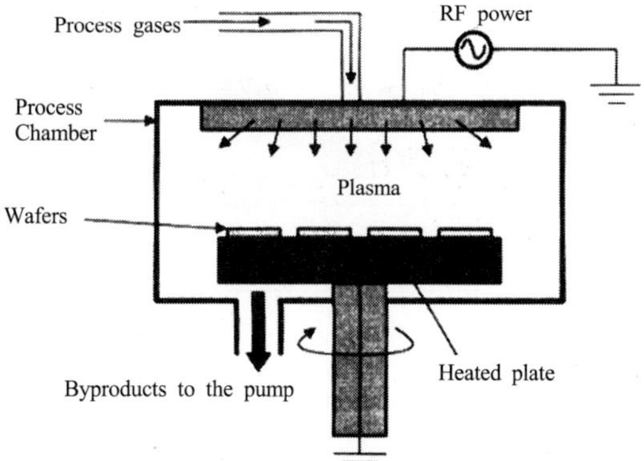


**그림 5.10** PECVD 반응기

PECVD 박막은 일반적으로 화학량론적으로 부합되지 않는 경우가 많으며, 부산물과 본래의 반응물질들이 박막 속에 잔류하는 경향이 많다. 특히, 수소, 질소, 산소 등이 박막 속에 섞여 있을 수 있다. 이와 같은 물질이 과잉으로 포함되어 있으면 후속 열 공정 시에 기체가 밖으로 분출하면서 균열, 박막의 벗겨짐 현상 등이 나타나게 되며, MOS 소자에선 문턱전압(threshold voltage)의 변동이 일어나게 된다.

PECVD를 응용하는 분야 중 가장 주목할 예는 평판 디스플레이 소자인 TFT-LCD (Thin Film Transistor-Liquid Crystal Display)의 제조 공정에 사용하는 것이다. a-Si : H TFT를 LCD에 응용하는 경우 MOSFET의 플레이너(planar) 구조와는 달리 유리기판 상의 활성화 층을 사이에 두고 게이트 전극과 소스-드레인 전극이 서로 다른 쪽에 위치하는 스태거드(staggered) 구조를 가진다. 스태거드 구조는 게이트 전극 위치에 따라 그림 5.11에 나타낸 것과 같이 top-gate 구조와 bottom-gate 구조로 구분할 수 있다. Bottom-gate 구조는 게이트 전극이 활성화 층 아래에 위치하기 때문에 역 스태거드(inverted-staggered) 구조라고도 부른다.

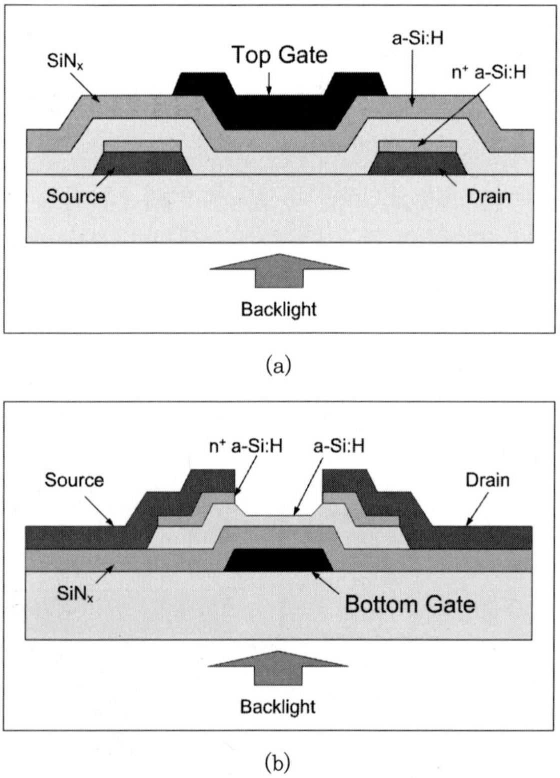


**그림 5.11** Top gate와 bottom gate TFT의 단면구조 : (a) top gate, (b) bottom gate

Top-gate TFT 구조의 경우 소스-드레인 전극을 형성할 금속 박막을 형성한 후 옴(ohmic) 접촉 층으로 $n^+$ a-Si:H 박막을 PECVD로 증착하고 포토 리소그래피(photo lithography)를 이용하여 소스-드레인 전극 패턴을 형성한다. 그 다음 활성화 층 a-Si:H과 게이트 절연막 $SiN_x$를 PECVD 공정으로 연속적으로 증착한 후 게이트 전극을 형성하는 과정으로 TFT 소자가 만들어진다. 따라서 top-gate 구조의 TFT 소자를 제작하기 위해서는 두 번의 PECVD 공정을 사용해야 한다. 또한, 이 구조에서는 PECVD 방법으로 a-Si:H 층을 형성하고 연속적으로 $SiN_x$를 증착하기 때문에 초기 a-Si:H 표면이 $SiN_x$ 증착 가스인 $NH_3$의 활성화된 기(radical)와 반응하여 실리콘 함량이 높은 $SiN_x$가 a-Si:H과 $SiN_x$ 계면에 형성될 수 있다. 이러한 계면상태는 TFT의 활성화 층에 전기적인 결함을 증가시켜 상대적으로 TFT의 성능을 저하시킨다. 반면에 bottom-gate TFT 구조의 경우 $SiN_x$, a-Si:H, $n^+$ a-Si:H의 연속된 적층구조를 한 번의 연속된 PECVD 공정으로 형성할 수 있고, $SiN_x$ 표면에 a-Si:H 층을 증착하기 때문에 top-gate 구조와는 달리 상대적으로 우수한 a-Si:H / $SiN_x$ 계면특성을 얻을 수 있다. 또한, TFT 소자 구조상 게이트 전극이 채널영역의 활성화 층인 a-Si:H 하부에 위치하여 백라이트의 직접적인 광 조사를 차단하기 때문에 top-gate TFT 구조처럼 별도의 차광층을 형성할 필요가 없는 장점도 있다. 이와 같은 이유 등으로 bottom-gate TFT는 TFT-LCD 제조공정에서 가장 널리 사용되는 구조이다.

### 1.3.4 에너지 증속형 CVD(EECVD: energy-enhanced CVD)

저온증착은 소자의 크기가 서브마이크론 이하의 영역으로 되면서 더욱 중요하게 된다. 왜냐하면 이와 같은 소자에서는 확산에 의하여 불순물 분포가 퍼지는 것을 최소화시켜야 하기 때문이다. 매우 낮은 온도(25~300℃)에서 증착을 하기 위한 연구들이 진행되고 있다. 이와 같은 방법들이 에너지 증속형 CVD 법이다. 그림 5.12(a)는 절연막을 증착하기 위하여 집속된 전자빔을 사용하는 CVD 장치를 나타낸 것이다. 증착은 집속된 전자빔이 도달하는 영역 아래에서만 일어난다. 레이저 빔이나 이온빔과 같은 다른 에너지원을 사용할 수도 있다. 반응실 내의 가스들은 집속된 에너지원에 의하여 국부적으로 분해된다. 따라서 부분화된 박막증착이 열분해나 광분해과정에 의하여 일어난다. 또한, 집속된 에너지원들은 집적회로 칩을 수리하려고 선택된 영역에 금속막을 증착시키는 것에도 유용하다. 그림 5.12(b)는 또 다른 에너지 증속형 CVD 법을 나타낸 것이다. 자외선 방사는 증착속도를 증가시키는 기상 반응물을 형성하는데 사용된다. 실리콘 산화막들은 자외선 방사법에 의하여 50℃까지의 낮은 온도에서 150Å/min의 속도로 증착될 수 있다.

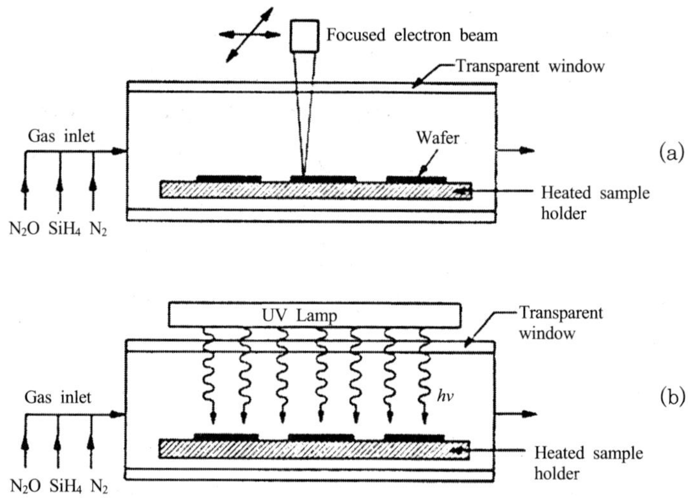


**그림 5.12** 에너지 증속형 CVD 방법: (a) 집속된 에너지원 이용, (b) 자외선 램프 이용

### 1.3.5 MOCVD 법

CVD 법은 원료의 가스 성분을 기판 위에 고체상의 박막으로 형성하기 위해 화학적으로 반응시키는 물질 합성 방법이다. 박막을 증착하기 위한 CVD 공정은 다음의 네 개의 연속적인 기본 단계를 필히 포함하고 있다.

- 전구체 증기(precursor vapor) 생성
- 전구체 용기(precursor container)로부터 반응실(reaction chamber)로 증기 이동
- 기판 위에서 전구체 증기들의 반응과 박막의 생성
- 부산물(by-product)들과 사용되지 않은 전구체의 제거

첫 단계에서 전구체는 보통 버블러(bubbler)라고 불리는 용기(container) 안에 봉인되고 충분한 증기를 발생시키기 위해 열적으로 증발된다. 이때 전구체 물질이 유기금속 화합물(metalorganic compound)이라면 CVD 공정은 MOCVD(metalorganic CVD)라고 불린다. 두 번째 단계에서 전구체 증기가 증착이 이루어지는 기판을 포함하고 있는 반응실 안으로 이동되고, 증기는 운송가스(carrier gas)나 진공에 의해 또는 둘 다에 의해 이동된다. 증기의 운반과정 동안 운반 경로는 전구체의 증발 온도보다 높고 분해 온도보다는 낮은 온도로 유지되어야 할 필요가 있다. 세 번째 단계는 열역학적, 화학반응과정과 키네틱(kinetics), 핵생성과 성장 모드, 운송(transport) 현상 등을 포함하는 복잡한 과정이다. 마지막으로 부산물과 사용되지 않은 전구체는 소거시키고 안전하게 처리할 필요가 있다.

이러한 MOCVD 법은 고집적화 및 고품질이 요구되는 반도체 공정과 고출력 LED 칩 소자 개발에 필수적인 증착기술로 관심을 모으고 있다. 특히, GaN를 기반으로 하는 고출력 청색 발광소자 개발에 MOCVD 법이 적용되고 있다. MOCVD 법이 관심을 받는 이유로는 몇 가지가 있다. 첫째, 박막의 성장 속도가 빨라 공정 시간을 단축시킬 수 있고, 원료 및 운송가스의 온도와 유량을 조절하여 막의 조성이나 박막의 성장 속도를 제어할 수 있어 정밀한 막 두께의 제어가 가능하다. 둘째, Al계 성장이 가능하며, 셋째, III-V 족 화합물의 조성 제어가 용이하다는 점이다. 그림 5.13은 MOCVD 시스템의 일례를 나타낸 것이다. MOCVD 시스템은 크게 가스 처리 시스템(gas handling system), 반응용기(reaction chamber), 가열 시스템(heating system), 진공 및 배기 시스템(vacuum & exhaust system)으로 구성된다.

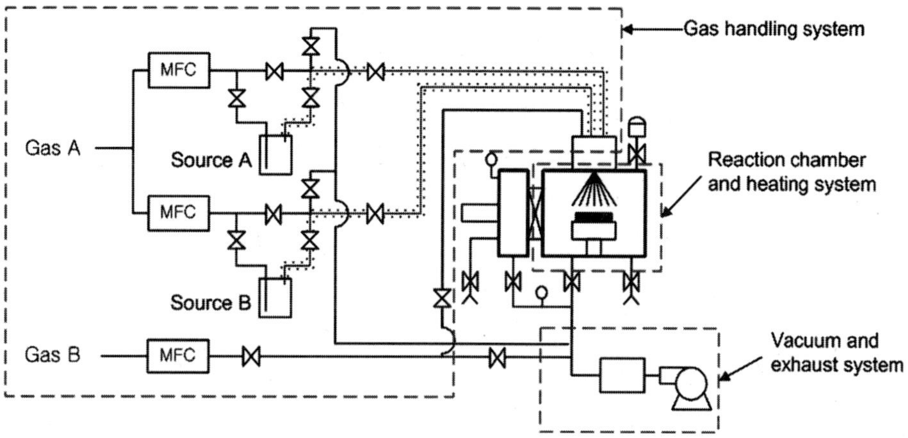


**그림 5.13** MOCVD 시스템 개략도

각 주요 시스템의 구성 요소와 기능들은 다음과 같다.

1) 가스 처리 시스템

- MFC(Mass Flow Controller) : 운송가스의 흐름 조절, 보통 허용 오차 범위가 ±1%를 만족해야 함
- Manifold : 가스 혼합장치로서 성장 영역(reaction chamber)까지 도달하기 위해 MO(metalorganic hydride) 소스의 균일도를 위해 깨끗하고 무 누출(leak-free)을 고려한 스테인리스 재질로 설계
- Thermal-bath : MO 소스의 불안정한 압력은 MO 소스의 버블러 온도로 제어, thermal bath의 온도 정밀도는 ±0.01%를 만족해야 하며, 온도 범위는 사용하

는 소스에 따라 달라짐

2) 반응 용기와 가열 시스템

- 샤워 헤드(shower head)
  넓은 면적에 대해 MO 소스와 가스를 균일하게 분포시킴
  입자 발생이 없어야 함
  샤워 헤드 표면에 MO 소스가 흡착되지 않아야 함
- 챔버 내의 흐름 제어 장치
  샤워 헤드 홀 형태, 샤워 헤드와 기판 간의 간격 등을 고려한 설계가 필요함
  공정의 재현성 확보, 입자 발생 억제, 균일한 박막 두께 형성, 막질 등을 실현시키기 위한 설계가 필요함
- 기판 히터
  넓은 면적에 대해 균일한 온도 분포를 가져야 함
  온도 상승 및 냉각 속도가 빨라야 함
- 온도 제어기
  설정 온도에 대해 정확한 제어가 가능해야 함

3) 진공 및 배기 시스템

- 전구체 흡착 방지, 부산물 제거 등에 의해 장비의 신뢰성이 확보되어야 함
- 독성 가스의 배출을 위한 전용 스크루버(scrubber) 장치가 필요하며, 배출 라인(exhaust line)을 갖추어야 함

### 1.3.5.1 MOCVD 전구체의 선택과 특성

MOCVD 법을 이용하는 여러 분야 중의 하나가 차세대 메모리 소자를 실현하기 위한 소재 연구이다. 특히, 산화물 형태의 강유전체 물질은 재료의 구성 조건에 따라 DRAM(Dynamic RAM)에서부터 FRAM(Ferroelectric RAM) 소자까지 다양한 형태에 적용할 수 있다. 강유전체 물질 가운데 상유전 상을 가지는 PLT[$(Pb_{1-x}La_x)TiO_3$]나 BST [$(Ba_{1-x}Sr_x)TiO_3$] 재료는 DRAM 소자의 메모리 재료로, 강유전 상을 가지는 PZT[$Pb(Zr_{1-x}Ti_x)O_3$]와 같은 재료는 FRAM 등의 비휘발성 메모리의 재료로 연구되고 있다. 이러한 산화물들은 다양한 구성 성분 조합에 의한 복잡성 때문에 적절한 전구체의 선택이 매우 중요하다. 현재 거의 모든 산화물 박막의 증착에 사용되는 전구체는 MO 화합물로 되어 있다.

MOCVD 증착을 위한 이상적인 전구체의 조건은 다음과 같다.

- 낮은 증발 온도에서 높은 증발 압력

- 높은 분해 온도
- 증발과 분해 온도 사이에 충분히 큰 온도 간격
- 전구체의 유기 구성 요소로부터의 오염 방지
- 무독성

Metal alkyl, metal alkoxide 그리고 metal $\beta$-diketonate들을 포함하는 MO 화합물의 몇 가지 형태는 금속 산화막을 성장시키기 위한 전구체로서 사용된다. Metal alkyl은 $R = C_mH_{2m+1}$인 일반적인 화학식 $M^{n-1}R_n$으로 표현된다. Metal alkoxide는 $M^{n-1}(OR)_n$ 그리고 $\beta$-diketonate는 그림 5.14에 나타낸 것과 같은 일반적인 화학식을 가진다.

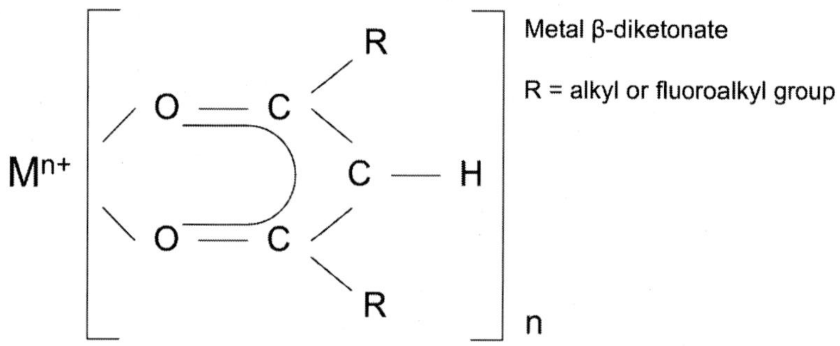


**그림 5.14** Metal alkoxide의 일반적인 화학식

대부분의 MO 전구체는 비교적 낮은 온도에서 적당한 증기압을 가진다. Metal alkoxide와 metal $\beta$-diketonate가 alkyl equivalent보다 휘발성이 낮지만 취급하기에 더 용이하고 유독성이 낮다.

MO 전구체의 장점 중 하나는 물리적 성질과 화학적 성질이 전구체의 화학적 구조에 작은 변화를 일으키게 함으로써 변화될 수 있다는 것이다. 예를 들어, metal $\beta$-diketonate의 휘발성은 chelating ring의 R-group을 변화시켜 증가시킬 수 있다. 일반적으로 R-group의 부피 증가 또는 R-group 상의 증가된 fluorine 치환은 휘발성을 증가시킨다. Metal alkoxide들의 경우에서 증기압은 organic group, R의 성질에 강하게 좌우된다. 증기압은 R의 분자 질량(molecular mass)이 감소함에 따라 증가한다. 그러나 R이 매우 작다면, alkoxide group은 불완전하게 배위(coordinate)된 중심 금속 이온을 더 이상 보호하지 않으며 그 분자는 저중합체화(oligomerize) 되는 경향이 있다. 이것은 증가된 분자량(molecular weight)으로 변하게 되고 증기압의 감소에 이르게 한다.

### 1.3.5.2 MOCVD 법으로 제작된 산화물 박막

현재 차세대 메모리 소자를 실현할 수 있는 소재에 대한 연구가 많은 관심을 모으고 있는 가운데, 강유전체 물질을 메모리 소자에 응용하고자 하는 시도가 많이 이루어져 왔다. 강유전체는 압전성과 초전성을 동시에 가지며, 상전이 온도 이상에서는 비극성인 상유전상으로, 그 이하에서는 극성인 강유전상으로 존재한다. 거의 모든 강유전체는 $ABO_3$ 형식으로 표현되는 페로브스카이트(perovskite) 구조를 가진다. 상유전상을 가지는 강유전체의 경우 DRAM에서 요구하는 높은 유전율을 구현할 수 있어 차세대 DRAM의 고용량 유전체로서 관심을 받고 있다. 이러한 상유전상을 가지는 강유전체에는 PLT[$(Pb_{1-x}La_x)TiO_3$]와 BST[$(Ba_{1-x}Sr_x)TiO_3$] 등이 유망한 재료로 평가되고 있다. DRAM 소자는 1970년에 미국 Intel 사에 의해 1 Kbit DRAM이 발표된 이후 새로운 세대의 소자가 발표될 때마다 밀도 증가, 다이(die) 면적 증가, 셀 면적 감소가 이루어졌다. 소자의 밀도 증가에 따른 셀 면적의 감소는 저장 커패시터의 면적 감소를 유발한다. 커패시터의 저장된 전하밀도를 유지하기 위해 새로운 셀 구조를 적용하거나 고유전율 재료를 이용하는 등의 개선이 이루어져야 한다. 저장 커패시턴스는 다음 식과 같이 표현할 수 있다.

$$C = \epsilon_r \epsilon_0 \frac{A}{d} \tag{4}$$

여기서, $\epsilon_r$은 유전체의 비유전율(relative dielectric constant)이고, $\epsilon_0$는 진공에서의 유전율, $A$는 셀 면적, $d$는 유전체의 두께이다.

DRAM 소자의 셀 면적이 감소하더라도 정보를 저장하기 위한 커패시턴스 용량은 일정한 값을 유지해야 한다. 과거 4 Mb DRAM에서 oxide/nitride(ON) 계열의 막을 주로 사용하였으나 4~64 Mb 세대의 경우 터널링(tunneling)에 의한 높은 누설전류 등에 의한 물리적 한계(5 nm의 equivalent oxide 두께) 때문에 적합하지 않다. 이를 극복하기 위해 그림 5.15(a)에 나타낸 것과 같이 복잡한 구조를 이용하여 커패시터의 면적을 증가시켜 커패시턴스를 유지시켰다. 그러나 이 기술은 256 M DRAM에서는 커패시터 면적 대 셀 면적비가 10 이상을 확보해야 하는 등 매우 복잡하고 비현실적이다. 따라서 고용량 DRAM의 개발과 양산을 위해서는 비유전율을 크게 하여 커패시턴스를 유지하는 방법으로, 즉 그림 5.15(b)와 같이 비유전율이 큰 물질을 커패시터 절연막으로 사용하여 플레이너(planar) 구조나 간단한 스택(stack) 구조로 고집적화된 DRAM을 구현해야 한다.

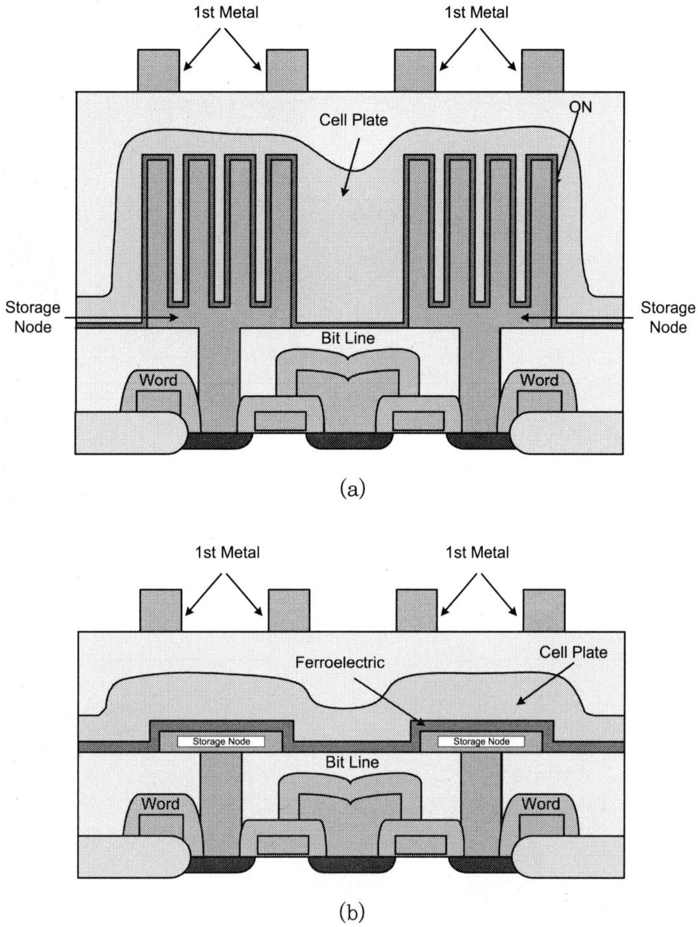


**그림 5.15** DRAM 소자의 단면도 : (a) ON 커패시터, (b) 강유전체 커패시터

또한, PZT[Pb($Zr_{1-x}Ti_x$)$O_3$]와 같이 결정상이 강유전상인 경우 강유전체에 인가된 전계를 제거한 후에도 전기적인 분극 상태가 남아있는 잔류분극 현상을 나타낸다. 이러한 특성을 이용하여 DRAM과 같은 휘발성 메모리와는 반대로 전압을 제거한 후에도 정보를 저장할 수 있는 비휘발성 강유전체 메모리 소자(ferroelectric RAM)에 강유전체를 응용하고자 하는 연구가 많이 진행되어 왔다. 다시 말해 FRAM은 "1"과 "0"의 정보를 강유전체 박막의 잔류분극($\pm P_r$)에 대응시킨 것으로 결정 구조에 의한 전하 충전 방식의 비휘발성 메모리이다. 그림 5.16에 나타낸 것과 같이 강유전체를 이용한 비휘발성 메모리의 제작 형태는 크게 두 가지로 나눌 수 있다. 그림 5.16(a)는 트랜지스터 위에 강유전체 커패시터가 있는 구조로 집적도에는 유리하나 트랜지스터 공정이 끝난 다음 강유전체의 결정화를 위해 고온의 공정이 필요하여 트랜지스터의 금속 접합의 단

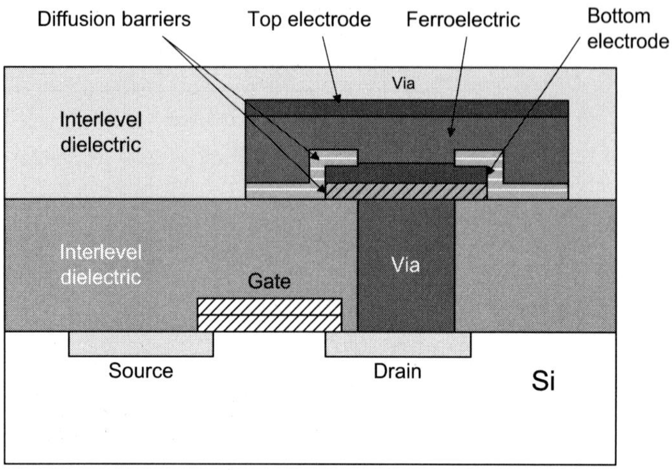


(a)

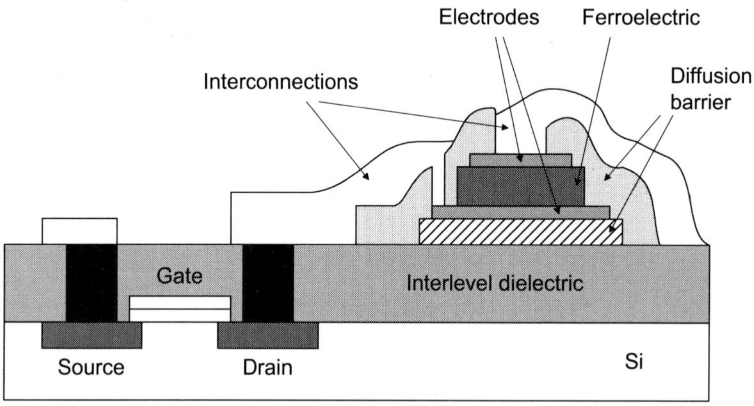


(b)

**그림 5.16** 비휘발성 강유전체 메모리(FRAM)의 단면도 : (a) 수직 고밀도 구조, (b) 수평 저밀도 구조

락이나 도펀트의 확산 문제 등이 일어날 수 있다. 그림 5.16(b)는 트랜지스터 옆에 강유전체 커패시터가 위치하는 형태로 집적도는 떨어지나 강유전체 커패시터가 먼저 제작되므로 열처리에 따른 문제점이 없다.

MOCVD로 PLT[$(Pb_{1-x}La_x)TiO_3$] 박막을 증착하여 FRAM에 응용하는 경우 앞에서 언급한 전구체의 조건을 만족하는 시료를 선택하고, 일례로 DPM 계열인 $Pb(DPM)_2$, $La(DPM)_3$와 $Ti(O\text{-}i\text{-}C_2H_5)$를 소스 물질로 사용하여 증착한다. MOCVD 공정에서 운송가스로는 불활성 가스인 Ar 가스를 이용하며, 산화물을 형성하기 위한 산화성 가스로는 $O_2$

가스를 이용한다. 가스 제어부에서 소스 물질의 증기를 운반하기 위한 운송가스와 산화물 형성을 위한 산화성 가스를 MFC(Mass Flow Controller)로 제어하고, 원료 기화부에서는 전구체의 온도를 공정에 적합한 증기압을 가지도록 유지한다. 기화한 전구체의 증기가 운송가스에 의해 반응실로 유입될 때 상대적으로 낮은 온도를 가지게 되는 가스 라인에 응축될 우려가 있어 소스 가열 용기의 온도 이상으로 유지하여 전구체의 응축을 방지한다.

#### 1.3.5.3 MOCVD를 이용한 화합물 에피택셜 성장 메커니즘

그림 5.17은 MOCVD 방법을 이용한 GaN 박막 성장에 대한 성장 기구를 나타낸 그림이다. MO 소스인 Ga, In은 앞에서 언급했듯이 운송가스인 $H_2$에 의해 반응실로 운반된다. 운송된 MO 소스와 $NH_3$ 가스는 라미나 플로(laminar flow) 영역에 도달하기 전까지 가스 충돌로 인해 각각의 결합이 끊어져 Ga과 N로 분해되어진다. 즉, 라미나 플로 영역 내에서는 분해된 GaN의 원자들이 기판 위에 흡착되는 과정에서 기판에 N이 부착되고 다음에 Ga이 올려진다. 그러나 라미나 영역 내에서 완전히 분해되지 않거나 흡착된 불순물에 대해서는 고온의 기판온도에 의해 제거된다. GaN의 전기적 특성을 조절하기 위해 불순물을 도핑하며 n형 GaN 박막을 만들기 위해 실리콘을 이용한다. p형 GaN 박막을 만들기 위해서는 Mg를 넣는다. 그러나 p형 GaN 성장 시 너무 고온에서 성장시키게 되면 표면 특성이 나빠진다.

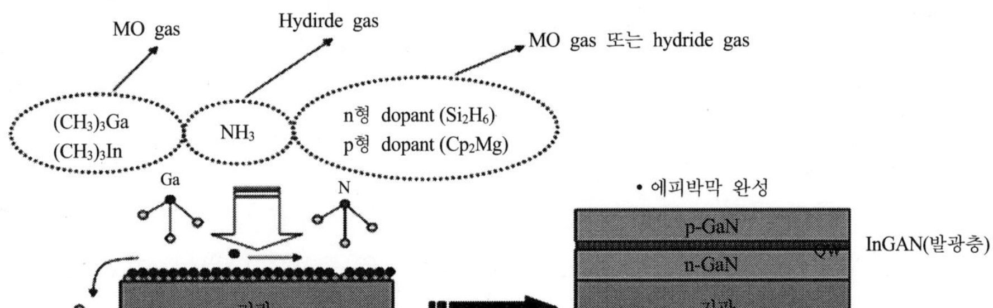


**그림 5.17** MOCVD 법을 이용한 GaN 박막 성장 기구

기판 위에 버퍼층(buffer layer)을 형성하기 전에 고온에서 열처리를 하는데 이는 성장될 기판의 수분이나 이물질 등을 높은 열을 이용하여 제거하는 단계로서 고품질 GaN 박막을 성장시키기 위해 중요한 단계이다. 고온의 열처리가 끝나면 저온에서 버퍼층을 성장시키게 된다. 이때 $NH_3$와 MO 소스가 공급된다. 공정 조건에 따라 $NH_3$나

MO 소스를 차단하기도 하며, 성장 모드로 진행될 때는 다시 공급을 한다. 통상 GaN 박막의 성장을 위해서는 저온(550℃), 고온(1,100℃)의 범위에서 공정이 진행된다. 고품질의 GaN 박막을 성장시키기 위해 챔버 안의 압력, 기판 온도, 불순물 도핑 농도에 따른 최적화가 이루어지지 않으면 GaN 박막에 결함이 발생하게 되어 고품질의 GaN 박막을 얻을 수 없다.

## 1.4 CVD 박막 제작

### 1.4.1 실리콘 산화막($SiO_2$)

열적으로 성장된 막에서 가장 좋은 전기적 특성이 얻어지므로 CVD로 증착된 실리콘 산화막은 열적으로 성장된 산화막을 대신하지 못한다. 그러나 CVD 산화막은 열 산화막을 보완하기 위하여 사용된다. 도핑이 안 된 실리콘 산화막 층은 다층 금속막을 절연시키거나, 이온 주입과 확산을 차단하는 마스크로서 사용된다. P가 도핑된 실리콘 산화막은 금속층들 사이의 절연체로서 그리고 디바이스 위를 덮는 최종 보호막으로 사용된다.

1) 증착방법

실리콘 산화막은 몇 가지 방법들로 증착되는데, 저온 증착(300~500℃)의 경우 막은 $SiH_4$, 불순물, $O_2$ 등의 반응으로 형성된다. P가 도핑된 산화막에 대한 화학 반응은 다음과 같다.

$$SiH_4 + O_2 \xrightarrow{450℃} SiO_2 + 2H_2 \qquad (5)$$

$$4PH_3 + 5O_2 \xrightarrow{450℃} 2P_2O_5 + 6H_2 \qquad (6)$$

증착 공정은 CVD 반응로 안의 상압에서나 또는 LPCVD 반응로 안의 감압 중 어느 하나에서 이루어진다. $SiH_4$-$O_2$ 반응의 저온 증착은 막들이 Al 층 위에 증착되어야 할 때, 적합한 공정이다.

중간온도 증착(500~800℃)의 경우 실리콘 산화막은 LPCVD 반응로 안에서 $Si(OC_2H_5)_4$, 즉 TEOS(tetraethyl-orthosilicate)를 분해함으로써 형성된다. 화합물 TEOS는 액체원으로부터 증기화 된다. TEOS 화합물은 아래와 같이 분해된다.

$$Si(OC_2H_5)_4 \xrightarrow{700℃} SiO_2 + \text{부산물} \qquad (7)$$

이것은 실리콘 산화물과 유기물 및 실리콘의 유기화합물이 부산물로 형성되는 반응이다. 이 반응에서는 높은 온도가 필요하므로, Al 층 위의 증착에는 사용할 수 없지만 반면에 좋은 단차 피복성을 가지고 있어 균일한 절연층을 필요로 하는 다결정 실리콘 게이트에는 적합하다. 산화막은 에피택셜 성장공정과 유사하게 소량의 수소화물 [$PH_3$ (phosphine), $AsH_3$(arsine), 또는 $B_2H_6$(diborane)]을 가하여 도핑할 수 있다.

온도의 함수로서 증착속도는 $\exp(-E_a/kT)$에 의존한다. 여기서, $E_a$는 활성화 에너지이다. $SiH_4$-$O_2$ 반응의 활성화 에너지는 매우 낮다. 도핑되지 않은 산화막에 대하여는 약 0.6 eV이고, P가 도핑된 산화막에 대하여는 거의 0이다. 이와 대조적으로 TEOS 반응에 대한 활성화 에너지는 훨씬 더 크다. 도핑되지 않은 산화막에서는 약 1.9 eV이고, P를 도핑하기 위한 화합물이 있을 때는 1.4 eV이다. 증착속도의 TEOS 분압 의존성은 $(1-e^{-P/P_0})$에 비례한다. 여기서, $P$는 TEOS의 분압이고 $P_0$는 약 30 Pa이다. 낮은 TEOS의 분압에서 증착속도는 표면반응속도로 결정된다. 높은 분압에서 표면은 흡착된 TEOS와 함께 거의 포화가 되고 증착속도는 본질적으로 TEOS 압력에 무관하게 된다.

고온증착(900℃)에서 실리콘 산화물은 감압된 상태에서 질소산화물과 $SiCl_2H_2$(dichlorosilane)의 반응으로 형성된다.

$$SiCl_2H_2 + 2N_2O \xrightarrow{900℃} SiO_2 + 2N_2 + 2HCl \tag{8}$$

여기서 얻은 산화막은 양질의 막 균일성이 있어 다결정 실리콘 위의 절연층을 증착하는데 사용된다.

### 2) 실리콘 산화막의 성질

실리콘 산화막의 증착법들과 특성들이 표 5.1에 나열되어 있다. 일반적으로 증착온도와 막질 사이에는 직접적인 상관관계가 있다. 보다 높은 온도에서 증착된 산화막의 구조는 열적으로 성장된 실리콘 산화막과 비슷하다.

500℃ 이하에서 증착된 막의 밀도는 낮다. 증착된 실리콘 산화막을 600~1,000℃로 열처리하면 산화막의 두께가 감소하는 한편 밀도는 2.2 g/cm$^3$로 증가한다. 실리콘 산화막의 굴절률은 632.8 nm의 파장에서 1.46이다. 보다 낮은 굴절률을 갖는 산화막은 $SiH_4$-$O_2$ 반응으로 된 산화막(굴절률 1.44)처럼 다공질이다. 또한, 다공질의 산화막에서는 절연내력이 떨어진다. HF 용액 내 산화막의 식각 속도는 증착온도, 열처리과정, 그리고 불순물 농도에 좌우된다. 일반적으로 양질의 산화막일수록 식각 속도가 낮아진다.

**표 5.1 실리콘 산화막의 성질**

| Property | Method | | | |
|---|---|---|---|---|
| | Thermal 1,000℃ | $SiH_4 + O_2$ 450℃ | TEOS 700℃ | $SiCl_2H_2 + N_2O$ 900℃ |
| Composition | $SiO_2$ | $SiO_2$(H) | $SiO_2$ | $SiO_2$(Cl) |
| Density(g/cm$^3$) | 2.2 | 2.1 | 2.2 | 2.2 |
| Refraction index | 1.46 | 1.44 | 1.46 | 1.46 |
| Dielectric strength ($10^6$ V/cm) | 〉10 | 8 | 10 | 10 |
| Ech rate(Å/min) (100 : 1 $H_2O$ : HF) | 30 | 60 | 30 | 30 |
| Ech rate(Å/min) (Buffered HF) | 440 | 1,200 | 450 | 450 |
| Step coverage | - | Poor | Good | Good |

### 3) 단차 피복성

단차 피복성(step coverage)은 반도체 표면에 여러 계단차로 증착된 막의 표면 상태를 나타낸 것이다. 그림 5.18(a)에 표시된 이상적이고 적합한 단차 피복에서는 막 두께가 계단차의 모든 표면을 따라 균일하다. 표면 상태에 관계없이 막 두께가 균일하게 되는 것은 반응물질이 계단차 표면에 흡착한 후 빠른 속도로 이동하기 때문이다.

그림 5.18(b)는 균일하지 않은 단차 피복의 예를 나타낸 것이다. 이 경우에 반응물질이 흡착한 후 뚜렷한 표면이동이 없이 반응하였음을 알 수 있다. 이 예에서 증착속도는 가스분자의 도달각도에 비례한다. 맨 위의 수평표면에 도달하는 반응물질은 여러 다른 각도에서 오게 되므로 도달각도 $\phi_1$은 2차원적으로 0~180°로 변화한다. 이에 반하여, 맨 위의 세로 방향의 벽에 도달하는 반응물질은 0~90°까지의 도달각도 $\phi_2$를 가지게 된다. 따라서 맨 위의 표면의 막 두께는 2배가 된다. 벽의 밑쪽으로 내려가면 도달각도 $\phi_3$는 열린 입구의 폭에 관계되고 막의 두께는 다음 식에 비례한다.

$$\phi_3 \cong \arctan\frac{W}{l} \tag{9}$$

여기서, $l$은 상부 표면으로부터의 거리이고, $W$는 열린 입구의 폭이다. 이와 같은 단차 피복에서는 세로의 벽을 따라 막이 얇게 증착된다.

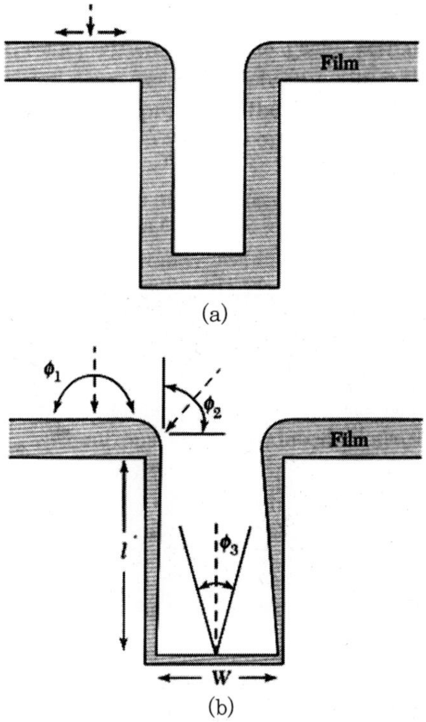


**그림 5.18** 증착된 막의 단차 피복성: (a) 균일한 단차 피복성, (b) 불균일한 단차 피복성

감압된 상태에서 TEOS 분해에 의하여 형성된 실리콘 산화막에서는 반응물질이 표면에서 빠르게 이동하기 때문에 적합한 단차 피복성을 나타낸다. 마찬가지로 높은 온도에서의 $SiH_2Cl_2$와 질소산화물의 반응으로 만들어진 산화막의 경우에도 적합한 단차 피복성이 얻어진다. 그러나 $SiH_4$-$O_2$ 반응의 증착 중에는 표면이동이 일어나지 않으므로 단차 피복성은 도달각도에 의하여 결정된다. 스퍼터로 증착된 막의 단차 피복성은 대부분 그림 5.18(b)와 비슷하게 된다.

4) P 유리 흐름

금속층 사이의 절연체로서 사용되는 실리콘 산화막에서는 보통 매끄러운 표면이 필요하다. 하부의 금속층을 덮기 위하여 사용된 산화막에, 만약 오목한 홈이 있다면 위의 금속층을 증착할 때 단선이 일어나 회로구성이 되지 않을 수 있다. 낮은 온도에서 증착된 P 도핑된 실리콘 산화물은 가열에 의해 유연하게 되어 매끄러운 표면으로 된다. 그리고 인접 금속층 사이의 절연에도 가끔 사용된다. 이 공정을 P 유리 흐름(P glass flow)이라고 한다.

그림 5.19는 다결정 실리콘의 계단차를 덮은 P 유리의 4개 단면을 주사형 전자 현미경으로 관찰한 결과를 나타낸 것이다. 모든 샘플은 1,100℃의 수증기 속에서 20분 동안 가열되었다. 그림 5.19(a)는 무시할 정도로 소량의 P를 함유하고 있는 샘플이고 흐름은 볼 수 없다. 여기서 산화막이 오목하게 안으로 들어가고 그 각이 약 120°라는 것을 알 수 있다.

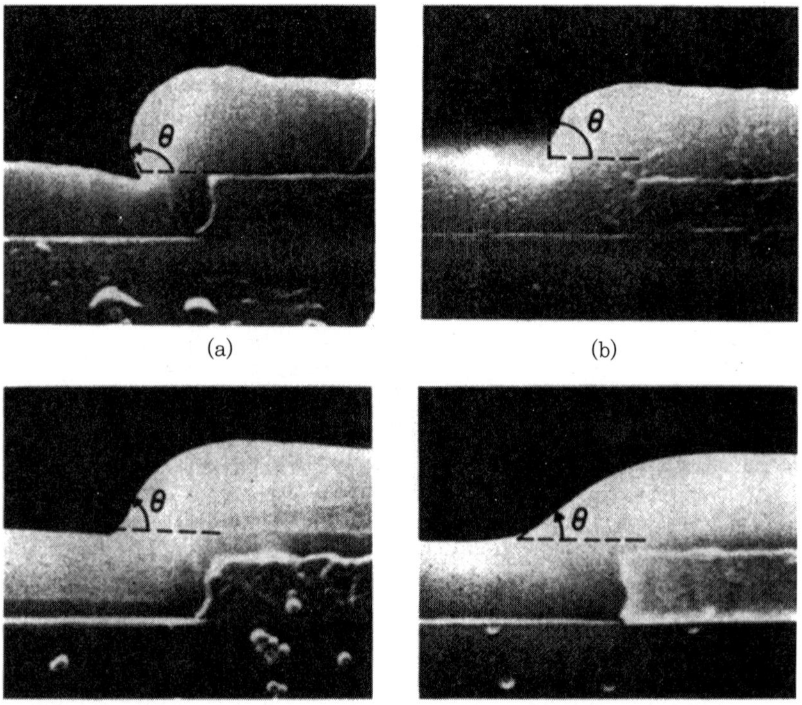


(a) (b) (c) (d)

**그림 5.19** P 농도가 다른 샘플을 1,100℃, 20분간 수증기 속에서 열처리한 경우의 주사 전자 현미경 사진(1만배): (a) 0 wt%, (b) 2.2 wt%, (c) 4.6 wt%, (d) 7.2 wt%

그림 5.19(b), (c) 그리고 (d)는 P 농도를 서서히 높여 7.2 wt%(무게 %)까지 함유한 P 유리의 예를 나타낸 것이다. 이들 시료에서 P의 농도가 증가함에 따라 P 유리의 계단차의 각도가 감소하고 있는 것을 볼 수 있다. P 유리의 흐름은 열처리시간, 온도, P의 농도 그리고 열처리 분위기에 의존한다.

그림 5.19에서와 같이 P의 wt%의 함수인 계단차의 각도 $\theta$는 다음과 같이 근사적으로 나타낼 수 있다.

$$\theta \simeq 120° \left[ \frac{10 - wt\%}{10} \right] \tag{10}$$

각도를 45° 이하로 하려면, P 농도를 6 wt% 이상으로 해야 한다. 그러나 8 wt% 보다 높은 농도가 되면 금속막은 산화막 속의 P와 주위 습기 사이의 반응으로 형성되는 산에 의하여 부식될 가능성이 있다. 그러므로 P 유리 흐름의 공정에서는 6~8 wt%의 P 농도가 사용된다.

### 1.4.2 질화 실리콘($Si_3N_4$)

질화 실리콘막은 중간온도(750℃)의 LPCVD 공정 또는 저온(300℃)에서의 플라스마 보강 CVD 공정으로 증착할 수 있다. LPCVD로 증착한 질화막은 높은 밀도(2.9~3.1g/cm$^3$)와 화학량론적 조성을 가진다. 이들 막은 물과 Na의 확산에 좋은 차단벽 역할을 하기 때문에 디바이스의 보호막으로 사용된다. 또한, 질화 실리콘은 매우 느리게 산화되고 밑에 있는 실리콘이 산화되는 것을 방지해주기 때문에 실리콘의 선택산화를 하기 위한 마스크로서 사용될 수 있다. 플라스마 보강 CVD에 의하여 증착된 막들은 화학량론적이 아니며, 낮은 밀도(2.4~2.8 g/cm$^3$)를 가진다. 낮은 증착온도 때문에 이들 막은 완전히 제조된 디바이스 위에 증착시킬 수 있고 최종 보호막의 역할을 한다.

LPCVD 공정에서 $SiH_2Cl_2$와 $NH_3$는 700℃와 800℃ 사이의 온도로 감압된 상태에서 질화 실리콘을 증착시키는 반응을 한다. 그 반응은 다음과 같다.

$$3SiCl_2H_2 + 4NH_3 \xrightarrow{\sim 750℃} Si_3N_4 + 6HCl + 6H_2 \tag{11}$$

양질의 막 균일성과 높은 웨이퍼 처리량(즉, 시간당 처리된 웨이퍼수)은 감압공정의 장점이다. 산화막 증착의 경우에서처럼 질화 실리콘 증착은 온도, 압력, 반응물 농도에 의하여 제어된다. 증착하기 위한 활성화 에너지는 약 1.8 eV이다. 증착속도는 전체 압력 또는 $SiH_2Cl_2$ 분압의 증가와 함께 증가하고 $NH_3$-$SiH_2Cl_2$ 비의 증가와 함께 감소한다.

LPCVD로 증착된 질화 실리콘 막은 8 wt%까지 $H_2$를 포함하는 비정질 절연체이다. 묽은 HF에서의 식각 속도는 10 Å/min 이하이다. 약 $10^{10}$ dynes/cm$^2$인 대단히 높은 막의 응력은 TEOS로 증착된 실리콘 산화막의 경우보다 거의 10배이다. 2,000 Å 이상의 두꺼운 막은 매우 큰 응력 때문에 깨질 수도 있다. 상온에서 질화 실리콘 막의 저항률은 약 $10^{16}$ $\Omega$-cm이고 유전상수는 6이며 절연강도는 $10^7$ V/cm 정도이다.

플라스마 보강 CVD 공정에서 질화 실리콘은 Ar 플라스마 내에서 $NH_3$-$SiH_4$ 반응이나 또는 $N_2$ 방전 내에서 $SiH_4$와의 반응으로 형성된다. 이들 반응은 다음과 같다.

$$SiH_4 + NH_3 \xrightarrow{300℃} SiNH + 3H_2 \quad (12)$$

$$2SiH_4 + N_2 \xrightarrow{300℃} 2SiNH + 3H_2 \quad (13)$$

생성물은 증착조건에 크게 의존한다. 막들을 증착시키기 위하여 방사상 흐름의 평행판 반응 장치가 사용된다. 증착속도는 일반적으로 온도, 전력입력, 반응가스 압력의 증가에 따라 증가한다.

### 1.4.3 다결정 실리콘(Poly-Si)

MOS 디바이스에서 게이트 전극으로 Al 대신에 다결정 실리콘이 사용되었다. 다결정 실리콘은 전극 신뢰성에서 Al을 능가한다. 그림 5.20은 다결정 실리콘 전극과 Al 전극을 갖는 커패시터들이 항복(breakdown)되는 최대시간을 나타낸 것이다.

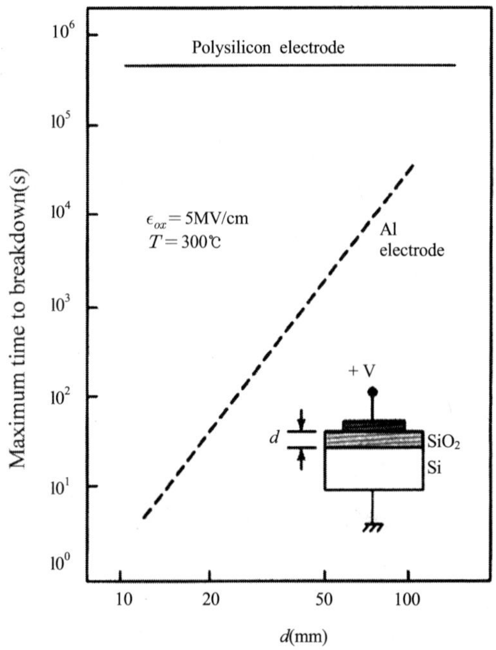


**그림 5.20** 다결정 실리콘 및 Al 전극에 대한 항복시간의 산화막 두께 의존성

특히, 다결정 실리콘은 대단히 얇은 게이트 산화막에서 우수한 특성을 가진다. 또한, 다결정 실리콘은 얕은 접합을 만들기 위하여 그리고 결정질 실리콘에 옴 접촉을 확실하게 하기 위하여 확산원으로 사용된다. 그 밖의 용도로는 집적회로에서 도체나

높은 값의 저항 등의 제작에 이용된다.

600℃와 650℃ 사이에서 동작하는 LPCVD로 $SiH_4$를 열분해하여 다결정 실리콘을 증착시킨다.

$$SiH_4 \xrightarrow{600℃} Si + 2H_2 \tag{14}$$

가장 일반적인 두 가지 저압공정 중 하나는 100% $SiH_4$을 사용하여 0.2~1.0 torr 압력에서 공정을 진행시키는 것이고, 또 다른 한 공정은 동일한 전체압력에서 $N_2$ 내에 20~30% $SiH_4$를 혼합한 것을 사용하는 공정이다. 두 공정 모두 5% 내 두께 편차를 가지는 양호한 균일성을 나타내며, 한 번에 수백 개의 웨이퍼 위에 다결정 실리콘을 증착할 수 있다.

그림 5.21은 4개의 증착온도와 33 Pa(0.24 torr)의 분압에서 증착속도를 나타낸 것이다. 낮은 $SiH_4$ 분압에서 증착속도는 $SiH_4$ 압력에 비례한다. 높은 $SiH_4$ 농도에서는 증착속도의 포화가 일어난다. 감압된 상태에서의 증착은 대체로 600℃와 650℃ 사이의 온도로 제한된다. 이 온도 범위에서 증착속도는 $\exp(-E_a/kT)$에 의존하고, 활성화 에너지 $E_a$는 1.7 eV이다. 이것은 근본적으로 반응로 내 전체 압력에는 무관하다. 높은 온도에서 기상 반응은 표면이 거칠고 밀착성이 나쁘게 되며 $SiH_4$의 부족이 일어난다. 결국 좋지 않은 균일성의 원인이 된다. 600℃보다 훨씬 낮은 온도에서는 증착속도가 너무 느려 실용적이라 할 수 없다.

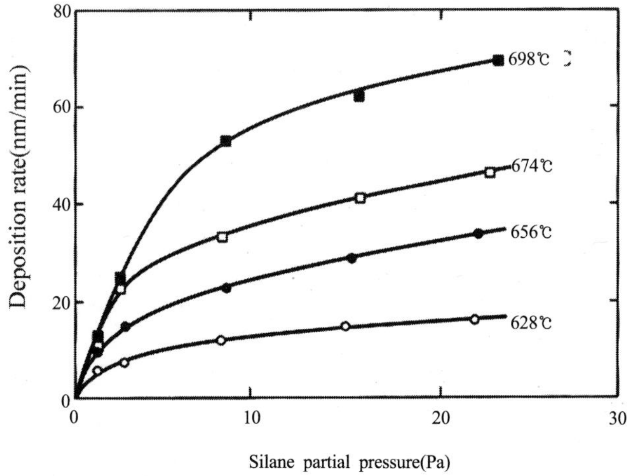


**그림 5.21** 증착온도와 $SiH_4$ 분압에서 다결정 실리콘의 증착속도

다결정 실리콘 구조에 영향을 미치는 공정 파라미터는 증착온도, 불순물 그리고 다음 증착 단계에 적용되는 열 사이클 등이다. 다결정 실리콘이 600~650℃의 온도에서 증착될 때, 원주형(columnar) 결정 구조로 된다. 이 구조는 (110)으로 우선 배향된 다결정 실리콘 박막에서 0.03~0.3 $\mu$m 사이의 크기인 다결정 입자로 구성된다. P가 950℃에서 확산될 때, 결정구조가 변화하며, 평균입자 크기도 0.5~1.0 $\mu$m 정도로 증가한다. 다결정 실리콘 형성 중 온도가 1,050℃까지 증가하면, 입자는 1~3 $\mu$m의 크기에 도달한다. 증착이 600℃ 이하에서 일어날 때 초기 증착된 막은 비정질 형태로 나타나는데, 도핑과 열처리를 하면 위에서와 비슷한 특성이 관찰된다.

다결정 실리콘은 증착 중에 불순물 가스를 첨가시키는 동시(*in-situ*) 도핑이나 또는 이온 주입, 확산 등으로 도핑시킬 수 있다. 이온 주입법은 낮은 공정온도를 가지는 장점이 있어 가장 보편적으로 사용된다. 그림 5.22는 이온 주입을 사용하여 P와 Sb를 도핑한 다결정 실리콘의 면 저항을 나타낸 것이다. 주입량, 열처리 온도 그리고 열처리 시간 등 모두가 이온 주입된 다결정 실리콘의 면 저항에 영향을 준다. 결정입자 경계에서 캐리어의 트랩 때문에 이온 주입된 다결정 실리콘의 저항은 매우 높게 나타난다. 그림 5.22에서와 같이 캐리어 트랩이 불순물로 포화되면 저항은 급격히 떨어지고 이온 주입된 단결정 실리콘의 저항값에 접근한다.

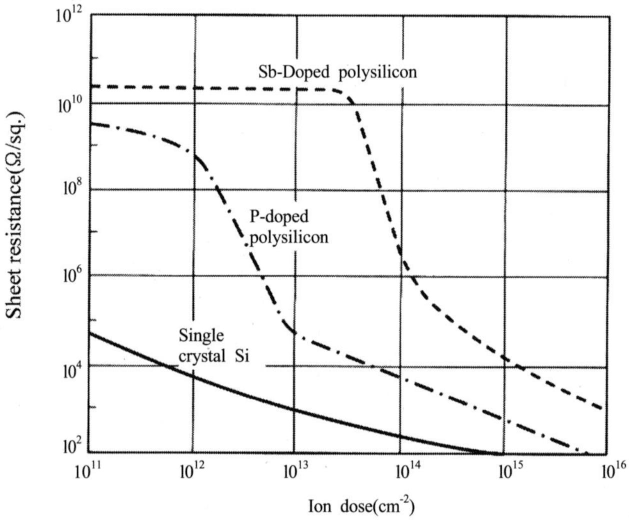


**그림 5.22** 30 keV로 5,000 Å 다결정 실리콘에 이온 주입할 경우, 면 저항의 이온 주입량 의존성

### 1.4.4 금속(텅스텐, W)

VLSI 칩 내의 전기적 신호 및 상호연결을 위한 물질로 일반적으로 Al이 광범위하게 사용되고 있으나 고온 공정에 적합하지 않아 W, Ti, Mo, Ta 등의 고융점 금속(refractory metal)이 점차 그 중요성을 더해 가고 있다. 이와 같은 물질들의 실리사이드 역시 낮은 저항값을 갖기 때문에 도선으로 많이 사용되기도 한다.

표 5.2는 고융점 금속의 종류와 특성들을 나타낸 것이다.

**표 5.2 고융점 금속 종류 및 특성**

| Material | Melting point(℃) | Restivity($\mu\Omega$-cm) | Thermal expansion coefficient($10^{-6}$/℃) |
|---|---|---|---|
| Ti | 1,690 | 43~47 | 8.5 |
| Mo | 2,620 | 5 | 5.0 |
| Ta | 2,996 | 13~16 | 6.5 |
| W | 3,382 | 5.3 | 4.5 |

W은 실리콘에 근접한 온도 팽창 계수를 가지고 있으며 단차 피복 특성이 좋고, 다른 물질에 비하여 저항 성분도 낮기 때문에 중요한 도선 재료로 취급된다. 그러나 W은 실리콘 산화막이나 질화 실리콘 층에 약한 접착력을 가지고 있고, 400℃ 이상에서 산화층을 형성하는 단점이 있다. LPCVD에 의해 W 박막이 만들어지며, 화학 반응식은 다음과 같다.

$$2WF_6 + 3Si \longrightarrow 2W + 3SiF_4(g) \quad (15)$$

$$WF_6 + 3H_2 \longrightarrow W + 6HF(g) \quad (16)$$

처음에 실리콘과 반응된 $WF_6$에 의해 실리콘 소모가 나타나지만, 생성된 W층으로 인하여 실리콘의 소모가 중단되고 $WF_6$와 $H_2$의 연속 반응에 의해 W 박막이 만들어진다. 알맞은 공정 조건에서는 실리콘이 있는 곳에서만 선택적 증착(selective deposition)이 가능하다. 처음 쇼트키 다이오드에 이용되기 시작하여 지금은 VLSI의 접속 도선으로 널리 사용되고 있다.

# 2. ALD (Atomic Layer Deposition)

## 2.1 ALD의 개요

반도체 기술은 과거 수십 년 동안 눈부시게 발전하여 전자 및 정보통신 산업의 급속한 성장에 기여해왔다. 실리콘 반도체 기술의 출현 이후 반도체는 더욱 작은 크기, 빠른 속도, 낮은 전력 소모량, 낮은 단가 등을 위하여 발전되어 왔다. 특히, 반도체 소자의 발전은 집적도의 증가로 대변되는데, 현재의 집적회로에는 선폭이 수백 나노미터에서 수십 나노미터에 이르고 있다. 나노미터 크기의 반도체 소자나 센서, 초소형 기계, 신촉매 등 나노 기능소자를 제작하는 과정에서 가장 중요한 기술은 여러 가지 물질의 박막을 일정한 두께와 복잡한 형태로 만드는 것이다. 이를 위해 가장 많이 사용하고 있는 방법 중의 하나가 CVD 법으로서 기체 상태의 원료를 화학 반응을 통해 원하는 물질의 박막으로 형성하는 기술이다. CVD 법은 탄소나 산소와 같은 불순물의 오염이 크고, 기상 반응에 의한 입자 생성이라는 단점을 가지고 있으며, 기체 상태인 원료 사이의 반응, 원료의 분해, 표면 반응과 확산, 박막의 성장 등 복잡한 과정이 동시에 일어나기 때문에 나노미터 크기의 박막을 여러 단계로 성장시킬 때 정밀한 제어가 힘든 문제가 있다. 이러한 CVD 법의 한계점을 해결하기 위해 고려되고 있는 새로운 기술 중의 하나가 원자나 분자 단위에서 원자층 단위로 박막을 증착하는 ALD(Atomic Layer Deposition) 법이다.

ALD 법은 CVD 기술과는 달리 반응 원료를 각각 분리하여 공급하는 방식으로 한 cycle 증착 과정에서 표면 반응에 의해 1단층(monolayer) 이하의 박막이 형성된다. 원료의 반응 가스를 펄스 형태로 공급하여 기판 위에 화학 흡착된 전구체의 표면반응으로부터 박막을 증착하는데, 각 반응 가스의 펄스 공급 사이에는 불활성 기체를 이용한 배출(purge) 펄스를 삽입하여, 기판 표면에 화학 흡착된 분자 외에는 박막증착 반응에 기여할 수 없도록 하여 표면 반응만을 유도한다. 이러한 펄스들의 조합을 반복하여 주입하면 필요한 균질한 조성과 두께를 가지는 박막을 형성할 수 있다.

ALD 법은 CVD와 PVD 기술에 비해서 여러 가지 우수한 장점을 가지고 있다.

- 400℃ 이하의 상대적으로 낮은 온도에서 증착이 가능
- 원자 단위로 박막이 증착되기 때문에 매우 얇은 박막의 두께 제어가 가능
- 불순물의 함량과 핀홀이 거의 없음
- 높은 종횡비(aspect ratio)에서 우수한 단차 피복성 확보

이러한 우수한 장점에도 불구하고 ALD 공정은 박막증착 메커니즘에 의해서 증착률

이 제한 받는 단점을 가지고 있다. 따라서 현재 ALD의 응용분야는 게이트 산화막, 커패시터 층, 화합물 등과 같이 우수한 특성을 가지면서 얇은 막을 제어할 수 있는 분야를 대상으로 하고 있다.

## 2.2 ALD 증착 원리

ALD 법의 증착 원리는 불활성 기체(Ar, $N_2$ 등)를 이용하여 증착하고자 하는 물질의 반응물들을 독립적으로 웨이퍼 위에 공급하여 하나의 원자층이 증착되며, 원하는 두께로 증착하기 위해 반복적인 반응물의 공급, 배출 과정을 수행하게 된다. 다시 말해 CVD 법과 같이 증착하고자 하는 물질의 반응물들이 동시에 공급되어 기판 위에서 화학 반응을 통하여 박막이 증착되는 것이 아니라 하나의 반응물이 기판에 흡착되어 막이 형성된 후 제2 또는 제3의 기체가 들어와 흡착과 막 형성을 이루게 되는 과정을 거치게 된다. 공급되는 반응물들이 주기적으로 기판 위에 공급과 배출을 반복함으로써 반응물이 기판과 화학적 반응을 일으키는데 이 반응을 자기제한 표면반응(self-limited surface reaction)이라고 한다. 다음의 그림 5.23은 CVD와 ALD의 증착과정에서 이루어지는 반응물 공급 단계를 비교한 그림이다.

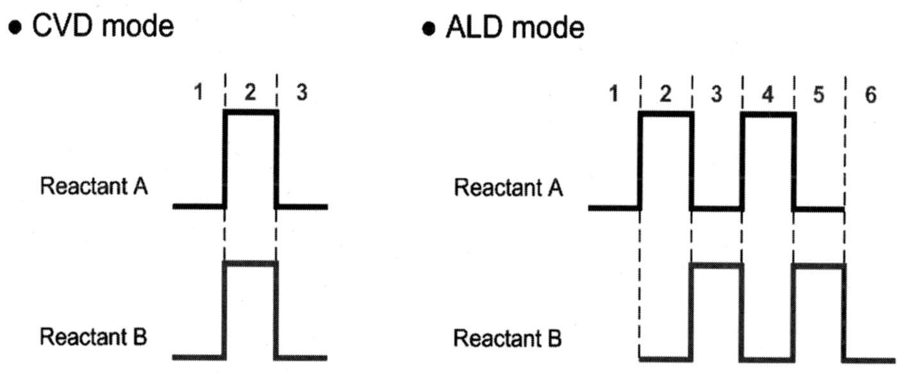


**그림 5.23** CVD와 ALD의 반응물질 공급 단계 비교

자기제한 표면반응은 반응물질과 표면의 반응만 일어나고 반응물질들 사이의 반응은 일어나지 않는 것으로서 원자 단위의 증착을 가능하게 하는 원리이다. ALD 공정에서는 반응물과 기판 사이의 화학 흡착, 표면 반응, 부산물의 탈착 과정을 기초로 한다. 반응물은 단원소 또는 화합물이 사용되며, 반응물은 휘발성이 높고, 안정해야 하며, 반응성이 높아야 한다.

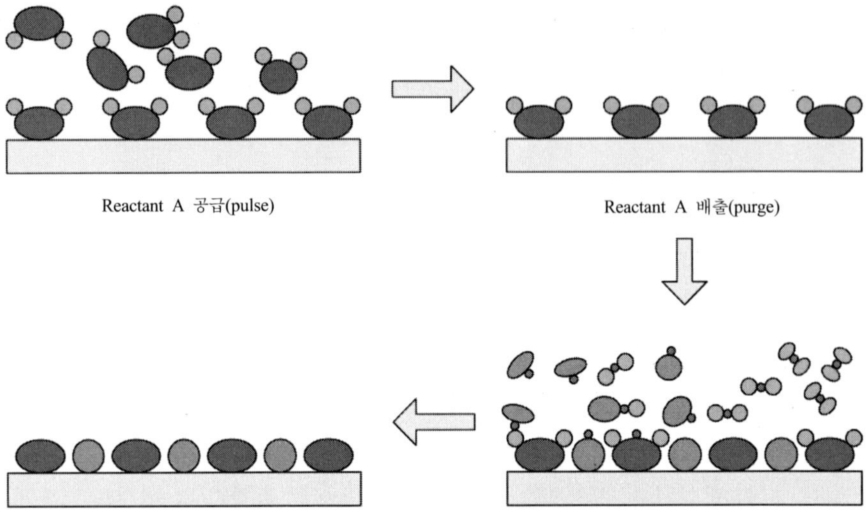


**그림 5.24** ALD에 의한 증착 과정(1사이클)

그림 5.24는 ALD에 의해 1사이클(cycle) 동안 박막이 형성되는 단계를 개략적으로 나타낸 것이다. ALD 공정은 각 반응물(2개의 반응물질인 경우 반응물질(reactant) A, 반응물질 B)들을 기판에 주기적으로 공급(pulse) 및 배출(purge)을 반복하여 박막을 형성하는 것이다. 첫 번째 펄스에서 반응물질 A를 공급하면 기판과 반응 또는 화학흡착이 이루어지고, 반응물질 A들 사이에는 물리흡착(physisorption)을 형성한다. 기본적으로 화학흡착의 에너지는 15~100 kcal/mole이고 이에 비하여 물리흡착의 에너지는 2~10 kcal/mole로 알려져 있다. 기판과의 흡착에 기여하지 않고 남은 부산물들은 작은 결합력으로 인하여 불활성 가스를 이용한 배출 과정을 통하여 챔버로부터 외부로 제거되며, 반응물질 A와 기판 사이에는 큰 결합력을 갖는 화학흡착이 이루어지기 때문에 배출 과정 후에도 흡착된 채로 남아있게 된다. 이러한 화학흡착과 물리흡착의 에너지 차이에 의해 ALD 기술에서 원자층 단위의 조절이 가능하게 된다. AB 화합물을 만들기 위해 두 번째 펄스에서 반응물질 B를 공급하면 반응물질 B와 기판에 흡착되어 있는 반응물질 A와 반응을 하여 A-B 결합이 형성된다. 마찬가지로 반응과 흡착에 관여하지 않는 반응물과 부산물들은 불활성 가스를 이용하여 배출되면 최종적으로 단원자층이 형성된다. 이와 같은 과정이 한 사이클로 구성되며, 이 사이클의 횟수를 조절하여 원하는 두께를 가지는 박막을 구현하게 된다. 이러한 과정에서 각 반응물질들이 기체 상태에서 만나 원하지 않는 조성 또는 물질을 형성하지 않게 하려면 하나의 반응물질을 챔버에 공급한 후에 흡착되고 남은 반응물질을 완전히 배출한 후에 다른 반응물질을 챔

버에 공급해야 한다. 이 과정을 단계별로 설명하면 다음과 같다.

Step 1 : 웨이퍼에 반응물질 A 공급(pulse) → 기판 표면과 반응 후 화학흡착(기판 표면이 원자층으로 증착되면 반응물질 A가 과잉 공급되어도 더 이상 반응하지 않음 : 자기제한 표면반응)

Step 2 : 불활성 기체를 이용한 과잉 반응물질 A의 배출(purge)

Step 3 : 반응물질 A 제거 후 반응물질 B 공급(pulse) → 기판 표면과 반응 후 화학흡착

Step 4 : 불활성 기체를 이용한 과잉 반응물질 B의 배출(purge)

Step 1~4의 과정을 하나의 사이클이라고 하며, 이러한 사이클을 반복하여 원하는 두께의 원자층 박막을 얻게 된다.

## 2.3 ALD 응용 및 기술 동향

21세기 현재 나노급 반도체 공정에서 ALD는 중요한 위치를 차지하기 시작했으며, 점차적으로 다양한 반도체 제조 공정으로 확대되고 있다. ALD 공정은 1970년대 초 핀란드의 Suntola 박사로부터 개발되었으며, 초기에는 II-VI, III-V 화합물 반도체나 LED 계열의 박막에 대하여 주로 연구되었다. 국내의 경우 ALD 장비는 1990년대 후반부터 IPS와 삼성전자가 공동개발 방식으로 반도체 공정에 적용하기 위해 개발하기 시작하였다. 최근 반도체 소자에서는 소자의 회로 선폭이 점점 더 작아지면서 100 nm 이하로 내려가는 추세이다. 이러한 미세 구조를 제작하기 위해 ALD 공정의 필요성이 더욱 증가하고 있는 상황이다.

일례로, DRAM 개발에서 가장 중요한 부분인 커패시터는 회로 선폭이 100 nm 이하로 축소됨에 따라 기존 실리콘 산화막의 낮은 유전 상수를 이용할 수 없기 때문에 고유전율 박막으로 대체되고 있다. 가장 많이 사용되고 있든 커패시터 박막은 ALD를 이용한 $Al_2O_3$가 소자 제작 업체에서 사용되거나 검토되고 있다. 향후 커패시터 공정은 ALD를 이용하여 $HfO_2$와 같은 고유전율 박막으로 전환되며, 나노 라미네이트 박막이나 초격자(superlattice) 구조 분야에 대한 연구개발도 병행될 것으로 예측되고 있다.

로직 소자의 경우에서 게이트 절연막으로 사용 중인 실리콘 산화막은 70 nm 이하급 소자에서 낮은 유전상수 때문에 고유전율 재료로 대체해야 할 것으로 보이는데, IBM 등과 같은 업체에서 ALD를 이용한 박막 실험을 준비하거나 진행 중에 있다. 게이트 절연막은 특히 낮은 두께와 우수한 박막 특성을 요구하고 있어서 ALD 공정의 특성을 살릴 수 있는 장점을 가지고 있다.

금속화 공정의 경우 현재 대표적인 재료가 TiN이다. 과거에는 대부분 PVD 법을 이용하여 금속화 공정을 수행하였으며 이후에는 CVD로 전환되어 왔다. 이러한 방법을 이용하는 경우 선폭이 100 nm 이하로 줄어듦에 따라 단차 피복성의 불량, 고온 공정으로 인한 채널 파괴 등의 문제로 인하여 소자의 기능 저하를 발생시킬 수 있기 때문에 ALD가 가지는 저온 공정 특성으로 우수한 박막을 형성하는 기술이 요구되고 있다.

표 5.3과 같이 ALD가 적용되는 반도체 소자에는 DRAM이나 로직 소자 외에도 다양한 소자가 있다. FRAM에서는 ALD를 이용하여 강유전체 박막인 PZT나 $Al_2O_3$의 증착에 적용되고 있다. MRAM에서는 고유전율 산화막(high-k oxide)을 형성하는데 사용되고 있다. 그밖에도 많은 소자에서 기술 적용이 검토되거나 적용하고 있다.

**표 5.3 ALD 응용 분야 및 관련 재료**

| 응용분야 | 재 료 |
|---|---|
| 확산 방지층(Diffusion barrier) | TiN, TaN, WN, TiSiN, TiAlN, TaSiN |
| 금속층(Metal application) | Ti, Ta, Cu, W |
| 전극(Electrode) | TiN, $RuO_2$, $IrO_2$ |
| 수소 방지층(Hydrogen barrier) | $Al_2O_3$, $TiO_2$ |
| 유전체(Dielectric film) | $SiO_2$, SiN, $Al_2O_3$, $Ta_2O_5$, $HfO_2$, $ZrO_2$, $HfSiO_x$, STO, PZT |
| 화합물(II-VI) | ZnS, ZnTe, CdTe, HgTe |
| 화합물(III-V) | GaAs, AlAs, InP, GaP |
| 보호막(Passivation film) | SiN, SiON |
| 질화막(Nitride film) | GaN, SiN, InN |
| 금속 실리사이드(Metal silicides) | $TiSi_2$, $CoSi_2$ |

## 3. 에피택시

단결정 반도체 위에 격자상수가 동일한 단결정 층을 성장시키는 것을 에피택시(epitaxy)라고 한다. 화학기상증착법은 실리콘 에피택시에 사용된다. 기상으로부터 실리콘 층이 성장하는 것을 기상에피택시(VPE)라 하고, 이것이 실리콘 공정에서 사용되는 에피택시의 가장 흔한 형태이다. 이외에도 액상에피택시(LPE)와 분자선에피택시(MBE)는 GaAs와 같은 화합물 반도체에서 널리 사용되고 있다.

에피택시 성장은 바이폴라 트랜지스터 제작 시, 매립(burried)-컬렉터 형성공정에서 p형 기판 위에 단결정 n형 박막을 성장시키기 위해 처음 사용되었다. 최근에는 CMOS에서 래치-업(latch-up)이라 불리는 회로 불량형태를 억제하기 위해 사용되고 있다.

## 3.1 기상에피택시(VPE)

### 3.1.1 실리콘 반응

4개의 실리콘 원료, 즉 $SiCl_4$(silicon tetrachloride), $SiH_2Cl_2$(dichlorosilane), $SiHCl_3$(trichlorosilane) 그리고 $SiH_4$(silane)이 VPE 성장에서 사용되어 왔다. $SiCl_4$는 가장 많이 사용되며 전형적인 반응 온도는 1,200℃이다. 다른 실리콘 재료도 낮은 반응 온도 때문에 사용된다. $SiCl_4$에서 각 Cl 원자를 H 원자로 치환시키면 반응 온도가 50℃ 정도 감소한다. 실리콘 층의 성장을 위한 $SiCl_4$의 전체 반응은 다음과 같다.

$$SiCl_4(g) + 2H_2(g) \rightleftharpoons Si(s) + 4HCl(g) \quad (17)$$

부가적으로 동시에 일어나는 반응은 다음과 같다.

$$SiCl_4(g) + Si(s) \rightleftharpoons 2SiCl_2(g) \quad (18)$$

결과적으로 $SiCl_4$ 농도가 너무 높으면 실리콘이 성장하지 않고 식각이 된다.

그림 5.25는 반응 가스에서 $SiCl_4$ 농도의 효과를 나타낸 것이다. 여기서 몰비(mole fraction)는 분자의 전체 수에 대해 주어진 시료의 분자수 비로 정의된다. 초기 성장속도는 $SiCl_4$의 농도가 증가함에 따라 선형적으로 증가한다. $SiCl_4$의 농도가 더 증가하면 최대 성장속도에 도달하고 이것 이상에서는 성장속도가 감소하기 시작하여 나중에는 실리콘의 식각이 일어난다. 식 (17)의 반응은 가역적이다. HCl을 포함하고 있는 반응로에 운송가스가 들어가면 식각이 발생한다. 실제로 이 식각작용은 에피택셜 성장 동안 $SiCl_4$와 동시에 발생한다.

가스 상태의 $B_2H_6$(diborane)은 p형 불순물로 사용되고, $PH_3$(phosphine)과 $AsH_3$(arsine)는 n형 불순물로 사용된다. 원하는 도핑농도로 조절하기 위하여 보통 $H_2$를 희석제로 하는 혼합가스를 사용하여 유량(flow rate)을 조절한다. As을 불순물로 사용하는 경우, 표면에서의 성장 메커니즘을 그림 5.26에 나타내었다. 기판표면에 분자가 흡착하여 구성 원자(Si)나 불순물 원자(As)로 분해된 후에 성장 단면(ledge site)으로 이동

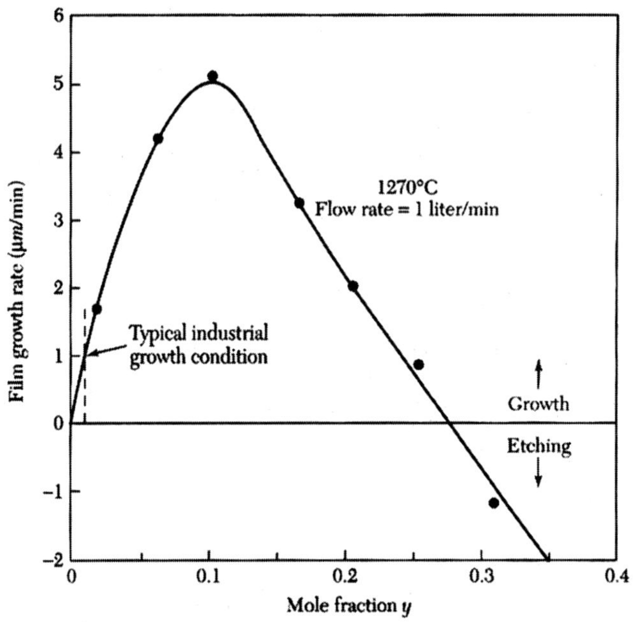


**그림 5.25** 실리콘 에피택셜 성장에 대한 $SiCl_4$ 농도의 효과

한다. 이들 흡착된 원자들이 결정격자 내에서 적당한 위치를 찾아가기에 충분한 이동도를 주기 위하여 에피택셜 성장은 비교적 높은 온도가 필요하다.

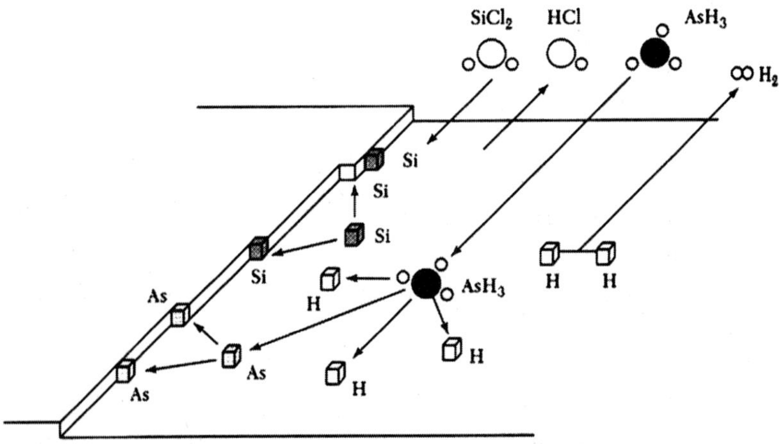


**그림 5.26** As 도핑과 성장 과정

### 3.1.2 성장원리

실리콘 에피택시 층의 성장에 대한 기본 모델을 그림 5.27에 나타내었다. 실리콘 표면에서 기체분자의 유속 $J_s$는 다음과 같이 결정된다.

$$J_s = k_s N_s \tag{19}$$

여기서, $k_s$는 표면반응속도 상수이고, $N_s$는 반응에 포함된 분자의 표면 농도이다. 정상 상태에서 $J_s$는 기체류로부터 확산하는 분자의 유속 $J_g$와 같아야만 한다. 유속 $J_g$는 다음과 같이 근사된다.

$$J_g = (\overline{D_g}/\delta)(N_g - N_s) = h_g(N_g - N_s) \tag{20}$$

여기서, $\overline{D_g}$는 기체 분자에 대한 유효확산 계수이고, $\delta$는 확산이 일어나는 거리이다. $\overline{D_g}/\delta$는 기상 질량전달계수 $h_g$라고 한다. $J_s$와 $J_g$를 이용하면 웨이퍼 표면에 부딪치는 유속을 알 수 있다. 성장속도는 막의 단위부피당 혼합되는 분자의 총수 $N$으로 유속을 나눈 것과 같다.

$$v = \frac{J_s}{N} = \frac{k_s h_g}{k_s + h_g}\frac{N_g}{N} \tag{21}$$

만약 $k_s \gg h_g$이면, 성장은 '물질전달률속'이라 하고 다음과 같이 나타낼 수 있다.

$$v = h_g \frac{N_g}{N} \tag{22}$$

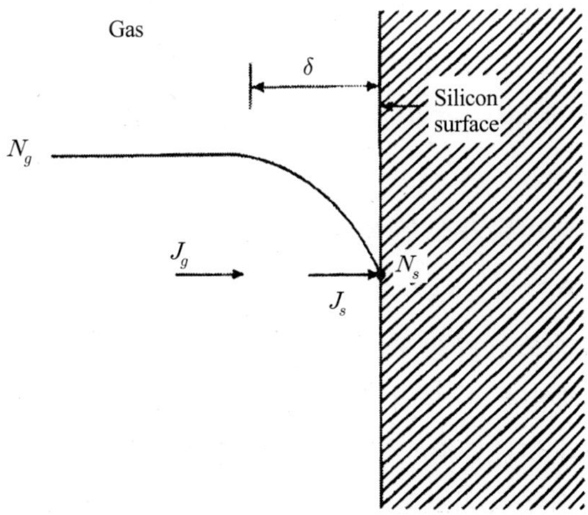


**그림 5.27** 에피택시 성장 과정에 대한 도식적인 모델

만약 $h_g \gg k_s$ 이면, 성장은 '표면 반응률속'이라 하고 다음과 같이 나타낼 수 있다.

$$v = k_s \frac{N_g}{N} \tag{23}$$

그림 5.28은 온도의 함수로서 에피택시 성장속도를 나타낸 것이다. 표면에서의 화학 반응은 활성화 에너지 $E_a$에 의해 특정지어지는 아레니우스 관계를 따르는 경향이 있는 반면 물질 전달과정은 온도에 무관한 특성이 있다. 이들 두 영역이 그림 5.28에 나타나 있다. 낮은 온도에서 성장속도는 대략 1.5 eV의 활성화 에너지를 갖는 아레니우스 관계를 따른다. 높은 온도에서 성장속도는 온도에 무관하게 된다. 우수한 성장속도 조절과 온도 변화에 대한 민감도를 최소화하기 위해 에피택시 성장 조건은 보통 물질전달률속 성장속도를 가지도록 선택되므로 기상 질량전송계수 $h_g$가 중요하게 된다.

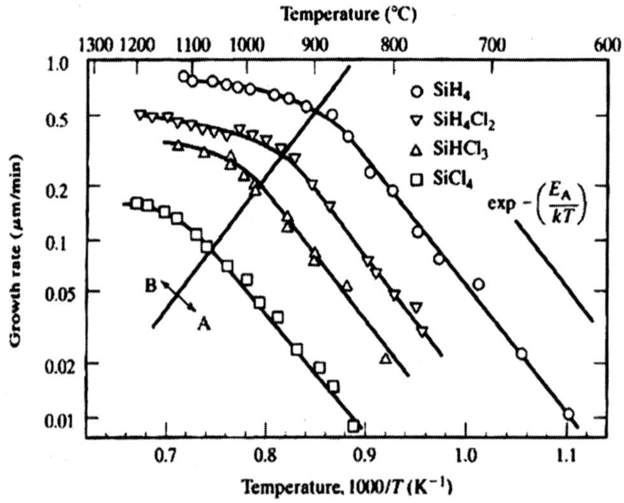


**그림 5.28** 4개의 다른 소스에 대한 실리콘 에피택시 성장 과정의 온도 의존성

### 3.1.3 반응가스 전송

반응종은 가스흐름 속에서 유한한 속도로 전달되어 반도체 기판에 도달한다. 기판에서 이 속도는 마찰 때문에 0이 된다. 기판 가까이에서는 가스속도가 상당히 낮은 영역이 존재한다. 이 영역은 반응종이 반도체 표면에 도달하기 위해 확산해야 하는 경계층을 나타낸다. 그림 5.29(a)는 수평 반응로에서의 이 경계층의 특성을 나타낸 것이다. 경계층 위에서 가스흐름은 라미나 플로(laminar flow), 즉 평행류로 흐른다. 그림 5.29(b)는 길이 $L$인 지지대 위의 경계층을 확대하여 나타낸 것이다.

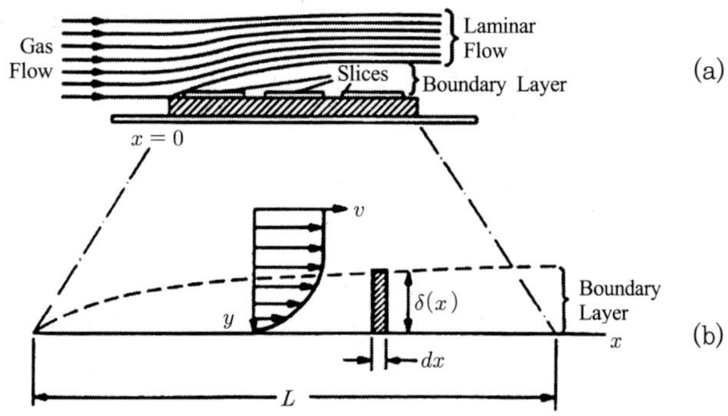


**그림 5.29** (a) 평면 기판 위의 가스 흐름의 경계층 발생, (b) 경계층의 확대 그림

지지대에서 멀리 떨어진 곳에서의 가스 흐름은 균일한 속도 $v$를 갖는 라미나 플로이다. 지지대 표면 바로 오른편에서 가스속도는 0이다. 여기서, $x$방향으로 작용하는 단위면적당의 마찰력은 다음과 같이 표현할 수 있다.

$$F\,(\text{마찰력}) = \mu\frac{\partial v}{\partial y} \tag{24}$$

여기서, $\mu$는 가스의 점도이다.

그림 5.29(b)의 빗금 친 부분에서 지면에 수직인 방향으로 단위길이를 갖는 체적소 부분을 고려하면, 이 부분에 작용하는 주된 힘은 마찰력 $F$이다. 이 부분에서의 가속도는 다음 식과 같이 표현할 수 있다.

$$\alpha \equiv \frac{dv}{dt} = \frac{dv}{dx}\cdot\frac{dx}{dt} = \frac{dv}{dx}v \tag{25}$$

이 부분의 질량은 $\rho_d\delta(x)$이고, $\rho_d$는 가스의 밀도이다.

Newton의 제2법칙에 식 (24)와 (25)를 적용하여 다음 식을 얻을 수 있다.

$$F = \mu\frac{dv}{dy} = \rho_d\delta(x)v\frac{dv}{dx} \tag{26}$$

미분계수 대신에 차분을 취하면, 식 (27) 또는 (28)을 얻을 수 있다.

$$\mu\frac{v}{\delta(x)} = \rho_d\delta(x)v\frac{v}{x} \tag{27}$$

$$\delta(x) = \sqrt{\frac{\mu x}{\rho_d v}} \tag{28}$$

여기서, $\delta(x)$는 경계층 두께이고, 이는 가스의 밀도, 속도, 점도에 의해 좌우된다. 또

$\delta(x)$는 거리의 제곱근에 따라 증가한다. 전체 평판면에 걸친 평균경계층 두께 $\bar{\delta}$는 다음과 같이 나타낼 수 있다.

$$\bar{\delta} = \frac{1}{L}\int_0^L \delta(x)dx = \frac{2}{3}\sqrt{\frac{\mu L}{\rho_d v}} \tag{29}$$

질량전송계수를 구하는데 $\bar{\delta}$를 사용할 수 있다. 위에 언급한 바와 같이 반응종이 반도체 표면에 도달하려면 경계층을 통하여 확산되어야만 한다. 확산하는 불순물의 유속은 다음 식과 같다.

$$F_1 = D_g\frac{dC}{dy} \simeq \frac{D_g}{\bar{\delta}}(C_g - C_s) \tag{30}$$

여기서, $D_g$는 가스에서의 반응종의 확산도이다. 식 (29)와 (20)을 이용하여 질량전송계수를 구할 수 있다.

$$h_g = \frac{D_g}{\bar{\delta}} = \frac{3}{2}D_g\sqrt{\frac{\rho_d v}{\mu L}} \tag{31}$$

## 3.2 분자선 에피택시(MBE)

### 3.2.1 반응장치

분자선 에피택시(MBE: Molecular Beam Epitaxy)는 초고진공 상태($\sim10^{-10}$ torr)에서 분자류나 원자류를 이용하여 결정표면에 에피층을 형성시키는 공정이다. 분자선 에피택시는 화학적 조성과 도핑 프로파일을 정밀하게 조절할 수 있는 장점이 있다. 초고진공과 소스조절 등의 기술이 개발되기 전까지는 에피택시 성장에 분자선 에피택시 기술을 직접적으로 적용하기 어려웠으나 최근에 부수적인 기술들이 크게 발전되어 분자선 에피택시 방법은 반도체의 에피택시 성장을 위해서 없어서는 안될 중요한 기술로 정착되어 가고 있다. 그림 5.30은 분자선 에피택시 시스템을 나타낸 것이다.

이 시스템은 스테인리스 강(stainless steel)으로 만들어졌으며 이온(ion), 크라이오(cryo), 터보몰레큘(turbomolecular), 흡착(sorption) 및 승화(sublimation) 펌프들의 적절한 조합으로 초고진공도를 유지할 수 있다. 분자선들은 너드센(Knudsen)형 분출셀의 가열에 의하여 분출되며, 분출셀 온도는 초고진공($10^{-11}\sim10^{-10}$ torr) 시스템 속에서 ±1℃의 오차 범위 내에 있도록 정확하게 제어된다. 분출셀들은 BN(Boron Nitride)으로 만들어져 있고, Ta 선이나 저항 성분의 얇은 막으로 가열된다. 분출셀 앞에 놓여있는 셔터는 성장시키고자 하는 물질이나 도핑될 물질들의 빔들을 차단하거나 분출할

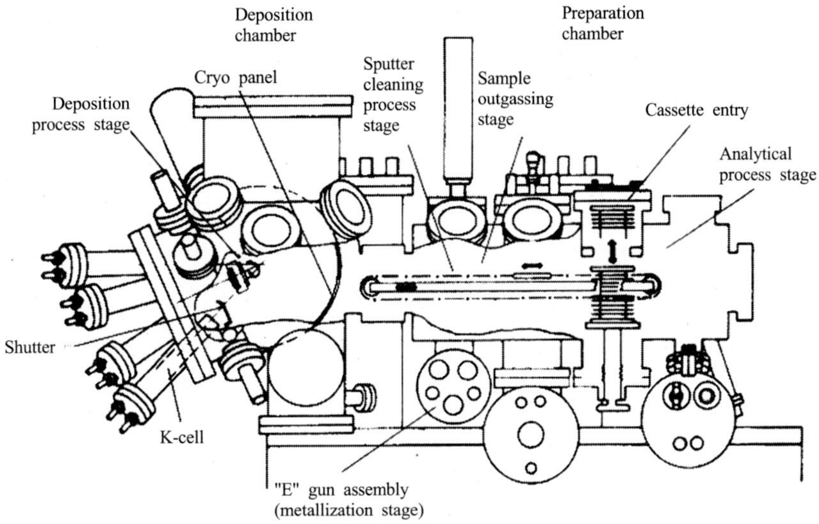


**그림 5.30** 전형적인 분자선 에피택시 시스템

수 있도록 하는 기능을 수행한다. 반사 고에너지 전자 회절(RHEED : reflection high energy electron diffraction) 장치가 부착되어 에피 성장 전의 기판 조사 및 에피 성장 중 성장되는 실질적인 에피층 두께 측정이 가능하다. 질량 분석기(mass spectrometer)는 MBE 반응로 내의 기체 성분 감시와 기체 누설 검출을 위해서 반드시 필요한 기기이다. 오저전자현미경(AES: Auger electron spectroscopy), X-선 광전자현미경(XPS: X-ray photoelectron spectroscopy), 2차 이온 질량분석기(SIMS: Secondary ion mass spctroscopy) 등이 표면 분석과 평가를 위하여 장착되기도 하는데, 이런 장치들은 불순물 오염방지를 위하여 일반적으로 준비실에 설치되어 있다. 이온 스퍼터 역시 에피성장 전에 기판 표면을 청결하게 하기 위하여 이 시스템에 장착되어 있다.

### 3.2.2 MBE에서의 분자 거동

분자선 에피택시는 진공 시스템 안에서 이루어지는 증발(evaporation) 법을 사용한다. 진공 기술에서 중요한 변수는 단위 시간당 얼마나 많은 분자가 기판의 단위 영역에 충돌하는가, 즉 분자 충돌 비율이다. 분자 충돌 비율 $\Phi$는 분자의 무게, 온도, 그리고 압력의 함수이다. 이 비율은 식 (32)와 (33)으로 표현될 수 있다.

$$\Phi = P(2\pi mkT)^{-1/2} \tag{32}$$

$$\Phi = 2.64 \times 10^{20}\left(\frac{P}{\sqrt{MT}}\right) \text{molecules/cm}^2 \cdot \text{s} \tag{33}$$

여기서, $P$는 압력(Pa), $m$은 분자 질량(kg), $k$는 볼츠만 상수(J/K), $T$ 온도(K), 그리고 $M$은 분자의 무게이다.

따라서 300 K와 $10^{-4}$ Pa에서 산소($M$=32)의 분자 충돌 비율은 $2.7\times10^{14}$ molecules/$cm^2 \cdot s$이다. 분자는 움직이는 동안 다른 분자들과 충돌한다. 모든 분자들이 서로 연속적인 충돌 사이에서 진행된 평균 거리를 평균 자유 경로(mean free path)라고 한다. 이것은 단일 충돌 이론으로부터 유도될 수 있다. 지름이 $d$이고, 속도가 $v$인 분자는 $\delta t$ 시간 동안 $v\delta t$ 거리만큼 이동한다. 분자의 중심이 다른 분자의 중심 거리 $d$ 이내에 있다면, 이 분자는 다른 분자와 충돌한다. 그러므로 충돌이 없다면 분자는 지름 $2d$의 원통을 이동한다. 원통의 부피는 다음 식과 같이 표현된다.

$$\delta V = \frac{\pi}{4}(2d)^2 v\delta t = \pi d^2 v\delta t \tag{34}$$

농도는 $n$ molecules/$cm^3$이므로 분자 하나가 차지하는 부피는 평균적으로 $1/n$ $cm^3$이다. 부피 $\delta V$가 $1/n$과 같을 때 평균적으로 하나의 다른 분자를 포함해야 하기 때문에 충돌이 발생한다. $\tau = \delta t$가 충돌 간의 평균시간이라고 하면, 다음 식을 얻을 수 있다.

$$\frac{1}{n} = \pi d^2 v\tau \tag{35}$$

평균 자유 경로 $\lambda$는 다음과 같이 표현된다.

$$\lambda = v\tau = \frac{1}{\pi n d^2} = \frac{kT}{\pi P d^2} \tag{36}$$

상온에서 공기 분자(분자 지름 3.7 Å)에 평균 자유 경로는 식 (37) 또는 (38)과 같이 표현될 수 있다.

$$\lambda = \frac{kT}{\sqrt{2}\,\pi P d^2} \tag{37}$$

$$\lambda = \frac{0.66}{P(\text{in Pa})}\text{cm} \tag{38}$$

그러므로, $10^{-8}$ Pa의 시스템 압력 하에서 평균 자유 경로는 약 660 km이다.

### 3.2.3 MBE 공정

그림 5.31은 도핑된 GaAs와 $Al_xGa_{1-x}As$ 에피층을 성장시키기 위한 분자선 에피택시 장치의 개략도를 나타낸 것이다. PBN(pyrolytic boron nitride)으로 만들어진 분리된

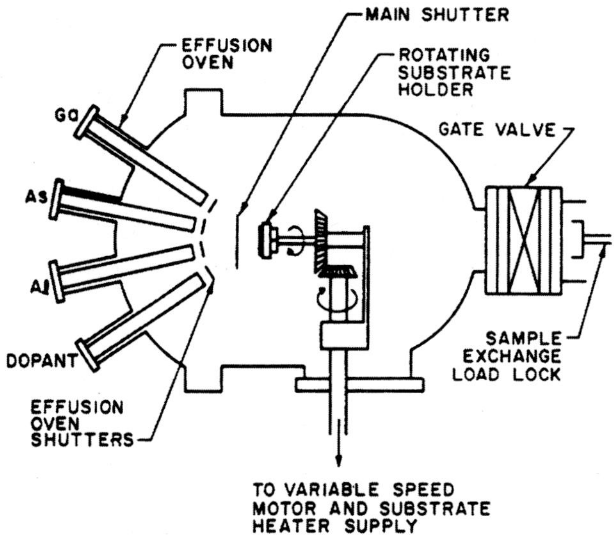


**그림 5.31** GaAs와 $Al_xGa_{1-x}As$의 분자선 에피택시 성장 장치 개략도

분출셀들은 각각 Ga, As 그리고 불순물을 증발시키는데 사용된다. 모든 분출셀은 초고진공실(~$10^{-10}$ torr) 안에 내장된다. 각 오븐의 온도는 원하는 증발속도를 주도록 정밀조정된다. 기판 홀더는 균일한 에피택셜층을 얻기 위하여 계속 회전시킨다. 시편 교환장치(load lock)는 기판 교환 시에 초고진공 상태를 계속 유지하게 한다. GaAs를 성장시키려면 As의 압력을 높게 유지해야 한다. 왜냐하면 GaAs에 대한 Ga의 부착계수는 1인 반면, As의 부착계수는 미리 Ga 층을 증착시키지 않는 한 0이기 때문이다.

분자선 에피택시는 기상에피택시에 비해 폭 넓게 여러 불순물을 사용할 수 있고, 불순물 프로파일을 정확히 조절할 수 있다. 그러나 도핑공정은 기상에피택시의 경우와 비슷하며 증발된 불순물 원자의 유속은 표면에 도착하여 격자 중의 위치를 선택하여 성장면에 집어 넣어진다. 도핑 프로파일의 미세조절은 Ga 원자의 유속에 대한 불순물 유속을 조정함으로써 이루어진다. 분자선 에피택시에서 기판 온도는 400~900℃ 범위이고, 성장속도는 0.001~0.3 $\mu$m/min 범위이다. 성장 시 낮은 온도 공정과 낮은 성장속도 때문에 보편적인 기상에피택시에서 이룰 수 없는 여러 특이한 도핑 프로파일과 성분비 변화가 분자선 에피택시에서는 가능하다. 많은 독특한 구조가 분자선 에피택시를 사용하여 만들어지고 있다. 각각 100 Å 이하의 두께층을 갖는 GaAs/ $Al_xGa_{1-x}As$을 반복하여 구성하는 주기적 구조인 초격자(superlattice) 구조와 이종접합(heterojunction) MESFET가 그 예이다.

## 4. 물리기상증착 (PVD)

PVD는 물리기상증착(physical vapor deposition)을 뜻한다. 이것은 고체 재료들을 가열 또는 스퍼터링(sputtering)해서 기판 표면에 고체 박막을 형성시키는 기술이다. 물리기상증착법은 반도체 산업에서 금속화 공정들에서 중요한 역할을 한다. CVD 공정은 가스나 증기를 사용하는 반면, PVD 공정은 고체 소스를 사용하므로 기판 표면에서 화학적 반응이 없다. 일반적으로 CVD 법으로 증착된 박막은 더 우수한 단차 피복성을 갖고, PVD 법으로 증착된 박막은 낮은 불순물 농도와 낮은 저항을 가진다. 그림 5.32는 CVD와 PVD 공정의 차이를 나타낸 것이다.

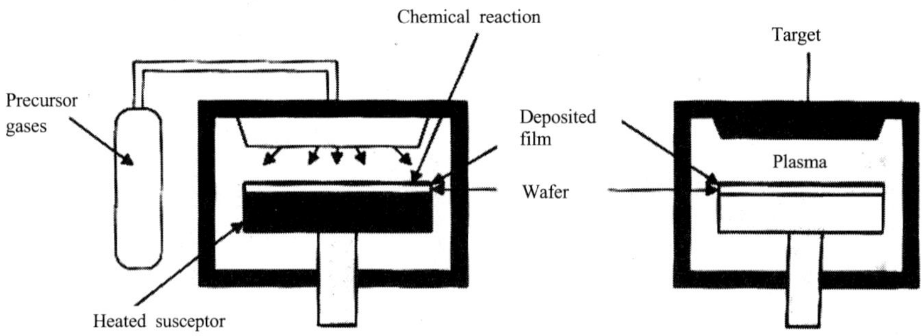


**그림 5.32** 화학기상증착과 물리기상증착 공정의 비교

PVD 공정에서는 주로 두 가지 방법들이 사용되는데 증발법(evaporation)과 스퍼터링법이다. 스퍼터링법은 우수한 균일성과 신뢰성을 가지는 고순도, 저저항 금속 박막을 증착할 수 있기 때문에 반도체 산업에서 주로 사용하는 공정이다. 스퍼터링법에서 가장 기본이 되는 것은 플라스마를 이용하여 기판에 타깃 물질과 동일한 종류의 박막을 성장시키는 것이다. 이때 플라스마는 동일한 수의 양전하와 음전하를 가지는 이온화된 가스이며, 그 외에도 이온, 전자, 중성 원자 또는 분자들로 구성되어 있다. 플라스마에서의 세 가지 주요 과정은 이온화, 여기-완화, 해리 과정이다. 이러한 과정은 플라스마를 발생시켜 유지하고, 글로우 가스 방전을 일으키며, 플라스마 방전 중에 기체를 분리하여 여러 종류의 기 또는 하전 입자를 생성한다. 플라스마 방전은 열을 가하지 않고 반응을 촉진시키는 작용이 있으며 화학적으로는 활성화 에너지를 저하시키는 효과가 있어 저온 공정을 필요로 하는 작업에 매우 유용하다.

## 4.1 플라스마 기초

플라스마 공정은 반도체 제작에 폭 넓게 사용된다. 예를 들어, 집적회로 제작 공정에서 모든 패턴 식각은 플라스마 식각 또는 건식 식각 공정을 이용하며 플라스마 보강 CVD와 고밀도 플라스마 CVD(HDP-CVD) 법은 유전체 증착을 위해 널리 사용된다. 이온 주입기(ion implanter)는 웨이퍼 도핑을 위해 이온을 발생시키고, 웨이퍼 표면의 양전하를 중성화시키는 전자를 공급하기 위해 플라스마 소스를 사용한다. 또한, 플라스마는 PVD 공정 중 스퍼터링법에 사용된다.

### 4.1.1 플라스마 정의

플라스마는 반도체 산업에서 '양전하와 음전하가 동일하게 존재하는 이온화된 가스'로 정의된다. 더 정확하게 표현하면, 플라스마는 집단적인 거동을 하는 반중성(quasi-neutral) 가스이다.

#### 1) 플라스마 구성

플라스마는 중성 원자 또는 분자, 음전하(전자), 그리고 양전하(이온)로 구성된다. 플라스마에서 전자 농도는 이온 농도와 거의 같다($n_e \simeq n_i$). 총 농도에 대한 전자의 농도 비는 이온화 비율로 정의된다.

$$\text{Ionization} = n_e/(n_e + n_n) \tag{39}$$

여기서, $n_e$는 전자 농도, $n_i$는 이온의 농도이며, $n_n$은 중성 입자의 농도이다. 이온화 비율은 주로 전자 에너지에 의해서 결정되지만 가스 종류에도 관련된다. 예를 들면, 태양을 플라스마의 큰 구체로 가정하면 태양의 끝부분에서 이온화 비율은 상대적으로 낮은 온도(약 6,000℃) 때문에 매우 낮을 것이다. 반면 태양의 중심부에서는 모든 가스 분자들이 이온화될 정도로 온도가 매우 높기(~10,000,000℃) 때문에 이온화 비율은 거의 100%가 될 것이다. 반도체 공정에서 사용되는 플라스마는 일반적으로 매우 낮은 이온화 비율을 가진다. 예를 들면, 두 개의 병렬 판 전극을 갖는 플라스마 보강 화학기상증착에서 발생된 플라스마의 이온화 비율은 약 백만 분의 일에서 천만 분의 일로 0.0001% 보다 낮다. 두 개의 병렬 판 전극을 갖는 플라스마 식각 챔버에서 이온화 비율은 조금 높다. 이온화 비율이 0.01% 보다 낮기 때문에 약 만 개의 원자 또는 분자 중 하나가 이온화된다. 심지어 가장 일반적으로 사용되는 두 가지 고밀도 플라스마 소스인 ICP(Inductively Coupled Plasma) 또는 ECR(Electron Cyclotron Resonance)도 이온화 비율이 1~5% 정도로 여전히 낮다. 플라스마 반응장치(reactor)의 이온화 비율은 주로 전자 에너지에 의해 결정되지만 압력, 전극 간격, 공정 가스의 종류 그리고 플라스마 챔버 디자인에도 관련된다.

### 2) 플라스마 생성

플라스마를 발생시키기 위해 외부 에너지 소스가 필요하다. 반도체 공정에서 플라스마를 발생시키기 위한 몇 가지 방법이 있다. DC 바이어스를 갖는 열 필라멘트는 주로 이온 소스와 이온 주입기의 플라스마-유출(plasma-flooding) 시스템에서 플라스마를 발생시키는데 사용된다. 대부분의 물리기상증착 시스템은 플라스마를 발생시키기 위해 DC/RF 전력 공급기를 사용한다. 대부분의 플라스마 보강 화학기상증착 시스템과 플라스마 식각 챔버에서 플라스마는 그림 5.33에 나타낸 것과 같이 진공 챔버에 있는 두 개의 병렬 판 전극 사이에 인가된 RF에 의해 발생된다. 이것은 두 개의 판 전극이 마치 캐피시터의 전극과 흡사하기 때문에 용량성 결합 플라스마 소스(capacitively coupled plasma source)라고 부른다.

RF 전력이 전극에 인가될 때 전극 사이에 전기장 변화가 유도된다. RF 전력이 충분히 높으면 자유 전자는 이온과 챔버 내의 원자 또는 분자에 충돌하기에 충분한 에너지를 얻을 때까지 전기장 변화에 의해 가속된다. 이온화 충돌의 종속성 때문에 챔버 전체는 곧 동일한 수의 전자들과 이온들로 가득 찬다. 플라스마에서 몇몇의 전자들과 이온들은 전극들과 챔버 벽과의 충돌에 의해 소모되며, 전자들과 이온들 사이의 재결합(recombination) 충돌에 의해서도 소모된다. 이온화 충돌을 통한 전자의 발생 비율이 전자의 손실 비율과 같을 때 플라스마는 안정화되었다고 말한다.

DC 플라스마 소스, ICP(Inductively Coupled Plasma), ECR(Electron Cyclotron Resonance), 그리고 마이크로웨이브 원격 플라스마 소스(microwave remote plasma source) 같이 플라스마 소스는 상이하더라도 플라스마 발생 과정은 모두 유사하다.

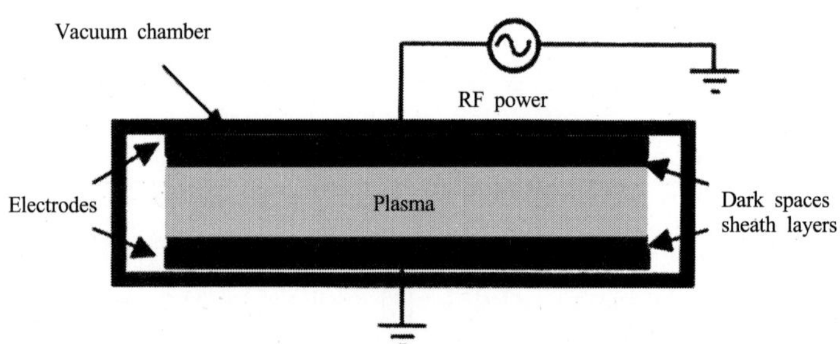


**그림 5.33 용량성 결합 플라스마 소스**

### 4.1.2 플라스마에서의 충돌

플라스마 내부의 충돌은 탄성 충돌과 비탄성 충돌 두 가지가 있다. 탄성 충돌은 빈번히 일어나지만, 충돌하는 입자들 사이의 에너지 교환이 없기 때문에 중요하지 않다. 플라스마에서 동시에 일어나는 비탄성 충돌의 종류는 전자와 중성 입자 사이의 충돌, 이온과 중성 입자, 이온과 이온, 전자와 이온 등과 같이 다양하다. 충돌의 종류에 따라 발생 확률이 다르기 때문에 충돌 형태에 대한 중요성은 차이가 있다. 반도체 공정에서 사용되는 플라스마에서는 이온화(ionization), 여기-완화(excitation-relaxation), 해리(dissociation) 등의 과정이 중요하다.

#### 1) 이온화 과정

전자가 원자 또는 분자와 충돌할 때 전자는 자체 에너지의 일부분을 원자 또는 분자의 핵에 의해 정의된 궤도 전자로 옮길 수 있다. 그림 5.34와 같이 궤도 전자가 핵의 속박으로부터 벗어날 만큼 충분한 에너지를 얻는다면 이것은 자유 전자가 될 것이다. 이 과정을 전자 충돌 이온화(electron impact ionization)라고 부른다. 이온화 충돌(ionization collision)은 다음과 같이 표현된다.

$$e^- + \mathrm{A} \longrightarrow \mathrm{A}^+ + 2e^- \tag{40}$$

여기서, $e^-$는 전자 하나를, A는 중성 원자 또는 분자를, 그리고 $\mathrm{A}^+$는 양이온을 나타낸다. 이온화는 플라스마를 발생시키고 유지시키기 때문에 매우 중요하다.

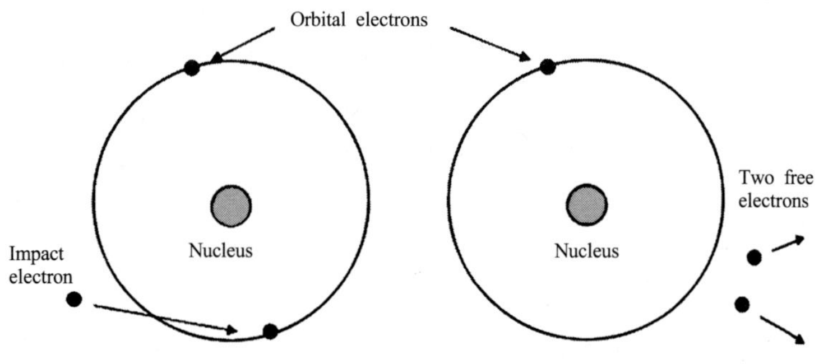


**그림 5.34** 이온화 충돌

#### 2) 여기-완화 과정

때때로 궤도 전자는 충돌 전자로부터 핵의 속박으로부터 벗어나기 위한 충분한 에너지를 얻지 못한다. 그러나 충돌이 궤도의 더 높은 에너지 레벨로 올라가기 위하여 궤도 전자에 충분한 에너지를 전달하면, 그림 5.35에 나타낸 것처럼 될 것이다. 이 과정을 여기(excitation)라 부르며, 다음과 같이 표현된다.

$$e^- + \mathrm{A} \longrightarrow \mathrm{A}^* + e^- \tag{41}$$

여기서, $A^*$는 A의 여기된 상태이고 더 높은 에너지 레벨 궤도에 있는 전자를 갖고 있음을 표현한 것이다.

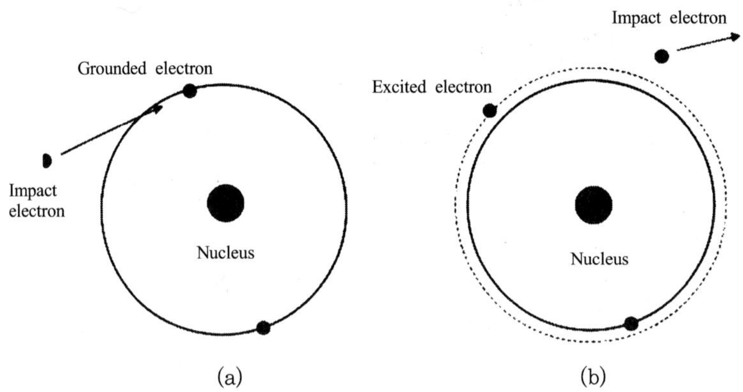


**그림 5.35** 여기 충돌에 대한 궤도 전자: (a) 충돌 전, (b) 충돌 후

여기된 상태는 불안정하며, 짧은 수명을 가진다. 여기된 궤도에 있는 전자는 오랜 기간 높은 에너지 레벨 궤도에 머무르지 못하고, 낮은 에너지 레벨을 갖는 궤도 또는 접지 상태로 떨어진다. 이 과정을 완화(relaxation)라고 하며, 그림 5.36에 나타내었다. 여기된 원자 또는 분자는 빠르게 완화되고, 광자(photon) 형태의 전자 충돌로부터 얻어지는 여분의 에너지를 방출하면서 빛을 방사한다.

$$\mathrm{A}^* \longrightarrow \mathrm{A} + h\nu(\mathrm{photons}) \tag{42}$$

여기서, $h\nu$는 광자의 에너지, $h$는 플랑크 상수이며, $\nu$는 방사되는 빛의 주파수로 플라스마로부터 방사되는 빛의 색을 결정한다. 상이한 원자 또는 분자는 다른 궤도 구성과 에너지 레벨을 가진다. 그러므로 빛 방사 주파수가 다르다. 이것이 플라스마가 다양한 색의 가스 발광을 갖는 이유이다. $O_2$의 발광은 회색이 도는 파랑이고, $N_2$는 핑크, Ne 빛은 붉은색, F는 주홍색(오렌지-레드)이다.

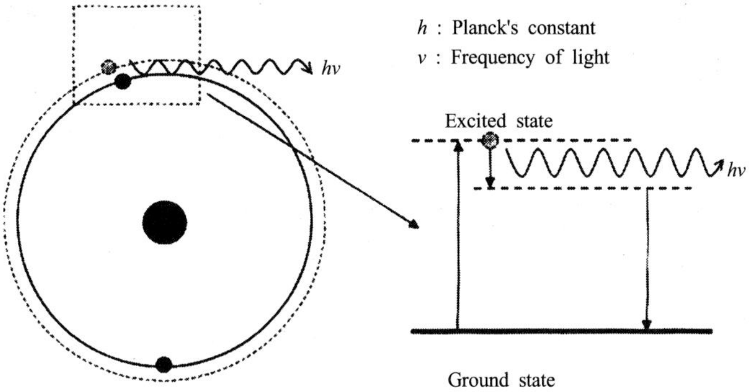


**그림 5.36** 완화 과정

빛 방사의 변화 감지는 식각 그리고 CVD 챔버 세정 공정의 종점을 결정하기 위해 반도체 공정에 널리 사용된다.

### 3) 해리 과정

전자가 분자와 충돌할 때 화학적 결합이 깨질 수 있고, 분자 충돌에 의해 전달된 에너지가 분자 결합 에너지보다 더 높다면 자유 기(free radical)를 발생시킬 수 있다. 해리 과정은 다음처럼 표현된다.

$$e^- + \mathrm{AB} \longrightarrow \mathrm{A} + \mathrm{B} + e^- \qquad (43)$$

여기서, AB는 분자이며, A와 B 모두는 해리 과정에 의해 발생된 자유 기이다. 자유 기는 적어도 하나의 짝지어지지 않은 전자를 갖는 분자 파편으로, 분자를 불안정하게 만든다. 자유 기는 안정한 분자를 형성하기 위해 다른 원자 또는 분자로부터 전자를 뺏는 경향이 매우 강하기 때문에 화학적인 반응성이 매우 크다. 자유 기는 식각과 CVD 공정에서 화학 반응을 강화시킬 수 있다. 그림 5.37은 해리 과정을 나타낸 것이다.

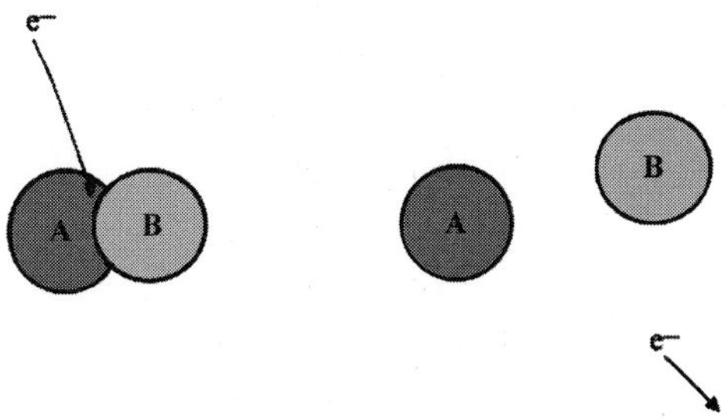


**그림 5.37** 해리 과정

예를 들면, 산화물 식각과 CVD 챔버 세정 공정에서 $CF_4$가 자유기를 발생시키는데 사용된다.

$$e^- + CF_4 \longrightarrow CF_3 + F + e^- \qquad (44)$$

또, 플라스마 보강 CVD 산화막 공정에서 $SiH_4$과 $N_2O$가 자유 기를 발생시키는데 사용된다.

$$e^- + SiH_4 \longrightarrow SiH_2 + 2H + e^- \qquad (45)$$

$$e^- + N_2O \longrightarrow N_2 + O + e^- \qquad (46)$$

F, $SiH_2$, 그리고 O 같은 자유 기는 화학적으로 매우 민감하다. 이것은 플라스마가 CVD 공정과 식각 공정에서 화학적 반응을 보강할 수 있는 이유이다.

### 4) 기타 충돌

재결합, 전하교환(charge-exchange), 피치-앵글 산란(pitch-angle scattering), 그리고 중성입자-중성입자 간 충돌(neutral-neutral collisions) 등과 같은 플라스마에서의 다른 충돌들은 플라스마를 이용한 공정에서는 중요하지 않다.

몇몇 충돌은 둘 또는 그 이상 다른 종류의 충돌이 결합된 것이다. 표 5.4는 플라스마 보강 화학기상증착 공정의 $SiH_4$ 플라스마에서 몇몇 가능한 충돌 과정을 나타낸 것이다. 이 표에서 거의 모든 충돌은 순수한 해리 충돌이고, 일부분은 해리와 여기, 해리와 이온화의 결합이다.

**표 5.4 플라스마 충돌 과정**

| Collisions | Byproducts | Energy of Formation |
|---|---|---|
| $e^- + SiH_4 \rightarrow$ | $SiH_2 + H_2 + e^-$ | 2.2 eV |
| | $SiH_3 + H + e^-$ | 4.0 eV |
| | $Si + 2H_2 + e^-$ | 4.2 eV |
| | $SiH + H_2 + H + e^-$ | 5.7 eV |
| | $SiH_2^* + 2H + e^-$ | 8.9 eV |
| | $Si^* + 2H_2 + e^-$ | 9.5 eV |
| | $SiH_2^+ + H_2 + 2e^-$ | 11.9 eV |
| | $SiH_3^+ + H + 2e^-$ | 12.32 eV |
| | $Si^+ + 2H_2 + 2e^-$ | 13.6 eV |
| | $SiH^+ + H_2 + H + 2e^-$ | 15.3eV |

## 4.2 스퍼터링 법

### 4.2.1 스퍼터링

PVD의 한 형태인 스퍼터링은 Sir William Robert Grove에 의해 1852년에 제안되었으며 Langmuir에 의해 1920년대에 박막증착 기술로 개발되었다. 이 기술의 이름이 의미하듯이 스퍼터링은 화학적 과정이기보다는 주로 물리적 과정이다. 스퍼터링에서 기본적인 개념은 플라스마 내 이온화된 Ar 가스의 형성이다. Ar은 상대적으로 무겁고 화학적으로 불활성이기 때문에 스퍼터링 이온 종류로서 가장 많이 사용된다. Ar은 성장하는 박막 또는 타깃과 반응하지 않는다. 고에너지 전자가 중성 Ar을 때리면, 그 충돌은 외각 전자들을 때리게 되고 양으로 대전된 Ar 이온을 생성하게 된다. 이러한 활동적인 입자는 스퍼터링 되는 음으로 대전된 타깃 물질을 때리기 위해 사용된다. 스퍼터링된 원자들은 진공을 통하여 이동하여 웨이퍼 표면에 증착된다. 스퍼터링의 장점과 단점을 표 5.5에 나타내었다.

스퍼터링은 초기의 금속화 기술인 증발법(evaporation)에 비해 많은 특성이 개선되었지만, 단차 피복성이나 높은 종횡비(aspect ratio)에 대한 문제점이 여전히 남아있다. 그러나 스퍼터링 공정은 Cu 금속화에서 사용되는 Ta/TaN 같이 중요한 확산 방지층과 시드층을 증착하는데 사용되고 있다.

**표 5.5 스퍼터링 시스템의 장점과 단점**

| 장점 | 단점 |
|---|---|
| • 넓은 면적에서 균일한 박막증착 가능<br>• 박막 두께의 조절이 비교적 용이함<br>• 진공증착에 비하여 보다 정확한 합금 성분 조절 가능<br>• 입자 구조(grain structure), 응력 등의 조절 가능<br>• 전처리 청결 공정 가능 | • 고가 장비<br>• 낮은 증착률($SiO_2$)<br>• 불순물 증착 |

### 4.2.2 스퍼터링 수율

스퍼터링 공정은 입사 입자당 이탈된 타깃 원자들의 수로 정의되는 스퍼터링 수율로 정량화된다. 수율은 타깃 종류, 충돌 이온의 입사각, 에너지 특성에 좌우되나, 타깃 온도에는 상대적으로 덜 민감하다. 또, 수율은 충돌 입자의 이온화 여부와는 상관이 없다. 사실, 입사 이온들은 충돌 전에 전계 방출 전자(field emitted electron)에 의해 거의 모두가 중성화된다. 스퍼터링 수율은 충돌 입자의 질량이 타깃 원자와 동일한 크기나 그 이상일 때 가장 크게 되는 경향이 있다. 불활성 가스 이온들의 사용은 타깃과 기판에서의 화학 반응을 방지한다. 따라서 Ar이 타깃과의 질량 호환성과 낮은 가격 등으로 인하여 가장 많이 사용된다.

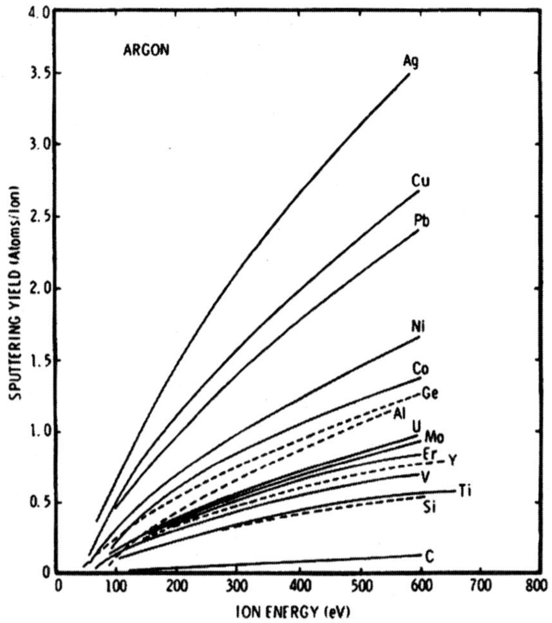


**그림 5.38** 수직 이온 입사 하에서 일부 물질들에 대한 수율 대 이온 에너지

스퍼터링 수율은 실험적으로 결정된다. 그림 5.38은 수직 이온 입사 하에서 몇 가지 물질에 대한 수율 대 이온 에너지를 나타낸 것이다. 부가적인 데이터를 표 5.6에 나열하였다. 충돌 이온 에너지에 대한 수율은 20~40 eV에서 문턱(threshold) 값을 나타낸 후 수백 eV까지 선형 영역을 나타낸다. 높은 에너지에서 수율 대 이온 에너지 의존성은 점진적으로 포화되는 경향을 나타낸다. 스퍼터링 공정은 이온 에너지가 선형 영역 내에 위치할 때 가장 효율적이다.

전형적인 이온 가속 에너지의 경우, 대부분의 금속에서 스퍼터링 수율은 1 근처이다. 이것은 주어진 온도에서 물질에 따라 수율이 수십 배 정도 차이가 나는 증발법과는 반대이다. 게다가, 주어진 물질에 대한 증발률은 스퍼터링 수율이 온도에 본질적으로 무관한 것과는 달리 온도에 따라 지수적으로 변한다. 0.5인 스퍼터링 수율은 평균적으로 하나의 원자들이 탈출되기 위해 두 개의 이온들이 타깃을 때려야 한다는 것을 의미한다.

**표 5.6 Ar 이온 충돌일 때 다양한 물질의 스퍼터링 수율**

| Target | Ion Energy (eV) | | | | | | Heat of Sublimation |
|---|---|---|---|---|---|---|---|
| | 200 | 600 | 1,000 | 2,000 | 5,000 | 10,000 | |
| **Metal** | Sputtering Yields (Atoms/Ion) | | | | | | (eV/atom) |
| Ag | 1.6 | 3.4 | - | - | - | 8.8 | 2.94 |
| Al | 0.35 | 1.2 | - | - | 2.0 | - | 3.33 |
| Au | 1.1 | 2.8 | 3.6 | 5.6 | 7.9 | - | 3.92 |
| C | 0.05 | 0.2 | - | - | - | - | 7.39 |
| Co | 0.6 | 1.4 | - | - | - | - | 4.40 |
| Cr | 0.7 | 1.3 | - | - | - | - | 4.11 |
| Cu | 1.1 | 2.3 | 3.2 | 4.3 | 5.5 | 6.6 | 3.50 |
| Fe | 0.5 | 1.3 | 1.4 | 2.0 | 2.5 | - | 4.13 |
| Ge | 0.5 | 1.2 | 1.5 | 2.0 | 3.0 | - | 3.98 |
| Mo | 0.4 | 0.9 | 1.1 | - | 1.5 | 2.2 | 6.88 |
| Nb | 0.25 | 0.65 | - | - | - | - | - |
| Ni | 0.7 | 1.5 | 2.1 | - | - | - | 4.45 |
| Os | 0.4 | 0.95 | - | - | - | - | 8.19 |
| Pd | 1.0 | 2.4 | - | - | - | - | 3.90 |
| Pt | 0.6 | 1.6 | - | - | - | - | 5.95 |
| Re | 0.4 | 0.9 | - | - | - | - | 8.06 |
| Rh | 0.55 | 1.5 | - | - | - | - | 5.76 |
| Si | 0.2 | 0.5 | 0.6 | 0.9 | 1.4 | - | 4.68 |
| Ta | 0.3 | 0.6 | - | - | 1.05 | - | 8.10 |
| Th | 0.3 | 0.7 | - | - | - | - | 5.97 |
| Ti | 0.2 | 0.6 | - | 1.1 | 1.7 | 2.1 | 4.86 |
| U | 0.35 | 1.0 | - | - | - | - | 5.00 |
| W | 0.3 | 0.6 | - | - | 1.1 | - | 8.80 |
| Zr | 0.3 | 0.75 | - | - | - | - | 6.34 |
| **Compound** | Sputtering Yields (Molecules/Ion) | | | | | | |
| CdS(1010) | 0.5 | 1.2 | - | - | - | - | |
| GaAs(110) | 0.4 | 0.9 | - | - | - | - | |
| GaP(111) | 0.4 | 1.0 | - | - | - | - | |
| GaSb(111) | 0.4 | 0.9 | 1.2 | - | - | - | |
| InSb(110) | 0.25 | 0.55 | - | - | - | - | |
| PbTe(110) | 0.6 | 1.40 | - | - | - | - | |
| SiC(0001) | - | 0.45 | - | - | - | - | |
| $SiO_2$ | - | - | 0.13 | 0.4 | - | - | |
| $Al_2O_3$ | - | - | 0.04 | 0.11 | - | - | |

스퍼터링 수율은 다음의 조건들에 의해 영향을 받는다.

- 충돌 이온의 입사각
- 타깃 물질의 조성과 결합구조
- 충돌 이온의 질량
- 충돌 이온의 에너지

입사 이온각에 대한 스터퍼링 수율의 의존성을 그림 5.39에 나타내었다. 스퍼터링 효율의 입사 이온 의존성은 타깃 물질과 입사되는 이온의 에너지에 따라 크게 달라진다. 스퍼터링 수율은 입사각이 약 80도일 때 최댓값을 나타낸다.

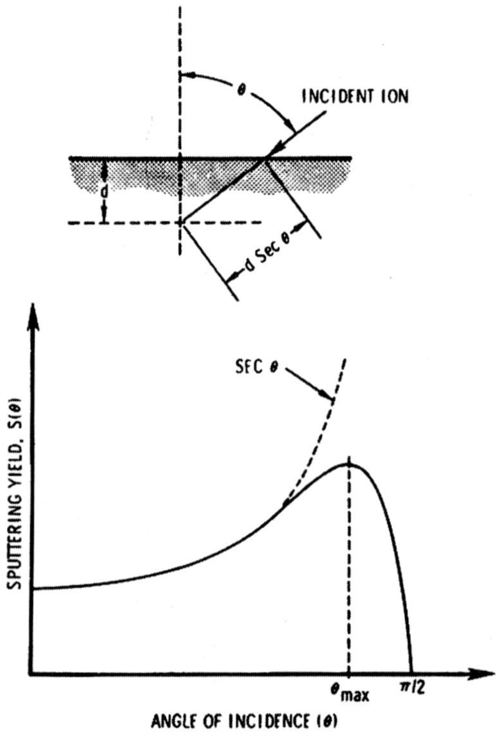


**그림 5.39** 입사 이온각에 대한 스터퍼링 수율의 일반적인 의존성

### 4.2.3 운동량 교환

플라스마에서 양으로 대전된 $Ar^+$ 이온들은 강하게 음극 타깃의 음전위로 끌리게 된다. 대전된 이온들은 가속하여 글로우방전의 어두운 영역(dark space)에서 전압 강하

를 통해 운동 에너지를 얻는다. $Ar^+$ 이온들이 타깃의 표면에 충돌할 때 $Ar^+$ 이온의 운동량은 하나 또는 그 이상의 원자들을 떼어내기 위하여 타깃 물질로 옮겨진다. 이러한 작용을 운동량 교환이라고 한다. 이탈된 중성 원자 또는 분자들은 플라스마를 통하여 이동하여 웨이퍼 상에 도달한다. 입사 이온 에너지는 타깃 원자들을 떼어낼 정도로 충분히 커야하지만 너무 크게 되면 이온은 타깃 물질 안으로 투과된다. 전형적으로 스퍼터링 이온 에너지는 500~5,000 eV이다.

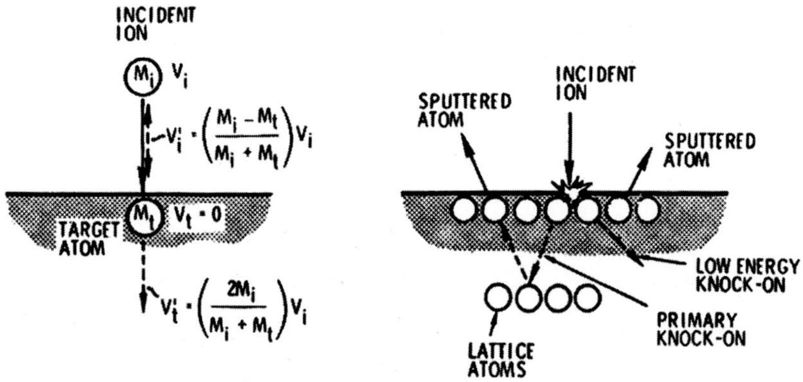


(a) (b)

**그림 5.40** 스퍼터링 과정에서 발생하는 운동량 교환 공정

그림 5.40(a)에 나타낸 것과 같이 질량 $M_i$와 속도 $v_i$를 갖는 입자가 초기에 정지하고 있는 질량 $M_t$의 타깃 입자 중심에 충돌하는 경우를 고려하면, 다음과 같은 단순한 관측이 가능하다. 첫째, 위에서 언급했듯이 타깃 입자에 전해진 운동량은 타깃 입자를 격자 내부로 밀어 넣는다. 둘째, 간단한 중심선(line-of-center) 원자 충돌 계산으로부터 입사 입자의 운동 에너지에 관한 비율이 타깃 입자로 옮겨진다. 따라서 에너지 전이 계수는 다음 식과 같이 표현할 수 있다.

$$\epsilon = \frac{4M_iM_t}{(M_i + M_t)^2} \tag{47}$$

수율에 대한 표현은 다음 식 (48)에 나타낸 형태로 쓸 수 있으며, 원자들이 임의로 배열해 있는 평탄한 타깃 위로 이온이 수직 입사한다고 가정하여 유도된다.

$$S = \frac{3\alpha\epsilon E}{4\pi^2 U} \tag{48}$$

이 관계는 중요한 변수들의 의존성을 묘사하는데 유용하며 Ar과 Kr 등과 같은 매개 질량(medium mass) 충돌에 대한 측정과 상당히 일치한다. 수율은 에너지 전이 계수 $\epsilon$에 직접적으로 의존한다. $E$는 입사 이온의 운동 에너지, $U$는 타깃 물질의 표면 결합 에너지(surface binding energy)이다. $\alpha$는 $M_t/M_i$의 단조 증가 함수(monotonic increasing function)로서 $M_t/M_i=0.1$인 경우 0.17의 값을 가지며, $M_t/M_i=10$인 경우 1.4로 값이 증가한다.

이온 질량이 타깃 원자의 질량보다 더 작을 때 이온 질량은 초기 에너지의 상당 부분을 가지는 운동 에너지에 의해 단일 충돌에서 뒤로 반사된다. 180° 반사의 경우 그 비율은 다음과 같다.

$$f = \frac{(M_i - M_t)^2}{(M_i + M_t)} \tag{49}$$

$M_i > M_t$이라면, 반사는 한 번 이상의 충돌을 필요로 하며 반사계수는 낮아진다. 이온들은 충돌하기 전까지 중성화될 가능성이 높아 타깃 표면상의 전계에 의해 영향을 받지 않는다. 반사된 이온의 유량은 저압에서 동작하는 소자에서 기판가열에 기여하며, 여기서 반사된 중성 이온들이 가스 상 충돌에 의한 운동 에너지의 손실이 없이 기판에 도달한다. 결과적으로 반사된 이온들은 충돌하여 성장하는 박막 내에 포함된다. 후방산란을 통해 음극에 도달하는 에너지 유량은 스퍼터링 효율을 사용하여 추정할 수 있다. 스퍼터링된 원자들 또는 후방산란된 이온들의 형태에서 스퍼터링 효율은 타깃 표면에 입사하는 충돌 이온 에너지 $E_{in}$과 표면에서 후방으로 진행하는 에너지 $E_{out}$의 비율 $\gamma$로 정의된다.

$$\gamma = \frac{E_{out}}{E_{in}} = \frac{E_{sputtered} + E_{backscattered}}{E_{in}} \tag{50}$$

표면 결합 에너지를 무시할 수 있고, 원자들이 임의로 배열하고 있는 타깃에 대한 이론적인 계산은 스퍼터링 효율이 입사 이온의 에너지와 무관하며, 타깃원자/이온 질량비에 관하여 단조 증가하는 함수임을 나타낸다. 이러한 의존성은 낮은 이온 에너지와 높은 이온 에너지 모두에 대해 확인되었으며, 이를 그림 5.41에 나타내었다.

또한, 운동량 교환 과정은 그림 5.39에 나타낸 스퍼터링 수율의 각도 의존성을 설명할 수 있다. 각도 $\theta$에서 타깃 표면으로 입사하는 이온은 깊이 $d$를 통과하여 지나기 전에 $\sec\theta$의 인자만큼 증가한 진로(path)를 가질 것이다. 더 큰 입사각에서 이온 반사가 우선하며 수율은 감소한다.

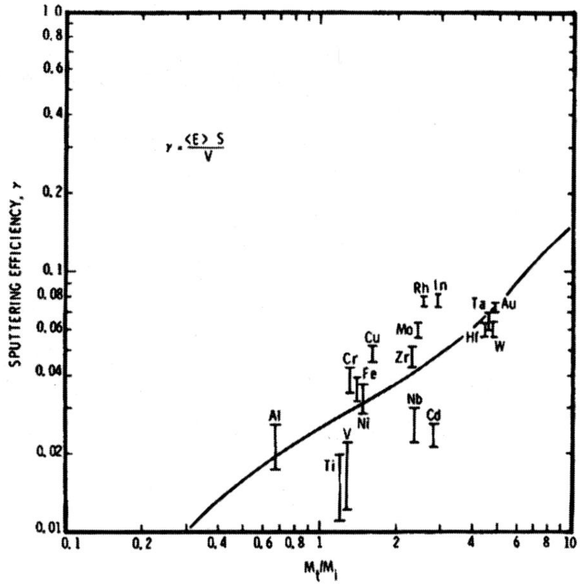


**그림 5.41** 스퍼터링 수율 대 타깃-이온 질량 비

### 4.2.4 스퍼터링 법의 종류

1) DC 스퍼터링

그림 5.42에 나타낸 스퍼터링 시스템은 가장 단순하며 가장 널리 사용되는 평판 다이오드 시스템이다. 이 시스템은 고체 타깃 물질, 기판(웨이퍼), 진공 챔버로 구성되어 있다. 타깃은 전기적으로 접지 되어 있으며 음극(cathode)인 반면에, 기판은 양극이다. 스퍼터링 타깃은 증착에 필수적인 물질로 구성되어 있다. 타깃은 균일한 조성, 미세한 결정립 크기, 특정 결정학적 방향을 가지도록 제작된다. 이런 모든 것이 웨이퍼 전체에 걸쳐 균일한 박막을 증착하는데 기여한다. 99.999%(5N) 또는 그 이상의 타깃 순도 레벨이 0.25 $\mu$m 이하 구조에 대하여 허용될 수 있는 박막순도를 얻기 위해 필요하다. 음극의 직경은 전형적으로 10~30 cm이며 음극에서 양극 사이의 거리는 5~10 cm 정도이다. DC 다이오드에서 음극은 증착될 박막의 타깃 물질로서 뿐만 아니라 글로우 방전을 유지하는 음극 전극으로서 작용하면서 보통 수냉식으로 냉각된다. 이러한 시스템에서 방전 전류는 음극쪽으로는 플라스마에서 양이온의 흐름에 의해, 양극쪽으로는 플라스마에서 전자의 흐름으로 생성되므로, 방전을 유지하기 위한 플라스마 벌크가 이온과 전자의 적절한 소스가 되어야 한다. 기초적인 스퍼터링 단계를 설명하면 다음과 같다.

– 양의 $Ar^+$ 이온들이 고진공 챔버 내의 플라스마에서 발생하고, 음 전위인 타깃 물

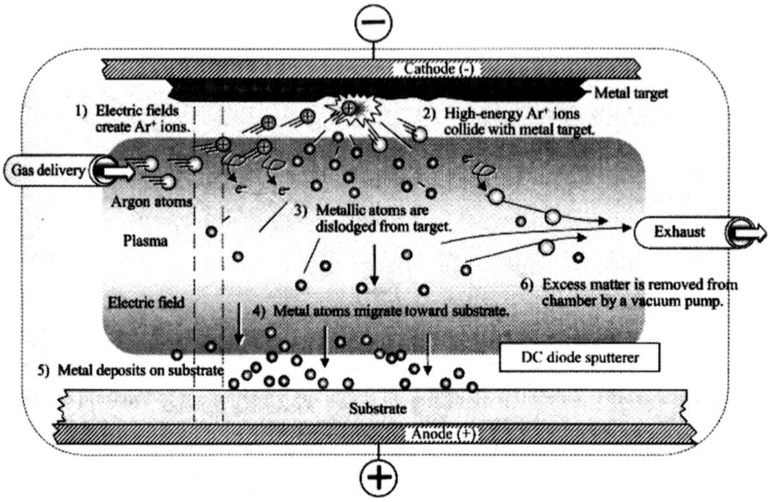


**그림 5.42** 평판 DC 다이오드 스퍼터링 시스템

질을 향하여 가속
- 가속되는 동안, 이온들은 힘(운동량)을 얻게 되고 타깃을 때림
- 이온은 타깃으로부터 원자들을 물리적으로 떼어내게 되고, 이때 원자들은 원하는 물질 조성을 가짐
- 스퍼터된 원자들은 웨이퍼 표면으로 이동
- 스퍼터된 원자들은 응집되고 타깃과 동일한 물질 조성을 가지면서 웨이퍼 표면에 박막을 형성
- 과잉 물질은 진공 펌프를 통하여 챔버로부터 제거

전자에 비해 상대적으로 낮은 이온의 이동도 때문에 음극과 양극에 걸리는 전위는 대부분 1~4 cm 정도 되는 덮개(sheath) 영역에서 나타난다. 따라서 이 영역에서는 큰 전기장이 형성되어 가속된 이온에 의해 타깃에서 충돌이 일어나게 된다. 이때 타깃에서는 이온의 충돌로 인해 표면으로부터 적은 양의 2차전자가 방출하게 되고, 이 전자는 덮개 영역에서 가속되어 플라스마 벌크로 들어가게 된다. 여기서, 가스 원자와의 충돌로 방전을 유지하기 위한 이온화를 일으킨다. 이러한 방전을 유지하기 위한 조건은 각각의 1차전자가 충분한 이온을 발생시켜 음극에서 전자를 하나 더 발생시켜야 한다는 점이다. 이러한 이유로 인해 전극 간 거리는 전자의 평균 자유 경로(mean free path)에 비해 충분히 길어야 한다. 예를 들어, Ar의 압력이 1 mtorr(가스 밀도 $N=3.2\times 10^{13}$atoms/$cm^3$)인 경우 500 eV의 에너지를 가지는 전자의 평균 자유 경로($1/N\sigma$)는 약

300 cm 정도로서 일반적인 음극-양극 사이의 거리보다 훨씬 길게 된다. 따라서 그림 5.42와 같은 조건에서 글로우 방전을 유지하기 위해서는 50~100 mtorr 정도의 높은 압력이 요구된다. 여기서, 고밀도의 Ar 충돌 쌍이 1차전자의 생성을 위해 제공된다.

방전 전류를 증가시키는 방법으로는 부하 전압을 높이는 방법이 있으나 이것은 약 100 eV 이상으로 전자의 에너지가 증가하면 이온화 단면의 감소를 가져오기 때문에 바람직하지 않다. 스퍼터링 수율을 증가시킬 수 있는 효과적인 방법은 Ar의 압력을 증가시키는 방법이다. 공정 가스의 압력이 증가하면 전자의 평균 자유 경로가 감소해서 큰 전류가 흐르게 된다. 그러나 압력이 너무 높게 되면 이온과 스퍼터된 원자의 운동이 충돌에 의해서 방해받게 되어 오히려 증착률이 감소하는 결과를 가져오므로 적당한 압력의 조절이 필요하다. 증착률의 감소를 일으키는 요인은 다음과 같다. 첫째, 덮개 영역에서의 이온의 운동은 가스 원자와의 충돌로 인해 방해받게 된다. 이러한 충돌에서는 전하 교환의 확률이 매우 높다. 특히, 희소가스(noble gas) 이온들이 동일 종류의 원자가스를 통과하여 지날 때 공명 전하 교환(resonance charge exchange)이 일어날 수 있다. 빠르게 움직이는 이온은 느린 원자로부터 전자를 빼앗고 빠르게 움직이는 중성원자가 된다.

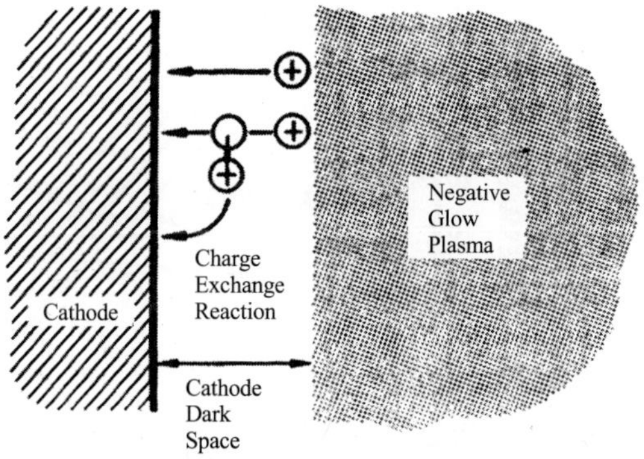


**그림 5.43** 전하 교환 공정

또한, 그림 5.43에 나타낸 것과 같이 느린 중성원자는 느린 양이온이 되어 타깃 쪽으로 가속된다. 이 결과로 타깃은 덮개에 걸리는 전압에 해당되는 에너지보다 10~20% 정도 에너지가 낮은 이온과 빠른 중성원자에 의해 충돌이 일어나게 된다. 둘째, 타깃과 기판 사이를 이동하는 과정에서 발생하는 스퍼터된 원자들의 산란에 의해 증착률이 감소한다. 일반적인 스퍼터링 압력에서 음의 글로우 영역 사이에서 스퍼터된 원자는 확산에 의해 널리 이동되는데, 이것은 광학 방출 측정(optical emission measurement)을 통하여 확인할 수 있다. 전하 전이 과정과 확산 이동의 조합은 각 작업 조건에 대하여 실험적으로 증착률을 결정하는데 필수적이다. 스퍼터된 원자들의 충돌 지배적 이동(collision-dominated transport)은 기판에서 원자들의 운동 에너지의 감소를 일으킨다.

그림 5.44는 다양한 초기 에너지를 갖는 스퍼터된 원자들에 대하여 필요한 최대 거리에 관한 근사 계산의 결과를 나타낸 것이다. 최대 증착률을 얻을 수 있는 상대적으로 높은 압력의 조건 하에서도 평판 다이오드 방전은 효율이 좋지 않다. 높은 에너지를 가지는 많은 1차전자들이 에너지를 효과적으로 플라스마 벌크에 전달하지 못하며, 이들 전자는 에너지를 가지고 있는 상태로 양극으로 들어가게 된다. 방전의 가장자리에서도 이온과 전자의 손실이 발생한다. 또, 기판이 플라스마에 접촉해 있기 때문에 플라스마 이온과 전자의 충격을 받게 된다. 이러한 이유로 인하여 플라스틱과 같은 열에 민감한 물질은 증착하기 힘들게 된다. 평판 다이오드 시스템은 낮은 증착률과 기판의 가열 문제에도 불구하고 시스템의 단순성과 많은 종류의 물질을 평면 타깃으로부터 만들 수 있다는 장점 때문에 많이 사용된다.

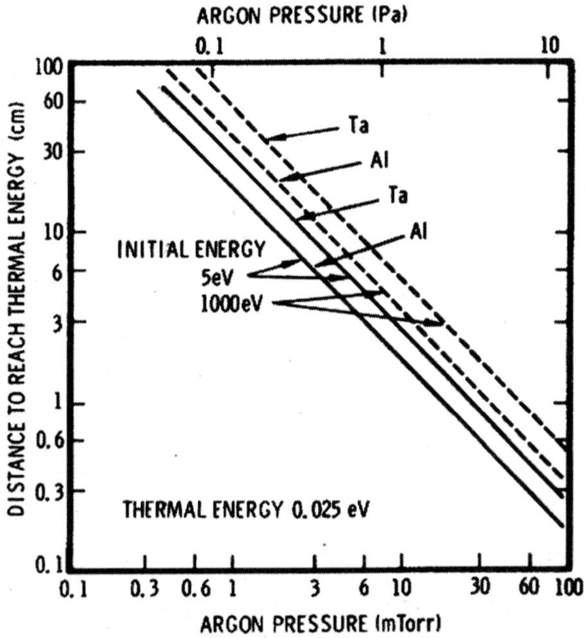


**그림 5.44** 다양한 초기 에너지를 갖는 스퍼터된 Al과 Ta 원자의 압력에 따른 최대 거리

### 2) RF 스퍼터링

부도체 타깃이 음극판 위에 놓여 있다면, 앞의 직류 다이오드 시스템에서는 글로우 방전이 일어날 수 없기 때문에 스퍼터링이 되지 않는다. 타깃에 도달된 이온의 중성화와 2차전자 발생으로 인한 양전하의 전기적 중화를 위해서는 음극으로부터 전자를 공급받아야 하는데, 타깃이 부도체이므로 불가능하다. 따라서 타깃의 전위가 높아져 음극으로서의 기능이 상실되므로 플라스마가 지속될 수 없게 된다. 즉, 음극의 타깃 표면과 양극 표면 사이의 전위차가 글로우 방전을 유지하기에 필요한 전압 이하로 떨어져 이런 현상이 나타나는 것이다.

그림 5.45는 부도체를 스퍼터링할 수 있는 RF 스퍼터링 시스템의 등가회로이다. 정전용량 $C$는 부도체 타깃을 등가시킨 것일 뿐 아니라 타깃이 도체일 때 사용되는 직류 방지 커패시터(DC blocking capacitor)를 나타낸 것이다.

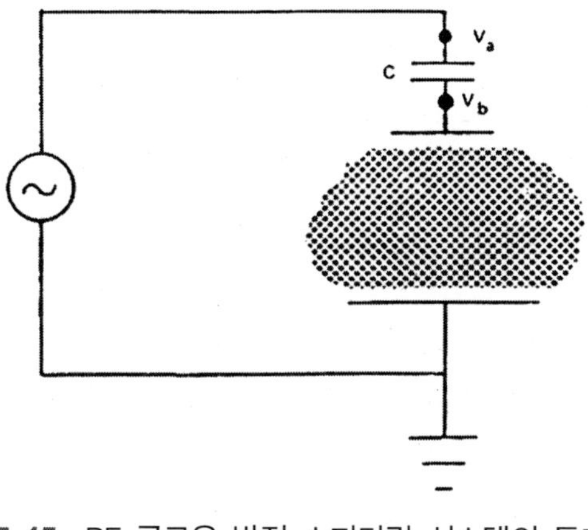


**그림 5.45** RF 글로우 방전 스퍼터링 시스템의 등가회로

부도체 물질을 스퍼터링 하는데 유용한 RF 스퍼터링 법은 자기 바이어스(self-bias) 전압을 이용하는 것으로 플라스마 유동 전위(floating potential)에 비하여 음인 자기 바이어스 전압은 글로우 방전에 용량성으로 관련된 어느 표면에서라도 나타난다. 이러한 전자와 이온들 사이의 이동도 차이로 인하여 형성되는 전위의 기초를 그림 5.46에 나타내었다.

플라스마 내에 위치하게 되는 전극에 대한 전류-전압 특성을 그림 5.46(a)에 나타내었다. 유동 전위는 가스 종류와 플라스마 전자 에너지 분포에 의존하는 양만큼 플라스마 전위에 비하여 음의 값을 가지며, 보통 -20 V에서 -50 V이다. 따라서 너무 작은 값을 가지기 때문에 대부분의 물질에 대해 스퍼터링을 일으킬 수 없다. 그림 5.46(b)와 같이

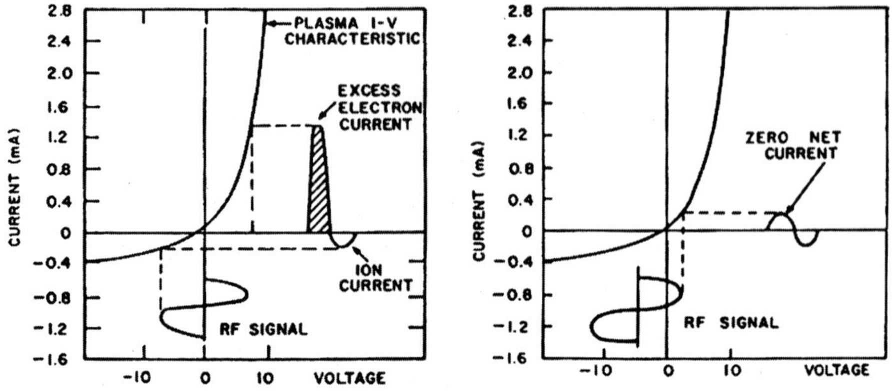


(a) (b)

**그림 5.46** 부도체 표면의 자기 바이어스: (a) 첫 사이클의 파형, (b) 정상 상태 파형

교류전압이 전극에 인가될 때 전극이 유동 전위에 비하여 음일 경우 보다 양인 경우의 전자 전류가 더 많이 흐른다.

용량성 결합(capacitive coupling)의 경우 DC 전류가 흐르지 않아야 한다. 즉, 각 RF 주기에서 전극에서의 순전류(net current)는 0이 되어야 한다. 따라서 음의 바이어스는 양(positive)의 주기 동안의 전자 전류가 음의 주기 동안의 이온전류와 같게 되도록 해야 한다. 음인 바이어스는 RF 신호의 피크 대 피크 전압의 반에 거의 일치한다. 따라서 스퍼터링을 일으킬 정도로 크게 된다.

그림 5.47은 일반적인 평판 RF 다이오드 스퍼터링 구조에 대한 개략도를 나타낸 것이다. RF 전계는 앞에서 설명한 DC 전계 대신에 플라스마를 만들기 위해 사용된다. RF 주파수는 주로 13.56 MHz이다. 그림 5.47과 같이 타깃 전극의 뒷 표면에 인가되며 타깃의 앞 표면에 전기 용량적으로 결합된다. 플라스마 내의 전자들과 이온들은 RF 필드에 노출되지만, 고주파로 인해서 전자들은 매우 강하게 반응한다. 챔버와 전극은 많은 양의 전자가 유동하도록 하며 타깃 전극에 음 전하를 축적해서 다이오드처럼 행동한다. 이러한 음의 전하는 양의 Ar 이온을 끌어당겨서 절연체 또는 비절연체 타깃으로부터 재료를 스퍼터시킨다.

웨이퍼는 Ar과 다른 전위를 갖도록 전기적으로 바이어스될 수 있다. 웨이퍼에 인가된 바이어스는 Ar 원자가 웨이퍼를 직접 때릴 수 있게 한다. 이러한 RF 바이어싱은 노출된 웨이퍼 표면이 스퍼터 식각과 세정이 될 수 있게 한다. 실제로, RF 스퍼터링 시스템은 높은 스퍼터링 수율을 갖지 않으며, 증착률이 낮기 때문에 한계가 있다. 타깃에 의해 방출된 수많은 2차전자들은 플라스마 생성에 기여하지 않고 방전 영역을 통과한

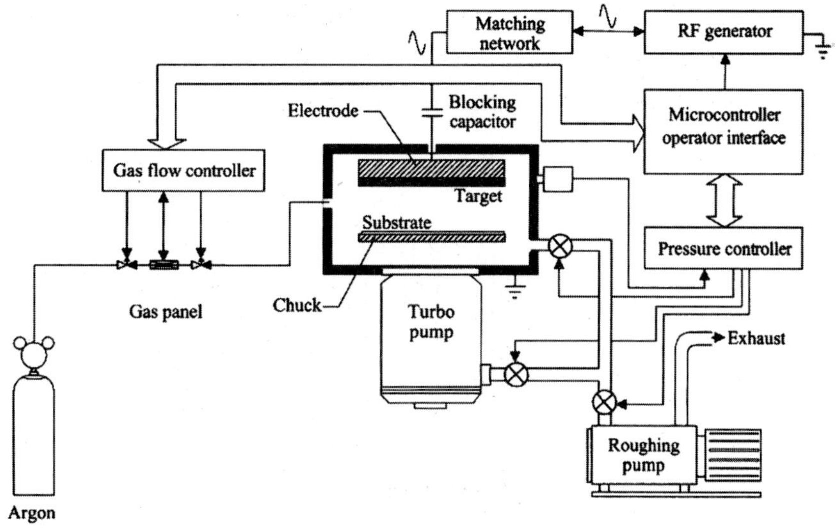


**그림 5.47** 평판 RF 다이오드 스퍼터링 시스템

다. 타깃의 스퍼터링 수율은 2차전자가 이온 충돌에 관여하면 더욱 크게 된다. 이때 이온 충돌에 기여한 2차전자들은 타깃에 충돌하는 이온을 더 많이 형성한다. 이러한 비효율성을 극복하고 집적회로 제작에 필요한 높은 증착률을 얻기 위해서, 마그네트론 스퍼터링의 개념이 개발되었다.

### 3) 마그네트론 스퍼터링

DC나 RF 다이오드 스퍼터링의 경우, 타깃에서 방출되는 2차전자의 대부분이 Ar 의 이온화에 사용되지 않고 양극이나 기판에 흡수되어 원하지 않는 기판 가열을 유발시킨다. 마그네트론 스퍼터링에서는 자계를 이용하여 전자들을 타깃 부근에 머무르게 하여 Ar 기체들과 이온화 충돌을 많이 일으키게 하는 방법으로 스퍼터링 효율을 높인다.

플라스마에서 자계는 자계선 방향의 주변을 나선 꼴로 회전한다. 마그네트론 스퍼터링은 이 효과를 이용하는 공정이다. 이 시스템은 고정된 막대형태의 자석을 사용하며, 이때 회전 운동의 반지름은 다음과 같다.

$$r = \frac{mv}{q}B \tag{51}$$

전자의 궤도 운동은 전자가 중성 종들(neutral species)과 충돌하고 이온을 발생시키는 확률을 증가시킨다. 이런 증가된 이온 밀도는 크루크(Crooke)의 어두운 영역을 감소시키며 타깃의 이온 충돌률을 증가시킨다. 일반적인 스퍼터링 시스템에서 전형적인 이온 밀도는 0.0001%인 반면에, 마그네트론 시스템에서는 종종 0.03% 정도의 값을 나타낸다. 또한, 마그네트론을 이용하는 경우 전형적으로 $10^{-5}$에서 $10^{-3}$ torr까지의 낮은 챔버 압력에서 플라스마를 형성하게 한다.

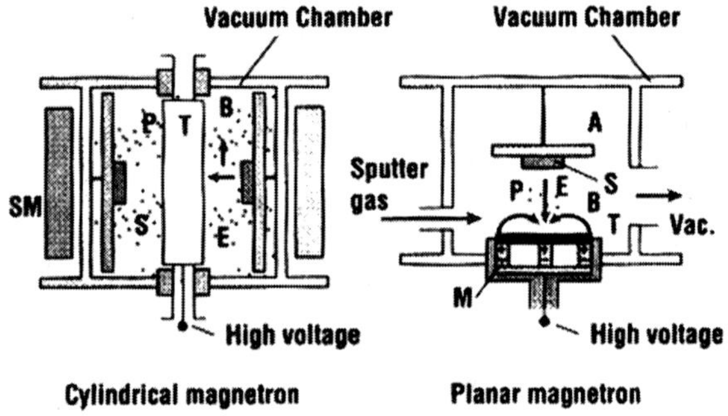


**그림 5.48** 평판형 및 원통형 마그네크론 스퍼터링 시스템

그림 5.48은 마그네트론 스퍼터링에서 사용되는 두 가지 시스템을 나타낸 것이다. 평판 마그네트론에서는 솔레노이드 코일 또는 한 세트의 자석이 타깃 표면에 평행인 자계 선을 만들기 위해 타깃 뒤에 위치한다. 원형 평판 마그네트론 타깃은 타깃의 중심으로부터 방사상으로 막대자석을 배열하여 구성한다. 원통형 마그네트론은 중심에 타깃 전극을 가지는 원통형 플라스마 챔버를 사용한다. 웨이퍼를 고정하는 전극은 챔버 벽과 수직하다. 마그네트론은 수직 자계를 발생시키는 전자기 권선(electromagnetic winding)을 챔버에 삽입하여 만든다. 이러한 형태의 시스템은 원통형 챔버의 벽에 대면적 웨이퍼를 위치시키는 것이 어려워서 미세전자산업에서 크게 주목 받지 못하고 있다.

그림 5.49는 평판형 마그네트론 타깃의 상세한 단면을 나타낸 것이다. 타깃 물질은 전형적으로 고온, 고압으로 소결된 디스크이다. 플라스마에 공급된 대부분의 에너지는 타깃에서 열의 형태로 소모된다. 과잉 가열을 피하기 위해 타깃은 물로 냉각된다. 탈이온화된 물이 전기적인 단락을 방지하기 위해 사용된다. 타깃 물질은 전도성 에폭시를 사용하여 지지판(backing plate)에 접합되거나 또는 기계적으로 고정된다. 타깃의 테두리 또는 지지판의 스퍼터링을 방지하기 위해 타깃의 테두리는 차폐장치로 덮혀 있다. 그림 5.49의 아랫부분에 나타낸 마그네트론 타깃의 단면을 보면, 타깃 일부의 물질이 다른 부분의 물질보다 훨씬 빠르게 침식되어 결과적으로 보통 25~30%까지의 낮은 이용 효율을 나타낸다. 마그네트론 시스템의 전류-전압 특성을 그림 5.50에 나타내었다. 이러한 곡선들은 모든 스퍼터링 시스템의 특성이며 다음과 같은 식의 형태로 나타

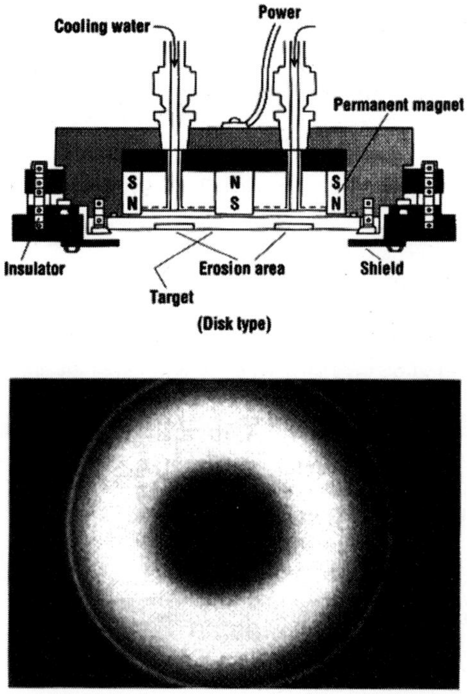


**그림 5.49** 자기장을 형성하기 위해 영구 자석을 사용한 평판 마그네트론 타깃의 단면도

낼 수 있다.

$$I = k(V - V_0)^n \tag{52}$$

여기서, $V_0$는 플라스마를 유지하기 위해 필요한 최소 전압이고, $n$은 1.5와 8 사이의

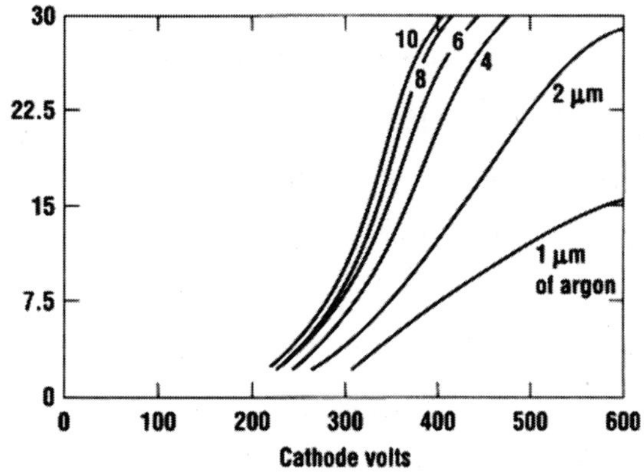


**그림 5.50** 챔버 압력을 변수로 한 마그네크론 시스템의 전류-전압 특성 곡선

양수이며, 이 값은 타깃의 구조와 챔버의 압력에 의존한다.

#### 4) 이온빔 스퍼터링

글로우 방전 스퍼터링 기술은 작업 가스 압력을 변화시키는 것 외에는 타깃 전류 밀도와 전압이 독립적으로 제어될 수 없다는 면에서 한계성을 가진다. 예외적으로 원통형 마그네트론은 자기장의 크기를 조절함으로써 고정된 전류와 압력에서 전압을 조절할 수 있다.

이온빔 스퍼터링은 충돌 이온의 전류 밀도와 에너지를 독립적으로 조절할 수 있다. 스퍼터링 타깃은 독립적인 이온 소스에 의해 발생하는 주어진 에너지와 유량 밀도(flux density)를 가지는 이온빔이 비스듬히 교차되도록 배치한다. 기판은 그림 5.51에 나타낸 것처럼 스퍼터된 입자들의 유량을 받을 수 있도록 적절하게 위치시킨다. 이온 전류와 전압에 대한 독립적인 제어와 더불어 이온빔 소스는 매우 낮은 불활성 작업 가스 압력(≤0.1 mtorr)에서 플라스마와 접촉하고 있지 않는 기판 위로 스퍼터된 입자들이 증착될 수 있도록 한다.

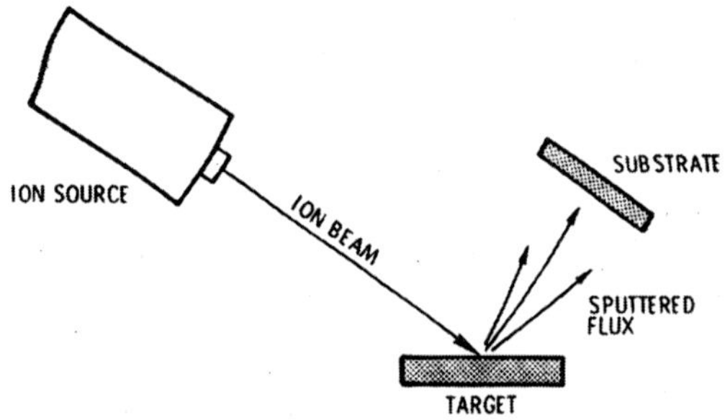


**그림 5.51** 이온빔 스퍼터링 시스템

초기의 이온 소스는 듀오플라스마트론(duoplasmatron)형이며, 이온빔은 저압 아크(arc)로부터 발생한다. 또한, 공동-음극 이온 소스(hollow-cathode ion source)가 사용되기도 하는데, 이 장치는 작은 이온빔 크기(≈1 cm) 때문에 실제 증착에는 잘 사용되지 않는다. 최근에 적용된 이온 트러스터(thruster) 기술은 비교적 큰 직경(≈10~30 cm)을 가지는 이온빔으로 넓은 이온 소스를 만들어낸다. 이러한 장치들이 마그네트론에 의해 제공된 대면적 기판 증착에 대하여 증착 소스로서 경쟁력을 가질 수 없더라도 이온빔 식각과 특별한 증착 응용 및 학술 연구에 효과적이다. 이온빔 식각의 경우에 소스는 20 cm 당 ±5%의 균일성을 가진다.

## 4.3 PLD(Pulsed Laser Deposition) 법

PLD 법은 외부의 고출력 펄스 레이저 빔이 광학 렌즈에 의해 챔버 내부의 타깃에 포커싱(focusing)되어 조사되면, 타깃으로부터 구성 물질들이 분리되어 박막을 형성하게 된다. 그림 5.52에 PLD 장치의 개략도를 나타내었다. 레이저 빔이 타깃의 표면에 조사될 때 타깃은 순간적으로 액상과 기상을 거쳐 플라스마 상태로 만들어진다. 이 플라스마는 타깃과 같은 조성을 가지게 되어 복잡한 다성분계의 박막을 증착할 때 조성을 쉽게 조절할 수 있으며, 더욱이 플라스마 상태는 중성 입자들에 비해 입자들의 활동도가 높아 상대적으로 저온에서 박막증착이 가능하다. 또한, 에너지원인 레이저가 챔버 외부에 위치해 스퍼터링 법과 달리 챔버 내의 가스 분압을 증가시킬 수 있어 산화물 박막을 손쉽게 제작할 수 있는 장점도 있다. 박막을 증착하는데 있어 레이저가 펄스 형태로 조사되면 타깃의 온도 증가를 방지할 수 있고, 또한 높은 에너지원의 레이저를 사용할 수 있다.

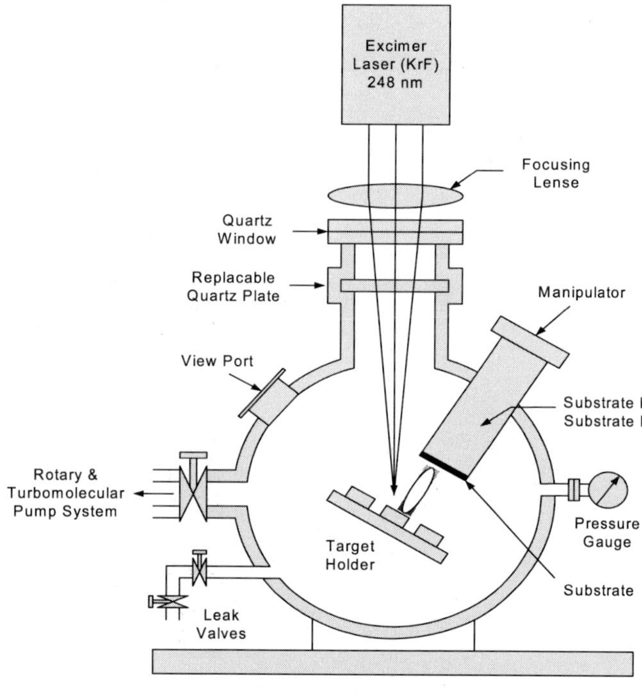


**그림 5.52** PLD 개략도

PLD 법에서 타깃 물질의 방출에는 크게 두 가지 기구가 관련되어 있다고 알려져 있는데 열적인 것과 비열적인 광분해 현상이 그것이다. 열적인 기구에서는 고출력 레이저 빔의 흡수로 타깃의 표면 온도가 급격히 상승하고 타깃 물질이 기화한 뒤 그에 따른 급속한 체적 팽창으로 인해 기체 상태의 물질이 방출된다. 비열적인 과정은 단파장의 레이저광이 타깃 물질의 격자 결합을 분해한 뒤 운동 에너지로 바뀌어 표면으로부터 방출시키는 과정을 말한다. 실제로는 이 두 가지 과정이 복합적으로 결합되어 타깃으로부터 플라스마를 형성한 뒤 초음속으로 방출시키게 되는데, 이때 플라스마의 발광 현상 때문에 물질의 방출 상태를 눈으로 식별할 수 있게 되고 이를 플룸(plume)이라고 부른다. 펄스 레이저 증착법에서 박막의 형성 과정은 다음 네 가지 영역으로 기술된다.

① 레이저 빔과 타깃의 상호작용
② 방출된 물질과 레이저 빔의 상호작용
③ 플라스마의 비등방형 단열팽창
④ 박막 성장

①과 ②의 과정은 레이저 빔이 조사되는 동안 발생하며 ③의 과정은 빔이 끝난 후 발생한다.

### 4.3.1 레이저 빔과 타깃의 상호작용

PLD 법에서 가장 중요한 현상은 레이저 빔에 의한 타깃의 액화, 기화 그리고 플라스마 형성 과정에 있다. 그림 5.53은 레이저 빔과 타깃의 상호작용을 나타내고 있다.

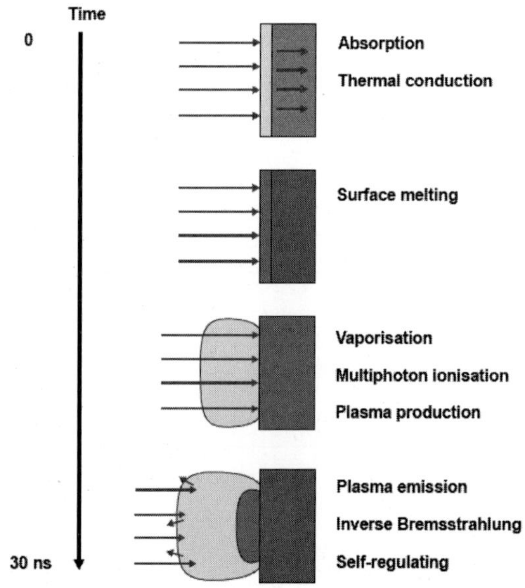


**그림 5.53** 레이저 빔과 타깃의 상호작용

레이저 빔과 타깃의 상호작용은 타깃 물질의 레이저 흡수계수와 반사계수, 열확산계수, 레이저 펄스의 유지시간, 레이저 파장, 레이저 에너지 등 많은 변수의 영향을 받는다. 즉, 고체재료의 격자 구조가 레이저 광자(photon)를 흡수함으로써 전자가 높은 에너지 상태로 여기되고 캐리어들 간의 상호작용, 캐리어와 광자 사이의 산란, 격자 내에서의 포논(phonon)들 간의 상호작용에 의해서 타깃 재료는 매우 짧은 시간에 높은 온도로 가열된다. 이러한 광자 흡수에 의한 표면 가열로 표면에 액상층이 생기고 물질의 증발이 일어나는데 증발과정 이외에 표면 충격파(shockwave)의 발생, 부표면 폭발(subsurface explosion), 너드센층(Knudsen layer) 형성 등의 2차원적인 과정이 수반되어 물질이 전향 방출(forward ejection)된다고 알려져 있다. 기화가 시작되면 기화된 물질에 의해서 레이저 빔이 산란되어 이들에 의한 레이저 빔 에너지의 흡수가 일어난다. 이러한 흡수에 의해서 다음의 두 가지 효과가 발생한다.

첫째, 자유 전자의 온도가 증가한다. 이러한 전자들은 입사하는 빛과 강하게 결합해서 가속된다. 입자들이 타깃으로부터 방출된 후 레이저 빔의 펄스가 유지되는 동안에 레이저 빔 에너지의 흡수에 의해서 입자들은 지속적으로 가속된다. 이때 증발된 입자들 사이의 충돌에 의해서 입자들의 이온화율이 증가한다.

둘째, 증발된 입자들의 온도가 순간적으로 증가하여 20,000~40,000 K 정도가 된다. 타깃 표면 부근이 이렇게 높은 온도로 가열되면 열 이온적 방출(thermionic emission)에 의해서 타깃으로부터 이온을 방출시키고 전자-이온 간의 충돌은 계속적인 흡수, 가열의 과정을 일으켜 플라스마는 더욱 가열된다.

### 4.3.2 방출된 물질과 레이저 빔의 상호작용

레이저 펄스가 입사하는 동안 그림 5.54와 같이 타깃을 중심으로 4개의 영역으로 구분할 수 있다. 레이저 빔의 영향을 받지 않는 벌크 타깃(A), 입자의 증발 또는 방출

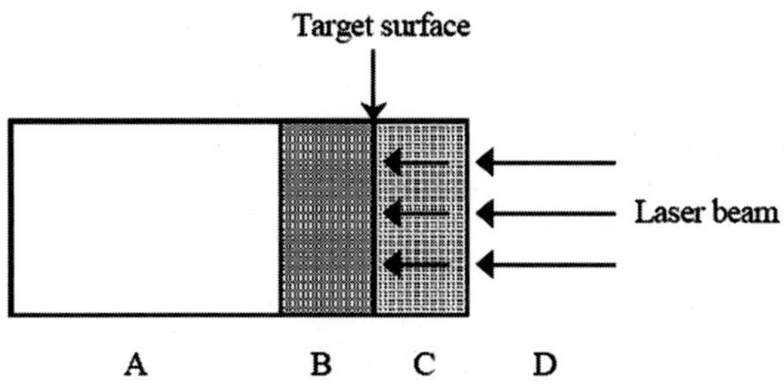


**그림 5.54** 증착 시 타깃과 플라스마의 개략도

이 일어나는 타깃의 표면층(B), 타깃 표면 근처에서 레이저 빔을 흡수하는 고밀도의 플라스마 영역(C), 매우 빠른 속도로 팽창하면서 레이저 빔을 흡수하지 않고 통과시키는 낮은 밀도의 플라스마 외곽(D)이다. 레이저 빔 펄스의 유지시간 동안 (C) 영역에서는 플라스마의 온도가 일정하게 유지되는데, 이는 플라스마에 의해 흡수된 레이저 빔 에너지가 곧바로 입자의 운동 에너지로 변환되는 동역학적 평형이 유지되기 때문이다.

### 4.3.3 플라스마의 비등방형 단열팽창

플라스마의 비등방형 단열팽창은 타깃 부근에 입자의 밀도가 매우 높은 고압의 기체층이 형성됨으로써 시작된다. 이때는 타깃으로부터 방출되어 플라스마에 공급되는 입자는 없고 팽창이 매우 빨리 일어나서 전도나 방사에 의한 열손실은 상대적으로 무시할 만큼 작아져 단열팽창에 가까운 거동을 보이게 된다. 또한, 타깃에 수직한 $z$ 방향으로의 압력차가 타깃 표면에 수평한 $x$나 $y$ 방향의 압력차에 비해서 크므로 입자들은 타깃 표면에 수직한 방향으로 방출된다. 플라스마는 수평방향으로 1~4 mm, 수직방향으로는 20~100 $\mu$m 정도의 크기를 가진다. 플라스마의 팽창 속도는 압력구배에 의해 결정되므로 최소 크기 방향으로 최대 속도를 가진다. 따라서 플라스마는 전향적인 팽창을 하게 되고 가늘고 긴(elongated) 형상으로 나타난다. 한편, 여기된 입자들은 광자를 방출하여 PLD 법의 특징 중의 하나인 밝은 빛을 내는 플라스마 상태의 플룸(plume)을 형성한다. 타깃에 입사하는 레이저 중에서 플라스마가 흡수하는 빛의 흡수량은 플라스마의 밀도에 의존한다. 따라서 플라스마가 팽창하면서 흡수계수는 급격히 낮아진다. 또한, 플라스마의 팽창속도가 매우 빠르므로 플라스마 입자들이 가열되는 시간이 짧다. 따라서 플라스마 온도는 레이저 빔 에너지에 크게 의존하지 않는다.

### 4.3.4 박막성장

PLD 법에서 플라스마는 기체 상태의 이온과 중성원자와 분자 상태의 클러스터 등 다양한 입자로 구성되어 있다. 전장이 없으므로 가속된 이온이 없으며 많은 입자들이 단속적인 펄스 형태로 기판에 입사하여 박막이 성장되는 것으로 알려져 있다.

## 4.4 증발법

### 4.4.1 열 증발법

Al은 비교적 낮은 용융점(660℃)을 갖고 있기 때문에 저압에서 기화시키기가 비교적 쉽다. 집적회로 제작 공정의 초기에 열 증발장치는 게이트(gate)와 상호접속을 형성하기 위한 Al 박막을 증착하는데 널리 사용되었다. 그림 5.55는 열 증발 시스템을 나타낸 것이다. 공정 동안, 시스템은 잔여 산소($O_2$)와 습기를 최소화하기 위해 $10^{-6}$ torr의 높은 진공도를 필요로 한다. 이들은 Al과 반응할 수 있고, 높은 저항성을 갖는 Al 산화물을 형성시킬 수 있으며 박막의 면 저항을 크게 증가시킬 수 있다.

Al은 많은 양의 전기적 전류가 흘러서 저항열($P=RI^2$)에 의해 가열되어 진공 챔버에서 기화되기 시작한다. Al 증기가 웨이퍼 표면에 도달할 때 표면 위에서 Al 막의 얇은 층이 형성된다.

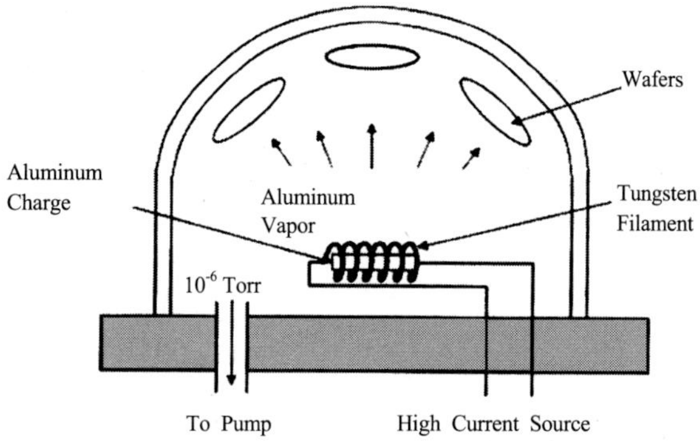


**그림 5.55 열 증발 시스템**

필라멘트 증발(filament evaporation) 시스템에서 셔터 장치는 일반적으로 필라멘트와 웨이퍼 사이에 위치한다. 증착 공정의 시작에서 필라멘트는 셔터가 닫혀있는 동안 모든 금속을 녹이기 위한 금속 용융점까지 가열된다. 온도가 안정화되고 휘발성 불순물들이 열에 의해 제거된 후, 온도를 증가시키고 금속을 증발시키기 위해 전류가 인가된다. 셔터가 열리면 금속 증기가 방사되어 웨이퍼 표면에 도달하여 금속 박막이 증착된다. 열 증발 증착 공정에서 Al의 증착률은 주로 전류에 의해 조절되는 가열 전력(heating power)에 의존한다. 높은 전류에서일수록 증착률이 높다. 열 증발장치에서 중요한 안전성 문제의 하나는 전기적 충격이다. 증발장치에서 사용되는 높은 전류(10 A)는 직접 접촉한 경우 치명적인 전기적 충격을 일으킬 수 있다. 실제로, 사람의 심장을 통해 1 mA의 전류가 흐르면 매우 치명적일 수 있다. 열 증발장치로 증착된 Al 박막은 항상 MOS 트랜지스터의 문턱 전압을 이동시키기에 충분한 소량의 Na을 갖고 있어서 집적회로 소자 신뢰성에 영향을 미친다. 또, 낮은 증착률과 나쁜 표면 피복률을 나타낸다. Al-Si, Al-Cu, Al-Cu-Si 같은 합금된 박막을 증착시키기 위해 적절한 비율을 미리 조절하는 것이 어렵다. 따라서 열 증발장치는 VLSI와 ULSI 칩 제조에서 금속화 공정을 위해 더 이상 사용되지 않는다. 그러나 다이(die) 접합을 쉽게 하기 위한 웨이퍼 후면

Au 코팅(wafer back-side gold coating)에는 여전히 사용되고 있으며, 몇몇 대학 연구소와 실험실에서는 열 증발 시스템이 비교적 낮은 유지비용, 단순한 방법과 쉬운 조작의 장점 때문에 여전히 사용되고 있다.

### 4.4.2 전자빔 증발법

전자빔 증발장비에서는 고온 필라멘트가 전자선으로 대체된다. 15 keV까지의 에너지를 가진 고강도 전자빔이 증발될 물질을 포함하고 있는 소스 표적에 집중된다. 전자빔으로부터 나오는 에너지가 표적의 일부분을 녹인다. 물질은 소스로부터 증발되어 실리콘 웨이퍼를 얇은 층으로 덮는다.

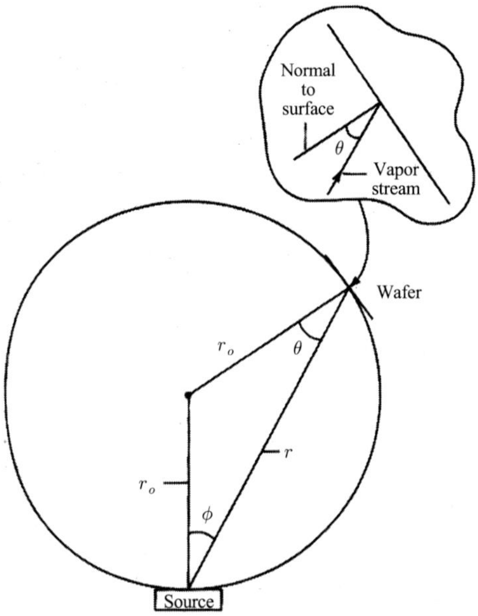


**그림 5.56** 행성 모양의 기판 받침대를 사용하는 장비에서의 증발에 대한 기하학

작은 평판 소스를 사용하면 그림 5.56의 기하학적 구성에 대하여 성장속도가 다음 식으로 주어진다.

$$G = \frac{m}{\pi \rho r^2} \cos\phi \cos\theta \ \ (\mathrm{cm/sec}) \qquad (53)$$

여기서, $\phi$는 수직에서 소스 면까지 측정한 각도이고, $\theta$는 증발류에 대한 기판의 각도이다. $\rho$와 $m$은 각각 증착되는 물질의 밀도(g/cm$^3$)와 질량증발속도(g/sec)이다.

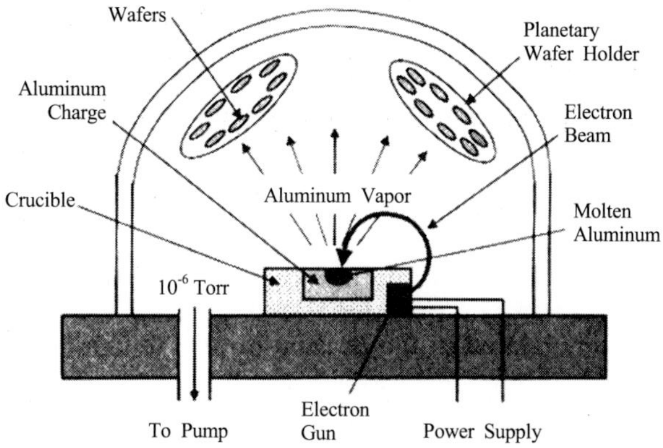


**그림 5.57** 전자빔 증발 시스템

일괄증착을 위해 회전하는 구로 구성된 행성 모양의 기판 받침대가 사용된다. 각 웨이퍼는 그림 5.57에서와 같이 구의 표면에 접선 방향으로 위치한다. 기하학을 적용하면 다음과 같은 식을 얻을 수 있다.

$$\cos\theta = \cos\phi = \frac{r}{2r_0} \tag{54}$$

행성 모양의 웨이퍼 받침대에 대하여 $G$는 웨이퍼 위치와 무관하게 된다.

$$G = \frac{m}{4\pi\rho r_0^2} \tag{55}$$

웨이퍼들은 소스 위에 위치하고 증착하는 동안 균일한 점유율을 얻기 위해 보통 소스주위를 회전하며, 증발된 물질의 부착성과 균일성을 향상시키기 위해 종종 복사 가열된다. 소스 물질은 수냉 로(furnace) 내에 놓여 있고 증발과정 동안 물질의 표면만이 전자빔과 접촉한다. 순도는 원래 소스재료의 순도에 의해 조절된다. 비교적 큰 크기의 소스는 증발을 위해 실제로 무한대의 물질을 공급하며, 증착속도는 전자빔의 전류와 에너지를 변화시킴으로써 쉽게 조절할 수 있다.

증착속도를 감시하는 한 가지 방법은 증착 동안 증발물질이 증착되는 석영 결정을 사용하는 것이다. 결정의 공진 주파수는 증착된 박막의 두께에 비례하여 달라진다. 결정의 공진주파수를 측정하면 증착속도는 1Å/sec 보다 더 정확하게 측정된다. 두 개의 표적을 가지고 있는 이중 전자빔은 전자빔 증착장비에서 화합물을 같이 증발시키기 위해 사용된다.

X선 방사는 5~10 keV를 초과하는 가속 전압을 갖는 전자빔 장비에서 발생한다. 기

판은 에너지가 큰 전자와 X선에 의해 복사 손상을 입기도 하나 손상은 대개 후속 공정단계에서 어닐링 되어 사라질 수 있다. 그러나 복사효과는 MOS 공정 설계자에게는 매우 중요하며, 많은 공정단계에서 전자빔 증발법이 스퍼터링법으로 대체되고 있다.

## 연습문제

1. CVD 방법과 PVD 방법의 차이점을 기술하시오.

2. CVD 방법에서 온도 변화에 따른 증착률을 3가지 영역으로 구분하여 설명하시오.

3. 플라스마 보강 CVD 방법의 장단점과 응용분야에 대해 상세히 설명하시오.

4. MOCVD 법의 정의와 응용분야에 대해 간단히 설명하시오.

5. 열 산화막과 CVD 산화막 사이의 기본 차이점은 무엇인가?

6. 다음 그림을 보고 물음에 답하시오. PVD 방법으로 ⓐ라는 부분을 $t$라는 두께로 증착하는 경우, ⓑ와 ⓒ 부분의 박막 두께를 계산하고 그 형상을 그림으로 도시하시오.

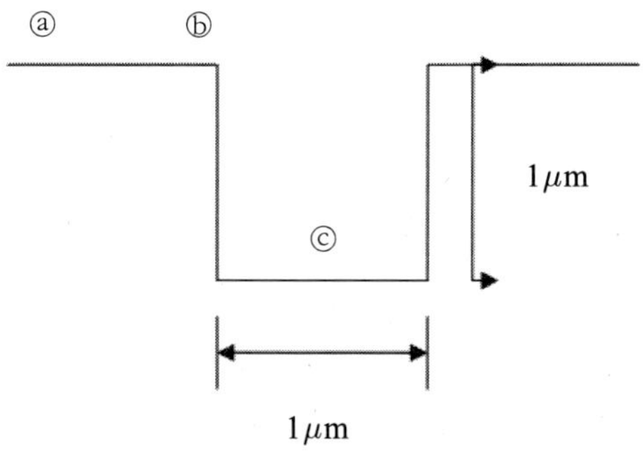


7. 도선 재료로서 텅스텐 박막이 갖는 장단점을 기술하시오.

8. ALD 법이 무엇인지 간략하게 요약 설명하시오.

9. 에피택시의 정의에 대해서 기술하고, 에피택시 층이 사용되는 분야를 설명하시오.

10. 기상에피택시 장치 내에서 균일한 박막두께를 위하여 어떤 조치를 취하면 좋은지 설명하시오.

11. 반도체 공정에 사용되는 플라스마의 정의를 기술하고, 대표적인 3가지의 비탄성 충돌현상에 대하여 설명하시오.

12. DC 스퍼터링, RF 스퍼터링, 마그네트론 스퍼터링, 이온빔 스퍼터링은 각각 어느 경우에 적용되는지 설명하시오.

13. 박막을 증착하는 방법 중 스퍼터링 공정에서 타깃 건에 자석(magnetron)을 설치하여 공정을 수행하는 이유를 설명하시오.

14. PLD 법을 정의하고, 장단점을 기술하시오

15. 증발법(evaporation)으로 증착된 박막이 스퍼터링에 의한 것보다 균일도가 떨어지는 이유는 무엇인가?

# 참고문헌


[1] M. Hammond, "Introduction to Chemical Vapor Deposition", *Solid State Technol.* p.61, 1979

[2] S. Wolf, R.M Tauber, *Silicon Processing for the VLSI Era*, vol. I, Lattice Press, p.168, 1986

[3] J. L. Vossen, W. Kern, *Thin Film Processes*, Academic Press, New York, p.283, 1978

[4] S. Berkman, V. S. Ben, N. Galdsmith(G.W. Cullen, C.C. Wang eds.), *Heteroepitaxial Semiconductors for ElectronDevices*, Springer-Verlag, p.264. 1978

[5] W. Kern, G.L. Schnable, "Low Pressure Chemical Vapor Deposition for VLSI Process-A review", *IEEE trans. Electron Devices* ED-26. p.647, 1979

[6] P. Singer, "Techniques of Low Pressure CVD", *Semiconductor Intl.* p.72, may, 1984

[7] R. S. Rosler, "Low Pressure CVD Production for Poly, Nitride, and Oxide", *Solid State Technol.*, vol. 20, no. 4, p.63, 1977

[8] W. Kern, "Deposited Dielectrics for VLSI", *Semiconductor Intl.*, 8(7), p.122, July, 1985

[9] W. L. Johnson, "Design of Plasma Deposition Reactors", *Solid State Technol.*, p.191, 1983

[10] J. Y. Chen, R. Henderson, "Photo-CVD for VLSI", *J. Electrochem. Soc.* vol. 131, p. 2147, 1984

[11] R. Solanki, C. Moore, G. Collins, "Laser Induced CVD", *Solid State Technol.*, p. 220, 1985

[12] A. C. Adams, "Dielectric and Polysilicon Film Deposition", in *VLSI Technology*(S. M. Sze ed.), p. 241, McGraw-Hill, 1988

[13] C. Cobianu and C. Pavelescu, "Silane Oxidation Study : Analysis of Data for SiO2 Films Deposited by Low Temperature Chemical Vapour Deposition", *Thin Solid Films*, vol. 117, p. 211, 1984

[14] T. B. Gorczyca and B. Gorowitz, "PECVD of Dielectrics," in *VLSI Electronics Microstructure Science*(N. Einspruch ed.), vol.8, p.69 Academic, New York, 1984

[15] C. R. Barnes and C. R. Geesner, "Pyrolytic Deposition of Silicon Dioxide for 600℃ Thin Film Capacitors", *J. Electrochem. Soc.*, 110, p.361, 1963

[16] A. C. Adams and C. D. Capio, "The Deposition of Silicon Dioxide films at Reduced Pressure", *J. Electrochem. Soc.*, 126, p.1042, 1979

[17] R. M. Levin and A. C. Adams, "Low Pressure Deposition of Phosphosilicate Glass Films", *J. Electrochem. Soc.*, 129, p.1588, 1982

[18] H. Huppertz and W. L. Engl, "Modeling of Low Pressure Deposition of $SiO_2$ by Decomposition of TEOS", *IEEE trans. Electron Devices*, ED-26, p.658, 1979

[19] K. Watanabe, T. Tanigaki and S. Wakayama, "The Properties of LPCVD $SiO_2$ Film Deposited by $SiH_2Cl_2$ and $N_2O$ Mixtures", *J. Electrochem. Soc.*, 128, p.2630, 1981

[20] J. A. Appels, E. Kooi, M. M. Paffen, J. J. H. Schatorje and W. H. C. G. Verkuylen, "Local Oxidation of Silicon and its Application in Semiconductor Device Technology", *philips Res. Rep.*, 25, p.118, 1970

[21] T. Makino, "Composition and Structure control by Source Gas Ratio in LPCVD $Si_3N_4$", *J. Electrochem. Soc.*, 130, p.450, 1983

[22] P. Pan and W. Berry, "The Compositional and Physical Properties of LPCVD Silicon Nitride Deposited with Different $NH_3/SiH_2Cl_2$ Gas ratios", *J. Electrochem. Soc.*, 132, p.3001, 1985

[23] P. W. Bohn and R. C. Manz, "A Multiresponse Factorial Study of Reactor Parameters in PECVD Growth of Amorphous Silicon Nitride", *J. Electrochem. Soc.*, 132, p.1981, 1985

[24] H. Dun, P. Pan, F. R. White and R. W. Douse, "Mechanisms of Plasma-Enhanced Silicon Nitride Deposition Using $SiH_4/N_2$ Mixture", *J. Electrochem. Soc.*, 128, p.1555, 1981

[25] C.F. powell, J. H. oxley and J. M. Blocher. Eds., *Vapor Deposition*, Wiley, New York, 1966

[26] J. L. Lander and L. H. germer, "Plating Molybdenum, Tungsten and Chromium", *Metals Technol.*, p.648, 1947

[27] P. S. Barna, *Fluid Mechanics for Engineers*, Butterworoks, Washington, 1964

[28] F. C. Eversteyn, P. J. W. Severin, C. H, J. Brekel and H. L. Peek, "A Stagnant Layer Model for the Epitaxial Growth of silicon from Silane in a Horizontal Reactor", *J. Electrochem. Soc.*, 177, p.925, 1970

[29] S. K. Ghandhi, "VLSI Fabrication Principles Silicon and Gallium Arsenide", John Wiley & Sons, p.252, p.277, 1983

[30] I. A. Dorrity, J. D. Grange and D. K. Wickenden, "Epitaxial Growth of GaAs," in *Gallium Asenide Materials, Devices, and Circuits*(M.J. Howes, D.V. Morgan Eds.), John Wiley & Sons, New York, p.95, 1985

[31] H. Nelson, "Epitaxial Growth from the Liquid State and Its Applications to the Fabrication of Tunnel and Laser Diodes", *RCA Rev.*, vol. 24, p. 603, 1963

[32] H. Rupprecht, "Now Aspects of Solution Regrowth in the Device Technology of Gallium Arsenide", *Inst. Phys. Conf. Ser.3*, London, Institute of Physics, p.57, 1967

[33] M. B. Panish, I. Hayashi., S. Sumski, "A Technique for the Preperation of Low-Threshold Room-Temperature GaAs Laser Diode Structures", *IEEE J. Quantum Electronics*, QE-5, p.210, 1969

[34] V. Swaminathan, A.T. Macrander, "Liquid Phase Epitaxy", in *Materials Aspects of GaAs and InP Based Structures*, Prentice Itall, p.80, 1991

[35] A. Y. Cho and J. R. Arthur, "Molecular Beam Epitaxy", *Prog. Solid State Chem.*, 10, p.157, 1975

[36] C. E. C. Wood, "Progress, problems and applications of MBE", *Phys. Thin Films*, 11, p.35, 1980

[37] A. Y. Cho, "Recent developments in molecular beam epitaxy(MBE)", *J. Vac. Sci. Technol.*, 16, p.275, 1979

[38] C. T. Foxon and B. A. Joyce, "Interaction Kinetics of AS4 and Ga on (100) GaAs Surface Using a Modulated Molecular Beam Technique", *Surf. Sci.*, 50, p.434, 1975

[39] S. M. Rossnagel, J. J. Cuomo and W. D. Westwood Eds., *Handbook of Plasma Processing Technol.*, Noyes Publications, p.47, 1990

[40] H. Siegerman and D. C. Hinson, "The Principles of Plasmas", *in The Thin Film Book of*

*Basics, Semiconductor Process Technology Seminar*, IBM-korea, Nov., 1988

[41] J. L. Cecchi, "Introduction to Plasma Concepts and Discharge Configuration", in *Handbook of Plasma Processing Technol.*(S.M. Rossnagel et. al.), Noyes Publications, p.50, 1990

[42] G. K. Wehner and G. S. Anderson, "The Nature of Physical Sputtering", *in Handbook of Thin Film Technology*(L.J. Maissel, R. Glang Eds.), McGraw-Hill, New York, 1970

[43] B. Chapman, "RF Discharges", in *Glow Discharge Process*, John Wiley & Sons, p.143, 1980

[44] B. Chapman, "Magnetically Enhanced Sputtering Systems", in *Glow Discharge Process*, John Wiley & Sons, p.260, 1980

6장

# 리소그래피

포토 리소그래피(photo lithography)는 설계된 도안을 마스크 또는 레티클(reticle)로부터 웨이퍼 표면의 감광제로 옮기는 공정이다. 이 기술은 1950년대에 트랜지스터나 집적회로 제작을 위해 반도체 산업에 적용되기 시작하였다. 포토 리소그래피 공정에 의해 소자나 회로들의 패턴을 웨이퍼 표면의 감광제에 전사하고, 최종적으로 식각 공정에 의해 웨이퍼로 옮겨지므로 이 기술은 집적회로 제작에서 중요한 공정 단계이다.

포토 리소그래피 공정에서 필수적인 것은 고 분해능, 고 감도, 정확한 정렬, 그리고 낮은 결함 밀도이다. 집적회로 공정기술의 발전은 생산된 웨이퍼 상의 최소 선폭(feature size)의 감소로 알 수 있는데, 2000년에는 0.18 $\mu$m까지 감소하였다. 더 작은 선폭은 웨이퍼 상에 더 많은 칩을 만들 수 있게 한다. 하지만, 포토 리소그래피 분해능의 문제로 0.18 $\mu$m 기술은 한계에 이르렀다. 이 분해능 문제를 개선함으로써 최소 선폭이 0.10 $\mu$m나 그 이하까지 더 감소될 수 있을 것이다. 한편, 감광제는 최적의 생산량을 달성하기 위해 노출 광에 매우 민감해야 한다. 감광제의 감도가 높을수록 노출 시간은 짧게 되고 생산량은 그만큼 많아지게 된다. 그러나 감도가 너무 높으면 분해능을 포함하는 감광제의 다른 특성들이 영향을 받을 수 있다. 따라서 분해능과 감도 사이의 면밀한 조화가 요구된다. 최신의 집적회로 칩은 30단계 이상의 패터닝 공정을 필요로 하는 복잡한 과정을 거치므로, 각 단계는 전체 칩 도안을 위한 성공적인 패턴을 만들기 위해 이전의 패턴과 정확하게 정렬되어야 한다.

반도체 공정에서의 포토 리소그래피의 핵심은 노광기술, 마스크, 감광제라고 할 수 있다. 노광기술은 크게 포토 리소그래피와 방사 리소그래피로 구분할 수 있으며, 마스크는 전사하고자 하는 원래의 패턴으로 구성되어 있고, 이 패턴을 일련의 과정을 거쳐 감광제 위에 옮기게 된다. 따라서 본 장에서는 각각의 노광기술에 수반되는 관련 기초 공정들의 설명을 통하여 리소그래피 과정에 대하여 설명하고, 다양한 노출에 적용되는 마스크 종류에 대해서 다루고, 마지막으로 감광제의 두 가지 종류인 양성 감광제와 음성 감광제에 대한 특성을 살펴보고자 한다.

## 1. 포토 리소그래피

포토 리소그래피 공정은 세 가지 주요 단계인 감광제 코팅, 노출, 현상과정으로 이루어져 있다. 또한, 높은 해상도를 위해서 포토 리소그래피에는 많은 굽기(baking)와 냉각(chilling) 단계가 있다. 모든 과정의 기술을 정리하면, 포토 리소그래피 공정은 웨이퍼세척, 선굽기(prebake), 초벌 스핀코팅과 감광제 코팅, 소프트 베이크(soft bake), 정렬과 노출, 현상, 패턴 검사와 하드 베이크(hard bake)의 8단계로 진행된다. 만약 웨이퍼가 점검사항을 통과하지 못하게 되면 하드 베이크 단계, 감광제 벗기기를 다시 해야 되고, 검사에 통과될 때까지 전 과정을 다시 수행해야 한다.

진보적인 포토 리소그래피 공정은 높은 포토 리소그래피 해상도를 얻기 위해 연구, 개발되고 있다. 완전한 트랙-얼라이너(track-aligner) 시스템은 공정산출과 처리량을 개선시키기 위해 널리 사용된다. 모든 코팅, 굽기/식히기, 노출 그리고 현상공정 단계들은 트랙-얼라이너 시스템에서 수행되기 때문에, 패턴검사는 하드 베이크 후에 수행된다. 그림 6.1은 포토 리소그래피 공정의 흐름도를 보여주고 있으며, 그림 6.2는 개선된 포토 리소그래피 공정순서를 나타낸 것이다.

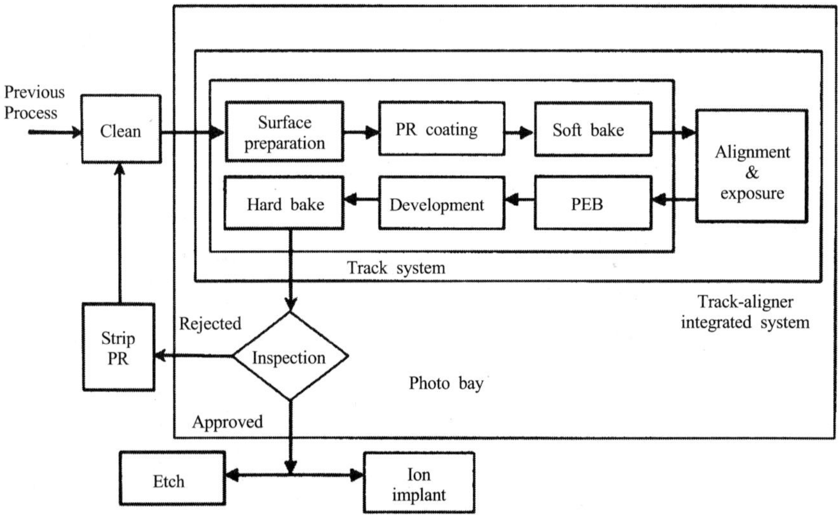


**그림 6.1** 포토 리소그래피 공정의 순서도

## 1.1 웨이퍼 세정

집적회로의 성능과 신뢰성 및 생산 수율은 제작 시 사용된 웨이퍼나 제작 후 소자 표면에 존재하는 물리적, 화학적으로 불필요한 불순물들에 의하여 많은 영향을 받는다. 소자의 최소 선폭이 점점 작아져 서브마이크론 영역에 이르게 되면 산화(oxidation)와 패터닝 전에 웨이퍼 표면을 청결하게 세정하는 기술에 대한 중요성은 더욱 커진다. 반도체 웨이퍼 표면을 세정하는 기술은 크게 습식 화학 방법, 건식 방법, 기상(vapor

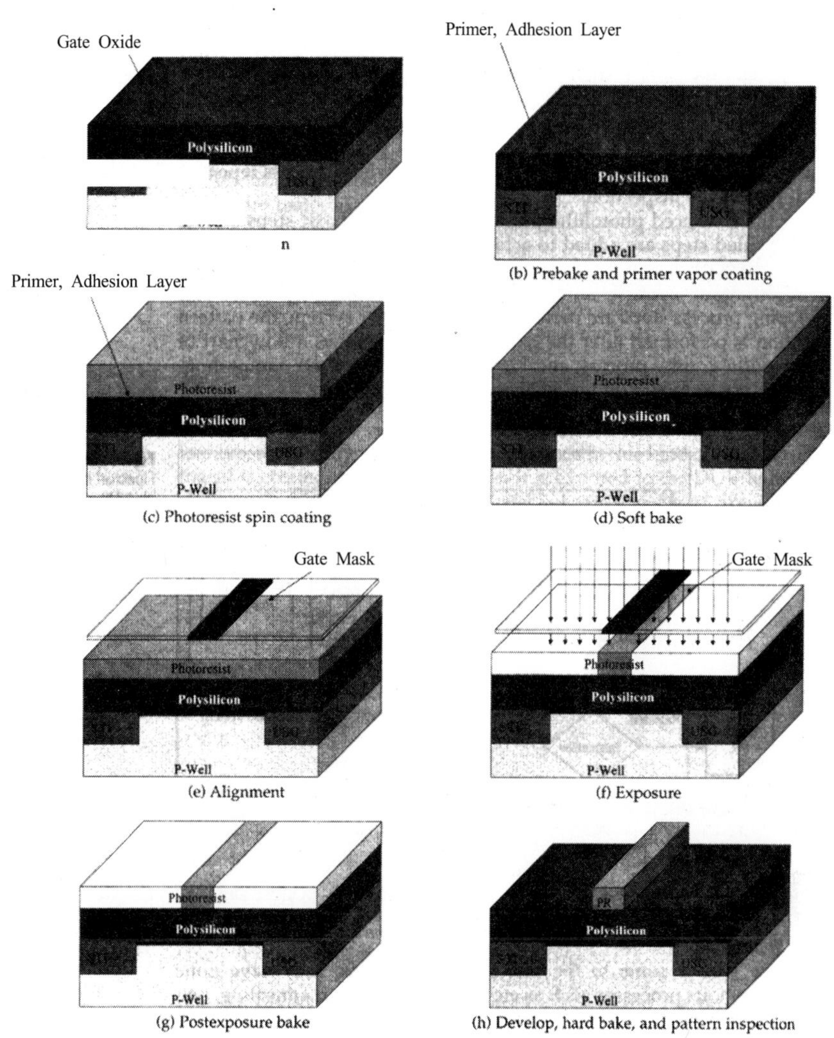


**그림 6.2** 개선된 포토 리소그래피 공정

phase) 방법 등으로 나눌 수 있다. 전통적인 웨이퍼 세정 방법은 대부분 과산화수소($H_2O_2$) 용액을 사용한 화학적 습식 방법이었으나, 많은 화학 물질의 소모와 사용된 물질의 폐기, 제작 공정과의 비호환성 등으로 인하여 점차 건식이나 기상쪽으로 세정 방법의 변화를 가져오게 되었다.

웨이퍼 표면에 존재하는 불순물들은 필름, 개별 입자 혹은 입자 덩어리, 흡착된 가스 등으로 이루어져 있으며 이들은 원자, 이온, 분자 등과 같은 물질 특성을 가지고 있다. 분자 형태 불순물들은 주로 윤활유, 감광제, 용제 찌꺼기 등으로부터 발생된 응결된 유기 물질 가스들과 탈이온화수(de-ionized water)나 플라스틱 용기로부터 생겨난 유기 화합물, 금속 산화물이나 수산화물 등으로 이루어져있다. 이온 불순물들은 대부분, Na, F, Cl 이온 등과 같은 것을 물리적으로 흡착하든지 화학적으로 결합한 무기 화합물로부터 생겨나게 된다. 마지막으로 원자 불순물은 금이나 구리를 포함하고 있는 HF 용액으로부터 반도체 표면에 화학적으로나 전기적으로 이들 금속이 부착되는 경우, 또는 공정 장치로부터 떨어져 나온 실리콘과 금속 조각들이 웨이퍼 표면에 부착되어 발생하게 된다.

### 1.1.1 습식 화학 세정

주요 웨이퍼 표면 세정 공정은 습식 화학 반응을 이용하는 것이다. 1980년대 초기에 대다수의 의견은 습식 세정이 1세기가 지나기 전에 건식 세정법으로 대체될 것이라고 추정하였다. 이러한 대체를 달성하기 위해 현실적인 노력들이 이루어져 왔으나, 웨이퍼 습식 세정법을 완전히 대체하는 것은 이루어지지 않았다. 웨이퍼의 습식 세정은 보다 더 널리 사용되었으며, 더욱 효과적인 표면 세정을 할 수 있도록 개선되었다. 웨이퍼 습식 세정에서 사용되는 일반적인 화학약품들을 표 6.1에 나타내었다.

**표 6.1 웨이퍼 습식 세정 화학약품**

| Contaminant | Name | Chemical Mixture Description (all cleans are followed by a DI water rinse) | Chemicals |
|---|---|---|---|
| Particles | Piranha (SPM) | Sulfuric acid/hydrogen peroxide/DI water | $H_2SO_4/H_2O_2/H_2O$ |
| | SC-1 (APM) | Ammonium hydroxide/hydrogen peroxide/DI water | $NH_4OH/H_2O_2/H_2O$ |
| Organics | SC-1 (APM) | Ammonium hydroxide/hydrogen peroxide/DI water | $NH_4OH/H_2O_2/H_2O$ |
| Metallics (not Cu) | SC-2 (HPM) | Hydrochloric acid/hydrogen peroxide/DI water | $HCl/H_2O_2/H_2O$ |
| | Piranha (SPM) | Sulfuric acid/hydrogen peroxide/DI water | $H_2SO_4/H_2O_2/H_2O$ |
| | DHF | Hydrofluoric acid/water solution (will not remove copper) | $HF/H_2O$ |
| Native oxide | DHF | Hydrofluoric acid/water solution (will not remove copper) | $HF/H_2O$ |
| | BHF | Buffered hydrofluoric acid | $NH_4F/HF/H_2O$ |

세정 공정의 근본 목적은 불순물 제거이다. 집적회로 제작 공정 중 발생하는 불량 제품 원인의 50% 이상이 마이크론 영역의 불순물에 기인한다는 사실이 일반적으로 인정되고 있기 때문에 이와 같은 불순물 제거는 반도체 집적회로 제작 공정 중에서 매우 중요한 것으로 취급되고 있다.

물의 화학적 성질은 기체, 액체, 고체 등을 녹이는 특성을 갖고 있기 때문에, 액체 세정용 시약이나 혼합물들을 사용하는 세정 공정 중에서 물을 액체의 기본으로 사용하는 세정 공정이 가장 널리 사용되어 왔으며 이를 습식 화학 세정 공정이라고 한다. 따라서 휘발성 유기 용제에 의한 세정은 습식 화학 세정이 아니지만, 수성의 산화 작용 물질에 의한 세정은 습식 화학 세정이다.

### 1) RCA 세정

산업 표준 습식 세정 공정은 RCA 세정 공정으로 알려져 있다. 이 공정은 1960년대에 RCA에서 W. Kern과 D. Puotinen에 의해 개발되었으며, 1970년에 처음 발표되었다. RCA 습식 공정은 두 가지의 상이한 화학 배스(bath)인 표준세정 1(SC-1)과 표준세정 2(SC-2)에서의 순차적인 담금 과정으로 구성된다.

표준세정 1의 화학 혼합물은 $NH_4OH/H_2O_2/H_2O$(ammonium hydroxide/hydrogen peroxide/DI water)이다. 세 가지 화학약품들이 1:1:5에서 1:2:7의 비율로 섞인다. 표준세정 2는 $HCl/H_2O_2/H_2O$(hydrochloric acid/hygrogen peroxide/DI water) 혼합물이고, 1:1:6에서 1:2:8의 범위로 혼합된다. 이러한 두 가지 화학 혼합물들은 과산화수소(hydrogen peroxide, $H_2O_2$)를 기초로 하며, 10~20분의 노출시간(exposure time)으로 75~85℃의 온도에서 사용된다.

#### ① 표준세정 1(SC-1)

표 6.1에 나타낸 것과 같이 SC-1 세정은 입자들과 유기물을 제거하는 능력이 있는 알칼라인 용액을 사용한다. 입자들의 경우 SC-1 습식 세정 공정은 기본적으로 입자의 산화를 통해 또는 전기 반발작용(electric repulsion)에 의해 이루어진다. 산화 기구(oxidation mechanism)를 이해하기 위해 과산화수소($H_2O_2$)가 웨이퍼 표면과 입자들을 산화시키는 강력한 산화제라는 것을 인식해야 한다. 입자의 산화층은 입자를 깎아내고 녹이는 리프트-오프 기구(lift-off mechanism)를 생기게 할 수 있는데, 이것은 웨이퍼와 입자 사이의 부착력을 끊게 된다. 이때 입자는 SC-1 용액에 녹게 되고 표면으로부터 떨어져 나간다. 이러한 작용을 그림 6.3에 나타내었다. 과산화수소로부터의 이러한 산화작용은 입자들이 웨이퍼 표면으로 재부착되는 것을 방지하는 보호층을 실리콘 표면 위에 형성한다.

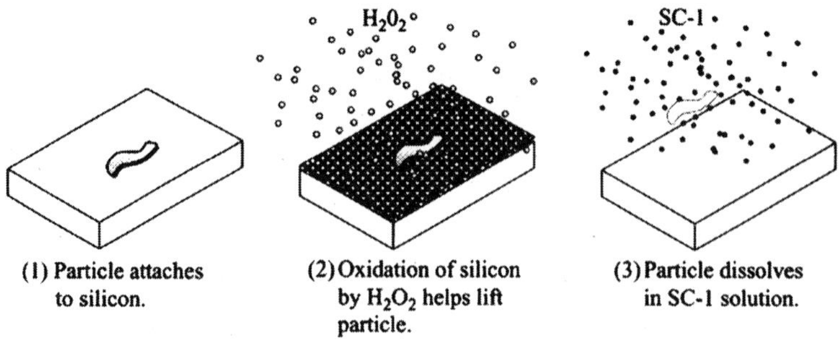


**그림 6.3** SC-1 공정에서의 입자의 산화와 용해

SC-1 입자 제거 기구는 실제로 입자의 전기 반발을 형성한다. 수산화암모늄($NH_4OH$)으로부터의 수산화 이온($OH^-$)은 웨이퍼 표면을 약간 식각시키며 입자의 바로 아래를 깎아낸다. 수산화 이온은 또한 실리콘 웨이퍼와 입자에 음전하를 형성한다. 입자와 표면상의 음전하는 표면으로부터 입자를 떼어내는 역할을 하며 이탈된 입자를 SC-1 용액 안으로 이동시킨다. 그림 6.4에 나타낸 것과 같이 표면 음전하의 다른 이점은 입자가 재증착되는 것을 막는다는 것이다.

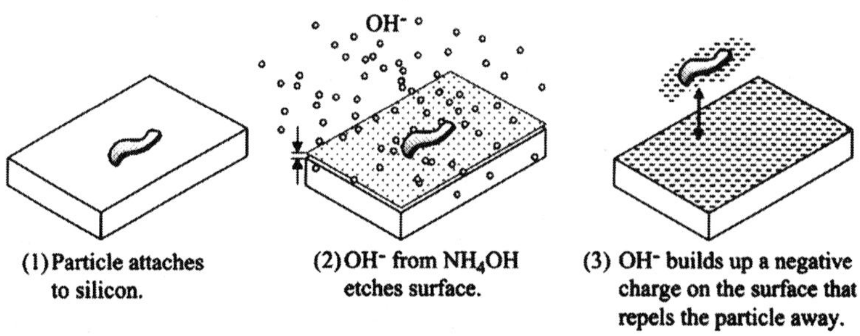


**그림 6.4** 음전하 반발작용을 통한 입자의 제거

SC-1 단계가 실리콘 상의 식각 공정을 통하여 입자를 제거하기 때문에 노출된 실리콘은 약간 미세한 거친 표면을 나타낸다. 이러한 미세거칠기(microroughening)는 ULSI 기술에서 요구되는 매우 얇은 산화층을 성장시키기 어렵기 때문에 문제가 된다. SC-1를 사용할 때의 다른 문제는 웨이퍼 상의 금속 오염과 혼합물에서 과산화수소 분해 사이의 상호관계(documented correlation)이다. 이러한 오염은 주기적으로 교체될 배스(bath)를 필요로 하게 되어 반도체 시설에서 화학약품을 더 많이 사용하게 하기 때문에 바람직하지 않다.

웨이퍼 표면과 입자 상에 전하 전위를 형성하는 것이 제타(zeta, $\zeta$) 전위에 의해 설명될 수 있다. 입자 제거의 경우, 웨이퍼와 입자의 제타 전위는 웨이퍼와 입자 사이의 전기적 반발력을 만들기 위해 용액에서 동일한 극성 방향을 가져야 한다.

② 표준세정 2(SC-2)

SC-2 습식 세정 공정은 웨이퍼의 표면으로부터 금속을 제거하기 위해 사용된다. 실리콘 표면으로부터 금속(일부 유기물) 오염물을 제거하기 위해 높은 산화 가능성과 낮은 pH를 가지는 용액이 필요하다. 이 방법에서 금속은 강한 산화 작용을 하는 산성 용액에서 이온화되어 녹는다. 이제 세정 용액은 금속과 유기 오염물로부터 전자를 포획하며 그것들을 산화시킨다. 유기 불순물들이 용해될 동안 금속은 용액에서 녹기 위해 이온화된다.

2) 개선된 RCA 세정

RCA 세정 공정은 큰 체적과 높은 온도에서 화학약품과 초고순도 물을 사용하는 단점이 있어 이를 개선시키기 위한 방법이 연구되었다. 몇몇 칩 제조사들은 여전히 원래 용액과 같은 비율로 RCA 세정을 사용한다. 현재의 회사들은 희석 세정 화학약품이라고 언급되는 초고순도 $H_2O$로 100배 더 희석된 혼합액을 사용한다. 이것은 원래 용액과 동일하거나 더 우수한 세정 효과를 가질 수 있다. 예를 들어, 희석된 SC-1 화학 비는 $NH_4OH : H_2O_2 : H_2O$에 대하여 전형적인 1 : 1 : 5 대신에 1 : 4 : 50이다. 희석된 화학약품은 사용자의 안정성을 개선한다. 게다가 감소된 화학약품 사용과 처리량으로 인하여 비용면에서도 이익을 준다.

RCA 습식 세정이 성공적으로 사용되는 중요한 이유는 초고순도 물과 화학약품의 유용성이다. 새로운 세정 시도가 이전보다는 더 높은 순도를 제공할 수 있어 좀 더 효과적인 세정 작용을 얻을 수 있다. RCA 세정은 많은 양의 화학약품 증기를 생성하며, 화학약품 증기가 청정실(cleanroom) 안으로 들어오는 것을 방지하기 위하여 청정실 배출 시스템에 부하를 증가시킨다.

① 피라냐 혼합

피라냐(Piranha)는 웨이퍼 표면 상의 유기 불순물과 금속 불순물을 제거하기 위한 황산($H_2SO_4$)과 과산화수소($H_2O_2$)를 합한 강한 세정 용액이다. 피라냐는 때때로 SC-1 세정 단계나 SC-2 세정 단계 전에서 사용된다. 가장 일반적인 혼합물은 농축된 $H_2SO_4$ 7에, 30%(체적에) $H_2O_2$ 3이다. 일반적인 세정 방법은 약 19분 동안 125℃에서 피라냐에 웨이퍼를 담그고 뒤이어 탈이온화수로 린스시키는 것이다. 피라냐의 변수는 카로스산(Caro's acid)인데, 이것은 농축된 $H_2SO_4$ 380과 30% $H_2O_2$ 17 그리고 초고순도 물 1의 혼합으로 제작된다.

② 불산 최종 단계

많은 세정 단계는 웨이퍼 표면 상의 자연 산화막을 제거하기 위해 마지막 단계인 불산(HF)에 웨이퍼 표면을 노출시킨다. 자연 산화막이 없는 실리콘은 고순도 에피택시막과 MOS 회로의 게이트 영역을 위한 50Å 이하의 얇은 산화막을 만들기 위해 매우 중요하다. HF 노출 후에 웨이퍼 표면은 수소 원자로 완전히 파괴되고, 공기 중에서 재산화에 대해 높은 안정성을 가진다. 수소로 파괴된 실리콘 표면은 벌크 실리콘 결정에서와 같이 동일한 조건에서 유지된다.

③ 화학약품 증기 세정

공정 챔버에서 단일 웨이퍼로부터 잔류 산화물과 금속 오염물을 제거하기 위해 일부 반도체 시설에서 사용된 다른 방법들은 화학약품 증기이다. 웨이퍼는 희석된 HF : $H_2O$의 미세한 안개 분무(fine mist spray)에 노출되고, 뒤이어 탈이온화수에 의한 린스와 IPA(isopropyl alcohol) 증기-건조 단계를 거친다. 이 방법은 HF 화학약품 사용을 최소화시키기 위해 개발되었으나 세정 능률이 낮아서 널리 사용되지 않는다.

### 3) 웨이퍼 세정 단계

일반적인 웨이퍼 세정 순서를 표 6.2에 나타내었다. 일부 HF/$H_2O$ 단계는 제외되었다.

**표 6.2 전형적인 웨이퍼 습식 세정 순서**

| Cleaning step | Purpose |
|---|---|
| **$H_2SO_4$/$H_2O_2$(Piranha)** | **Organics and Metals** |
| UPW rinse(ultrapure water) | Rinse |
| HF/$H_2O$(dilute HF) | Native oxides |
| UPW rinse | Rinse |
| **$NH_4OH$/$H_2O_2$/$H_2O$(SC-1)** | **Particles** |
| UPW rinse | Rinse |
| HF/$H_2O$ | Native oxides |
| UPW rinse | Rinse |
| **HCl/$H_2O_2$/$H_2O$(SC-2)** | **Metals** |
| UPW rinse | Rinse |
| HF/$H_2O$ | Native oxides |
| UPW rinse | Rinse |
| Drying | Dry |

### 1.1.2 건식 세정

습식 화학 세정은 집적회로 제작 공정 중에 일반적으로 사용되어 온 방법이지만, 웨이퍼 세정과 기타 집적회로 제작 공정들의 시스템 집적화 사이에 나타나는 상호간의 비 호환적 성격(예: 저압공정 장치), 세정되는 웨이퍼 표면 패턴들의 종횡비(aspect ratio)의 증가(예: 깊은 트렌치), 화학 용액 속의 불순물 제거 난점, 고순도의 화학물질과 탈이온화수의 고가격, 사용된 폐기물의 처리 등등 많은 문제들로 인하여 건식 웨이퍼 세정 기술에 관한 관심이 급격하게 증가하고 있다.

건식 세정 공정에서는 오염 물질들이 다음과 같은 서로 다른 세 가지 과정 중 어느 한 가지에 의하여 제거된다.

- 스퍼터 시킴
- 오염 물질들을 휘발성 물질로 변화시킴
- 오염 물질이 놓여 있는 아래층의 물질을 들어 올림(lift off)

플라스마 기반 건식 세정은 습식 공정을 상당히 대체할 수 있을 것으로 생각되고 있다. 오늘날, 건식 플라스마 기술은 에싱(ashing)과 같이 웨이퍼로부터 유기 감광제를 제거하는데 사용되며, 또 자연 산화막을 제거하기 위한 공정에도 이용된다. 플라스마 공정에서 가스와 플라스마 에너지는 오염물을 제거하기 위한 화학 반응을 일으키기 위해 사용된다.

플라스마 세정의 일례는 마이크로웨이브 하류식-플라스마 공정이다. 이 공정에서 플라스마는 유기물질, 금속 및 다양한 무기 성분을 포함하는 박막 잔류물을 제거할 수 있다. 플라스마는 밑에 있는 유전체 층의 제거를 최소화하면서 측벽부의 박막을 제거할 수 있다. 플라스마 세정 뒤에 탈이온화수 린스 과정을 거친다.

0.18 $\mu$m 임계크기와 그 이하에서 사용될 발전된 공정들은 새로운 물질들을 사용하기 때문에 다양한 형태의 잔류물이 발생한다. 따라서 반도체 소자 제조를 위하여 건식 플라스마 세정 공정이 더욱 발전되어 사용될 것이다. 많은 경우에서 습식 세정의 화학 반응은 모든 잔류물을 제거하기 위한 충분한 활성화 에너지를 가지고 있지 않다. 이러한 이유로 플라스마 기술에 관련된 더 높은 활성화 에너지가 웨이퍼 세정을 위해 필요하게 된다.

### 1.1.3 증기 세정

증기 세정법은 크게 건식 세정법에 속할 수 있지만 플라스마나 충돌이온, 전자, 광자들에 의하여 촉진되는 표면 화학 반응이나 물리적 방법으로 세정이 이루어지는 건식 세정과는 달리 세정액을 증발시켜 발생된 증기가 오염 물질들을 분리하여 내는 세정을 말한다. 이와 같은 방법으로는 HF 증기를 사용하여 실리콘 산화막을 제거하는 방법이 있다. 그림 6.5는 증기 세정 실험 장치의 개략도를 나타낸 것이다. 건조된 후 예열된 Ar 운송 기체를 웨이퍼가 장착된 세정 장치 하단의 HF/$H_2O$ 용액에 통과시키면 HF/$H_2O$ 입자들이 웨이퍼로 이송된다. 이때, 실리콘 산화막 식각은 HF 농도와 온도에 의하여 결정된다. HF/$H_2O$ 용액 바로 위에 진공 고정대로 웨이퍼를 고정시키고 20~30℃로 가열하였을 때, 용액에서와 비슷한 식각률을 나타낸다.

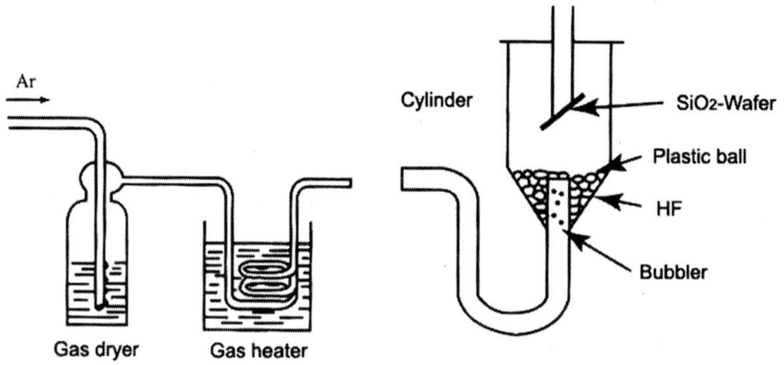


**그림 6.5** HF 증기에 의한 실리콘 산화막 식각 장치

HF/$H_2O$ 증기 세정공정의 원리는 다음과 같다.

- HF/$H_2O$ 증기가 실리콘 산화막 표면에 공급
- 증기의 부분압이 충분히 클 때 응축된 액체의 HF + $H_2O$ 필름층 형성
- HF-$SiO_2$ 작용으로 휘발성 $SiF_4$와 비휘발성의 $H_2SiF_6$ 생성

$$4HF + SiO_2 \longrightarrow SiF_4 + 2H_2O \tag{1}$$

$$6HF + SiO_2 \longrightarrow H_2SiF_6 + 2H_2O \tag{2}$$

- 세정을 위한 식각 과정 종료 후, HF/$H_2O$ 증기 차단
- 표면의 액체 $H_2SiF_6$/HF/$H_2O$ 필름은 린스와 건조를 통하여 제거됨

이와 같은 증기 세정은 습식 세정에 비하여 건식 세정의 일반적인 장점을 포함하여 세정액 자체의 잔류에 의한 오염 방지, 정확한 제어, 폐기물 처리용이, 컴퓨터 제어에 의한 안정성, 증기 종류나 온도, 압력 변화의 다양성 등과 같은 많은 장점들을 가지고 있다.

## 1.2 준비과정

포토 리소그래피의 준비과정은 주로 "prep chamber"라 부르는 밀폐된 챔버 내에서 두 단계의 공정으로 시작한다. 첫 번째 단계는 웨이퍼 표면에 있는 습기를 제거하기 위해 가열하는 과정으로, 탈수 굽기(dehydrate bake) 또는 선굽기(prebake)라고 부른다. 건조된 웨이퍼 표면은 감광제의 점착력을 위해 특히 중요하다. 나쁜 점착력은 의도하지 않는 감광제 패턴이 생기게 할 수 있으며, 식각 공정에서 감광제의 아래 부분이 깎여 나가도록 하기도 한다. 대부분의 경우 웨이퍼는 150~200℃의 핫플레이트 온도에서 1~2분 동안 구워진다. 굽는 온도와 시간은 최상의 공정 결과를 얻기 위해서 매우 중요하다. 굽는 온도가 너무 낮거나 시간이 너무 짧으면, 부족한 표면 건조 상태가 감광제의 점착성 문제를 야기할 수 있다. 굽는 온도가 너무 높으면, 오염을 야기하고 감광제 점착성에 영향을 미치는 프리머(primer) 분리가 생길 수 있다.

두 번째 단계는 프리밍(priming)이라 부르는 증착 과정이다. 이 과정에서 유기 감광제와 실리콘 웨이퍼 표면 사이의 점착력이 증가하게 되고, 얇은 프리머 층이 감광제가 코팅되기 전에 웨이퍼 표면에 코팅된다. HMDS(hexamethyldisilazane, $(CH_3)_3SiNHSi(CH_3)_3$)는 포토 리소그래피 공정에서 가장 많이 사용되는 프리머이다. 포토 리소그래피 공정에 앞서서, HMDS는 선굽기 과정이 수행된 후에 웨이퍼 표면에 증착된다. 표면 수화(rehydration) 방지를 위해 프리머 코팅 이후, 즉시 감광제를 코팅하는 것이 매우 중요하다. 그러므로 트랙 시스템에서 챔버는 감광제 코터와 연속적으로 배열되어 있다. 프리머는 감광제가 코팅된 상태에서 회전 도포 과정으로도 코팅될 수 있다. 그러나 이것은 집적회로 제조 전에 사용하는 증기 프리머 코팅만큼 대중적이지는 않다. 증기 프리머 코팅은 유동성 화학약품에서 전달된 미립자에 의한 표면 오염 가능성을 최소화하기 때문에 상당히 선호되는 방법이다. 그림 6.6은 선굽기 상태와 프리머 코팅 공정을 나타낸 것이다.

감광제가 회전 도포되는 동안 열을 유지하면 감광제에 있는 솔벤트는 쉽게 증발되면서 동시에 냉각될 것이다. 이것은 매우 바람직하지 않은 공정 조건을 만든다. 솔벤트 손실과 온도 변화는 감광제의 점성도에 영향을 미칠 수 있기 때문이다. 감광제의 점성도는 회전 도포되는 동안 두께와 균일도에 영향을 미친다. 그러므로 웨이퍼를 감광제 도포 이전에 대기 중의 온도로 냉각시키는 것이 필요하다. 일반적으로 웨이퍼는 동일한 트랙 시스템에 위치한 냉각 플레이트에서 열교환 방법으로 냉각된다.

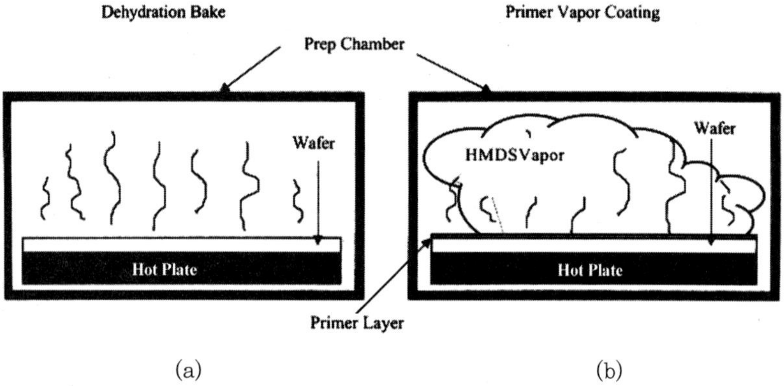


**그림 6.6** (a) 선굽기 공정과 (b) 프리머 도포 공정

## 1.3 감광제 코팅

감광제 코팅은 얇은 감광제 층이 웨이퍼 표면에 붙는 증착 과정이다. 웨이퍼는 고속 회전하는 동안 웨이퍼를 고정시키기 위해 진공 척(chuck)이 있는 회전축에 설치된다. 액상의 감광제는 웨이퍼 표면에 달라붙고, 웨이퍼 회전에 의한 원심력으로 웨이퍼 표면에 고르게 퍼진다. 감광제에 있는 솔벤트가 증발된 후에 웨이퍼는 얇은 감광제 층으로 코팅된다. 감광제의 두께는 그림 6.7에 나타낸 바와 같이 감광제의 점성도와 웨이퍼 회전율에 관련된다. 회전율이 높아질수록 감광제 층은 얇아지고, 감광제의 두께 균일성은 좋아진다. 감광제 두께는 회전율의 제곱근에 반비례한다. 감광제가 높은 점성

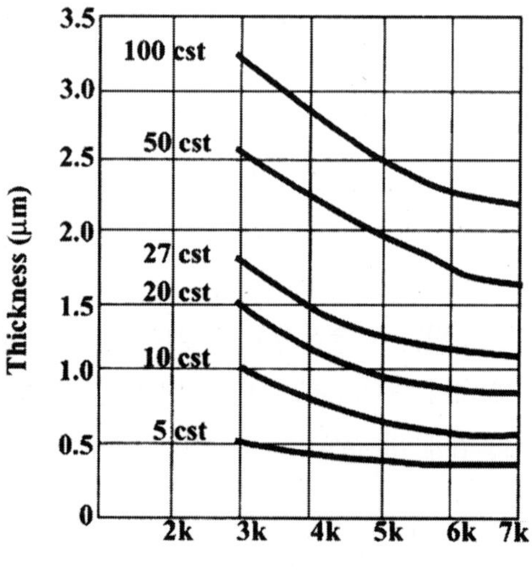


**그림 6.7** 점성도에 따른 감광제의 두께와 회전율의 관계

도와 높은 표면 장력을 갖고 있기 때문에 균일한 감광제 코팅을 위해서 매우 높은 회전율이 필요하다. 점성도가 높아질수록 고정된 회전율에서 감광제 층은 더욱 두꺼워진다. 감광제의 점성도는 감광제 용액의 특성에 의해서 조절될 수 있다. 포토 리소그래피 공정에서 전형적인 감광제 두께는 5,000~30,000 Å 이다.

감광제는 정적인 방법과 동적인 방법으로 투여될 수 있다. 정적인 방법은 움직이지 않는 웨이퍼 표면에 감광제가 투여되는 것으로 웨이퍼 표면 부분에 넓게 퍼진다. 감광제가 어느 정도의 직경으로 분포되면 웨이퍼 표면 전체에 감광제를 고르게 분포시키기 위해서 웨이퍼를 7,000 rpm 이상으로 빠르게 회전시킨다. 감광제의 두께는 점성도와 표면 장력, 감광제의 건조 특성, 회전율, 가속률, 그리고 회전 시간에 의해서 결정된다. 감광제 두께와 균일성은 가속률에 특히 민감하다.

동적인 투여의 경우 500 rpm 정도의 낮은 회전율로 회전하는 웨이퍼의 중심에 감광제를 투여한다. 감광제가 투여된 후에 웨이퍼 표면에 균일하게 분포시키기 위해서 웨이퍼는 7,000 rpm 이상 고속으로 가속된다. 정적인 투여는 감광제의 좋은 코팅 균일성을 이룰 수 있어 많이 사용되지만, 동적 투여 방법은 거의 사용되지 않는다. 그림 6.8은 회전 도포 공정에서 회전율의 변화를 나타낸 것이다.

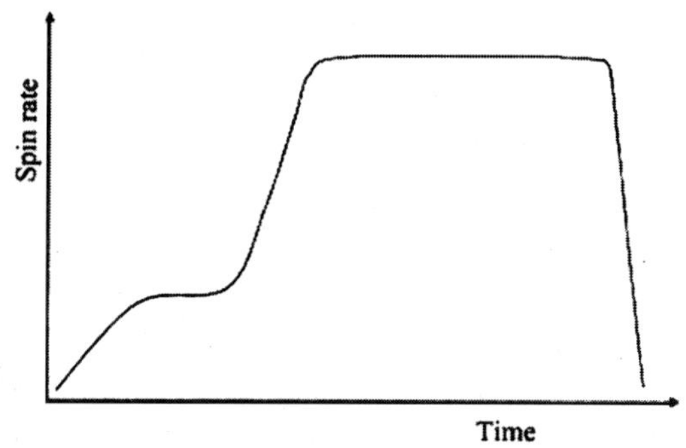


**그림 6.8** 회전 도포 공정에서의 회전 비율의 변화

감광제의 솔벤트는 회전에 의해서 분포되는 과정 동안 빠르게 증발하여 점성도를 변화시킨다. 그러므로 솔벤트 증발에 의한 감광제 점성도 변화의 효과를 줄이기 위해 감광제를 웨이퍼 표면에 가한 후, 빠르게 회전율을 증가시키는 것이 매우 중요하다. 이러한 과정에서 얇은 솔벤트 층은 감광제 점착성과 균일성을 개선하기 위해 감광제 코팅 전에 웨이퍼 표면에 회전 도포된다.

그림 6.9는 감광제의 회전 도포 과정을 나타낸 것이다. 감광제의 드로백(draw back) 형태는 투여 노즐(dispenser nozzle)의 끝부분에서 감광제 방울이 솔벤트 증발에 의해 건조되어 굳어지는 것을 방지하기 위해 고안되었다. 이러한 형태가 없다면, 건조된 감광제 방울은 다음 코팅 공정에서 감광제 층에 결함을 일으킬 수 있다.

회전 도포는 감광제 코팅 이전의 프리머(HMDS) 증착을 위해 사용되기도 한다. 먼저 유동성 HMDS는 웨이퍼에 코팅되도록 낮은 회전율로 웨이퍼 표면에 가해진다. 다음으로 HMDS를 건조하기 위해 약 20~30초 동안 3,000~6,000 rpm 이상으로 회전율을 단계적으로 증가시킨다. 프리머 회전도포의 장점은 감광제 코팅과정을 포함하는 동시(*in-situ*) 공정이며, 감광제 코팅 전에 웨이퍼 표면의 수화(rehydration)를 효율적으로 방지할 수 있다. 그러나 대부분의 사람들은 적은 프리머 사용(HMDS는 매우 고가임), 더 좋은 코팅 균일성, 미립자 오염에 대한 위험 부담의 감소, 습식 HMDS에 의한 감광제 용해 등의 이유로 증기 프리머 코팅을 선호한다.

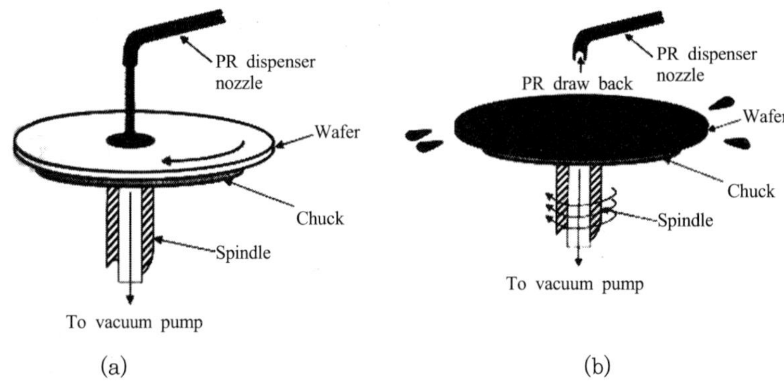


**그림 6.9** (a) 감광제 도포, (b) 회전 도포

그림 6.10은 감광제 회전 도포기의 단면도를 나타낸 것이다. 감광제는 워터 슬리브(water sleeve)관으로부터 나온 투여 노즐(dispense nozzle)을 통해서 전달된다. 워터 슬리브의 물은 열교환 매개체로서 감광제가 점성도를 유지하도록 감광제의 일정한 온도 유지를 위해 사용된다. 기류 온도와 코팅기 내부의 유속은 감광제의 건조 특성에 영향을 미칠 수 있기 때문에 회전율과 가속률은 정밀하게 조절되어야 한다. 적절한 냉각이 없으면 고속 회전하는 동안 회전축이 고온이 될 수 있다. 이런 중앙 가열에 의한 웨이퍼 온도의 불균일성을 피하기 위해서 회전축은 냉각된 질소 또는 물로 냉각되어야 한다. 여분의 감광제와 에지-비드 제거(Edge-Bead Removal, EBR) 용액이 쌓이고, 나중에 바깥쪽으로 배출된다. 증발된 솔벤트는 배기가스를 통해 빠져 나온다. 배기가스

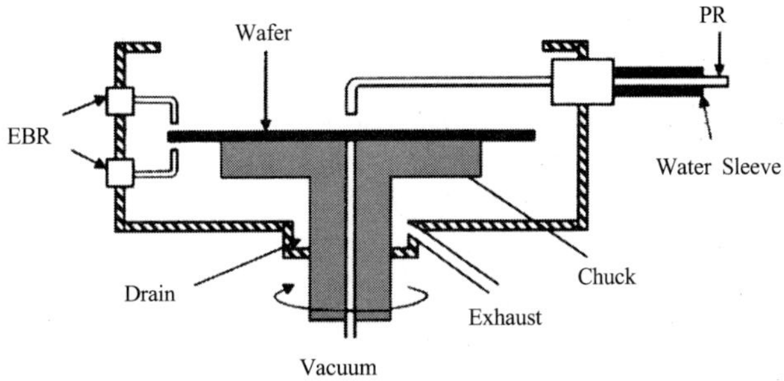


**그림 6.10** 감광제 회전 도포기

온도와 가스 유속이 감광제의 건조 특성에 영향을 미치기 때문에 감광제 두께와 균일성에도 영향을 미친다. 사실 가장 좋은 감광제 두께 균일성은 배기가스 기류가 없을 때 가능하다. 그러나 배기가스가 없다면, 솔벤트 증기 축적이 안전성 측면에서 위험할 수 있다. 감광제의 가장자리가 가장 빠르게 건조하기 때문에 보통 배기가스 유속의 증가는 감광제 두께 프로파일에서 가장자리를 두꺼워지게 하며, 점성도도 증가시킨다.

감광제의 회전 도포 이후에 가장자리에 가까운 웨이퍼의 양면은 감광제로 쌓인다. 식각 또는 이온 주입 공정에서 로봇 손이나 웨이퍼 집게 같은 기계적인 웨이퍼 처리장치가 웨이퍼의 가장자리를 깨뜨리고 미립자 오염을 유도할 수 있기 때문에 가장자리에 감광제가 쌓이는 것을 방지하기 위해서 에지-비드 제거가 필요하다. 두꺼운 가장자리는 웨이퍼 가장자리에 대한 노출공정에서 초점 문제를 일으킬 수도 있다. 화학적, 광학적 방법들은 이러한 에지-비드 제거를 위해 사용된다.

화학적 에지-비드 제거는 일반적으로 감광제 회전 도포 이후에 회전 도포기에서 실행된다. 이 과정에서 그림 6.11과 같이 솔벤트는 웨이퍼가 회전하는 동안 웨이퍼의 양면 가장자리에 주입되는데, 솔벤트는 가장자리에서 감광제를 용해시키고 씻어낸다.

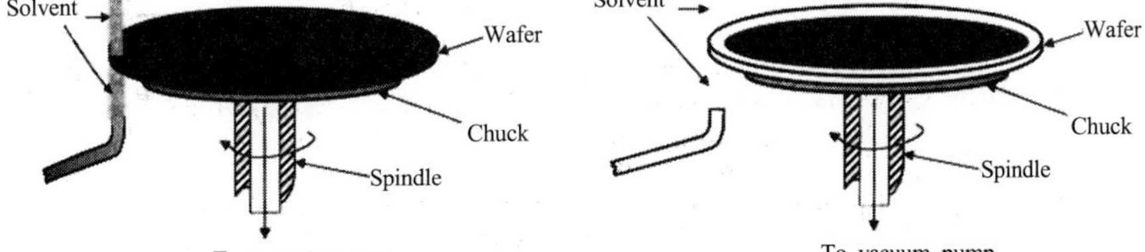


**그림 6.11** 화학적 에지-비드 제거(Edge-Bead Removal, EBR)

그림 6.12는 광학적 에지-비드 제거 공정을 나타낸 것이다. 광학적 에지-비드 제거는 노출공정 후, 웨이퍼가 현상기로 보내지기 전에 트랙 시스템(track system)에 있는 특별히 고안된 광학 에지-비드 제거 스테이션에서 실행된다. 웨이퍼가 회전하는 동안 웨이퍼 가장자리의 상부 면을 노출시키기 위해서 LED 같은 광원을 사용한다. 웨이퍼의 중심부는 추후 공정으로 전송하는 기계형 집게에 의해서 동시에 이동된다. 노출된 감광제는 현상과정에서 제거되며, 특히, 일부 식각 공정 등에서 웨이퍼를 고정(clamping)시키는 과정 중에 입자의 오염이 발생하지 않도록 한다. 움직이는 암 디스펜서(moving arm dispensers), 롤러코스터(roller coaster) 같은 다른 감광제 코팅 방법들도 집적회로 제작에 여전히 사용되지만 회전 도포만큼 널리 쓰이는 방법은 아니다.

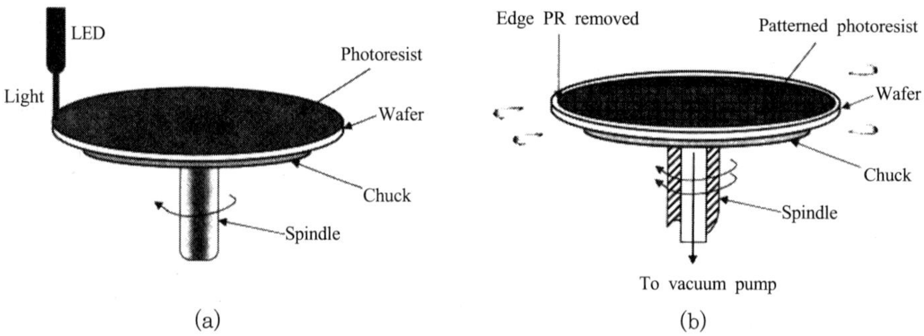


**그림 6.12** 광학적 에지-비드 제거 (a) 모서리 노광과 (b) 노광 후 현상

## 1.4 소프트 베이크

감광제 도포 후에 웨이퍼는 감광제를 액체 상태에서 고체 상태로 변형시키고 감광제 내부에 있는 대부분의 솔벤트를 제거하기 위해서 다시 열처리를 해준다. 소프트 베이크(soft bake)는 웨이퍼 표면에 감광제의 점착력을 개선시키는 역할도 한다. 이러한 과정을 선노광(pre-exposure)이라 부른다. 소프트 베이크 이후에 감광제 두께는 약 10~20% 줄어들고, 솔벤트는 약 5~20% 정도 남는다. 소프트 베이크 온도와 시간은 감광제 종류(양성 또는 음성)에 의존하며, 특별한 공정에 따라 변한다. 각각의 감광제는 적절한 굽기 시간과 온도를 가진다. 굽기 온도가 너무 낮거나 굽기 시간이 너무 짧아서 감광제가 덜 구워지면, 감광제는 점착이 제대로 되지 않아서 이후 공정에서 웨이퍼 표면으로부터 떨어져 나갈 수 있다. 감광제의 굽기가 덜 이루어지면 불충분한 경화를 야기하며, 젤리 같은 감광제는 웨이퍼 스테핑(wafer stepping) 동안 흔들리게 되어 감광제에 흐릿한 영상을 만들 수 있다. 소프트 베이크 단계에서 과도한 굽기는 감광제를

너무 빠르게 중합(polymerizaton)시켜서 감광제를 노광하는 과정에 대해 둔감하게 만들 수 있다. 화학 증폭형(chemical-amplified) 감광제는 DUV 리소그래피 공정에 사용되기 때문에 감광제 안에 어느 정도 잔류 솔벤트가 후노광 굽기(postexposure bake, PEB) 과정 동안 산(acid) 확산과 확대를 위해 필요하다. 또한, 과도한 굽기는 불충분한 촉매 화학 반응을 야기할 수 있고 결과적으로 이미지 현상 부족을 초래한다.

소프트 베이크 공정을 위해 사용되는 방법으로는 그림 6.13에 나타낸 것과 같이 대류(convection) 오븐, 적외선 오븐, 마이크로웨이브 오븐, 그리고 핫플레이트 등이 있다. 대류 오븐은 90~120℃에서 약 30분 동안에 웨이퍼를 가열하기 위해 가열된 질소 가스의 대류 흐름을 사용한다. 적외선 오븐은 짧은 시간 동안 웨이퍼를 구울 수 있으며, 이때 적외선 방사는 먼저 웨이퍼를 가열하고, 감광제를 가열하기 위해 감광제 층을 통과하므로 웨이퍼 하부에서 위로 가열되는 방식을 취한다. 마이크로웨이브 오븐은 굽기 공정을 위한 또 하나의 방법이다.

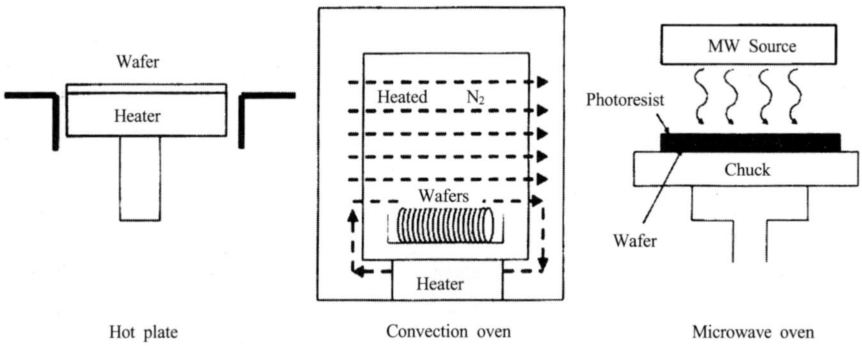


**그림 6.13** 다양한 소프트 베이킹(soft baking) 방법

핫플레이트는 웨이퍼와 플레이트 사이의 열전달을 통해서 먼저 웨이퍼를 가열하기 때문에 웨이퍼에 있는 감광제를 하부로부터 위로 가열하여 건조시킬 수 있다. 그러므로 대류 오븐의 굽기 공정에서 발생하는 표면에서의 가열과 건조에 의해 감광제 표면이 단단해지는 문제를 피할 수 있다. 대류 오븐 시스템과 다르게 핫플레이트는 단일 웨이퍼 시스템이다. 웨이퍼 내부에 균일한 열을 줄 수 있어 더욱 안정된 공정 결과를 얻을 수 있다. 핫플레이트는 인라인 코팅(in-line coating), 굽기(baking) 그리고 현상(developing)을 위한 트랙 시스템에 쉽게 적용될 수 있다. 핫플레이트는 모든 굽기 공정에서 사용되는 가장 일반적인 방법이다. 이것은 진보된 집적회로 제작에 사용되는 거의 모든 광-트랙(photo-track) 시스템에서 찾아볼 수 있다.

소프트 베이크 이후, 웨이퍼는 주변온도를 낮추기 위해 냉각 플레이트 위에 둔다. 1℃의 온도 차이가 열팽창 효과에 의해 200 mm 실리콘 웨이퍼에서 0.5 $\mu$m의 차이를 발생시키기 때문에 정렬과 노출과정 동안 웨이퍼 온도를 일정하게 유지하는 것이 매우 중요하다.

## 1.5 노출

패턴전사과정은 리소그래피 노광 기구에 의하여 이루어진다. 노광 기구의 성능은 3가지 파라미터, 즉 해상도, 겹침 정밀도, 처리량에 의하여 결정된다. 분해능(resolution)은 반도체 웨이퍼 위에 있는 감광제 층에 충실하게 패턴을 전사할 수 있는 최소형상의 크기를 말한다. 겹침정밀도(registration)는 연속적으로 마스크 작업을 할 경우 웨이퍼 위에 이미 정해진 패턴에 대하여 얼마나 정확하게 정렬 또는 겹칠 수 있는지에 대한 척도이다. 그리고 처리량(throughput)은 시간당 처리되는 웨이퍼의 수를 말한다.

광학 노광 방법에는 기본적인 두 가지, 즉 음영 인쇄법(shadowing printing)과 투사 인쇄법(projection printing)이 있다.

그림 6.14는 이와 같은 음영 인쇄법과 투사 인쇄법에 있어서 마스크를 통과시킨 빛이 감광재료에 입사되는 세기를 나타낸 것이다.

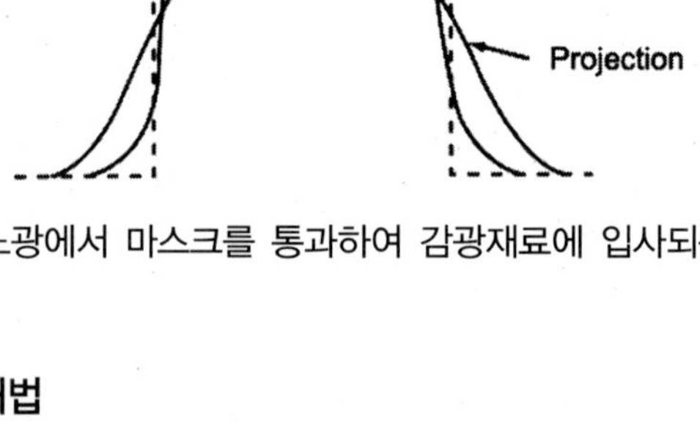


**그림 6.14** 광 노광에서 마스크를 통과하여 감광재료에 입사되는 빛의 강도분포

### 1.5.1 음영 인쇄법

음영 인쇄법은 웨이퍼와 마스크를 서로 직접 접촉시키는 접촉 인쇄법(contact printing)과 약간 떨어지게 하여 노광시키는 근접 인쇄법(proximity printing)이 있다. 그림 6.15는 접촉 및 근접 인쇄법을 나타낸 것이다.

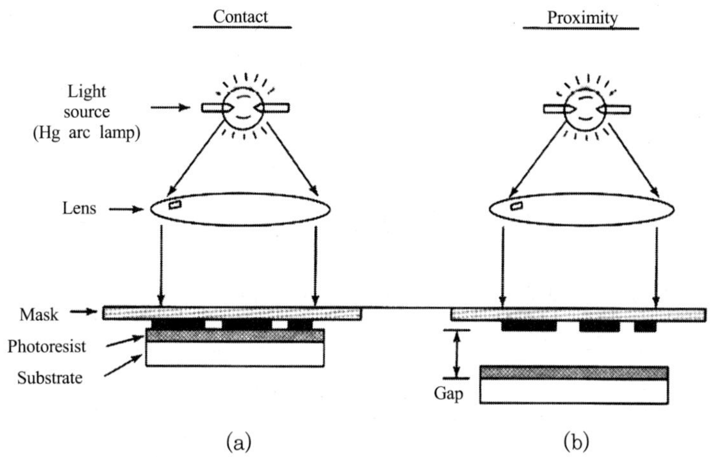


**그림 6.15** 음영 인쇄법: (a) 접촉 인쇄법, (b) 근접 인쇄법

접촉 인쇄법은 분해능은 높지만 마스크가 먼지나 실리콘 입자들에 의해 손상될 수 있고, 감광제와 마스크가 부착되어 감광제의 모형이 일그러지는 단점들이 있다. 이와 같은 단점들을 보완한 것이 근접 인쇄법이다. 웨이퍼와 마스크 사이에 보통 10~50 $\mu$m 정도의 간격을 두고 있기 때문에 마스크의 손상 문제는 발생하지 않는다.

그러나 이때 마스크와 웨이퍼 사이의 공간으로 인한 회절(diffraction) 현상이 발생하여 마스크 가장자리(edge)에서 빛이 통과하지 못하도록 되어 있는 안쪽으로 상당량의 강도를 갖는 빛이 나타나서 분해능의 감소가 일어나게 된다. 투사형의 경우는 마스크가 웨이퍼로부터 멀리 떨어져 있어 마스크 손상이 없을 뿐 아니라 마스크의 하나의 작은 부분만을 노출시킬 수 있기 때문에 근접 인쇄법보다는 분해능을 향상시킬 수 있다.

### 1) 분해능

그림 6.15(b)에서와 같이 마스크와 웨이퍼가 일정 간격을 유지하고 있으므로 회절에 의해 상의 분해능 손상이 일어나게 된다. 간격 $g$가 작은 근접 인쇄법에서는 프레넬 회절(Fresnel diffraction)이, 반대로 $g$가 큰 투사 인쇄법에서는 프라운호퍼 회절(Fraunhofer diffraction)이 일어나게 된다. 이 방법에서는 간격 $g$가 작으면 작을수록 웨이퍼의 감광재료 위에 나타나는 회절 영향이 줄어들게 되며 분해능은 2~5 $\mu$m 영역이 된다.

근접 인쇄법에서 얻을 수 있는 최소 선폭, 즉 분해능 $l_m$은 다음 식과 같이 근사적으로 표현된다.

$$l_m \approx \sqrt{\lambda g} \tag{3}$$

여기서, $\lambda$는 빛의 파장, $g$는 감광재료 막 두께가 포함된 웨이퍼와 마스크 사이 거리이다.

파장이 매우 짧은 자외선 광원일 경우, 근접 인쇄법으로도 PMMA(poly methyl methacrylate)에 1.0 $\mu$m의 상을 만들 수 있다.

### 1.5.2 투사 인쇄법

음영 인쇄법에서 발생되는 마스크 손상을 피하기 위하여 투사 노광 장비는 마스크 패턴의 상을 마스크로부터 수 cm 떨어지게 하여 감광제가 도포된 웨이퍼에 투영시킬 수 있도록 개발되었다. 이 기술에서는 마스크와 웨이퍼가 수 cm 이상 떨어져 있다. 분해능을 향상시키기 위하여 한 번 노출 때 마스크의 하나의 작은 부분만을 노출시키므로 웨이퍼 전체의 상을 만들기 위해서 작은 영상 영역이 웨이퍼 상에 스캔(scan)되거나 스텝(stepped)되게 한다.

그림 6.16(a)는 1 : 1 고리형태 웨이퍼 스캔-투사 시스템으로 마스크와 웨이퍼가 동시에 스캔되어 웨이퍼 전 영역에 상이 이루어지게 한다. 그림 6.16(b)는 라스트-스캔 방식으로 마스크의 작은 부분을 1 : 1로 웨이퍼 상에 스캔하면서 2차원적으로 줄을 반복하여 웨이퍼 전체에 상이 맺히게 하는 방법이다. 그림 6.16(c), (d)는 각각 M : 1, 1 : 1로 마스크상의 모형을 웨이퍼로 옮길 때 웨이퍼만을 한 스텝 옮기고 노출시킨 후, 다시 옮겨 노출시키는 작업을 2차원적으로 반복 수행하는 방법으로 스텝-반복(step and repeat) 투사형이라고 한다.

스텝-반복법의 경우, 10 : 1이나 5 : 1과 같은 축소형 렌즈를 만드는 것이 1 : 1 렌즈를 만드는 것보다 더 어려우나, 결함이 없는 마스크 제작은 1 : 1이 M : 1 보다 기술적으로 더욱 어렵다.

#### 1) 분해능

투사형 시스템에 있어서 분해능은 다음 식과 같이 주어진다.

$$l_m = k_1 \frac{\lambda}{NA} \tag{4}$$

여기서, $\lambda$는 광원의 파장, $k_1$은 공정에 의존하는 변수를 나타내며 0.6~0.8 사이의 값을 가진다. $NA$는 개구수(numerical aperture)로서 마스크로부터 회절되어 오는 빛을 집속하여 웨이퍼에 투사시킬 수 있는 정도를 나타내는 치수를 의미하며 다음과 같이 표현된다.

$$NA = n \cdot \sin\theta \tag{5}$$

여기서, $\theta$는 그림 6.17에서 보듯이 웨이퍼에서 빛이 모이는 원추점의 반각(half angle)

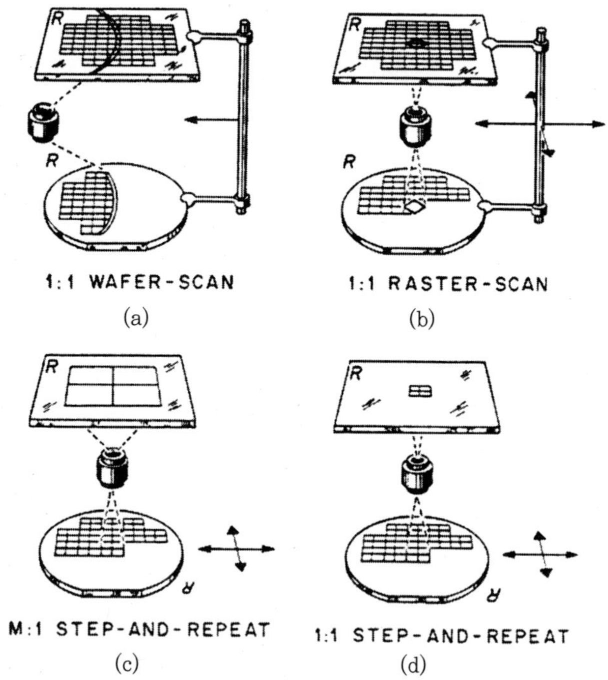


**그림 6.16** 투사 인쇄법의 패턴 분할 기술: (a) 고리형태(annular-field) 웨이퍼 스캔, (b) 소구역 라스터 스캔(raster scan), (c) M:1 축소 스텝-스캔(step-and-repeat), (d) 1:1 스텝-리피트(step-and-repeat)

이고, $n$은 상 매체 물질의 굴절률로서 공기일 때는 $n=1$이다. 투사형 시스템 렌즈의 개구수는 보통 0.16~0.40 사이의 값을 가진다.

식 (4)와 같이 렌즈의 분해능 $l_m$은 사용된 광원의 파장 $\lambda$와 개구수에 의해 좌우됨을 알 수 있다.

그림 6.17에서와 같이 분해능을 $l_m$이라고 생각하면, 초점이 웨이퍼 표면에 바로 있지 않고 깊이 $\Delta Z$ 만큼 표면에서 떨어진 구간 내에만 있으면 되므로, $\Delta Z$를 초점 심도(depth of focus)라 정의하고 식 (6)과 같이 쓸 수 있다.

$$\Delta Z = \frac{\pm \frac{l_m}{2}}{\tan\theta} \approx \frac{\pm \frac{l_m}{2}}{\sin\theta} = \pm \frac{k_1 n\lambda}{2(NA)^2} \tag{6}$$

여기서, $k_2 = \pm nk_1$이라고 하면 초점 심도에 대한 식 (6)은 식(7)과 같이 나타낼 수 있다.

$$\Delta Z = k_2 \frac{\lambda}{2(NA)^2} \tag{7}$$

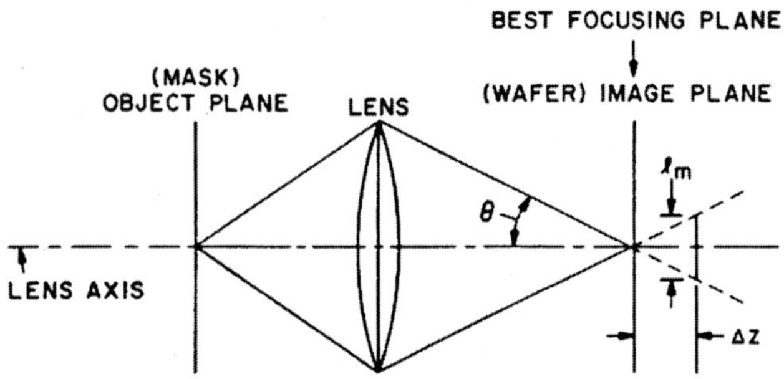


**그림 6.17** 단순한 영상 시스템

식 (4)에서 보면 분해능 향상은 파장 λ를 작게 하고 개구수 *NA*를 크게 하면 되나 식 (7)에서와 같이 초점 심도 $\Delta Z$는 λ에 비례하고 개구수 *NA* 제곱에 반비례하므로, $\Delta Z$ 값의 감소를 크게 유발시키는 큰 *NA* 값을 취하는 것보다 광원 주파수 λ값을 작게 하는 것이 좋다. 이와 같이 좋은 분해능과 긴 초점 심도 사이에는 항상 적절한 절충이 요구된다. 상기에 언급한 문제점들 때문에 서브마이크론 영역의 분해능을 위해서는 X선 노광이나 전자빔 노광쪽을 선호하게 된다.

한 예로, 개구수 0.35이고 파장이 300 nm일 때 초점 심도 $\Delta Z$=1.5 μm가 된다. 이 때는 웨이퍼의 평탄도, 공정 중에 만들어진 표면의 비평탄 구조, 그리고 감광제 두께 등으로 인하여 서브마이크론 영상을 위한 초점 심도 이내로 마스크 상이 웨이퍼에 맺혀야 하는 조건을 만족하지 못하게 되어 영상의 충실도가 손상되는 결과를 초래한다.

2) MTF

투사 인쇄법에 있어서 고려해야 할 또 다른 변수중의 하나는 변조전달함수(MTF : Modulation Transfer Function)이다. 식 (4)는 식 (5)와 식 (7) 및 그림 6.17에서 유도될 수 있는 순수한 렌즈 시스템 자체에 의한 변수들이다. 이 변수들에는 마스크 상의 투명 모형과 불투명 모형들의 간격과 크기에 따른 회절 효과, 주파수 영향, 렌즈시스템의 개구수 등 복합적인 것이 포함되어 있는 변수이기 때문에 이 값을 통하여 마스크의 상을 웨이퍼 표면에 재현시킬 수 있는 정도를 빠르게 감지할 수가 있다.

그림 6.18은 변조전달함수를 위한 투사형 인쇄 시스템의 개략도이며, 식 (8)에 변조전달함수를 정의하였다.

$$MTF = \frac{I_{\max} - I_{\min}}{I_{\max} + I_{\min}} \tag{8}$$

여기서, $I_{\max}$는 밝은 영역 중앙의 상 세기이고, $I_{\min}$은 어두운 영역 중앙의 상 세기이다.

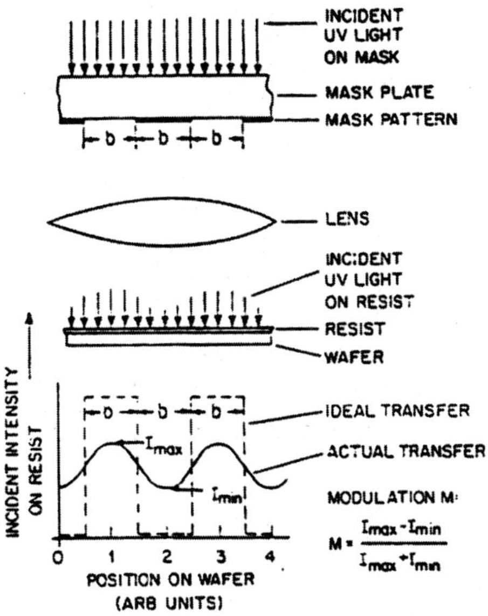


**그림 6.18** 1:1 투사형 인쇄 장치의 패턴 전달 효율을 위한 개략도

$I_{min}$이 0일 때 변조전달함수는 1이 된다. $I_{max}$와 $I_{min}$이 같을 때 변조전달함수는 0이 된다. 빛의 파장 $\lambda$와 개구수 $NA$는 시스템의 하드웨어 설계 시에 고려하여 정해지는 반면, 변조전달함수는 마스크 상의 레이아웃 모형 크기와 간격에 의하여 변화된다.

기하학적으로 완전한 렌즈에서 점 광원이 상을 형성시킬 때, 이웃하는 두 상을 식별할 수 있는 최소거리를 레일리 기준(Rayleigh-criterion)이라고 하는데, 레일리-경계 $2b$는 다음 식과 같이 표현된다.

$$2b = \frac{0.61\lambda}{NA} \tag{9}$$

여기서, $2b$는 그림 6.18에서 보듯이 웨이퍼 상에서의 선폭과 간격의 합이다. 그림 6.18의 $b$가 이 거리만한 크기를 갖는다면, 회절 효과에 의하여 마스크 아래 어두워야 하는 상들의 가운데 부분의 빛 세기가 증가하여 변조전달함수가 0.1이 된다.

웨이퍼에 옮겨져야 하는 상의 크기가 클수록, 즉 마스크 상의 구조 크기가 증가할수록 가운데 부분의 회절 영향이 적어 $I_{min}$ 값이 작아지므로 변조전달함수 값이 증가하게 된다. 웨이퍼에 도포되어 있는 감광막의 대비(contrast)가 무한대로 큰 이상적인 것이 아닌 유한 값을 갖는 실질적인 경우는 레일리 기준 때의 변조전달함수 보다 더 큰 변조전달함수 값을 가질 때에 이웃하는 두 상을 구별할 수 있게 된다. 이때의 MTF와 여기에 상응하는 단위 mm 당의 선쌍(line pair)인 $2b$의 역수, 즉 $(NA/0.61 \cdot \lambda) \times 10^3$ 관

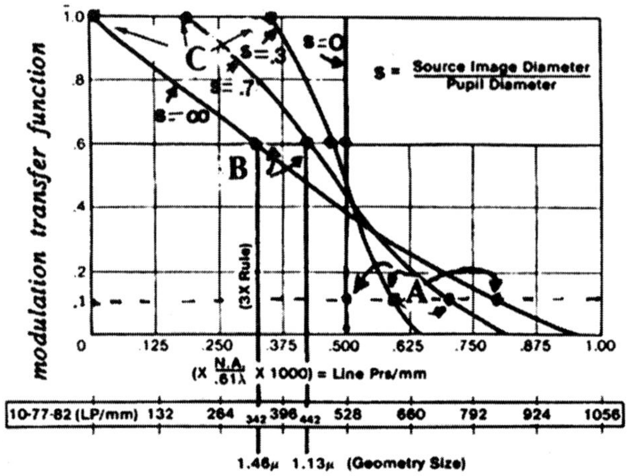


**그림 6.19** 투사형 시스템($NA=0.28$, $\lambda=436$ nm)에서의 변조전달함수와 마스크 최소 선폭

계를 표시한 것이 그림 6.19이다. 변수 $s$는 공간 결맞음(spatial coherency)으로서 점광원일 때 0.1이 된다. 예를 들어, $s$가 0.7일 때 변조전달함수가 0.6이면, $x$축인 $1/2b$은 $0.4198\times(NA/0.61\lambda)\times10^3$ 선쌍/mm가 되므로 최소 크기 $b$를 계산하면 1.13 $\mu$m가 된다.

이것은 $s$가 0이고 감광재료의 대비 영향이 고려되지 않은 렌즈 시스템 자체만에 의한 레일리 기준인 식 (9)의 최소 크기 $b$의 값 0.475 $\mu$m와 비교할 때 상당히 큰 차이가 남을 보여준다. 초고집적회로의 집적도를 높이기 위한 소자 크기의 감소는 보다 더 좋은 분해능을 갖는 노광 장치에 의해 크게 좌우된다. 지금까지의 변조전달함수에 관한 것을 토대로 하여 우수한 노광 장치를 설계하는 방법을 간단히 요약하면 다음과 같다.

- 레일리 기준으로부터 광원의 파장을 감소시키거나 시스템의 개구수를 증가시킨다.
- 감광재료를 변형시키거나 전혀 새로운 감광재료를 개발한다든지, 혹은 대비(contrast) 증배층을 사용함으로써 감광재료 자체의 대비를 향상시켜 작은 변조전달함수에서도 적절한 상이 맺히도록 한다.
- 광학 시스템의 결맞음(coherency)이 조절될 수 있게 한다.

### 1.5.3 분해능 향상 기법 (resolution enhancement technique)

집적회로 제조공정은 현재 수십 나노미터의 선폭 혹은 최소 패턴크기를 갖는 레이아웃을 구현하게 되었다. 이러한 추세로 리소그래피 공정은 더욱 작은 형상을 구현할 수 있도록 분해능을 향상시키는 방법들이 쓰이게 되었다. 이러한 분해능 향상 기법은 기존의 노광장비를 그대로 이용하여 마스크 혹은 입사광의 형태를 변형시켜 더 작은 패턴의 구현이 가능하도록 하는 방법을 의미한다.

먼저 투사형 리소그래피 시스템에 있어서 구현 가능한 최소 패턴의 크기는 식 (4)에 의하여 결정된다. $k_1$은 공정의 방법 및 감광제의 감광도 등에 의해서 결정되는 공정상 변수를 의미하고, $\lambda$는 사용하는 광원의 파장, $NA$는 노광장비의 개구수를 각각 의미한다. 식 (4)에서 분해능을 결정짓는 것은 3가지 요인이 될 수 있고, 각각의 요인들에 대하여 수치를 줄이거나 늘임으로써 분해능을 향상시키는 결과를 얻어낼 수 있다.

먼저 광원의 파장을 줄이는 방법은 지금까지 Mercury lamp(~365 nm)에서 Deep UV(~193 nm)로 발전되었고, 추후 EUV(~13.5 nm)로 발전되어 가고 있다. 두 번째로는 $NA$를 높이는 방법을 생각할 수 있는데, 이것은 노광장비의 대물렌즈와 패턴을 형성하는 감광막 사이의 공기층에 굴절률이 높은 매질을 채워 넣고 노광하는 방법이다. 마지막으로 $k_1$ 값을 줄이는 방법으로는 변형조명 방법(Off-Axis Illumination: OAI), 광근접 보정기술(Optical Proximity Correction: OPC), 위상이동 마스크(Phase-Shift Mask: PSM) 등이 있다.

#### 1.5.3.1 변형조명 방법

변형조명을 알아보기에 앞서 광학계를 이용하여 결상시키는 원리에 대하여 살펴보면, 물체 면에서 출발하는 빛이 광학계를 통과하여 상면에 도달하게 된다. 이때 물체면에서 출발하는 빛 중 두 경로 이상의 빛이 상면의 한 점에 모이게 될 때 결상이 된다. 그림 6.20은 물체가 결상되는 원리를 보여준다.

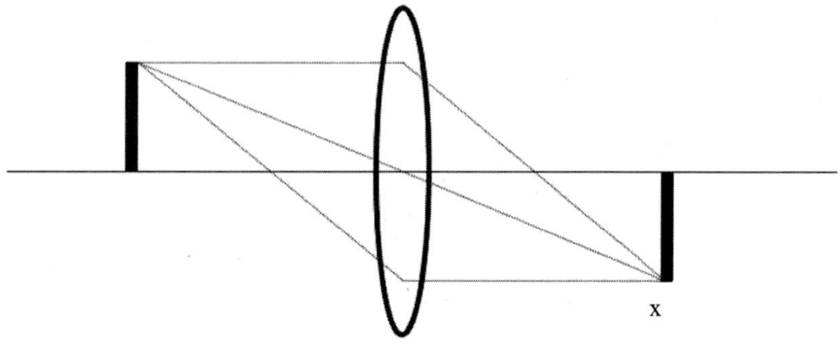


**그림 6.20** 렌즈를 이용한 물체의 결상원리

이렇게 물체가 상면에 결상을 하려면 두 경로 이상의 빛이 필요하다. 리소그래피 공정에서 물체는 마스크를 의미하며, 상면은 감광막이 도포된 웨이퍼를 의미한다. 즉, 마스크 패턴에서 투명한 부분을 통과한 빛이 리소그래피 장비의 대물렌즈를 통과하여 웨이퍼 상의 한 점에 맺히는 경로가 두 가지 이상이 필요하다는 것이다.

여기서 조명광이 마스크를 통과하면서 회절 현상이 일어나게 된다. 만일 마스크 패턴이 등간격 및 같은 길이를 갖는 패턴이라고 가정하면, 회절된 빛의 경로는 식 (10)의 관계식에 의해 계산할 수 있다.

$$\sin(\theta) - \sin(\theta_i) = \frac{m\lambda}{2d},\ m = 0,\ \pm 1,\ \pm 2,\ \cdots \tag{10}$$

여기서 $\theta_i$는 입사광의 입사각을 의미하고, $2d$는 패턴의 주기를 의미하며, $m$은 회절 차수를 의미한다.

위 식에서 볼 때 $2d$, 즉 패턴의 주기가 작아지면 동일한 입사각을 갖는 경우 회절광의 회절각은 더 커지게 된다. 따라서 마스크의 패턴이 작아지고 조밀해지면 마스크에서 일어나는 회절은 더 커지게 된다. 회절 현상이 크게 일어나 리소그래피 장비의 대물렌즈로 회절된 빛이 들어가지 못할 경우 더 이상 웨이퍼 면에 패턴을 새길 수 없게 된다.

그림 6.21은 일반 조명과 변형조명을 사용한 경우를 비교하여 나타낸 것이다.

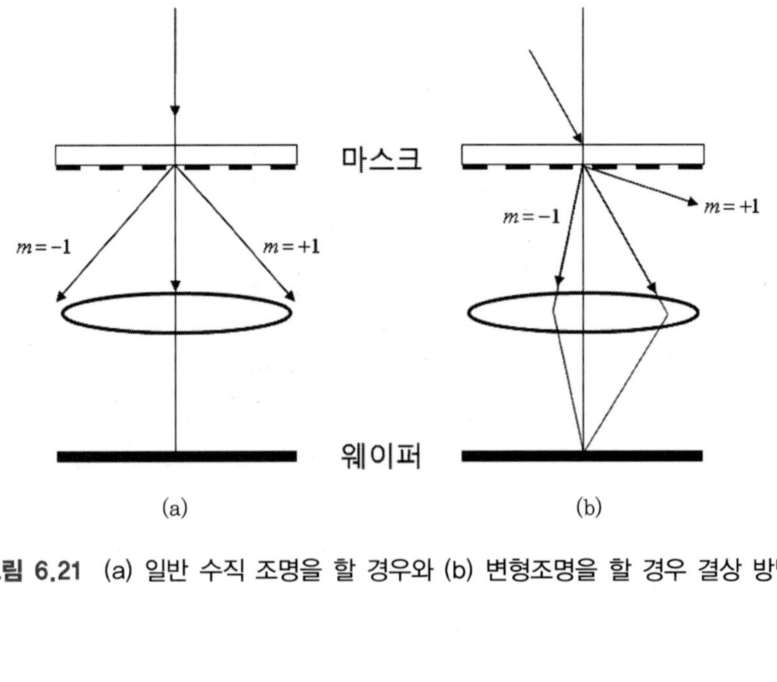


**그림 6.21** (a) 일반 수직 조명을 할 경우와 (b) 변형조명을 할 경우 결상 방법

그림 6.21에서 볼 수 있듯이 일반의 수직 조명을 쓸 경우 회절에 의하여 회절광이 렌즈의 구경을 벗어나 웨이퍼 면에 상을 맺지 못하게 되나 변형조명을 사용하여 입사광에 각도를 주어 입사하게 되면 0차 회절광과 -1차 회절광에 의하여 웨이퍼 면에 상을 만들 수 있게 된다. 이러한 원리를 이용하여 분해능을 높이는 방법이 변형조명계를 이용한 방법이다.

변형조명을 만들어주는 방법은 그림 6.22와 같이 플라이-아이(fly-eye) 렌즈 출력 단에 구경 조리개(aperture stop)를 설치하는, 즉 퓨필 필터링(pupil filtering)이 사용된다. 그러나 이러한 방법은 광원에서 방출된 광량의 상단 구경 조리개에 의해 차단되므로, 광량 손실이 아주 많아질 수밖에 없었으며, 당연히 생산성 저하가 발생한다. 따라서 최근에는 이러한 광량 손실을 줄이기 위한 방법으로 회절 광학소자(Diffractive Optical Element : DOE)를 사용하는 방법들이 사용되고 있다. 회절 광학소자는 입사하는 빛의 위상을 조절하여 특정 부분에 빛을 모으거나 분할하는 광학소자이다.

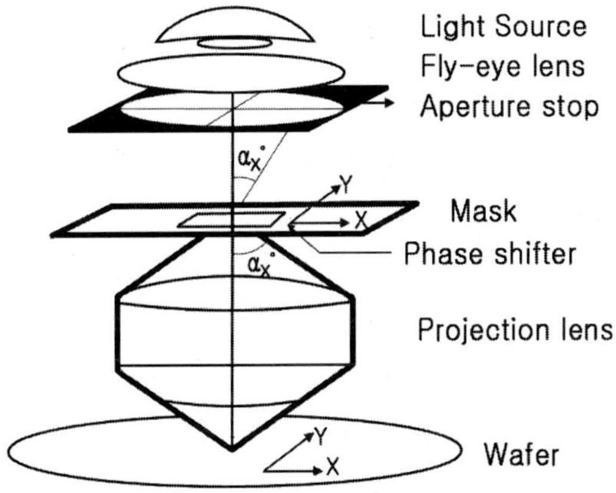


**그림 6.22 변형조명계를 포함한 노광장비의 개략도**

마지막으로 변형조명에서 사용하는 구경 조리개의 종류를 보면 그림 6.23에 나타낸 종류들이 사용된다. 만일 동일한 방향으로 되어있는 직선구조의 패턴이 많을 경우에는 쌍극자(dipole) 조명이 사용되고, 홀 어레이(hole array) 패턴 혹은 도트 어레이(dot array) 패턴의 경우에는 고리(annular) 조명 또는 사중극자(quadrupole) 조명을 일반적으로 사용한다. 원형 조명은 직선구조의 패턴과 홀(hole) 패턴이 혼합되어 있는 경우에 사용하게 되며, 위상 이동 마스크를 사용할 경우에는 작은 시그마(sigma, $\sigma$) 원형 조명을 사용하는 것이 유리하다.

(a) 큰 시그마 원형 조명　　　　(b) 작은 시그마 원형 조명

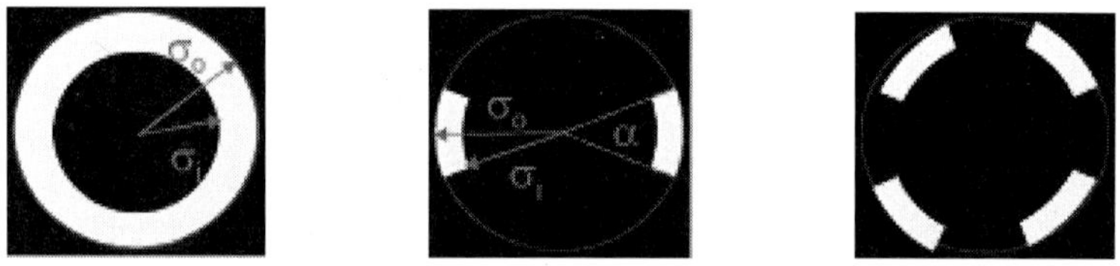


(c) 고리(annular)　　(d) 쌍극자(dipole)　　(e) 사중극자(quadrupole)

**그림 6.23** 구경 조리개에 따른 변형조명 방식들

### 1.5.3.2 광근접 보정기술

앞 절에서 설명했다시피 마스크 패턴이 작아지고 조밀해지면서 회절이 크게 일어나게 된다. 이러한 회절에 의하여 높은 차수의 회절광들은 리소그래피 장비의 렌즈를 벗어나게 되고 이에 따라 웨이퍼 면에 상을 만드는데 기여하지 못하게 된다. 이러한 이유로 원래의 마스크 패턴에서 왜곡이 생긴 상이 웨이퍼 면에 맺히게 된다. 이러한 현상을 광근접 효과(optical proximity effect)라고 한다.

광근접 효과에 의해 발생하는 현상은 크게 네 가지로 분류할 수 있다. 첫 번째로 근접 효과(proximity effect)가 있으며, 이 현상은 리소그래피 공정 조건의 변화에 의하여 발생한다. 즉, 같은 마스크 패턴을 사용하더라도 조명 조건에 의해 최종적으로 만들어지는 패턴의 크기가 변화하는 것이다. 두 번째는 비선형성(nonlinearity)이다. 이 현상은 앞의 근접 효과와는 달리 같은 공정 조건 내에서 발생하며, 직선 패턴의 특정 부분이 더 굵거나 얇게 만들어지는 것을 말한다. 세 번째로는 선 단축(line shortening)이 있고, 이 현상은 마스크의 패턴보다 웨이퍼 상에 맺히는 이미지의 길이가 짧아지는 현상을 의미한다. 마지막으로 코너 라운딩(corner rounding)이 있다. 이 현상은 마스크 패턴은 직사각형의 모양을 하고 있지만 웨이퍼 상에 맺히는 이미지는 모서리 부분이 수직으로 형성되지 못하고 둥근 모양을 갖는 것을 말한다. 그림 6.24는 비선형성, 선 단축 현상, 코너라운딩에 의한 이미지 왜곡을 나타낸 것이다. 그림에서 실선으로 표현한 것이 마스크 패턴이고, 음영으로 표현된 것이 실제 마스크에 맺히는 이미지이다.

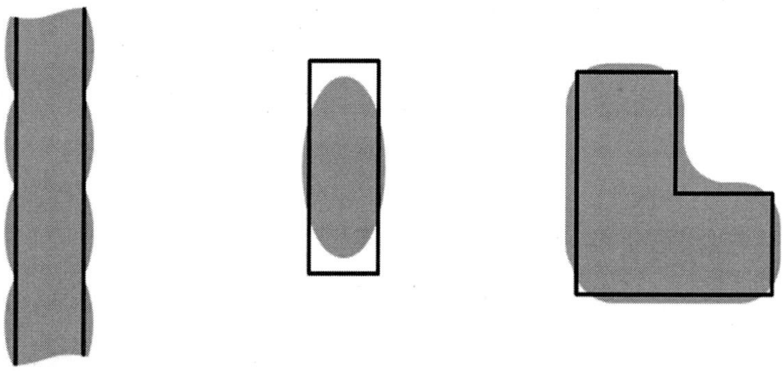

(a) 비선형성 (b) 선 단축 (c) 코너라운딩

**그림 6.24** 광근접 효과에 의해 발생하는 이미지 왜곡

위에서 설명한 광근접 효과를 제거 혹은 줄이기 위해서 원래 마스크 패턴에 변형을 주어 마스크를 제작하는 기술이 광근접 보정기술이다.

먼저 근접 효과와 비선형성을 줄여주기 위해서는 마스크 패턴을 만들 때 선택적 라인 바이어싱(selective line biasing) 방법과 보조 형상(assist feature)을 이용하는 방법이 있다. 그림 6.25는 이 두 가지 방법을 설명하는 것이다. 라인 바이어싱 방법은 그림 6.25(a)에서 볼 수 있듯이 비선형성을 감소시키기 위하여 원래의 패턴에 작은 보조·패턴을 일정 간격으로 첨가하여 선형 패턴의 굴곡을 보정해주는 방법이다. 또한, 보조 형상을 이용한 방법은 원래의 패턴과 일정 거리를 이격하여 배치함으로써 비선형성 및 근접 효과를 보정할 수 있다.

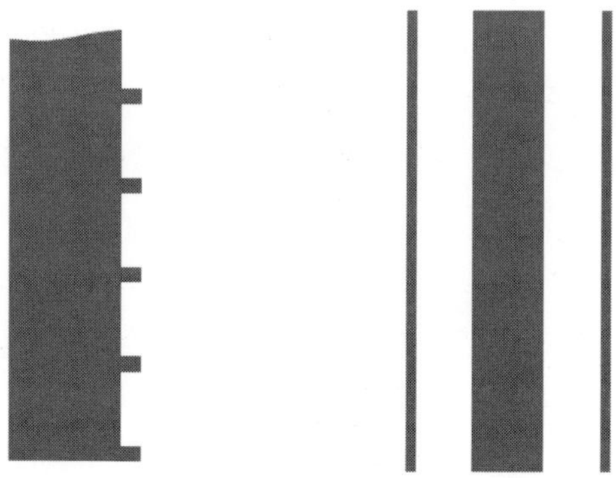

(a) 선택적 라인 바이어싱 방법 (b) 보조 형상을 이용한 방법

**그림 6.25** 근접 효과와 비선형성을 줄여주기 위한 광근접 보정기술

다음으로 선 단축 현상을 줄여주기 위한 방법으로 그림 6.26과 같은 방법들이 사용된다.

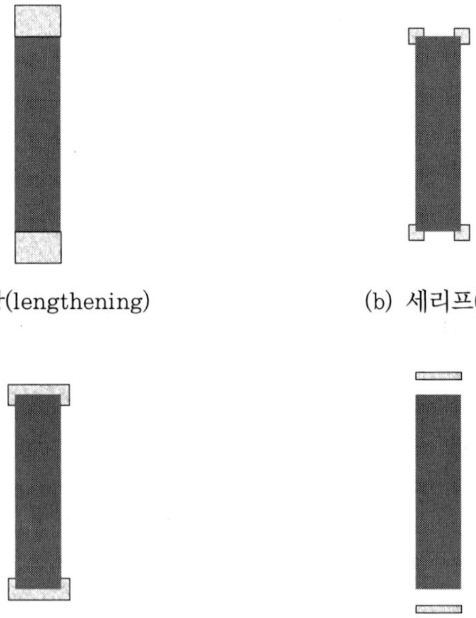

(a) 연장(lengthening) (b) 세리프(serif)

(c) 해머 헤드(hammer head) (d) 어시스트(assist)

**그림 6.26** 선 단축 현상을 줄여주기 위한 광근접 보정기술

그림 6.26(a)와 같이 단축을 보정하기 위하여 미리 마스크 패턴을 늘려주는 것이 가장 간단한 방법이다. 하지만 마스크 패턴이 조밀하게 구성되어 있다면 공간이 협소하고, 다른 주변 패턴에 영향을 줄 수 있기 때문에 (b), (c) 혹은 (d)와 같은 구조를 사용해야 하는 경우가 발생한다. (b), (c) 혹은 (d)의 방법은 (a)보다 공간은 적게 차지하지만 유사한 효과를 낼 수 있다.

마지막으로 코너 라운딩을 보정하기 위해서는 그림 6.27과 같은 방법들이 사용된다.

(a) (b)

**그림 6.27** 코너 라운딩을 보정하기 위한 광근접 보정기술

그림 6.27(a)와 같이 마스크 패턴의 끝단에 보조 패턴을 넣어 보정하는 것이 웨이퍼 상에 맺히는 이미지의 보정에는 가장 효과적이다. 그러나 마스크에 패턴을 형성할 때 패턴의 형상이 픽셀화 되어 그려지므로 몇몇 제약이 따르게 된다. 따라서 유사한 효과를 낼 수 있도록 그림 6.27(b)와 같이 해머 헤드 패턴 혹은 세리프 패턴을 사용하여 코너 라운딩 효과를 보정하게 된다.

#### 1.5.3.3 위상이동 마스크

마지막으로 분해능 향상기법의 하나인 위상이동 마스크에 대하여 알아본다. 먼저 위상이동 마스크는 크게 교류 위상이동 마스크와 감쇄 위상이동 마스크로 분류할 수 있다. 교류 위상이동 마스크는 패턴의 투과도가 0과 ±1의 세 가지로 표현되어 있는 형태를 말하고, 감쇄 위상이동 마스크는 패턴의 투과도가 1과 $t$로 표현되는 것을 말한다.

그림 6.28은 일반의 크롬패턴 마스크와 교류 위상이동 마스크, 감쇄 위상이동 마스크의 투과특성을 보여준다. 그림 6.28(c)에서 감쇄 위상이동 마스크의 투과도는 1과 0.07로 표현되어있다. 이러한 마스크를 사용하여 분해능을 높이는 원리를 살펴보면, 먼저 빛이 갖는 위상과 에너지에 대한 관계를 알고 있어야 한다. 빛은 전기장과 자기장으로 되어 있고, 빛이 갖는 에너지는 전기장의 제곱으로 표현된다.

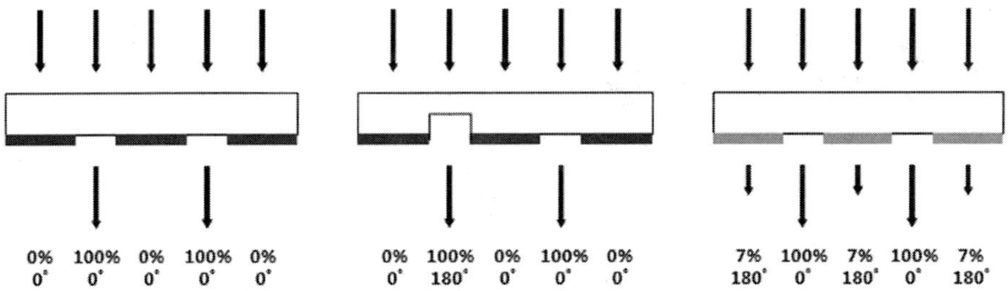


(a) 일반 크롬패턴 마스크 (b) 교류 위상이동 마스크 (c) 감쇄 위상이동 마스크

**그림 6.28** 위상이동 마스크 종류에 따른 투과특성

그림 6.29는 일반의 크롬마스크를 사용한 경우와 교류위상 마스크를 사용한 경우에 대한 비교이다. 그림에서 점선으로 나타낸 것이 전기장 분포이며, 실전으로 나타낸 것이 전기장에 따른 에너지 분포이다.

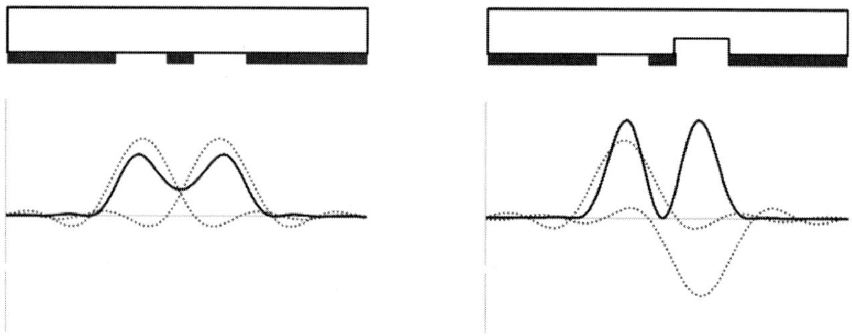

(a) 일반 크롬 패턴 마스크 (b) 교류 위상이동 마스크

**그림 6.29 마스크 종류에 따른 전기장 및 에너지 분포특성**

일반 마스크에서는 마스크 패턴을 지나가는 빛이 웨이퍼에 도달할 때 회절에 의하여 위치에 따라 빛의 세기, 즉 에너지가 다르게 된다. 상호 간섭에 의해서 전계는 보강간섭(constructive interference)이 일어나 마스크의 불투명한 부분 아래에도 상당히 큰 전기장이 발생하게 되며, 전기장의 제곱에 비례하는 빛의 에너지는 그림 6.29(a)의 실선과 같은 분포가 되어 분해능을 떨어뜨리게 된다. 그러나 그림 6.29(b)와 같이 마스크의 투명한 부분을 통과한 빛이 서로 180° 위상 차이를 갖도록 위상 이동 층을 추가하면, 웨이퍼에 도달하는 회절된 빛에 상응하는 전기장이 180°의 위상차(음과 양의 값)를 가지면서 서로 상쇄간섭(destructive interference)을 일으켜 빛의 에너지 분포가 실선과 같이 나타나게 된다. 원래 마스크 가운데 있는 불투명한 부분 바로 아래 위치에서는 서로 상쇄되어 빛의 세기가 전혀 없거나 아주 미약한 세기의 빛이 존재하게 되므로 분해능이 향상됨을 알 수 있다. 최근에는 크롬(Cr)의 불투명한 막 자체를 제거하고 마스크 유리에 투명한 위상 이동층만으로 패턴을 만든 마스크를 사용하여 마스크 제작 공정을 더욱 간편하게 하고 있다.

### 1.5.4 광원

VLSI 공정의 광 노광에 많이 사용되어온 광원은 자외선(ultraviolet) 영역의 파장을 갖고 있는 Mercury lamp이다. Mercury lamp는 그림 6.30과 같이 365 nm(I-line), 405 nm(H- line), 436 nm(G-line) 등의 파장에서 강력한 빛을 발산시키지만, 대부분의 축소형 스텝퍼(reduction stepper)들은 G-line이나 I-line을 사용하고 있다.

표 6.3은 반도체 포토 리소그래피 공정에 사용되는 일반적인 광원들을 나타낸 것이다.

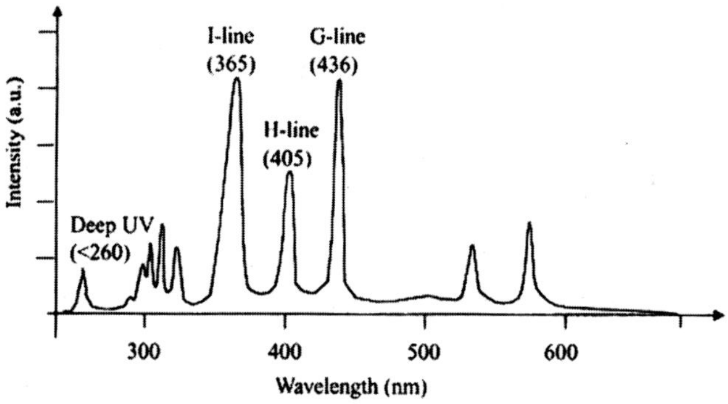


**그림 6.30** Mercury lamp의 빛 스펙트럼

**표 6.3 제조 공정과 연구, 개발에서 사용되는 포토 리소그래피의 광원**

| | Name | Wavelength(nm) | Application feature size($\mu$m) |
|---|---|---|---|
| Mercury lamp | G-line | 436 | 0.50 |
| | H-line | 405 | |
| | I-line | 365 | 0.35~0.25 |
| Excimer laser | XeF | 351 | |
| | XeCl | 308 | |
| | KrF(DUV) | 248 | 0.25~0.13 |
| | ArF | 193 | 0.15~0.07 |
| Fluorine laser | $F_2$ | 157 | ≤0.10 |

작은 선폭을 얻기 위해서는 이미 앞 절에서 언급된 바와 같이 짧은 파장을 사용하는 것이 좋으나, Mercury lamp에서 발산되는 빛은 짧은 파장에서 세기가 감소되므로 사용하기 부적당하다. 또한, 심자외선 쪽으로 가면 광학 시스템과 마스크, 감광재료의 재질 자체도 각각 석영이나 다른 물질로 바뀌어야 하고 정재파와 반사파 제거를 위한 기술과 정렬의 정확한 기술이 동시에 보완되어야 한다.

한편, 광 노출 중 발생되는 열은 램프 주파수 스펙트럼 자체를 변경시킬 뿐 아니라 마스크의 크기를 변경시키고 투사형 시스템의 광로(optical path length) 변경을 일으킬 수 있기 때문에 광학 시스템 내에 있는 공기가 가열되지 않도록 냉각 시스템을 장착하여야 한다. 램프가 노후됨에 따라 주파수 스펙트럼이 변화될 수 있으므로, 그에 따라 빛의 세기와 감광막에서의 흡수 정도가 달라지게 된다. 또한, 동일 회사의 동일 제품이라도 각 장비마다 상대적인 주요 변수 값이 다를 수 있으므로 특정 사용 주파수만을 통과시키는 필터와 해당 주파수에서의 빛의 세기를 측정할 수 있는 분광계(spectrometer)가 필요하다. 노출 시간은 수시로 점검하여 최적의 값으로 재조정하여야 한다.

## 1.6 후노광 굽기

노출광이 감광제-기판 표면으로부터 반사될 때, 다른 입사 노출광과 충돌할 수 있고 간섭에 기인하는 정재파(standing wave) 효과를 일으킬 수 있다. 그림 6.31은 정재파 형태를 나타낸 것이다.

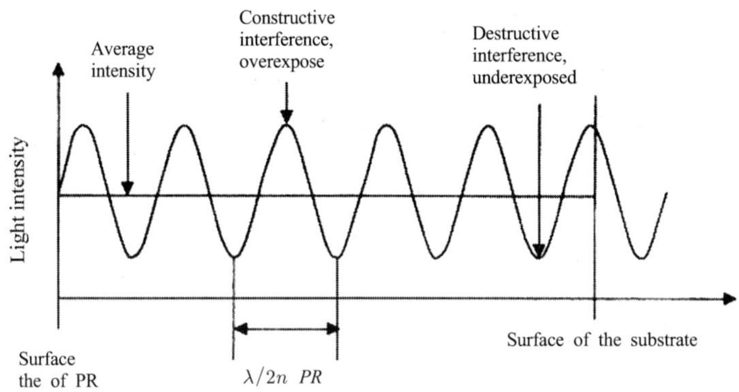


**그림 6.31** 정재파 효과로 유도된 빛 세기 변화

정재파 효과는 그림 6.32에 나타낸 것처럼 감광제를 통해서 과다노출부분과 노출부족부분의 가는 홈을 만든다. 두 피크 사이의 거리는 노출광의 파장을 감광제 굴절률의 두 배($2n_{PR}$)로 나눈 것과 같다.

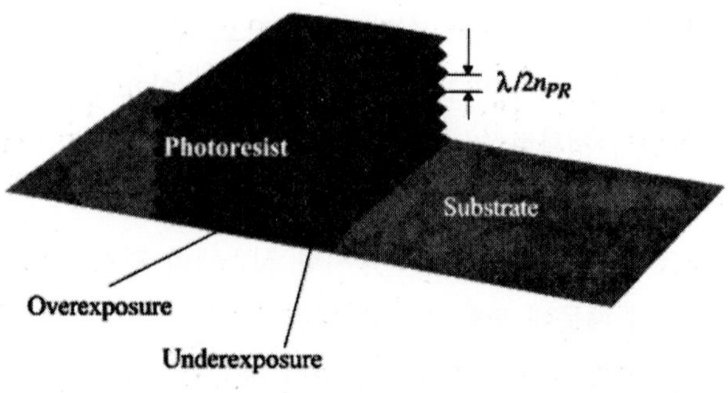


**그림 6.32** 감광제의 정재파 효과

선폭이 클 때, 정재파 효과는 큰 관련이 없다. 최소 선폭이 줄어들 때 정재파 효과를 일으키는 반사를 줄이기 위한 몇 가지 방법이 사용되고 있다. 염료는 반사밀도를 줄이기 위해 감광제에 첨가되어 왔다. 금속층과 유전체층은 웨이퍼 표면으로부터의 반사를 줄이고 최소화하기 위해서 반사방지 코팅(antireflection coating, ARC)으로써 웨이퍼 표면에 증착되어 왔다. 노출과 현상 공정 사이에 후노광 굽기(postexposure bake, PEB)로 불리는 굽기 공정이 그림 6.33과 같이 정재파 효과를 최소화하는데 기여할 수 있다.

감광제는 유리 천이(glass transition)라고 불리는 특별한 특성이 있다. 온도가 유리 천이 온도 $T_g$보다 높을 때, 감광제 분자들은 더 유동적이게 된다. 유리 천이 온도보다 더 높은 온도상태인 굽기 공정은 감광제 분자들의 충분한 열적 운동에 필요한 열을 제공한다. 열적 움직임은 과다노출과 노출부족 분자들을 재배열시킨다. 그리고 정재파 효과를 균등하게 하여 포토 리소그래피의 해상도를 개선시킨다.

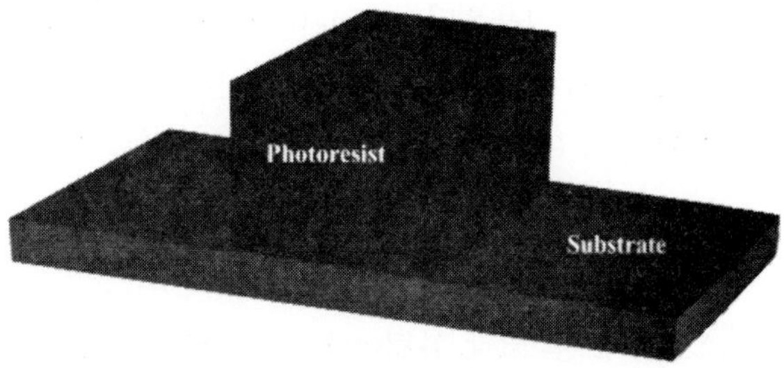


**그림 6.33** 정재파 효과를 최소화하기 위한 후노광 굽기

후노광 굽기 공정은 보통 1분 동안 110℃에서 130℃ 정도의 핫플레이트를 사용한다. 같은 종류의 감광제에 대해서 후노광 굽기는 보통 소프트 베이크보다 더 높은 굽기 온도가 필요하다. 불충분한 후노광 굽기는 해상도에 영향을 주는 정재파 형태를 완전하게 제거할 수 없다. 반면에, 과잉 굽기는 감광제의 중합을 일으키고 현상 공정에 영향을 주어, 패턴변환이 안되는 결과를 초래할 수 있다. 후노광 굽기 후에, 웨이퍼는 이어지는 현상 공정 전에 냉각 플레이트에서 상온으로 냉각된다.

## 1.7 현상

현상 공정에는 그림 6.34에 나타낸 현상(develop), 린스(rinse), 그리고 건조(dry) 과정의 3단계가 있다. 현상 공정은 마스크나 레티클을 이용하여 원하지 않는 부분의 감광막을 제거하고, 원하는 패턴을 디자인하는 것이다.

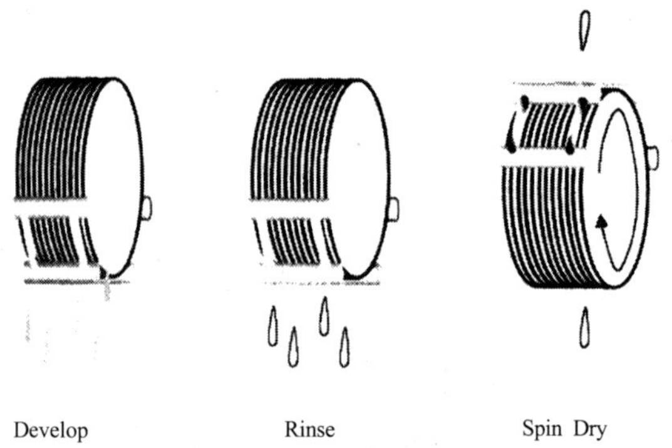


**그림 6.34** 현상 공정의 세 가지 단계

린스(rinse) 과정은 현상액을 희석시켜 과도한 현상이 일어나는 것을 막아주고, 건조 공정을 거쳐 후속 공정을 위해 웨이퍼를 대기시킨다.

양성 감광제는 일반적으로 현상액이 조금 사용된다. NaOH와 KOH 같은 알칼리성 용액이 기본적으로 사용된다. 그러나 $Na^+$와 $K^+$와 같은 활성화 이온이 생기기 때문에 소자에 손상을 유발시켜 적합하지 않다. 따라서 대부분의 반도체 시설(fab)에서는 양성 감광막 현상액으로 이온이 발생하지 않는 용액을 사용한다. 광범위하게 사용하는 것 중의 하나가 테트라메틸 암모니움 하이드록사이드(tetramethyl ammonium hydroxide, TMAH[$(CH_3)_4NOH$])이다. 음성 감광막에 사용되는 현상액의 대부분은 크실렌(Xylene)이고, 린스로는 보통 노말 뷰틸아세테이트(n-butylacetate)가 사용된다. 알코올 혼합체(triohloethylene, TCE[$CH_3CCL$])와 스토다트 용제(milder-acting Stoddart solvent) 또한 음성 감광막의 린스로 사용된다.

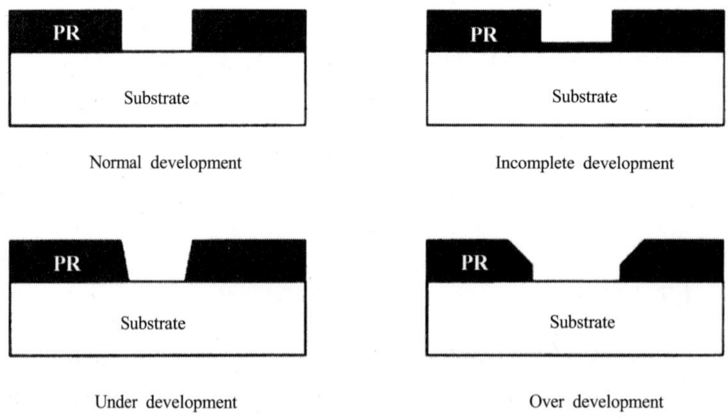


**그림 6.35** 다양한 현상 공정에서의 감광제 프로파일

다양한 현상 과정에서의 감광제 프로파일을 그림 6.35에 나타내었다. 현재 대부분의 반도체 시설은 현상 공정에 회전 현상기(spinner developer)를 사용한다. 회전 방식의 장점은 현상, 린스, 그리고 건조 공정을 코터와 베이커가 장착된 트랙 시스템을 이용하여 한 번에 쉽게 할 수 있다는 것이다.

회전 현상 시스템(spin developer system)은 회전 도포기와 비슷하다. 그림 6.36에 양성 감광막을 위한 회전 현상기 시스템(spin developer system)의 모형을 나타내었다. 현상은 화학적 공정이며 온도에 영향을 받는다. 따라서 감광제와 물의 온도가 공정 중에 일정하게 유지되어야 한다. 고온일 경우, 현상 공정 중 높은 화학 반응률이 일어날 수 있고, 임계크기 손실에 의해 감광제 과도 현상이 발생될 수 있다. 낮은 온도에서는 낮은 화학 반응률이 발생하여 임계크기 이득에 의해 저현상이 일어나 현상이 불완전하게 된다.

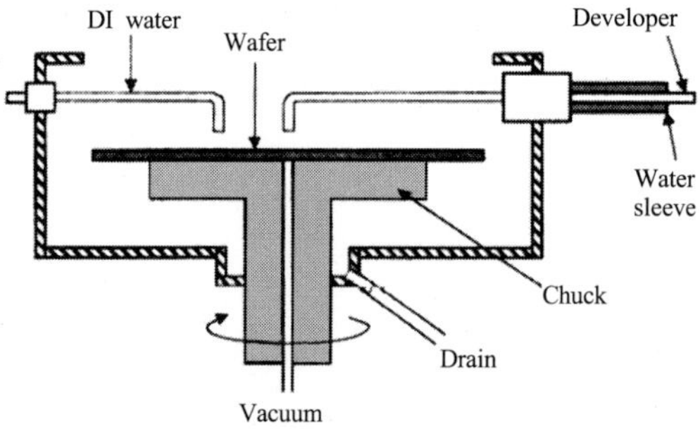


**그림 6.36** 회전 현상기 시스템

먼저 현상액이 회전에 의한 원심력으로 웨이퍼 표면에 뿌려진다. 현상 후 웨이퍼 표면은 탈이온화수로 린스하고, 탈이온화수를 잠그고 회전 속도를 증가시키면 웨이퍼가 건조된다. 그림 6.37에 린스와 건조 공정을 나타내었다.

또 다른 방법으로는 현상액을 회전대신 분무기를 이용해 웨이퍼 표면에 뿌린다. 현

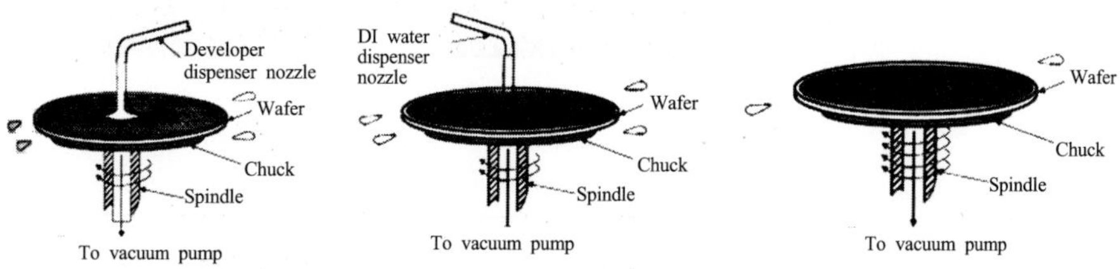


**그림 6.37** 회전 현상기의 탈이온화수 린스와 회전 건조 과정

상액은 반죽의 형태로 표면 응력에 의해 웨이퍼 전체를 덮고 있다. 주요 현상 과정이 끝난 후, 용해된 감광제를 씻어내기 위해 회전하기 시작할 때 더 많은 양의 현상액이 웨이퍼에 분무된다. 이때 웨이퍼는 고회전율로 린스되고 건조된다.

현상 과정이 진행되는 동안 노출된 곳과 노출되지 않은 두 부분 모두 현상액에 담겨지게 된다. 현상액은 선택적으로 두 부분을 충분히 현상할 수 있어야 한다. 현상 공정에서 현상액의 온도와 웨이퍼의 온도제어가 매우 중요하다. 감광제의 종류에 따라 현상액과 현상온도가 달라질 수 있다.

## 1.8 하드 베이크

현상 후, 웨이퍼는 하드 베이크(Hard bake) 공정을 거치게 된다. 하드 베이크는 감광제의 잔류 용제(remaining solvent)를 제거하고, 중합화(polymerization) 반응을 촉진시켜 감광제 식각과 주입 저항을 향상시키고, 또한 감광제의 접착력을 향상시켜 열적 탈수(thermal dehydration)를 촉진시킨다. 하드 베이크 공정에는 대부분 핫플레이트 방법을 사용하는데, 감광제의 필요에 따라 보통 100~130℃의 온도에서 1~2분 정도 굽기를 한다. 일반적으로 하드 베이크 온도는 같은 종류의 감광제인 경우 소프트 베이크 온도 보다 높다.

하드 베이크의 온도와 시간은 굽는 동안 감광제 식각률(etch rate)과 감광제의 웨이퍼 접착력에 영향을 주기 때문에 정밀한 제어가 필요하다. 과도한 굽기는 심각한 분해를 일으킬 수 있다. 만약 굽기 온도가 너무 낮다면 열적 중합 반응이 불충분하여 감광제가 필요한 만큼 굳어지지 않으며, 핀홀(pinhole)을 채우는 감광제가 적어지게 된다. 여기서 중요한 것은 굽기 온도가 감광제의 천이온도(transition temperature)보다 약간 높아서, 감광제가 흘러 핀홀을 채워 완만한 모서리를 형성해야 한다. 이를 그림 6.38에 나타내었다.

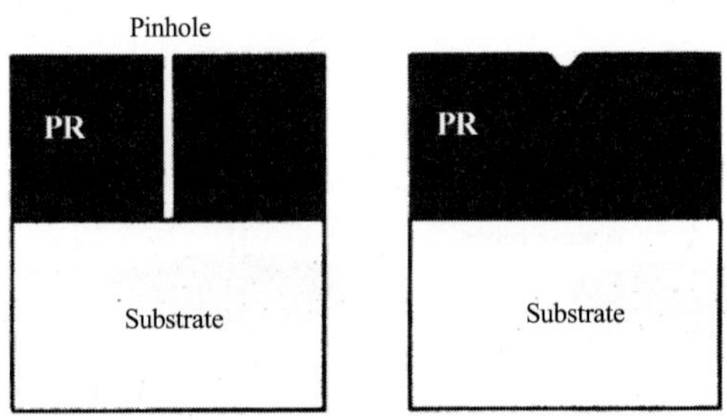


**그림 6.38** 감광제 열 흐름에 의한 핀홀 채우기

만약 감광제의 온도가 너무 높거나 굽기 시간이 길어져 과도하게 구워지면, 감광제의 유동이 심해져 그림 6.39에 나타낸 것처럼, 포토 리소그래피 과정의 분해능에 영향을 줄 수 있다.

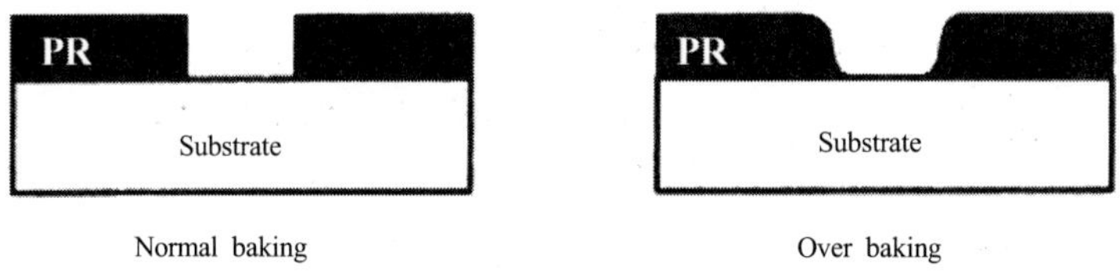


**그림 6.39** 과다 굽기에 의한 감광제의 흐름

## 1.9 패턴 검사

포토 리소그래피 공정의 마지막 단계는 패턴 검사이다. 만약 웨이퍼가 검사에 통과하지 못한다면, 감광제는 제거되고 웨이퍼는 전체공정을 다시 반복하도록 되돌려진다. 식각과 이온 주입 전에 웨이퍼를 검사하는 것은 매우 중요하다. 감광제 위의 패턴은 단지 시험적인 것이고 식각과 이온 주입 후의 패턴이 영구적인 것이 된다. 검사를 통해 무엇인가 문제점을 발견하게 되면, 포토 리소그래피 공정은 웨이퍼를 재처리하게 된다. 만약 잘못된 패턴을 이용하여 식각이나 이온 주입 공정이 진행되었다면 웨이퍼를 재처리하는 것은 불가능하다. 만약 그런 일이 일어난다면, 대부분 웨이퍼는 폐기된다.

검사는 보통 현미경(광학 혹은 전자) 혹은 자동검사시스템을 이용하여 포토 리소그래피 공정이 감광제 상에 올바르고 유용한 패턴을 만들 수 있는지 없는지를 결정한다. 광학전자현미경은 보다 넓은 범위의 검사에 사용될 수 있다. 그러나 서브마이크론 선폭은 주사전자현미경(SEM)이 필요하다. 전자현미경은 0.25 $\mu$m 이하의 패턴 검사에 사용된다. 전자는 아주 작은 입자일 뿐만 아니라 파동의 성질도 가진다. 드브로이(de Broglie)파에서 전자의 파장은 에너지와 관련된 전자의 운동량에 의해 결정된다. 전자의 에너지가 클수록 파장은 짧아진다. 그러므로 에너지가 큰 전자빔은 매우 작은 형상을 감지하기 위해 사용된다. 전자빔이 물체에 충돌하여 2차 전자를 자극하는데, 이런 2차 전자로부터 전자의 신호를 감지하여 아주 작은 형상의 이미지를 관찰할 수 있다. 형상의 모서리와 같은 예리한 부분은 더 높은 2차 전자발생률을 가지고 그림 6.40에 나타낸 것처럼 감지된 신호의 높은 밀도와 밝은 이미지를 발생하게 한다.

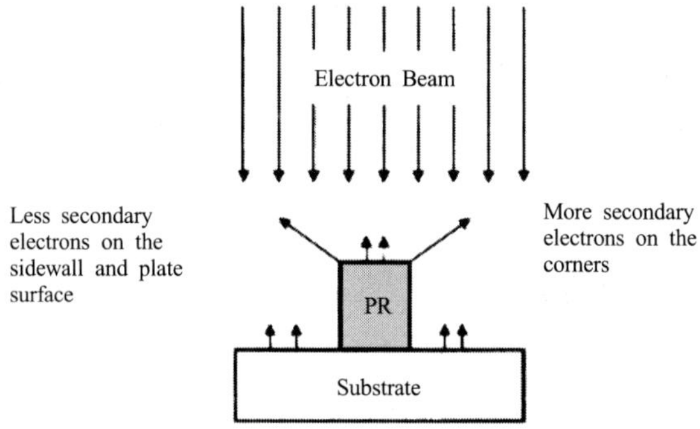


**그림 6.40** 전자빔과 2차 전자 분포

검사 과정의 주된 목적은 감광제 위의 패턴이 찌그러지거나 정렬되지 않았는지, 부정확한 임계크기를 가지지 않았는지, 그리고 긁힌 형태, 핀홀, 얼룩, 오염 등과 같은 표면 이상이 없는지를 확인하는 것이다. 그림 6.41에 나타낸 것처럼 런아웃(run-out), 런인(run-in), 레티클 회전, 웨이퍼 회전, $x$ 방향에서 위치 오류, $y$ 방향에서 위치 오류를 포함하는 몇 종류의 부정합이 있다.

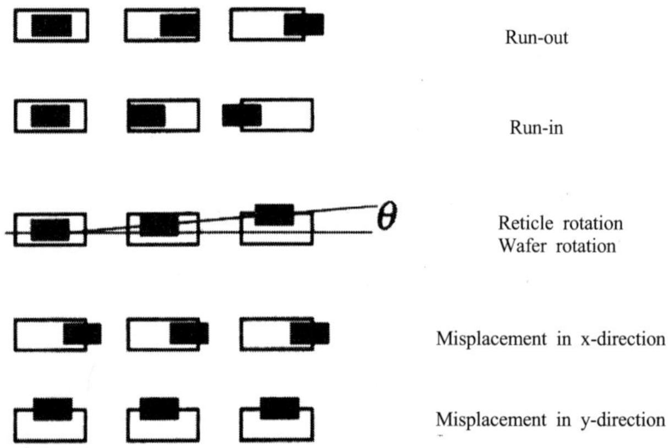


**그림 6.41** 정렬 오류의 예

발전된 집적회로 제조 시설에서는 임계크기 손실, 혹은 선폭 손실은 그림 6.42에 나타낸 것처럼, 대부분 포토 리소그래피 공정의 재처리 과정에서 발생한다. 임계크기 손실은 주로 과잉노출 혹은 과잉현상에 의해 발생한다. 웨이퍼의 재가공을 많이 할수록 작업처리량과 산출량은 더 작아진다.

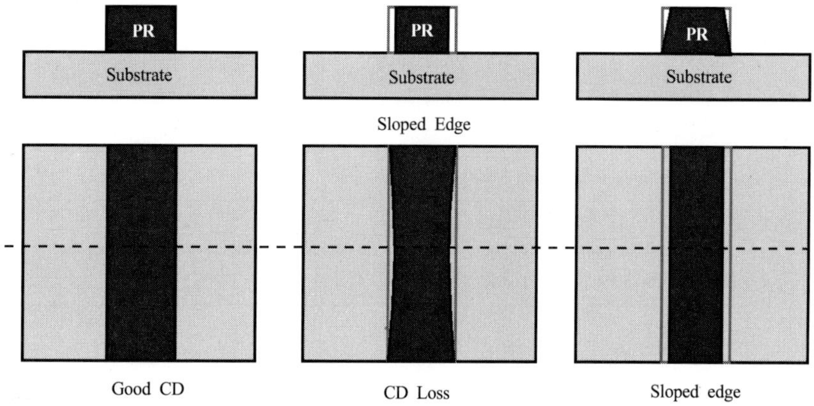


**그림 6.42** 임계크기의 문제

만약 웨이퍼가 검사에 통과되면, 웨이퍼는 식각이나 이온 주입 등의 다음 공정단계로 넘어간다.

## 2. 방사 리소그래피

감광제 노출을 위한 전통적인 방법은 전하를 띠지 않은 순수한 자외선 광자를 이용하는 것이지만 회절이나 기타 미세구조에서 생겨나는 마스크 패턴의 웨이퍼 이전에 대한 저해 요소들은 사용되는 파장을 더욱 짧게 하고 에너지를 더욱 크게 하는 X선, 전자빔, 이온빔 등을 이용한 노출 방향으로 새로운 노광기술 전환을 필요로 하게 되었다.

이와 같은 형태의 노출 장치들은 초기엔 일차적으로 마스크의 제작이나 수리 등에 사용되었지만, 점차적으로 투사나 스캐닝 노출 장치로부터 실리콘 웨이퍼에 직접 묘화하는 직접기록(direct writing)쪽으로 응용되어 가고 있다. 고 에너지 노출 방법으로 빔의 파장이 nm가 아닌 Å 영역이 되었으며, 충분히 큰 에너지는 원자를 여기시킬 수 있고 화학적 결합들을 재조정하여 일정 형태의 상을 기록할 수 있기 때문에 중합체(polymer)나 무기물(inorganic) 등 박막화가 가능한 모든 물질들은 본질적으로 감광물질이 될 수 있고 감광막이 없는 노광기술 자체가 가능하게 되었다. 표 6.4에 나타낸 것처럼 파장이 100 nm 이하가 되는 새로운 노광 기술을 방사 리소그래피(radio lithography)라고 한다.

**표 6.4 방사 리소그래피 기술**

| Class | keV | λ(Å) | Commercial | Exposure range |
|---|---|---|---|---|
| E-beam | 2~100 | 1 | Yes | 5×5 mm |
| Ion beam | 10~300 | 1~5 | No | 1×1 mm |
| X-ray | 0.3~3 | 1~100 | A little | 100 $cm^2$ |
| Gamma ray | 1,000 | 0.1 | Yes | 1,000 $cm^2$ |

## 2.1 X-선 리소그래피

파장이 5 nm 보다 짧을 때 전자기파는 X-선이 된다. X-선은 자외선 광보다 파장이 짧다. 따라서 포토 리소그래피에서 보다 높은 분해능을 구현할 수 있다. X-선 리소그래피는 1972년 제안된 이래 연구·개발이 계속 이루어지고 있다.

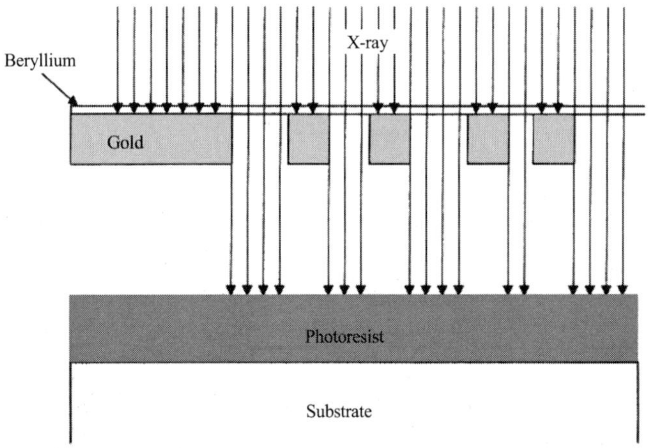


**그림 6.43** X-선 리소그래피 공정

X-선을 반사시키거나 굴절시킬 수 있는 재료가 없기 때문에 X-선 리소그래피는 그림 6.43에 나타낸 것처럼 직접인쇄 공정을 수행할 수 있다. 이것은 근접 인쇄 방법과 유사하다. X-선은 마스크 전체를 투영하여 웨이퍼 표면의 감광제를 조사하게 된다. 파장이 매우 짧기 때문에 회절효과는 거의 무시할 수 있으며, 마스크에 근접하여 분해능을 구현할 수 있다.

포토 리소그래피에서 X-선 리소그래피로의 변환은 모든 리소그래피 공정의 교체가 필요하기 때문에 쉽지 않다. 예를 들면, 자외선 광은 거울에 의해 반사되고 렌즈에서 집속될 수 있지만 X-선은 그렇지 않다. 이처럼 노광 시스템을 재설계할 필요가 있다. 일반적인 5 : 1 스텝퍼 시스템을 사용하기 위해 레티클 상의 사물의 크기는 웨이퍼 표면 보다 5배 정도 커야 한다. 따라서 웨이퍼 표면에 0.1 $\mu$m 크기를 구현할 때 레티클 상의 크기는 0.5 $\mu$m가 된다. 그러나 X-선은 집속될 수 없어 마스크와 웨이퍼의 선폭은 반드시 1 : 1의 비를 가져야 한다. 따라서 X-선을 이용한 리소그래피 공정의 경우, 0.1 $\mu$m 선폭의 패턴을 얻기 위해서는 마스크의 선폭도 0.1 $\mu$m이어야 한다.

X-선 마스크는 X-선의 90% 이상을 차폐하기 위해 0.1 $\mu$m 보다 두꺼운 Au 층이 필요하다. X-선 마스크는 광학 포토 마스크보다 만들기가 더 어렵다. 그림 6.44는 포토마스크와 X-선 마스크를 비교하여 나타낸 것이다.

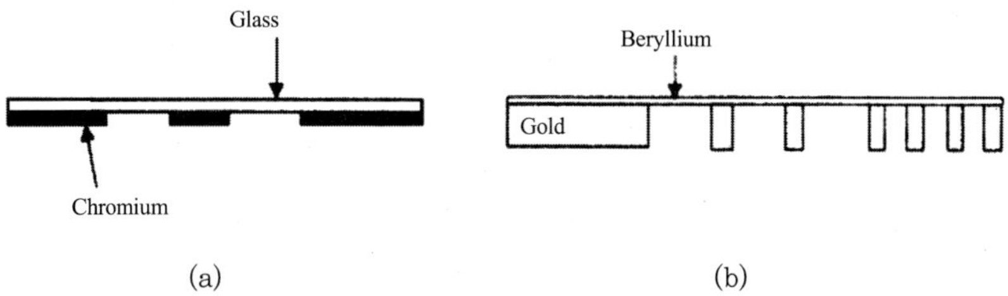


**그림 6.44** (a) 포토마스크와 (b) X–선 마스크의 비교

또한, 감도가 높고, 안정하고 조준이 용이한 단일 주파수의 X-선 광원을 찾는 것도 매우 어려운 일이다. 싱크로트론(synchrotron) 방사로부터 나오는 X-선이 이러한 요구에 적합하다. 싱크로트론은 많은 정렬 스테이션과 노광 스테이션을 지원할 수 있다. 그러나 공정 중에 싱크로트론에 문제가 있어 X-선이 꺼지게 되면, 싱크로트론에 장착되어 있는 모든 노광기구들은 작동이 중지될 것이다. 따라서 싱크로트론은 반드시 높은 안정성과 신뢰성 그리고 긴 가동 시간을 가져야 한다.

## 2.2 전자빔 리소그래피

전자는 매우 작은 입자이며 전자의 에너지와 관련하여 전자 운동량에 의해 정의된 파장을 가지는 파동이다. 높은 에너지를 가진 전자일수록 더 짧은 파장을 가진다. 강력한 전자빔(10~50 keV)은 자외선 광보다 더 짧은 파장을 가진다. 전자빔 리소그래피는 본질적으로 광학 리소그래피보다 광범위한 공정에서 더 높은 공간 분해능을 가지고 있다. 전자빔 리소그래피는 마스크숍(msak shop)에서 반도체 공정에 사용되는 마스크와 레티클을 만드는데 사용된다.

거울로 반사되고 렌즈로 집속될 수 있는 자외선 광원과 유사하게 전자빔은 전자 광학 시스템에서 전·자기장에 의해 반사되고 집속된다. 따라서 전자빔 리소그래피는 웨이퍼 표면에 전자에 민감한 중합체 감광제를 노광하고 레티클로부터 감광제로 패턴을 옮기기 위해 스텝-스캔(step and scan) 기술을 사용할 수 있다.

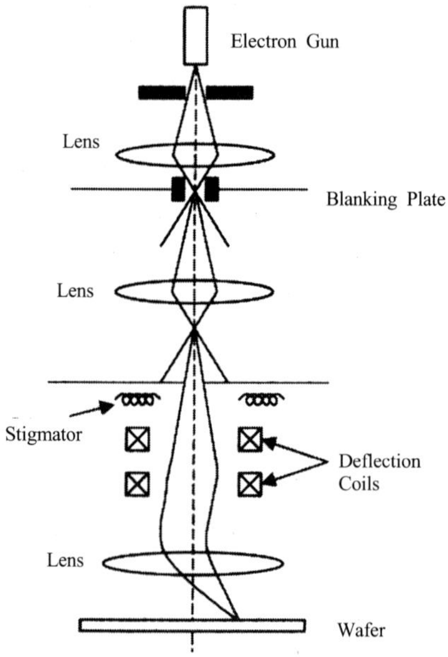


**그림 6.45** 전자빔 직접 쓰기 시스템

그림 6.45에 나타낸 것과 같이 초기의 전자빔 리소그래피 장비는 컴퓨터에 저장된 디자인 패턴을 전자에 민감한 중합체(polymer) 감광제 재료에 직접 옮기기 위해 미세한 스캐닝 빔을 사용하였다. 전자로부터의 에너지는 전자빔이 가해지는 감광제의 용해도를 변하게 한다. 양성 감광제(positive resist)의 경우, 감광제는 가용성이 된다. 반도체 웨이퍼 상에 직접 쓰는 전자빔의 경우, 생산효율이 너무 낮아 대량 생산에는 경제적인 가치가 떨어진다. 다중 빔, 평행 쓰기 시스템(parallel writing system) 등은 직접 쓰기 시스템이 가지고 있는 낮은 생산성 문제를 해결해 줄 수 있다.

광학 리소그래피에서 분해능은 이미 앞에서 언급한 바와 같이 빛의 회절에 의해 제한을 받는다. 전자빔 리소그래피에서는 전자의 파장이 매우 작기 때문에 분해능이 회절에 의하여 제한을 받는 것이 아니라 전자 산란에 의하여 제한을 받게 된다. 입사된 전자는 감광막에서 산란되는 전방산란과 그 아래의 기판에서 산란되는 후방산란 또는 역산란에 의해 에너지를 소모하고 경로가 변경된다. 따라서 노출시키고자 한 영역에 조사된 전자빔은 모든 주변 영역에 조사된 전자빔을 합한 것이므로 주변 영역의 패턴에 영향을 받고 두 패턴 사이의 최소 간격이 제한을 받게 된다. 이러한 현상을 근접 효과(proximity effect)라고 한다. 근접 효과는 그림 6.46에 나타내었듯이 내부-근접 효과(intra-proximity effect)와 상호-근접 효과(inter-proximity effect) 두 가지가 있다. 내부-근접 효과는 그림 6.46에 나타내었듯이 A점에 비해 B점이나 C점은 근접 효과로 인하여 단위 면적당 입사되는 전자수가 각각 1/2 및 1/4이 되므로, B점에 노광시간이 조절된 경우 C점은 원래 원하는 패턴이 되지 못하는 현상을 말한다. 이에 반하여 그림 6.46에 나타낸 바와 같이 패턴이 꺾이는 내부의 코너와 같은 부분에서는 산란된 전자들이 근접한 선으로부터 모여 더 큰 패턴을 형성시키게 되며 이것을 상호-근접 효과라고 부른다.

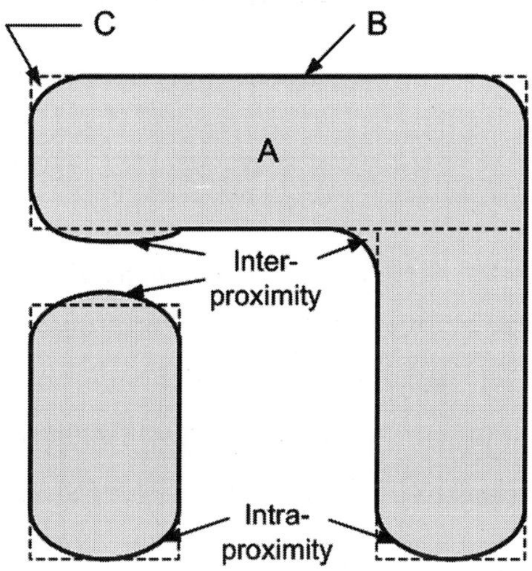


**그림 6.46** 전자산란에 의한 내부 및 상호-근접 효과

근접 효과를 감소시키려면 패턴을 더 작은 구역으로 나누거나 다층 감광막을 사용하면 되나, 처리 시간이 오래 걸리고 공정이 복잡해지는 문제점이 있다.

1970년 이래로 마스크를 통해 쓰는 가변 현상 전자빔 투영 기술이 개발되었다. 미래에 포토 리소그래피 공정을 대체할 후보 중의 하나가 그림 6.47에 나타낸 SCALPEL (scattering with angular limitation projection electron beam lithography)이다. SCALPEL은 평행 투영 시스템(parallel projection system)의 높은 생산성을 가지면서 전자빔 리소그래피에서 고유한 높은 분해능과 광범위한 공정 범위를 겸비하고 있다.

낮은 원자 번호(예, Be)를 가지는 멤브레인과 높은 원자번호(예, Au)를 가지는 패턴

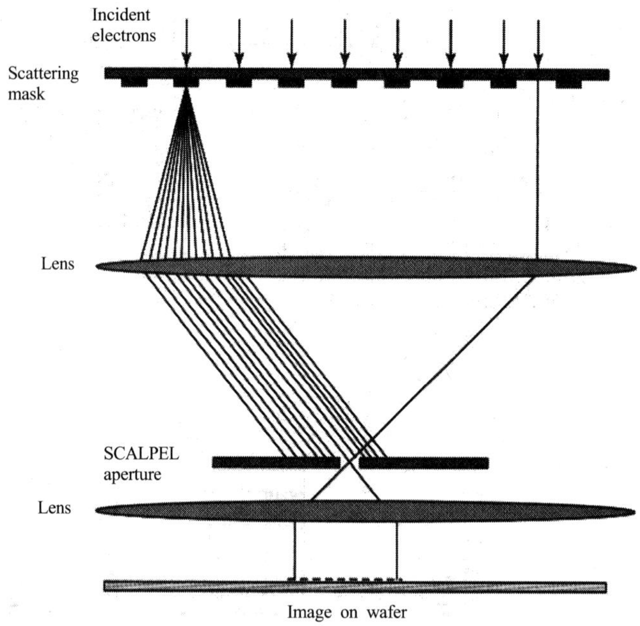


**그림 6.47** SCALPEL 전자빔 리소그래피

층으로 구성된 마스크는 강력한 전자빔(100 keV)에 균일하게 노출된다. 전체 마스크 구조는 본래 전자빔에 투명하여, 낮은 에너지만이 축적된다. 패턴층을 통과하는 빔의 일부분만이 1° 보다 작은 각을 통하여 산란된다. 전자 투영 시스템의 후면 초점 판(back focal plane)에서 개구는 전자를 산란시키는 것을 막고 반도체 웨이퍼 면에 고대비(high-contrast) 이미지를 만든다. 이 시스템의 가장 큰 장점은 포토 리소그래피 시스템의 스텝-스캔과 매우 유사하다는 것이다. 이 시스템이 미래의 패턴 기술을 주도할 중요한 기술이 될지도 모른다.

## 2.3 이온빔 리소그래피

이온빔을 마이크로 노광기술에 이용하려는 관심은 비교적 최근에 커지기 시작했으며, 이 분야에 관한 연구들은 아직 널리 확산되지 못하고 있는 실정이다. 그러나 이온빔 노광기술의 기본적인 원리는 이론적으로나 실험적으로 상당한 수준까지 진전되어 있다. 이온빔 리소그래피 중 이온 투사 리소그래피(ion projection lithography)는 미세하게 초점이 맞춰진 빔으로 감광제에 연속적으로 패턴을 세기거나 또는 마스크를 통해서 감광제를 노출시키기 위해 이온빔을 사용하는 기술이다. 그림 6.48은 이온 투사 리소그래피의 개략도를 나타낸 것이다.

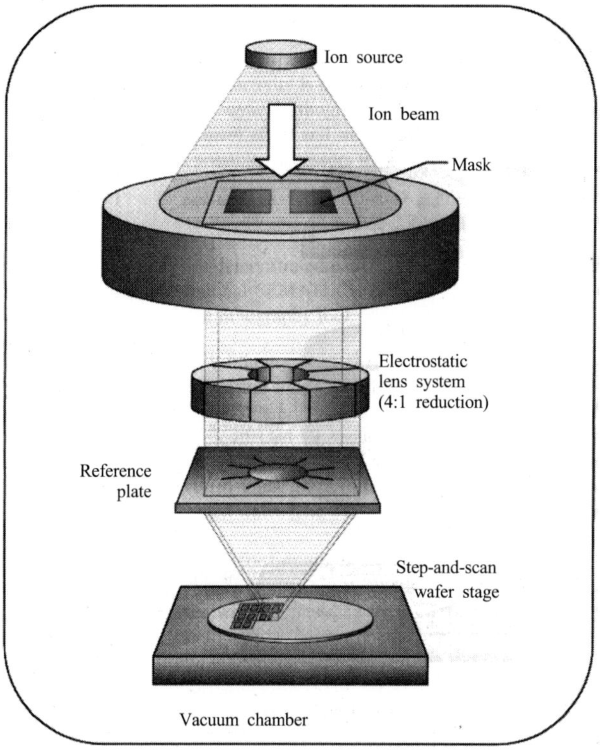


**그림 6.48** 이온빔 투사 리소그래피의 개략도

마스크를 사용하면, 웨이퍼 표면에 노출된 감광제의 작은 하위 영역을 만들기 위해 넓은 빔을 사용해야 한다. 이온 투사 리소그래피는 웨이퍼에 헬륨 이온이나 수소 이온을 보내기 위해 다중 전극 정전형 광학기(multi-electrode electrostatic optics)를 사용한다. 이온들은 상대적으로 질량이 크기 때문에 갖고 있는 에너지를 전자빔보다 더욱 효율적으로 감광제에 전달한다. 또한, 이온 충돌에 의해 발생하는 2차 전자가 적으며, 매우 낮은 에너지를 가지기 때문에 후방산란(backscatter)이 적다. 후방산란은 웨이퍼 패터닝의 최소 선폭에 영향을 미친다. 이온 투사 리소그래피는 높은 분해능을 가지며, 이미 50 nm의 선폭이 실현되었다.

## 3. 마스크

노광 공정에서 가장 결정적인 주요부분이 레이아웃(layout)의 패턴들을 주마스크

(master mask)로 변환시키는 것이다. 작업 마스크(working mask)는 주마스크로부터 만들어지며, 실제로 웨이퍼에 모형을 형성시키는 공정에 직접 사용된다. 따라서 주마스크의 품질은 마이크로 회로의 집적화 공정에서 수율을 결정짓는 중요한 역할을 하므로 결함이 없도록 각별한 주의가 필요하다. 패턴생성(pattern generation)을 위해 지금까지 사용되어 온 광학적 기술은 최소 선폭이 1.5~3 μm에는 적합하지만, 1.5 μm 정도나 그 이하 서브마이크론 영역에서는 전자빔 기술이 일반적으로 널리 사용되고 있다.

컴퓨터에 수록된 레이아웃 데이터로 플로터를 구동시켜 100~250× 정도의 모형을 만들고, 사진 축소 기법을 통하여 다시 10배 크기의 감광유제(emulsion)나 경질표면 레티클(hard surface reticle)을 만들어 다시 스텝-반복(step and repeat) 장치를 사용하여 1배 크기의 주마스크를 만든다. 주마스크로부터 접촉인쇄(contact printing)의 노출 작업에 필요한 작업마스크를 만들어 이들을 접촉인쇄법(contact printing)에 사용하기도 하고, 주마스크를 직접 투사 인쇄법(projection printing)의 마스크로 사용하기도 한다. 10배 크기의 감광유제나 경질표면 레티클은 광모형 생성기(optical P/G)나 전자빔 및 이온빔 모형 생성기를 통해서도 제작된다.

또한, 전자빔 모형 생성기(E-beam P/G)나 이온빔 모형 생성기(Ion-beam P/G)를 사용하여 1배~10배 크기의 레티클을 제작하고 이를 스텝-반복 장치로써 직접 웨이퍼에 상을 맺게 한다. 또, 1배 마스크를 이용하여 X-선 노광 장치에 의하여 상을 맺게 하는 방법 외에도 전자빔이나 이온빔을 직접 웨이퍼에 주사하는 방법도 있다.

### 3.1 UV(ultraviolet) 노출 장치용 마스크

그림 6.49와 같이 음영 인쇄법을 이용한 자외선(UV-선) 광 노출장치에 사용되는 마스크는 유리 기판 위에 모형이 표현된 박막층이 덮여 있는 구조를 하고 있다. 자외선을 사용하는 투사형 인쇄에서도 같은 구조의 마스크가 사용된다. 박막 물질의 종류에 따라 감광유제 마스크(emulsion mask)와 경질표면 마스크(hard surface mask)로 나눌 수 있다. 감광유제 마스크는 유리 기판 위에 젤라틴을 약 2.5 μm 두께로 도포한 것으로서, 빛이 조사되면 현상액에서 약간 부풀어 오르면서 검은색으로 변화되어 빛이 조사되지 않은 부분과 다른 색깔 및 모양이 되는 특성을 이용한 것이다. 이런 현상은 막의 성분인 염화은이 빛을 받을 때 현상액에서 자체의 색깔과 모양의 변화를 일으키기 때문이다.

그림 6.49는 자외선 노광장치에 사용되는 감광유제 마스크의 전형적인 모양을 나타낸 것이다.

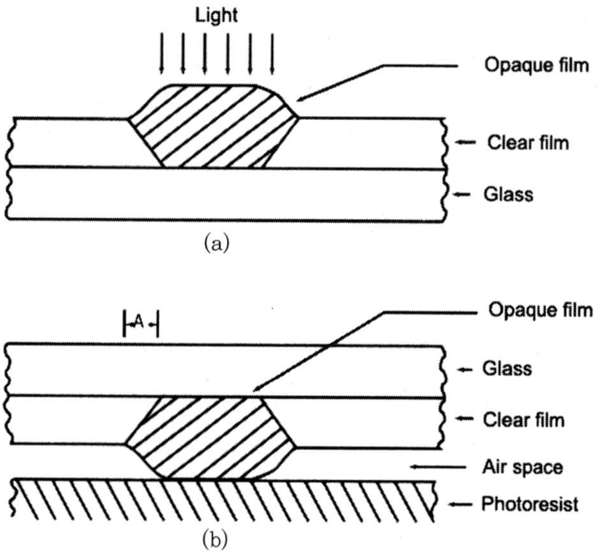


**그림 6.49** 감광유제 마스크 : (a) 생성된 감광유제 마스크, (b) 감광막 위에 놓여있는 마스크

위의 그림과 같이 형성된 마스크 구간 A는 자외선을 차단하는 막의 두께가 얇아 불투명하면서도 두꺼운 마스크 부분보다는 많은 양의 빛을 통과시키므로 감광제 위에 불명확한 상이 맺히게 하는 원인이 되고 있다. 이와 같은 성질로 인하여 감광유제 마스크는 2.5 $\mu$m 이하의 크기를 갖는 모형을 형성시키기에는 부적당하다. 경질표면 마스크란 유리기판 위에 감광유제 대신 단단한 성질의 금속 박막층을 1,500 Å 정도 두께로 형성시켜 노광기술을 거쳐 레이아웃에 상응하는 패턴을 만든 마스크를 말한다.

금속 재료로는 일반적으로 크롬(Cr)을 사용하나 가시광선이나 자외선 모두에 대해 불투명하므로 정렬이 어렵고 반사가 강하여 매우 작은 미세 모형 형성에는 부적합하다. 이런 문제점을 보완한 것이 반사가 적은 실리콘이나 산화철(FeO) 등을 사용한 마스크이다. 실리콘과 산화철의 경우 자외선은 차단하지만 가시광선은 그대로 통과시키므로 마스크 정렬을 용이하게 하는 장점을 가지고 있다.

감광유제 마스크는 경질표면 마스크에 비하여 가격이 저렴하나 박막표면의 손상이 빨리 일어나므로 높은 수율을 유지하기 위해 5~10회 사용 후 버려야 한다. 그에 반해 경질표면 마스크는 200회 이상 노출하여도 마스크의 손상이 거의 일어나지 않으며 박막층이 얇고 끝이 날카로우므로 미세 모형을 만들기에 적합하다. 접촉인쇄 노출 장치용으로 사용하는 작업 마스크(working mask)는 보통 감광유제 박막으로 된 마스크가 사용되지만 주마스크(master mask)나 레티클, 근접인쇄 및 투사인쇄 노출 등에는 경질

표면 박막 마스크가 사용된다.

마스크에 사용되는 유리 기판은 흠이 없어야 하고 단단할 뿐 아니라, 사용하는 웨이퍼와 같은 열팽창 계수를 가져야 한다. 일반적으로 사용되는 유리로는 소다석회(soda lime), 알루미나 소다석회(alumina lime), 보로실리케이트(borosilicate) 등이 있다. 보로실리케이트는 가장 단단하고 열팽창 계수가 실리콘에 근접하므로, 실리콘 웨이퍼 공정에서는 이것을 기판 유리로 사용하지만, 서브마이크론 영역에서는 석영 기판이 널리 사용되고 있다.

## 3.2 전자빔(E-beam) 노출 장치용 마스크

전자빔 축소 투사형(E-beam reduction projection)은 전자빔이 통과해야 하는 부분과 통과하지 않아야 하는 부분이 얇은 판에 천공이 되어있는 구조이다. 그림 6.50은 광음극 투사형 노출장치에서 마스크 부분을 확대하여 그린 것이다.

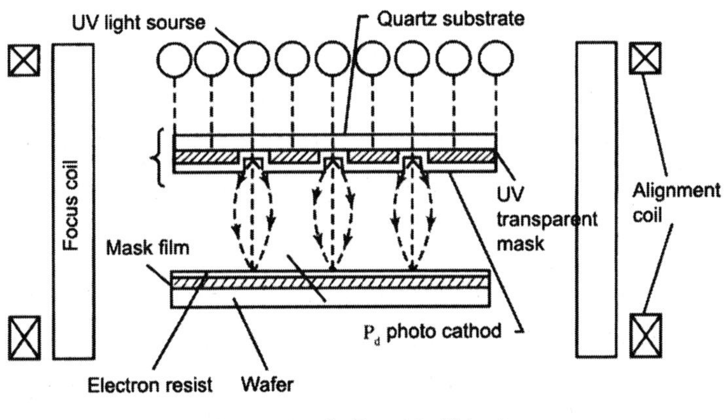


**그림 6.50** 광 음극 투사형 마스크

석영 기판에 자외선을 통과시키지 않는 박막층이 덮여 있고, 이 박막층을 전자빔 기술을 사용하여 모형화 한다. 그 후에 팔라디움(palladium)과 같은 광 음극 재료를 50~100Å 두께로 도포하여 전자빔 감광재료가 덮여 있는 웨이퍼로부터 1 cm 정도의 거리에 두고 웨이퍼쪽에 10~20 kV 정도의 고전압을 인가한다. 마스크가 자외선(2,000~2,500Å)을 받으면 빛이 통과하는 부분의 팔라디움에서 전자가 방출되어 집속된 후 웨이퍼 상의 감광재료에 상을 맺게 하는 마스크이다.

## 3.3 이온빔(Ion-beam) 노출 장치용 마스크

그림 6.51은 이온빔 노출 장치용 마스크를 나타낸 것이다. 그림 6.51(a)는 실리콘 후면을 식각한 형판(stencil) 마스크이다. 그림 6.51(b)는 〈110〉 실리콘의 채널링 효과를 이용하는 것으로 금속 마스크 모형을 얇은 〈110〉 실리콘 기판 위에 만들어 감광제 박막이 덮여 있는 웨이퍼와 약 20 μm 정도 거리를 두고 설치한다. 이 시스템에서는 180 keV $H^+$ 빔이 마스크에 도달하여 실리콘 기판을 채널링에 의해 통과하고 그 아래에 장착되어 있는 웨이퍼의 감광제에 상을 맺게 한다. 여기서는 넓은 면적의 단결정 실리콘 판을 만드는 어려움이 수반된다.

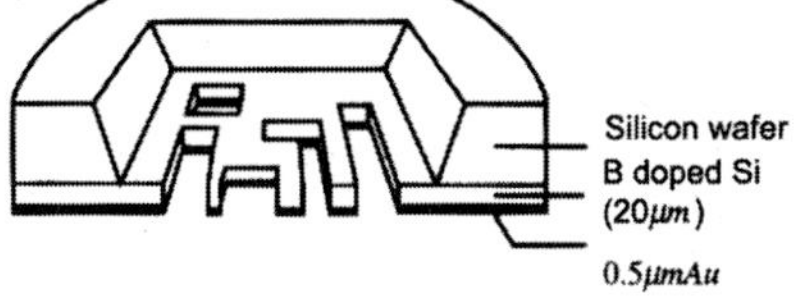


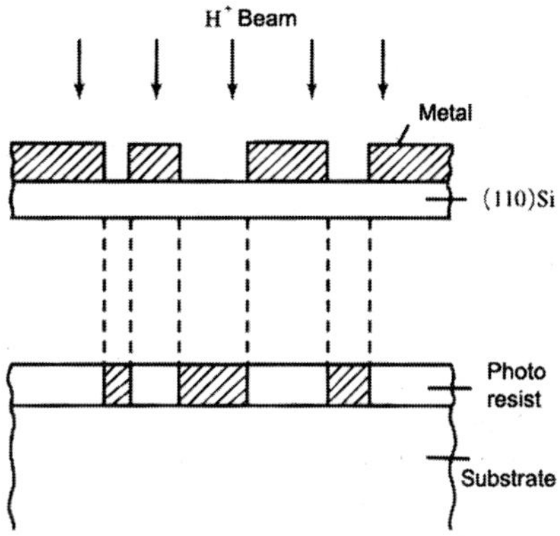


**그림 6.51** 이온빔 투사형 장치용 마스크의 개략도 : (a)형판 마스크, (b) 채널 이온 마스크

## 3.4 X-선 노출 장치용 마스크

X-선 노출 장치용 마스크는 X-선을 통과시키는 물질의 기판과 그 위에 모형이 형성되어 있는 X-선 흡수용 금속 막으로 구성되어 있다. X-선 흡수 물질로는 모형을 만들기 위한 식각이 다른 물질에 비하여 용이한 금(Au)이 널리 사용된다.

Au 박막의 두께는 사용되는 X-선 소스의 파장에 따라 각각 다르며, 입사되는 X-선의 90%를 흡수하는데 필요한 두께는 X-선이 4.4 Å($Pd_L$), 8.3 Å($Al_k$), 13.3 Å($Cu_L$), 44.8 Å($C_k$)일 때 각각 0.7 μm, 0.5 μm, 0.2 μm, 0.08 μm가 된다. 이 두께는 자외선 광 노출장치에 사용되는 마스크의 크롬 두께에 비하여 상당히 두꺼운 것임을 알 수 있다. 기판 물질로는 폴리미드(polymide)와 같은 중합체를 포함하여, BN(boron nitride), SiC, $Al_2O_3$, $Si_3N_4/SiO_2/Si_3N_4$와 같은 물질들이 사용된다. 마스크의 면적이 넓을수록 모

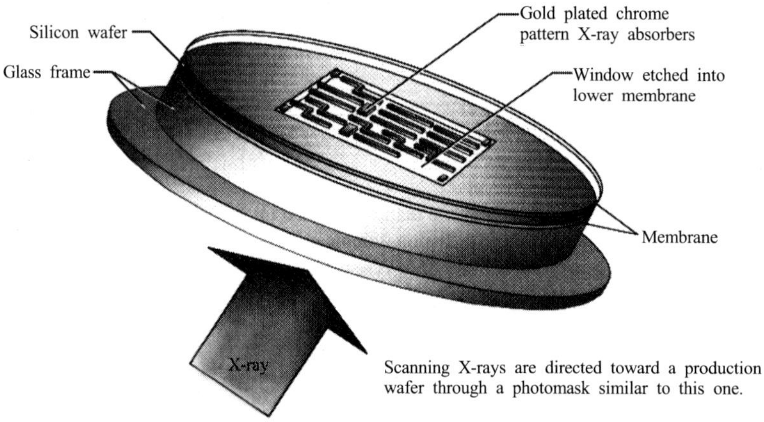


**그림 6.52** X–선 노출 장치용 마스크

형의 찌그러짐 방지를 위해 기판 멤브레인(membrane)이 단단해야 한다. 그림 6.52는 X-선 노출장치 마스크의 모양을 나타낸 것이다.

## 4. 감광제

감광제는 빛을 감광하는 화합물질이다. 감광제는 빛에 대하여 어떻게 반응하느냐에 따라 양성(positive)과 음성(negative)으로 분류된다. 양성 감광제는 노광된 영역이 용해되기 쉬운 상태가 되므로 현상과정에서 더 쉽게 제거된다. 양성 감광제에서 패턴이 형성된 결과는 마스크의 패턴과 동일하다. 음성 감광제는 노광된 영역이 용해되지 않은 상태가 되고, 음성 감광제에서 형성된 패턴은 마스크 패턴과 상반된다. 그림 6.53에 양성 및 음성 감광제에 대한 노광 반응 곡선과 패턴 프로파일을 나타내었다.

### 4.1 양성 감광제

양성 감광제는 감광물질, 베이스 수지(resin)와 유기 용매(organic solvent) 등 3가지 물질로 구성되어 있다. 노광하기 전에 감광물질은 현상용액 내에서 용해되지 않는다. 노광 후 감광물질은 노출된 패턴영역 내의 빛을 흡수하고 화학적 구조가 변화하여 현상용액에 용해되는 물질로 바뀐다. 현상 과정에서 노광된 영역이 제거된다.

그림 6.53(a)는 양성 감광제에 대한 노광 반응 곡선과 패턴 프로파일을 나타낸 것이다. 반응 곡선은 노광과 현상 후 노광 에너지에 대해 남는 감광제의 백분율을 나타내고

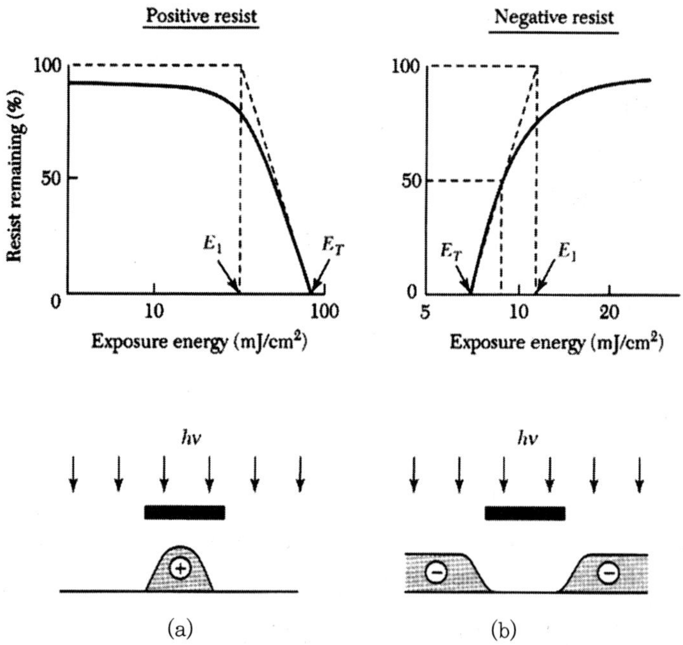


**그림 6.53** 노광 반응 곡선과 현상 후의 감광제 패턴 프로파일 : (a) 양성 감광제, (b) 음성 감광제

있다. 비록 빛에 노광되지 않은 경우에도 감광제가 일부 용해되는 것에 유의하여야 한다. 노광 에너지가 증가함에 따라서 용해도는 점차로 증가하고 문턱(threshold) 에너지 $E_T$에서 감광제는 완전히 용해된다. 양성 감광제의 감도는 노광된 영역 내에서 감광제를 완전히 용해시키는데 필요한 에너지로 정의된다. 그러므로 문턱 에너지는 감도에 해당한다. 문턱 에너지 이외에 대비비(contrast ratio)를 나타내는 파라미터인 $\gamma$를 감광제의 특성 평가를 위해 정의한다.

$$\gamma \equiv \left[\ln\left(\frac{E_T}{E_1}\right)\right]^{-1} \tag{10}$$

여기서, $E_1$은 그림 6.53(a)에서와 같이 감광제 두께가 100%일 때 문턱 에너지에서 절선을 연장하여 얻어지는 에너지이다. 대비비가 크다는 것은 노광 에너지의 증가분에 따라 감광제 용해도가 더욱 급격히 증가함을 의미하고 결과적으로 예리한 패턴을 얻을 수 있다.

그림 6.53(a)의 패턴 프로파일은 포토마스크 영상의 모서리와 현상 후의 감광제 패턴의 모서리 사이의 관계를 설명하고 있다. 일반적으로 감광제 패턴의 모서리들은 회

절 때문에 마스크 모서리에서 수직으로 투영되는 위치에 오지 못한다. 감광제 패턴의 모서리는 흡수된 전체 광 에너지가 문턱 에너지에 해당하는 위치로 이동하게 되어 발생하는 것이다.

### 4.2 음성 감광제

음성 감광제는 감광물질과 결합된 고분자물질(polymer)이다. 노광 후 감광제는 광 에너지를 흡수하여 그 에너지를 연쇄반응을 시작하게 하는 화학 에너지로 변환시킨다. 이 반응은 고분자의 분자들을 교차 결합시킨다. 교차 결합된 고분자는 분자량이 커서 현상액에 용해되지 않는다. 현상 중에 빛을 받지 않는 부분이 제거된다. 음성 감광제의 주요 결점 중의 하나는 현상과정에서 현상액을 일부 흡수하여 감광제 부피가 늘어나는 것이다. 이 팽창 현상은 음성 감광제의 분해능을 제한한다.

그림 6.53(b)는 음성 감광제에 대한 노광 반응 곡선과 패턴 프로파일을 나타낸 것이다. 음성 감광제는 노광 에너지가 문턱 에너지 $E_T$보다 낮을 때 현상 용액에 완전히 용해된다. 문턱 에너지보다 높은 에너지일 때는 현상 후 감광제 층이 남게 된다. 노광 에너지가 문턱 에너지의 2배일 때 현상 용액 내의 감광제 층은 근본적으로 용해되지 않는다. 음성 감광제의 감도는 노광된 영역 내에서 원래 감광제 층의 50%를 유지시키는 데 필요한 에너지로 정의된다. 파라미터 $\gamma$는 식 (10)에서 $E_1$과 $E_T$가 서로 바뀐 것을 제외하면 동일하게 정의된다. 그림 6.53(b)와 같이 음성 감광제의 패턴 프로파일도 역시 회절효과에 의하여 영향을 받는다.

표 6.5는 몇 가지 시판되고 있는 양성, 음성 감광제를 열거한 것이다. 비슷한 대비 값을 가지면서도 음성 감광제의 한계 에너지가 훨씬 낮은 것을 볼 수 있다. 그러므로 어느 주어진 노광전력(mW/cm$^2$)을 갖는 포토 리소그래피 장치에서 음성 감광제를 입힌 웨이퍼의 노광시간이 훨씬 짧으므로 시간당 많은 수의 웨이퍼를 노광처리 할 수 있다. 그러나 앞에서 설명한 바와 같이 음성 감광제는 현상 후 팽창하므로 분해능이 저하된다. 반면에 양성 감광제는 팽창하지 않으므로 좋은 분해능을 얻을 수 있다. 그러나 양성 감광제는 훨씬 큰 노광 에너지를 필요로 하고, 이에 따라 노광시간이 길어지므로 작업 처리량이 낮아진다.

감광제 패턴의 분해능을 향상시키기 위하여 일반적으로 얇은 감광제 층이 선호된다. 그러나 집적회로 칩에서 하부층의 형태로 인한 단차를 덮으려면 감광제 층이 두꺼워져 분해능이 떨어진다. 이것을 개선하기 위해 다층 감광제 방식을 이용하는데, 패턴 형성과 평탄화의 기능을 각각 다른 막이 담당하게 된다. 그림 6.54는 3층 감광제 시스템을 나타낸 것이다. 평탄화를 위해 2~3 $\mu$m 두께의 두꺼운 감광제로 단차를 메운다.

**표 6.5 양성 감광제와 음성 감광제**

| Lithography | Product | Type | Sensitivity | $\gamma$ |
|---|---|---|---|---|
| Photo | Kodak 747 | Negative | 9 mJ/cm$^2$ | 1.9 |
| | AZ-1350J | Positive | 90 mJ/cm$^2$ | 1.4 |
| | PR102 | Positive | 140 mJ/cm$^2$ | 1.9 |
| E-beam | COP | Negative | 0.3 $\mu$C/cm$^2$ | 0.45 |
| | GeSe | Negative | 80 $\mu$C/cm$^2$ | 3.5 |
| | PBS | Positive | 1 $\mu$C/cm$^2$ | 0.35 |
| | PMMA | Positive | 50 $\mu$C/cm$^2$ | 1.0 |
| X-ray | COP | Negative | 170 mJ/cm$^2$ | 0.45 |
| | DCOPA | Negative | 10 mJ/cm$^2$ | 0.65 |
| | PBS | Positive | 95 mJ/cm$^2$ | 0.5 |
| | PMMA | Positive | 1,000 mJ/cm$^2$ | 1.0 |

이어서 그림 6.54(a)와 같이 1,000Å 두께의 얇은 실리콘 산화막이 입혀진다. 마지막으로 얇은 감광제 막(~4,000Å)이 입혀진다. 평탄화와 아래층의 불투명체(비반사) 때문에 최상층 감광제 막은 분해능 영상을 얻을 수 있도록 최적화시켜야 한다. 윗층의 감광제

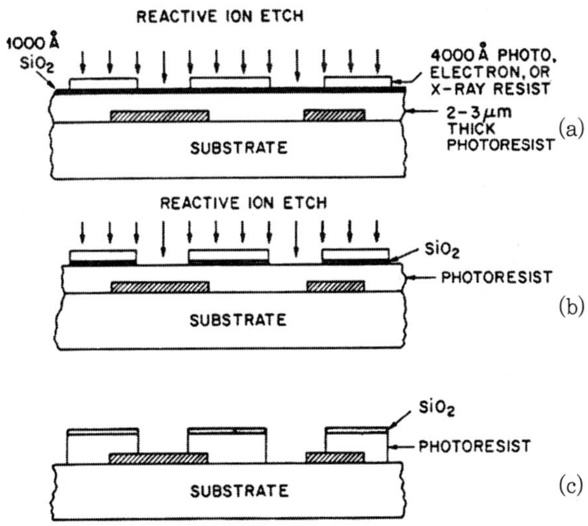


**그림 6.54** 3층 감광제의 공정과정

가 현상된 후, 그림 6.54(b)와 같이 중간의 얇은 실리콘 산화막을 식각하는데, 이 감광제가 마스크 구실을 하고, 이어서 그림 6.54(c)에 나타낸 것과 같이 두터운 하층 감광제 막을 식각할 때는 실리콘 산화막이 마스크 역할을 한다.

갈륨 셀레나이드($Ge_xSe_{1-x}$)와 같은 무기재료는 음성 감광제로 사용한다. $Ge_xSe_{1-x}$막이 은으로 도포되어 빛에 노광되었을 때 은의 가로방향 확산이 일어나서 매우 큰 대비비($\gamma=3.5$)를 갖는 예리한 모서리를 얻을 수 있다. 스텝-반복 노광장치를 이용한 $Ge_xSe_{1-x}$ 감광제에서 0.5 $\mu$m까지의 작은 선폭이 광학적으로 얻어지고 있다.

## 연습문제

1. 웨이퍼의 세정이 점점 더 중요해지는 이유를 설명하시오.

2. 프리머 코팅(primer coating)의 목적이 무엇인지 설명하시오.

3. 포토 리소그래피(photo lithography) 공정의 노출과정에 대해 다음 물음에 답하시오.
   (a) 음영 인쇄법(shadowing printing)에는 2가지 방법이 있다. 이를 비교해서 설명하시오.
   (b) 투사 인쇄법(projection printing)을 설명하고, 이 방법에서 분해능과 초점 심도가 파장과 개구수($NA$)에 어떤 관계인지 설명하시오.

4. 포토 리소그래피 공정에서 분해능을 향상시킬 수 있는 방법들을 간략하게 설명하시오.

5. 교류 위상이동 마스크를 사용할 때 일반 크롬 마스크에 비해 기판에 형성되는 패턴 이미지의 분해능이 더 좋아지는 이유를 설명하시오.

6. 노출을 위한 광원으로서 높은 세기와 짧은 파장을 가지는 광원을 추구하는 이유를 설명하시오.

7. 리소그래피(lithography) 공정에는 여러 가지 베이크(bake) 과정이 포함되어 있다. 각 베이크 과정의 목적을 상세히 설명하시오.

8. 웨이퍼가 후속 공정으로 보내지기 전에 검사 과정을 거쳐야 하는 이유를 설명하시오.

9. 마스크의 역할과 중요성에 대해 설명하시오.

10. 방사 리소그래피(radio lithography)의 정의와 종류에 대해 간단하게 기술하시오.

11. 방사 리소그래피 공정에서 X-선 리소그래피와 전자빔 리소그래피의 장, 단점을 비교해서 설명하시오.

12. 다음 물음에 답하시오.
    (a) 양성 감광제와 음성 감광제의 감도를 각각 정의하시오.
    (b) 음성 감광제의 장점과 단점을 설명하시오.

# 참고문헌

[1] K. Mittal, "Factors Affecting Adhesion of Lithographic Matls", *Sol. State Tech.*, p. 89, 1979

[2] T. Batchelder, J. Piatt, "Bake Effects in Positive Resist", *Solid State Technol.*, p. 211, 1983

[3] W. M. Moreau, *Semiconductor Lithography Principles, Practices, and Materials*, Plenum Press, New York and London, 1988

[4] S. Wolf, R. N. Tauber, *Silicon Processing for the VLSI Era* Vol. 1-process Technology, Lattice Press, 1986

[5] J. H. Bruning, "A Tutorial on Optical Lithography", in *Semiconductor Technology(D. A. Doane, D. B. Fraser, D. W. Hess eds.)*, Electrochem. Soc., Penningston, 1982

[6] S. M. SZE, *Semiconductor Devices Physics and Technology*, John Wiley & Sons, New York, 1985

[7] M. D. Levenson, N. S. Viswanathan, R. A. Simpson, "Improving Resolution in Photolithography with a Phase-Shifting Mask", *IEEE Trans. on ED.*, ED-29, p.1828, 1982

[8] I. Hanyu, S. Asai, K. Kosemura, H. Ito, M. Nunokawa and M. Abe, "New Phase-Shifting Mask with Highy Transparent $SiO_2$ Phase shifters", *Proceedings of SPIE:Optical/Laser Microlithography III*, Vol.1264, p.167, 1990

[9] T. Teraswa, N. Hasegawa, T. Kurosaki and T. Tanaka, "0.3-micron Optical Lithography using a Phase-shifting Mask", *Proceeding of SPIE: Optical/Laser Micrography II*, Vol.1088, p.25, 1989

[10] A. Nitayama, T. Sato, K. Hashimoto, F. Shigemitsu and M. Nakase, "New Phase- Shifting Mask with Self-Aligned Phase-Shifters for Quarter Micron Photolithography", *Proceedings of IEDM*, p.57, 1989

[11] K. K. H. Toh, G-Dao, R. Singh and H. Gaw, "Chromless Phase-Shifted Masks", A New Approach to Phase-shifting Masks, *10th Annual symposium on Microlithography*, at BACUS, 1990

[12] H. watanabe, Y. Todokoro and M, Inoue, "Transparent Phase Shifting Mask", *Proceeding of IEDM*, p. 821, 1990

[13] K. Nakagawa, M. Taguchi and T. ema, "Fabrication of 64M DRAM with i-line Phase-Shift Lithography", *M.S. Thesis, Memorandum No. UCB/ERL M88130*, University of california, Berkeley, 1988

[14] K. K. H. Toh, G. Dao, R. Singh and H. Graw, "Optical Lithography with Chromless Phase-Shifted Masks", *Proceeding of SPIE: Optical/Laser Microlithography IV*, vol. 1463, p.74, 1991

[15] W. M. Moreau, *Semiconductor Lithography Principles, Practices, and Materials*, Plenum Press, New York and London, 1988

[16] R. K. Watts and J. H. Bruning, "A Review of Fine Lithography Techniques: Present and Future", *Solid State Technol.*, vol. 24, p.99, 1981

[17] L. F. Thomson and M. J. Bowden, "The Lithographic Process: The physics in

Introduction to Microlithography", *American Chem. Soc.*, Advances in Chem.Ser., vol. 219, p15, 1983

[18] E. B. Brown, *Modern Optics*, Van Nostrand-Reinhold, New York, 1981

[19] J. E. Roussel, "Submicron Optical Lithography", *SPIE Proc.* vol. 275, Semiconductor Microlithography, p.9, 1981

[20] M. M. O'Toole, E. D. Liu and M. S. Chang", Linewidth Control in Projection Lithography Using a Multilayer Resist Process", *IEEE Trans. on Elec. Dev. ED-28*, p.1405, 1981

[21] M. M. O'Toole, "Simulation of Optically Formed Image Profile in Positive Photoresist", Ph.D. Dissertation, University of California at Berkeley, Memo. UCB/ERL M79142, 1979

[22] H. Craighend, J. White, R. Howrad, L. Jackd, R. Behringer, J. Sweeney and R. Epworth, *Paper J-1, Electron, Ion, and Photon Beam Conference*, LA., J. Vac. Sci. Technol. B1, p.1186, 1983

[23] K. Mittal, "Factors Affecting Adhesion of Lithographic Matls", *Sol. State Tech.*, p.89, May 1979

[24] T. Batchelder, J. Piatt, "Bake Effects in positive Resist", *Solid State Technol.*, p.211, 1983

[25] S. Wolf and R. N. Tauber, *Silicon Processing for the VLSI Era* Vol. 1-Process Technology, Lattice Press, 1986

[26] S. Harrell, "X-Ray Source Technology for Microlithography", *Semi. int'L.*, p.74, 1983

[27] M. Schulz and H. Weiss, "Semiconductiors subvolume C" in *Landolt-Bornstein Numerical Data and Functional Relationships in Science and Technology New Series*(K.H. Hellwege, O. Madeling), Spinger-Verlag Berlin, Heidelberg, New York, Tokyo, 1984

[28] T. H. P. Chang, M. Hatzakis and A. N. Broers, *Microelectronics Interconnectic and packaging*(J. Lyman ed.), McGraw-Hill, New York, 1980

[29] N. D. Wittels, *Fine Line Lithography*(R. Newman ed.) Ch. 1, North-Holland Publishing Co., Amsterdam, 1980

[30] J. S. Greenreich, "Process Hurdles in Electron-Beam Exposure of Sub-Micron Pattens", *Semiconductor International*, p.159, 1981

[31] J. S. Greenreich, *Proc. 9th Intl. Conf. Electron and Ion Beam Sci. and Technol.*(Bakish ed.) Electrochem. Soc., Pennington, N.J., U.S.A., p. 282, 1980

[32] K. A. Valiev, *The Physics of Submicron Lithography*, Plenum Press, New York & London, 1992

[33] U. Behringer, *Ein Ionenstrahl Proximity Printer fur die Halblietertechnologie, Dissertation*, Eberhard-Karls-University, D7400 Tubingen, 1981

[34] P. D. Prewett, G. L. R. Mair, *Focused Ion Beams from Liquid Metal Ion Sources*, RSP LTD., Hohn Wiley & Sons INC., 1991

[35] T. Ishitani, K. Umermura and Y. Kawanami, "Favorable Source Material in Liquid-Metal-Ion Sources for Focused Beam Application", *J. Vac. Sci. Technol.*, vol. B6, no. 3, p.931, 1988

[36] R. A. Burghard, L. Swanson and J. Orloff, "Performance comparison of electrostatic lenses for field emission ion and electron sources", *J. Vac. Sci. Technol.*, vol. A5, no. 3, p.364, 1987

[37] J. J. Muray, "Physics of Ion Beam Wafer Processing", *Semiconductor Int'L.* p.130, 1984

[38] W. R. Livesay, "Computer Controlled Electron-Beam Projection Mask Aligner", *Solid State Technol.*, p.21, 1974

[39] D. B. Rensch, R. L. Seliger, G. Csonsky, R. D. Olney and H. L. Stover, "Ion Beam Lithography for IC fabrication with Submicrometer Features", *J. Vac. Sci. Technol.*, vol. 16, p.1897, 1979

[40] S. M. SZE, *VLSI Technology*, McGraw-Hill, 1988

[41] M. J. Hatzakis, "Electron Resist for Microcircuit and Mask Production", *J. Electrochem. Soc.*, vol. 116, p.1033, 1969

[42] W. S. DeFrest, *Photoresist*, New York:McGraw-Hill, 1975

[43] K. Mittal, "Factors Affecting Adhesion of Lithographic Matls", *Sol. State Tech.*, p.89, 1979

[44] T. Batchelder and J. Piatt, "Bake Effects in Positive Resist", *Solid State Technol.*, p.211, 1983

[45] Harry J. Levinson, *Principles of Lithography*, Society of Photo Optical, pp. 295-306, 2005

[46] Alfred Kwok-Kit Wong, *Resolution Enhancement Techniques in Optical Lithography*, Society of photo-optical Instrumentation Engineers, pp. 80-91, 2001

[47] S. Wolf, *Silicon Processing for the VLSI Era: Deep-Submicron Process Technology*, Lattice Press, Lattice Press, Vol. 4, pp. 275-292, 2002

7장

# 식각기술

식각(etching)은 지정된 영역에서 선택적으로 물질을 제거하여, 기판 위의 감광제 또는 하드 마스크(hard mask)를 통하여 패턴을 전사하는 것이다. 포토 리소그래피와 습식 식각 공정은 오랫동안 인쇄 산업과 회로 기판을 만드는데 사용되어 왔다. 이러한 기술들은 1950년대에 트랜지스터와 집적회로 제작 등 반도체 산업에 응용되기 시작하였다. 1980년대 이전까지는 습식 식각 공정이 널리 사용되었다. 습식 식각 공정에서 화학 용액은 패턴 전사를 위해 감광제에 의해 보호되지 않은 물질을 용해시키기 위해 사용되었다. 1980년대 후반, 최소 선폭(feature size)이 3 $\mu$m 이하로 줄어듦에 따라 습식 식각 공정은 점차적으로 건식(plasma) 식각 공정으로 대체되었다. 습식 식각 공정은 항상 등방성 식각 프로파일을 나타내어 감광제 마스크의 하부를 식각하고 임계크기(critical dimension)의 손실을 일으키기 때문이다. 현재, 거의 모든 식각 공정은 플라스마 식각 공정이 사용되고 있으나, 필름 스트리핑(stripping) 공정 등과 같은 일부 공정에서는 아직까지 습식 식각 공정이 사용되고 있다.

식각 공정은 집적회로 칩을 만드는데 가장 빈번히 사용되는 공정 중 하나이다. 예를 들어, 단결정 실리콘 식각은 얕은 트렌치 고립(shallow trench isolation) 구조를 형성하기 위해 사용되고 있으며, 다결정 실리콘 식각은 게이트와 국부적인 상호접속(local interconnection)에 이용되고 있다. 또한, $TiSi_2$ 형성 후의 Ti 스트립(strip) 등에도 사용되고 있다.

본 장에서는 식각 공정에 영향을 미치는 여러 가지 식각 변수, 다양한 물질에 대한 습식 식각, 건식 식각에서 식각기구(mechanism)와 다양한 식각 방법 및 식각 장치 등에 대해 다루고자 한다.

## 1. 식각 변수

### 1.1 식각률

식각률(etch rate)은 식각 공정에서 얼마나 빨리 식각될 물질이 없어지는가에 대한 척도를 나타낸 것이다. 이는 식각 공정의 처리량에 직접적으로 영향을 미치므로 매우 중요한 변수 중의 하나이다. 식각률은 식각 공정 전후의 박막두께를 측정하고 두께 차이를 식각 시간으로 나눠서 계산할 수 있다.

$$\text{식각률} = \frac{\text{식각 전의 박막두께} - \text{식각 후의 박막두께}}{\text{식각 시간}} \tag{1}$$

식각률은 주사전자현미경(SEM) 측정으로 결정할 수 있는데, 이것으로 제거된 박막의 두께를 직접 측정할 수 있다.

### 1.2 균일도

웨이퍼 전체에 걸친 균일한 식각률과 높은 재현성은 식각 공정에서 매우 중요한 변수이다. 보통, 균일도는 식각 공정 전·후에 임의의 지점에서 두께 측정과 이 지점에서의 식각률 계산에 의한 웨이퍼 두께 매핑(mapping)을 통해 측정된다. 이 지점들을 $x_1$, $x_2$, $x_3$, $\cdots$, $x_N$이라고 하고, $N$은 데이터 지점의 총 수이다. 측정의 평균값은 다음과 같이 정의된다.

$$\bar{x} = \frac{x_1 + x_2 + x_3 + \cdots\cdots + x_N}{N} \tag{2}$$

측정의 표준편차는 다음과 같이 표현된다.

$$\sigma = \sqrt{\frac{(x_1 - \bar{x})^2 + (x_2 - \bar{x})^2 + (x_3 - \bar{x})^2 + \cdots\cdots + (x_N - \bar{x})^2}{N-1}} \tag{3}$$

표준편차 불균일도(백분율)는 다음과 같이 정의된다.

$$N(\%) = \left(\frac{\sigma}{\bar{x}}\right) \times 100 \tag{4}$$

### 1.3 선택도

패턴 식각 공정에서는 그림 7.1에 나타내었듯이, 일반적으로 세 가지 종류의 재료, 즉 감광제, 식각할 박막, 기판이 필요하다. 식각 공정 동안, 세 가지 재료는 모두 식각제(etchant)의 화학 반응과 플라스마 식각 공정에서의 이온 충격에 의해 식각될 수 있다. 식각률의 차이는 선택도(selectivity)로 나타낼 수 있다.

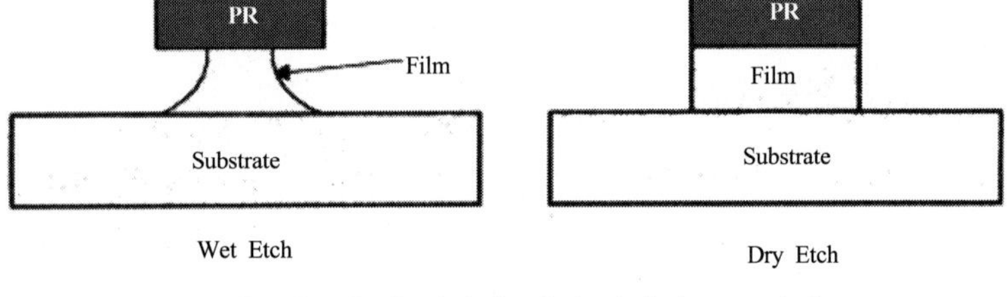


**그림 7.1** 습식 식각과 건식 식각의 프로파일

선택도는 식각되지 않을 물질에 대한 식각될 필요가 있는 물질의 식각률 비(ratio)로 정의된다.

$$S = \frac{ER_1}{ER_2} \quad (5)$$

예를 들어, 게이트 식각 동안 감광제는 식각 마스크 역할을 하며 다결정 실리콘은 식각될 물질이다. 플라스마 식각 공정에서 감광제는 반드시 식각된다. 따라서 식각 공정이 끝나기 전에 과잉 감광제 손실을 막기 위해 충분히 높은 다결정 실리콘 대 감광제의 선택도를 가지는 것이 필수적이다. 다결정 실리콘 바로 아래층에는 매우 얇은 게이트 산화막이 존재하기 때문에 이 공정은 다결정 실리콘 과잉식각 단계 동안에 게이트 산화막 층이 식각되는 것을 방지하기 위해 매우 높은 다결정 실리콘 대 산화막의 선택도를 가져야 한다.

## 1.4 식각 프로파일

식각에서 가장 중요한 특성 중 하나가 식각 프로파일이며, 이것은 다음 단계의 증착 공정에 영향을 미치게 된다. 그림 7.2는 다양한 식각 프로파일을 나타낸 것이다. 식각 프로파일은 보통 주사전자현미경(SEM)을 이용하여 측정된다.

완벽한 수직 프로파일은 감광제로부터 하부의 막까지 상을 임계크기 손실 없이 옮길 수 있기 때문에 가장 적합한 프로파일로 고려되고 있다. 그러나 많은 경우에, 특히 비아(via) 식각의 경우, 공극(void) 없이 비아 홀을 채우는 W-CVD 공정을 더 용이하게 할 수 있기 때문에 비등방적으로 줄어드는 프로파일이 더 선호된다. 순수한 화학적 식각 공정은 등방성 프로파일을 나타내는데, 감광제 아래에 언더컷(undercut)을 발생시키고 임계크기의 손실을 일으킨다. 언더컷 프로파일은 반응성 이온 식각(RIE) 공정에서

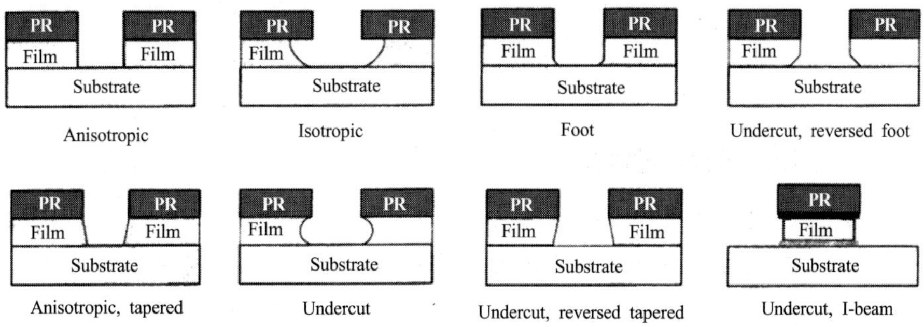


**그림 7.2 식각 프로파일**

너무 많은 화학 식각 성분 또는 측면부로의 과잉 이온 산란(excessive ion scattering)에 의해서도 발생할 수 있다. 반응성 이온 식각은 물리적인 식각과 화학적 식각의 조합이다. 언더컷 프로파일은 공극 없이 간격이나 구멍을 채우기 위한 다음 증착단계를 매우 어렵게 하기 때문에 바람직하지 않다. I 빔 프로파일은 샌드위치 구조인 박막의 중간층에 대하여 적합하지 않은 식각 화학 반응에 의해 발생한다.

## 1.5 과잉 식각

다결정 실리콘, 유전체, 금속 등을 포함하는 박막 식각 공정 동안에 웨이퍼 내에서의 식각률은 일정하지 않으며, 이에 따라 두께도 일정하지 않게 된다. 박막의 일부분이 이미 식각되었을 때, 다른 부분에서는 제거되어야 할 부분이 남아 있을 수도 있다. 잔여 박막을 제거하는 공정을 과잉 식각(over etch)이라고 하며, 일반적으로 과잉 식각 전의 식각 공정을 주 식각(main etch) 공정이라고 지칭한다. 과잉 식각 과정 동안 과도한 기판 물질의 손실을 방지하기 위해 식각될 막과 기판 물질 사이의 선택도는 충분히 높아야 한다. 주 식각 공정에서 다른 식각 조건을 사용함으로써 과잉 식각 공정 동안 식각된 막과 기판 사이의 식각 선택도를 현저하게 개선시킬 수 있다. 플라스마 식각 공정의 경우, 주 식각에서의 식각 성분이 기판 층을 식각하기 시작할 때 플라스마 내의 화학적 성분이 변하기 때문에, 광학적 종료점(endpoint) 검출기를 이용하여 자동적으로 과잉 식각을 멈추게 할 수 있다. 예를 들어, 다결정 실리콘 게이트 식각 공정 동안 주 식각 단계는 실리콘 산화막에 대한 선택도에 무관하다. 몇몇 부분에서 다결정 실리콘이 식각되어 제거되고 염소(Cl) 플라스마(chlorine plasma)가 실리콘 산화막을 식각하기 시작할 때, 산소($O_2$) 라인 방사 강도(oxygen line radiation intensity)가 증가한다. 이것은 주 식각 단계를 중지하고 과잉 식각 단계로 전환하도록 하는 전기적 신호로 해석된다.

그림 7.3은 주 식각 및 과잉 식각 공정을 나타낸 것이다. $\Delta d$는 두께 불균일성에 기인한 두께 변화량이다. $\Delta d'$은 최대 기판 두께 손실이다. 과잉 식각 동안, 기판 선택도에 대한 박막의 최소 요구 조건은 $S > \Delta d / \Delta d'$이다.

## 1.6 식각 잔여물

식각 공정이 끝난 후에 가끔 측면부나 또는 웨이퍼 표면에 원하지 않는 찌꺼기가 존재한다. 이러한 원하지 않는 찌꺼기를 잔여물(residue)이라고 한다. 잔여물은 그림 7.4에 나타낸 것처럼 복잡한 표면의 구조적 특징에 따른 박막의 불충분한 과잉 식각에

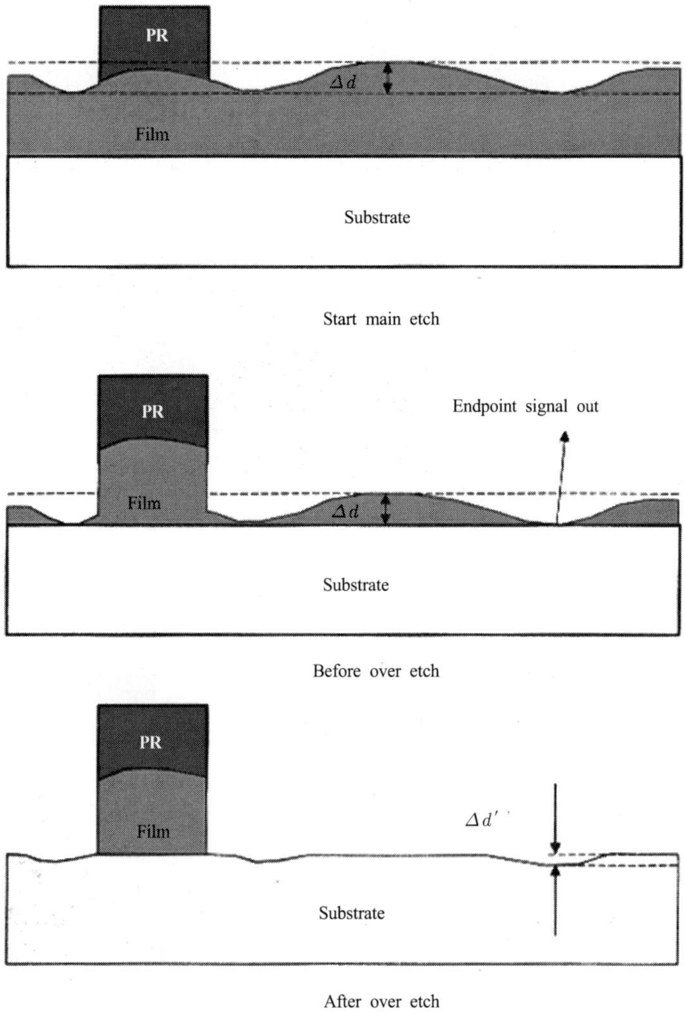


**그림 7.3** 주 식각과 과잉 식각

의해서 발생할 수 있고, 그림 7.5에 나타낸 것처럼 비휘발성 식각 부산물에 의해서도 발생할 수 있다.

충분한 과잉 식각은 대부분의 측면부 잔여물을 제거할 수 있다. 충분한 이온 충돌은 표면의 잔여물을 제거하는데 도움을 주며, 적당한 양의 화학적 식각은 금속 식각 공정 동안 발생하는 $CuCl_2$(copper chloride)와 같은 비휘발성 식각 부산물을 제거할 수 있다. 유기 잔여물은 $O_2$ 플라스마 에싱(ashing) 공정에 의해 제거될 수 있는데, 이것은 또한 감광제를 벗겨내는데도 사용된다. 습식 화학 세정 공정은 무기 잔류물을 제거하는데 도움을 준다.

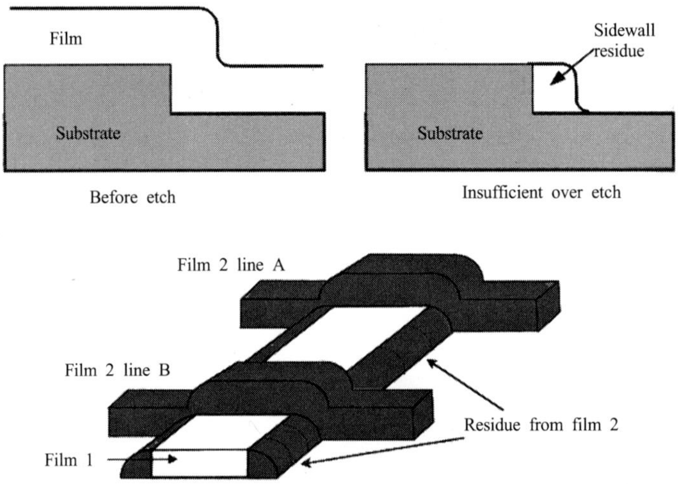


**그림 7.4** 불충분한 과잉 식각과 단차 형태에 의한 잔류물

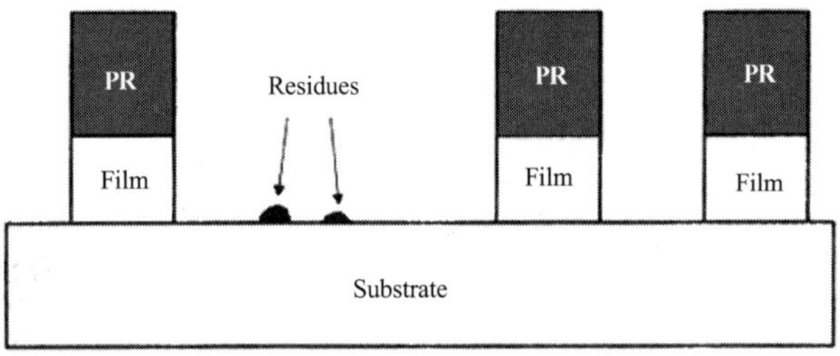


**그림 7.5** 비휘발성 식각 부산물에 의한 표면 잔류물

## 2. 습식 식각

습식 식각 공정은 선폭(feature size)이 3 $\mu$m 이상이었던 1980년 이전부터 반도체 공정에 광범위하게 사용되어 왔다. 습식 식각은 일반적으로 매우 우수한 선택도와 높은 식각률을 제공하며, 식각제의 온도와 조성을 제어할 수 있다. 예를 들어, HF는 실리콘 산화물을 매우 빠르게 식각하지만, 실리콘에 대해서는 식각이 잘 이루어지지 않는다. 따라서 HF를 사용하기 위해서는 실리콘 기판에 매우 높은 선택도를 가지는 실리콘 산화물을 성장시켜야 한다. 습식 식각은 건식 식각과 비교해 진공 및 가스운반 시스템

이 필요하지 않기 때문에 장치가 간단하고 비용이 적게 든다는 장점이 있다. 그러나 습식 식각은 등방성 식각 프로파일을 갖기 때문에 습식 식각 공정으로 3 μm 이하의 선폭에서 치밀한 패턴을 구성하는 것은 불가능하다. 따라서 1980년 이후로 플라스마 식각이 점진적으로 습식 식각을 대체하고 있지만, 화학적-기계 연마(CMP)와 전기-화학적 증착과 같은 발전된 집적회로 공정에서 다시 습식 식각 공정이 사용되고 있다.

그림 7.6에서 보듯이 습식 식각 공정은 세 가지의 중요한 단계로 나눌 수 있다. 즉, (1) 반응액이 반응표면에(예, 확산으로) 도달한다. (2) 경계면에서 화학반응이 일어난다. (3) 반응 후 생성물이 표면으로부터(예, 확산으로) 운반되어 제거된다.

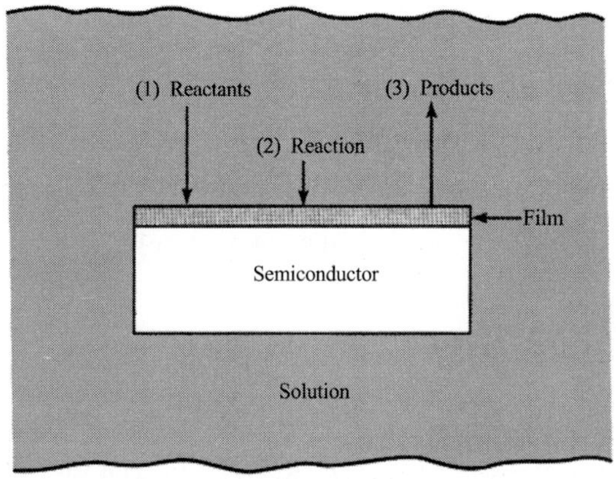


**그림 7.6** 습식 화학 식각의 기본반응

## 2.1 실리콘 산화막의 식각

HF는 일반적으로 실리콘 산화막의 습식 식각에 사용된다. 상온에서 HF 1 : 1($H_2O$에 HF 49%) 산화물 식각은 매우 빠르기 때문에 식각 공정을 제어하는 것은 매우 어렵다. 일반적으로 HF를 물에 더 희석시키거나, $NH_4F$ 같은 완충 용액을 이용하여 식각률을 감소시켜 식각률과 균일성을 제어한다. $H_2O$로 6 : 1로 희석한 HF 용액 또는 10 : 1과 100 : 1 HF 용액이 산화물 습식 식각에 사용된다.

산화물 습식 식각의 화학적 반응식은 다음과 같다.

$$SiO_2 + 6HF \longrightarrow H_2SiF_6 + 2H_2O \tag{6}$$

$H_2SiF_6$는 물에 녹기 때문에 HF 용액이 실리콘 산화막을 식각하여 제거할 수 있다.

그림 7.7에 나타낸 것처럼 HF 산화물 습식 식각과 플라스마 산화물 식각을 조합하

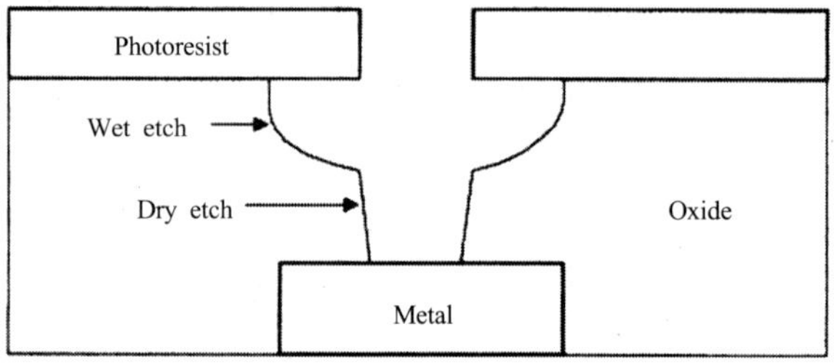


**그림 7.7 "와인잔" 접촉 홀**

여 와인잔(wineglass) 모양의 접촉 홀을 형성시킬 수 있다.

6:1 BOE(Buffered Oxide Etch)와 100 : 1 HF 식각은 대부분의 반도체 공정에서 흔히 사용되고 있다. HF는 부식성이 강해서 피부나 눈에 접촉하지 않도록 특별한 주의가 요구되며, 접촉 시 24시간 후에 통증이 나타나며 HF가 뼈에 침투하게 된다. HF는 뼈의 Ca과 반응하여 $CaF_2$를 형성하여 결국 중화된다. 이러한 경우에 Ca 용액을 주사하여 HF의 침식을 막고 뼈의 손실을 막을 수 있다.

## 2.2 실리콘 식각

단결정 실리콘 식각은 주변의 트랜지스터, 다결정의 게이트와 주변 상호접속부 사이의 전기적 고립(isolation)을 형성하는데 사용된다.

$HNO_3$와 HF를 혼합하여 단결정과 다결정 실리콘을 등방적으로 식각할 수 있다. 이것은 복잡한 화학 반응을 거친다. $HNO_3$는 실리콘을 산화시켜 표면에 실리콘 산화막을 형성하여 산화 과정의 블록(block)을 형성한다. HF는 실리콘 산화물과 반응하여 산화물을 용해시켜 실리콘 하부를 노출시킨다. 노출된 실리콘은 $HNO_3$에 의해 또 다시 산화되고, 산화물은 HF에 의해 다시 식각된다. 이 과정을 계속 반복하게 된다. 완전한 화학 반응식은 다음과 같이 표현된다.

$$Si + HNO_3 + 6HF \longrightarrow H_2SiF_6 + HNO_2 + 2H_2O \tag{7}$$

또한, 실리콘은 격자 구조상 (111) 면이 (100) 면보다 원자가 조밀하게 밀집되어 있어 (111) 면의 식각 속도가 더 느리기 때문에 이를 이용한 방향성 식각이 가능하다. KOH 및 $C_3H_8O$과 $H_2O$를 혼합하여 단결정 실리콘의 다양한 배향성에 대한 선택적인 식각을 할 수 있다. 23.4 wt%의 KOH, 13.3 wt%의 $C_3H_8O$, 63.3 wt%의 $H_2O$를 80~82℃에서 혼합하면 ⟨111⟩ 면에서 보다 ⟨100⟩ 면에서 100배 정도 높은 식각률을 얻을 수

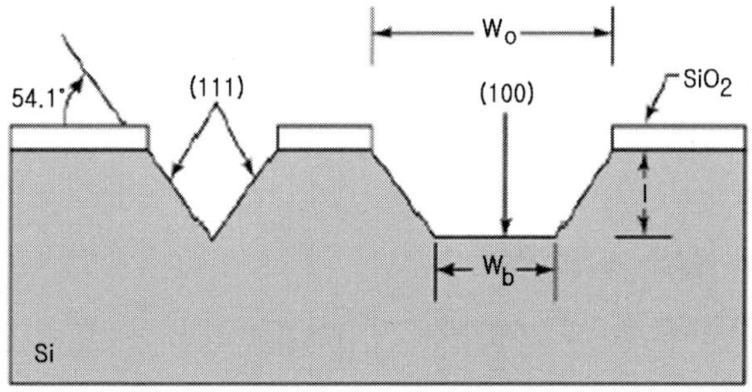


**그림 7.8** (100) 방향 실리콘의 방향성 식각

있다.

실리콘 산화막을 마스크로 사용하여 (100) 방향의 실리콘을 식각하면 그림 7.8의 좌측 부분에서와 같이 (100) 표면에서부터 모서리각이 54.7°인 (111) 면의 V형 홈을 형성시킬 수 있다. 마스크의 창이 충분히 크거나 식각 시간이 짧으면 그림 7.8의 우측에서와 같은 U자형 홈이 형성된다. U자형 홈의 밑면 길이 $W_b$와 마스크 창의 폭 $W_o$ 및 식각 깊이 $l$ 사이에는 다음과 같은 관계식이 성립된다.

$$W_b = W_o - 2l\cot 54.7 = W_o - \sqrt{2}\,l \tag{8}$$

그림 7.9는 이와 같은 방향성 식각으로 V 모양의 홈을 형성하여 고립 영역을 제작하는 예를 나타낸 것이다.

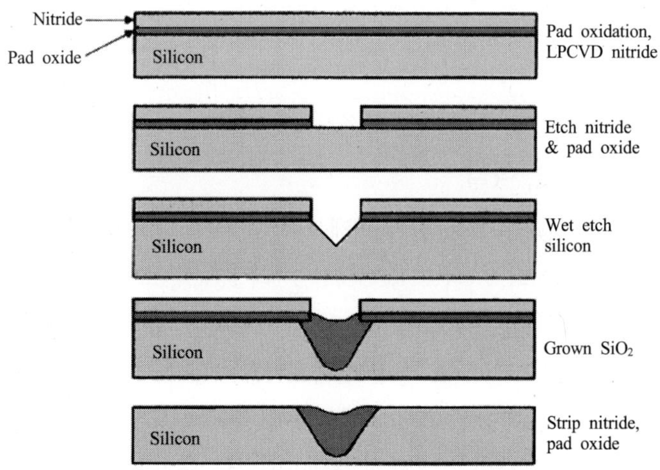


**그림 7.9** 고립 영역 형성 공정 단계

$HNO_3$는 농도 40% 이상에서 부식성이 매우 강하고 산화의 경향도 크다. 직접 접촉 시 피부나 눈에 손상을 입힐 수 있으며, 저 농도에 노출되었을 때도 목에 염증을 발생시킨다.

## 2.3 질화 실리콘의 식각

질화 실리콘은 고립 구조 형성과정에 광범위하게 사용되어 왔다. 그림 7.9는 1970년대 바이폴라 트랜지스터를 기반으로 하는 집적회로 칩 제작에서 단결정 실리콘과 질화 실리콘의 식각을 수반한 고립 구조 형성 과정을 나타내고 있다.

질화 실리콘의 식각에는 일반적으로 고온의 $H_3PO_4$가 사용된다. 180℃에서 91.5%의 농도를 갖는 $H_3PO_4$의 질화 실리콘 식각률은 100Å/min이다. 이러한 질화 실리콘의 식각 공정은 열적으로 성장한 실리콘 산화물( > 10 : 1)과 실리콘( > 33 : 1)에 대해 매우 좋은 선택도를 나타낸다. $H_3PO_4$의 농도를 94.5%, 온도를 200℃로 증가시키면 질화 실리콘의 식각률은 200Å/min으로 증가된다. 실리콘 산화막의 선택도는 5 : 1 정도로 떨어지며 실리콘의 선택도는 20 : 1 정도로 감소한다.

질화 실리콘의 식각 반응은 다음과 같이 표현된다.

$$Si_3N_4 + 4H_3PO_4 \longrightarrow Si_3(PO_4)_4 + 4NH_3 \tag{9}$$

$Si_3(PO_4)_4$와 $NH_3$는 물에 용해될 수 있다.

이 공정은 LOCOS 공정에서 산화막을 성장시킨 후, 또는 얕은 트렌치 고립 공정에서 열처리 후에 질화물을 스트립(strip)하여 고립 구조를 형성하는데 사용된다.

$H_3PO_4$는 냄새가 없으나 부식성이 있어 피부나 눈에 직접 접촉 시 심각한 화상을 입을 수 있다.

## 2.4 금속 식각

Al은 여러 종류의 산에 의해 식각될 수 있다. 보편적으로 사용되는 것 중의 하나가 80%의 $H_3PO_4$, 5%의 $CH_3COOH$, 5%의 $HNO_3$, 그리고 10%의 $H_2O$의 혼합물이다. 순수한 Al의 식각률은 45℃에서 3,000Å/min이다. Al의 식각 메커니즘은 실리콘 식각과 매우 유사하다. $HNO_3$은 Al을 산화시키고, $H_3PO_4$는 Al 산화물을 용해시킨다. 산화와 산화물의 용해 과정은 동시에 일어난다. 현재 반도체 공정에서는 Al 패턴 식각에 더 이상 습식 식각 공정을 사용하지 않고, 테스트 웨이퍼 위의 Al 박막을 스트립하는 경우만 습식 과정을 사용하고 있다.

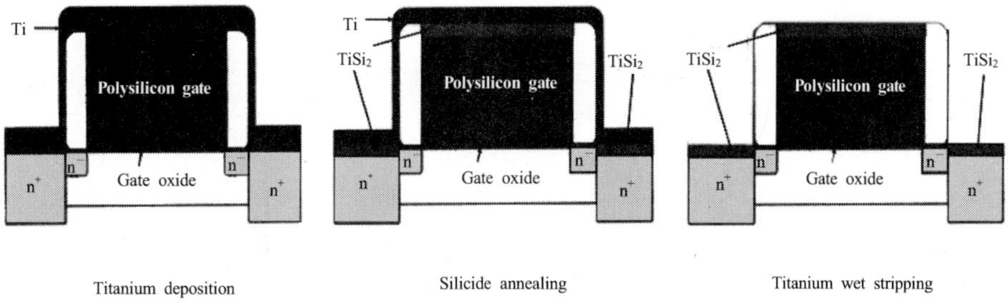


**그림 7.10** 자기 정렬 티타늄 실리사이드(살리사이드) 형성 과정

반도체 공정에서 가장 일반적으로 사용하는 습식 식각 공정은 그림 7.10에 나타내었듯이 $TiSi_2$(titanium silicide)를 형성한 후, Ti를 스트립하는데 이용하는 것이다. 일반적으로, 1 : 1로 혼합된 $H_2O_2$와 $H_2SO_4$가 사용되며, Ti를 선택적으로 식각하여 제거하며, 실리콘 산화물과 $TiSi_2$에는 손상을 입히지 않는다. 식각 메커니즘은 다른 금속 습식 식각 공정과 유사하다. $H_2O_2$는 Ti를 산화시켜 $TiO_2$를 형성하며, 동시에 $H_2SO_4$는 $TiO_2$와 반응하여 $TiSO_4$를 형성한다.

$CH_3COOH$(4~10% 용액을 $H_2O$에 첨가한)은 부식력이 있는 가연성 용액이다. $CH_3COOH$에 직접 접촉되면 화학적 화상을 입을 수 있다. $H_2O_2$는 산화제로, 접촉 시 피부에 염증을 유발시킨다. $H_2SO_4$는 부식성이 있어서 피부에 직접 접촉 시 화상을 입을 수 있으며, 묽은 용액이 접촉되더라도 피부 발진을 일으킬 수 있다.

## 2.5 리프트-오프(Lift-off)

리프트-오프(lift-off) 공정은 MESFET 등과 같은 디바이스 제작에 주로 사용되어 왔다. 그림 7.11에 리프트-오프 공정을 간략하게 나타내었다. 우선 첫 번째 단계로 기판 위에 감광막을 도포하고 리소그래피 공정을 통하여 패턴닝을 한다(그림 7.11(a)와 (b) 참조). 그 다음 감광막과 기판에 남겨진 감광막보다 두께가 얇은 금속 박막을 증착한다(그림 7.11(c). 마지막으로 적당한 용해제로 감광막을 녹이면 감광막 위의 금속층도 동시에 제거되어 기판에 직접 접촉한 금속층만 남게 된다(그림 7.11(d)). 리프트-오프 공정은 증착된 금속의 단차피복(step coverage) 특성이 좋지 못하므로 표면 형상이 매우 평탄해야만 하고 떨어져나간 금속이 기판에 재 증착될 수도 있는 단점이 있다.

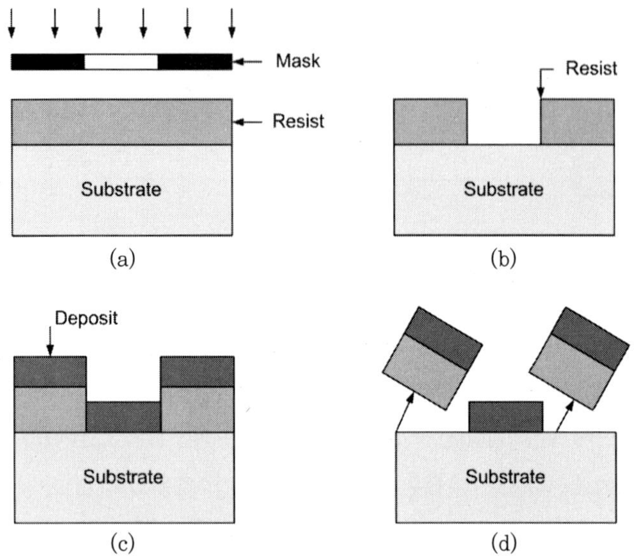


**그림 7.11** 패턴 형성을 위한 리프트-오프 공정

## 3. 건식 식각

건식 식각 공정은 식각할 재료와 가스 상태의 식각제(etchants)의 반응을 이용하며, 휘발성의 부산물을 만들어 기판 표면으로부터 제거하는 것이다. 건식 식각 공정에 대한 개략도를 그림 7.12에 나타내었다.

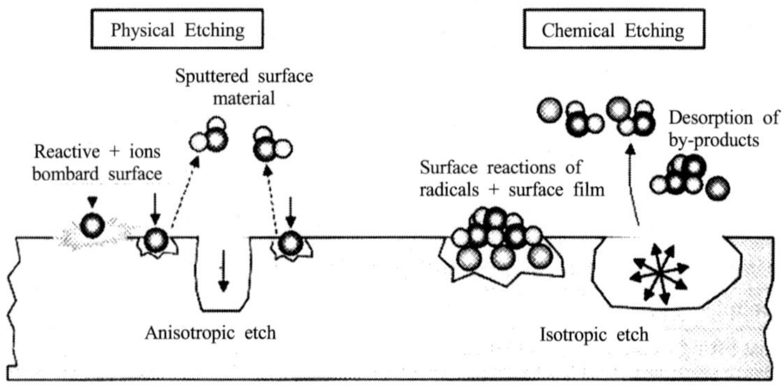


**그림 7.12** 화학적·물리적 건식 식각의 메커니즘

그림 7.12에서 보듯이 건식 식각 공정에서는 플라스마로부터 자유로운 기(radical)가 생성되어 웨이퍼 표면과의 화학적 반응으로 화학 반응률을 증가시켜 화학적 식각을 촉진시킨다. 더불어, 플라스마는 웨이퍼 표면에 이온 충돌을 일으킨다. 이온 충격에 의해 표면으로부터 물질이 물리적으로 제거되고, 표면과 원자 사이의 화학적 결합이 깨져 화학반응이 가속되어 식각이 일어나게 된다. 이것이 대부분의 건식 식각 공정인 플라스마 식각 공정의 원리이다.

1980년 이후, 선폭이 3 $\mu$m 이하가 되었을 때 모든 패턴 식각 공정에서 점차적으로 습식 식각이 플라스마 식각으로 대체되었다. 이는 선폭 감소에 따른 작은 형상에서 습식 식각의 등방성 식각 프로파일이 더 이상 공정의 요구와 부합되지 않았기 때문이다. 플라스마 식각은 비등방성 식각 공정으로 플라스마의 거동에 의한 이온 충격에 의해 일어난다. 따라서 습식 식각 공정보다 작은 식각 바이어스와 임계크기 손실을 가진다. 표 7.1은 습식과 건식 식각 공정을 비교한 것이다.

**표 7.1 습식 식각/건식 식각**

| | Wet Etch | Dry Etch |
|---|---|---|
| Etch Bias | Unacceptable 〈 3 $\mu$m | Minimum |
| Etch Profile | Isotropic | Anisotropic to isotropic, controllable |
| Etch rate | High | Acceptable, controllable |
| Selectivity | High | Acceptable, controllable |
| Equipment cost | Low | High |
| Throughput | High(batch) | Acceptable, controllable |
| Chemical usage | High | Low |

## 3.1 식각 메커니즘

플라스마 식각 공정에서 첫 번째 단계는 식각제를 진공 챔버로 유입시키는 것이다. 압력을 안정화시킨 후에 RF 전력원이 글로우 방전 플라스마를 형성시키기 위해 사용된다. 식각제 분자의 일부가 플라스마에서 전자와의 충돌로 분리되면서, 자유로운 기를 발생시킨다. 이 기들은 경계층(boundary layer)을 가로질러 확산되어 웨이퍼 표면에 도달하여 표면에 흡착된다. 이온 충격의 도움을 받는 이 기들은 표면 원자들 또는 분자들과 빠르게 반응하고 가스형태의 부산물을 형성시킨다. 휘발성 부산물은 표면에서 탈착된 후에 경계층으로 확산되어 대류 흐름을 형성한다. 그 후, 진공장치에 의해 챔버 밖으로 배출된다. 그림 7.13은 이러한 플라스마 식각 공정 과정을 연속적으로 나타낸 것이다.

플라스마 식각은 플라스마에 의해 분리된 이온 충격에 의한 비등방성 식각 프로파일을 형성시킬 수 있다. 이온 충격은 주로 표면에 수직 방향이기 때문에 직접적인 식각 비율은 수평방향보다 훨씬 높다. 따라서 비등방성 식각 프로파일을 형성할 수 있다.

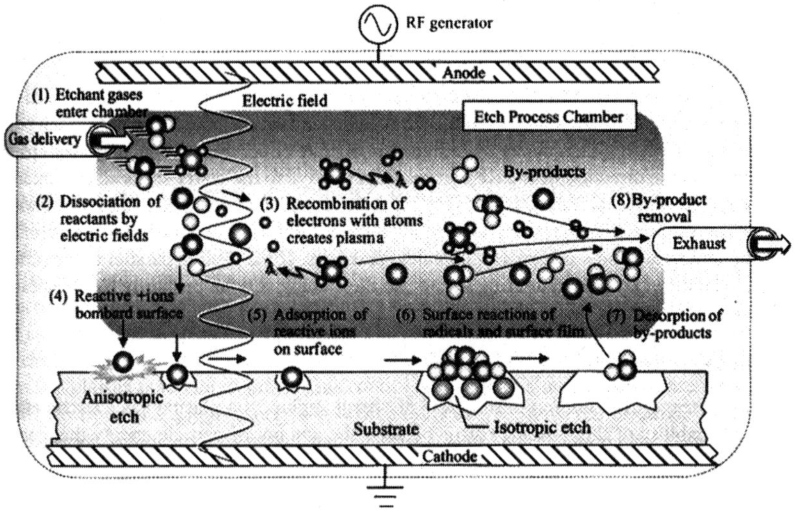


그림 7.13 실리콘 웨이퍼의 플라스마 식각 공정

## 3.2 식각 방법

### 3.2.1 이온 식각

이온 식각은 물리적 식각 방법으로서 상당량의 에너지를 가진 이온, 중성원자, 혹은 중성분자들을 식각 표면에 충돌시킴으로써 이들 입자들의 운동량이 전달되고, 이로 인하여 전달된 에너지가 식각될 물질의 결합 에너지보다 크게 되어 결합이 끊어진다. 이때 여분의 에너지에 상응하는 운동량을 가진 물질이 식각될 물질의 표면으로부터 이탈되어 식각 공정이 이루어지게 된다. 이온 식각은 일반적으로 이온빔 식각과 RF 스퍼터 식각의 두 종류로 구별된다.

이온빔 식각은 그림 7.14(a)에서 보듯이 이온빔이 식각되는 물질과 분리된 플라스마 소스 내에서 생성되는데 반하여 RF 스퍼터 식각은 그림 7.14(b)에 나타낸 것처럼 평행판 RF 방전 음극에 식각될 물질이 놓여 있는 구조이다.

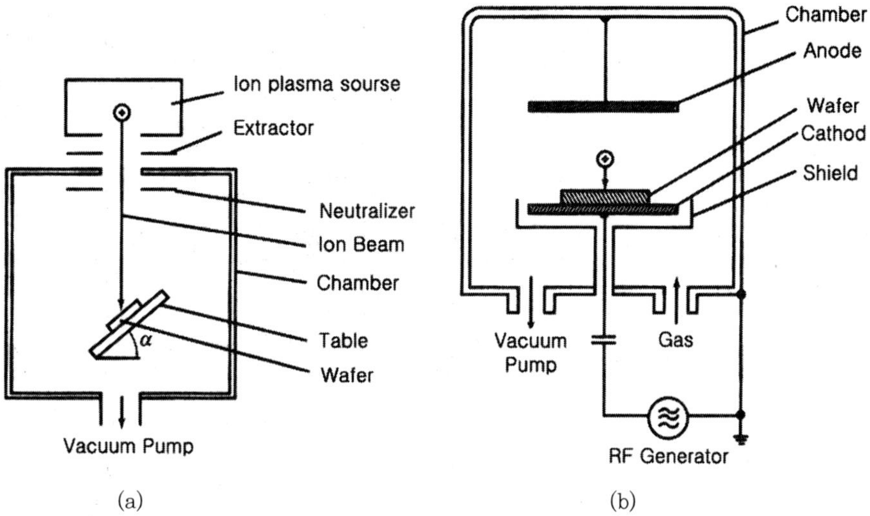


**그림 7.14** 이온 식각 장치: (a) 이온빔 식각 장치 (b) RF 스퍼터 식각 장치

1) 이온빔 식각

이온빔 식각 장치는 그림 7.14(a)와 같이 플라스마 소스, 추출자(extractor), 중화장치 및 웨이퍼 장착 테이블 등으로 구성된다. 이온 발생 플라스마 소스는 $10^{-4}$ torr 이상의 압력에서 동작하며, 이곳으로부터 추출자에 의하여 추출된 이온이 가속되어 중화장치를 통과하면서 전하는 중성을 띠게 되고 웨이퍼 쪽을 향하여 이동하게 된다.

전형적인 추출자 전압은 500~2,000 V 사이이며 전류 밀도는 2 mA/cm$^2$ 정도이다. 중화장치는 웨이퍼가 전기적으로 중성을 유지할 수 있게 하기 위하여 전자를 방출시키는 가열 필라멘트로 되어있다. 반응 장치는 $10^{-5}$ torr 이하에서 동작된다.

이온 식각에 있어서 가장 중요한 성질은 입사 이온이나 분자수에 대한 스퍼터된 원자들의 수를 나타내는 스퍼터링 효율($\eta_s$)이다. 스퍼터링 효율은 낮은 이온 에너지 영역에서는 이온 에너지 및 핵 저지력에 비례하여 증가하게 된다. 핵 저지력은 이온 질량이 클수록 증가하므로, 스퍼터링 효율은 질량이 낮은 $He^+$보다는 큰 질량의 $Ar^+$이나 $Kr^+$ 들을 사용할 경우 더욱 큰 값을 나타낸다. 스퍼터링 효율은 그림 7.15와 같이 입사되는 각도에 따라 다른 값을 가진다.

대부분의 물질들은 입사각이 증가함에 따라 처음에는 스퍼터링 효율이 증가하다가 40°~ 60° 영역에서 최대가 된 후 다시 감소한다.

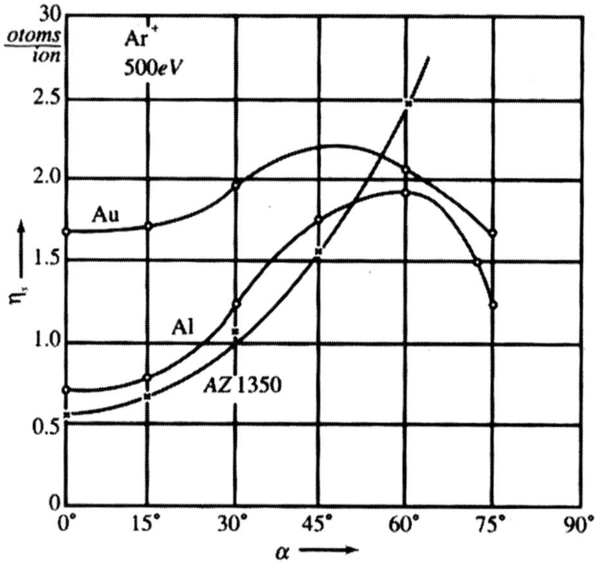


**그림 7.15** Au, Al, 감광제의 이온 입사각 $\alpha$에 따른 스퍼터링 효율 $\eta_s(E=500\text{ eV})$

2) RF 스퍼터 식각

RF 스퍼터링은 일반적으로 박막 식각에 사용된다. DC 스퍼터링은 단지 도체만을 스퍼터 시킬 수 있으나, RF 스퍼터링은 유전체를 포함한 모든 종류의 고체물질을 스퍼터 시킬 수 있는 장점이 있다.

이 시스템은 그림 7.14(b)와 같이 진공실, 냉각된 음극판 및 음극판에 평행한 양극판으로 구성되어 있으며, 식각될 기판은 음극판 위에 놓이게 된다. RF 전계에서 진동하는 전자들이 충분히 큰 에너지를 얻어 가스 원자들과 충돌하여 이들을 이온화시켜 플라스마가 생성된다. 식각될 기판이 놓여 있는 음극판의 면적에 비하여 양극의 면적이 클수록 기판 쪽을 향한 플라스마와 기판 사이의 전압이 증가하여 실질적인 스퍼터링 효율이 증가된다. 이와 같이 RF를 사용한 스퍼터링 자체만의 물리적인 방법에 의한 식각을 RF 스퍼터 식각이라고 한다. 사용되는 주파수는 5~50 MHz 영역에서 가변 할 수 있으나, 대부분 13.56 MHz로 고정되어 있다. 반도체 공정에서 RF 스퍼터 식각은 감광막이 두껍고 식각해야 할 박막이 매우 얇을 때 사용된다. 진공실 벽면에 스퍼터되는 물질의 부착, 마스크 물질과 식각되어질 물질과 비슷한 식각률에 기인한 낮은 선택도, 낮은 식각률, 격자손상 및 감광막 제거의 난점 등이 단점으로 지적되고 있으나 언더컷이 일어나지 않는다는 장점이 있다.

### 3.2.2 반응식각

1) 이온보조 반응

그림 7.16은 이온 보조 식각에 대한 개략도와 실험 결과를 나타낸 것이다. 제일 먼저, 정지 밸브(shutoff valve)를 열어 $XeF_2$ 가스를 챔버 내로 유입시킨다. Xe(xenon)가스는 불활성 가스이므로 다른 원자들과 쉽게 결합하지 않기 때문에 $XeF_2$ 가스는 매우 불안정한 결합을 이루고 있는 가스이다. 이것은 건식 화학 식각 공정을 위한 자유로운 F 캐리어(fluorine carrier)로 사용된다. $XeF_2$가 가열된 단결정 실리콘 시료에 충돌할 때, 두 개의 자유로운 불소 기(fluorine radical)가 분리되어 떨어져 나온다. 이 자유롭게 된 F기는 단지 하나의 쌍이 없는 전자를 가지는데, 이것은 다른 원자들로부터 전자를 얻기가 매우 쉽기 때문에 화학적으로 활성화된 상태가 된다. F는 실리콘의 표면과 반응하여 휘발성 실리콘 $SiF_4$를 형성한다. 이것이 실리콘을 건식 화학 식각하는 과정이다. 그림 7.16의 측정 결과를 통하여 식각률이 순수한 화학적 식각 공정에 대해 매우 느림을 볼 수 있다.

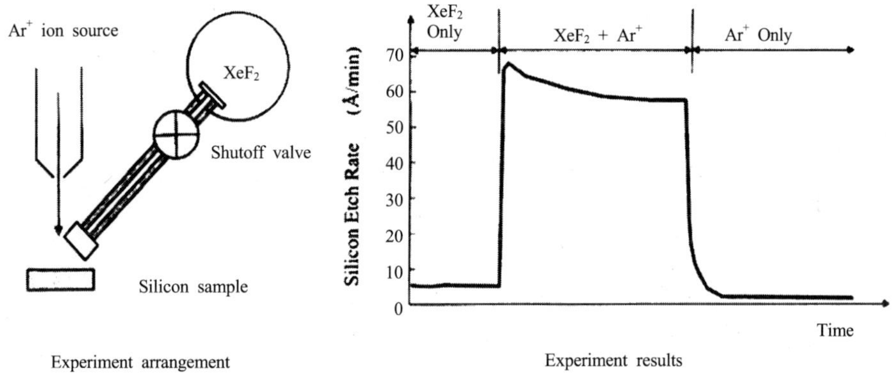


**그림 7.16** 이온 보조 식각 실험

이때 Ar 이온 건이 작동하고, 실리콘 식각률은 물리적 이온빔 충돌과 자유 F기(radical) 화학 식각의 조합에 의해 급격히 증가한다. 정지 밸브가 닫히고 $XeF_2$ 가스 흐름이 종료된 후에 실리콘은 Ar 이온빔 스퍼터링에 의해서만 식각된다. 이것은 $XeF_2$ 가스 흐름에 의한 순수 화학 식각보다 더 낮은 식각률을 가지는 순수 물리적 식각 공정이다.

그림 7.16에서 보듯이 $XeF_2$ 가스 흐름과 Ar 이온 충돌의 조합이 가장 높은 식각률을 가짐을 알 수 있다. 그 이유는 Ar 이온 충돌이 표면에서 실리콘 원자의 화학적 결합

을 끊기 때문에 표면의 실리콘 원자들은 결합이 없는 내부의 실리콘 원자들에 비해 자유 F기와 훨씬 쉽게 결합하여 $SiF_4$를 형성한다. 이온 충돌이 주로 수직으로 발생하여 수직 식각률이 수평방향보다 훨씬 크기 때문에 반응성 이온 식각(reactive ion etch)은 비등방성 식각 프로파일을 나타낸다. 반응성 이온 식각 공정의 경우 플라스마 내 이온이 실리콘 표면에 충돌하여 식각이 이루어지나 순수한 스퍼터링 작용은 식각 속도에 크게 기여하지 않는다. 식각 속도는 본질적으로 이온 보조 화학 작용에 의하여 증가된다. 그림 7.17은 1 keV $Ne^+$ 충돌이 있는 경우와 없는 경우에 대하여 실리콘의 식각 속도를 $XeF_2$ 가스의 흐름속도를 함수로 하여 나타낸 것이다.

그림 7.17에서 보듯이 마스크 창을 통하여 이온 충돌로 실리콘이 식각되는 상황을 나타낸 것이다. 가로방향의 식각 속도는 에너지를 가지는 이온 충돌이 없는 경우 $XeF_2$ 가스가 실리콘을 식각하는 능력에만 의존하는데, 세로방향 식각 속도는 $Ne^+$ 충돌과 $XeF_2$ 가스 양쪽에 의한 합성효과로 나타난다. 따라서 가로방향의 식각 속도에 비해 세로방향의 식각 속도가 더 빠르게 된다.

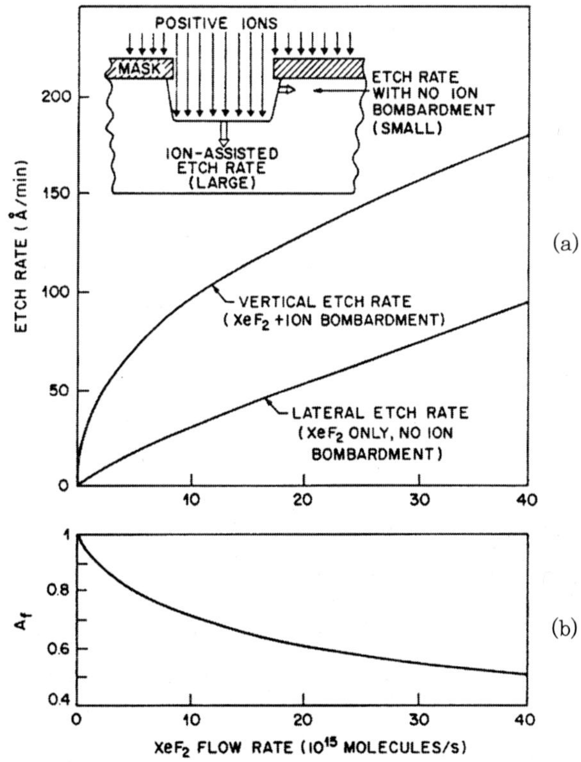


**그림 7.17** 1 keV $Ne^+$ 충돌의 유무에 따른 $XeF_2$ 분자의 흐름속도에 대한 실리콘 식각률

### 2) 가스첨가 효과

식각 공정에서 또 다른 중요한 요소는 가스의 성분이다. 하나 또는 여러 가지의 가스를 첨가하여 혼합하였을 때, 식각 속도나 선택도 또는 양쪽 모두를 원하는 방향으로 조정할 수 있다. 실리콘이나 실리콘 산화막의 건식 식각을 포함한 반도체 제조 공정에 광범위하게 사용되는 $CF_4$(carbon tetrafluoride) 가스에 다른 가스를 첨가한 경우를 고려해 보면 다음과 같다. $CF_4$ 플라스마는 식 (10)과 같은 해리 이온화 과정을 통하여 다음과 같은 반응이 일어난다.

$$e^- + CF_4 \longrightarrow CF_3^+ + F + 2e^- \tag{10}$$

플라스마 내에는 충분히 많은 양으로 공급된 $CF_4$ 분자와 생성된 이온 및 전자 외에 많은 양의 기(radical)가 발생한다. 기는 원자나 원자들의 결합으로서 전기적으로 중성을 나타내지만 불완전한 화학적 결합을 하고 있는 상태이기 때문에 다른 물질과 매우 잘 반응하는 성질을 갖고 있다.

식 (10)의 $CF_3^+$는 전자를 흡수하여 $CF_3$의 기로 변화된다. 이때, 기의 생성속도는 빠르고 수명은 이온보다 길어 $CF_3^+$ 이온에 비하여 $CF_3$나 F기의 농도가 훨씬 더 높게 된다. $CF_4$ 플라스마에서는 다음 식과 같은 화학 반응이 일어난다.

$$e^- + CF_4 \longrightarrow CF_3 + F + e^- \tag{11}$$

따라서 $CF_3$ 및 F의 기가 대부분을 차지하고 아직 기로 변화되지 않은 일부분의 $CF_3^+$ 이온이나 전자가 포함된다.

실리콘이나 실리콘 산화막 식각 시에는 F가 가장 활동적인 식각 물질로 작용하며 이때 화학 반응식은 다음과 같다.

$$Si + 4F \longrightarrow SiF_4 \tag{12}$$

$$SiO_2 + 4F \longrightarrow SiF_4 + O_2 \tag{13}$$

$CF_4$는 플라스마에서 $CF_x$ ($x \leq 3$)와 F로 분리되나, 식 (10)과 같이 분리된 물질이 다시 결합하여 $CF_4$로 되는 역반응도 일어난다. 따라서 F의 농도는 $CF_x$와 F의 재결합률에 따라 직접적으로 영향을 받는다.

$CF_4$ 가스에 수소($H_2$)를 첨가할 경우, 실리콘과 실리콘 산화막의 식각 속도와 선택도에 미치는 영향을 그림 7.18에 나타내었다.

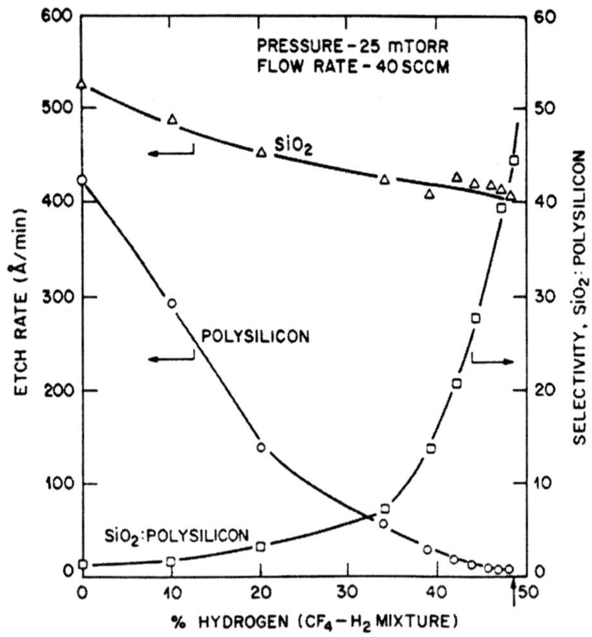


**그림 7.18** $CF_4$ 내의 $H_2$ 농도에 대한 실리콘과 실리콘 산화막의 식각 속도 및 선택도

그림 7.18에서 보듯이 $H_2$를 첨가하면 식각률이 감소하게 된다.

이는 다음 식에 나타낸 것처럼 $H_2$와 F가 결합하여 직접적인 식각 작용을 하는 F가 감소하기 때문이다.

$$H_2 + 2F \longrightarrow 2HF \tag{14}$$

실리콘 산화막의 식각 속도는 $H_2$ 첨가가 40%에 이를 때까지 약간 감소한 반면, 실리콘의 식각 속도는 지속적으로 감소하여 $H_2$가 40%일 때 거의 0이 된다. 이는 생성된 HF가 실리콘 산화막에서는 식각 물질로 작용하지만, 실리콘에서는 아무런 식각 반응을 일으키지 않으므로 F의 감소로 인한 식각률이 실리콘 산화막에서는 다소 보상되어 수소(H) 증가에 따른 식각률의 감소정도가 둔화되기 때문이다.

또한, 실리콘 산화막과 실리콘의 선택도가 45 : 1 이상으로 나타나 있다. 이는 다결정 실리콘 게이트에 실리콘 산화막이 덮혀 있는 경우 실리콘 산화막의 선택적인 식각에 유용하게 이용할 수 있다.

$CF_4$ 가스에 $O_2$를 첨가하면 $H_2$가 첨가되었을 경우와는 다른 현상이 발생한다. $CF_4$ 플라스마에 약간의 $O_2$를 첨가하면 $COF_2$, CO, $CO_2$ 등이 생성되고, 이들의 생성이 $CF_x$의 농도를 감소시켜 $CF_x$와 F의 재결합률이 저하되며, F의 농도를 증가시키는 결과를

가져온다. 식각률은 $O_2$가 $CF_4$를 크게 회석시키지 않는 범위 내에서 F 농도의 증가에 따라 증가한다.

그림 7.19는 이와 같은 $O_2$ 농도에 따른 식각률의 변화를 나타낸 것이다.

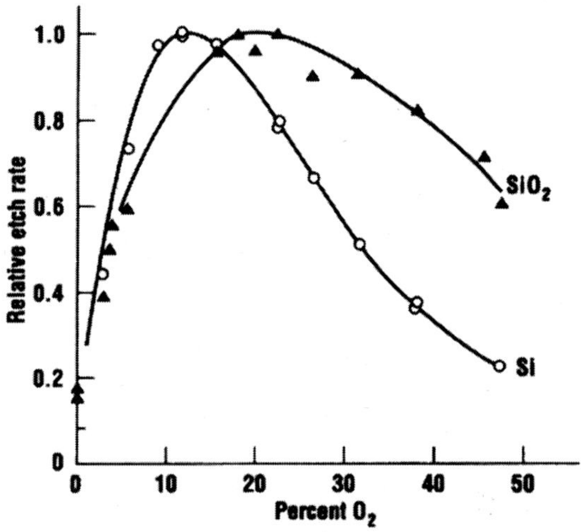


**그림 7.19** $CF_4/O_2$ 플라스마 식각률

식각률은 $O_2$가 12% 정도 첨가될 때 최대로 나타나며, 첨가량이 그 이상 증가하면 감소한다. $O_2$를 식각률이 최대치가 되는 이상으로 더 많이 공급하면 실리콘 표면 위에 $O_2$가 흡착되어 실리콘과 F 사이의 반응을 오히려 방해하기 때문에 식각률의 감소가 일어나게 된다. 실리콘 산화막의 경우는 식각률의 최대치가 20% 정도의 $O_2$를 첨가할 때 일어난다. 실리콘 산화막 표면의 $O_2$ 부착력이 실리콘의 경우보다 낮기 때문에 식각률 감소가 시작되는 $O_2$ 양이 증가된다.

## 3.3 식각 장치

### 3.3.1 원통형 배럴 시스템

플라스마 공정은 $O_2$ 플라스마에서 감광제 같이 C를 포함하는 재료를 식각하는데 처음 응용되었다. 이 공정은 플라스마 스트립(plasma strip ) 또는 플라스마 에싱(plasma ashing)으로 알려져 있다. 이 경우, 플라스마에서 전자 충돌에 의해 발생된 O 원자의 기는 C를 포함하는 재료 내의 C와 $H_2$와 반응하여 휘발성 CO 및 $CO_2$와 $H_2O$를 형성하여 표면으로부터 탄소성 재료를 제거한다. 그림 7.20에 나타낸 식각 터널을 갖는 원통형 배럴 시스템은 이러한 적용을 위해 사용된다.

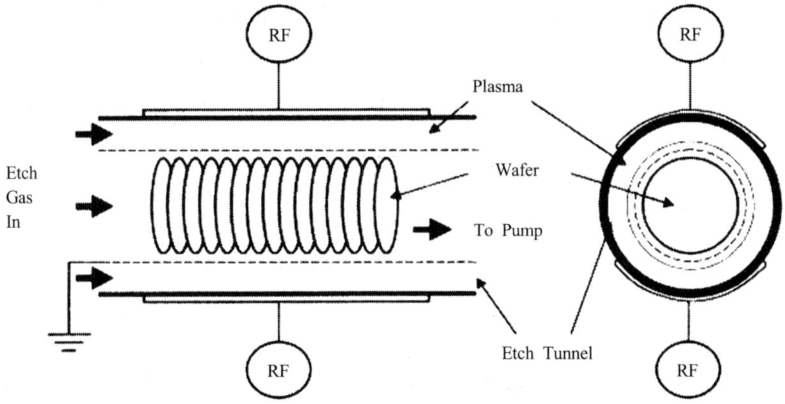


**그림 7.20** 원통형 배럴(barrel) 식각 시스템

이러한 개념은 1960년대 후반에 실리콘 식각과 가스형태의 식각 부산물인 $SiF_4$와 식각제로서 $CF_4$ 같은 F를 포함한 가스를 갖는 자체 화합물로 범위가 넓어졌다.

### 3.3.2 하류 식각 시스템

건식 식각 시스템의 또 다른 종류는 원격 챔버에서 플라스마를 발생시키는 원격 챔버 시스템 또는 하류(down-stream) 식각 시스템이다. 식각제 가스들은 플라스마 챔버를 통해 흘러들어가서 플라스마에서 해리되어 기들을 형성한다. 형성된 기들은 웨이퍼 위의 재료와 반응하여 식각이 이루어진다. 그림 7.21은 하류 식각 공정 시스템을 나타낸 것이다.

원통형과 하류 식각 시스템은 등방성 식각 시스템으로 고안되었다.

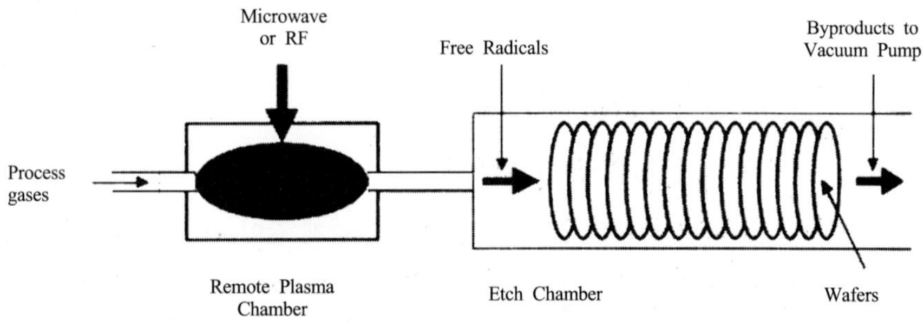


**그림 7.21** 하류 플라스마 식각 시스템

### 3.3.3 평행판 플라스마 식각 시스템

방향성 있는 식각을 얻기 위해, 다양한 시스템들이 개발되었다. 평행판 플라스마 식각 시스템은 이러한 접근법 중 하나이다. 이것은 약 0.1에서 10 torr에서 동작하고, 그림 7.22에서 보듯이 웨이퍼는 접지 전극에 장착된다. RF 전극과 접지 전극이 비슷한 크기를 갖고 있기 때문에 자기 바이어스(self-bias)가 거의 없다. 두 전극 모두 RF 플라스마의 DC 바이어스에 의해 거의 같은 양의 이온 충격을 받는다.

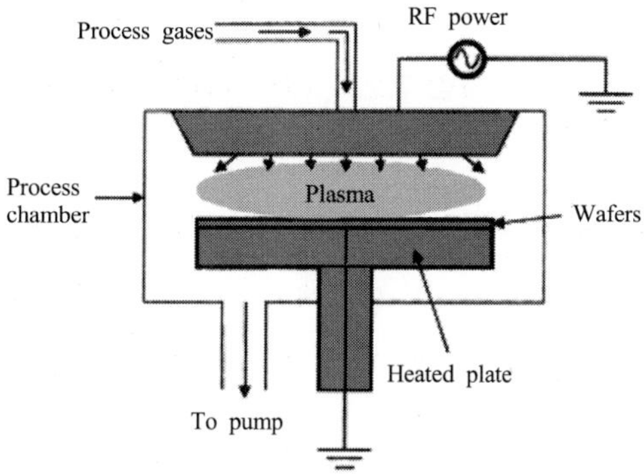


**그림 7.22** 평행판 플라스마 식각 시스템

이온 충격 증가에 의해 식각률이 증가될 수 있고, 더 중요한 방향성 식각이 개선될 수 있다. 이온 충격을 증가시키기 위해 RF 전력 증가와 압력 감소가 필요하다. 동일한 면적의 전극을 갖는 평행판 플라스마 식각 시스템의 경우, RF 전력은 이온 충격을 증가시키고 웨이퍼 표면과 챔버 뚜껑에 연결된 전극 모두의 식각률을 증가시킬 것이다. 이는 챔버 내 부품들의 수명을 단축시키고 입자 오염을 증가시키기 때문에 매우 바람직하지 못하다.

### 3.3.4 반응성 이온 식각 시스템

작은 웨이퍼를 식각하는 시스템은 접지된 챔버 벽이 낮은 에너지를 갖는 이온 충격을 받는 동안 웨이퍼가 고 에너지 이온 충격을 얻도록 할 수 있다. 웨이퍼에 충격을 가하는 이온 에너지는 플라스마 DC 바이어스와 자기 바이어스의 합이다. 챔버 벽에 충격을 가하는 에너지는 DC 바이어스이며, 웨이퍼 옆 전극의 면적이 챔버 벽의 면적의 1/2보다 작을 때 자기 바이어스보다 훨씬 작다. 이러한 종류의 장비를 반응성 이온 식각(reactive ion etch) 시스템이라 하며 그림 7.23에 나타내었다. 이것은 1980년대부터 가장 많이 쓰이는 식각 시스템이다.

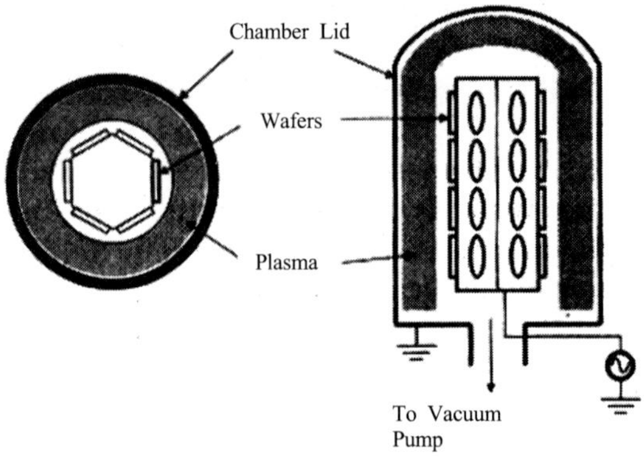


그림 7.23 배치(batch) 반응성 이온 식각 시스템

### 3.3.5 자기 강화 반응성 이온 식각 시스템

소자 크기가 축소되기 위해서는 식각 균일성이 높아야 한다. 그림 7.24는 자기적인 효과를 도입한 자기 강화 반응성 이온 식각(magnetically enhanced RIE) 시스템이다.

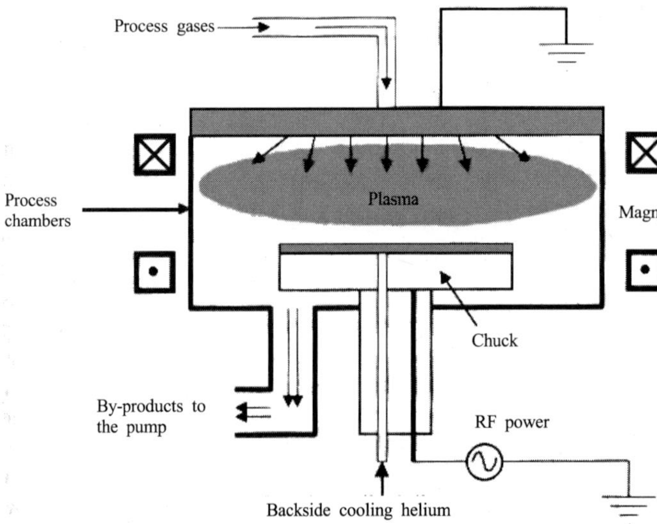


그림 7.24 단일 웨이퍼 MERIE 시스템

공정 압력의 감소는 평균 자유 경로를 증가시킨다. 그러므로 이온은 충격을 위한 더 높은 에너지와 충돌로부터 더 낮은 산란을 나타낸다. 두 가지 결과 모두 비등방적 패턴 식각을 하는데 유용하다. 그러나 낮은 압력에서 전자의 평균 자유 경로는 플라스마를

발생시키고 유지하는데 필요한 이온화 충돌을 하기에는 너무 길 수 있다. 자기장은 주로 전자가 나선형의 움직임을 갖도록 한다. 이는 전자의 이온화 충돌 발생 확률을 높게 한다. 자기장 증가는 특히 저온에서 플라스마 밀도를 증가시킨다. 그러나 이것은 웨이퍼 표면 부근에서 전자 밀도를 증가시켜서 플라스마 덮개(sheath) 전위 또는 DC 바이어스와 이온 충격 에너지를 감소시킨다. 자기장이 없다면, 플라스마가 시작되는 것과 동시에 전자의 빠른 움직임에 의해 웨이퍼가 음전하로 충전되기 때문에 덮개 영역의 전자들은 벌크 플라스마로 억제될 수 있다. 그림 7.25에서 보듯이 자기장이 있으면 전자들의 나선형 운동에 의해 전자 밀도가 증가되고 DC 바이어스는 감소된다.

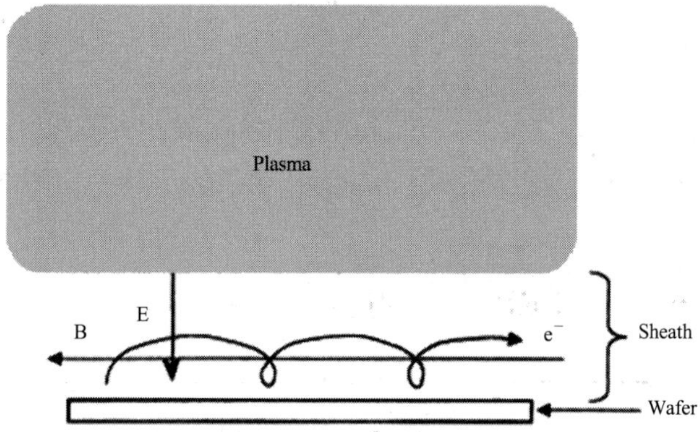


**그림 7.25** 덮개 층(sheath layer)에서 전자의 나선형 운동

웨이퍼가 적당히 냉각되어 있지 않다면 다량의 이온 충격은 많은 양의 열을 발생시키고 웨이퍼 온도를 증가시킬 것이다. 패턴 식각을 위해서 웨이퍼는 패턴 마스크로서 얇은 감광제 층이 코팅되는데, 웨이퍼의 온도가 150℃ 이상이면 연소될 수도 있다. 또한, 화학 식각 비율은 웨이퍼 온도에 민감하다. 그러므로 냉각 시스템이 감광막을 보호하고 웨이퍼 온도와 식각률을 조절하는데 필요하다. 식각 공정이 낮은 압력을 필요로 하고 낮은 압력은 열전달에 좋지 않기 때문에 웨이퍼의 뒷면에서 일정 압력의 헬륨(He)이 웨이퍼로부터 냉각된 웨이퍼 받침대로 열을 전도시키는데 사용된다. 웨이퍼 뒷면의 압력이 더 높기 때문에 받침대로부터 웨이퍼가 떨어져 나가는 것을 방지하기 위해, 웨이퍼를 받침대에 기계적으로 고정시키는 클램프 링(clamp ring) 또는 정전기적 힘으로 웨이퍼를 고정시키는 정전기-척(electrostatic chuck)이 필요하다. 그림 7.26은 클램프 링과 정전기-척을 나타낸 것이다.

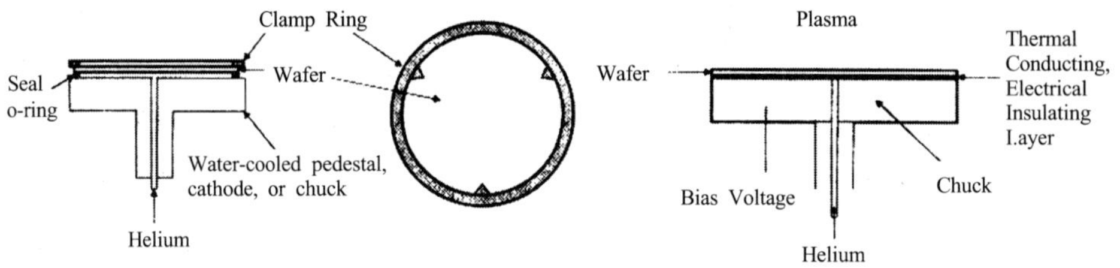


**그림 7.26** 클램프 링과 정전기 척

정전기-척은 웨이퍼 가장자리에 나타나는 클램프 링의 그림자(shadowing) 효과가 없어서 더 좋은 식각 균일성을 나타내고, 클램프 링과 결합된 센터 보잉(center bowing) 효과가 없기 때문에 더 좋은 온도 균일성을 나타낸다. 또, 클램프 링과 같은 기계적 접촉이 없기 때문에 식각 공정의 입자 오염을 줄일 수 있다. 매우 높은 열전도도를 갖는 헬륨은 주로 웨이퍼에서 냉각된 웨이퍼 받침대로 열을 전달시키는 전달 경로를 제공하는데 사용된다.

### 3.3.6 유도 결합 플라스마

최소 선폭이 계속적으로 줄어듦에 따라 패턴 식각 공정은 더욱 정밀한 임계크기 조절과 더 좋은 식각 프로파일을 위해 이온 산란이 줄어드는 매우 낮은 압력에서의 동작이 요구된다. 유도 결합 플라스마(inductively coupled plasma) 소스의 메커니즘은 변압기(transformer)와 유사하여, 트랜스 결합 플라스마(transformer coupled plasma) 소스라고 부르기도 한다. RF 전류가 코일에 흐르면 코일에 의해 자기장으로 변화되며, 유도성 커플링에 의해 다시 전기장으로 변환되는 것을 그림 7.27(a)에 나타내었다. 변압기의 코일로서 사용되는 유도성 코일을 포함한 유도 결합 플라스마 챔버의 개략도를

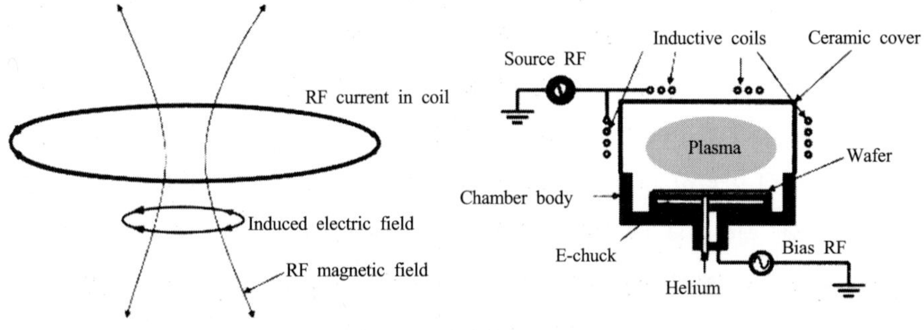


**그림 7.27** 유도 결합 플라스마 시스템: (a) 유도 결합, (b) ICP 챔버

그림 7.27(b)에 나타내었다. 유도 결합된 전기장은 전자를 가속시키고 이온화 충돌을 일으킨다. 전계에 의해 전자는 휘어진 방향(angular direction)으로 가속되기 때문에 전자는 챔버 벽이나 전극에 충돌하지 않고 긴 거리를 이동하게 된다. 이것이 바로 유도 결합 플라스마 시스템이 낮은 압력(수 mtorr)에서도 고밀도의 플라스마를 발생시키는 이유이다.

유도 결합 플라스마 디자인은 반도체 산업에서 매우 보편화되어 있다. 다음과 같은 시스템에 유도 결합 플라스마가 적용되고 있다.

- 고밀도 플라스마(HDP) CVD 시스템
- 실리콘, 금속, 유전체 HDP 식각 시스템
- 자연 산화막 스퍼터링 세정 시스템
- 이온화 금속 플라스마 PVD 시스템

바이어스 RF 시스템이 자기 바이어스를 생성시키고, 이온 충격 에너지를 제어하기 위해 유도 결합 플라스마 챔버에 연결된다. 고밀도 플라스마에 의한 이온 충격은 많은 열을 발생시키기 때문에 웨이퍼 온도를 더욱 정밀하게 제어하기 위해 정전기-척으로 구성된 헬륨 후면 냉각 시스템이 필요하다. 유도 결합 플라스마 시스템에서 이온 플럭스(ion flux)는 플라스마 밀도에 의해 결정되고, RF 파워 소스에 의해 제어된다. 이온 충격 에너지는 바이어스 RF 파워에 의해 제어된다.

### 3.3.7 전자 사이클로트론 공진

대전된 입자는 자기장에서 회전하는 경향이 있다. 회전 주파수를 사이클로트론 주파수(cyclotron frequency)라고 부르며, 자기장의 세기로 결정된다. 전자의 사이클로트론 주파수는 다음과 같다.

$$\Omega_e(\mathrm{MHz}) = \frac{qB}{m} = 2.8B(\mathrm{Gauss}) \tag{15}$$

여기서, $q$는 전하량이고, $m$은 대전된 입자의 질량이다.

자기장에서 부과된 마이크로웨이브(MW) 파워의 주파수가 전자의 사이클로트론 주파수 $\omega_{MW} = \Omega_e$와 같을 때 전자 사이클로트론 공진(electron cyclotron resonance)이 발생한다. 전자는 마이크로웨이브로부터 에너지를 얻을 수 있어 점점 에너지가 커진다. 이때, 전자는 다른 원자 또는 분자들과 충돌하며 이온화 충돌은 더 많은 전자를 생성한다. 그림 7.28(a)에 나타낸 것처럼 전자는 자계 선 주변을 따라 나선형으로 움직이기 때문에 전자는 챔버 벽이나 전극에 충돌하지 않고 긴 거리를 이동하게 된다. 이로 인해

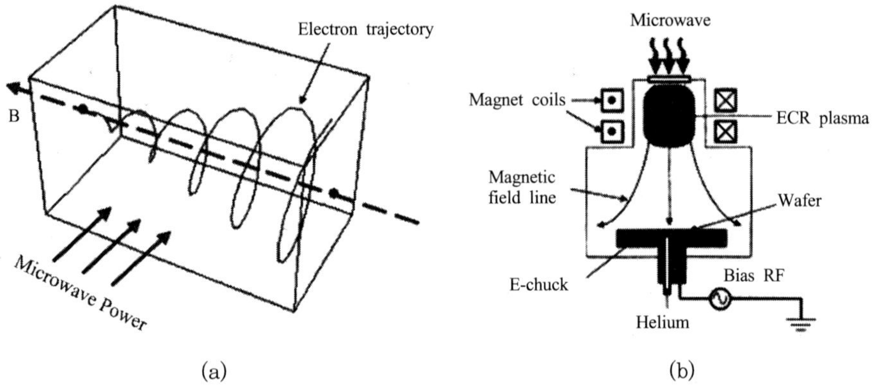


**그림 7.28** 전자 사이클로트론 공진 시스템: (a) 전자 사이클로트론 공진, (b) ECR 챔버 구조

전자 사이클로트론 공진 시스템은 낮은 압력에서 고밀도의 플라스마를 발생시킬 수 있다.

또한, 그림 7.28(b)에 나타낸 것과 같이 전자 사이클로트론 공진 시스템도 유도 결합 플라스마 시스템처럼 이온 충격 에너지 제어를 위한 바이어스 RF 시스템과 웨이퍼 온도를 제어하기 위한 헬륨 후면 냉각 시스템이 부착된 정전기-척을 포함하고 있다. 이온 플럭스는 주로 마이크로웨이브 파워에 의해 제어된다. 전자 사이클로트론 공진 시스템의 장점은 자기 코일에서 전류를 변화시켜서 공진 위치를 조절할 수 있다는 것이다. 따라서 엔지니어는 플라스마 위치를 제어하는 자석 코일에서의 전류를 변화시켜 공정 균일도를 최적화할 수 있다.

## 연습문제

1. 식각률, 균일도, 선택도에 대하여 정의하시오.

2. 식각 잔류물이 무엇이며, 발생하는 이유와 제거 방법에 대하여 기술하시오.

3. 습식 식각 공정의 기본 순서를 그림으로 도시하여 설명하시오.

4. 등방성과 비등방성 식각 프로파일을 설명하고 각 프로파일의 바람직한 면과 그렇지 못한 면이 무엇인지 기술하시오.

5. 등방성 실리콘 식각에 사용되는 $HNO_3$와 HF의 기능에 관하여 기술하시오.

6. 알루미늄 습식 식각에 주로 사용되는 식각용액의 물질 조성 성분을 설명하시오.

7. 리프트-오프(lift-off) 공정에 대해 설명하시오.

8. 건식 식각 방법 중 이온 식각과 반응 식각의 종류와 각각의 원리를 설명하시오.

9. 반응 건식 식각의 기본 원인이 되는 두 가지 반응을 설명하시오.

10. $CF_4$ 플라스마에서 $CF_3^+$ 이온에 비하여 $CF_3$ 및 F의 기가 훨씬 더 많은 이유는 무엇인가?

11. 다결정 실리콘과 실리콘 산화막을 $CF_4$를 이용해서 건식 식각할 때 가스 첨가에 따른 식각 속도의 변화를 그림 7.18과 7.19에 나타내었다. 이들 그림을 참고하여 다음 물음에 답하시오.
    (a) $H_2$ 가스 첨가에 따른 다결정 실리콘의 식각 속도 변동에 설명하시오.
    (b) $H_2$ 가스 첨가에 따른 실리콘 산화막의 식각 속도 변동에 설명하시오.
    (c) 만약 $H_2$ 대신에 $O_2$를 첨가하였다면 실리콘과 실리콘 산화막의 식각 속도에는 어떤 변화가 발생하는지 설명하시오.

12. 전형적인 반응성 이온 식각과 고밀도 플라스마 식각(ECR, ICP 등)의 주요 차이점은 무엇인가?

13. 패턴 식각 공정에서 저압, 고밀도 플라스마 소스를 사용하는 이점이 무엇인지 설명하시오.

# 참고문헌


[1] R. Bowman, G. Fry, J. Griffin, D. Potter and R. Skinner, *Practical VLSI Fabrication fo the 90s*, Integrated Circuit Engineering Co., 1990

[2] S. K. Ghandhi, *VLSI Fabrication Principles*, 2nd ed., Wiley-Interscience Publication, John Wiley & Sons, Inc., New York, 1994

[3] S. M. Sze, *Semiconductor Devices Physics and Technology*, John Wiley & Sons, 1985

[4] W. Harris, *Chemical Milling*, Oxford University Press, London, 1976

[5] J. Judge, *J. Electrochemical Soc.*, 118, p.1772, 1971

[6] W. A. Plisken, R. P. Esch, "Etches for the PSG-$SiO_2$ system"(in Etching for Pattern Definition), *Electrochem. Soc.*, p.37, 1976

[7] I. Ruge, *Halbliter-Technologie*, Spriger-Verlag, Berlin-heidelber-New York, 1975

[8] H. Robbins, B. Schwartz, "Chemical Etching of Silicon, II. The System HF, $HNO_3$, $H_2O$ and $HC_2H_3O_2$", *J. Electrochem. Soc.* 108, p.365, 1961

[9] A. F. Bogenschütz, *Ätzpraxis für Hableiter*, Carl Hanser Verlag, München, 1967

[10] K. E. Bean, "Anisotropic Etching in Silicon", *IEEE Trans.* on Electron Devices, ED-25, p.1185, 1978

[11] S. K. Ghandhi, *VLSI Fabrication Principles Silicon and Gallium Arsenide*, John Wiley & Sons, 1983

[12] W. Kern, "Chemical Etching of Dielectrics"(in Etching for Pattern Definition), *Electrochen. Soc.*, p.1, 1976

[13] W. Van Gelder, V. E. Fauser, "The Etching of Silicon Nitride in Phosphoric Acid with Silicon Dioxide as a Mask", *J. Electrochem. Soc.*, 144, p.869, 1967

[14] S. Wolf, R. N. Tauber, *Silicon Processing for the VLSI Era* Vol.1, Lattice Press, 1986

[15] W. M. Moreau, *Semiconductor Lithography Principles*, Practices, and Matrials, Plenum Press, New York and London, 1987

[16] D. A. McGillis, "Lithography", in S. M. Sze, Ed., *VLSI Technology*, McGraw-Hill, New York, 1983

[17] M. C. King, "Principles of Optical Lithography", in N. G. Einspruch, Ed., *VLSI Electronics*, Vol. 1, Academic, New York, 1981

[18] J. W. Coburn, *Plasma Etching and Reactive Ion Etching*, AVS Monograph Series, M-4, American Institute of Physics, Inc., New York, 1982

[19] D. M. Manos and D. L. Flamn, *Plasma Etching*, An Introduction, Academic Press, San Diego, CA, 1989

[20] O. Madeling, M. Schulz, H. Weiss, *Landolt-Börnstein Numerical Data and Functional Relationships in Science and Technology* Vol.17 Semiconductors, Springer-Verlag Berlin Heidelberg-New York-Tokyo, 1984

[21] G. K. Wehner, G. S. Anderson, *Handbook of Thin Film Technology*(L. I. Maissel, R. Glang eds.) New York, McGraw-Hill, 1970

[22] J. L. Vossen, J. J. Cuomo, *Thin Film Processes*(J. L. Vossen, W. Kern eds.) Academic Press, New York, 1978

[23] C. M. Melliar-Smith, C. J. Mogab, *Thin Film Processes*(J. L. Vossen, W. Kern eds.), Academic Press, New York, 1978

[24] J. W. Coburn, "Plasma-Assisted Etching", in D. A. Doane, D. B. Fraser, and D. W. Hess, Eds., *Semiconductor Technology, Electrochemical Soc.*, Penningston, 1982

[25] J. W. Coburn, "Plasma Etching and Reactive Ion Etching", *foil presented in the American Vac. Soc. Education Course*, 1986

[26] C. J. Mogab, A. C. Adams, D. L. Flamm, "Plasma Etching of Si and $SiO_2$, the Effect of Oxygen Additions to $CF_4$ Plasmas", *J. Appl. Phys.*, 49, p.3796, 1978

[27] L. M. Ephrath, "Selective Etching of Silicon Dioxide Using Reactive Ion Etching with $CF_4$-$H_2$", *J. Electrochem. Soc*, 126, p.1419, 1979

[28] L. M. Ephrath, "Etching Needs for VLSI", *Solid State Technol.*, 25, No.7, 87(1982)

[29] W. Beinuogl and B. Hasler, "Reactive Ion Etching of Polysilicon and Tantalum Silicide", *Solid State Technol.*, 26, No.4, 125(1983)

[30] R. H. Burton, R. A. Gottscho, and G. Smolinsky, "Dry Etching of Group III-V Compound Semiconductors", in F. F. Y. Wang, Ed., *Materials Processing-Theory and Practices*, North Holland, Amsterdam, 1983

[31] R. E. Howard, E. L. Hu, and L. D. Jackel, "Multilevel Resist for Lithography Below 100nm", *IEEE Trans. Electron Devices*, ED-28, 1378(1981)

[32] J. I. Steinfeld, T. G. Anderson, et al., *J. Electrochem. Soc.* 127, p.514, 1980

[33] H. R. Hansen, J. V. Pascale, et al., *J. Polymer Sci.* P4A3, p.2205, 1965

[34] D. L. Smith, "High Pressure Etching", in *VLSI Electronics*, vol.8, Academic Press, Orlando, FL, p.253, 1984

[35] Y. Horiike, M. Shibagaki, *Jpn. J. Appl. Phys.* 15, p.13, 1976

[36] A. R. Reinberg, U. S. Patent 3,757,733, 1975

[37] N. Hosokawa, R. Matsuzaki, T. Asamadi, *Jpn. J. Appl. Phys. Suppl.* 2, Pt.1 p.435, 1974

[38] J. A. Bondur, *J. Vac. Sci. Techn.* 13, p.1023, 1976

[39] B. N. Chapman, V. J. Minkiewiz, *Appl. Phys. Lett.* 34, p.192, 1979

8장

# 상호접속과 평탄화

웨이퍼 제조에서 금속화(metallization)는 유전막 위에 금속 막을 증착한 후, 집적회로 플러그와 금속선을 상호연결하기 위해 패터닝하는 것이다. 금속선은 전기적인 고립을 위해 유전체 층 사이에 존재한다. 고성능 마이크로프로세서는 하나의 칩 위에 수천만 개의 소자들을 상호연결하기 위해 금속선을 사용한다. 트랜지스터 밀도는 계속 증가하여 2020년쯤에는 칩 하나 당 수십억 개에 도달할 것으로 보인다.

마이크로칩 상호접속 기술은 신호의 전달 지연을 감소시키는 것이 필요하기 때문에 미래의 집적회로 성능을 위한 중요한 연구 과제이다. ULSI 회로에서 구성요소의 밀도가 증가하기 때문에 신호 전달에서 저항과 기생 커패시턴스의 영향이 증가한다. 웨이퍼 제조 기술에서 현재 진행 중인 중요한 변화는 상호연결 금속의 저항성을 줄이는 것이다. Al 합금을 주요 전도성 금속인 Cu로 대체함으로써 금속의 저항성을 감소시킨다. 마이크론 미만의 선폭에서는 낮은 유전상수를 갖는 층간 유전체(InterLayer Dielectric, ILD)가 필요하다. 유전상수를 낮춤으로써 신호 지연을 야기하는 기생 커패시턴스를 줄일 수 있다. 이와 같이 ULSI의 기술적 경향은 미세화의 추구라고 할 수 있다.

ULSI를 구성하는 트랜지스터 등의 소자나 배선의 구조를 미세화함으로써 집적도뿐만 아니라 고속 동작이 가능하기 때문이다. 또 하나의 경향은 실리콘 결정 표면에 이차원적으로 구성된 회로를 적층화하려는 시도이다. 집적도의 증가로 인한 소자 크기의 감소와 그에 따른 복잡한 기능의 집적회로 구현을 위해 필요한 다층 접속 공정에서 반드시 해결되어야 하는 문제 중의 하나가 평탄화 과정이다. 평탄화는 증착시키는 유전체뿐만 아니라 각종 도체들에 있어서도 필요하다. 평탄화 작업이 이루어지지 않으면 포토 리소그래피 공정에서 정밀한 패턴을 얻을 수 없고, 도체 및 유전체 막의 단차 피복(step coverage) 특성이 좋지 않아 동작 결함을 유발시킬 수 있게 된다. 다시 말해 디바이스 공정에 관련된 웨이퍼 표면의 평탄화는 포토 리소그래피 공정에서 미세화와 동시에 초점 심도가 얕게 되는 문제점을 해결할 수 있으며, 이것은 포토 리소그래피의 한계를 극복하는데 큰 공헌을 할 수 있다.

따라서 본 장에서는 상호접속과 관련하여 금속-반도체 접촉, 실리사이드, 다층 금속화 공정에 대하여 설명을 하고, 여러 평탄화 공정 중 화학적-기계적 연마(CMP)의 개요, 공정 및 장치 등에 대하여 소개하고자 한다.

## 1. 금속-실리콘 접촉

MOS 트랜지스터나 바이폴라 트랜지스터에 전기적 신호를 인가하고자 할 때 반도체는 전기 전도도가 높은 금속과 접촉하여 전류가 흐르게 된다. 반도체와 금속의 접촉은 표 8.1에서 보듯이 반도체의 형(n형/p형)과 반도체와 금속의 일함수 크기에 따라 옴 접촉(ohmic contact)과 쇼트키 접촉(schottky contact)의 두 가지 접촉 형태로 구분된다.

**표 8.1 금속-반도체 접촉 종류**

| | ohmic contact | schottky contact |
|---|---|---|
| n-type semiconductor | $\Phi_m < \Phi_s$ | $\Phi_m > \Phi_s$ |
| p-type semiconductor | $\Phi_m > \Phi_s$ | $\Phi_m < \Phi_s$ |

## 1.1 쇼트키 접촉

쇼트키 접촉에서는 어느 한 방향으로만 전류가 흐르고 반대 방향으로는 전류가 흐르지 않는다. 일함수가 서로 다른 금속과 n형 반도체를 가까이하여 접촉이 이루어지게 하면, 그림 8.1과 같이 높은 에너지 준위에 있는 전자가 반도체 표면으로부터 이탈하여 에너지 준위가 낮은 금속으로 이동하면서 열평형 상태가 형성된다.

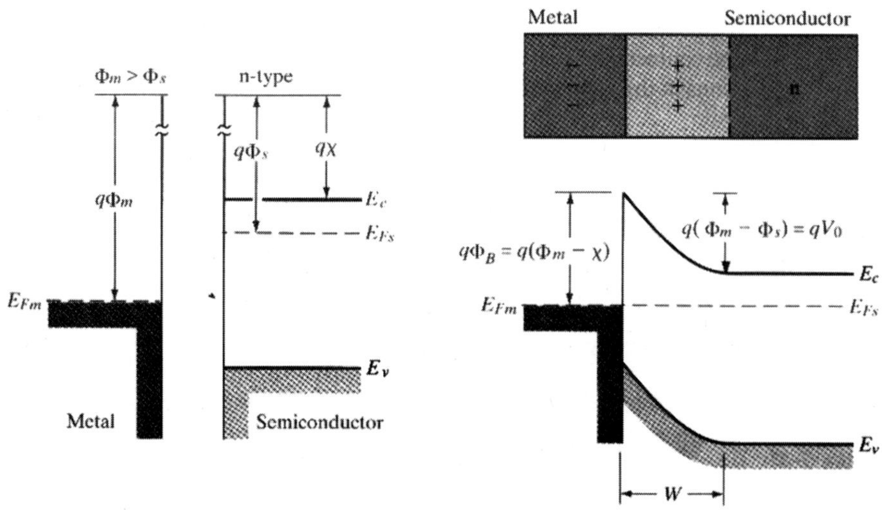


(a) (b)

**그림 8.1** 금속과 n형 반도체의 쇼트키 접촉

그림 8.1에서 보듯이 전자가 금속으로부터 반도체 쪽으로 이동하기 위해서는 $q\Phi_B = q(\Phi_m - \chi)$ 만큼의 에너지를 극복해야 하는데, 이 에너지 장벽을 쇼트키 장벽(schottky barrier)이라고 한다. 여기서, $q\Phi_m$은 금속의 일함수, $\chi$는 전자 친화력을 나타낸다. 마찬가지로 n형 반도체의 전도대에 있는 전자도 금속쪽으로 이동하려면 $qV_o = q(\Phi_m - \Phi_s)$ 만큼의 에너지가 있어야 한다. 여기서 $q\Phi_s$는 반도체의 일함수를 나타낸다. 열평형 상태에서는 금속과 반도체에서 상대편 쪽을 향하여 이동하는 전자의 수가 서로 동일하여 전류가 흐르지 않게 된다.

그러나 n형 반도체에 비하여 높은 전위가 금속 단자에 인가되면 접촉 전위차가 낮아져 그림 8.2(a)와 같이 반도체의 전도대역의 전자는 공핍영역을 가로질러 금속 쪽으로 이동하게 되므로 전류는 금속 쪽에서 반도체 쪽으로 흐르게 된다. 반대 전위가 인가되면 그림 8.2(b)와 같이 높은 에너지 장벽으로 인하여 전자 이동이 거의 없어 극히 미약한 전류가 흐르게 된다. 이와 같이 쇼트키 접촉이 발생하면, 다이오드 전류-전압 특성과 유사한 현상을 나타낸다.

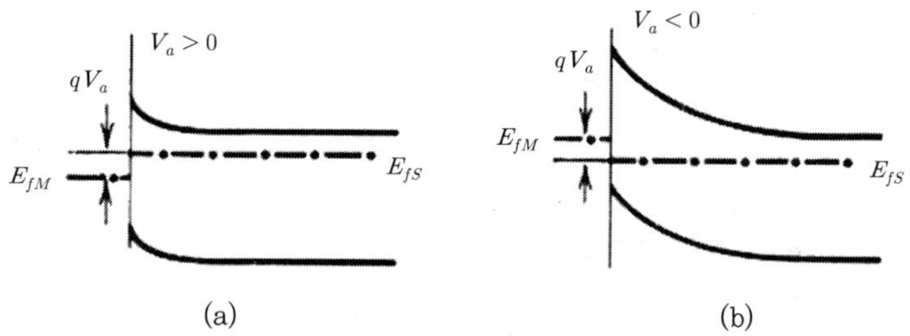


**그림 8.2** 바이어스 인가에 따른 쇼트키 접촉 밴드 다이어그램

## 1.2 옴 접촉

금속과 반도체가 접촉할 때, 전압 강하가 일어나지 않아야 디바이스의 성능이 저하되지 않는다. 따라서 금속과 반도체 사이에는 옴 접촉이 형성되는 것이 바람직하다. 예를 들어, 일반적인 집적회로의 표면은 접촉과 상호접속을 형성하고 있는 p형 및 n형 영역이 미로같이 연결되어 있다. 이러한 접촉부에서는 반도체로부터 전기적 신호를 받아내는 단자를 뽑기 위해서 최소의 저항을 가지며 신호를 정류시키는 경향이 전혀 없는 옴 접촉을 이루어야 한다. 이상적인 금속-반도체 접촉은 Fermi 준위가 일치되어 반도체에 유기된 전하가 다수캐리어에 의하여 공급될 때 옴 접촉을 형성한다.

그림 8.3에 n형 반도체에 대한 금속-반도체의 옴 접촉을 나타내었다. 이 경우 금속과 반도체 간의 전자의 흐름에 대한 장벽이 낮아 쉽게 낮은 전압으로써 극복된다.

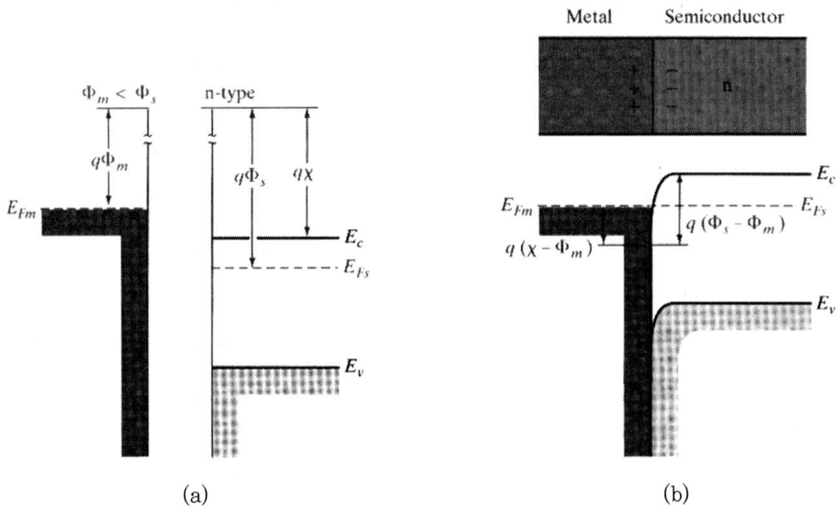


**그림 8.3** 금속과 n형 반도체의 옴 접촉

앞서 검토한 쇼트키 접촉과는 다르게 평형상태에서 Fermi 준위를 일치시키는데 필요한 정전적 전위차는 반도체에 다수캐리어의 축적을 요구하게 되므로 반도체에 공핍영역이 생기지 않는다.

쇼트키 접촉의 경우처럼 금속-반도체 접촉에 바이어스를 인가하는 경우를 고려하자. n형 반도체에 비하여 높은 전위가 금속 단자에 인가되면, 그림 8.4(a)처럼 반도체의 전도대역의 에너지 준위가 기울기를 가지며 증가하게 되어 반도체의 전도대역의 전자는 금속쪽으로 이동하게 되므로 전류는 금속 쪽에서 반도체쪽으로 흐르게 된다. 반대 전위가 인가되면 그림 8.4(b)와 같이 반도체의 전도대역은 반대의 기울기를 가지며 준위가 낮아지므로 전자는 반도체 쪽으로 이동하여 결과적으로 반도체에서 금속으로의 전류를 발생시킨다. 쇼트키 접촉과는 다르게 옴 접촉은 (+) 와 (-) 바이어스 각각에 대하여 높은 전류를 나타내는 전류-전압 특성을 나타낸다.

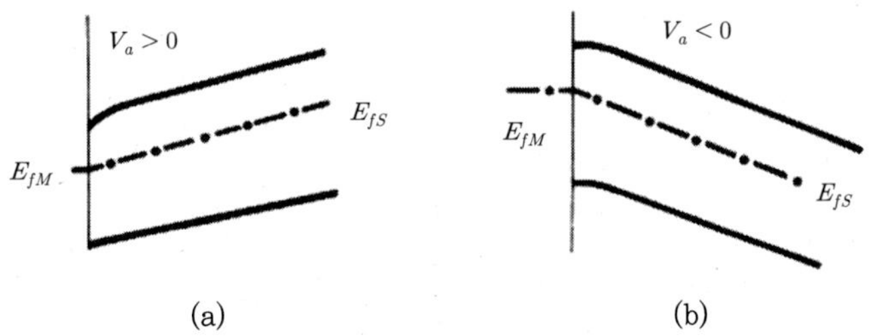


**그림 8.4** 바이어스 인가에 따른 금속과 반도체의 옴 접촉 밴드 다이어그램

## 1.3 터널 접촉

금속-반도체 접촉은 캐리어 흐름에서 장벽의 영향을 무시할 수 있다면 저항으로 생각할 수 있다. 실제로 이것은 장벽 너비 $x_d$를 매우 작은 값으로 축소하기 위해 반도체에 다량의 불순물을 주입함으로써 만들 수 있다. 장벽 너비 $x_d$는 식 (1)과 같이 나타낼 수 있다.

$$x_d = \sqrt{\frac{2\epsilon_s \psi_i}{qN_d}} \tag{1}$$

따라서 식 (1)에서 보듯이 불순물 농도 $N_d$가 증가함에 따라 장벽 너비는 좁아진다. 장벽 너비가 수 nm로 되면 새로운 전달 현상인 장벽을 통과하는 터널링(tunneling)이 일어날 수 있다.

그림 8.5(a)는 매우 얇은 쇼트키 장벽을 통과하는 터널링 과정의 그림이다. 장벽이 nm 정도의 너비이고 금속이 반도체에 대해서 음의 바이어스가 걸리면, 금속 안의 전자들은 반도체로 들어가기 위해 장벽을 뛰어 넘을 만큼의 충분한 에너지를 필요로 하지 않는다. 대신 이 전자들은 반도체에서 전도대 상태의 장벽을 통해 터널링할 수 있다. 이와 마찬가지로 반도체가 금속에 대해 음의 바이어스가 걸리면 반도체의 전자들은 그림 8.5(b)처럼 금속의 전도대로 터널링해서 들어 갈 수 있다. 그러므로 금속-반도체 접촉은 터널링에 의해 매우 작은 저항을 갖는다고 볼 수 있다. 이것은 실제로 항상 옴 접촉이다. 옴 접촉의 대부분은 이러한 방법으로 만들어진다. 매우 얇은 장벽을 만들기 위해 반도체는 Fermi 준위가 전도대 또는 가전자대에 들어갈 때까지 불순물이 주입된다.

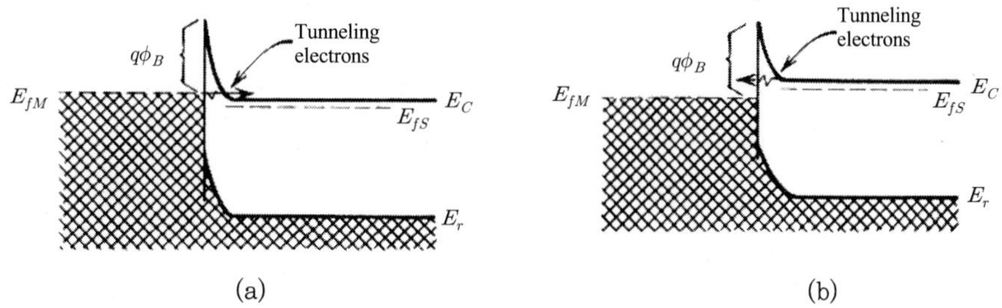


**그림 8.5** 얇은 공간전하 영역을 갖는 금속-반도체 장벽에서 발생하는 전자 터널링: (a) 금속에서 반도체로의 터널링, (b) 반도체에서 금속으로의 터널링

## 1.4 접촉저항

옴 접촉은 금속-반도체 접촉으로서 반도체의 벌크 또는 직렬저항에 비해 무시할만

한 접촉저항을 갖는 것으로 정의한다. 만족스러운 옴 접촉은 디바이스 성능을 크게 떨어뜨리지 않으면서 디바이스의 활성영역에서의 전압강하에 비해 작은 전압강하를 일으키며 필요한 전류를 흐르게 한다. 옴 접촉의 성능지수는 다음 식과 같이 정의되는 접촉저항률(specific contact resistance)이다.

$$R_c \equiv \left[\frac{\partial J}{\partial V}\right]^{-1}_{V=0} (\Omega - \mathrm{cm}^2) \tag{2}$$

낮은 도핑농도를 갖는 금속-반도체 접촉의 경우, 열전자 방출전류가 전류수송의 주가 된다. 따라서 식 (2)를 식 (3)과 같이 나타낼 수 있다.

$$R_c = \frac{k}{qA^* T} \exp\left[\frac{q\phi_{Bn}}{kT}\right] \tag{3}$$

식 (3)에서 접촉저항률이 작으려면 장벽 높이가 낮아야 함을 보여준다.

높은 도핑 농도를 갖는 금속-반도체 접촉에 있어서는 장벽의 폭이 매우 좁아지므로 터널링 전류가 우세할 수 있다. 그림 8.6의 위쪽 삽입부에 나타낸 바와 같은 터널링 전류는 터널링 확률에 비례한다.

$$I \approx \exp\left[-2W\sqrt{2m_n\left(q\phi_{Bn} - \frac{qV}{\hbar^2}\right)}\right] \tag{4}$$

여기서, $W$는 공핍층 폭이며 $\sqrt{(2\epsilon_s qN_D)(\phi_{Bn} - V)}$ 로 근사된다. $W$를 식 (4)에 대입하면 다음 식을 얻을 수 있다.

$$I \approx \exp\left[\frac{-C_2(\phi_{Bn} - V)}{\sqrt{N_D}}\right] \tag{5}$$

여기서, $C_2$는 $2\sqrt{m_n\epsilon_s/\hbar}$ 와 같다. 따라서 높은 도핑의 접촉일 경우 접촉저항률은 다음과 같이 나타낼 수 있다.

$$R_c \approx \exp\left[\frac{C_2\phi_{Bn}}{\sqrt{N_D}}\right] \tag{6}$$

식 (6)은 터널링 범위에서 접촉저항률이 도핑농도에 강하게 의존하며, 인자 $\phi_{Bn}/\sqrt{N_D}$ 에 지수적으로 변화함을 나타낸다.

접촉저항률의 계산값은 그림 8.6에서 $1/\sqrt{N_D}$ 의 함수로 그려져 있다. $N_D \geq 10^{19}\mathrm{cm}^{-3}$ 의 경우, 접촉저항률은 터널링 과정에 의해 좌우되며 도핑 농도가 증가함에 따라 급속

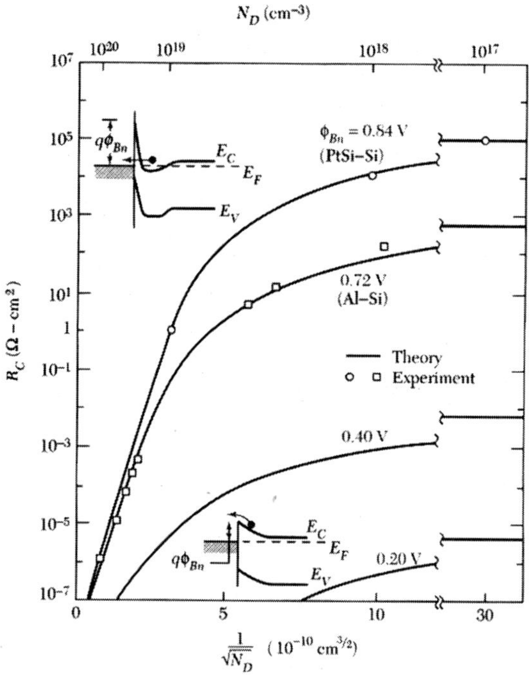


**그림 8.6** 접촉저항률의 계산값 및 측정값

히 감소한다. 반면에, $N_D \le 10^{17}$cm$^{-3}$의 경우, 전류는 열전자 방출에 의하며 접촉저항률은 실질적으로 도핑 농도와 무관하다. 그림 8.6에는 또한 PtSi-Si 및 Al-Si 다이오드에 대한 실험 데이터가 나타나 있다. 이들은 계산값과 잘 일치한다. 그림 8.6은 낮은 접촉저항값을 얻으려면 높은 도핑농도, 낮은 장벽 높이 또는 이들 두 가지 모두를 사용해야 함을 보여준다. 이들 두 가지 방법은 모든 옴 접촉에 사용된다.

## 1.5 알루미늄-실리콘 접촉

### 1.5.1 접합 스파이크

Al은 집적회로 제조에서 웨이퍼 표면에 만들어진 수많은 트랜지스터를 상호연결하기 위해 가장 많이 쓰이는 금속이다. Al은 Ag(1.6 $\mu\Omega$-cm), Cu(1.7 $\mu\Omega$-cm), Au(2.2 $\mu\Omega$-cm) 다음으로 전기 전도성이 좋은 금속이다(2.65 $\mu\Omega$-cm). 또, 금속 상호연결 선을 형성시키기 위해 쉽게 건식 식각이 가능한 재료이다. 1970년대 중반에 이온 주입 기술이 도입되기 전에 상호연결 재료로서 게이트에 사용되었다.

실리콘 위에 순수한 Al을 증착시켜 형성되는 접촉은 공정상 간편하여 오랫동안 사용되어 온 접촉 방법으로서 $n^+$-Si 및 $p^+$-Si과 낮은 접촉 저항을 나타낸다. Al은 실리콘 산화막과 잘 접합하고 계면에 $Al_2O_3$의 얇은 층을 형성하여 Al과 실리콘 산화막 사이의 접착력을 크게 강화시킨다.

그러나 융점이 낮아(순수 Al : 660℃, Al(Si) 혼합물 : 557℃) 접촉 부위의 안정성을 유지하는데 문제가 있는 물질이다. 따라서 Al은 고온의 공정들이 끝난 후에 증착되어야 한다. 증착된 Al은 패턴 형성 과정이 끝난 후, 밀도의 증가와 좋은 접촉을 위하여 450~500℃에서 10~30분 정도 소결(sintering) 공정을 거치게 된다. 이때 Al은 실리콘 웨이퍼 표면에 존재하는 자연 산화막(native oxide)과 화학 반응을 일으켜 $Al_2O_3$를 만들게 되고, 확산작용으로 $Al_2O_3$ 층을 뚫고 실리콘 표면으로 이동하여 실리콘과 옴 접촉을 일으키게 된다. 만일 자연 산화막이 너무 두꺼워 이로부터 만들어진 두꺼운 $Al_2O_3$ 층을 Al이 통과하여도 여분의 자연 산화막이 남아 있게 되면, Al과 실리콘 표면의 직접적인 접촉이 일어나지 않아 큰 접촉 저항 특성이 나타나게 된다. 좋은 접촉 저항과 전기 전도도 향상을 위하여 소결과정이 반드시 필요하지만, 얕은 접합(shallow junction)에서는 소결 시에 발생되는 스파이크(spike)에 의해 접합 단락이 생겨날 수 있다. 그림 8.7에 나타낸 것과 같이 Al에 녹을 수 있는 실리콘 양은 450℃에서 약 0.5 wt%이며, 500℃로 온도가 증가하면 약 1 wt%가 된다.

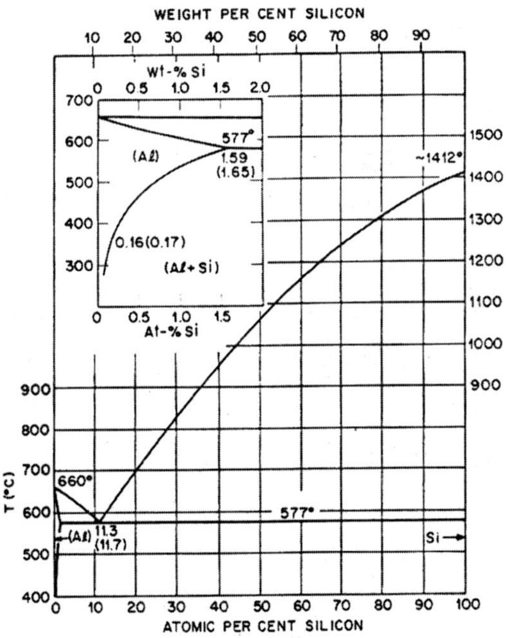


**그림 8.7** Al-Si계의 상태도

따라서 소결을 위한 온도로 가열되면 실리콘 웨이퍼 표면에서 실리콘이 Al으로 확산되어 들어갈 뿐 아니라 Al이 실리콘 쪽으로 유입되어 그림 8.8과 같은 스파이크가 발생하게 된다.

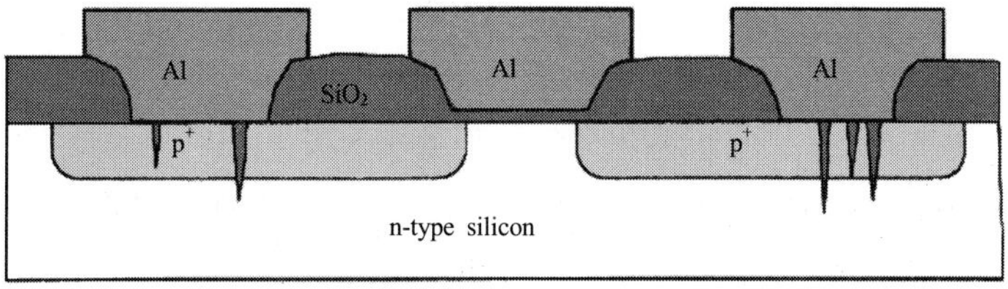


**그림 8.8** 접합 스파이킹(spiking)

### 1.5.2 전자이탈

금속성 Al은 매우 작은 결정으로 구성된 다결정 재료이다. 전류가 Al선을 통해 흐르면, 전자의 흐름이 연속적으로 결정립에 충격을 가한다. 몇몇 작은 결정립들은 홍수 때 작은 내의 밑바닥에 있는 작은 바위들이 흘러내리는 것처럼 움직이기 시작한다. 이 효과를 전자이탈(electromigration)이라 부른다. 따라서 디바이스가 작아지면 전류밀도가 크게 되어 이러한 전자이탈에 의하여 디바이스에 문제가 발생할 가능성이 있다. 그림 8.9는 전자이탈의 과정을 나타낸 것이다.

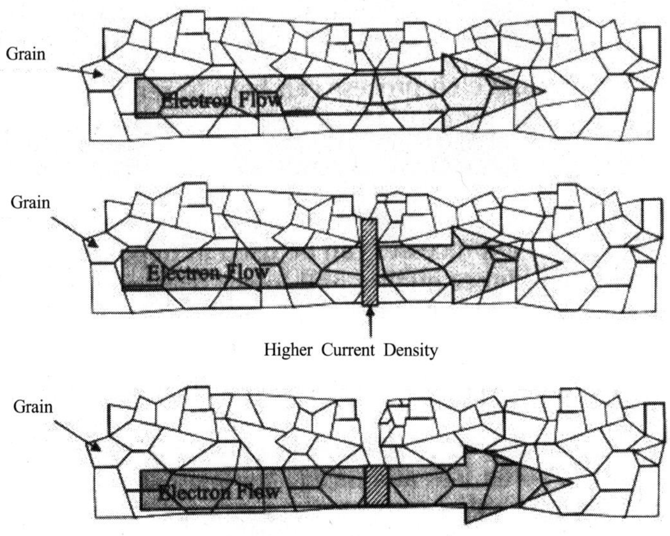


**그림 8.9** 전자이탈

전자이탈은 Al선에 심각한 문제를 일으킬 수 있다. 전자 충격에 의해서 몇몇 결정립들이 움직이기 시작하면, 어떤 지점에서 손상을 입게 되고 그 지점이 있는 선에 높은 전류밀도를 야기한다. 이것은 전자 충돌을 더욱 악화시키고 Al의 결정립 이탈(grain migration)을 심화시킨다. 높은 전류밀도 조건 하에서는 그림 8.10에서와 같이 금속 원자의 이동이 어떤 영역에서는 빈 공간 영역을 형성하고 다른 영역에서는 금속 원자가 쌓이거나 힐락(hillock)이 일어나게 된다. 빈 공간 영역은 회로의 도선이 끊어지는 현상의 원인이 되고, 쌓임 현상은 인접한 도체 사이의 회로를 단락시킬 수 있다. 전자이탈에 의한 도체의 평균파열시간(MTF)은 식 (7)에 나타내었듯이 실험적으로 전류밀도와 온도에 밀접하게 연관되어 있다.

$$MTF \propto (J^{-2}) \exp\left(\frac{E_a}{kT}\right) \tag{7}$$

여기서, $E_a$는 활성화 에너지이며 Al에 대해서는 보통 0.4~0.5 eV의 값을 가진다.

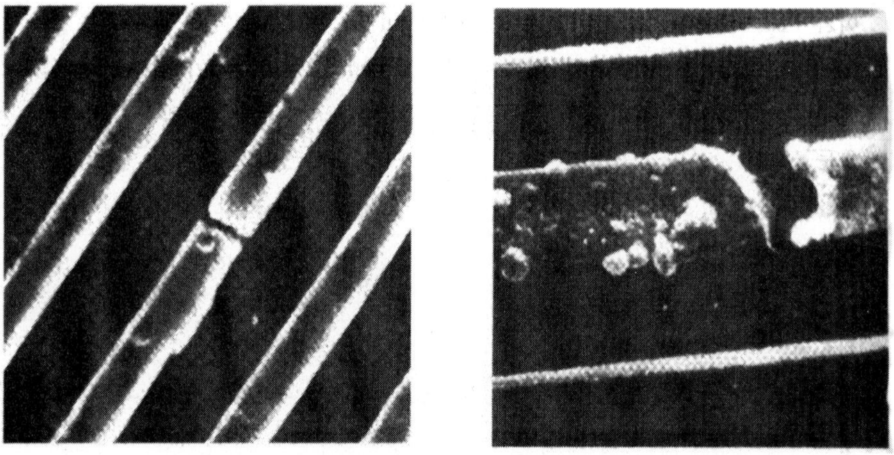

(a) (b)

**그림 8.10** 전자이탈로 인해 발생한 상호접속 파열 부분의 주사전자현미경 사진: (a) 0.5% Cu를 함유한 스퍼터링된 Al, (b) 0.5% Cu를 함유한 증발에 의한 Al

전자이탈에 대한 Al의 저항성을 증가시키기 위해 가장 보편적으로 쓰이는 방법은 Cu와 같은 중금속을 소량 첨가하는 것이다. 작은 비율의 Cu가 Al과 합금되면, Al의 전자이탈 현상을 상당히 개선시킬 수 있다. Cu는 Al 결정립 사이를 붙이는 역할을 하며 전자 충격에 의한 이탈을 예방하기 때문이다. 스퍼터 증착 시스템에서는 95% Al, 4%

Cu, 그리고 1% Si의 조성비로 이루어진 타깃이 일반적으로 사용된다. Al-Cu-Si 합금은 전자이탈을 방지함과 동시에 Al 파괴현상을 제거하는 역할을 한다. 순수한 Cu 상호접속은 전자이탈에 대해 Al보다 매우 높은 저항성을 나타낼 것으로 예상되며, Cu 도선의 전자이탈 현상을 Al-Cu 합금과 비교한 그림 8.11의 결과에서 보듯이 약 10배 정도의 개선이 이루어진 것을 알 수 있다.

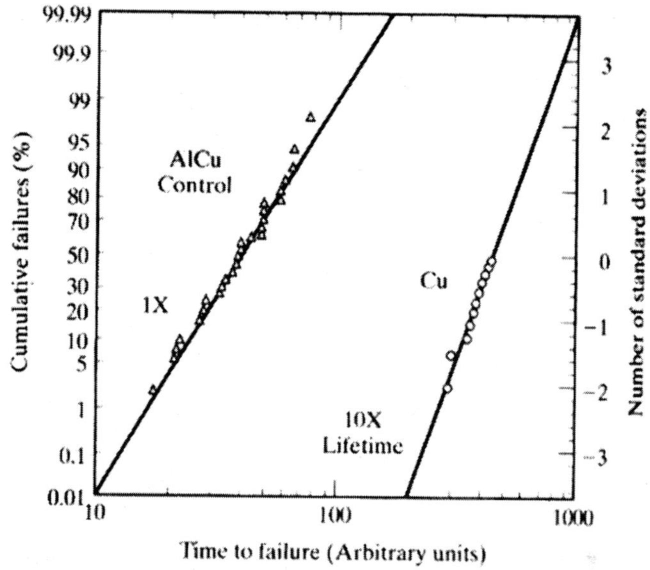


**그림 8.11** Cu 금속화를 이용한 전자이탈 현상의 개선

그러나 1990년대 말까지 상호연결을 위해 주로 사용된 금속의 대부분은 Al-Cu 합금이었다. Cu 농도는 제조자의 선택과 공정요구에 의해서 0.5%에서 4%로 변한다. Cu 농도가 높아질수록 전자이탈 현상은 점점 개선된다. 그러나 Cu 농도가 증가할수록 금속 식각 공정이 더 어렵게 된다. 금속 식각 공정에서 Cu 염화물 같은 Cu의 식각 부산물은 매우 낮은 휘발성을 가지며 일반적으로 스컴(scum)이라 부르는 원치 않는 찌꺼기가 웨이퍼 표면에 형성되어 남는 경향이 있다. 플라스마 식각 공정에서 강한 이온 충격은 비휘발성 Cu 염화물 제거를 도울 수 있다. 또, 작은 등방성 화학 식각이 Cu 염화물을 Al으로부터 떼어낼 수 있으며 스컴 형성을 예방할 수 있다. 식각 잔여물은 웨이퍼에 결함을 일으킬 수 있고 집적회로 칩 생산에 영향을 미칠 수 있다. 일반적으로 이러한 잔여물을 제거하기 위해 과잉 습식 스컴 제거(extra wet de-scum) 공정이 필요하다.

# 2. 실리사이드

## 2.1 실리사이드

내화성(refractory) 금속은 실리사이드(silicide)를 형성하기 위해 합금된 실리콘과 반응한다. 실리사이드는 실리콘과 그림 8.12와 같이 내화성 금속의 경계 면에서 낮은 전기 저항성을 나타내며 열에 매우 안정적인 금속 혼합물이다. 내화성 금속 실리사이드는 칩 성능을 위해 소스/드레인 그리고 게이트 영역에서 실리콘 접촉에 의한 전기적 저항을 줄이는 것이 필요하기 때문에 중요하다. Ti과 Co는 상호연결 기술에서 접촉을 위해 주로 사용되는 내화성 금속이다.

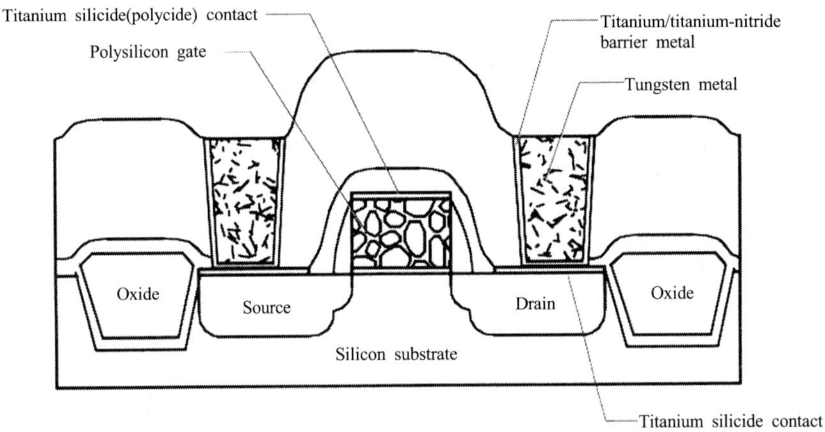


**그림 8.12** 실리콘 접촉에서 내화성 금속 실리사이드

내화성 금속이 그림 8.13처럼 다결정 실리콘과 반응하면 폴리사이드(polycide)라 한다. 불순물이 첨가된 다결정 실리콘은 게이트 전극으로 사용되며 바람직하지 않은 신호 지연을 야기하는 비교적 높은 저항(약 500 $\mu\Omega$-cm)을 가진다. 폴리사이드는 다결정 실리콘에 상호연결된 직렬저항을 줄이는데 유용하다. 동시에 산화물에 대해 다결정 실리콘의 좋은 계면 특성을 유지한다.

실리사이드는 형성되는 동안 실리콘 표면에 있는 잔여 산화물을 제거함으로써 접촉 저항을 개선한다. 실리사이드는 접촉 금속과 실리콘 접합 영역 사이에 중요한 접착층을 제공함으로써 실리콘과 매우 우수한 접촉을 형성한다. 실리사이드는 상대적으로 높은 공정온도(eutectic temperature)를 가져 1,000℃ 이상의 온도에서도 안정하다. 웨이

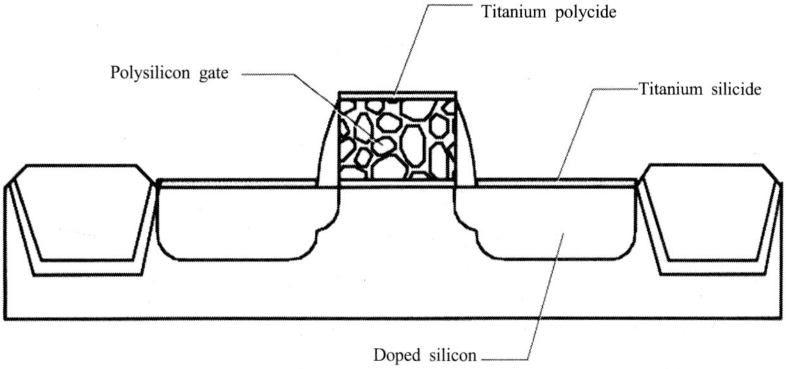


**그림 8.13** 다결정 실리콘에서 폴리사이드

퍼 제조에서 사용되는 일반적인 실리사이드의 특성 중 공정온도는 합금(alloy)이 녹는 가장 낮은 온도이다. 액체 합금은 기판 재료에 퍼져서 접합 스파이크를 일으킬 수 있기 때문에 실리사이드 용해는 바람직하지 않다. 실리사이드 형성을 위해 실리콘 웨이퍼에 증착된 금속은 내화성을 필요로 하며, 이러한 금속은 실리사이드 재료를 생산하기 위한 고온 열 냉각 공정을 거친다. 실리콘이 존재하는 영역에서 금속은 실리사이드를 형성하기 위해 반응한다. 실리콘이 없는 웨이퍼 표면은 실리사이드가 거의 형성되지 않는다. 실리사이드는 확산 방지층 금속이 아니라는 것에 유의해야 한다. 몇몇 실리사이드에서는 실리콘이 실리사이드를 통해 빠르게 확산되는 것을 볼 수 있는데, 이러한 확산은 실리콘이 실리사이드를 통해 금속으로 확산되는 금속-실리사이드-실리콘 시스템의 가열 처리 동안 발생한다. 이 문제의 해결 방안은 실리사이드와 금속층 사이에 금속 확산 방지층을 위치시키는 것이다. 일반적인 실리사이드 확산 방지막은 TiN으로 W과 Al에 효율적이다. Ta 기반의 확산 방지층은 Cu 금속화(metallurgy)를 위해 사용된다.

### 2.1.1 티타늄 실리사이드($TiSi_x$)

8족 금속들은 600℃ 이하에서 실리콘과 결합하여 실리사이드가 형성되며, 금속 물질이 실리콘 속으로 확산하여 들어가서 실리사이드가 만들어지므로 $SiO_2$ 층이 손상되지 않고 드레인-소스와 게이트가 단락 되지 않아 실리사이드로 적합하다. 이에 반하여 4족의 Ti는 실리콘이 확산되어 실리사이드가 형성되므로 실리사이드 공정 시 드레인-소스와 게이트 사이에 단락이 일어날 수 있다. 이와 같은 단락 현상이 나타나지 않게 하기 위하여 $TiSi_2$ 형성을 위한 열처리는 $N_2$ 분위기에서 실시한다. $N_2$는 Ti 결정입계에 흡수되어 확산 방지층 역할을 하므로 실리콘 원자의 이동을 방해하여 $TiSi_2$가 스페이서

(spacer) 위에 생겨나지 않게 하여 단락을 방지한다. 열처리 시 온도가 700℃ 이상되면 Ti와 $SiO_2$ 스페이서가 반응하게 되므로 700℃ 이하의 온도에서 열처리해야 하며, 필드 산화막은 최소한 1,000Å의 두께를 가져야 한다. 일반적으로 $TiSi_2$-실리사이드는 2단계 공정을 통하여 만들어진다. 1단계로 650℃의 $N_2$ 분위기에서 열처리 후 $TiSi_2$가 아닌 Ti가 식각되어 없어진다. 이때 식각 용액의 혼합비는 30% $H_2O_2$ : $NH_4OH$ : $H_2O$ (DI) = 5 : 1 : 1이다. 다음 단계로 800℃의 Ar 분위기에서 열처리되어 $TiSi_2$-실리사이드가 만들어진다. 800℃ 이상의 온도에서 열처리를 하면 드레인이나 소스에 있는 B가 그 위에 놓여 있는 실리사이드 층으로 빠르게 확산되어 접촉 저항 증가가 나타나므로 800℃ 이상 되는 온도에서의 열처리는 피해야 한다. 따라서 도핑된 평탄화용 유리질 공정이 수반된다면 문제점이 발생할 수 있다.

게이트 전극의 두께는 두꺼울수록 저항값이 줄어들지만, 실리사이드 공정에서는 드레인과 소스 쪽의 pn-접합 단락 위험 때문에 한 단계의 공정으로 실리사이드 층을 두껍게 할 수 없다. 게이트 전극의 실리사이드를 먼저 형성시키고, 다시 드레인-소스도 동시에 실리사이드화 하는 2단계 실리사이드 공정을 수행하면 두꺼운 게이트 전극의 실리사이드 층을 얻을 수 있다. $TiSi_2$ 층은 두꺼울수록 많은 기계적 압축력으로 인하여 이와 맞닿은 드레인-소스에 결함을 유발시킬 수 있으며, 실리콘의 이동 때문에 열처리 시 과다한 실리콘 소모로 인한 거친 표면이 발생되고 누설 전류 및 접촉 저항의 증가가 나타난다. 따라서 얕은 접합에서 접촉 저항체로 사용될 때는 Ti 두께를 약 700Å 이하로 제한하고 있다.

### 2.1.2 코발트 실리사이드($CoSi_x$)

$TiSi_2$가 실리사이드 공정에서 가장 많이 사용되고 있지만, $CoSi_2$ 역시 많은 장점들을 갖고 있어 중요한 접촉 물질로 관심의 대상이 되고 있다. $CoSi_2$는 고온(900℃)에서의 안정성으로 인하여 평탄화를 위한 도핑된 유리질 공정이 가능하며, 낮은 저항률($\rho$ = 16~18 $\mu\Omega$-cm)과 가로 방향의 실리사이드 형성이 일어나지 않아 드레인-소스와 게이트 전극 간의 단락 염려가 없다. 뿐만 아니라 실리사이드/실리콘 계면이 깨끗하여 접촉 저항이 작고 실리사이드 형성 후에도 불순물(As, B)들의 재분포가 무시될 수 있다. $CoSi_x$는 또한 선택적 식각이 가능하고(HCl : 30% $H_2O_2$ = 3 : 1 체적비율), $TiSi_2$에 비하여 플라스마 식각 공정 중의 과잉 식각에 덜 민감하며, $N_2$ 분위기에서 CoN 같은 물질이 생성되지 않고 기계적 응력 역시 낮다. 표면을 완충 HF($H_2O$ : HF = 100 : 1) 용액에 2분 정도 담가 자연 산화막 층을 제거하고 스퍼터에 넣어 Co를 증착시킨다. $TiSi_2$와는 달리 산화층이 있으면 실리사이드 자체가 생성되지 않기 때문에 표면 세척이 매우 중요하

다. 표 8.2는 일정 두께의 실리사이드 형성을 위해 소모되는 실리콘의 두께를 실리사이드 종류별로 나타낸 것이다.

두께 1Å의 Co에 의해 3.52Å의 $CoSi_2$가 만들어지고, 이때 소모되는 실리콘은 3.64Å이 됨을 알 수 있다. 같은 두께의 Ti에 비하여 Co 경우 실리콘 소모 및 실리사이드 두께가 증가하게 된다. $CoSi_2$ 위에 Al을 증착할 때는 Al과 $CoSi_2$의 화학 반응이 일어나지 않게 400℃ 이하에서 열처리하거나 확산 방지층을 삽입하여야 한다.

**표 8.2 실리사이드 종류와 소모되는 실리콘 두께**

| Metal | Atomic volume (Å) | Silicide | Si thickness Å/ Metal thickness Å | Silicide thickness Å/ Metal thickness Å |
|---|---|---|---|---|
| Si | 12.06 | - | - | |
| Ti | 10.60 | $TiSi_2$ | 2.27 | 2.51 |
| Zr | 15.05 | $ZrSi_2$ | 1.72 | 2.14 |
| Hr | 13.63 | $HdSi_2$ | 1.77 | 2.14 |
| V | 8.35 | $VSi_2$ | 2.89 | 2.77 |
| Nb | 11.06 | $NbSi_2$ | 2.18 | 2.39 |
| Ta | 10.90 | $TaSi_2$ | 2.21 | 2.40 |
| Cr | 7.23 | $CrSi_2$ | 3.34 | 3.05 |
| Mo | 9.41 | $MoSi_2$ | 2.56 | 2.59 |
| W | 9.53 | $WSi_2$ | 2.53 | 2.58 |
| Fe | 7.11 | $FeSi_2$ | 3.39 | 3.47 |
| Co | 6.62 | $Co_2Si$<br>CoSi<br>$CoSi_2$ | 0.91<br>1.82<br>3.64 | 1.47<br>2.02<br>3.52 |
| Ni | 6.60 | $Ni_2Si$<br>NiSi<br>$NiSi_2$ | 0.91<br>1.83<br>3.65 | 1.52<br>2.34<br>3.63 |
| Pd | 8.87 | $Pd_2Si$<br>PdSi | 0.68<br>1.36 | ~1.69<br>1.97 |
| Pt | 9.12 | $Pt_2Si$<br>PtSi | 0.66<br>1.32 | ~1.43<br>1.97 |

### 2.1.3 텅스텐 실리사이드($WSi_x$)

$WSi_x$ 증착은 일반적으로 게이트와 특정한 상호연결을 위해 사용된다. $SiH_4$와 $SiH_2Cl_2$ (DCS)는 실리콘 소스 가스들로 사용되고, $WF_6$는 W 소스로 사용된다. $SiH_4/WF_6$ 화학 반응은 400℃ 정도의 공정 온도에서 실시되지만, DCS/$WF_6$ 화학 반응은 약 550~575℃의 공정 온도가 필요하다.

$SiH_4/WF_6$ 화학 반응은 다음식과 같이 나타낼 수 있다.

$$WF_6 + 2SiH_4 \longrightarrow WSi_2 + 6HF + H_2 \tag{8}$$

이 공정은 W-CVD 공정의 핵형성 단계와 유사하다. 주된 차이점은 $SiH_4/WF_6$ 유량의 비율이다. 비율이 3보다 낮으면, 화학 교환 작용은 $WSi_x$ 대신에 실리콘을 과잉 함유한 W을 증착한다. 2.2와 2.6 사이의 x값을 갖는 $WSi_x$ 증착을 위해서 $SiH_4/WF_6$ 유량은 10보다 커야만 한다.

DCS/$WF_6$ 화학 반응은 다음과 같이 표현할 수 있다.

$$2WF_6 + 7SiH_2Cl \longrightarrow 2WSi_2 + 3SiF_4 + 14HCl \tag{9}$$

DCS/$WF_6$ 기반의 공정은 더 높은 증착 온도를 요구한다. 이것은 더 높은 $WSi_x$ 증착 비율과 $SiH_4/WF_6$을 기반으로 하는 공정보다 더 우수한 박막 단차 피복(film step coverage) 특성을 가진다. 또, 박막에서 훨씬 낮은 F 농도를 가지며 더 낮은 인장 변형력(tensile stress)에 의한 크랙 문제와 막이 벗겨지는 것과 같은 문제점이 적다. DCS/$WF_6$ 실리사이드 공정은 $SiH_4/WF_6$ 기반의 공정을 점차적으로 대체하고 있다. $TiSi_x$에 비해 $WSi_x$의 장점은 하나의 공정 장비로 공정을 진행시킬 수 있어 더 적은 공정단계를 필요로 한다는 것이다. 그러나 $TiSi_x$보다 높은 저항성을 가지며, 살리사이드(salicide) 공정이 동시에 게이트와 소스/드레인에 $TiSi_x$를 형성시킬 수 있는 반면에 $WSi_x$는 단지 게이트에만 형성된다는 것이다.

## 2.2 폴리사이드

실리사이드 단일층으로는 나중에 산화시키기 어려운 문제가 있는 반면, 폴리사이드는 다결정 실리콘/실리사이드의 이중층 구조로서 다결정 실리콘은 실리콘 산화물의 공급원인 실리콘을 공급하고 하부층과의 접착특성도 좋게 한다. 다결정 실리콘 게이트 위에 형성된 실리사이드 구조인 폴리사이드가 그림 8.13에 나타나 있다. 원하는 금속층이 증발, 스퍼터링, 화학기상증착을 사용하여 증착된다. 600~1,000℃의 온도에서 열처리하면 금속은 다결정 실리콘과 반응하여 원하는 실리사이드를 형성한다. 동시 증발, 동시 스퍼터링 또는 화합물 타깃을 이용한 스퍼터링이 열처리 단계 이전에 다결정 실리콘 위에 실리콘과 금속을 동시에 증착시키기 위해 사용되기도 한다.

폴리사이드 공정 중 열처리 과정에서 필링(peeling) 현상이 발생할 수 있다. 이에 대한 원인으로서는 자연 산화막(native oxide), 진성 응력(intrinsic stress), 실리사이드 막 내의 불순물 오염을 들 수 있다. 다결정 실리콘의 자연 산화막이 불균일하게 분포해 있을 때 열산화 시 자연 산화막의 취약한 부분을 통하여 다결정 실리콘의 실리콘 원자들이 상부 실리사이드 막쪽으로 집중적으로 이동한다. 이렇게 되면 그곳에 공공(void)이 형성되고 그 부분에서 실리사이드 막의 필링 현상이 일어난다. 또, 실리사이드 막의 두께감소와 결정립 성장 효과에 의하여 실리사이드 막 내에 발생한 높은 진성 응력이 필링 현상을 일으키기도 한다. 그 외에도 실리사이드 막의 불순물 오염도 내부 응력을 키우게 되므로 유사한 현상을 일으키게 된다. 이러한 필링 현상을 방지하기 위한 대책으로서 실리사이드 증착 전에 HF, 스퍼터 식각, $NF_3$ 플라스마 식각 등으로 자연 산화막을 잘 제거하고, 실리사이드 증착 시 기본 진공도를 낮게 유지하여 잔류 가스(residual gas)의 오염을 막는 방법을 들 수 있다. 한편, 폴리사이드 공정 중에 P와 과잉 실리콘의 재분포가 일어난다. 다결정 실리콘 내의 P가 실리사이드 막을 통과하여 바깥쪽으로 확산되어 나간다. 이것은 접촉 저항을 높이고 실리사이드 식각률의 조절을 어렵게 할 뿐만 아니라 문턱전압( $V_{th}$ )을 천이시키게 된다. 또한, 실리사이드 막 내의 과잉 실리콘이 다결정 실리콘/실리사이드 계면으로 이동함으로써 다결정 실리콘은 더 두꺼워지고 실리사이드 막은 얇아지게 되어 실리사이드 막의 전기저항을 저하시키게 된다.

## 2.3 살리사이드

VLSI와 ULSI에서는 칩 성능의 최적화를 위해 소자 크기를 줄이는 것이 필요하므로, 실리콘과 첫 번째 금속 층 사이의 소스/드레인(S/D) 접촉의 교차 부분이 작아지므로, 저항이 커지는 문제점이 발생한다. 게이트와 소스/드레인의 전기적 접촉을 한 금속공정으로 진행하면 금속과 소스/드레인 접촉면적이 증가하여 접촉저항이 감소한다. 이와 같은 공정을 살리사이드라고 한다. 살리사이드 형성에 의존하는 다양한 칩 성능에 대한 것을 그림 8.14에 나타내었다.

기본 살리사이드 공정 단계는 그림 8.15와 같다.

첫 단계에서 산화물이 다결정 실리콘 위에 증착된다. 그후 게이트의 옆면에 있는 측벽(sidewall) 스페이서(spacer) 산화물을 제외한 나머지 부분을 건식 플라스마 식각으로 제거하여 측벽 스페이서를 포함한 게이트의 상부 폴리 표면만 노출되게 한다. 다음

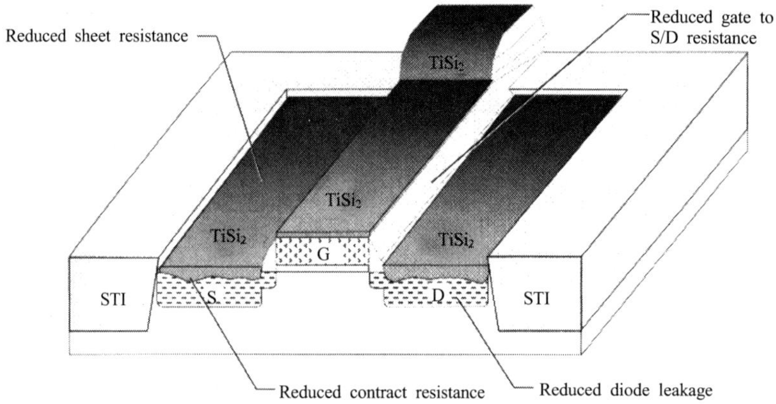


**그림 8.14** 살리사이드 구조에 대한 칩 성능

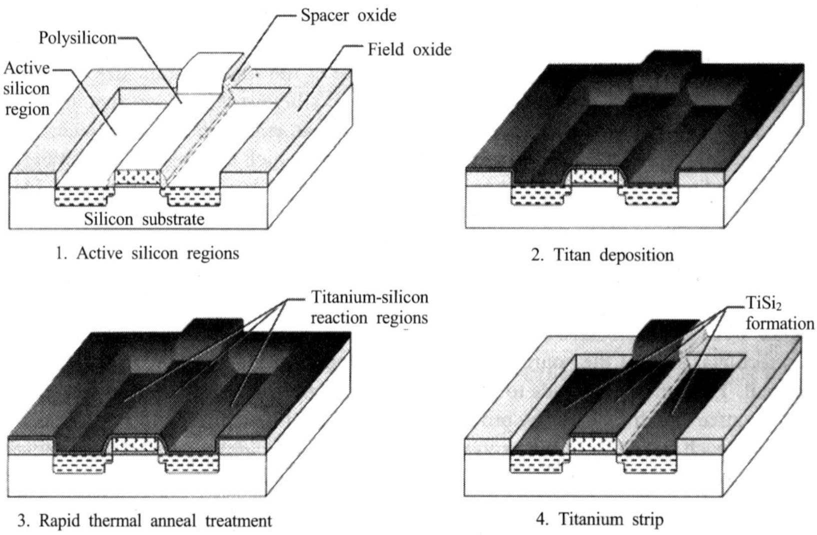


**그림 8.15** 자기 정렬된 금속 실리사이드(살리사이드)의 형성

에 HF를 이용하여 세정한 후에 250~350Å 얇은 Ti 금속층을 증착한다. 내화성 금속은 실리콘과 접촉한 곳에서 높은 저항성 C49 $TiSi_x$ 상을 형성하기 위해 600~800℃에서 급속 열처리된다. 측벽 스페이서는 소스/드레인의 $TiSi_2$가 게이트 폴리의 측면으로 단락(short)되는 것을 방지한다. 급속 열처리 후에, 반응하지 않은 모든 Ti는 $NH_4OH$와 $H_2O_2$를 이용한 습식 화학 식각으로 제거된다. $TiSi_2$는 남아서 소스/드레인 지역과 폴리 게이트 표면 상부를 덮는다. 800~900℃에서 두 번째 급속 열처리는 낮은 저항성 C54 금속성 실리사이드를 만든다. 살리사이드 공정의 주된 이점은 실리콘 접촉에서 내화성

금속을 배열하는 패터닝이 필요할 때 발생하는 배열 허용오차를 피할 수 있다는 것이다. 열처리 단계에서는 $O_2$ 오염을 피하는 것에 주의해야 한다. Ti는 $O_2$와 쉽게 반응해서 불필요한 $TiO_x$를 형성한다. 이러한 산화물 오염은 산화물 스페이서 영역의 상부에 실리사이드 형성을 활성화시킬 수 있으며, 다결정 실리콘 게이트와 소스 또는 드레인이 단락되도록 할 수도 있다.

## 3. 다층 금속화 공정

### 3.1. 필요성

집적회로에서 소자 크기를 축소하려는 목적은 두 가지이다. 하나는 회로 속도의 증가에 의한 회로 성능 향상이며, 또 다른 하나는 회로 기능의 향상이다. 최초의 능동소자 크기의 축소는 이러한 목적을 달성하기 위한 매우 효과적인 방법이었다. 그러나 최근에 집적회로의 집적도가 급속도로 증가함에 따라 회로 속도의 제한과 최대 기능적 밀도(functional density)가 소자의 축소보다는 상호접속(interconnect) 특성에 더 의존하게 되었다. 더욱이 칩 가격 및 집적회로 설계의 용이성과 융통성은 상호접속 기술에 커다란 영향을 받는다. 이러한 제한들을 해결하기 위해 다층 상호접속(multilevel interconnect) 기술이 개발되고 있다.

칩 상의 최소 선폭이 감소함에 따라 능동 소자 밀도는 증가한다. 예를 들어, 256 Kbit DRAM의 경우 2 $\mu$m 선폭이 사용되었으며, 1 Mbit, 4 Mbit 그리고 16 Mbit DRAM에서는 각각 1.2 $\mu$m, 0.8 $\mu$m, 0.5 $\mu$m 선폭이 사용된다. 이 크기들에서 MOS 트랜지스터의 스위칭 속도는 더 이상 로직 지연(delay) 또는 집적회로 칩의 액세스 시간을 제한하지 않는다. 대신에 용량성 부하를 충전시키는데 필요한 시간이 집적회로 칩의 성능을 제한하게 된다. 반면에 상호접속 선폭의 축소는 상호접속 선을 통한 전송 지연시간의 감소를 일으키지 않는다. 칩 크기가 증가하면서 상호접속 경로 길이 또한 증가하며, 사실상 대부분의 큰 VLSI 회로에서는 제한된 상호접속 전송 지연 시간을 가지게 된다.

VLSI 회로에 의해 나타난 전송 지연은 항상 상호접속 선의 큰 $RC$ 지연에 의해 제한된다. 다양한 상호접속 물질로부터 발생하는 길이당 지연을 표 8.3에 나타내었다. 또, 그림 8.16에 다양한 상호접속 물질들에 대한 $RC$ 지연을 1cm 길이의 상호접속 선으로 가정하여 나타내었다. 예를 들어, 20$\Omega/\square$의 면 저항을 가지는 다결정 실리콘선이 대각선 모서리에 $0.7\times0.7$ cm$^2$ 칩의 한 모서리를 연결할 때 사용되었다. 표 8.3의 데이터들은 전송 지연이 1.4 $\mu s$가 될 것을 예측할 수 있다. Al이 상호접속에 사용되더라도

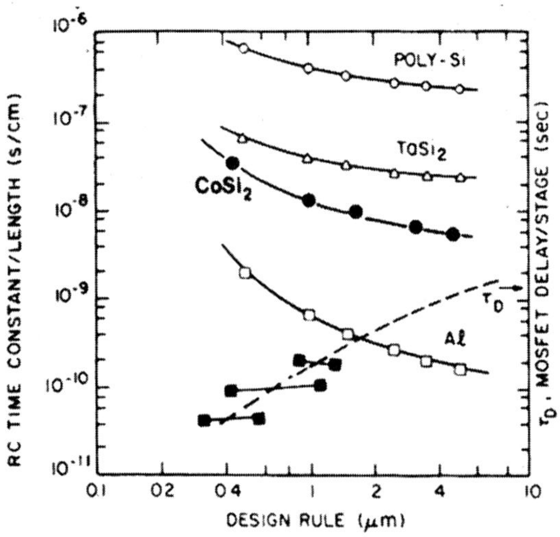


그림 8.16 다양한 상호접속 물질로부터 발생한 길이당 지연

**표 8.3 실리콘 VLSI 칩에서의 상호접속 지연**

| Conductor Materials | Resistivity ( $\mu\Omega$-cm) | Thickness (nm) | Sheet Resistance ($\Omega$/square) | Delay (psec/mm$^2$) |
|---|---|---|---|---|
| Polysilicon | 1,000 | 500 | 20 | 7,000 |
| $TaSi_2$ | 46 | 100 | 4.6 | 1,587 |
| Ti | 42.7 | 100 | 4.3 | 1,484 |
| PdSi | 32 | 100 | 3.2 | 1,104 |
| $MoSi_2$ | 22 | 100 | 2.2 | 759 |
| $TiSi_2$ | 17 | 100 | 1.7 | 586 |
| Ta | 13.1 | 100 | 1.3 | 448 |
| $WSi_2$ | 12.5 | 100 | 1.3 | 448 |
| Pd | 10.5 | 100 | 1.1 | 380 |
| W | 5.3 | 100 | 0.53 | 183 |
| Mo | 5.3 | 100 | 0.53 | 183 |
| Al | 2.6 | 100 | 0.26 | 90 |

1 cm 길이의 상호접속 선에 의해 발생한 지연은 소자 크기를 ~2 $\mu$m 이하로 떨어뜨려 회로 속도를 제한할 것이다.

앞에서 언급한 내용은 소자 크기가 축소됨에 따라 회로의 성능을 향상시키기 위하여 두 가지 방법이 있음을 의미한다. 첫째, 칩 상에서 긴 거리를 거쳐 신호를 전송하기 위해 사용된 물질은 가장 작은 저항값을 가져야 한다. 이것은 다결정 실리콘을 이용한 상호접속(20Ω/□)을 폴리사이드 상호접속($TiSi_2$의 경우 1.7Ω/□)으로 대체하려는 경향의 주요 원인이 된다. 둘째, 칩 상에서 상호접속의 길이는 가능한 작게 만들어져야 한다. $RC$ 지연 시간은 상호접속 선의 길이의 제곱에 비례한다. 즉, 상호접속에서 저항과 커패시턴스는 식 (10)과 (11)과 같이 표현된다.

$$R = (\rho\, l)/(w\, t_m) \tag{10}$$

$$C = \epsilon w l / t_{ox} \tag{11}$$

따라서, $RC$ 지연 시간은 다음 식과 같이 나타낼 수 있다.

$$RC = \frac{\rho \epsilon l^2}{t_m t_{ox}} \tag{12}$$

여기서, $\rho$는 비저항, $l$은 상호접속 선의 길이, $w$는 선폭, $\epsilon$은 유전율, $t_m$은 금속의 두께, 그리고 $t_{ox}$는 산화막의 두께이다. 다층 상호접속 구조는 가장 긴 선들의 길이를 줄일 수 있는 효과적인 방법이다.

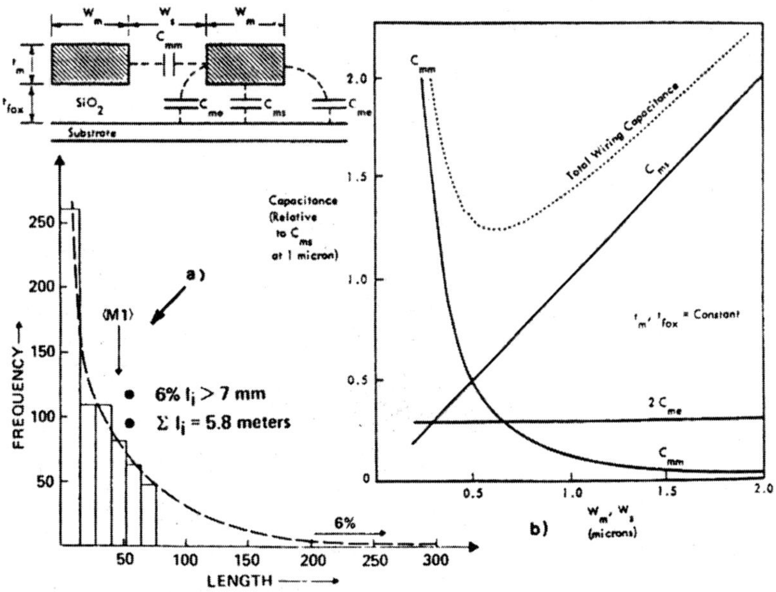


**그림 8.17** 단일 층 금속 IC의 선 길이에 대한 커패시턴스 특성

전송 지연에 연관된 연구들을 통하여 다층 상호접속이 주목을 받고 있다. 첫째, 다층 상호접속 기술로 가능한 평균 길이에 근접한 모든 상호접속을 설계할 수 있게 한다. 일부 선들이 나머지 보다 훨씬 길게 되면 회로의 전체 지연 시간이 증가하게 되므로, 이 문제는 중요하다. 길이 변화는 불규칙한 $RC$ 지연 시간을 일으키며, 이것은 회로의 스위치 동조화를 방해할 수 있다. 그림 8.17(a)는 전형적인 단일 층 금속 IC의 선 길이에 대한 막대그래프를 나타낸 것이다. 대부분의 선은 짧으며 7 mm보다 긴 선은 전체의 약 6%로 매우 적다. 다층 상호접속은 긴 선이 사용되는 것을 줄여준다. 두 번째는 그림 8.17(b)에서 보는 바와 같이 선 간격이 0.6 $\mu$m 보다 작아지면, 선의 피치가 감소함에 따라 평행하게 배치되어 있는 커패시터가 증가하기 때문에 상호접속 선의 총 기생 커패시턴스는 증가할 것이다. 결과적으로 시스템 사이클 시간은 전체적인 증가를 보인다. 즉, 인접한 층과 수직으로 연결된 선을 갖는 다층 금속 상호접속 시스템의 사용은 이러한 문제를 줄일 수 있다. 마지막으로 칩의 기능적인 밀도가 증가될 수 있기 때문에 칩과 칩 사이의 신호 전달이 적게 요구된다는 것이다.

## 3.2 구조

그림 8.18은 MOS 기술에서 이중 층(double level) 금속 구조와 연관된 용어들을 나타낸 것이다. MOS 구조는 다결정 실리콘 게이트/상호접속 층과 금속 1 사이에 유전체 층을 가지고 있으며 이것을 PMD(Polysilicon/Metal 1 Dielectric)라고 지칭한다. 금속 층들 사이의 유전체 층을 IMD(InterMetal Dielectric)라고 부른다. 금속 1과 금속 2 사이의 IMD를 DM1으로 명시하며 다른 층의 금속 사이, 예를 들면, 금속 2와 3 또는 금

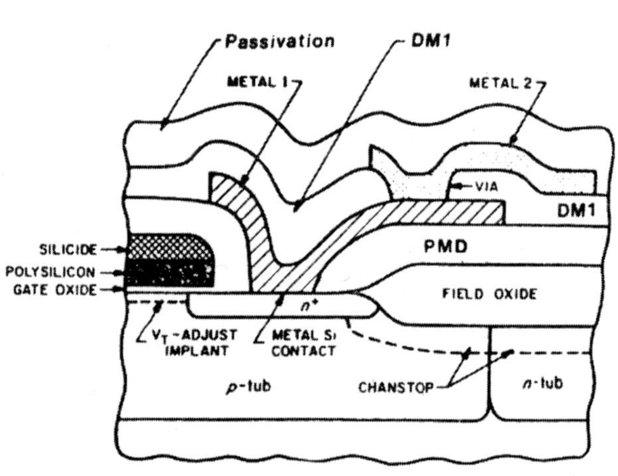


**그림 8.18** 이중 층 금속 상호연결 관련 용어

속 3과 4의 유전체 층은 DM2와 DM3 등으로 표시한다. PMD에서 구멍을 접촉 홀(contact hole)이라고 부른다. 이 부분을 통하여 금속 1과 다결정 실리콘 사이의 접촉이 형성될 뿐만 아니라 금속 1과 실리콘 기판 사이의 접촉이 형성된다. IMD 층의 구멍은 비아(via)로 알려져 있다. 이것은 금속 1과 2, 금속 2와 3 등의 접촉을 형성한다.

## 3.3 재료

### 3.3.1 전도성 물질

VLSI 상호접속 기술에 대하여 고려된 특정 전도성 물질의 성질을 기술하기 전에 그러한 전도체에 요구되는 일반적인 조건을 검토하는 것이 도움이 된다. 중요한 조건들을 아래에 열거하였다.

- 낮은 비저항(〈 4 $\mu\Omega$-cm)
- 전자이탈 및 힐락(hillock)에 대한 저항력
- 외부 단자와의 접착성 및 하부층에 대한 우수한 부착성
- 다양한 공정 상황 하에서의 안정한 기계적 및 전기적 성질 유지
- 내부식성
- 소자, 웨이퍼 공정 장비에 대한 오염의 최소화
- 고순도를 가지며 두께 및 균일도를 조절하여 증착 가능
- 다층 박막으로 증착 가능
- 고선택비를 가지며 비등방성 식각 가능
- 우수한 단차 피복(step coverage) 특성
- 효과적인 포토 리소그래피 공정을 위한 박막 반사도의 조절
- 낮은 박막 응력

표 8.4는 이러한 물질들의 중요한 성질들을 요약해서 나타낸 것이다. 표에 주어진 비저항은 10~1,000 nm 두께를 가지는 다결정 박막에 대한 수치이다. 더 순수하거나 두꺼운, 그리고 큰 결정립들을 가지는 박막에서는 더 낮은 비저항값들이 나타날 수도 있다. 일반적으로 합금 전도체의 경우 화학량론의 편차는 비저항을 증가시킨다. 그 결과, VLSI 상호접속에 적합하다고 알려진 물질의 수는 상당히 적다. 일반적으로 합금 전도체의 경우 화학량론의 편차는 비저항을 증가시키므로, 모든 증착 변수가 동일한 박막을 만들기 위해 제어된다면, 주어진 형태의 박막의 비저항은 한 증착 과정에서 다른 증착 과정까지 변화가 없을 것이다. VLSI 박막 전도체의 다른 주요 성질은 실리콘과 실리콘 산화막에 대한 부착 능력이다. 이 점에서 Al, Ti, Ti:W 그리고 TiN 박막이 가장

**표 8.4 VLSI 다수준 상호접속에 사용된 다양한 박막 전도체의 성질**

| Metal or Alloy | Melting Point (℃) | Reaction with Si (℃) | Stable on Si up to (℃) |
|---|---|---|---|
| Al | 660 | ~250 | ~250 |
| Mo | 2,620 | 400~700 | ~400 |
| W | 3,410 | 600~700 | ~600 |
| $MoSi_2$ | 1,980 | - | ≤1,000 |
| $TaSi_2$ | ~2,200 | - | ≤1,000 |
| $TiSi_2$ | 1,540 | - | ≤900 |
| $WSi_2$ | 2,165 | - | ≤1,000 |
| $CoSi_2$ | 1,326 | - | ≤950 |
| PtSi | 1,229 | - | ≤750 |
| Ti:W(10wt% Ti) | - | 600~700 | ~700 |
| TiN | ~2,880 | | |

우수하다. Al과 Ti는 부착성과 안정성을 촉진시키는 계면 금속-산화막 결합을 형성하기 때문에 실리콘 산화막이 감소된다. $WSi_2$, $MoSi_2$ 그리고 $TiSi_2$는 실리콘 산화막에 잘 부착되나, Al이나 Ti만큼 잘 부착되지는 않는다. 한편, W와 Mo는 산화막 표면과 낮은 부착성을 나타낸다. 그 결과, W와 Mo는 독립적인 전도성 물질로 사용되지 않는다. 대신에, Ti, Ti:W 또는 $TiN_x$ 같은 층이 실리콘과 실리콘 산화막으로의 충분한 부착성을 촉진시키도록 W 또는 Mo 박막 아래에 증착된다.

### 3.2.2 유전체 물질

유전체 층은 다층 상호접속 시스템에서 전도체를 다른 층들로부터 전기적으로 절연시키기 위해 사용된다. 이러한 유전체 층이 가지는 특성들을 다음에 나열하였다. 전도성 응용에 사용된 전도성 물질에 대한 경우처럼 유전체 층이 가져야 할 조건들도 다양하다.

- 20MHz 주파수 범위 내에서 낮은 유전율(금속선 사이의 낮은 커패시턴스 유지 목적)
- 높은 절연파괴 전계강도( $>$ 5MV/cm)
- 낮은 누설 특성(벌크 비저항 $> 10^{15}\,\Omega$-cm)

- 낮은 표면 전도성(표면 비저항 〉$10^{15}$)
- 습기에 대한 비흡수성(습기에 대한 투과성)
- 금속(예, Al)과의 우수한 접착 특성(열악한 접착 특성의 경우, 금속과 유전체 사이에 접착층 필요)
- 상, 하 유전체 층과의 우수한 접착 특성
- 500℃까지의 온도 안정성
- 용이한 식각(습식 또는 건식 식각)
- 금속성 불순물 및 전기적 전하 또는 쌍극자들을 함유하지 않아야 함
- 우수한 단차 피복 특성
- 우수한 두께 균일도
- 낮은 결함 밀도

그림 8.18에서 언급된 PMD 유전체 박막과 금속 층들 사이에 적용된 유전체 박막(IMD, 예, 그림 8.18에서의 DM1) 사이에는 상당한 차이가 있을 수 있다. PMD 박막은 금속 사이의 유전체에서 보다 더 높은 온도에서 증착될 수 있다. 게다가, PMD 박막은 800℃를 초과하는 온도에서 흐름(flow)이 발생하거나 재흐름(reflow)이 일어날 수 있다. 다른 한편, Al이 웨이퍼 표면에 존재할 때 금속 간 유전체 층의 최대 온도는 ~450 ℃로 제한된다.

## 4. Cu 금속화 공정

최근에, 반도체 산업에서 마이크로칩 제작을 위해 상호접속 물질로서 Cu를 도입하고 있다. Cu는 비저항값이 낮은 장점이 있는 반면에, 확산속도가 빨라 실리콘 기판과 소자를 오염시킬 수 있고 건식 식각이 어렵다는 단점 때문에 사용에 많은 제약을 받고 있다.

### 4.1 이중 다마스쿠스 구조

Cu는 잘 식각되지 않기 때문에 공정상의 많은 제약이 있어 왔다. 그러나 1990년대에 화학적-기계적 연마(CMP) 기술이 개발됨으로써 상호연결을 형성할 때, Cu의 식각이 필요하지 않은 이중 다마스쿠스(dual damascene) 공정을 채택할 수 있게 되었다. 이 구조는 ILD에서 홀(hole)과 트렌치를 식각함으로써 각 금속 층의 비아(via)와 선을

만들어서 식각된 곳에 Cu를 집어넣고, 초과량의 Cu를 화학적-기계적 연마로 제거해서 평탄화시켜 만든다.

### 4.2 이중 다마스쿠스 공정

이중 다마스쿠스 공정에는 다양한 방법이 있다. 다음에 이중 다마스쿠스 기본 공정 순서를 나타내었다.

1) 실리콘 산화막($SiO_2$) 증착 : 비아(via)에 적합한 두께를 얻기 위하여 PECVD를 이용한 ILD 산화막 증착

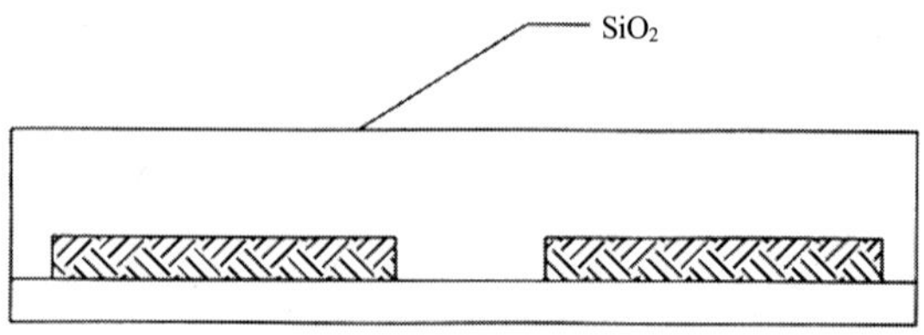


**그림 8.19** ILD 산화막 증착

2) 식각 종료(etch stop)를 위한 SiN 박막 증착 : 식각 종료를 위해 얇은 SiN(250 Å) 박막을 ILD 산화막 위에 증착. SiN 박막은 조밀하고 핀홀이 없어야 한다

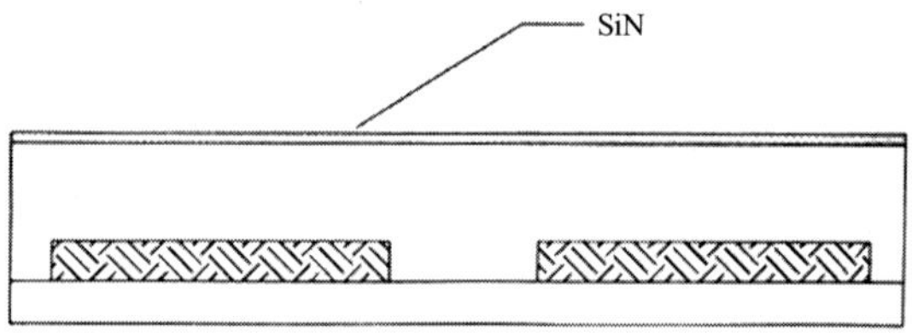


**그림 8.20** SiN 박막 증착

3) 비아 패터닝과 식각 : 포토 리소그래피/건식 식각 공정을 이용하여 SiN 안으로 비아 구멍을 형성

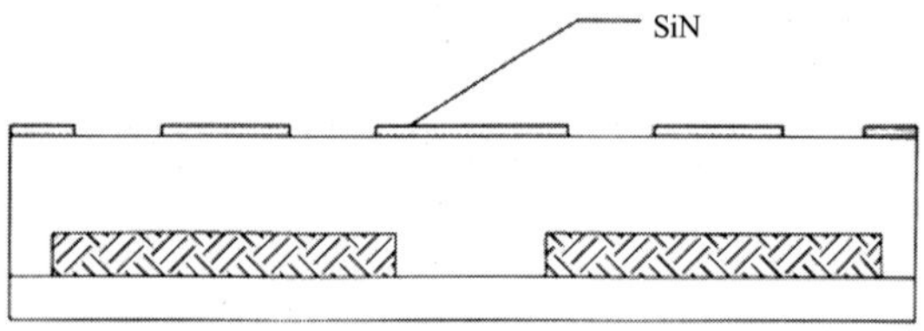


**그림 8.21** 비아 패터닝과 식각

4) 잔류 실리콘 산화막 증착 : 잔류 ILD 산화막을 위한 PECVD 산화막 증착

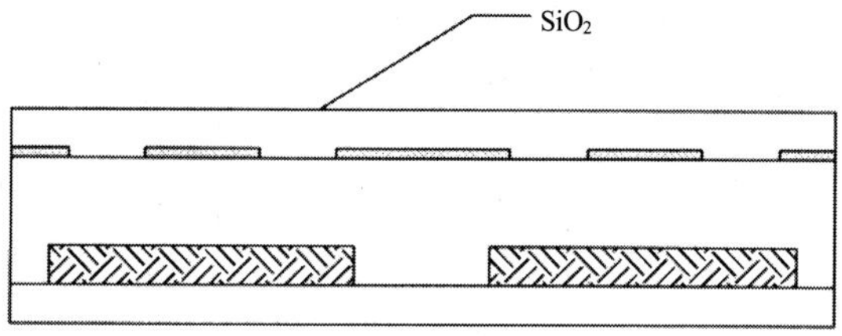


**그림 8.22** 잔류 산화막 증착

5) 상호접속 패터닝 : 포토 리소그래피 공정을 이용하여 실리콘 산화막 트렌치 패턴 형성

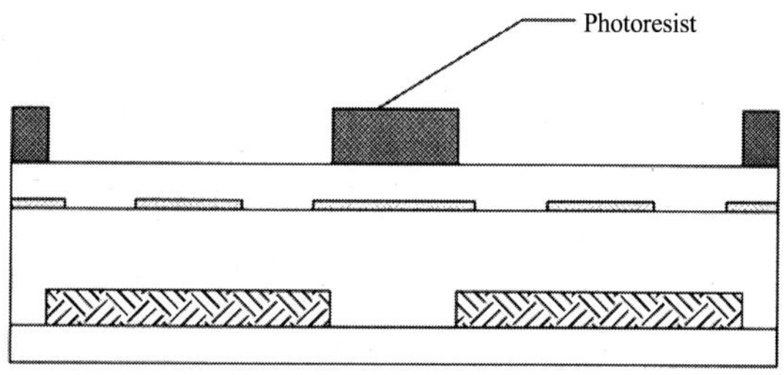


**그림 8.23** 상호접속 패터닝

6) 상호접속을 위한 트렌치와 비아를 위한 홀 식각
- ILD 산화막에 건식 식각으로 트렌치 형성
- SiN 층에서는 종료
- 식각은 SiN의 구멍을 지나서 비아 구멍을 형성할 때까지 계속됨

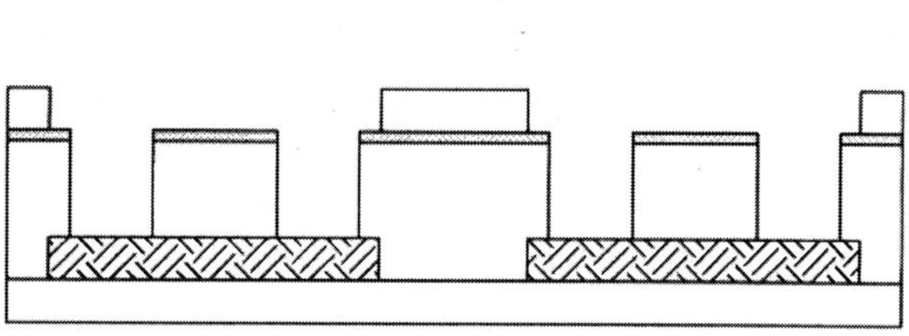

**그림 8.24** 트렌치와 비아를 위한 홀 식각

7) 확산 방지층 증착 : 트렌치와 비아의 측벽에 Ta 또는 TaN 확산 방지층 증착

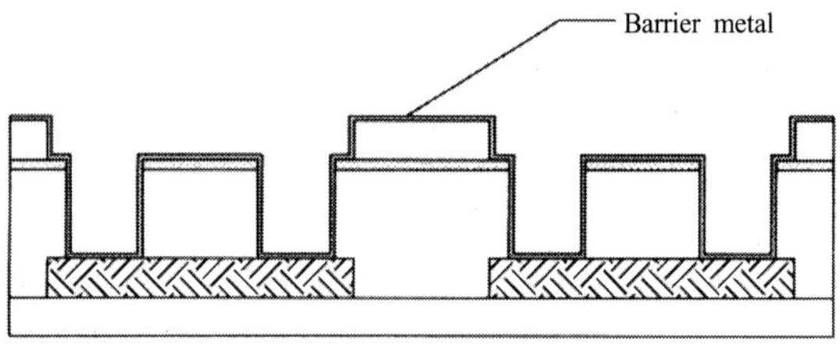


**그림 8.25** 확산 방지층 증착

8) Cu 씨앗층 증착 : CVD를 이용한 Cu 씨앗층 증착

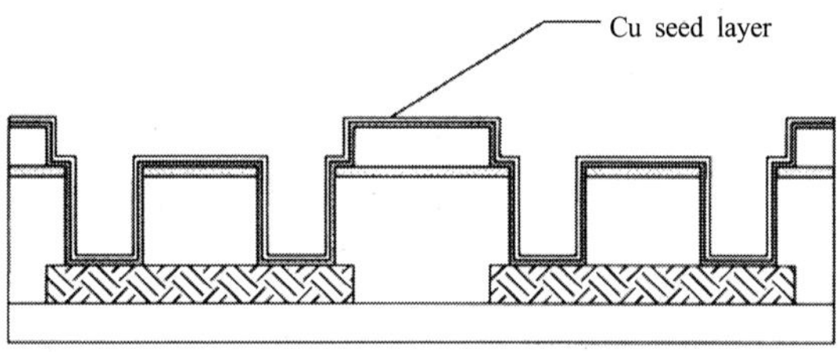


**그림 8.26** Cu 씨앗층 증착

9) Cu 증착 : 전기화학증착(ECD)으로 Cu를 증착하여 비아 및 트렌치를 채움

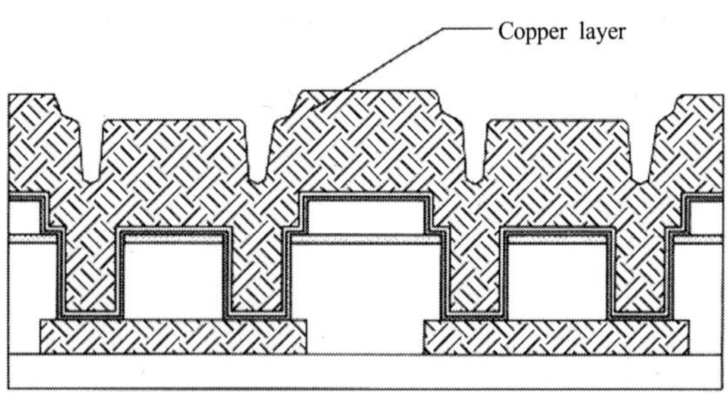


**그림 8.27** Cu 증착

10) CMP를 이용한 과잉 Cu 제거 : CMP를 이용하여 과잉 Cu 제거하여 표면을 평탄화시켜 다음 단계를 준비함

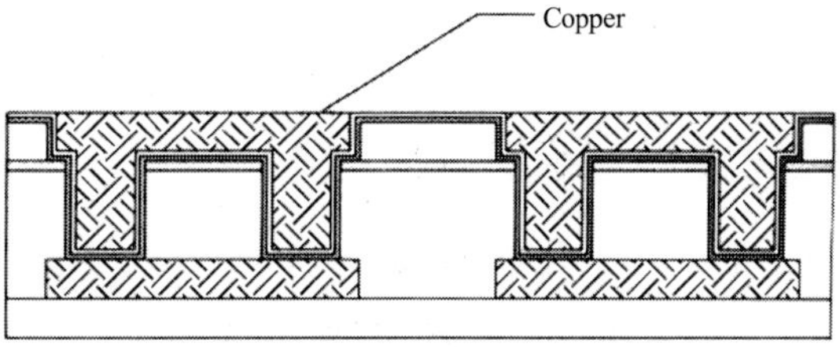


**그림 8.28** CMP를 이용한 과잉 Cu 제거

이중 다마스쿠스 공정에서 2층 금속 상감(two-tiered metal inlay)은 금속선을 위한 상호접속 트렌치 외에 비아 또는 접촉을 위한 일련의 홀(hole)을 포함해서 형성된다. 비아와 금속선 층은 동시에 구리로 채워져서, 비아와 금속선 사이의 경계를 없애고 공정 단계를 줄인다. 이중 다마스쿠스 공정을 형성하는 다른 방법들이 있는데, 대부분의 제조 방법은 비아와 트렌치에서 발생하는 식각 깊이를 조절하기 위해 식각 종료(etch stop) 재료를 사용한다. 식각 종료는 일반적으로 트렌치나 비아의 밑 부분에 하드 마스크로서 질화 실리콘 막을 사용해서 이루어진다. 질화 실리콘은 유전체 재료에 비해서 훨씬 느리게 식각되기 때문에 식각 공정을 효과적으로 정지시킨다. 더욱 복잡한 공정에서는 둘로 독립된 질화 실리콘을 사용하기도 한다. 질화 실리콘은 높은 유전상수를 가지고 있고 얇기 때문에 상호접속 적층구조의 삽입층 커패시턴스를 증가시킨다. 앞에서 설명한 이중 다마스쿠스 순서는 트렌치와 동일한 식각 단계로 이루어진 비아 식각을 나타내며, 트렌치의 하부를 정의하기 위하여 질화 실리콘 막을 식각 종료에 이용하였다. 다른 형태의 이중 다마스쿠스에서는 비아가 먼저 식각되며 후에 트렌치가 패턴되고 식각되기도 한다.

Cu 금속화를 위해 다마스쿠스 방법을 사용하는 가장 큰 이유는 금속 식각을 피하기 위해서이다. 다마스쿠스 공정의 또 다른 이점은 유전체가 덮개로 적용되면서 식각되기 때문에 식각된 금속선들 사이의 유전체 틈을 채울 필요가 없다는 것이다.

집적회로 제작에서 이중 다마스쿠스 공정은 알루미늄 금속 상호연결에서 보다 20~30% 정도 공정 단계를 줄인다. 이중 다마스쿠스 공정은 제조 단계를 줄일 뿐만 아니라 Al 금속화에서 가장 어려운 단계인 Al 식각 그리고 W과 유전체를 CMP로 평탄화시키는 단계를 포함하지 않는다. 집적회로 칩 제작에서 공정 단계를 줄이는 것은 에러의 발생 요인을 줄이기 때문에 생산량을 증가시킨다는 경제적인 면에서도 중요하다.

# 5. 평탄화

## 5.1 평탄화의 도입과 발전

1980년대 이래로 집적회로 칩 위에 더 많은 트랜지스터를 배열하기 위하여 두 개 이상의 금속층을 필요로 하게 되었다. 이때 가장 문제가 되는 것은 금속층 사이의 절연층을 평탄하게 하는 것이다. 평탄하지 않은 표면에 포토 리소그래피 공정을 적용하면 광학 시스템에서 초점 심도(depth of focus)를 맞출 수가 없어서 칩을 소형화하기 위해 필요한 높은 해상도를 얻을 수가 없었다. 평탄하지 않은 절연체 표면은 금속층 생성 시에도 문제가 되었는데, 금속 공정은 보통 측벽의 단차 피복 특성이 좋지 않기 때문이다. 측벽의 금속 라인이 가늘수록 전류밀도가 높아져서 전자이탈(electromigration)에 취약하게 된다. 이러한 문제를 해결하기 위하여 평탄화 공정이 도입되었다. 평탄화는 표면 단차를 제거하여 표면을 매끄럽고 편평하게 만드는 공정이다. 평탄화의 정도는 웨이퍼 표면, 특히 패턴이 형성된 웨이퍼 표면에 절연막 증착 이후의 매끈함(smoothness)과 편평함(flatness)을 의미한다. 평탄화의 정의를 그림 8.29에 나타내었다. 편평도는 표 8.5에 나타내었고, 편평도를 정의하는데 사용되는 박막의 표면 지형도를 그림 8.30에 나타내었다.

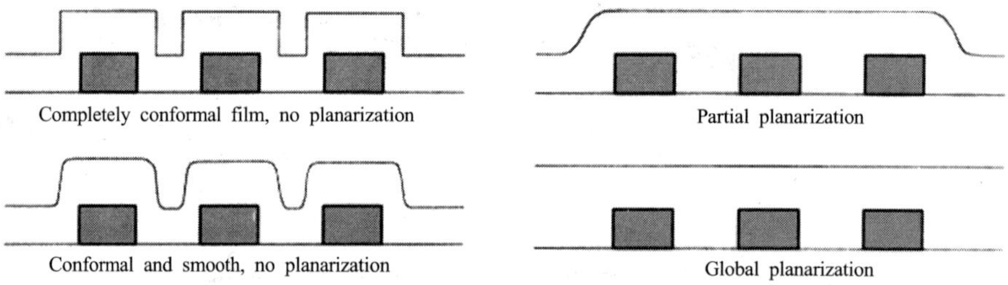


**그림 8.29** 평탄화의 정의

**표 8.5** 편평도

| Planarity | R(μm) | θ |
|---|---|---|
| Surface smoothing | 0.1~2.0 | 〉30° |
| Local planarization | 2.0~100 | 30°~0.5° |
| Global planarization | 〉100 | 〈 0.5° |

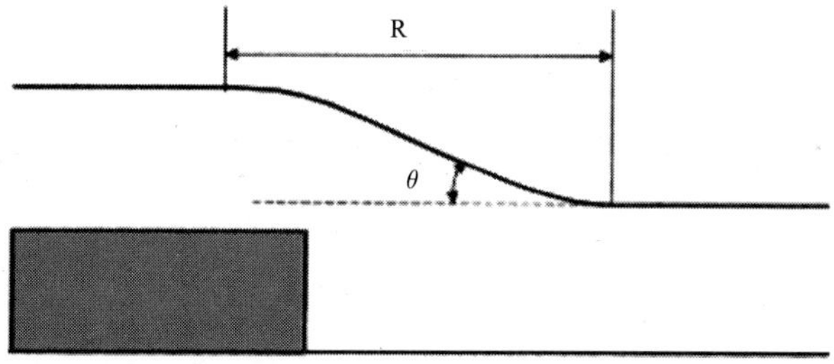


**그림 8.30** 박막 표면 지형도

이러한 절연체 평탄화를 위해 열 흐름(thermal flow), 스퍼터링 평탄화 식각(sputtering etchback), 감광제(photoresist) 평탄화 식각, SOG(Spin-On Glass) 평탄화 식각 등의 여러 가지 방법들이 사용되어왔다.

열 흐름은 절연체 평탄화를 위해 사용되는 가장 일반적인 방법이다. 웨이퍼를 고온(~1,000℃)으로 가열할 경우, PSG 및 BPSG와 같은 불순물을 포함하는 규산염 유리(silicate glass)는 유연해져서 그림 8.31처럼 표면장력에 의하여 흐르기 시작하여 평탄화를 시켜준다.

하지만 열 재흐름(thermal reflow) 평탄화는 몇 가지 한계를 가지고 있다. 이 경우는 주로 재흐름 온도 및 불순물 농도에 좌우되며, 온도가 높을수록 평탄화 결과가 더 좋다. 그러나 온도가 높을수록 과도한 불순물 확산 때문에 트랜지스터 성능이 저하된다. 재흐름 온도를 낮추려면 불순물 농도가 더 높아야 하지만 P의 농도가 너무 높으면

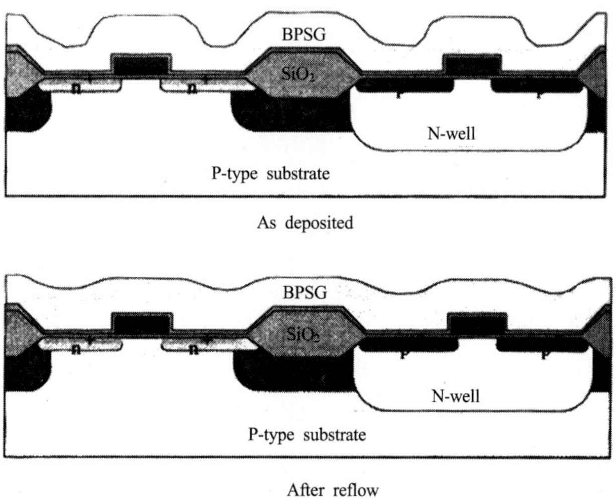


**그림 8.31** CMOS IC 공정에서의 재흐름

( >7 wt%) $P_2O_5$가 $H_2O$와 반응하여 $HPO_4$를 형성하기 때문에 금속 부식이 일어나 표면 결함을 일으킬 수도 있다. 또한, 재흐름 온도가 Al 용융온도보다 아주 높으면 Al을 증착한 이후에는 사용할 수 없다. 따라서 IMD(InterMetal Dielectric)에는 다른 평탄화 방법이 도입되어야 한다.

이러한 IMD 평탄화를 위해 Ar 스퍼터링 평탄화 식각(ion mill)이 개발되어 사용되어왔다. 스퍼터링 평탄화 식각 공정에서는 활성 Ar 이온이 웨이퍼 표면을 때려서 갭(gap)의 가장자리를 무너뜨림으로써 갭을 막아 준다. 이와 같은 방법과 함께 연속하여 CVD 공정을 적용하면 갭을 쉽게 채울 수 있기 때문에 원하는 평탄화를 얻을 수 있다. 또한 $CF_2/O_2$ 반응을 사용한 반응성 이온 평탄화 식각 공정은 절연체 표면을 더욱 편평하게 만들 수 있다. 그림 8.32는 이러한 평탄화 식각 공정을 나타낸 것이다.

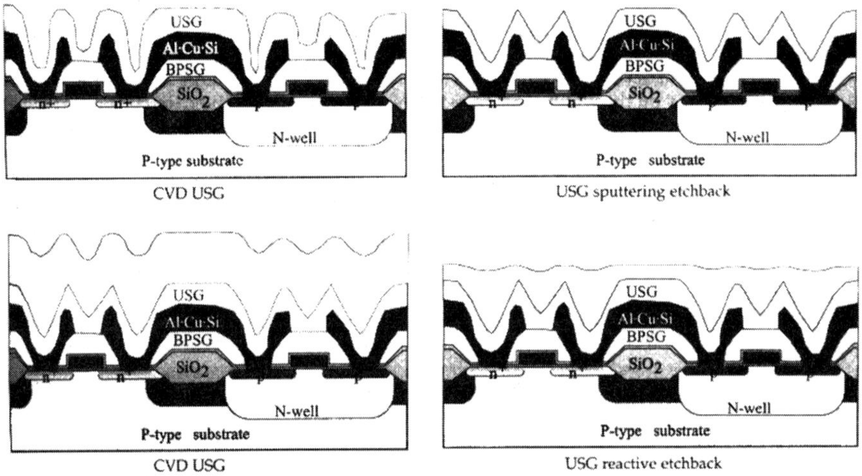


**그림 8.32** 증착/식각/증착/식각 갭 채우기

절연체 표면을 평탄화시키기 위하여 감광제 평탄화 식각이 사용된다. 절연체층을 증착한 후, 웨이퍼 표면에 감광제를 회전 도포시키면 표면장력 때문에 액체인 감광제는 갭을 채워서 편평한 표면을 만들어준다. 굽기(baking) 공정 이후 감광제는 웨이퍼 표면에 평탄한 표면을 가진 고체 박막이 된다. $CF_4/O_2$ 반응을 이용한 플라스마 식각 공정에서, 산화막은 F기(fluorine radical)에 의해 불균일하게 식각되는데 $CF_4$와 $O_2$의 가스 흐름 비율을 조절하면 산화막과 감광제의 선택비를 1 : 1에 가깝게 만들 수 있다. 산화막 표면은 이와 같은 감광제 평탄화 식각을 이용하여 평탄화할 수 있다. 그림 8.33은 감광제 평탄화 식각 공정을 나타낸 것이다.

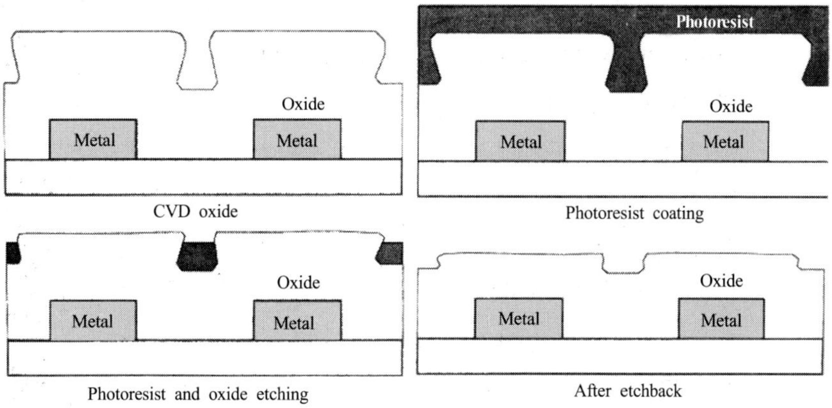


**그림 8.33** 감광제 평탄화 식각

F기가 산화막을 식각하기 시작하면 식각된 산화막에서 F로 대치된 $O_2$가 방출된다. 이 여분의 $O_2$기는 감광제 식각을 도와 감광제 식각률은 더 높아지게 된다. 이 때문에 감광제 평탄화 식각 공정은 아주 우수한 평탄화를 얻을 수는 없다. 그러나 감광제 평탄화 식각 이후, 추가로 증착된 절연막 표면은 훨씬 편평해진다. 따라서 감광제 평탄화 식각 공정을 한 번 혹은 여러 번 반복하여 원하는 평탄화 결과를 얻기도 한다.

감광제 대신 SOG(spin-on glass)를 사용하여 IMD의 갭을 채우고 평탄화를 하기도 한다. SOG는 감광제와 달리 웨이퍼 표면에 머물러서 금속층들 사이의 좁은 갭을 채우기도 한다. USG/SOG/USG의 샌드위치 구조(sandwitch structure)를 가진 IMD를 적용하면 어느 정도 평탄화된 표면을 만들어준다. 어떤 경우에는 두 번의 SOG 코팅, 경화(curing), 평탄화 식각 공정들을 사용하면 더 좋은 평탄화를 얻을 수도 있다.

## 5.2 CMP의 도입

열 흐름 또는 평탄화 식각 공정들로도 매끈함(smoothing)과 부분적 평탄화는 얻을 수 있다. 그러나 0.35 μm보다 작은 선폭에서는 전체적인 평탄화를 필요로 하기 때문에 기존의 평탄화 공정들만으로는 한계가 있다. 1980년대 중반에 IBM에서는 절연체 평탄화를 위하여 절연체 CMP 공정을 개발하였다. CMP(Chemical Mechanical Polishing)란 화학 반응과 기계적 연마과정을 함께 사용하여 증착된 박막의 일부를 제거하여 표면을 매끄럽고 평탄하게 만드는 공정을 말한다.

CMP가 처음 반도체 공정에 사용된 것은 웨이퍼 생산 공정이다. 웨이퍼를 단결정 실리콘 덩어리인 잉곳(ingot)에서 잘라내어 집적회로 공정에 쓰이는 웨이퍼로 만들기 위해서는 래핑(lapping)과 식각(etching) 등의 많은 공정과정을 거쳐야 한다. 웨이퍼 생산 공정의 마지막에 CMP 공정을 적용하여 웨이퍼를 평탄화하고 웨이퍼 절단과정에서 생긴 모든 표면결점들을 제거한다. 그러나 이미 수많은 소자들이 생성되어 있는 상태에서 절연체(IMD, InterMetal Dielectric)를 평탄화하는데 CMP 공정을 적용하자는 제안은 초기에는 다소 생소한 것이었다. 일반적으로 웨이퍼의 표면에 대한 직접 접촉은 엄격하게 금지되어 있다. 그 이유는 직접 접촉은 결함이나 불순물 입자들을 남길 수 있어서 집적회로 칩 수율 감소를 가져올 수 있기 때문이다. CMP의 경우, 웨이퍼의 표면을 회전하는 연마 패드로 강제로 연마하는데다가 다량의 실리콘 및 알루미늄 입자를 포함한 염기성 및 산성 연마제가 사용된다. 그러나 놀랍게도 CMP 공정은 웨이퍼 표면을 평탄화시킬 뿐 아니라 결점 밀도를 줄이고 집적회로 칩 수율을 증가시켰다. CMP 기술이 발전하고 소자 크기가 줄어들면서 대부분의 집적회로 제조 공장은 점진적으로 CMP 공정을 채용하였고, 현재는 반도체 제작업체의 표준공정이 되었다. 현재 CMP 공정은 단순히 표면을 매끄럽고 평탄하게 만드는 것뿐만 아니라 실리콘 기판 위에 얕은 트렌치 고립(shallow trench isolation) 구조를 형성하기 위해 표면에서 벌크 절연체를 제거하거나, 절연막에 금속 플러그 또는 라인을 생성하기 위해 웨이퍼 표면에서 벌크 금속막을 제거하는데도 사용되고 있다.

최근에는 벌크 금속막을 제거하는 W-CMP 공정도 개발되어 빠르게 텅스텐 평탄화 식각을 대체하고 있다. W는 다른 층들의 도체들 사이를 연결하는 금속 플러그를 생성하는데 사용되어 왔다. W-CVD는 매우 좁은 접촉(contact)이나 홀(hole)을 메울 수 있고, 웨이퍼의 전체 표면을 덮기도 한다. 표면에서 벌크 W 막을 제거하여 W 플러그를 생성하기 위하여 플라스마 공정이 개발되어 집적회로 제조에 널리 사용되어 왔으나, 최근에는 W-CMP를 사용하여 여분의 텅스텐 제거를 하고 있다. 그림 8.34는 CMOS 칩 단면으로부터 CMP의 적용 예를 나타낸 것이다.

그림 8.34는 CMOS IC 칩을 제조하는 데에 많은 CMP 공정과정이 적용됨을 보여준다. 모든 IMD층은 절연체 CMP를 거치며, 모든 W층은 W-CMP를 거치고, PMD(Polysilicon-Metal interlevel Dielectric)와 얕은 트렌치 고립 구조에 절연체 CMP도 적용된다.

## 5.3 CMP의 필요성과 장점

소자의 크기가 줄어들면 포토 리소그래피의 분해능은 더 높아져야 한다. 식 ($l_m = k_1 \lambda / NA$)에 의하면 분해능을 높이기 위해서는 광학 시스템의 개구수(numerical aperture)를 증가시키거나 노출광 파장($\lambda$)을 감소시켜야 한다. 또 다른 식 ($\Delta Z = k_2 \lambda / 2(NA)^2$)에 의하면, 이 두 가지 해결책은 모두 초점 심도를 줄인다는 것을 알 수 있다.

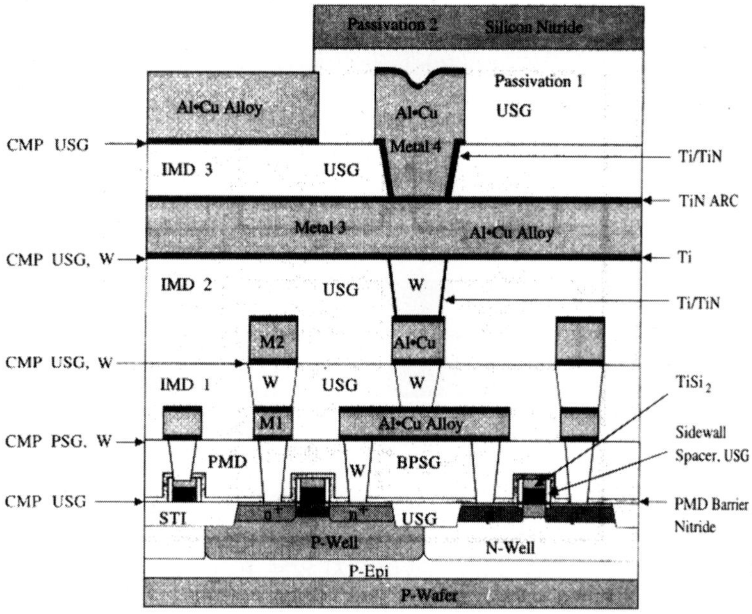


**그림 8.34** CMOS IC 제작과정에서의 CMP의 적용

이 두 식을 사용하여 간단한 계산을 해보면 0.25 μm 분해능에 대한 초점 심도는 약 2,084 Å이고, 0.18 μm 분해능에 대해서는 1,500 Å이다($k_1 = k_2$, $\lambda = 248$ nm(DUV), $NA = 0.6$으로 가정하였다). 그러므로 패턴 크기가 0.25 μm 이하일 때 필요한 포토 리소그래피 공정에서 원하는 분해능을 얻기 위해서는 표면 단차를 2,000 Å 이하로 제어해야 한다. 0.35 μm 보다 클 경우에는 포토 리소그래피의 초점 심도 요구사항을 만족시키기 위해서 기존의 다른 평탄화 방법이 사용될 수 있었다. 그러나 0.25 μm 보다 작은 경우 원하는 평탄화 수준을 얻기 위해서는 CMP 공정을 사용해야만 한다.

또한, CMP로 평탄화된 표면은 금속 PVD 공정에서 단차 피복 특성이 나쁠 때 측벽에서 금속 선들의 가늘어짐으로 인한 높은 저항과 전자이탈 문제를 제거할 수 있다. 이를 그림 8.35에 나타내었다.

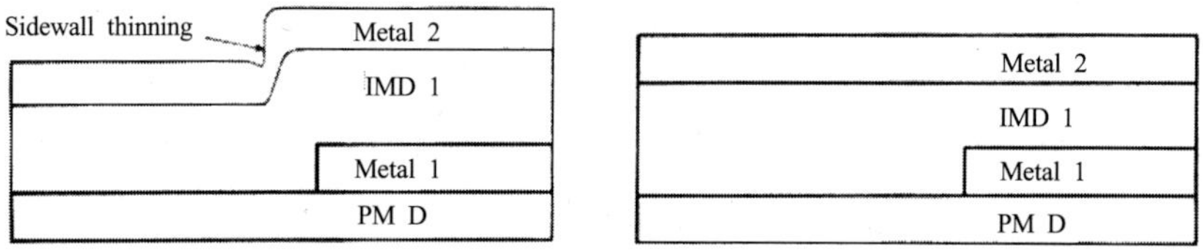


**그림 8.35** 평탄화 되지 않은 표면에서 일어나는 측벽 금속 선의 가늘어짐 현상

또한, 표면이 평탄화되어 있으면 절연과정을 이용하여 두꺼운 감광제를 제거하기 위해 과잉 노출(exposure)과 현상(develpment)을 할 필요가 없다. 이는 그림 8.36에 나타낸 것과 같이 홀과 금속선 형성 공정에서 분해능을 향상시킨다.

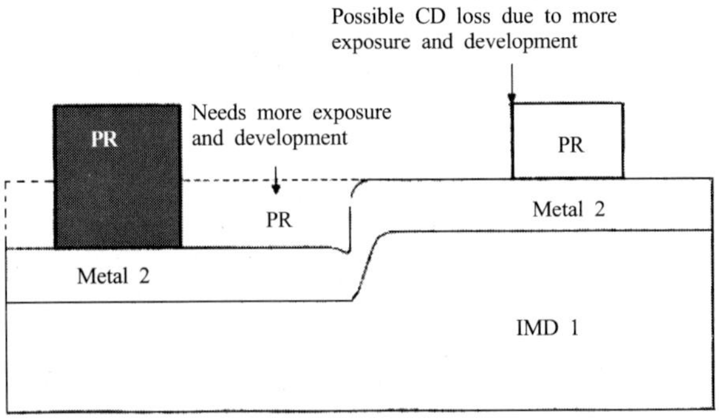


**그림 8.36** 평탄화되지 않은 표면으로 인한 과도 노출과 현상

평탄화된 표면은 균일한 박막 증착을 가능하게 하여 과잉 식각(overetch) 시간을 급격히 감소시킨다. 이것은 그림 8.37에서 볼 수 있듯이 다시 언더컷(undercut)의 위험을 감소시키거나 식각 공정 동안의 긴 과잉 식각 과정 때문에 생기는 손실을 보상한다.

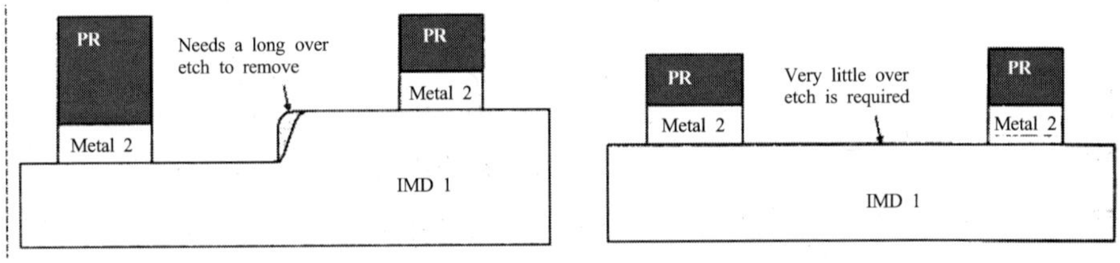


**그림 8.37** 과잉 식각 요건과 표면 평탄화

또한, CMP에 의한 평탄화는 결함을 최소화시키고 박막 증착, 포토 리소그래피, 식각 공정에서의 공정문제를 감소시킴으로써 생산량을 증대시킬 수 있다. CMP 공정은 웨이퍼 표면의 꺼칠함(asperity), 휘어짐(stringer), 그리고 외부입자들을 제거할 수 있기 때문에 효과적으로 결함 밀도를 감소시킬 수 있다. 그러나 CMP 공정은 자체의 결함을 일으킬 수 있기 때문에 표면에서 결함이나 불순물을 제거하기 위해서 적절한 후세정(post cleaning) 기술이 함께 사용되어야 한다.

## 5.4 CMP의 기초

### 5.4.1 제거율(removal rate)

기계적 물질 제거율 $R$은 유리 연마 공정에 대한 연구를 하던 Preston에 의해 확립되었다. Preston 식은 다음과 같이 표현된다.

$$R = K_p \cdot p \cdot \Delta v \tag{13}$$

여기서, $p$는 연마압력으로, 하향의 힘을 접촉면적으로 나눈 값이다. $K_p$는 Preston 상수로서, 특정한 공정에 연관되어 있어서 경험적으로 결정해야 한다. $\Delta v$는 웨이퍼와 연마패드 간의 상대속도이다. Preston 식은 벌크 연마 공정에 잘 맞는다. 거친 표면에서 튀어나온 부분이 표면의 다른 부분들보다 더 높은 연마압력을 받기 때문에 Preston 식에 의해서 튀어나온 부분의 제거율은 표면의 다른 부분들보다 높음을 알 수 있다. 이것은 표면 요철을 제거하여 표면을 평탄화하는데 도움이 된다. 그림 8.38은 웨이퍼의 튀어나온 부분에 대한 더 높은 연마압력을 보여준다.

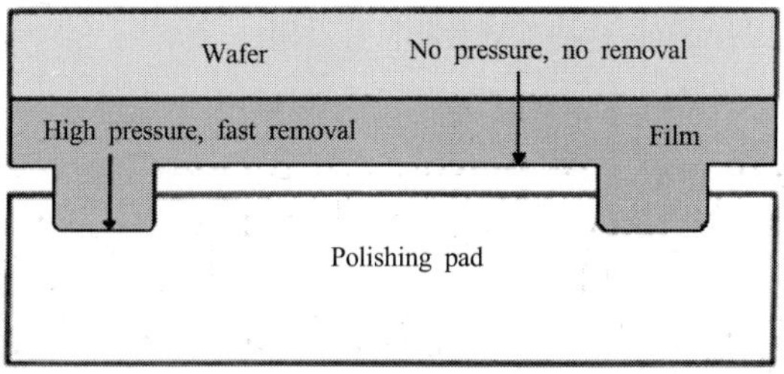


**그림 8.38** 기계적 연마의 요철 선택비

CMP 공정이 완전 기계적일 수는 없기 때문에 Preston 식은 CMP 공정을 항상 정확하게 표현할 수 없다. 화학적 반응은 제거공정에서 중요한 역할을 하는데, 금속 CMP 공정에서는 더욱 그렇다.

제거율은 CMP 공정 전후의 박막 두께 변화를 측정하여 CMP 공정시간으로 나누면 알 수 있다. 절연체 CMP 공정에서 제거율은 광학적 반사 간섭 측정기(optical reflective interferometry)를 사용하여 실시간으로 모니터링된다. 광학적 반사 간섭 측정기는 연마공정의 종료점을 감지하기 위해 CMP 장비에 포함되어 있다.

CMP 공정의 일반적인 제거율은 보통 수천 Å/min이다. 이것은 주로 하향 압력, 연마 패드의 견고함(stiffness), 적용된 연마 슬러리의 양에 의해 좌우된다. 박막의 종류에 따라 제거율은 달라진다. 예를 들면, 실리케이트 유리(silicate glass)는 이것이 SOG인지, PECVD 산화막인지, $O_3$-TEOS 산화막인지에 따라 다른 제거율을 가진다. 물론, 불순물이 주입된 산화막은 주입되지 않은 산화막과 제거율이 다르다.

### 5.4.2 균일도(uniformity)

CMP 공정의 균일도는 보통 49-point, 3$\sigma$ 표준편차 측정을 하여 공정 전후의 박막을 측정하여 평가한다. 양산 단계에서는 보통 9-point 또는 13-point 측정법을 사용하여 CMP 공정 이후의 균일도만 모니터링한다.

WTW(within-wafer) 균일도와 WTW(wafer-to-wafer) 균일도 모두 연마 패드 상태, 하향압력분포, 웨이퍼와 연마 패드 간의 상대속도, 유지 고리 위치 설정(restraining ring positioning), 웨이퍼 형태에 의해 좌우될 수 있다. 경도가 높은 연마 패드와 2 psi 정도의 낮은 압력에서 우수한 전체적인 균일도를 얻을 수 있다.

### 5.4.3 선택비(selectivity)

제거 선택비는 서로 다른 물질의 제거율 간의 비율이다. 보통 CMP 공정에서는 높은 비율이 요구되므로 제거 선택비는 매우 중요한 인자이다. 이것은 침식(erosion)이나 패임(dishing)과 같은 CMP에서 야기되는 결함에 영향을 미치며, 종료점 감지에도 중요하다. 슬러리는 CMP 공정의 제거 선택비에 영향을 미치는 가장 중요한 인자이다. 얕은 트렌치 고립 형성 공정의 산화물 CMP에서는 높은 산화물-질화물 간 선택비를 가져야 연마공정이 질화물 표면에서 멈추기 때문에 매우 중요하다. 보통, 산화물-질화물 간의 선택비는 슬러리 종류, 연마 패드의 견고함(stiffness), 하향압력, 연마 패드 회전속력에 따라서 3에서 100 사이의 값을 가진다. PMD와 IMD에 대한 산화물 CMP 공정에서는 산화물층만 연마되어야 하기 때문에 선택비가 특히 중요하다. W-CMP 공정에서는 산화물과 TiN에 대한 선택비가 매우 중요하다. 보통, W-TEOS 산화물에 대한 선택비는 매우 높아서 50에서 200 사이이다.

어떤 특정한 금속 CMP 슬러리에서 화학 산화제의 반응도는 제거율과 선택비를 제어하는데 결정적이다. 또한, 선택비는 패턴 밀도와 관계가 있다. 예를 들면, 패턴이 없는 경우 텅스텐 CMP 공정의 텅스텐-산화물 제거 비율은 150 : 1 정도로 높다. 그러나 실제 패턴이 있는 경우에 이 비율은 훨씬 작으며, 각 물질의 패턴 밀도에 연관되어 있다. 패턴 밀도가 높을수록 제거 선택비는 낮다. 선택비가 낮아지면 그림 8.39에서 보듯이 W와 산화막에 침식이 생길 수 있다.

집적회로 설계 레이아웃은 직접적으로 침식 문제에 영향을 미친다. 칩 표면의 30% 미만의 개방 영역(open area)을 디자인함으로써 침식 문제를 해결할 수 있다. 많은 경

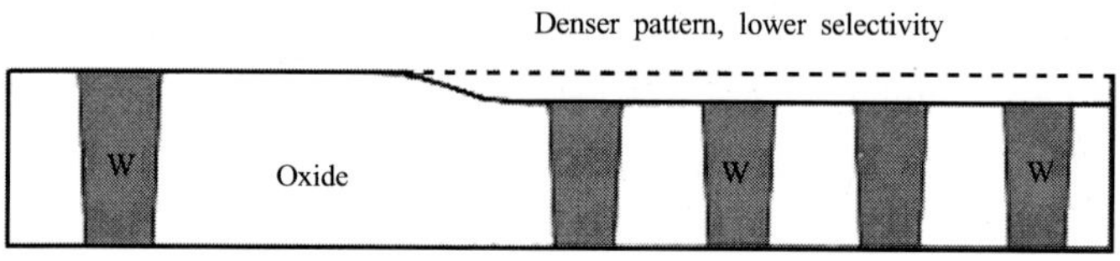


**그림 8.39** 높은 패턴 밀도에 의한 침식

우에 패턴 밀도 변화와 CMP 침식을 피하기 위해 불필요한 구조를 디자인해 넣는다.

### 5.4.4 결함(defect)

CMP 공정은 웨이퍼 표면의 많은 결함을 제거할 수 있기 때문에 제품의 생산성을 향상시킨다. 그러나 이것은 공정과 연관된 긁힘, 잔류 슬러리, 입자, 침식, 패임 등의 새로운 결함을 만들 수도 있다. 큰 외부입자나 단단한 연마 패드는 웨이퍼 표면에 긁힘을 일으킬 수 있다. W-CMP 이후에 W는 산화 CMP 공정으로 인한 산화물 표면의 긁힌 상처를 채워서 미세한 W를 형성할 수 있는데 이것은 회로 단락 등을 일으켜서 집적회로에 문제를 일으킬 수도 있다.

부적합한 하향 압력, 연마물질의 마모, 부적합한 연마 패드 조건, 입자의 표면 흡착, 연마제 건조 등은 웨이퍼 표면에 슬러리 잔여물을 남길 수 있다. 이것은 오염결함을 일으켜 집적회로 생산을 감소시킬 수 있다. CMP 후 세정은 슬러리 잔여물을 제거하여 공정 생산량을 높이는데 중요하다. 침식은 그림 8.39에서 보듯이 주로 패턴 밀도에 기인하는 선택비 저하에 의해 일어난다. 이것은 비아 홀(via hole)의 깊이를 증가시키기 때문에 금속 상호접속(interconnection)의 다음 층에서 부정확한 상호접속이 일어나게 할 수 있다. 이런 현상이 발생되면 비아 홀 식각이 불완전해져서 이중 다마스쿠스(dual damascene) 상호접속의 층들 사이에 그림 8.40에 보이는 것처럼 개방 루프(open loop) 문제를 발생시킬 수 있다.

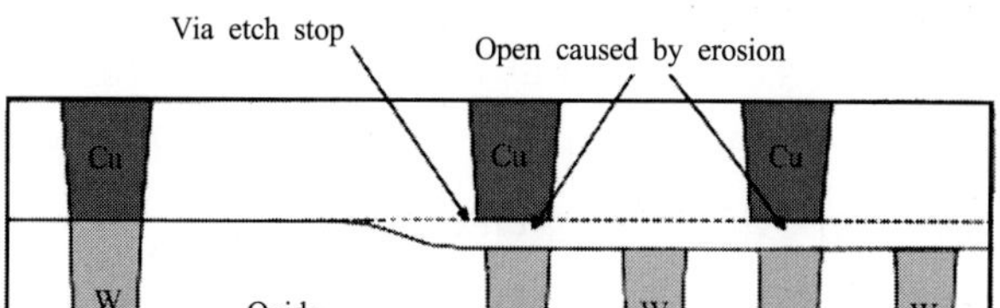


**그림 8.40** 침식으로 인한 개방 루프 문제

패임 효과는 보통 산화물 내의 큰 금속 패드나 얕은 트렌치 고립에서의 산화물처럼 더 넓은 개방 영역에서 일어난다. 이 부분의 중심에서 더 많은 물질이 제거되기 때문에 단면이 그림 8.41에 나타낸 것처럼 된다.

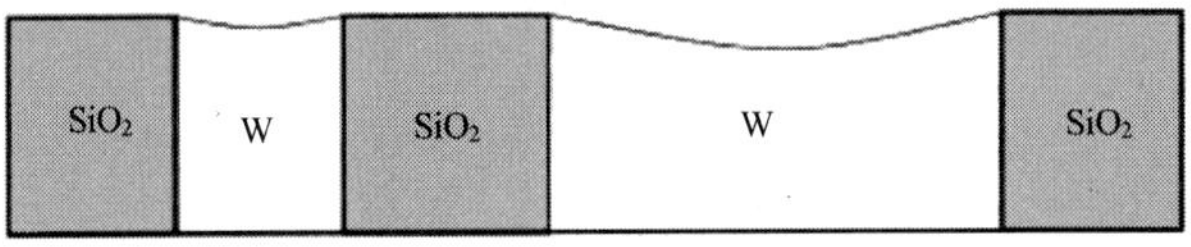


**그림 8.41** 패임 효과

패임과 침식 효과는 제거 선택비와 관계가 있다. 예를 들면, W-CMP 공정에서는 텅스텐-산화물 선택비가 너무 높으면 벌크 층이 제거된 후에 과잉 연마가 일어나서 텅스텐 플러그와 패드에서 패임과 유실(recessing) 효과가 일어난다. 만약 선택비가 충분히 높지 않으면, 이 과잉 연마 단계 동안 산화물과 W가 둘 다 연마되고 제거되어 침식이 일어난다. 질화물에 대한 산화물의 높은 선택도를 가진 산화물 CMP에서는 얕은 트렌치 고립 형성 시의 산화물 CMP의 과잉 연마 과정 동안 그림 8.42에서처럼 패임이 일어날 수 있다.

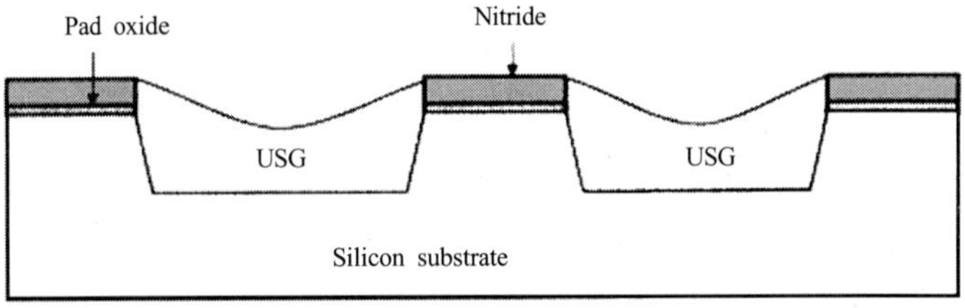


**그림 8.42** 얕은 트렌치 고립 구조에서 USG의 패임과 유실 효과

입자와 결함은 광산란 측정법(light-scattering measurement)을 써서 측정할 수 있다. 입자와 결함은 불균일한 표면 요철을 가지기 때문에 입사광을 산란시키는 반면, 매끈한 표면은 입사광을 반사한다. 그러므로 산란광을 측정하면 그림 8.43과 같이 웨이퍼 표면의 입자와 결함을 모니터링할 수 있다.

산란광의 강도가 약하기 때문에 빛을 모으기 위해 타원형 거울을 사용한다. 타원형 거울은 한 초점에서 산란된 모든 빛을 모아서 그 빛을 또 다른 초점으로 반사한다. 보통 입자 검출 시스템은 레이저 빔을 타원형 거울의 한 초점에서 웨이퍼 표면을 수직으

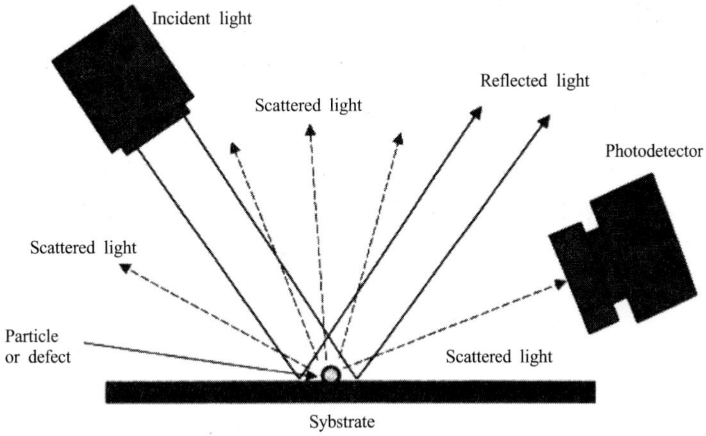


**그림 8.43** 광산란 입자 측정법

로 스캔하고, 다른 초점은 광검출기로 검출하도록 구성된다. 이 디자인은 작은 입자나 결함을 검출하기 위해 웨이퍼를 움직여서 웨이퍼 표면 위의 위치를 조절함으로써 사용자가 최대의 산란광을 모을 수 있도록 해준다. 그림 8.44는 타원형 거울을 가지는 입자 검출 시스템을 나타낸 것이다.

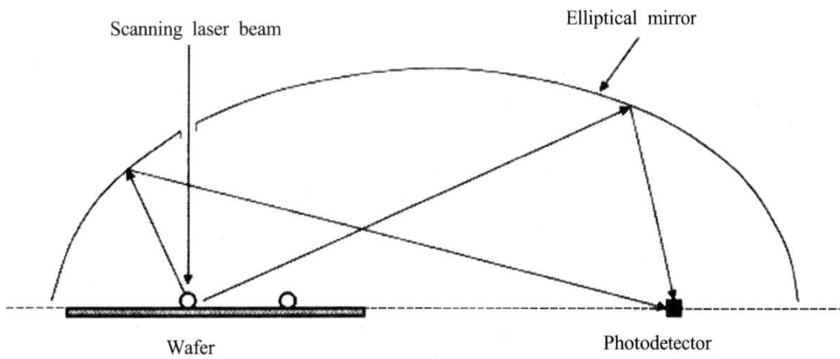


**그림 8.44** 타원형 거울을 가지는 광산란 입자 검출기

결함 검출을 위해 주사전자현미경(SEM)을 스캔하는 방법도 많이 사용된다. 주사전자현미경은 웨이퍼 표면의 미세한 특징을 검출하기 위하여 전자빔으로 웨이퍼 표면을 스캔하여 2차 전자 방출 신호를 모은다. 결함부위에 대한 확대사진을 이용하여 다른 종류의 결함들을 구분할 수 있다. CMP 공정의 가장 중요한 장점 중 하나는 거친 표면 요철로 인한 결함 밀도를 감소시킬 수 있다는 점이다.

## 5.5 CMP 장비

CMP 장비는 연마 패드, 웨이퍼를 고정하여 웨이퍼 전면을 연마 패드에 갖다 댈 수 있도록 하는 회전 웨이퍼 캐리어(rotating wafer carrier), 슬러리 공급부로 구성되어 있다. 그림 8.45는 회전 연마대(rotating polishing table: platen)에 고정된 연마 패드를 가진 일반적인 CMP 장비를 나타낸 것이다. 그림 8.46은 선형 연마 장비인데, 회전하는 연마 패드 대신 선형(linear) 연마 패드를 가지고 있다.

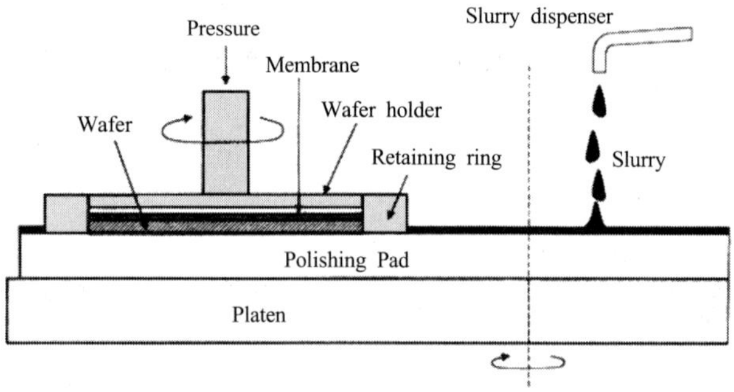


**그림 8.45** CMP 장비의 개략도

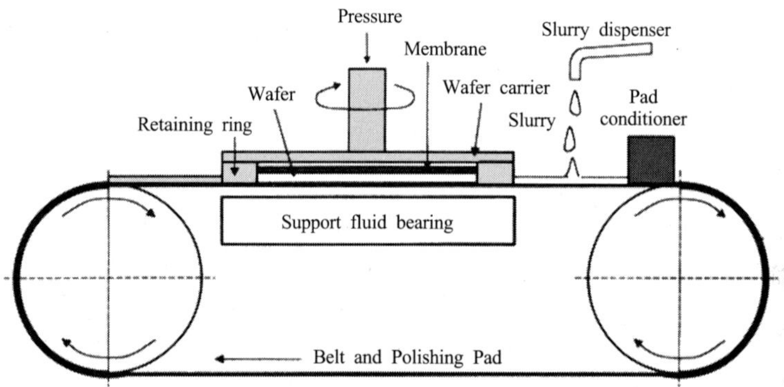


**그림 8.46** 선형 연마 장비의 개략도

CMP 공정에는 마모 입자와 화학 첨가제를 포함한 수용성 슬러리(slurry)가 일반적으로 사용된다. 슬러리는 연마 패드 표면에 도포되고, 웨이퍼 전면은 연마 패드쪽인 아래쪽으로 눌러진다. 보통 연마대와 웨이퍼 캐리어는 같은 방향으로 회전하면서 기계적 마모(mechanical abrasion)와 화학적 식각(chemical etch)을 결합하여 웨이퍼 표면에서 물질을 제거한다. 패턴이 형성된 곳은 더 많은 물리적 마모를 받게 되고 움푹한 곳보다 더 빨리 제거되어서 웨이퍼 표면이 평탄화되는 것을 돕는다.

또, 일부 CMP 장비에서는 뒤에서 슬러리를 짜 넣도록 되어 있다. 연마 패드가 전체적으로 작은 튜브를 가지고 있는 다공성 고분자로 만들어져 있어서 슬러리가 거기에 포화되도록 한다. 연마 헤드가 연마 패드를 누르면 슬러리가 전체 표면에 퍼진다. 이런 종류의 장비는 슬러리의 사용량을 상당히 줄일 수 있어서 공정비용을 감소시킨다.

### 5.5.1 연마 패드

연마 패드는 형을 떠서 절단한 폴리우레탄이나 우레탄을 입힌 폴리에스테르 펠트(felt)와 같은 다공성의 유연성 고분자 물질로 만들어진다. 이런 연마 패드의 성질은 CMP 공정의 질에 직접적으로 영향을 미친다. 연마 패드용 물질은 공정 온도에서 내구성이 강하고, 재생산성과 압축성이 있어야 한다. 주된 요구사항은 표면 평탄화를 얻기 위한 높은 요철 선택비이다.

연마 패드의 주된 요건은 경도(hardness), 다공성(porosity), 필터, 표면 조직이다. 연마 패드의 경도가 높을수록 제거율은 높아지고 WID(within-die) 균일도가 높아지는 반면, 경도가 낮을수록 좋은 WIW(within-wafer) 균일도를 갖게 된다. 고경도 연마 패드는 웨이퍼 표면이 더 쉽게 긁힌다. 연마 패드의 경도는 연마 패드의 화학적 조성이나 셀룰러 구조를 변경함으로써 조절할 수 있다. 연마 패드의 다공성 셀은 연마 슬러리를 흡수하여 슬러리를 연마 패드와 웨이퍼 접촉면으로 이동시키는 것을 돕는데, 이것은 목욕용 스폰지가 액체 비누를 피부표면으로 이동시키는 것을 돕는 것과 흡사하다. 필터 물질들은 기계적 특성들을 향상시키고 연마 패드 특성을 특정 공정의 요구사항에 맞출 수 있게 한다. 연마 패드 표면 거칠기는 등각 범위(conformality range)를 결정한다. 매끈한 표면을 가진 연마 패드일수록 짧은 등각 범위를 가지는데, 이것은 요철 선택비(topographical selectivity)가 더 나쁘고 평탄화 연마 효과가 더 나쁜 것을 뜻한다. 더 거친 표면을 가진 연마 패드일수록 등각 범위가 길고 평탄화 연마 효과가 더 좋다. 그림 8.47은 거칠고 매끈한 연마 패드들의 패턴 제거 효과를 보여준다.

공정이 진행되는 동안 연마 패드 자신도 연마로 인해 더 매끈해진다. 그러므로 다시 거친 연마면을 만드는 재조절(reconditioning) 공정이 필수적이다. 대부분의 CMP 도구들은 모든 연마 패드에 고정된 패드 조절기(pad conditioner)를 가지고 있다. 조절기는 연마 패드 표면을 다시 재생하고(resurface), 사용된 슬러리를 제거하며, 표면에 새 슬러리를 공급한다.

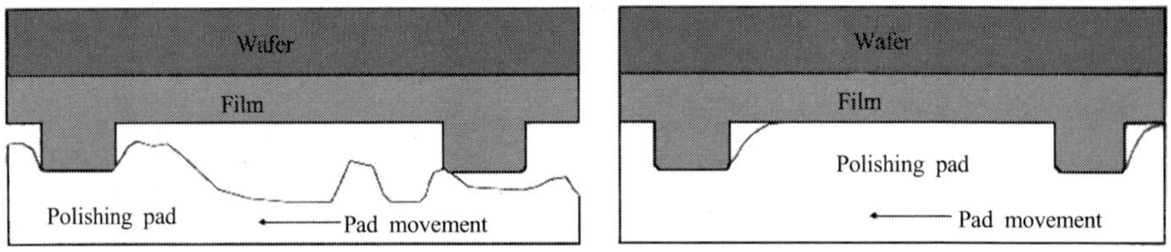


(a) (b)

**그림 8.47** (a) 거친 패드, (b) 매끈한 패드

### 5.5.2 연마 헤드

연마 헤드(polishing head)는 웨이퍼 캐리어라고도 불린다. 이것은 연마 헤드 본체(body), 유지 고리(retaining ring), 캐리어 멤브레인, 아래쪽으로 누르는 힘을 만드는 시스템으로 구성되어 있다.

캐리어 필름(carrier film)이라고도 하는 캐리어 멤브레인은 폴리우레탄, 즉 튜브 구조를 가진 고무같은 재질로 만들어진다. 캐리어 멤브레인의 주된 용도는 캐리어에서 웨이퍼를 받치고 쿠션 역할을 하는 것이다. 그렇지 않으면, 금속 연마 헤드의 아래로 누르는 힘이 웨이퍼 표면을 파손시킬 수 있다. 유연한 캐리어 멤브레인은 웨이퍼의 뒷면에 잘 밀착되어 압력이 균일하게 적용되게 한다. 이것은 박막이나 열에 의한 압력으로 인한 웨이퍼의 굽어짐이나 뒤틀림과 같은 웨이퍼 변형을 보상하여 CMP 공정의 균일도를 향상시킨다. 캐리어 멤브레인의 중요 요인은 다공성과 압축성이다. 균일하게 압축되는 멤브레인은 균일한 CMP 공정을 얻는데 중요하다. 멤브레인은 청결하게 유지해야 하는데, 이것은 멤브레인 내에 슬러리 입자들이 있으면 웨이퍼가 손상될 수 있기

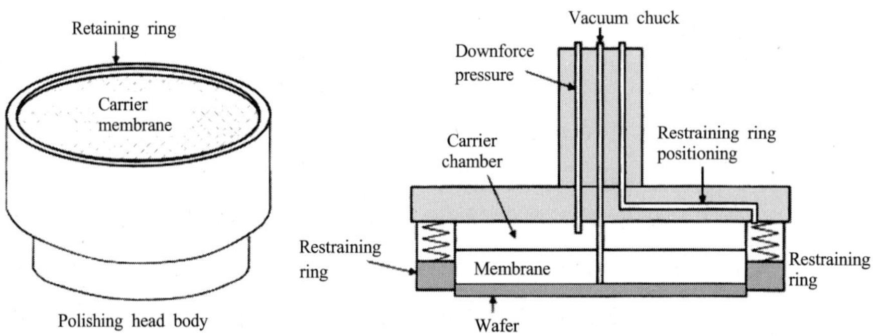


(a) (b)

**그림 8.48** 연마 헤드의 개략도: (a) 연마 헤드의 외관, (b) 연마 헤드의 단면도

때문이다.

플라스틱 유지 고리(restraining ring)의 역할은 웨이퍼가 웨이퍼 캐리어 밖으로 미끄러져 나가는 것을 방지하는 것이다. 유지 고리는 보통 수천 번의 웨이퍼 연마를 견딜 수 있다. 웨이퍼는 진공 척으로 캐리어에 물려진다. 압력이 가해진 캐리어 챔버는 웨이퍼에 하향의 힘을 가하여 웨이퍼를 연마 패드쪽으로 밀어준다. 그림 8.48은 연마 헤드의 개략도를 나타낸 것이다.

### 5.5.3 패드 조절기

패드 조절기(conditioner)는 보통 다이아몬드 코팅의 회전하는 원반을 사용하는데, 이 원반은 연마 패드의 표면을 쓸고 지나가서 연마 패드의 거칠기를 높이고 사용된 연마제를 제거한다. 이 공정 동안 연마 패드는 적절한 표면 거칠기를 유지하여 좋은 연마 결과를 얻게된다. 대부분의 CMP 기기는 고정된 패드 조절기를 가지고 있다. 일반적인 CMP 조절기는 표면에 니켈(Ni)이 입혀진 다이아몬드 알갱이(grit)가 코팅된 스테인리스 스틸 판으로 되어 있다. 현재, 다이아몬드 CMP 조절기(diamond CMP conditioner)가 더 일반적인데, 스테인리스 스틸 판 위에 실리콘 층이 코팅되어 있고, 이 위에 다이아몬드 알갱이가 균일하게 분포되어 있으며 그 위를 CVD 다이아몬드 막이 덮고 있는 구조이다. 그림 8.49에 Ni 패드 조절기와 다이아몬드 조절기의 표면을 나타내었다.

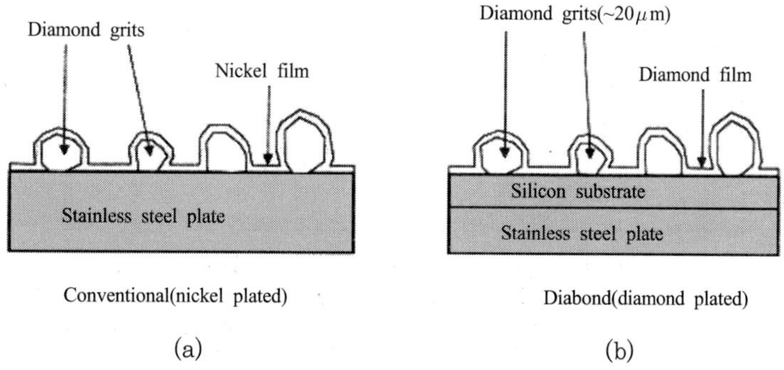


**그림 8.49** (a) 니켈(Ni) 패드 조절기, (b) 다이아몬드(diamond) 패드 조절기의 표면

패드 조절기는 연마 패드가 웨이퍼를 연마하는 동시에 연마 패드 표면을 거칠게 한다. 이것은 패드 거칠기가 연마공정 동안 유지되어 웨이퍼들 간의 공정 일관성을 유지하게 한다.

## 5.6 CMP 슬러리

슬러리(slurry)는 CMP 공정에서 매우 중요한 역할을 한다. 슬러리 내의 입자들은 기계적으로 웨이퍼 표면을 마모시켜서 표면물질들을 제거한다. 슬러리 액(slurry solution) 내의 화학약품은 표면 물질 또는 입자들과 반응하여 물질을 녹이거나 연마 입자에 의해 제거될 수 있는 화합물을 만든다. CMP 슬러리의 첨가물은 원하는 연마결과를 얻게 해준다. 사실, CMP 슬러리는 치약과 같은 작용을 한다. 입자들은 칫솔질 동안 치아 표면에 코팅된 원하지 않는 물질을 마모시키며, 첨가물의 화학 반응으로 세균을 죽이고, 치석을 제거하며, 치아 표면에 보호막을 형성한다.

CMP 공정에서 사용되는 슬러리제는 보통 마모 입자와 화학첨가제를 가진 수용성(water-based) 화학물질이다. 연마 공정에 따라 다른 슬러리가 사용된다. 슬러리는 CMP 공정의 제거율, 선택비, 편평도, 균일도에 영향을 미친다. 그러므로 슬러리는 항상 용도에 맞추어 제조된다. CMP 공정에는 주로 사용되는 두 가지 종류의 슬러리가 있다. 하나는 산화물 슬러리이고, 다른 하나는 금속 슬러리이다. 보통 산화물 슬러리는 실리카(silica)를 함유한 염기성액이고, 금속 슬러리는 알루미나($Al_2O_3$) 입자를 함유한 산성용액이다. 슬러리의 첨가물은 pH를 조절하는데, 이것은 CMP 공정에서의 화학 반응에 영향을 미쳐서 적절한 공정결과를 얻게 해준다.

보통 슬러리 성분들은 다른 용기에 보관되는데, 입자를 포함한 탈이온화수를 한 병에, pH 조절을 위한 첨가물은 다른 병에, 금속 산화를 위한 산화제는 또 다른 병에 보관한다. 보통, 이것들은 믹서로 들어가서 공정요구사항에 의해 결정된 비율로 섞이게 된다. 슬러리 공급 장치를 그림 8.50에 나타내었다. LFC는 액체 흐름 조절기(liquid flow controller)를 나타낸다.

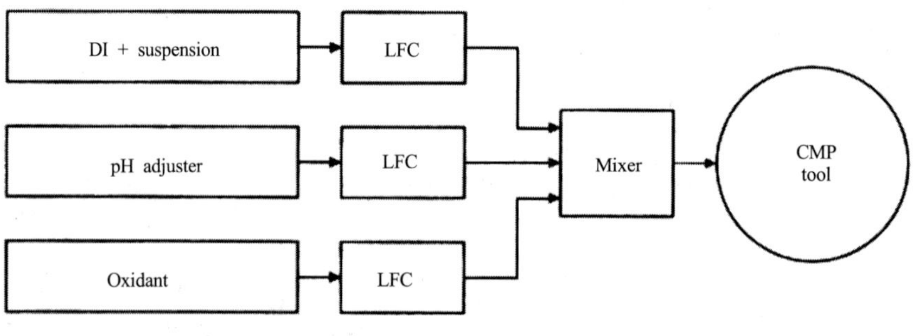


**그림 8.50** 슬러리 공급 장치

### 5.6.1 산화 슬러리

집적회로 공정에서 가장 일반적으로 사용되는 절연체는 실리콘 산화물이다. 산화물 CMP 공정에 사용되는 슬러리는 광학산업에서의 경험으로 발달되었는데, 광학공정에서는 광학기기를 위한 렌즈와 거울을 만드는데 석영유리를 미세하게 연마해야 하기 때문이다. 산화물 슬러리는 보통 물에 미세한 증기상 실리카 입자들(fine fumed silica particles)의 콜로이드 현탁액에 기본 첨가제를 넣은 것이다. 보통 KOH를 pH 조절에 사용하는데, 때로는 $NH_4OH$가 사용된다. 10에서 12까지의 pH로 연마제를 조절하는 데는 KOH의 희석액(보통 $<$ 1%)이 사용된다.

용액 내의 부유하는 미세한 증기상 실리콘 입자(직경 0.4 $\mu$m 이하)들은 CMP를 위한 연마 물질이다. 산화물 슬러리는 보통 약 10%의 고형물을 포함한다. 적절한 온도조절 하에서 이 슬러리는 약 1년의 유효기간을 가진다.

증기상 실리카 입자는 $H_2$-$O_2$ 불꽃(flame) 내에서 $SiCl_4$의 증기상태 가수분해에 의해 만들어지며, 그 화학 반응식은 아래와 같다.

$$2H_2 + O_2 \longrightarrow 2H_2O \tag{14}$$

$$SiCl_4 + 2H_2O \longrightarrow SiO_2 + 4HCl\uparrow \tag{15}$$

전체 반응식은 아래와 같다.

$$SiCl_4 + 2H_2 + O_2 \longrightarrow SiO_2 + 4HCl\uparrow \tag{16}$$

이 반응은 약 1,800℃에서 실리콘 산화물 입자를 생성한다. 입자들은 충돌하여 응집하면서 길이 0.2에서 0.3 $\mu$m 정도의 가지모양의 사슬을 만든다. 온도가 실리콘 용융점인 1,710℃ 보다 낮으면, 더 많은 충돌이 일어나면서 체인들이 엉켜서 응집하고, 덩어리가 된다. 수집 장치(collection system) 내에서 응집이 일어나면 입자 직경이 0.4 $\mu$m 이하의 실리카 가루를 형성한다. 슬러리의 pH는 실리카 입자의 분산에 매우 크게 영향을 미친다. 입자들은 표면전하를 띄고 있으며, 전하의 부호와 크기는 용액의 pH에 좌우된다. pH 7.4까지는 수용성 매개체(aqueous medium) 내의 실리카 슬러리의 점성(viscosity)이 매우 높아 실리카 입자가 잘 분산되지 않는다. pH가 7.5 이상이면 실리카 입자들은 전기적 반발력을 일으킬만한 충분한 전하를 얻게 되어 효과적으로 슬러리를 분산시킨다. pH가 10.7 이상이 되면 입자들은 용해되어 실리케이트를 형성하게 된다. 높은 pH를 가진 콜로이드상태 실리카 슬러리는 PECVD 질화물 절연체 연마에 자주 사용된다.

### 5.6.2 금속 슬러리

금속 CMP 공정은 금속 습식 식각 공정(metal wet etch process)과 비슷하다. 먼저 슬러리 내의 산화제가 금속과 반응하여 금속 표면에 산화물을 형성한 다음 산화물을 제거한다. 그러면 금속 표면은 다시 산화에 노출되게 되고, 생성된 산화물이 다시 제거된다. 금속 슬러리는 보통 pH-조절 알루미나 현탁액(pH-admusted suspensions of alumina)이다. 슬러리의 pH는 금속 제거 과정에 기여하는 두 가지 메커니즘을 조절하는데, 한 가지는 금속을 부식시키는 습식 식각이고, 다른 한 가지는 금속을 산화시키는 것이다. 금속 CMP 공정에서 슬러리 내의 산화제는 금속 표면을 산화시킨다. 조건이 다르면, 다른 종류의 금속 산화물이 형성되며, 용해도도 달라진다. 이것은 동시에 두 개의 제거 메커니즘을 일으킨다. 만약 산화과정이 주로 슬러리에 용해되는 산화물 이온을 생성한다면, 습식 식각이 금속 제거보다 우세할 것이다. 이것은 평탄화에는 적합하지 않은데, 습식 식각은 요철 선택비가 없는 등방성 공정이기 때문이다. 만약 금속 산화물이 용해되지 않는다면, 산화물은 금속 표면을 덮어서 산화의 진행을 막을 것이다. 슬러리 내의 미세한 알루미나 입자들은 기계적으로 보호 산화층을 연마시켜서 금속 표면을 노출시킴으로써 금속 산화를 돕게 되므로 금속 산화와 산화물 연마과정이 반복될 수 있게 한다. 이러한 화학적, 물리적 제거과정은 높은 표면 요철 선택비(high surface topogrphic selectivity)를 갖는데, 이것이 표면 평탄화에 더 바람직하다. 첨가제는 보통 금속 CMP 슬러리에서 금속 CMP 공정결과를 최적화하기 위해 pH를 조절하여 식각, 보호, 산화물 제거 사이의 균형을 얻는데 사용된다.

### 5.6.3 텅스텐(W) 슬러리

W는 W-CMP 공정 동안 pH가 4보다 더 작은 산성 용액과의 화학 반응에서 $WO_3$가 생성되면서 보호될 수 있다. pH가 더 높을 때는 용액에서 용해성 $W_{12}O_{41}^{-10}$, $WO_4^{-2}$, $W_{12}O_{39}^{-6}$ 이온 화학 반응에서 $WO_3$가 생성될 수 있고, W는 높은 식각률로 습식 식각된다. 그림 8.51은 텅스텐에 대한 퍼텐셜-pH 도표(potential-pH diagram)로 포베 도표(pourbaix diagram)라 불린다. 이것은 여러 pH 값과 퍼텐셜에서의 보호와 습식 식각의 관계를 나타낸다. 여기서, pH〈 2일 때 W는 보호 지배하에 있음을 알 수 있다.

그러나 $K_3Fe(CN)_6$, $Fe(NO_3)_3$, $H_2O_2$와 같은 산화제가 있을 때는 W가 보호되는 pH의 범위는 6.5까지 확장될 수 있다. 연마제의 pH를 조절함으로써 낮은 습식 식각률과 W 박막의 CMP 제거효과를 동시에 얻을 수 있다.

보통 텅스텐 슬러리는 산성으로, pH 범위가 4에서 2 정도이다. 산화 슬러리와 비교해 볼 때 W 슬러리는 낮은 고형 함유물과 훨씬 짧은 유효기간을 가진다. 보통 이 정도

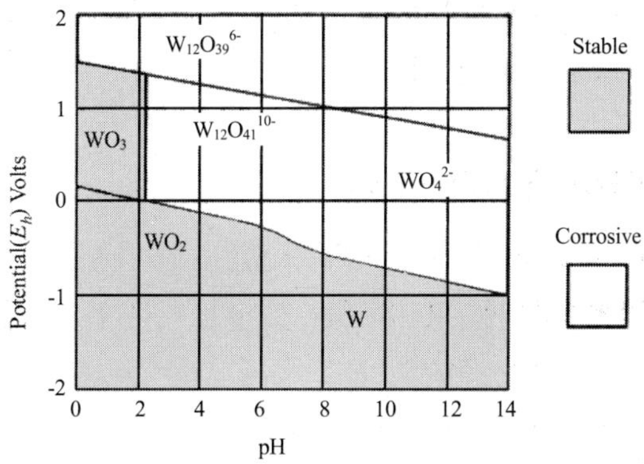


**그림 8.51** 텅스텐(W)에 대한 포베 도표(pourbaix diagram)

의 pH 값을 가지는 슬러리 내에서 알루미나 입자는 콜로이드 상태가 아니다. 그러므로 W 슬러리는 CMP 기기로 옮겨지기 전에 기계적 혼합과정이 필요하다.

### 5.6.4 구리(Cu) 슬러리

그림 8.52는 Cu에 대한 퍼텐셜-pH 도표이다. pH 범위가 5 〈 pH 〈 13일 때, Cu는 보호 지배하에 있음을 주목해야한다. 일관된 연마공정결과를 얻기 위하여 콜로이드 상태로 안정한 슬러리가 필요하다. 콜로이드상태로 안정한 알루미나 현탁액은 pH가 7보다 약간 작을 때 얻을 수 있다. 그러므로 Cu 슬러리에서 전기화학적으로 비활성이면서 알루미나 입자들의 안정된 콜로이드상태의 현탁액을 얻기 위해서는 조건을 잘 맞추어야 한다.

Cu 슬러리는 보통 마모제로 알루미나 입자를 가진 산성 용액이다. 다른 산화제가

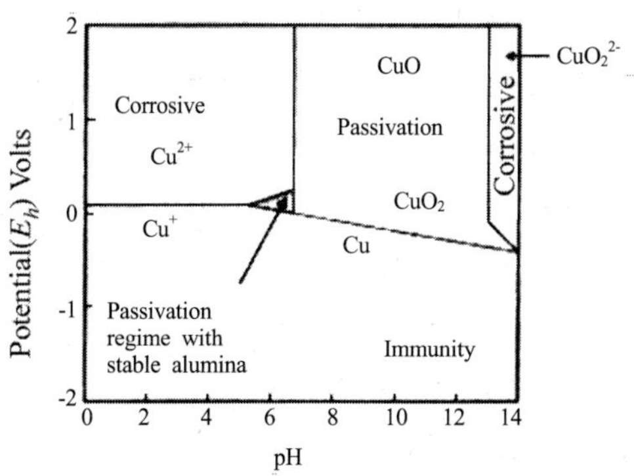


**그림 8.52** 구리에 대한 퍼텐셜-pH 도표

사용될 수도 있는데, $H_2O_2$와 $HNO_4$가 섞인 에탄올($HOC_2H_5$), $K_3Fe(CN)_6$와 $Fe(NO_3)_3$ 가 섞인 $NH_4OH$ 등이 있다.

## 5.7 CMP 공정의 종류

CMP 공정에는 두 가지 종류가 있다. 한 가지는 평탄화인데, 이것은 물질의 일부분을 제거하여 표면을 평탄화하는 것이다. 다른 한 가지는 연마 제거 공정인데, 이 공정으로 표면에 있는 여분의 물질이 제거되어 트렌치나 홀을 채운 물질만 남게 된다.

가장 일반적인 CMP 공정은 산화물 CMP와 W-CMP이다. 대부분의 산화물 CMP 공정은 PMD나 IMD CMP 공정과 같은 평탄화 공정이다. 얕은 트렌치 고립 형성에 사용되는 산화물 CMP만이 제거 공정인데, 이것은 표면 요철을 평탄화하지는 않고 웨이퍼 표면에서 산화물을 제거하여 트렌치 내에만 산화물을 남김으로써 인접한 전자 소자 사이를 절연시킨다. W-CMP 공정은 웨이퍼 표면의 여분의 W를 제거하고 홀에만 적은 양의 W를 남김으로써 다른 금속 층들 간 상호접속을 위한 플러그를 생성하는 제거공정이다.

### 5.7.1 산화물 CMP

산화물 CMP 공정은 오래 전부터 광학산업에서 렌즈와 거울을 만들기 위한 유리표면의 미세연마에 사용되어 왔다. 초기 산화 CMP 공정은 1980년대 IBM에서 개발되었는데, 유리연마와 실리콘 웨이퍼 연마의 기술과 경험을 이용하였다.

산화물 CMP 공정 동안의 슬러리 내의 실리카 입자들과 산화물 박막 표면 사이의 화학작용은 아래와 같이 설명할 수 있다. 먼저, 수용성 슬러리에 접촉하면 수산기가 산화물 표면과 실리카 입자 표면 양쪽에 생성된다. 그러면 산화물 표면의 수산기와 슬러리의 실리카 입자들 간에 수소 결합이 생성된다. 기계적 연마에 의해 발생하는 열의 도움으로, 표면들 간에 분자결합이 생성된다. 웨이퍼 표면에 결합된 입자들의 기계적 제거도 웨이퍼 표면에서 원자나 분자를 뜯어내게 되는데, 이것이 제거과정을 크게 돕는다. 그림 8.53은 이러한 산화물 연마 메커니즘을 나타낸 것이다.

비수용성 방법에서는 어떤 산화물 연마효과도 관찰되지 않는데, 이것은 실리케이트 연마 공정에서의 표면 수화의 중요성을 확실하게 한다. 입자들이 없을 때는 산화물 연마가 일어나지 않는데, 이것은 입자들이 주요 연마 메커니즘임을 보여준다. 실리카 슬러리는 실리카가 실리케이트 음이온의 형태로 용액에 녹거나 첨가되었을 때 높은 pH (〉10) 외에는 낮은 산화 연마능력을 가진다. 그러므로 연마제 내에 수산염 이온(hydroxyl ion)의 농도가 높으면 실리케이트 제거율이 확실히 높아진다.

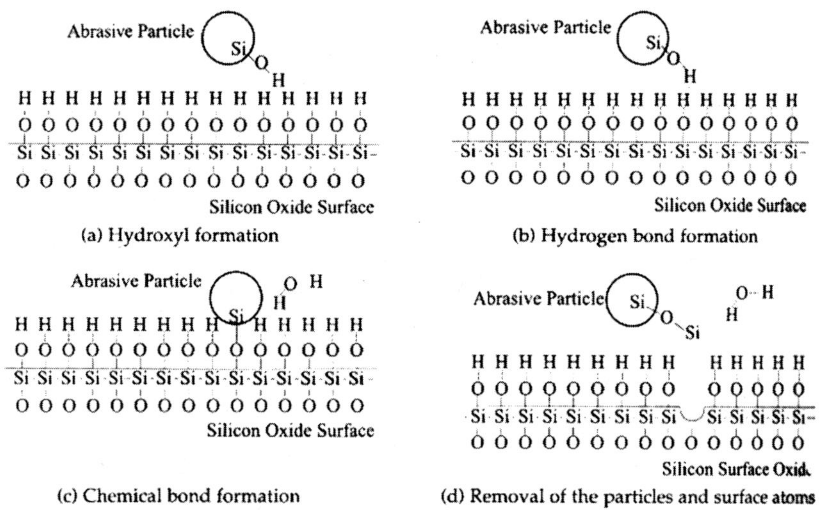


**그림 8.53** 실리카 입자에 의한 산화물 연마 메커니즘

### 5.7.2 텅스텐(W) CMP

반도체 공장에서의 가장 일반적인 금속 CMP 공정은 W-CMP 공정이다. 집적회로 제조 시설에서 W-CMP 공정이 널리 채용되기 전에는 일반적으로 불소기에 의한 반응성 이온 평탄화 식각 공정을 사용하여 W-CVD 공정 이후에 웨이퍼 표면에서 여분의 W를 제거하였다. 텅스텐 평탄화 식각 공정의 한 가지 장점은 결합된 장비 내에서 W-CVD 공정과 동시에 이루어질 수 있다는 것이다. 그러나 텅스텐 평탄화 식각 공정은 과도한 불소기의 화학 식각 때문에 그림 8.54와 같이 Ti/TiN층이 유실되므로, 칩 생산량에 영향을 미친다. W-CMP 공정은 생산량을 크게 향상시킬 수 있기 때문에 텅스텐 평탄화 식각 공정을 빠르게 대체하였다.

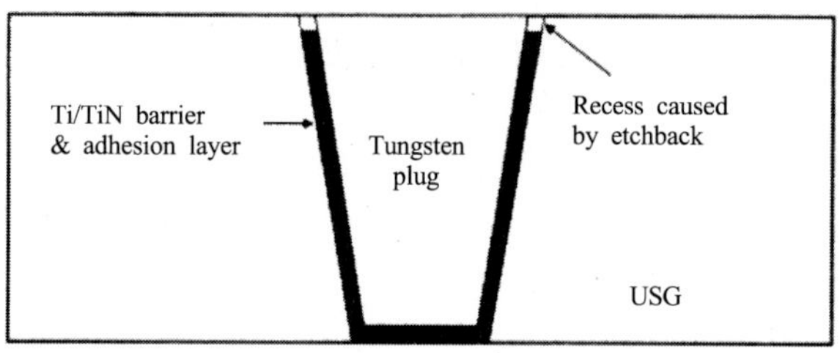


**그림 8.54** 텅스텐 평탄화 식각에 의한 Ti/TiN 유실

금속 CMP 공정에는 항상 두 개의 마지막 제거 공정들이 있다. 하나는 습식 식각인데, 이 공정에서는 산화제가 금속과 반응하여 슬러리 용액에 녹는 금속 산화물을 형성한다. 이것은 순수한 화학 증식 공정인데, 이것은 요철 선택비가 거의 없이 균일하므로 억제되어야 한다. 나머지 한 가지 제거 메커니즘은 화학적, 물리적 공정의 조합이다. 이 경우 산화제는 강한 금속 산화물을 만드는데, 이것은 금속면을 보호하여 더 이상의 산화를 방지한다. 슬러리 내의 기계적 연마로 이 보호 금속 산화물을 제거하여 금속면을 노출시키면 이 산화와 산화물 제거과정이 되풀이된다. 그림 8.55는 금속 CMP 공정에서의 두 가지 제거 메커니즘을 나타낸 것이다.

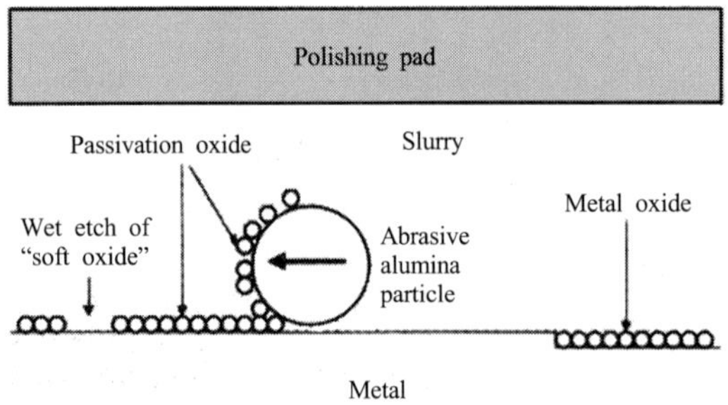


**그림 8.55** 금속 연마 메커니즘

보통, W-CMP 슬러리에는 고운 알루미나 가루가 사용되며, $K_3Fe(CN)_6$는 식각제 및 산화제(oxidant)로 사용된다. 습식 식각 화학식은 다음과 같이 표현된다.

$$W + 6Fe(CN)_6^{-3} + 4H_2O \longrightarrow WO_4^{-2} + 6Fe(CN)_6^{-4} + 8H^+ \tag{17}$$

$Fe(CN)_6^{-3}$는 슬러리 용액 내에서 W를 $WO_4^{-2}$ 이온으로 산화시키고 분해시키는 전자 흡수 작용을 한다. 경합하는 보호 산화 반응은 아래와 같이 표현된다.

$$W + 6Fe(CN)_6^{-3} + 3H_2O \longrightarrow WO_3 + 6Fe(CN)_6^{-3} + 6H^+ \tag{18}$$

이 반응은 보호 산화물인 $WO_3$를 형성한다.

W-CMP 공정에서 이 두 경합하는 반응들은 텅스텐-슬러리 접촉면에서의 pH에 의해 조절될 수 있다. $KH_2PO_4$와 같은 첨가제를 사용하여 pH를 5나 6으로 조절한다. 연마 편평도를 향상시키기 위하여 약한 유기물을 사용하여 pH를 중성값 7 가까이 맞출 수 있는데, 이렇게 하면 보호 작용이 증가하고 습식 식각이 감소된다.

$K_3Fe(CN)_6$는 매우 독성이 강하며 사용된 슬러리는 극심한 환경문제를 일으키므로,

$Fe(NO_3)_3$를 산화제로 주로 사용하는 편이다. 보통, W-CMP는 2단계 연마 공정을 가진다. 첫 번째 단계는 여분의 텅스텐을 pH〈 4의 슬러리로 제거하는 것이며, 두 번째 단계는 pH〉9인 슬러리를 사용하여 TiN/Ti 층을 제거하는 것이다.

### 5.7.3 구리(Cu) CMP

구리는 휘발성 비유기물 구리 화합물이 없기 때문에 플라스마 식각을 사용하여 패터닝을 하기가 매우 어렵다. 따라서 이중 다마스쿠스 공정은 금속 식각이 필요 없기 때문에 적합한 후보이다. 구리 CMP는 구리 응용을 위한 이중 다마스쿠스 상호접속 공정에서 가장 어려운 공정이다.

$H_2O_2$ 또는 $HNO_4$는 구리 슬러리에서 산화제로 사용될 수 있으며, 알루미나 입자들은 마모제로 사용된다. $CuO_2$는 다공성이고 표면에 구리 산화과정의 진행을 멈출 수 있는 보호층을 형성할 수 없으므로, 보호 효과를 촉진시키기 위한 첨가제가 필요하다. $NH_3$는 구리 CMP 슬러리에 사용되는 한 가지 첨가물이다. $NH_4OH$와 에탄올 등과 같은 첨가물들도 습식 식각 효과를 감소시키기 위한 복합제로 사용될 수 있다.

이중 다마스쿠스 구리 금속 공정에서는 CMP 공정으로 여분의 구리와 Ta 확산 방지층을 제거해야 한다. 구리 슬러리는 Ta를 효과적으로 제거할 수 없기 때문에 Ta 제거를 위한 긴 과잉 연마 단계는 그림 8.56과 같이 구리 패임 효과를 일으킬 수 있다.

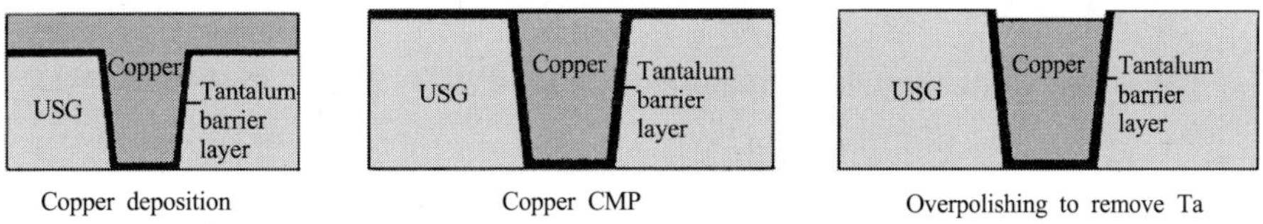


**그림 8.56** 과잉 연마에 의한 패임 현상

이 문제를 해결하기 위하여 보통 2종 슬러리 방법이 적용된다. 이 방법에서 첫 번째 슬러리는 여분의 구리층을 제거하는데 사용되며, 두 번째 슬러리는 Ta 확산 방지층을 제거한다. 두 번째 슬러리를 사용하기 전에 첫 번째 슬러리로 표면의 모든 구리를 제거하는 것은 매우 중요한다. 왜냐하면 두 번째 슬러리는 구리 연마도가 매우 낮기 때문이다. 단일 슬러리 방법과 비교해 볼 때 과잉 연마로 인한 구리 유실(recessing)이 크게 감소될 수 있다. 구리와 장벽 연마 단계가 분리된 2종 슬러리 연마 공정은 구리의 패임 및 산화물 침식 효과를 감소시킬 수 있으며, 여러 개의 연마대는 다중 슬러리 CMP 공정을 크게 간략화 시킬 수 있다.

### 5.7.4 CMP 종료점 감지

CMP 공정은 모터 전류나 광학 측정기를 모니터링하여 공정의 종료점을 결정할 수 있다. CMP 공정이 마지막 단계에 이르면, 연마 패드는 밑바닥에 닿아서 연마하게 되어 마찰력이 변한다. 일정한 연마 패드 회전율을 유지하기 위하여 연마 헤드 회전 모터의 전류가 변한다. 그러므로 모터 전류의 변화를 모니터링하면 CMP 공정의 종료점을 알 수 있다.

회전 모터 전류는 구리를 연마하고 있는 동안은 거의 일정하다. 신호에서의 잡음은 모터의 회전주파수 때문에 생긴다. 구리가 제거되고 Ta 확산 방지층이 노출되면 연마 마찰이 증가한다. 회전율을 유지하기 위하여 회전 모터의 전류가 증가한다. Ta 확산 방지층이 제거되면 연마 패드는 산화물을 연마하기 시작한다. 전류는 표면에서 Ta가 제거되는 동안 점진적으로 감소하기 시작한다. 전류변화를 구리 CMP 공정의 종료점으로 인식함으로써 실시간 2종 슬러리 연마 공정이 가능하다. 이 공정에서 구리 CMP는 종료점 감지기가 모터 전류가 증가하기 시작하는 것을 감지하면 중지된다. 그 후, 웨이퍼는 Ta를 제거하기 위해 다른 슬러리를 사용하는 다른 연마 패드로 옮겨진다.

CMP 공정에서 사용되는 또 다른 종료점 감지 기술은 광학적 방법이다. 절연체 CMP에서 박막 두께 자체 또는 두께의 변화는 스펙트로리플렉토메트리(spectroreflectometry)를 사용하여 실시간으로 측정될 수 있다. 종료점은 두께변화 또는 박막 두께 그 자체로 결정될 수 있다. 절연체 표면과 절연체 기판 계면에서 반사된 빛은 서로 간섭한다. 굴절률, 두께, 빛의 입사 각도에 따라서 간섭 상황은 보강(constructive)에서 상쇄(descructive)까지 변화한다. 절연체 박막을 연마할 때 두께의 변화는 간섭 상태의 주기적인 변화를 보강과 상쇄 사이에서 주기적으로 변화시킨다. 이것은 검출된 반사광의 강도(intensity)가 반복적으로 강해졌다 약해졌다 하게 한다. 만약 레이저와 같은 단일 파장의 광원이 사용된다면, 절연체의 두께 변화는 반사광의 변화로부터 모니터링할

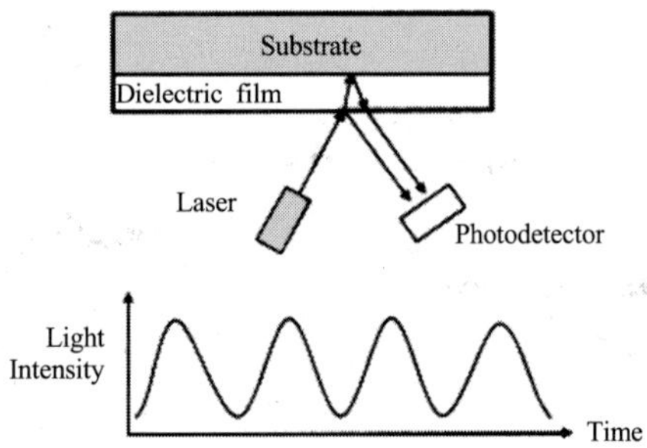


**그림 8.57** 절연체 CMP 종료점

수 있다. UV 램프나 다중파장 레이저와 같은 넓은 스펙트럼을 가진 광원을 사용하면 절연체의 종류나 두께를 직접적으로 모니터링할 수도 있다. 그림 8.57은 절연체 CMP 종료점 감지를 나타낸 것이다.

금속 CMP에서는 반사도의 변화를 공정 종료점으로 사용할 수 있다. 보통, 금속 표면은 높은 반사도를 가진다. 금속이 제거되면, 반사도는 크게 감소하므로 종료점을 알 수 있다. 그림 8.58은 금속 CMP 종료점을 나타낸 것이다.

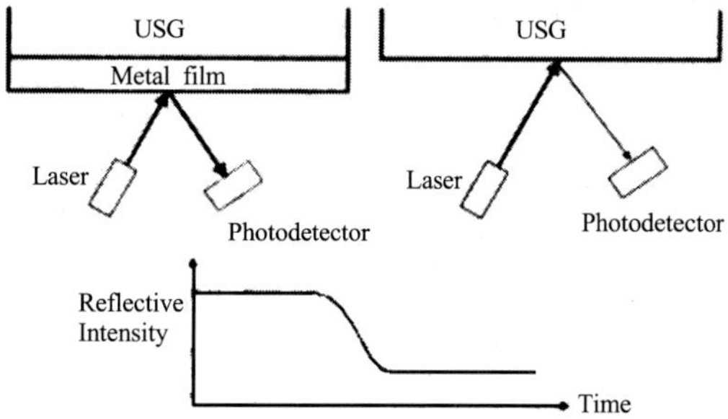


**그림 8.58 금속 CMP 종료점**

### 5.7.5 CMP 공정 후 세정

CMP 공정 후 웨이퍼 세정은 CMP 공정에서 분리할 수 없는 중요한 부분이다. CMP 공정 직후 웨이퍼를 철저히 세정해야 한다. 그렇지 않으면 연마공정 및 슬러리 때문에 웨이퍼 표면에 많은 결함이 생긴다. CMP 공정 후 세정은 슬러리 입자의 잔여물과 CMP 공정 동안 슬러리, 연마 패드, 조절 기기에 의해 발생하는 다른 화학적 오염물들을 모두 제거해야 한다. CMP 공정 후 세정은 보통 탈이온화수를 묻힌 브러시 세정기(brush cleaner)와 CMP 슬러리 입자를 제거하기 위해 기계적으로 닦아내는 과정을 포함한다. 대부분의 브러시 세정은 린스(rinse) 노즐을 통해 탈이온화수를 공급한다. 탈이온화수의 양을 늘리거나, 브러시 압력을 늘리거나, 초음파를 이용하여 높은 세정 효율을 얻을 수 있다. 보통 브러시는 다공성 고분자로 되어 있어서, 화학약품을 투과시켜 웨이퍼 표면까지 이동시킬 수 있다. 보통 CMP 공정 후 세정 공정에서는 보통 양면 스크루버(scrubber)를 사용한다.

어떤 슬러리 입자들은 웨이퍼 표면의 원자들과 화학적으로 결합되어 있는데, 웨이퍼 표면에서 슬러리가 건조될 때 이런 현상이 생긴다. 이런 입자-표면 결합을 약화시키거나 파괴하기 위해서는 $NH_4OH$, HF, 표면 활성제와 같은 화학 첨가물을 사용하여야 한다. 이 첨가물들은 입자들이 표면에서 분산되어 나가는 것을 돕고 새로운 입자들이 웨이퍼 근처에 생성되는 것을 막는다. 웨이퍼 표면에서 잔여 슬러리가 마르지 않도록 하는 것이 매우 중요한데, 슬러리 입자들이 강한 화학적 결합을 형성하기 때문이다. 화학 첨가물을 포함한 탈이온화수는 웨이퍼와 입자들 간의 응집력을 감소시킬 수 있다. 입자들이 표면에 재부착되는 것을 정전기 반발력을 이용하여 막기 위해 웨이퍼와 입자 표면 전하를 조절하는 용해 화학(solution chemistry)도 사용한다. 산성용액을 사용하여 유기물이나 금속 입자들을 산화시키거나 용해시킬 수 있다. 그림 8.59는 산성 및 염기성 물질을 이용하여 입자들을 제거하는 과정을 나타낸 것이다.

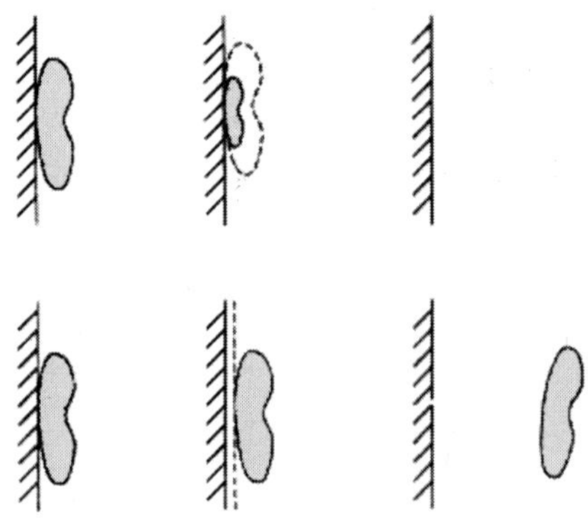


**그림 8.59** 산성과 염기성 화학 용액의 입자 메커니즘

산화물 CMP 공정 이후에, 슬러리의 실리카 입자들은 산화물 표면에 부착하거나 그 사이에 끼어 있다. 웨이퍼를 세정대로 옮기는 사이에 웨이퍼가 마르지 않게 하는 것은 매우 중요하다. 보통 $NH_4OH$가 산화물 CMP 공정 후 세정에 사용된다. 염기성 용액은 실리카 입자와 산화물 표면 양쪽을 음극으로 대전시켜 정전기적 힘이 입자들을 표면에서 밀어낸다. 표면에 분자결합으로 강하게 부착된 입자들의 경우, 입자를 제거하기 위해 HF를 사용하여 결합을 깨거나 산화물 표면의 일부분과 실리카 입자를 녹여버린다. 메가소닉(megasonics, MHz 범위의 주파수를 가진 초음파)은 화학용액 내에서 초미세 거품(microbubble)을 만들 때 일반적으로 사용되는데, 거품이 터질 때 충격파를 일으켜서 입자를 떼어내는 것을 돕는다.

W 슬러리는 산화 슬러리보다 훨씬 제거하기 어렵다. W-CMP 공정 후 세정 공정에서는 일반적으로 $NH_4OH$ 첨가제를 포함한 탈이온화수를 사용한다. 산화제로 $Fe(NO_3)_3$를 사용하면 용액 내에 $Fe^{+3}$ 이온 농도가 높아진다. 이 $Fe^{+3}$ 이온은 세정 동안 $NH_4OH$가 들어있는 탈이온화 수의 $OH^-$와 반응하여 $Fe(OH)_3$ 입자를 생성하고, 이 입자들은

1 $\mu$m 이상 커질 수 있다. 이 $Fe(OH)_3$ 입자들은 높은 표면 결함밀도를 일으켜서 브러시 로딩(brush loading)이라고 불리는 브러시 오염현상을 일으킬 수 있다. $Fe(OH)_3$ 입자로 인한 결함은 100 : 1 HF 세정을 사용하여 감소시킬 수 있다.

세정 이후에, 탈이온화수 린스 과정이 있다. 그리고 웨이퍼 표면에서 물기를 완전히 제거해야 한다. 수분 제거작업은 수분의 증발 없이 완전히 물리적으로 제거되어야 하는데, 왜냐하면 증발은 탈이온화수 내의 용해된 물질을 뒤에 남겨서 오염물이 남기 때문이다.

회전 건조는 가장 일반적인 기술이다. 회전에 의한 원심력은 수막을 웨이퍼 가장자리로 몰아서 웨이퍼에서 떨어낸다. 매우 깨끗한 건조 공기 또는 질소를 쐬어 원심력이 낮은 중심부에서 잔여수분을 제거한다.

또 다른 건조방법은 증기건조인데, 보통 $C_3H_8O$(isopropyl alcohol IPA)와 같은 순수한 용매의 높은 증기압을 이용하여 웨이퍼 표면에서 수막을 제거한다.

## 연습문제

1. 금속 실리콘 접촉 시에 나타나는 두 가지 형태의 접촉저항을 말하시오.

2. 쇼트키 접촉에서 도핑농도가 줄어들면 고유접촉저항률 값이 증가하는 이유는 무엇인가?

3. 실리사이드(silicide)와 살리사이드(salicide)에 대해 기술하시오.

4. 전자 이탈의 결과로 발생하는 현상과 전자 이탈 작용 방지 방법들에 대해 기술하시오.

5. $TiSi_2$ 형성 살리사이드 공정 때 게이트와 드레인-소스 등의 단락 방지를 위해 어떤 물질을 가하며 그 이유는 무엇인가?

6. 다층접속이 필요한 이유에 대하여 기술하시오.

7. 이중 다마스쿠스 공정 단계를 간략히 설명하시오.

8. 유전체의 평탄화 공정을 크게 세 가지로 분류하시오.

9. 반도체 산업에서 적용된 초기 CMP 공정은 무엇인가?

10. 금속 CMP 공정에서 2가지 제거 메커니즘을 설명하고, 슬러리에 일반적으로 사용되는 입자의 종류를 설명하시오.

11. 산화물 슬러리에서 높은 pH를 필요로 하는 이유를 설명하시오.

12. 후-CMP 세정의 중요성을 설명하시오.

# 참고문헌


[1] M. Arienzo, S. S. Iyer, B. S. Meyerson, G. L. Patton and J. M. C. Stork, "Si-Ge Alloys: Growth, Properties, and Applications", *Solid Surface Science*, vol. 48/49, pp. 377~386, 1991

[2] L. L. Chang and L. Esaki, "Semiconductor Quantum Heterostructures", *Physics Today*, vol. 45, pp. 36~43, 1992

[3] S. K. Ghandhi, *VLSI Fabrication Principles*, 2nd ed., Wiley, New York, 1994

[4] R. E. Hummel, *Electronic Properties of Materials*, 2nd ed., Springer-Verlag, Berlin, 1993

[5] R. P. G. Karunasiri and K. L. Wang, "Quantum Devices Using SiGe/Si Heterostructures", *J. Vac. Sci. Technol.*, vol. B9, pp. 2064~2071, 1992

[6] S. S. Li, *Semiconductor Physical Electronics*, Plenum Press, New York, 1993

[7] R. S. Muller and T. I. Kamins, *Device Electronics for Integrated Circuits*, Wiley, New York, 1986

[8] D. A. Neamen, *Semiconductor Physics and Devices : Basic Principles.* Homewood, Irwin, IL, 1992

[9] G. W. Neudeck, *Modular Series on Solid State Devices: vol. II.* The PN Junction Diode, Reading Addison-Wesley, MA, 1983

[10] W. Shockley, "The Theory of P-N Juinctions in Semiconductors and P-N Junction Transistor", *Bell Syst. Tech. J.*, vol. 28, pp. 435, 1949

[11] C. F. Powell, J. H. Oxley and J. H. Blocher, *Vapor Deposition*, Wiley, New York, 1996

[12] W. F. Feist, S. R. Steele and D. W. Ready, *Phys. Thin Films* 5, p.237, 1969

[13] D. S. Campbell, *Handbook of Thin Film Technology*, McGraw-Hill, New York, 1970

[14] J. W. Hastie, *High Temperature Vapors : Science and Technology*, Academic Press, New York, 1975

[15] J. M. Blocher and J. C. Withers eds., *Chemical Vapor Deposition-2nd. Int. Conference*, Electrochem. Soc., New York, 1970

[16] F. A. Glaski ed., *Chemical Vapor Deposition-3rd. Int. Conference*, Am. Nucl. Soc., Hinsadle, Illinois, 1972

[17] G. F. Wakefield and J. M. Blocher eds., *Chemical Vapor Deposition-4th. Int. Conference*, Electrochem. Soc., Princeton, New York, 1973

[18] P. S. Barna, *Fluid Mechanics for Engineers*, Butterworoks, Washington, 1964

[19] F. C. Eversteyn, P. J. W. Severin, C. H. J. v. d. Brekel and H. L. Peek, "A Stagnant Layer Model for The Epitaxial Growth of Silicon from Silane in a Horizontal Reactor", *J. Electrochem. Soc.*, vol. 177, p.925, 1970

[20] C. T. Sah, "Evolution of the MOS Transistor - From Conception to VLSI", *Proceedings of the IEEE*, p.1280, 1988

[21] W. Shockley, *Bell Systems Tech. J.*, vol. 30, no.10, p.990, 1951

[22] A. H. Dansky, *Electronics*, vol. 9, p.46, 1980

[23] D. J. McGreivy in "VLSI Technologies", D.J. Mcgreivy and K.A. Pickar, eds., *IEEE Computer Society Press*, Los Angeles (1982), p.185

[24] P. A. Tove, "Formation and Characterization of Metal-Semiconductor Junctions", *Vacuum*, vol. 36, pp. 659~667, 1986

[25] S. Wang, *Fundamentals of Semiconductor Theory and Device Physics*, Prentice Hall, Englewood Cliffs, NJ, 1989

[26] S. Wolf and R. N. Tauber, *Silicon Processing for the VLSI Era*, Lattice Press, Sunset Beach, CA, 1986

[27] C. M. Wolfe, G. E. Stillman and N. Holonyak Jr., *Physical Properties of Semiconductors*, Prentice Hall, Englewood Cliffs, NJ, 1989

[28] Alexander E. Braun, "Slurries and Pads Face 2001 Challenges", *Semiconductor International*, 1998

[29] C. Y. Chang and S. M. Sze, *ULSI Technologies*, McGraw-Hill Co., New York, 1996

[30] Michael A. Fury, "CMP Processing with Low-k Dielectric", *Solid State Technology*, vol. 42, no. 7, pp. 87, 1999

[31] Carlyn Sainio and David J. Duquette, "Electrical Characterization of Copper in Ammonia-Containing Slurries for Chemical Mechanical Planarization of Interconnects", in *Proceedings of the Second International Symposium on Chemical Mechanical Planarization in Integrated Circuit Deivce Manufacturing*, The Electrochemical Society, Inc., Proceedings, vol. 98, no. 7, pp. 126, 1998

[32] Susan Reabke Selinidis, David K. Watts, Jaime Saravia, Jason Gomez, Chelsea Dang, Rabiul Islam, Jeff Klain and Janos Farkas,"Development of a Copper CMP Process for Multilevel, Dual Inlaid Metallization in Semiconductor Devices", in *Proceedings of the Second International Symposium on Chemical Mechanical Planarization in Integrated Circuit Deivce Manufacturing*, The Electrochemical Society, Inc., Proceedings, vol. 98, no. 7, pp. 9, 1998

[33] Joseph M. Steigerwald, Shyam P. Murarka and Ronald J. Gutmann, *Chemical Mechanical Planarization of Microelectronic Materials*, John Wiley & Sons, Inc., New York, 1997

[34] L. Rothman, *J. Electrochem. Soc.*, vol. 127, pp. 2216, 1980

[35] M. B. Anand et al., "Fully Integrated Back End of the Line Interconnect Process", *Proceedings 11th International VMIC Cinf.*, conf., Santa Clara, CA, pp. 15, 1994

[36] B. Davari et al., *Tech. Dig. IEDM*, pp. 61, 1989

[37] V. Grewal, A. Gschwandtner and G. Higelin, *Proceedings 3rd International VMIC COnf.*, Santa Clara, CA, pp. 107, 1986

[38] M. Kawai et al., *Proceedings 5th International VMIC conf.*, Santa Clara, CA, pp. 419, 1988

[39] C. Jang et al., *Proceedings 4th International VMIC conf.*, Santa Clara, CA, pp. 357, 1987

[40] C. H. Ting et al., *Ext. Abs. of Electrochem. Soc. Meeting*, Chicago, IL, Abs. No. 257, pp. 366, 1988

[41] C. H. Ting, M. Paunovic, *J. Electrochem. Soc.*, pp. 456, 1989

[42] L. J. Fried et al., *J. IBM Research and Devcel.*, pp. 362, 1982

[43] D. B. Tuckerman and A. H. Weisberg, *IEEE Electron Device Letts.*, pp. 1, 1986

9장

# 집적회로 공정

1950년대 초에 전기적인 기능을 가지는 부도성, 전도성, 정류 그리고 증폭 재료의 단일 블록 층으로 전자 소자를 만들 수 있다는 집적회로의 기본 개념이 처음으로 알려졌다. 그 후, 1960년대 초부터 반도체 집적회로의 대량생산 기술이 발전되어 왔으며, 지금도 빠르게 발전되고 있다. 오늘날, 대부분의 전자시스템은 단결정 반도체 기판 위에 금속 패턴에 의하여 상호 연결되는 능동 소자(예, 트랜지스터)와 수동 소자(예, 저항과 커패시터)로 이루어진 집적회로를 바탕으로 구성된다. 즉, 집적회로는 서브마이크론 크기의 작은 선으로 연결되며, 단일 실리콘 결정에 제조된 수백만 개의 개별적인 구성요소로 이루어진 복잡한 형태를 나타낸다.

집적회로는 부도성, 반도성, 그리고 전도성 영역의 층들로 구성되는데, 이러한 층들은 적합한 전기적 기능을 수행하기 위해 상호 연결된 트랜지스터를 만드는 방법과 동일하게 제작된다. 개별적인 트랜지스터들은 여러 가지 형태가 있다. 각각의 트랜지스터는 사용 목적에 따라 특정한 형태의 전기적인 기능에 적합한 특성을 가지며, 제작 공정에서는 각각 다른 방법이 필요하다. 또한, 오늘날 사용되는 대표적인 집적회로에는 기초적인 수동 소자로부터 바이폴라 트랜지스터, CMOS 등이 몇 개에서 수백만 개 이상으로 이루어져 있다. 이러한 소자들에 대한 공정기술들은 소자가 발전함에 따라 더욱 복잡해지고 있다.

따라서 본 장에서는 수동 소자에 대한 설명을 시작으로 바이폴라 트랜지스터, MOS 소자 그리고 CMOS 소자에 대하여 설명하고자 한다. 수동 소자에서는 저항, 커패시터에 대하여 다루고, 바이폴라 트랜지스터, MOSFET 그리고 CMOS 소자에서는 각각의 집적회로 소자에 대한 개요를 설명하고 이해하기 쉽게 상세한 제작 공정을 다루고자 한다. 마지막으로, 각 소자 제작 시 사용되는 대표적인 주요 공정을 설명하고자 한다.

## 1. 수동 소자

### 1.1 저항

집적회로의 저항은 그림 9.1에 나타내었듯이, 기판의 특정 영역에 불순물을 주입해서 확산시키거나 불순물이 첨가된 다결정 실리콘 또는 금속 박막으로 만들 수 있다. 저항은 미세구조(microstructure)이므로 기판에서 매우 작은 영역만을 차지한다. 칩 회로구조에 연결되는 저항은 알루미늄 또는 텅스텐과 같은 전도성 금속을 사용해서 만든다.

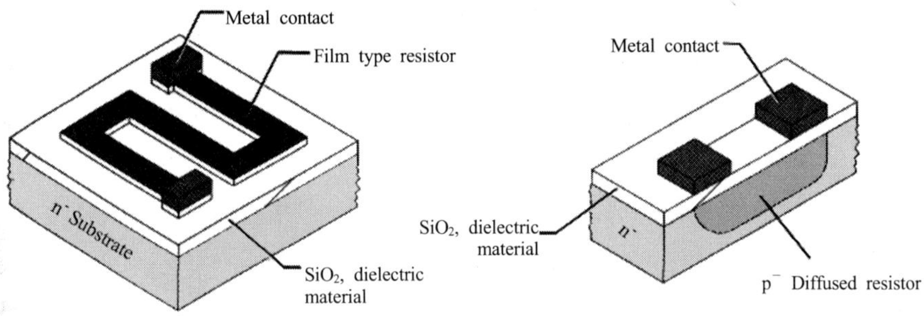


**그림 9.1** 집적회로 칩 저항 구조의 예

저항값을 결정하기 위해서는 면 저항(sheet resistance)을 사용한다. 면 저항을 알면 필요한 저항값에 해당하는 저항 구조를 설계 시에 쉽게 고려할 수 있다.

그림 9.2는 면 저항을 정의하기 위한 임의의 저항체를 나타낸 것이다.

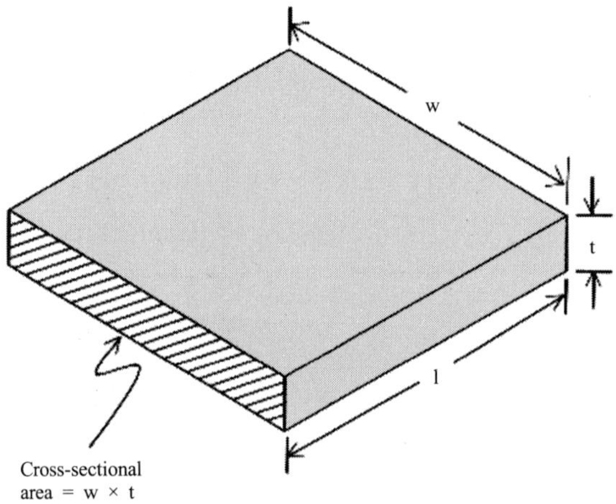


**그림 9.2** 면 저항을 정의하기 위한 정사각형 박막

그림 9.2에서 보듯이 전체 저항 $R$은 비저항 $\rho$, 길이 $l$, 폭 $w$, 두께 $t$에 의하여 다음과 같이 정의된다.

$$R = \rho \cdot \frac{l}{tw} \qquad (1)$$

$$= R_s \cdot \frac{l}{w}$$

여기서, 면 저항은 다음 식과 같이 정의된다.

$$R_s = \frac{\rho}{t}[\Omega/\square] \quad (2)$$

길이 $l$과 폭 $w$의 비 $l/w=1$일 때 저항값은 $R=R_s$가 되므로, $R_s$의 단위를 단위 정방형(unit square)당의 저항$[\Omega/\square]$으로 정의한다. 따라서 큰 저항값을 갖는 저항체를 집적시키려면, $R_s$가 일정할 때 $l/w$을 크게 하면 된다. $R_s$ 값 자체는 비저항 $\rho$에 비례하고 두께 $t$에 반비례하므로 도핑 농도와 확산 깊이를 작게 함으로써 큰 값으로 조절할 수 있다.

집적회로에서 고려해야 할 또 하나의 저항성분인 기생저항(parasitic resistance)은 집적회로의 디자인에서 생기는 불필요한 저항성분이다. 기생저항은 크기, 형태, 재료의 타입, 불순물의 종류, 재료 내부 불순물의 양 등에 의해 발생한다. 기생저항은 집적회로 소자의 동작 특성에 영향을 미치기 때문에 바람직하지 않다. 그림 9.3은 트랜지스터에 존재하는 기생저항을 나타낸 것이다.

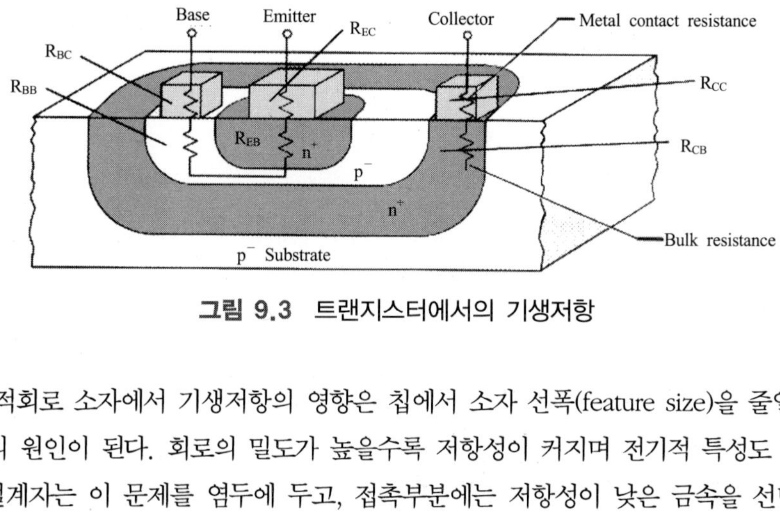


**그림 9.3** 트랜지스터에서의 기생저항

집적회로 소자에서 기생저항의 영향은 칩에서 소자 선폭(feature size)을 줄일 경우 손실의 원인이 된다. 회로의 밀도가 높을수록 저항성이 커지며 전기적 특성도 나빠진다. 설계자는 이 문제를 염두에 두고, 접촉부분에는 저항성이 낮은 금속을 선택하고, 디자인 방정식으로부터 저항손실을 계산해야 한다. 또한, 능동 소자에서는 벌크 저항을 줄이기 위한 공정 설계를 고안해야 한다.

## 1.2 커패시터

집적회로에서 커패시터는 두 개의 전도체가 유전체 또는 부도체에 의해 분리되어 있는 형태로 되어있다. 마이크로 칩 산업에서 유전체 재료는 일반적으로 실리콘 산화막($SiO_2$)이 사용된다. 기판 위에 측면으로 형성된 판형 커패시터는 금속성 막, 불순물이 첨가된 다결정 실리콘, 또는 실리콘 기판의 확산된 영역으로 만들 수 있다. 일반적으로 커패시터는 그림 9.4에 나타내었듯이 4가지 방법에 의해 만들 수 있다.

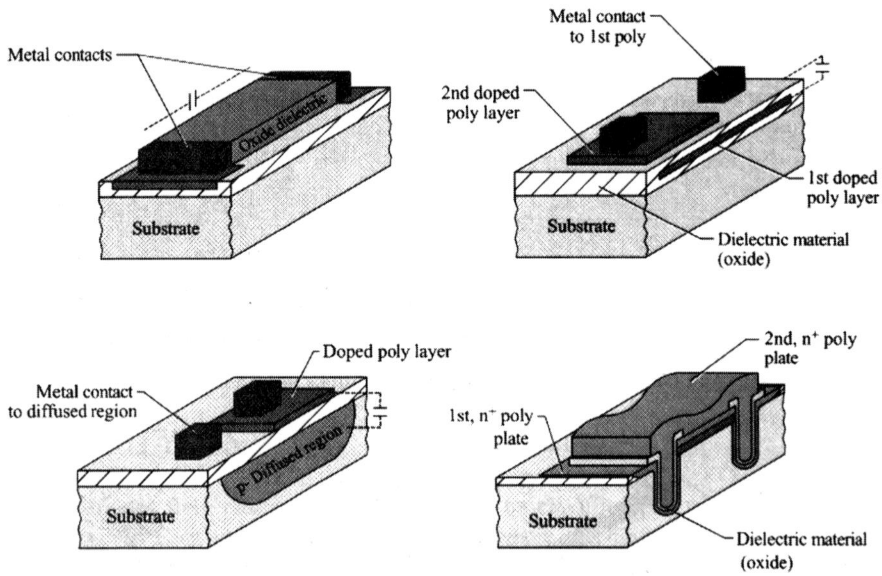


**그림 9.4** 집적회로에서의 다양한 커패시터 구조

단위면적당의 커패시턴스는 다음 식과 같이 정의된다.

$$C = \frac{\epsilon_{ox}}{d}(F/\text{cm}^2) \tag{3}$$

여기서, $\epsilon_{0x}$는 실리콘 산화막의 유전율이고, $d$는 산화막의 두께이다. 커패시턴스를 증가시키기 위하여 유전상수가 8인 질화 실리콘 ($Si_3N_4$)과 22인 $Ta_2O_5$ 등의 큰 유전율을 갖는 유전체가 연구되고 있다.

집적회로를 구성할 때 원하지 않는 커패시터가 빈번히 발생한다. 이것을 기생 커패시터(parasitic capacitance)라고 한다. 두 개의 인접한 금속 전도체 사이에 유전체가 있는 경우가 하나의 예이다. 이러한 경우는 집적회로의 특성에 나쁜 영향을 미치는데, 특히 고속 스위칭 회로에서 동작 특성을 크게 저해한다. 몇몇 경우의 기생 커패시터는 진동(oscillation)을 일으켜서 회로를 불안정하게 만들며, 심지어는 교류 신호에서 회로를 단락(short)시키기도 한다. 그림 9.5는 FET(field effect transistor)와 BJT(bipolar junction transistor)의 전극 사이에서 발생하는 기생 커패시터를 나타낸 것이다.

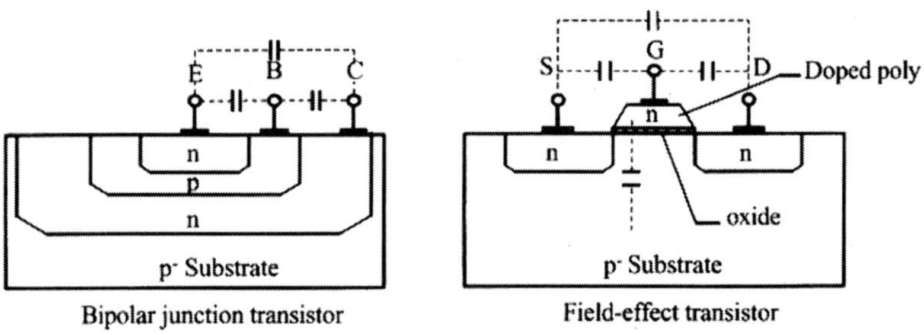


**그림 9.5** 트랜지스터의 기생 커패시턴스

## 2. 바이폴라 트랜지스터

### 2.1 개요

1950년에서 1980년까지 바이폴라 트랜지스터와 이를 기반으로 한 집적회로 칩이 반도체 산업의 주류를 이루었다. 1980년 이후 로직회로와 MOS-트랜지스터를 기반으로 한 집적회로 칩의 급속한 발전에 따라 오늘날 반도체 산업은 CMOS를 기반으로 한 집적회로 칩이 주류를 이루게 되었다.

최초의 트랜지스터는 점 접촉형 바이폴라 트랜지스터로 벨 연구소에서 만들어졌다. 현재의 집적회로 칩에 들어가는 대부분의 바이폴라 트랜지스터는 그림 9.6과 같이 평면 접합 트랜지스터이다.

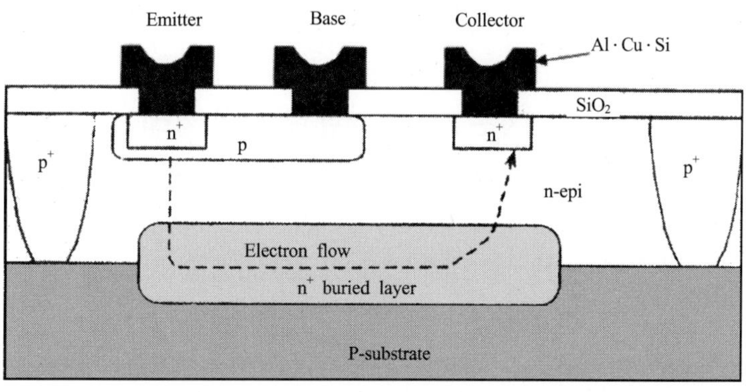


**그림 9.6** 전형적인 npn 평면 바이폴라 트랜지스터의 단면

바이폴라 트랜지스터는 p형 반도체 사이에 n형이 샌드위치 되어 있는 pnp형과 n형 반도체 사이에 p형이 샌드위치 되어있는 npn형 두 가지 형태가 있다. 그림 9.7에 npn형과 pnp형의 기호와 구조를 나타내었다. 그림에서 보듯이 가운데의 좁은 영역이 베이스이고, 바깥쪽의 두 영역을 각각 에미터와 컬렉터라고 한다.

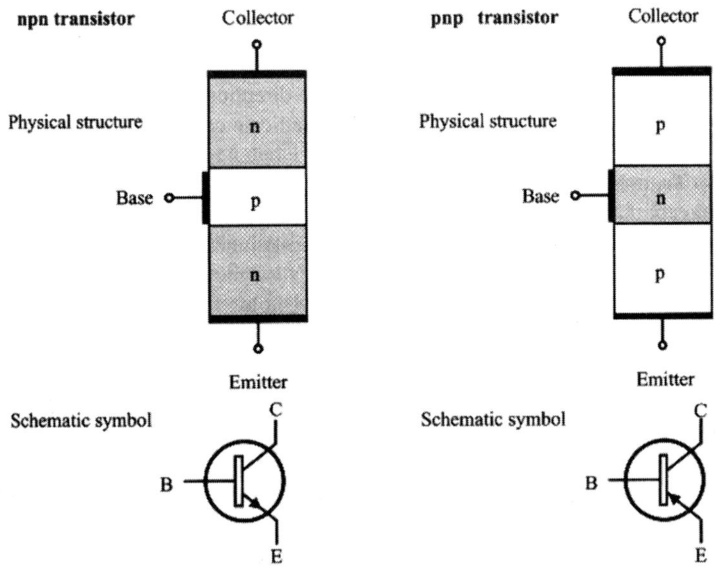


**그림 9.7** 두 가지 형태의 바이폴라 트랜지스터

바이폴라 트랜지스터는 베이스-에미터 전압으로 에미터-컬렉터 전류를 조절하여 스위치로 사용할 수 있다. npn 트랜지스터에서는 $V_{BE} > 0.7\text{ V}$의 순방향 전압이 베이스-에미터에 인가되면, 에미터의 전자가 에미터-베이스의 n-p 접합 퍼텐셜 장벽을 넘어 베이스로 주입되고, 얇은 베이스층을 지나 컬렉터에 도달한다. $V_{BE} = 0\text{ V}$일 때 에미터로부터 주입되는 전자는 없다. 이처럼 에미터와 컬렉터 사이에 전류가 없으면, 컬렉터와 에미터 사이에는 바이어스가 존재하지 않는다. 바이폴라 트랜지스터는 대부분 전기적 신호를 증폭하는데 사용한다.

그림 9.8은 개선된 측벽 베이스(sidewall base) 접촉을 갖는 npn 바이폴라 트랜지스터의 단면도를 나타낸 것이다.

## 2.2 제작 공정

베이스 영역에서 소수 캐리어인 전자의 이동도가 더 높아 pnp형에서 얻을 수 있는

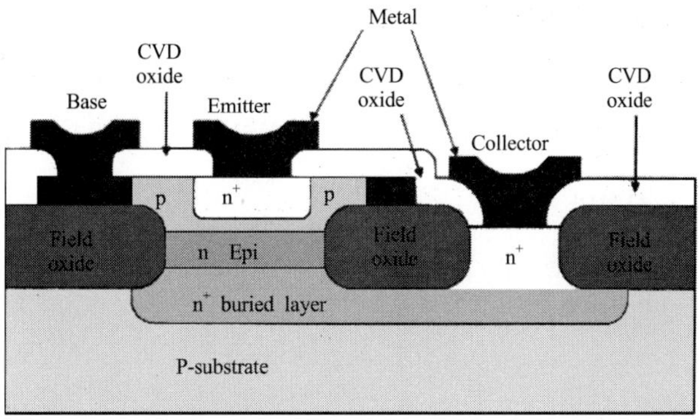


**그림 9.8** 측벽 베이스 접촉을 갖는 npn 바이폴라 트랜지스터의 단면

속도보다 npn형의 속도가 빠르므로, 집적회로에서 주로 사용되는 바이폴라 트랜지스터는 npn형이다. npn 바이폴라 트랜지스터인 경우 출발재료는 낮게 도핑($\sim 10^{15} cm^{3}$)되고 결정방향이 (111) 또는 (100)인 p형의 실리콘 웨이퍼이다. 접합이 반도체 내에 형성되기 때문에 결정방향의 선택은 MOS 디바이스 경우보다 중요하지 않다.

다음에 npn 바이폴라 트랜지스터를 만들기 위한 주요 공정과정을 나타내었다.

### 2.2.1 매립층 형성 공정

매립층(buried layer)은 고농도로 도핑되어 있기 때문에 컬렉터의 직렬저항을 최소화한다. 에피택셜 층으로의 확산을 방지하기 위해 확산계수가 작은 이온(예, As)을 주입시킨 후, 고온(~1,100℃)에서 드라이브인(drive-in) 열처리 과정을 통해 $n^+$ 매립층을 형성한다.

- 산화막 형성
- 이온 주입을 위한 윈도 형성
- 이온 주입
- 열처리

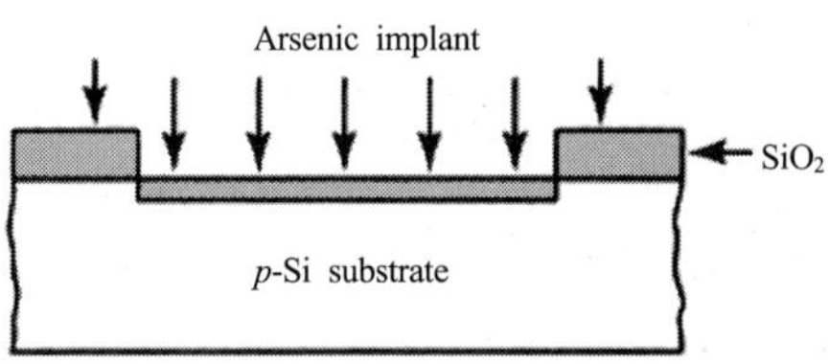


**그림 9.9** 매립층 형성을 위한 이온 주입

### 2.2.2 에피택셜 층 형성

에피택셜 층은 두께와 도핑농도가 디바이스의 사용목적에 따라 결정된다. 매립층으로부터의 확산(outdiffusion)을 최소화하기 위해 저온 에피택셜 공정이 사용된다.

- 산화막 제거
- 에피택셜 층 성장

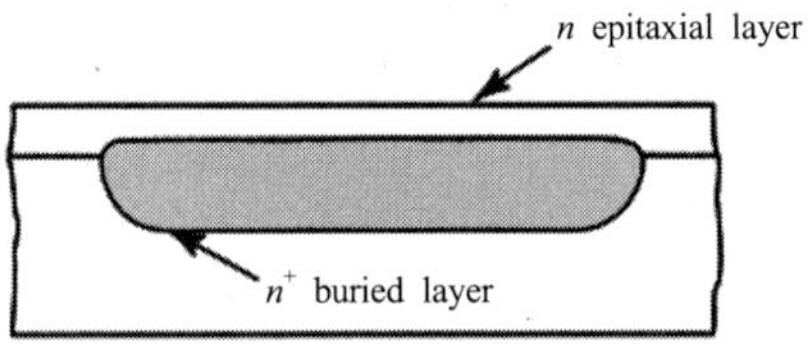


**그림 9.10** 에피택셜 층 형성

### 2.2.3 산화막 절연영역 형성

1) 채널스톱 이온주입과 절연영역을 위한 마스크 형성

- 산화막 성장
- 질화 실리콘막 증착
- 감광막 도포
- 감광막을 마스크로 이용한 식각

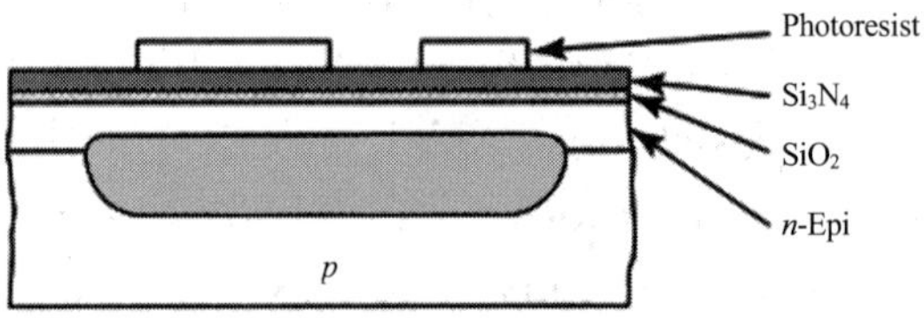


**그림 9.11** 감광막 마스크 형성

2) 채널스톱 이온 주입

표면이 반전되는 것을 막고 이웃하는 매립층 사이에 일어날 수 있는 고전도율 통로를 제거하기 위해 고농도의 p형을 노출된 실리콘 영역에 이온 주입시킨다.

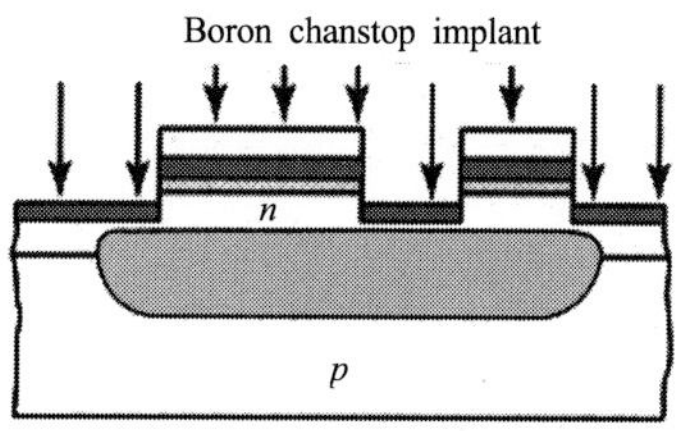


그림 9.12 채널스톱 이온 주입

3) 산화막 절연분리

질화 실리콘의 산화속도는 매우 낮으므로 질화 실리콘막으로 보호되지 않는 영역만 산화막이 두껍게 성장된다. 절연 산화층은 표면의 굴곡을 최소화하기 위하여 산화층의 표면이 기판인 실리콘의 원래 표면과 거의 같은 높이가 되도록 성장시킨다.

- 감광막 제거
- 산화막 형성
- 질화막 제거

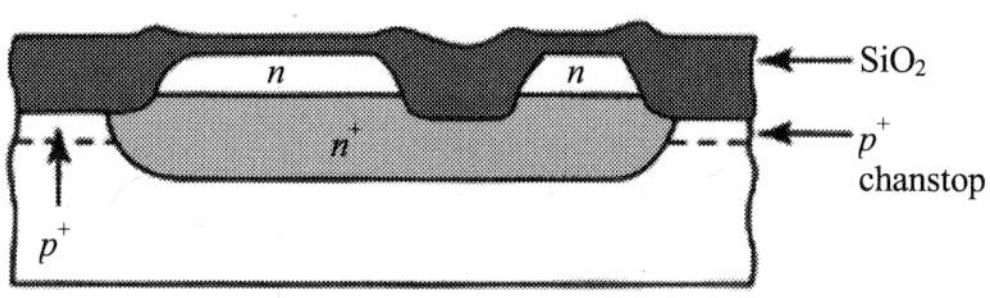


그림 9.13 산화층 절연

## 2.2.4 베이스 영역 형성

1) 베이스 영역 형성

- 감광막 형성
- 감광막을 마스크로 이온 주입

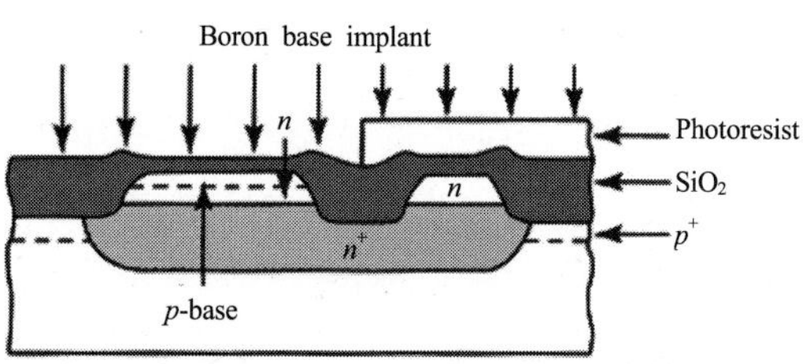


그림 9.14 베이스 이온 주입

2) 베이스 접촉부와 에미터/컬렉터 영역 형성을 위한 산화막 제거

- 감광막 형성
- 산화막 제거

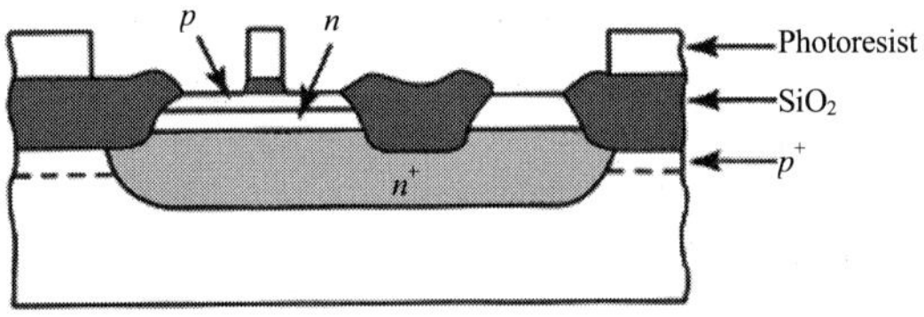


**그림 9.15** 얇은 산화막 제거

### 2.2.5 에미터와 컬렉터 영역 형성

- 감광막 형성
- 감광막을 마스크로 이용한 이온주입
- 베이스, 에미터, 컬렉터 접촉을 위한 금속증착

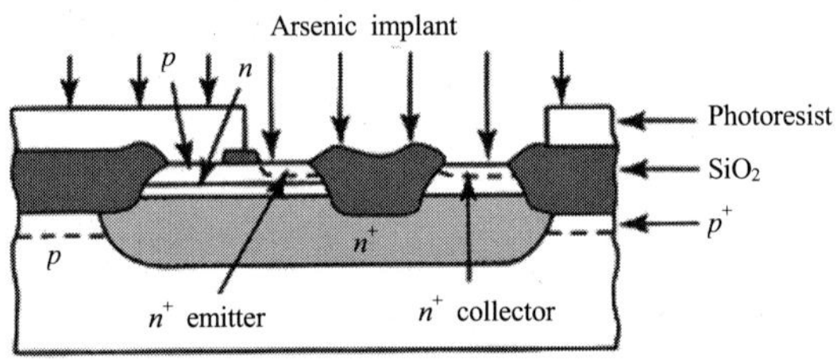


**그림 9.16** 에미터와 컬렉터 이온 주입

## 2.3 이중 다결정 실리콘 자기정렬 공정

바이폴라 제조 공정은 베이스와 에미터 접촉 영역을 구분하기 위하여 산화막 영역을 정의할 다른 포토 리소그래피 공정을 필요로 한다. 이 공정은 격리된 경계 사이에 큰 비활성 소자 영역을 초래하며, 이 영역은 트랜지스터 성능을 떨어뜨리는 기생 커패시턴스뿐만 아니라 저항을 증가시킨다. 이러한 효과를 감소시키는 가장 효과적인 방법은 자기정렬 구조를 사용하는 것이다.

가장 널리 사용되는 자기정렬 구조는 그림 9.17에 나타낸 것과 같이 다결정 실리콘으로 채워진 트렌치에 의한 고립구조를 가지는 이중-다결정 실리콘 구조이다.

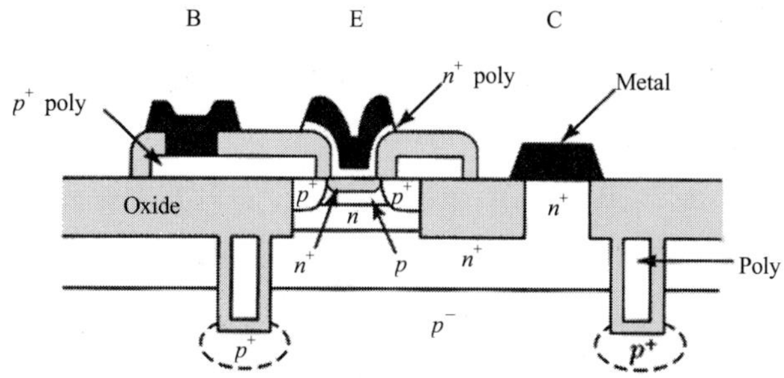


**그림 9.17** 트렌치에 의한 고립구조를 가지는 자기정렬(self-align)된 이중-다결정 실리콘 바이폴라 트랜지스터의 단면

## 3. MOSFET

### 3.1 개요

MOSFET는 1960년대에 개발되기 시작한 이래로, 다른 디바이스에 비해 간단한 구조와 소자 크기를 작게 할 수 있는 장점 때문에 반도체 디바이스 가운데 가장 핵심적인 위치를 차지하고 있다. MOSFET는 금속-산화물-반도체 전계 효과 트랜지스터를 의미하며, nMOS와 pMOS로 나눌 수 있다.

그림 9.18은 nMOS와 pMOS의 구조와 기호를 나타낸 것이다. 전도성 게이트와 실리콘 기판 사이에 실리콘 산화막이 위치한다.

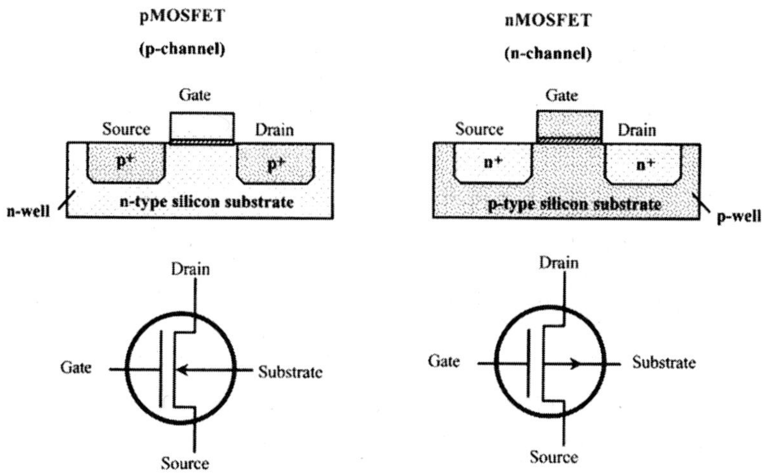


**그림 9.18** 두 가지 형태의 MOSFET

nMOS는 p형 기판을 사용하며, 소스와 드레인은 n형 불순물로 과잉 도핑($n^+$로 표기) 되어있다. pMOS는 이와는 반대로 n형 기판을 사용하며, 소스와 드레인은 p형 불순물로 과잉 도핑($p^+$로 표기) 되어있다. 소스와 드레인은 대칭적이며, 접지(ground) 된 부분을 소스라고 부르고, 바이어스가 인가되는 부분을 드레인이라고 한다.

그림 9.19에 nMOS의 동작 원리를 나타내었다.

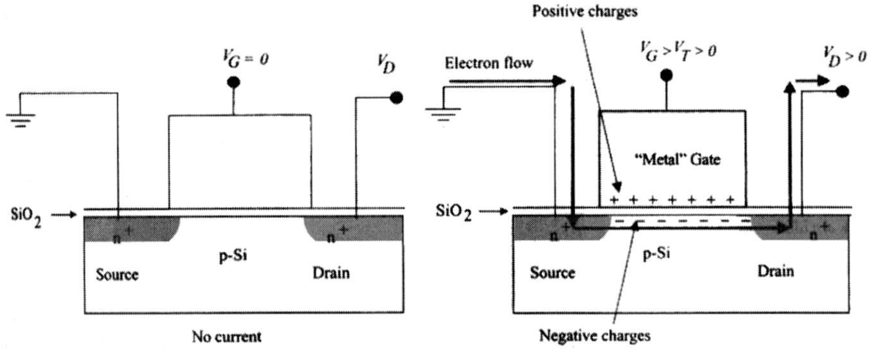


**그림 9.19** nMOS의 동작 원리

. 게이트에 바이어스 전압이 인가되지 않으면, 소스와 드레인이 바이어스 되더라도 소스에서 드레인으로 전류가 흐르지 않는다. 게이트에 (+) 바이어스가 인가되면 금속-산화물 표면에 (+) 전하가 발생한다. 금속-산화물 표면의 (+) 전하는 실리콘 산화막 표면으로부터 (+) 전하(정공, 다수캐리어)를 밀어내고, (−) 전하(전자, 소수 캐리어)를 끌어당긴다. 게이트 전압을 임계전압 이상으로 높이면 ($V_G > V_T > 0$), 실리콘 산화막 표면에 충분한 전자가 축적되어 채널을 형성하고, 소스에서 드레인으로 채널을 통하여 전자가 이동하게 된다. 게이트 전압으로 반도체 소자의 전도성에 영향을 주는 전계를 조절하여 MOS 트랜지스터의 on/off 동작을 제어할 수 있기 때문에 전계-효과트랜지스터(FET)라고 불린다.

## 3.2 제작 공정

MOSFET는 바이폴라 트랜지스터에 비해 구조가 매우 간단하고, 불순물 분포의 조절도 단순하다. nMOS 공정에서 출발재료는 저농도 도핑(~$10^{15}cm^{-3}$)된 (100) 결정방향의 연마된 p형 실리콘 웨이퍼이다. 결정방향이 (100)인 웨이퍼가 (111)인 웨이퍼에 비하여 계면트랩밀도가 약 1/10 정도이기 때문에 더 많이 사용된다. 처음 공정과정은 산화 절연영역을 형성하는 것이다. 이 공정 순서는 바이폴라 트랜지스터 때와 비슷하다.

nMOS 제작의 주요 공정과정을 다음에 나타내었다.

### 3.2.1 채널스톱 이온 주입과 절연분리를 위한 마스크 형성

- 산화막 성장
- 질화막 성장
- 감광막 도포

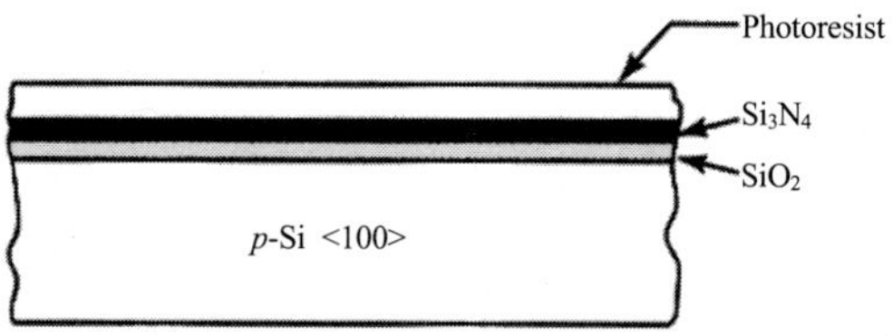


**그림 9.20** 실리콘 산화막, 질화 실리콘 및 감광막의 형성

### 3.2.2 채널스톱 이온 주입

감광막을 이용한 마스크로 능동 디바이스 면적의 경계를 결정하기 위해 질화막-산화막의 이중으로 구성된 층을 통하여 채널스톱 이온 주입이 실시된다.

- 채널스톱 이온 주입
- 질화막 제거
- 감광막 제거
- 채널스톱 이온 확산과 필드 산화막 성장을 위한 열처리

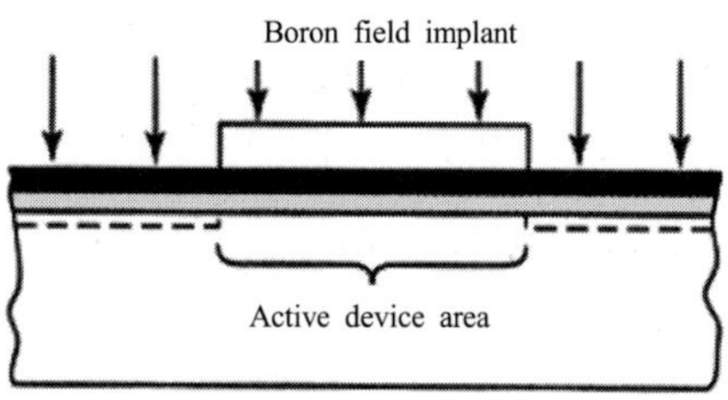


**그림 9.21** 채널 스톱 이온 주입

### 3.2.3 게이트 산화막 성장 및 채널 형성

채널 영역에 이온을 주입하여 문턱전압을 설정된 값으로 조절한다.

- 질화-산화막 제거
- 게이트 산화막 성장
- 문턱전압 조절을 위한 이온 주입

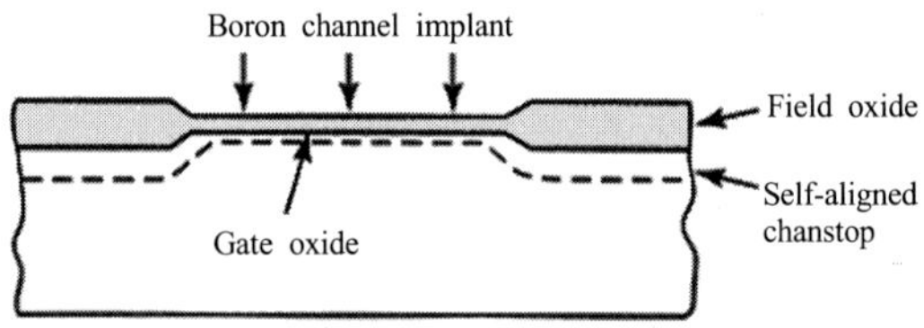


**그림 9.22** 필드 산화막 성장 및 문턱전압 조절을 위한 이온 주입

### 3.2.4 게이트 형성

다결정 실리콘을 증착하여 게이트를 형성한다. 디바이스의 집적도가 계속 증가됨에 따라, 디바이스의 속도향상과 *RC* 지연시간의 감소 때문에 다결정 실리콘을 폴리사이드(다결정 실리콘 위에 금속 실리사이드를 형성한 후, 열처리하여 형성) 게이트로 대체하여 사용하고 있다.

- 다결정 실리콘 증착
- 게이트 패터닝

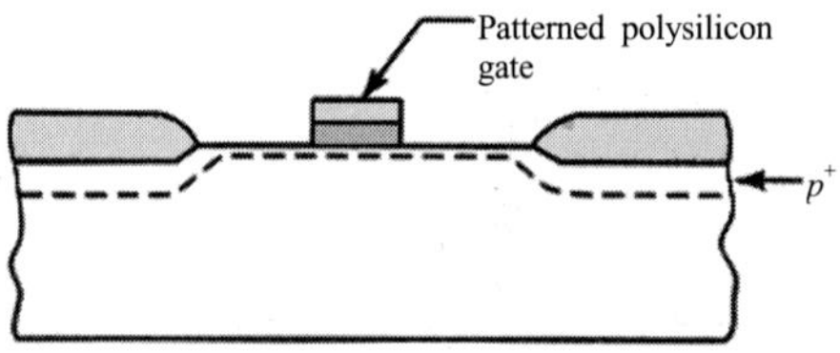


**그림 9.23** 게이트 형성

### 3.2.5 소스와 드레인의 형성

패턴이 형성된 후의 게이트는 소스와 드레인을 형성하기 위한 자기정렬(self-align) 마스크의 역할을 한다. 이 과정에서 소스와 드레인 위에 게이트가 약간 겹치는 것은 주입된 이온의 측면 침입에 기인한다. 측면 확산을 최소화하기 위하여 저온공정을 사용하면 게이트-드레인과 게이트-소스 간의 결합 기생 커패시턴스가 게이트-채널 커패시턴스보다 훨씬 작아진다.

- 소스/드레인 형성을 위한 이온 주입

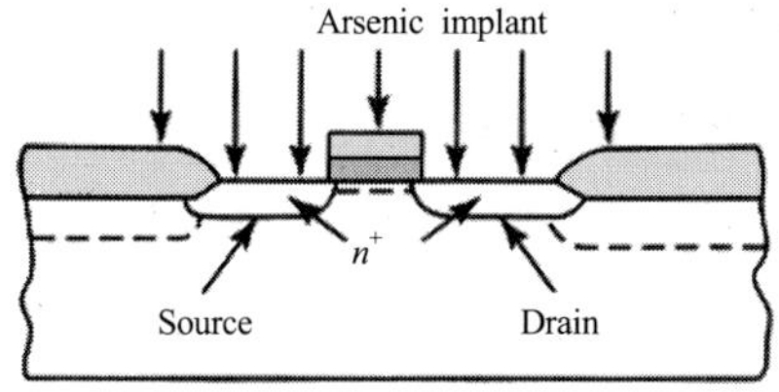


그림 9.24 소스와 드레인 형성

### 3.2.6 PSG(Phosphorous Silicate Glass) 증착

PSG를 웨이퍼 전체 면에 증착하고 표면 상태를 매끄럽게 하기 위하여 열처리한다.

- PSG 증착
- 열처리

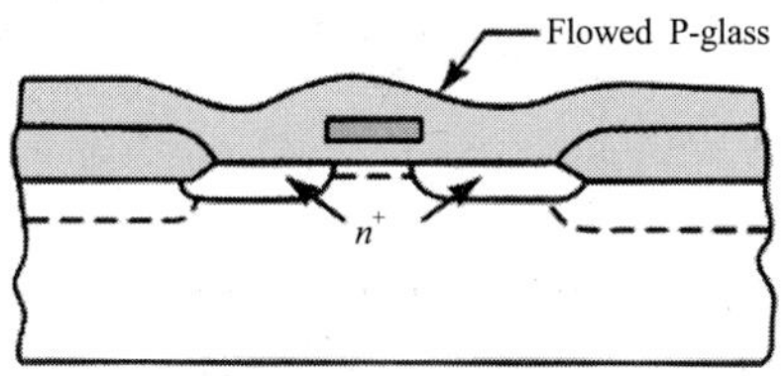


그림 9.25 PSG 증착

### 3.2.7 금속 배선

접촉창을 정하고 PSG를 식각한 후, 금속층을 증착하여 디바이스 제작을 완료한다.

- PSG 식각
- 금속층 증착

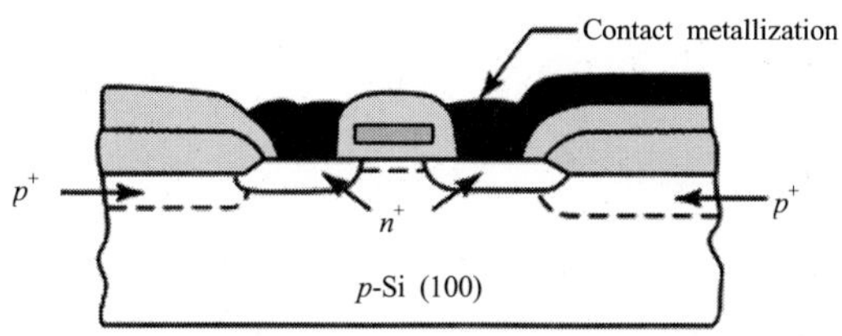


그림 9.26 금속 배선 후의 단면

## 3.3 MOSFET 공정에 사용되는 중요 기술

### 3.3.1 게이트 공정기술

1970년대 중반 이전에 MOS 트랜지스터는 소스/드레인과 게이트가 자기정렬되지 않은 형태로 구성되어 있었다. 소스와 드레인은 열적으로 성장한 실리콘 산화막을 마스크로 이용하여 확산공정을 거쳐 형성되었다. 그 다음 게이트 영역이 식각되고 얇은 게이트 산화막이 성장하여 트랜지스터가 제작된다. 일반적으로 게이트는 소스/드레인의 완전한 커버리지를 확보하기 위하여 소스와 드레인 사이의 거리보다 상당히 넓게 설계된다. 이것이 소자의 선폭을 감소시키는 것을 어렵게 한다.

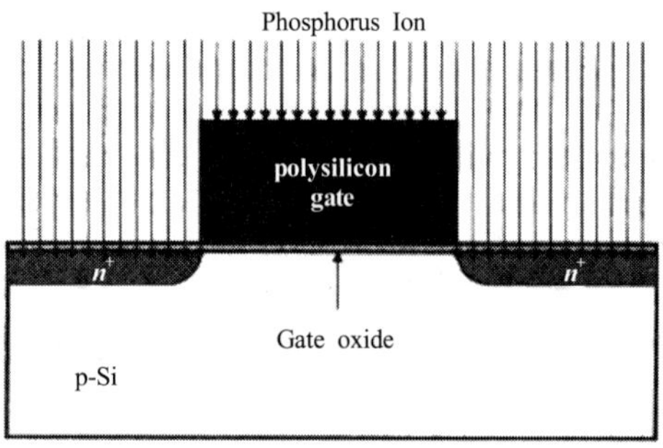


**그림 9.27** 자기정렬(self-align)된 게이트 트랜지스터 형성

이온 주입의 도입으로, MOS 트랜지스터 제작을 위한 공정은 자기정렬 게이트(self-aligned gate) 공정으로 변화하였다. Al 합금이 이온 주입 후 열처리 공정에 의해 요구되는 고온을 유지할 수 없기 때문에 다결정 실리콘이 게이트 금속으로서의 Al을 대체하였다. 이 공정에서는 트랜지스터를 구성할 영역을 정의하기 위해 필드 산화막 상에 식각된 윈도를 가지는 마스크가 이용된다. 그림 9.27은 nMOS 트랜지스터를 만들기 위한 자기정렬 게이트 공정을 나타낸 것이다. 자기정렬 게이트 공정은 집적회로 제작에서 기초적인 트랜지스터 제작 공정이다. 개선된 MOS 칩을 위한 트랜지스터 제작 공정의 거의 모두가 이 공정을 기초로 하여 발전하였다.

### 3.3.2 LDD 공정

게이트 폭이 2 $\mu$m 보다 작을 때, 소스와 드레인 사이의 바이어스 전압에 의해 유도된 전계의 수직 성분은 얇은 게이트 산화막 층을 가로질러 전자 터널링을 발생시킬 수 있을 정도로 높다. 이것을 핫 일렉트론(hot electron) 효과라고 부른다. 이것은 게이트 누설로부터 트랜지스터 성능에 영향을 미칠 수 있으며, 게이트 산화막에서의 전자 트랩 때문에 집적회로 칩에 대한 신뢰성 문제를 야기할 수 있다. 그림 9.28은 MOS 트랜지스터의 핫 일렉트론 효과를 나타낸 것이다.

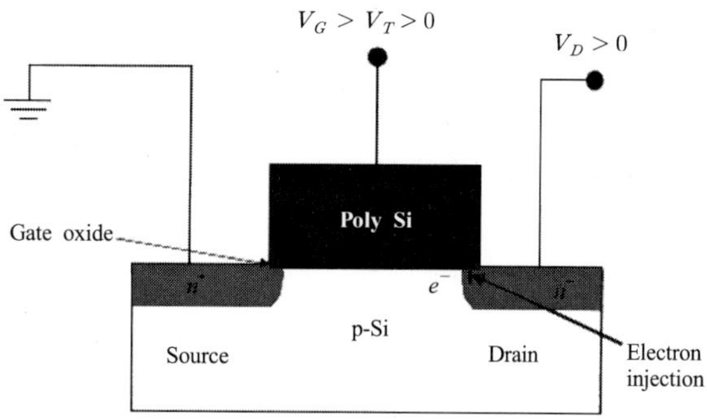


**그림 9.28** MOS 트랜지스터의 핫 일렉트론 효과

이 효과를 억제하기 위해 가장 널리 사용된 방법은 그림 9.29에 나타낸 것과 같은 LDD(Lightly Doped Drain) 구조를 사용하는 것이다.

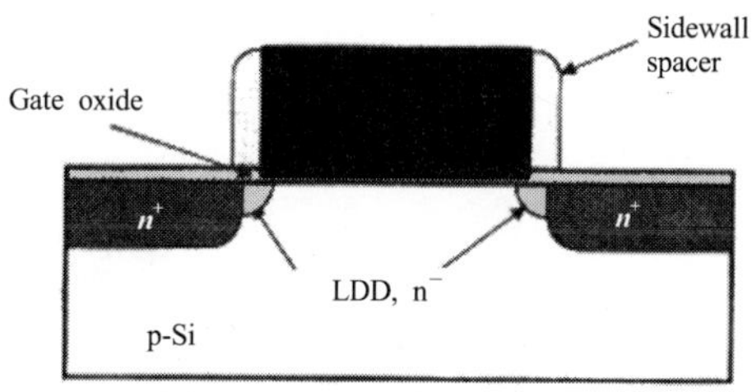


**그림 9.29** MOS 트랜지스터의 LDD 구조

LDD 구조는 낮은 에너지의 이온 주입을 사용하여 형성될 수 있다. 이것은 게이트 바로 밑으로 확장된 매우 낮은 불순물 농도를 가지는 얕은 접합이다. 유전체 층의 증착과 식각 후에 측벽 스페이서는 다결정 실리콘 게이트의 양쪽 측면 상에 형성된다. 고전류, 저에너지 이온 주입은 높게 도핑된 소스/드레인 접합을 형성하며, 이것은 측벽 스페이서에 의해 게이트로부터 사이를 두고 유지된다. 이것은 소스/드레인 바이어스로 유도된 전계의 수직성분을 감소시키며 터널링하는 전자들을 감소시키므로, 핫 일렉트론 효과를 억제한다. LDD 구조를 가지는 트랜지스터는 그림 9.30에 나타낸 공정 단계로 제작된다.

- Wafer clean
- Grow gate oxide
- Deposit polysilicon
- Gate mask
- Etch polysilicon
- Strip photoresist
- Polysilicon annealing(a)
- LDD implantation(b)
- Deposit nitride
- Etch back nitride, stop on oxide(c)
- Source drain implantation
- Anneal(d)

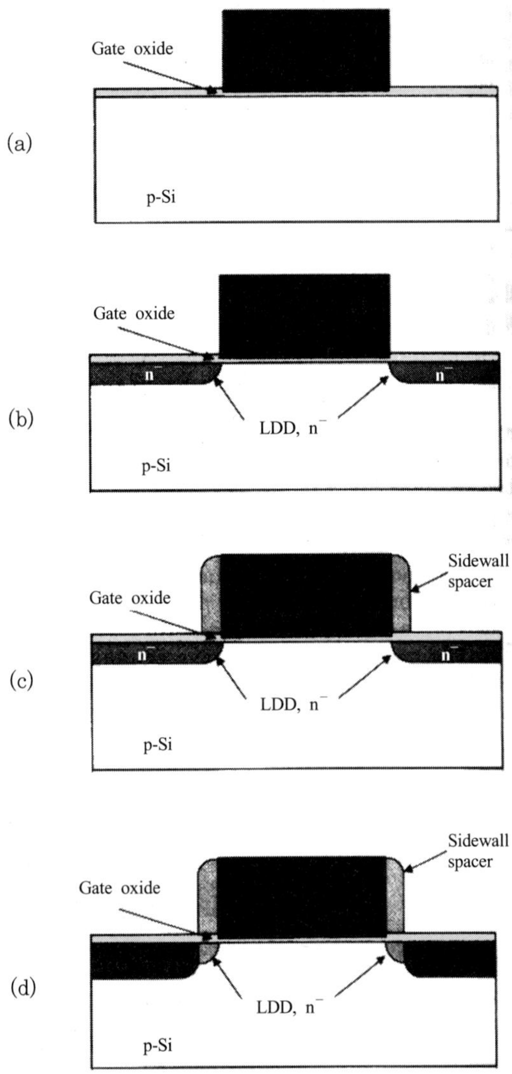


**그림 9.30** LDD로 MOS 트랜지스터를 만드는 공정 단계

트랜지스터 선폭(feature size)이 0.18 $\mu$m 이하로 감소되고 공급전압이 1.5 V 이하로 감소되면, 핫 일렉트론 효과는 더 이상 중요하지 않다. 따라서 LDD 주입공정은 더 이상 필요하지 않을 것이다. 그러나 측벽 스페이서는 소스/드레인 접합에서의 불순물에 대한 확산 완충부(buffer)를 제공하기 위하여 계속 필요할 것이다. 그렇지 않다면, 소스와 드레인에서의 불순물 원자는 그림 9.31에 나타낸 것과 같이 작은 게이트 크기 때문에 이온 주입 후 열처리 공정 동안에 서로 너무 가깝게 확산되어 문제를 일으킬 수 있다.

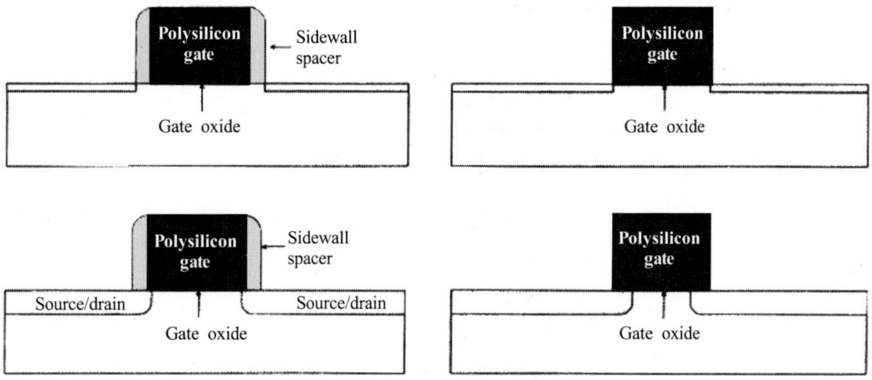


(a) After anneal, source and drain are just right

(b) After anneal, source and drain are too close

**그림 9.31** 소스-드레인 어닐링 : (a) 측벽 스페이서가 있는 경우, (b) 측벽 스페이서가 없는 경우

### 3.3.3 문턱전압 조절

문턱전압 조절 이온 주입(threshold adjustment implantation)은 MOS 트랜지스터의 문턱전압을 제어한다. 문턱 조절 이온 주입은 저에너지, 저전류 주입 공정이며 일반적으로 게이트 산화막 성장 전에 실시된다. 그림 9.32는 문턱 조절 이온 주입 공정을 나타낸 것이다. CMOS 소자의 경우, n형과 p형에 대한 두 개의 문턱 조절 이온 주입 공정이 필요하다.

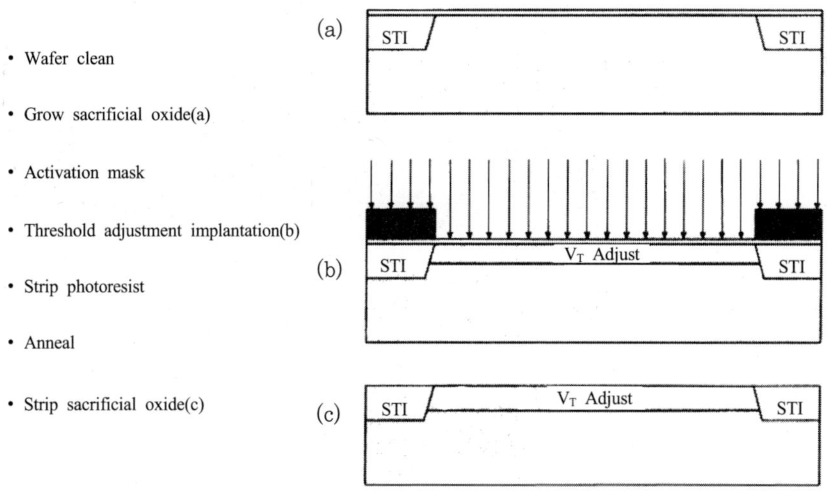


**그림 9.32** 문턱 전압 조절 이온 주입 공정

### 3.3.4 펀치스루 방지 기술

펀치스루(punch-through) 효과는 소스와 드레인의 공핍 영역이 게이트-기판 바이어스와 소스-드레인 바이어스의 영향 하에서 서로 단락될 때 발생한다. 펀치스루를 방지하기 위한 이온 주입은 중간 에너지, 저전류 주입공정이다. 펀치스루를 방지하기 위한 이온 주입은 보통 우물에 주입된다. 그림 9.33은 펀치스루를 방지하기 위한 이온 주입 공정을 나타낸 것이다.

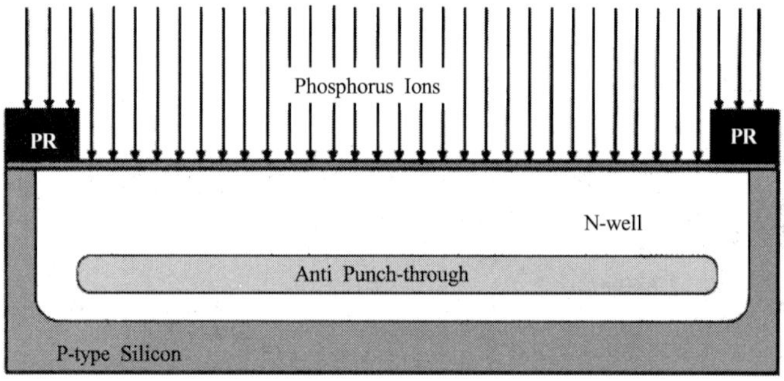


그림 9.33 펀치스루 방지 이온 주입 공정

펀치스루 효과를 억제하기 위하여 사용되는 다른 방법은 할로(halo) 주입 공정이다. 이 공정은 45°의 입사각을 가지는 저에너지, 저전류 주입 공정이다. 이 주입 공정에서 형성된 할로 접합은 펀치스루 효과를 억제하는데 도움을 준다. 그림 9.34는 할로 주입 공정을 나타낸 것이다.

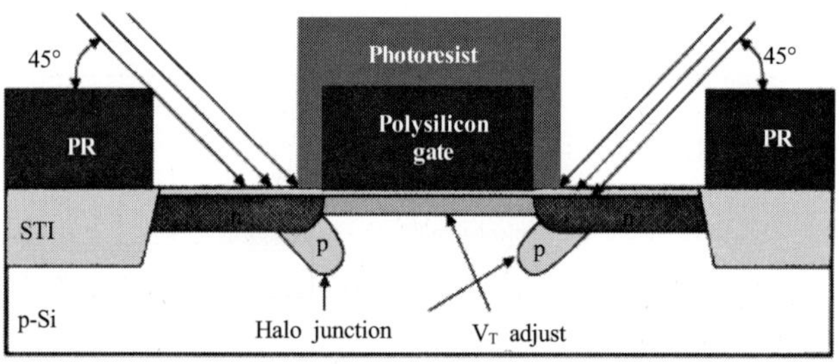


그림 9.34 할로(halo) 이온 주입 공정

# 4. CMOS

## 4.1 개요

그림 9.35는 CMOS 인버터의 회로도를 나타낸 것이다. 상부의 pMOS 디바이스의 게이트는 하부의 nMOS 디바이스의 게이트에 연결되어 있다. 두 디바이스는 증가형 MOSFET이고 pMOS의 문턱전압 $V_{Tp}$는 0 V보다 작고 nMOS의 문턱전압 $V_{Tn}$은 0 V보다 크다. 입력전압($V_i$)이 접지상태이거나 작은 (+) 전압인 경우에는 pMOS가 on 상태이고, nMOS는 off 상태가 된다. 따라서 출력전압($V_0$)은 거의 $V_{DD}$(논리 1)에 이르게 된다. 입력전압이 $V_{DD}$인 경우 pMOS($V_{GS}=0$)는 off 상태로 되고 nMOS는 on 상태로 된다. 그러므로 출력전압($V_0$)은 0 V(논리 0)가 된다.

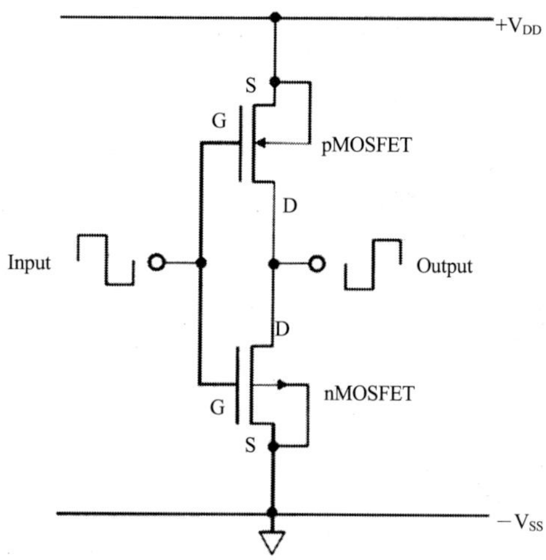


**그림 9.35** CMOS 인버터의 개략도

CMOS 인버터는 어떤 논리상태에서든지 $V_{DD}$에서 접지 사이의 직렬통로에서 도통되지 않는 디바이스 하나가 있다는 독특한 특성을 갖고 있다. 어떤 논리상태이든지 흐르는 정상전류는 작은 누설전류이며 스위칭 동작이 일어나는 순간에만 두 디바이스가 on 상태가 되어 큰 전류가 흐른다. 그러므로 평균전력소비는 $10^{-9}$ W 정도로 매우 작다. 매 칩당 부품수가 증가할수록 소비전력은 주요 제한 인자가 되므로 저소비전력은 CMOS 회로의 가장 큰 장점 중 하나이다. 그림 9.36에 CMOS 인버터의 레이아웃과 단면도를 나타내었다.

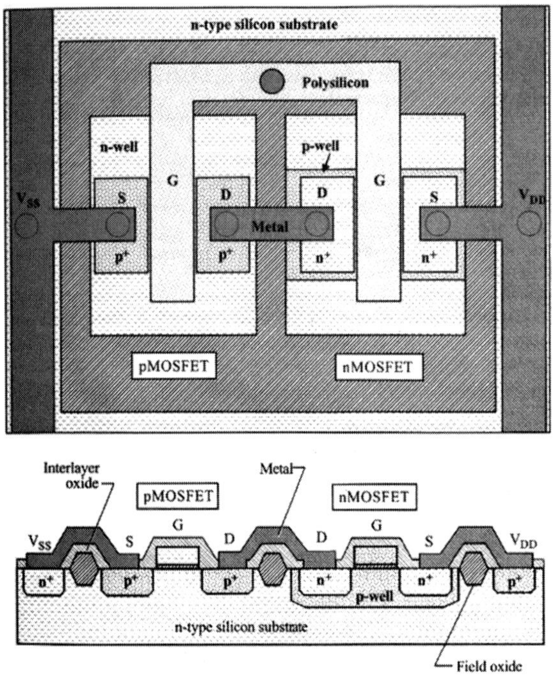


**그림 9.36** CMOS 인버터의 레이아웃과 단면도

## 4.2 제작 공정

0.18 $\mu$m CMOS 제작 공정을 다음에 나타내었다.

### 4.2.1 이중 우물 공정

몇몇 CMOS 웨이퍼 제조 공정에서 첫 단계는 MOSFET의 활성 영역 범위를 한정하는 것이다. 오늘날 0.25 $\mu$m 이하의 공정에서 nMOS와 pMOS 트랜지스터의 활성 영역을 한정하기 위해 이중 우물(twin well) 공정을 많이 사용한다. 이중 우물 구조는 n 우물과 p 우물로 구성되는데, 각 우물을 만들기 위해서는 적어도 3~5가지 공정 단계가 필요하다.

#### 1) n 우물 형성

n 우물 형성은 다섯 가지의 주요 단계를 가지며, 그림 9.37에 공정 과정을 나타내었다.

- 에피택셜 층 성장
- 산화막 성장
- n 우물 이온 주입을 위한 창 형성

- n 우물 형성을 위한 이온 주입
- 열처리

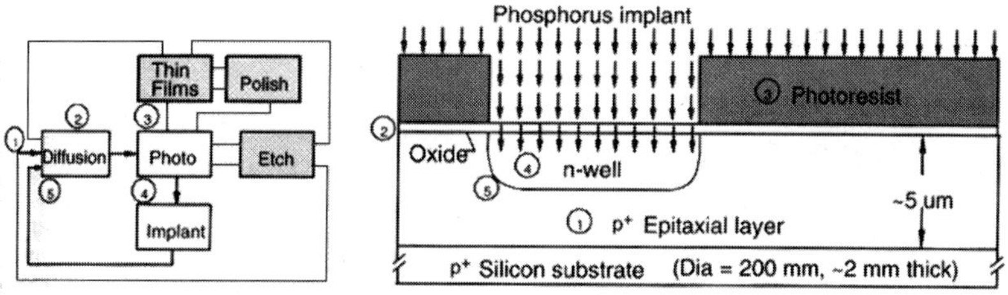


그림 9.37 n 우물 형성

2) p 우물 형성

p 우물 형성을 위한 공정 과정을 그림 9.38에 나타내었다.

- p 우물 이온 주입을 위한 창 형성
- p 우물 형성을 위한 이온 주입
- 열처리

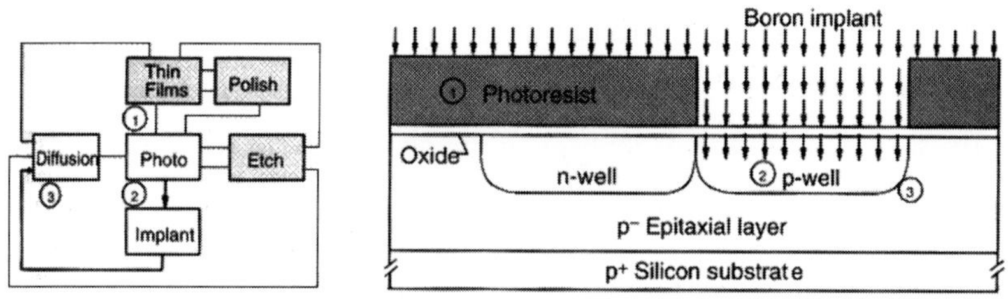


그림 9.38 p 우물 형성

### 4.2.2 얕은 트렌치 고립 공정

얕은 트렌치 고립(STI)은 기판 위의 활성 트랜지스터 영역 사이에 고립 부분을 만드는 공정이다. 이 방법은 0.25 $\mu$m 이하의 소자를 제작하는데 특히 유용하다. 고립 기술은 LOCOS 기술이 1970년대 초에 개발된 이후, 1990년대 말까지 계속 발전해 왔다. 그 복잡성에도 불구하고, 얕은 트렌치 고립기술은 초고집적 칩 제조에 광범위하게 사용된다. 얕은 트렌치 고립 형성은 트렌치 식각, 산화물 채움, 산화물 연마와 같은 세 개의 주요 단계로 설명된다.

### 1) 트렌치 식각

트렌치 식각은 그림 9.39와 같이 네 가지의 주요 단계를 가진다.

- 장벽 (barrier) 산화
- 질화막 증착
- 감광막 도포
- 트렌치 식각

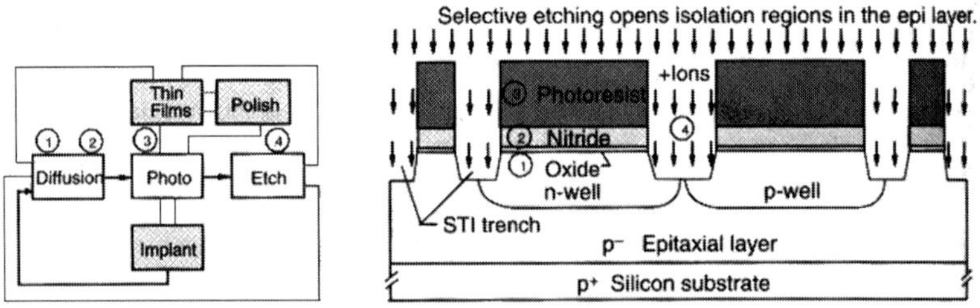


**그림 9.39** STI 트렌치 식각

### 2) 산화물 채움

산화물 채움은 그림 9.40과 같이 두 가지의 기본 공정 단계를 가진다.

- 트렌치 라이너(liner) 산화
- 트렌치에 산화물 채움

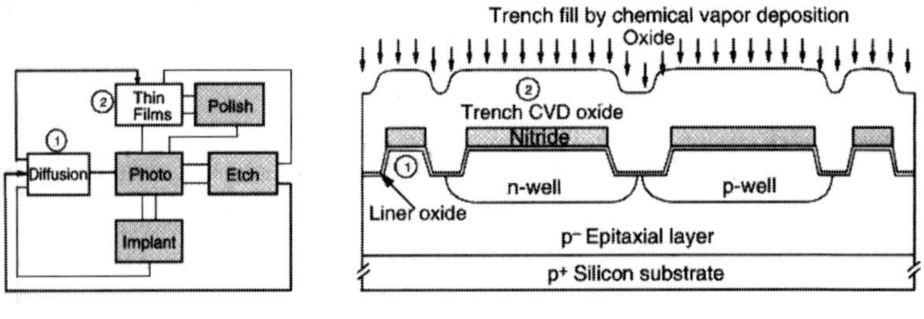


**그림 9.40** STI 산화물 채움

### 3) STI 산화물 연마–질화물 제거

웨이퍼 표면의 평탄화는 여러 가지 방법으로 얻을 수 있다. 과거에 웨이퍼를 평탄화 시키기 위해 틈을 채우는 것은 80% 솔벤트와 20% 실리콘 산화물로 구성된 SOG (spin-on-glass)를 사용함으로써 가능했다. 틈에 산화물을 남기기 위해 증착 후, SOG

를 구워서 솔벤트를 증발시킨다. 표면 에치백(etchback)으로 전체의 두께를 줄일 수 있지만, 이것은 CMP(Chemical Mechanical Planarization)만큼의 효과를 갖지는 못한다. 그림 9.41에 기본적인 두 단계를 나타내었다.

- 트렌치 산화물 연마(CMP)
- 질화물 제거

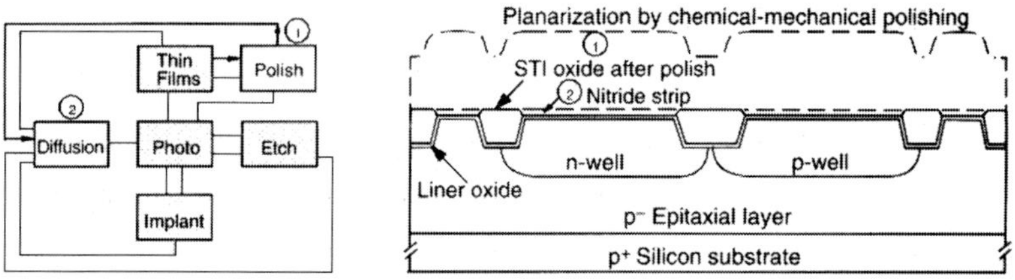


**그림 9.41** STI 형성

### 4.2.3 폴리 게이트 구조 공정

트랜지스터 게이트 구조를 형성하는 것은 전체 집적회로 공정에서 가장 작은 물리적 구조 중 하나인 다결정 실리콘 게이트의 식각 및 패터닝(patterning)과 가장 얇은 게이트 산화막을 열 성장시키는 과정들을 포함하기 때문에 매우 중요한 단계이다. 다결정 실리콘 게이트의 폭(width)은 가장 중요한 전체 웨이퍼의 선폭이 된다. 그림 9.42에 다결정 실리콘 게이트 공정에 대한 단계를 나타내었다.

- 게이트 산화막 성장
- 다결정 실리콘 증착
- 다결정 실리콘 게이트 형성을 포토 리소그래피
- 다결정 실리콘 게이트 식각

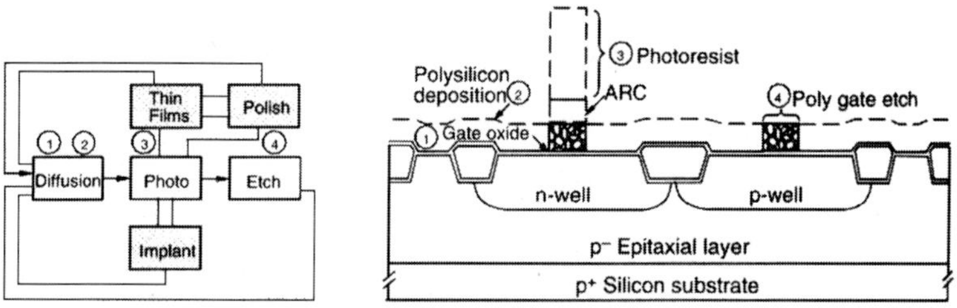


**그림 9.42** 폴리 게이트 구조 공정

### 4.2.4 LDD(Lightly Doped Drain) 주입 공정

게이트 폭(width)이 작아질수록 채널 길이도 감소한다. 이러한 축소는 트랜지스터의 소스와 드레인 사이에 펀치스루(punch-through)가 발생할 만큼 전하의 전위를 증가시켜서 바람직하지 않은 채널 누설전류를 발생시킨다. 채널에서 이러한 누설의 발생을 줄이기 위해 사용되는 몇 가지 방법이 있다.

이온 주입 단계의 다음 과정에서 트랜지스터의 소스와 드레인이 결정된다. pMOS와 nMOS 각각은 두 번 주입되는데, 한 번은 LDD 주입이라 알려진 얕은 주입이고, 그 다음으로 중간의 또는 높은 불순물량을 소스/드레인에 주입한다. LDD 주입은 실리콘층 상부에 비결정성을 만들기 위해 다량의 As와 $BF_2$와 같은 불순물을 사용한다. 비결정성 표면 조건은 얕은 접합이 유지되는 것을 도와서 소스와 드레인 사이에서 발생하는 채널 전류 누설효과를 감소시킨다.

1) $n^-$ LDD 주입

그림 9.43은 $n^-$ LDD 주입을 위한 과정을 나타낸 것이다.

- $n^-$ LDD 이온 주입을 위한 창 형성
- $n^-$ LDD 이온 주입

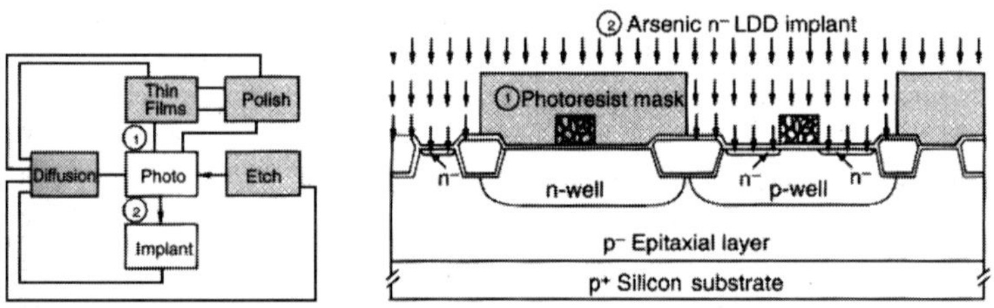


**그림 9.43** $n^-$ LDD 이온 주입

2) $p^-$ LDD 주입

그림 9.44는 $p^-$ LDD 주입을 위한 과정을 나타낸 것이다.

- $p^-$ LDD 이온 주입을 위한 창 형성
- $p^-$ LDD 이온 주입

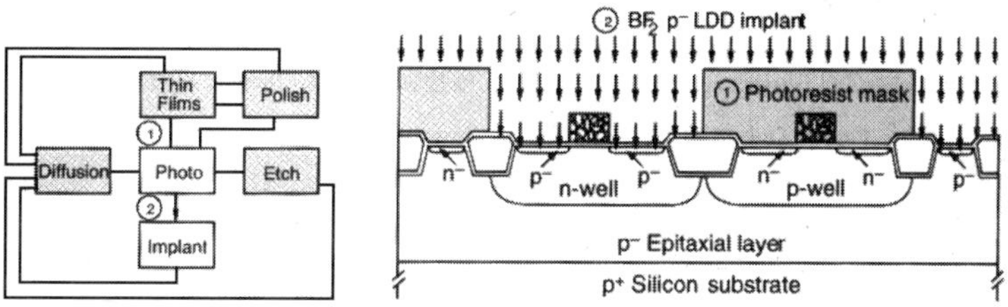


**그림 9.44** $p^-$ LDD 이온 주입

### 4.2.5 측벽 스페이서 형성

측벽 스페이서(sidewall spacer)는 소스/드레인(S/D) 주입이 커질수록 채널이 너무 가까워져서 발생하는 소스/드레인 펀치스루 현상을 막기 위해 다결정 게이트 옆에 사용된다. 측벽 스페이서 형성에는 두 개의 주요 공정 단계가 필요하다. 먼저, 산화층이 웨이퍼 표면에 증착되고, 산화물이 건식 식각 공정으로 식각된다. 산화물의 대부분을 제거하기 위해 비등방성 식각 도구로 이온을 사용하기 때문에 마스크 단계가 필요 없다. 이 식각 공정은 다결정 실리콘이 노출될 때 중지된다. 그러나 모든 산화물이 제거되어서는 안되며 어느 정도의 산화물이 다결정 실리콘 게이트의 측면에 남아있어야 한다. 그림 9.45에 측벽 스페이서 형성 공정을 나타내었다.

- 스페이서 산화막 증착
- 스페이서 산화막 식각(etchback)

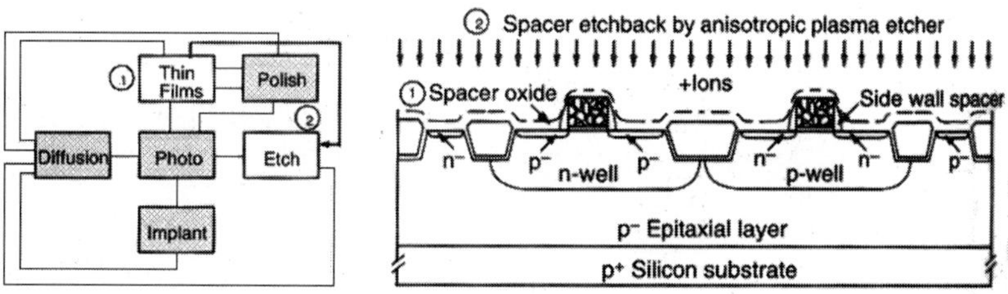


**그림 9.45** 측벽 스페이서 형성

### 4.2.6 소스/드레인(S/D) 주입 공정

소스/드레인을 형성하기 위한 중간-불순물(medium-dose) 주입은 LDD 접합 깊이 아래를 통과하여 얇게 형성된다. 이때 주입 깊이는 원래의 이중 우물 주입보다 얕아야 한다. 이전 단계에서 형성시킨 스페이서 산화막은 주입 공정 동안 불순물 원자가 채널에 주입되는 것을 막아준다.

1) $n^+$ 소스/드레인 주입

- $n^+$ 소스/드레인 이온 주입을 위한 창 형성
- $n^+$ 소스/드레인 이온 주입

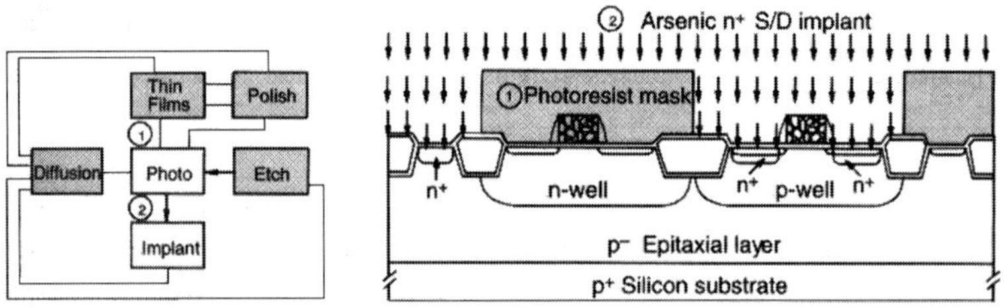


**그림 9.46** $n^+$ 소스/드레인 주입

2) $p^+$ 소스/드레인 주입

$p^+$ 소스/드레인 영역을 만들기 위한 단계는 $n^+$ 소스/드레인 형성 과정과 유사하다.

- $p^+$ 소스/드레인 이온 주입을 위한 창 형성
- $p^+$ 소스/드레인 이온 주입
- 열처리

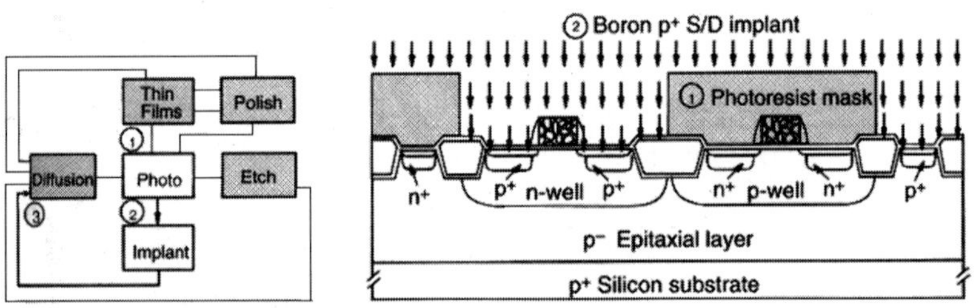


**그림 9.47** $p^+$ 소스/드레인 주입

### 4.2.7 접촉부 형성

접촉부 형성 공정 단계의 목적은 실리콘의 활성 영역에 금속 접촉부를 만드는 것이다. 금속 접촉부는 다음에 증착될 전도성 금속 재료와 실리콘을 접촉시키는 역할을 한다. Ti는 좋은 금속 접합재료로서 실리콘과 잘 반응하며 낮은 저항성을 가진다. 온도가

700℃ 이상으로 증가하면, Ti는 실리콘과 결합해서 $TiSi_2$를 형성한다. Ti는 실리콘 산화물과 잘 반응하지 않으므로 두 재료 사이에 화학적 결합이나 물리적 연결이 생기지 않는다. 따라서 Ti는 마스크 단계 없이 쉽게 식각될 수 있으며, 활성 실리콘이 있는 곳(소스, 드레인, 게이트)에서만 $TiSi_2$가 남게 된다. 접촉부 형성과정을 그림 9.48에 나타내었다.

- Ti 증착
- 열처리
- Ti 식각

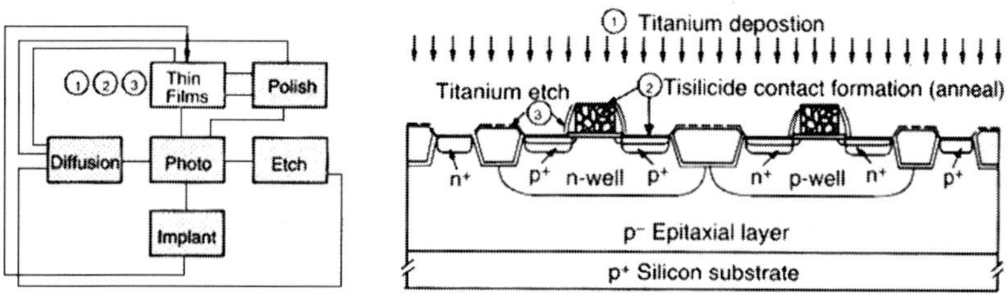


**그림 9.48** 접촉부 형성

### 4.2.8 국부적 상호접속 공정

다음 단계는 트랜지스터들 사이에 또는 티타늄 실리사이드 접합부 사이에 금속 연결선을 만드는 것이다. 이 공정을 국부적 상호접속(local interconnect), 즉 LI라고 한다. LI 형성 단계는 STI 형성만큼 복잡하다. 이 공정은 유전체 박막의 증착으로 시작되며, CMP에 의해서 패터닝, 식각, 텅스텐(W) 금속 증착, 마지막으로 금속 연마로 끝난다.

#### 1) LI 산화물 유전체 형성

그림 9.49는 LI 산화물 유전체 형성 단계를 나타낸 것이다.

- 질화 실리콘($Si_3N_4$) 증착
- 소량의 불순물이 주입된 산화막 증착
- 산화막 연마(CMP)
- LI 식각

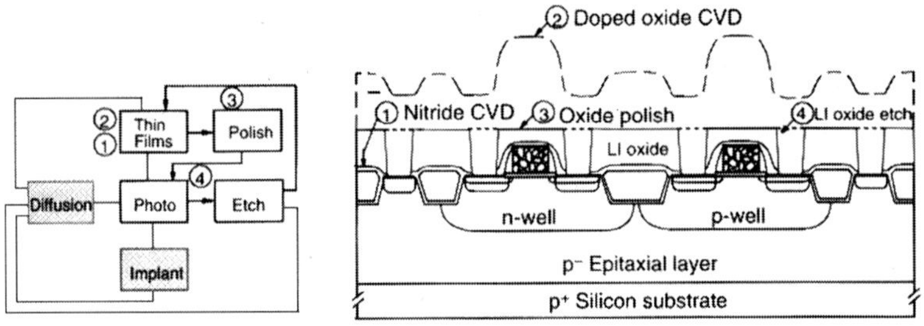


그림 9.49 LI 산화물 유전체 형성

2) LI 금속 형성

그림 9.50은 LI 금속 형성 단계를 나타낸 것이다.

- Ti 증착
- TiN 증착
- W 증착
- W 연마

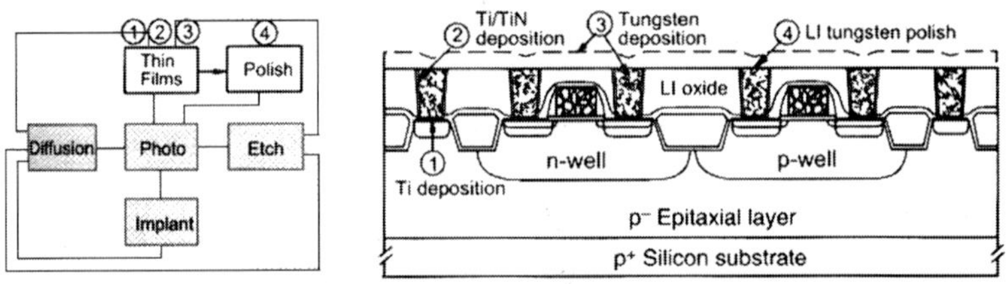


그림 9.50 LI 금속 형성

### 4.2.9 첫 번째 비아(via)/플러그(plug) 형성

층간 유전체(ILD)는 식각 금속층 사이 또는 첫 번째 금속과 실리콘 사이에서 절연체로서의 역할을 한다. 층간 유전체는 하나의 금속층과 근접한 금속층 사이에 전기적 이동로를 열어주기 위해 다수의 작은 비아를 가진다. 비아는 전도성 금속으로 되어있고 금속층 사이에 전기회로를 구성하도록 적절한 위치에 형성된다.

1) 첫 번째 비아 형성

- 첫 번째 층간 유전체 형성
- 첫 번째 층간 유전체 연마

• 첫 번째 층간 유전체 식각

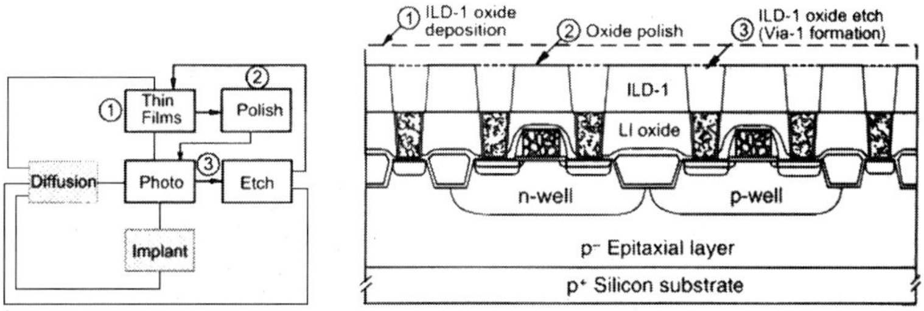


**그림 9.51** 비아-1 형성

2) 첫 번째 플러그 형성

• Ti 확산 방지층 증착
• TiN 증착
• W 증착
• W 연마

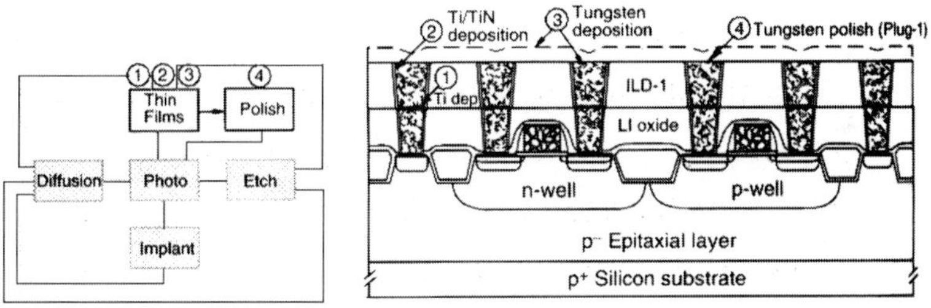


**그림 9.52** 플러그-1 형성

### 4.2.10 첫 번째 금속 상호접속 형성

다음은 금속 스택(metal stack)이라 부르는 단계로서 마스크와 식각을 사용해서 웨이퍼 위에 3층의 금속 박막을 증착하는 것이다. 다층 금속스택은 Ti, Al/Cu, TiN과 같은 내열성 금속으로 구성된다. 이 과정을 통해서 소자 위에 구성될 다섯 개의 금속 스택 중에서 첫 번째 것이 웨이퍼에 만들어진다. 소자 위의 금속층의 수는 다이(die)의 복잡성에 따라 다양하며, 최근에 개발된 다이는 여덟 개의 금속층을 가진다. LI 금속을 제외하면 이 과정에서 여섯 개의 금속층이 형성된다. 그림 9.53에 금속층의 상호연결 과정을 나타내었다.

- Ti 확산 방지층 증착
- Al-Cu 증착
- TiN 증착
- 금속 식각

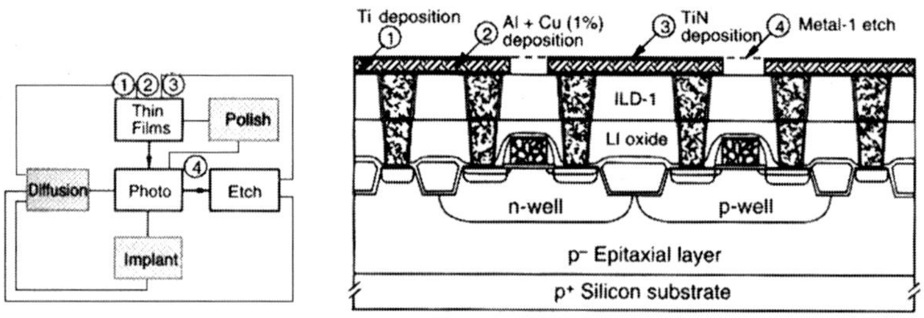


**그림 9.53** 금속-1 상호접속 형성

### 4.2.11 두 번째 비아/플러그 형성

다음 단계는 두 번째 층간 유전체(ILD-2)와 비아를 형성하는 것이다. 두 번째 층간 유전체는 첫 번째 금속층의 식각에서 생긴 틈을 채우는 첫 번째 단계를 제외하면, 첫 번째 층간 유전체 공정과 매우 유사하다. 틈 채우기(gap fill)는 전기적 특성에 영향을 미칠 수 있는 결함이나 빈 공간이 생기지 않도록 좁은 공간에 들어 갈 수 있는 유전체를 틈에 채우는 것이다. 틈 채우기는 일반적으로 SOG를 이용한 에치백과 고밀도 플라스마 화학기상증착(high-density plasma chemical vapor deposition, HDPCVD) 법을 이용한다. 0.25 $\mu$m 공정에서는 HDPCVD를 선호한다. 틈이 채워지면, 플라스마 보강 화학기상증착(PECVD)으로 나머지 층간 유전체 증착을 끝낸다. 두 번째 층간 유전체 증착 과정에서, 산화물은 연마되고 패터닝 후에 텅스텐(W) 플러그를 형성시키는 비아를 열기 위해 식각된다.

1) 두 번째 비아 형성

- 두 번째 층간 유전체 틈 채우기
- 두 번째 층간 유전체 증착
- 두 번째 층간 유전체 연마
- 두 번째 층간 유전체 식각

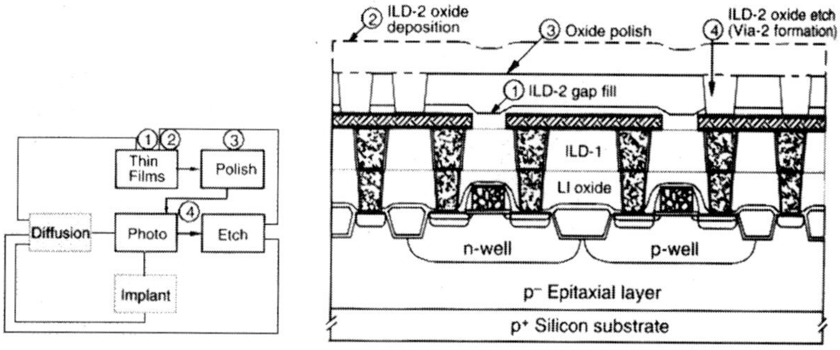


**그림 9.54** 비아-2 형성

2) 두 번째 플러그 형성

- Ti 확산 방지층 증착
- TiN 증착
- W 증착
- W 연마

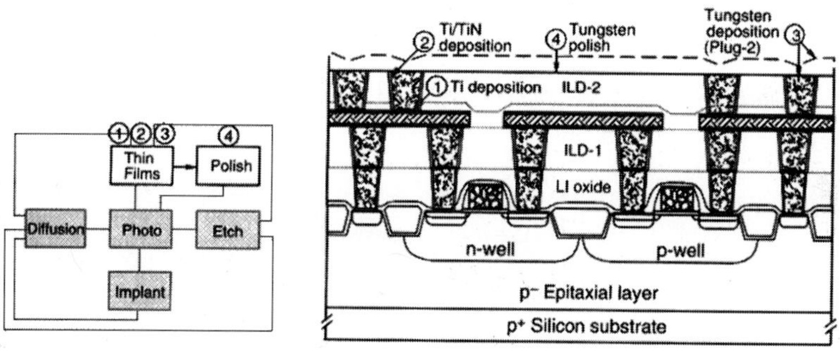


**그림 9.55** 플러그-2 형성

### 4.2.12 두 번째 금속 상호접속 형성

다음 단계는 층 사이에 상호연결을 형성하는 공정이다. 이 공정은 모든 금속 스택에 동일한 방법으로 반복된다.

- 두 번째 금속층 증착과 식각
- 세 번째 층간 유전체 틈 채우기
- 세 번째 층간 유전체 증착과 연마
- 세 번째 비아 식각, Ti/TiN 증착, W 증착, 연마

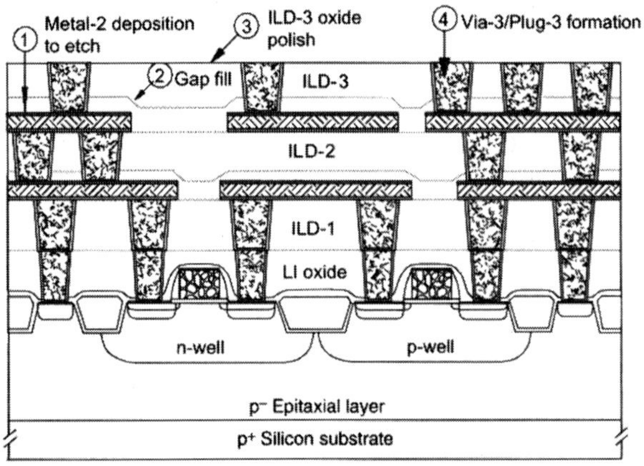


**그림 9.56** 금속-2 상호접속 형성

### 4.2.13 패드 형성

세 번째 층과 네 번째 층의 형성을 위한 공정을 반복해서 네 번째 금속층의 식각을 마친 후, 다섯 번째 층간 유전체를 박막 공정을 이용해서 증착시킨다. 다섯 번째 층간 유전체 층은 다섯 번째 금속 증착으로 금속을 채우기 위해 식각된다. 다섯 번째 금속층은 이전의 금속 스택들보다 얇게 증착된다. 이 금속층은 결합 패드를 형성하며 필요 없는 부분의 금속 제거를 위해 필요한 만큼 식각된다.

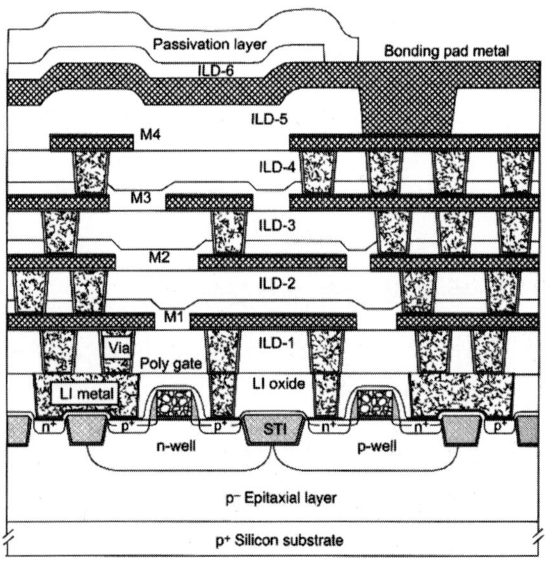


**그림 9.57** 완성된 0.18 $\mu$m CMOS의 단면

이 공정의 마지막 단계는 질화막(약 2,000Å)의 상부 층에 여섯 번째 층간 유전체 층을 하나 더 올리는 것이다. 이 층을 보호층(passivation layer)이라고 한다. 보호층의 목적은 습도, 긁힘, 오염으로부터 제품을 보호하는 것이다. 마지막 저온 합금단계는 확산로(furnace)에서 형성된다. 이러한 열처리는 금속 연결부 사이를 금속학적으로 개선시켜서, 전기적 특성과 신뢰도를 향상시킨다. 합금단계에서는 제품에 지나친 열이 가해지지 않도록 주의해야 한다. 지나친 열은 제품에 영구적인 구조적 결함이 일어나도록 할 수 있다.

## 4.3 CMOS 제작에 사용되는 중요 기술

### 4.3.1 우물 형성 기술

CMOS의 우물 형성 공정은 단일 우물(single well)과 이중 우물(twin well)로 나눌 수 있다. 이중 우물 공정은 몇 가지 단점을 가지고 있다. 예를 들면, 약 1,050℃의 고온 공정과 2~3 $\mu$m 깊이를 형성시키기 위해 8시간 이상의 긴 확산시간이 필요하다. 이 공정에서는 불순물 농도가 표면에서 가장 높으며 깊이에 따라 감소한다. 공정 온도와 시간을 줄이기 위해 높은 에너지의 이온 주입이 사용된다. 즉, 표면에서 열 확산시키는

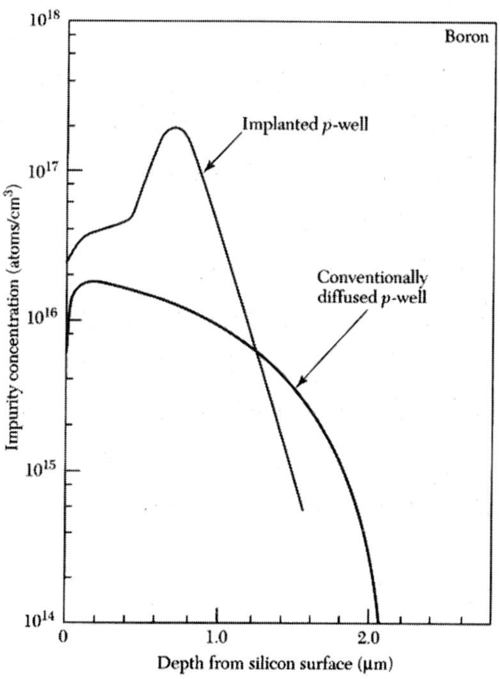


**그림 9.58** 열 확산 우물과 이온 주입된 p 우물의 불순물 농도 분포도

대신에 원하는 깊이에 이온을 주입한다. 이온 주입 에너지에 의해 깊이가 결정되기 때문에 주입 에너지의 차이로 우물 깊이를 조절할 수 있다. 그림 9.58은 이온 주입된 p 우물과 열 확산된 p 우물의 불순물 단면도를 비교한 것이다.

p 우물을 위한 주입 에너지는 약 400 keV이다. 고 에너지 이온 주입은 저온으로 단시간에 우물을 형성할 수 있으며, 측면 확산을 줄이고 소자 밀도를 증가시킬 수 있다. 또한, 이온 주입으로 형성된 우물은 하부 근처에서 높은 도핑 농도를 갖기 때문에 우물 저항성이 열 확산된 우물보다 낮아서 래치-업(latch-up) 문제를 최소화시킬 수 있다.

### 4.3.2 소자 고립 기술

LOCOS와 같은 고립 기술은 선폭이 0.25 $\mu$m 이하의 소자를 제작하는 데는 부적절하다. 실리콘의 고온 산화와 긴 산화 시간은 활성 영역에서 채널스톱 이온 주입(channel stop implantation)을 침해해서 문턱전압($V_T$)을 변화시킨다. 또, 활성 영역은 측면 산화에 의해서 상당히 줄어든다. 트렌치 고립 기술은 이러한 문제점들을 피할 수 있는 최선의 기술이다.

### 4.3.3 게이트 형성 기술

pMOS와 nMOS 게이트에 $n^+$-다결정 실리콘을 사용하면 pMOS의 문턱전압은 B 주입에 의해 조절되어야 한다. 이것은 그림 9.59에서 보듯이 pMOS 채널을 매립형으로 만든다. 매립형 pMOS의 소자 크기가 0.25 $\mu$m 이하로 작아지면 심각한 단 채널(short channel) 효과가 발생한다. 단 채널 효과에서 가장 주의해야 할 현상은 문턱전압의 변화, DIBL(Drain-Induced Barrier Lowering), 게이트 전압이 0인 경우에 드레인과 소스 사이에 큰 누설 전류가 흐르는 것이다. 이 문제를 완화하기 위해 pMOS에서 $n^+$-다결정 실리콘을 $p^+$-다결정 실리콘으로 바꾼다. $n^+$-다결정 실리콘과 $p^+$-다결정 실리콘의 일함수 차이 때문에 표면 p 채널을 문턱전압 조절을 위한 B 주입 없이 얻을 수 있다. 그러므로 0.25 $\mu$m 이하의 공정기술에서는 이중 게이트(dual-gate) 구조가 요구된다. 즉, 그림 9.59에 나타내었듯이 pMOS에서는 $p^+$-다결정 실리콘을, nMOS에서는 $n^+$-다결정 실리콘을 사용한다. 표면 채널과 매립 채널에서의 문턱전압 비교를 그림 9.60에 나타내었다. 그림 9.60에서 보듯이 표면 채널의 문턱전압이 0.5 $\mu$m 이하의 채널 길이에서 매립 채널에 비해 느리게 감소한다. 이는 0.25 $\mu$m 이하의 소자 동작에서 표면 채널이 더 바람직하다는 것을 나타내는 것이다.

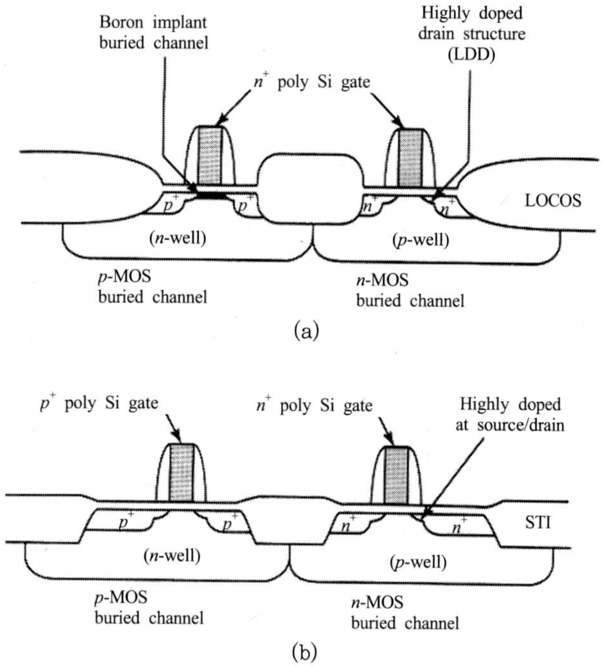


**그림 9.59** (a) 단일-다결정 실리콘 게이트를 갖는 CMOS 구조, (b) 이중-다결정 실리콘 게이트를 갖는 CMOS 구조

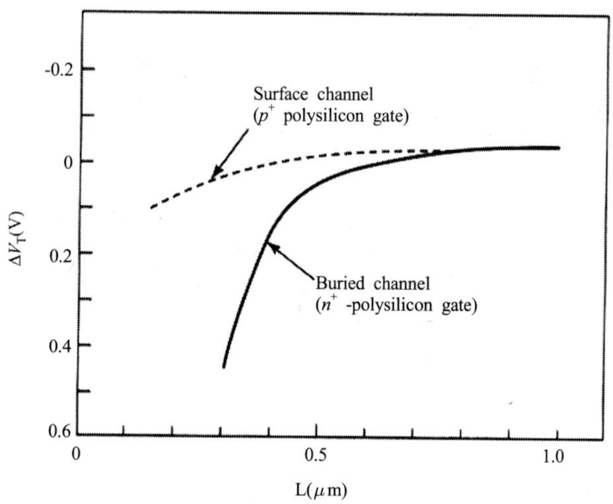


**그림 9.60** 매립형 타입의 채널과 표면 타입의 채널의 문턱전압($V_T$)

## 연습문제

1. 면 저항의 정의를 기술하시오.

2. 커패시터를 제작할 수 있는 방법들을 기술하고, 기생 커패시터(parasitic capacitor)에 대해 설명하시오.

3. npn 바이폴라 트랜지스터의 공정 순서를 도시하면서 설명하시오.

4. n-MOS 제작 공정을 순서대로 도시하고 설명하시오.

5. LDD 주입과 소스/드레인 주입 사이의 차이는 무엇인가?

6. MOS 공정에서 펀치스루(punch through) 방지 기술에 대해서 설명하시오.

7. CMOS의 동작 원리 및 구조에 대하여 설명하시오.

8. CMOS에 사용되는 이중 우물 공정에 대하여 설명하시오.

9. CMOS에서 발생하는 래치-업(latch-up)에 대해서 설명하고, 래치-업을 방지하는 방법들을 기술하시오.

# 참고문헌


[1] A. Olivi, "Optimized Miniature Thin-film Planar Inductors, Compatible with Integrated Circuits," *IEEE Trans. Parts, materials Packaging*, Vol. PMP-5, p.71, 1969

[2] S. M. SZE, *Semiconductor Devices-Physiscs and Technology*, John wiley & Sons, 1985

[3] L. I. Maisell, R. Glang eds., *Handbook of Thin Film Technology*, McGraw-Hill, New York, 1970

[4] J. L. Vossen, W. Dern eds., *Thin Film Processes*, Academic, New York, 1978

[5] L. Holland, ed., *Thin film Microelectronics*, Willey, New York, 1965

[6] S. J. Hillenius, "VLIS Process Integration"(in *VLSI Technology*, 2nd Ed. S. M. Sze ed.), McGraw-Hill, New York, 1988

[7] H. Sunani. *Tech. Dig. IEDM*, p.694, 1985

[8] D. Rice, "Isoplanar-S Scales Down for New Heights in Performance," *Electronics*, vol. 52, pp. 137, 1979

[9] L. C. Parrillo, "VLSI Process Integration," in S. M. Sze, Ed., *VLSI Technology*, McGraw-Hill, New York, 1983

[10] E. F. Labuda and J. T. Clemens, "Integrated Circuit Technology," in R. E. Kirk and D.F. Othmer, Eds., *Encyclopedia of Chemical Technology*, Wiley, New York, 1980

[11] J. Agrag-Guerena, P. T. Panousis, and B. L. Morris, "OXIL, A Versatile Bipolar VLSI Technology," *IEEE Trans. Electron Devices*, vol. ED-27, pp. 1397, 1980

[12] K. E. Bean and W. R. Runyan, "Dielectric Isolation, Comprehensive, Current and Future," *J. Electrochem. Soc.*, vol. 124, 5C, 1977

[13] I. Ruge, *Halbleiter-Technologie*, Springer-Verlag, 1974

[14] S. M. Sze, *Physics of Semiconductor Devices* 2nd Edition, John Wiley & Sons, 1981

[15] S. K. Ghandhi, *VLSI Fabrication Principles Silicon and Gallium Arsenide,* John Wiley & Sons 1983

[16] R. C. Jaeger, *Microelectronic Circuit Design*, McGraw-Hill, Burr Ridge, IL, 1997

[17] T. C. Chen, et. al., "A submicrometer High-Performance Bipolar Technology," *IEEE Electron. Device Lett.*, vol. 10, no. 8, pp. 364, 1989

[18] G. P. Li et. al., "An Advanced High-Performance Trench-Isolated Self-Aligned Bipolar Technology," *IEEE Trans. Electron Devices*, vol. 34, no. 10, pp. 2246, 1987

[19] E. C. Douglas, "Advanced Process Technology for VLSI Circuits," *solid state Technol.*, vol. 24, no. 5, pp. 65, 1981

[20] W. E. Beadle, J. C. C. Tsai, and R. D. Plummer, Eds., *Quick Reference Manual for Semiconductor Engineers*, Wiley, New York, 1985

[21] A. K. Sinha, S. M. Sze, and R. S. Wagner, "Silicon Devices of Integrated Circuit Processing," in M. Bever, Ed., *Encyclopedia of Materials Science and Engineering*, Pergamon, Oxford, 1985

[22] R. D. Rung, H. Momose, and Y. Nagakubo, "Deep Trench Isolated CMOS Devices," in *Tech. Digest IEEE International Electronic Device Meeting*, 1982, p.237

[23] B. T. Murphy, L. C. Thomas, and A. V. Macrae, *Electronics*, vol. 54, no. 20, pp. 106,

1981

[24] D. M. Bron, M. Ghezzo, and J. M. Primbley, "Trends in Advanced CMOS Process Technology," *Proc. IEEE*, pp. 1646, 1986

[25] Lita Shon-Roy, A. Wiesnoski and R. Zorich, *Advanced Semiconductor Fabrication Handbook*, Integrated Circuit Engineering Co., Scottsdale, Az.

[26] Al F. Tasch, *MOS Integrated Circuit Process Integration, Class Notes for Electrical Engineering 396K*, The University of Texas at Austin, 1996

[27] S. Wolf, *Silicon Processing for the VLSI Era, vol. 2-Process Integration*, Lattice Press, Sunset beach, CA, 1990

[28] L. C. Parrillo, R. S. Payne, R. E. Davis, G. W. Reutlinger and R. L. Field, "Twin-Tub CMOS-A Technology for VLSI Circuits", *IEEE IEDM Digest*, pp. 752~755, 1980

[29] B. J. Baliga and D. Y. Chen, *Power Transistor: Device Design and Applications*, IEEE Press, New York, 1984

[30] K. P. Roenker and L. W. Linholm, "An NMOS Test Chip for a Course in Semiconductor Parameter MEasurements", *National Bureau of Standards Internal Report 84-2822*, 1984

[31] T. J. Russell, T. F. Leedy and R. L. Mattis, "A Comparison of Electrical and Visual Alignment Test Structures for Evaluating Photomask Alignment in Integrated Circuit Manufacturing", *IEEE IEDM Technical Digest*, pp. 7A~7F, 1977

[32] D. S. Perloff, "A Four-Point Electrical Measurement Technique for Characterizing Mask Superposition Errors on Semiconductor Wafers", *IEEE Journal of Solid-State Circuit*, vol. SC-13, pp. 436~444, 1978

[33] A. Hori et al., "High Speed 0.1 $\mu$m Dual Gate CMOS with Low Energy Phosphorus/Boron Implantation and Cobalt Silicide", *IEEE IEDM Technical Digest*, pp. 575~578, 1996

[34] H. Hwang, D. H. Lee and J. M. Hwang, "Degradation of MOSFETs Drive Current Due to Halo Ion Implantation", *IEEE IEDM Technical Digest*, pp. 567~570, 1996

[35] A. J. Auberton-Herve, "SOI: Materials to Systems", *IEEE IEDM Technical Digest*, pp. 3~10, 1996

[36] T. Hashimoto et al., "A 0.2 $\mu$m Bipolar-CMOS Technology on Bonded SOI with Copper Metallization for Ultra High-speed Processors", *IEEE IEDM Technical Digest*, pp. 209~212, 1998

# 부록 A Physical constants

| Name | Value |
|---|---|
| Avogadro's number | $N_A=6.02\times10^{23}$ molecules/mole |
| Boltzmann's constant | $k=1.38\times10^{-23}$ J/K<br>$=8.62\times10^{-5}$ eV/K |
| Electronic charge (magnitude) | $q=1.60\times10^{-19}$ C |
| Electronic rest mass | $m_0=9.11\times10^{-31}$ kg |
| Permittivity of free space | $\epsilon_0=8.85\times10^{-14}$ F/cm<br>$=8.85\times10^{-12}$ F/m |
| Planck's constant | $h=6.63\times10^{-34}$ J-s<br>$=4.14\times10^{-1}5$ eV-s |
| Room temperature value of $kT$ | $kT=0.0259$ eV |
| Speed of light | $c=2.998\times10^{10}$ cm/s |

## 찾아보기

**[Q]**



**[R]**



**[S]**

**[ㄹ]**



**[ㅁ]**



**[ㅂ]**

**[ㅈ]**

**[ ㅊ ]**



**[ ㅋ ]**

[ㅌ]



[ㅍ]



[ㅎ]

## Related Title

### CMOS 디지털 집적회로 설계(수정판)

| I S B N | 9788972837169 |
|---|---|
| 저　　자 | 박홍준 |
| 정　　가 | 29,000원 |
| 출간년도 | 2008년 |

### 전자재료물성 및 소자공학(한국어판, 3E)

| I S B N | 8988825853 |
|---|---|
| 저　　자 | 박정호 외 |
| 정　　가 | 32,000원 |
| 출간년도 | 2005년 |

### CMOS IC 레이아웃 : 개념, 방법론 및 도구

| I S B N | 9788972837299 |
|---|---|
| 역　　자 | 이제현, 안태원 |
| 정　　가 | 22,000원 |
| 출간년도 | 2009년 |

### Fabrication Engineering at the Micro and Nanoscale(3E)

| I S B N | 9780195320176 |
|---|---|
| 저　　자 | Campbell |
| 정　　가 | 37,000원 |
| 출간년도 | 2007년 |

### CMOS 아날로그 회로설계(한국어판)

| I S B N | 8972835730 |
|---|---|
| 역　　자 | 윤광섭 외 |
| 정　　가 | 35,000원 |
| 출간년도 | 2006년 |

### Fundamentals of Modern VLSI Devices(2E)

| I S B N | 9780521832946 |
|---|---|
| 저　　자 | Taur |
| 정　　가 | 59,000원 |
| 출간년도 | 2009년 |

**| 저자약력 |**


**윤영섭**

인하대학교 IT 공과대학 전자공학과 교수

**강성준**

전남대학교 전기 및 반도체공학과 교수



**정가** 31,000원

# VLSI 공정기술

2012년 8월 23일 초 판 인쇄
2012년 8월 30일 초 판 발행

저 자 : 윤 영 섭·강 성 준
발행자 : 우 명 찬·송 준
발행처 : 홍릉과학출판사
주 소 : ㊃ 142-885 서울시 강북구 인수동 455-60
등 록 : 1976년 10월 21일 제5-66호
전 화 : 999-2274~5, 996-8341, 903-7037
팩 스 : 905-6729
ISBN : 978-89-97570-36-2

저자와의 협의하에 인지생략

hongpub@hongpub.co.kr
www.hongpub.co.kr